DIE STÄRKE

Bibliographie der Weltliteratur

von

Prof. Dr. habil. Max Ulmann

Herausgegeben vom Institut für Ernährung
Potsdam-Rehbrücke
der Deutschen Akademie der Wissenschaften zu Berlin

LIEFERUNG 5—6

Hauptgruppe 4:
Verwendungsgebiete der Stärke und Spezialstärkeprodukte

AKADEMIE-VERLAG · BERLIN

1967

Erschienen im Akademie-Verlag GmbH, 108 Berlin, Leipziger Straße 3–4

Lizenznummer 202 · 100/598/67
Gesamtherstellung: VEB Druckerei „Thomas Müntzer", 582 Bad Langensalza
Bestellnummer 3055/5–6 · ES 20 M 8, 1 E
34,–

Grundeinteilung der Stärkebibliographie

Hauptgruppen 0 bis 9

0. Allgemeines
1. Technologie der Kartoffelstärke
2. Technologie der Getreidestärken und sonstiger Stärkerohstoffe
3. Technologie veränderter Stärken und Stärkeabbauprodukte
4. Verwendungsgebiete der Stärke und Spezialstärkeprodukte
5. Analytische Bestimmung und Untersuchung der Stärke
6. Stärkederivate und spezielle Chemie der Stärke
7. Aufbau und Konstitution der Stärke
8. Kolloidchemie der Stärke und der Stärkelösungen
9. Enzymatische Arbeiten

Hauptgruppe 4 :

Verwendungsgebiete der Stärke und Spezialstärkeprodukte

40. <u>Allgemeines</u>

41. <u>Nahrungs- und Genußmittelindustrie</u>

    410. Allgemeines
    411. Ernährung und Nährwert
        4111. Allgemeines
        4112. Verdaulichkeit, Verdauung
        4113. Stärke und Organismus
        4114. Dextrine und Ernährung
        4115. Kohlenhydrate und Proteine
        4116. Spezielle Fütterungsversuche
        4117. Nährwert
        4118. "Stärkewert" und Futtermittelnährwert
    412. Nähr- und Nahrungsmittel
        4121. Allgemeines
        4122. Nähr- und Nahrungsmittel
        4123. Kindernährmittel, Säuglingsnahrung
        4124. Puddings, Nachspeisen
        4125. Sonstige Stärke enthaltende Produkte
    413. Nahrungsmittel aus Kartoffeln
        4131. Allgemeines
        4132. Vorbehandlungen
        4133. Trockenkartoffeln
        4134. Kartoffelflocken
        4135. Kartoffelwalzmehl
        4136. Verschiedenes

414. Müllerei und Bäckerei

- 4141. Allgemeines
- 4142. Mehl
- 4143. Brotteige und Kleber
- 4144. Brot in Zusammenhang mit der Stärke
- 4145. Altbackenwerden von Brot
- 4146. Backhilfsmittel
- 4147. Backpulver
- 4148. Fein- und Dauergebäck, Spezialgebäck

415. Gärungsindustrie

- 4151. Verkochung und sonstige Vorbehandlung stärkehaltiger Stoffe
- 4152. Patente
- 4153. Allgemeines, Brennerei
- 4154. Sake
- 4155. Bierbrauerei

416. Stärke und Stärkeprodukte bei Fleischwaren

417. Dextrin, Stärkesirup, Glucose und Stärkederivate als Zusatzmittel

- 4171. Allgemeines
- 4172. Süß- und Konditoreiwaren
- 4173. Speiseeis
- 4174. Marmeladen und Fruchtkonserven
- 4175. Getränke
- 4176. Verschiedenes

418. Stärke als Streckungs- und Verfälschungsmittel

- 4181. Kaffee, Kaffeeersatz
- 4182. Kakao, Kakaoersatz
- 4183. Konserven
- 4184. Stärke bei Fettprodukten
- 4185. Mayonnaise
- 4186. Käse
- 4187. Gewürze, Aromen
- 4188. Stärke als Stabilisator
- 4189. Sonstiges

45. <u>Pharmazie, Medizin, Reinigungsmittel</u>

450. Allgemeines

451. Pharmazeutische Praxis

4511. Allgemeines

4512. Tabletten und Pillen

4513. Puder

4514. Salben, Pasten

4515. Stärkeschwämme

4516. Kosmetische Erzeugnisse

4517. Arzneimittel und Spezialpräparate

4518. Verschiedenes

452. Medizin und Stärke

453. Kulturböden, Nährmedien

454. Seifen, Reinigungs- und Poliermittel

46. <u>Bergbau, Metallurgie, Erdöl- und Brennstoffindustrie</u>

461. Sprengstoffe

462. Flotationsmittel

463. Gießereiformen und sonstige metallurgische Verwendung

464. Beizzusätze

465. Elektrolyse

466. Bohrflüssigkeiten

467. Brennstoffbindemittel

47. <u>Verschiedene Industrien und Gewerbe</u>

471. Bauwirtschaft, Baumaterialien, Feuerschutzmassen

472. Landwirtschaft (Boden, Schädlinge)

473. Klär- und Flockungsmittel, Wasserreinigung (Abwasser)

474. Kunstfaser-Spinnerei

475. Filmherstellung - Patente

476. Überzüge, Lacke

477. Druckerei

478. Gerberei

479. Photographie

Hauptgruppe 4: Verwendungsgebiete der Stärke und Spezialstärkeprodukte

4. Verwendungsgebiete der Stärke und Spezialstärkeprodukte

40. Allgemeines

(Anwendung von Stärke, Stärkederivaten, Amylose. Eigenschaften und Anwendung. Vgl. auch "Analytische Stärkekennzeichnung, Allgemeines": 560)

Stärke - ein vielseitiges Rohmaterial für die chemische Industrie. Ravindram, M. und Kuloor, N.R. Chem.Age India 16. 494-97 (1965). - Ref.J.Chem.(russ.) 1966. 3 R356, C.A. 63. 7193f (1965).

Physikalische Eigenschaften in Bezug auf die Verwendung von Stärke. Kainuma, K. und Suzuki, S. J.technol.Soc.Starch (Japan) 12. 69-79 (1965).

Die Eigenschaften der Stärke und deren Anwendung. "Sekure" 1964. Nr.7. 66-85. - Ref.J.Chem.(russ.) 1965. 7 R272.

Ökonomische Bewertung neuer Gebiete der Anwendung von Stärke und Produkte der Stärkeindustrie. Konoloky, F. "Szeszipar" 12. 90-92, 123-124 (1964). - Ref.J.Chem.(russ.) 1965. 23 R363.

Neue Gebiete der Anwendung von Kartoffelstärke. Szejtli, J. Szeszipar 11. 145-47, 166, 168 (1963). - Ref.J.Chem.(russ.) 1964. 17 R299.

Verwendung von Stärke in der chemischen Industrie. Hollò, J. Ind.aliment.agric. 79. 811-18 (1962). - Ref.C. 1963. 15252, Ref.J.Chem.(russ.) 1963. 24 R311, C.A. 58. 4719e (1963).

Kohlenhydrate in der chemischen Industrie. 2. Mitt. Stärke, Cellulose und Derivate. Machell, G. Manufact.Chemist 32. 57-60 (1961). - Ref.C. 1962. 1440, Ref.J.Chem.(russ.) 1961. 24 N308.

Über die Verwendung von Süßkartoffelstärke unter besonderer Berücksichtigung der amylographischen Eigenschaften. Fukuoka, K. J.technol.Soc.Starch (Japan) 8. 99-103 (1961). - Ref.C.A. 57. 8785h (1962), Ref.J.Chem.(rüss.) 1962. 7 N313.

Perspektiven der Verwendung von Getreide- und Kartoffelstärken. Shibuya, S. J.technol.Soc.Starch (Japan) 7. 165-68 (1960). - Ref.J.Chem.(russ.) 1961. 24 N314.

Einige Arten der chemischen Verarbeitung und Anwendung von Stärke. Tschuan-Tschshun. Huaxue tongbao (chin.) 1959. Nr.5. 16-20, 6. - Ref.J.Chem.(russ.) 1960. Nr. 28507.

Nichtgelierende Stärkederivate. Ginrod, J. Chem.Products 22. 379-81 (1959). - Ref.C.A. 54. 1905e (1960), Ref.J.Chem.(russ.) 1960. 86514, Stärke 13. 61 (1961).

Untersuchung zur Anwendung von Amylose. Senti, F.R. Chemurgic Digest 17. 7-12 (1958). - Ref.C.A. 52. 15934h (1958).

Mögliche industrielle Verwendung von Amylose. Kaplan, P. Cereal Sci.today 3. 206-09 (1958). - Ref.C. 1959. 13339, C.A. 53. 1796e (1959).

Industrielle Möglichkeiten hochamyloser Stärke. Food Technol. Austral. 10. 327 (1958).

Stärke - ein industrieller Rohstoff. Schierbaum, F. Wissenschaft u.Fortschritt 7. 201-03 (1957).

Aufspaltung von Stärke. Chem. & Engng. News 16. 89-95 (1957). - Ref.Stärke 9. 234 (1957).

Die industrielle und medizinische Verwendung von Kohlenhydraten. Stacey, M. Chem.and Ind. 1956. 1398-1408. - Ref.C. 1958. 6410.

Anwendung von Stärke. Kihara, Y. J.technol.Soc.Starch (Japan) 3. 1-5 (1955). - Ref.C.A. 51. 13432f (1957).

Stärke als Grundstoff für die Chemische Industrie. Rüggeberg, H. Stärke 6. 214-217 (1954). - Ref.C. 1955. 7105, C.A. 49. 2103f (1955).

Eigenschaften und Verwendung wachsiger Stärken. Lindemann, E. Stärke 4. 4-6 (1952). - Ref.C. 1952. 5827.

Industrielle Möglichkeiten der Kartoffelstärke. Mallea, O.S. und Duprat, E. Bol.estac.exptl.agr.Tucuman No.66.19 pp. (1951). - Ref.C.A. 46. 4829 (1952).

Über die Entwicklung der industriellen Verwertung von Wachsmais-Stärke. Sprague, G.F. und Jenkins, M.T. Iowa State College J. Sci. 22. 205-13 (1948).

Stärkeuntersuchungen. Industrielle Verwendung von Stärke-Estern. Mullen, J.W. und Pacsu, E. Ind.Engng.Chem., ind.Edit. 35. 381-84 (1943). - Ref.C. 1946. II. 2483.

Eine neue Industriestärke. "Wachs-Mais", ein Stärkeerzeugnis als Cassavaersatz. Caldwell, C.G. Chem.Trade J.chem.Engr. 113. 372 (1943). - Ref.C. 1945. I. 851.

Industrielle Verwendung von Stärkeprodukten. Newkirk, W.B. Ind.Engng.Chem. 31. 153-57 (1939). - Ref.C. 1939. I. 4852.

Die Vielseitigkeit technischer Verwendungsmöglichkeiten von Stärke. Obst, W. Z.Spiritusind. 58. 229 (1935). - Ref.C. 1936. I. 210.

Herstellung und Verwendung von Stärkeprodukten. Gibbons, J.T. Amer.Dyestuff Reporter 23. 285-88 (1934). - Ref.C. 1934.II.855.

Kartoffelstärke als Rohstoff synthetischer Produkte. Stein, H. Z.Spiritusind. 57. 323-24, 339 (1934). - Ref.C. 1935. I. 1786.

Industriell verwendete kolloide Stoffe. Stocks, H.B. Oil Colour Trades J. 76. 518-19, 662-65, 740-41 (1929). - Ref.C. 1929. II. 2946.

Kolloide Stoffe in der Industrie. Stärke. Stocks, H.B. Oil Colour Trades J. 76. 335-40 (1929). - Ref.C. 1929. II. 2117.

Die Stärke und ihre Verwertung in der Industrie. Matthiae, R. Chem.Apparatur 2. 223-26. 25/9. 233-235. u. 245-47. (1915). - Ref.C. 1915. II. 1324.

41. Nahrungs- und Genußmittelindustrie

410. Allgemeines
411. Ernährung und Nährwert
412. Nähr- und Nahrungsmittel
413. Nahrungsmittel aus Kartoffeln
414. Müllerei und Bäckerei
415. Gärungsindustrie (Brennerei, Brauerei)
416. Stärke bei Fleischwaren
417. Dextrin, Stärkesirup, Glucose und Stärkederivate als Zusatzmittel
418. Stärke als Streckungs- und Verfälschungsmittel
419. Futtermittel

410. Allgemeines

Kolloid-chemische Prozesse bei der Lagerung von Lebensmitteln. Karpowa, I.F. und Kasakow, Je.W. Hochschulnachr.(Krasnodar), Nahrungsmittel-Technol.(russ.) 1964. Nr.2. 21-23. - Ref.C. 1965. 32-2953, Stärke 17. 32 (1965).

Einwirkung von enzymatischen Amylolysen auf die hygienischen und organoleptischen Eigenschaften der aus stärkereichen Produkten hergestellten Lebensmittel. Guilbot, A. Stärke 16. 44-48 (1964). - Ref.C. 1964. 51-2828, Ref.J.Chem.(russ.) 1965. 2 R199, C.A. 60. 15045h (1964).

Eßbare Nahrungsmittelumhüllungen aus Mais-Kohlenhydraten. 1. Mitt. Entwicklung und physikalische Prüfung einer Stärke-Alginat-Umhüllung. Allen, L., Nelson, A.I., Steinberg, M.P. und McGill, J.N. Food Technol. 17. Nr.2. 99-104 (1963). - Ref.C. 1964. 1-3091.

Überzüge für Lebensmittel auf der Basis von Mais-Kohlenhydraten. Food Technol. 17. 99 (1963). - Ref.Stärke 16. 404 (1964).

Funktionelle Eigenschaften von Lebensmittelstärken. Kite, F.E., Maywald, E.C. und Schoch, T.J. Stärke 15. 131-38 (1963). - Ref. C. 1964. 8-2682, Ref.J.Chem.(russ.) 1964. 12 R368, C.A.(B.) 59. 15854f (1963).

Modifizierte Stärken für Lebensmittel. White, T.A. Cereal Sci. today 8. 48 u.54-55 (1963). - Ref.J.Chem.(russ.) 1963. 20 R241.

Nahrungsmittelzusätze. Modifizierte Stärke für Industriezwecke. Federal Register 27. 7493 (1962). - Ref.C.A. 57. 10293 (1962).

Nahrungsmittelzusätze. Modifizierte Stärke für Industriezwecke. Federal Register 27. 223 (1962). - Ref.C.A. 56. 7755d (1962).

Die Entwicklung und Bewertung von Mais-Kohlenhydrat-Überzügen für Lebensmittel. Allen, L. Univ.Microfilms (Ann Abor, Mich.) Order No. 62-2878. 193 S. - Ref.C.A. 57. 17141f (1962).

Nahrungsmittelzusätze. Stärke für Verpackungsmaterial. Federal Register 26. 7581 (1961). - Ref.C.A. 55. 23854g (1961).

Nahrungsmittelzusätze. Stärke für Verpackungsmaterial. Federal Register 26. 189 (1961). - Ref.C.A. 55. 48111 (1961).

Herstellung eines Grundnahrungsmittels. Vilaclara, J.H., Serrano, F.B. und Serrano, J.L. Port.P. 37 962 vom 11/1.1961., Auszug veröff. 29/3.1961. - Ref.C. 1962. 14720.

Neue Stärken und ihre Verwendung. Wurzburg, O.B. Food Engng. 33. 95-97 (1961). - Ref.J.Chem.(russ.) 1961. 24 N312.

Vorverkleisterte Stärken für die Lebensmittelherstellung. Waldt, L.M. Stärke 13. 39-42 (1961).

Die Zusammensetzung von Nahrungsmitteln. McCance, R.A. und Widdowson, E.M. Med.Res.Council (Brit.) Mem., spec.Rep.Ser. Nr. 297. 252 S. (1960). - Ref.C.A. 56. 740f (1962).

Lebensmittelzubereitungen auf der Grundlage von Getreide, Mehl oder Stärke bei der Einfuhr. Räthlein, H.J. und Schatz, H. Ernährungswirtschaft 7. 187-88 (1960).

Stärkechemie für den Nahrungsmitteltechnologen. Waldt, L.M. und Kehoe, D. Food Techn. 13. 1-4 (1959). - Ref.C. 1960. 8040, Stärke 11. 182 (1959).

Neuartige Lebensmittelzusätze. Traubermann, L. Food Engng. 29. 114-15 (1957). - Ref.Stärke 10. 119 (1958).

Verfahren zum Gefriertrocknen flüssiger Substanzen. Leybold-Hochvakuum-Anlagen GmbH. D.A.S. 1 128 812 Kl. 82a vom 1/7.1957., ausg. 26/4.1962. - Ref.Stärke 15. 305 (1963).

Eßbare Stärkederivate. American Maize Products Co. (Erfinder: Evans, J.W.). A.P. 2 806 026 ausg.10/9.1957. - Ref.C.A. 52. 612h (1958).

Die neuesten Entwicklungen hinsichtlich des Einsatzes von Stärke auf dem Lebensmittelgebiet. Riley, N. Food in Canada 17. 62 (1957). - Ref.Stärke 11. 143 (1959).

Anwendung von Stärke und ihrem Sirup in der Lebensmittelindustrie. Gehman, H., Moffet, G.M. und Keim. C.R. Ind.Alim.Agr. 74. 553-54 (1957). - Ref.C. 1958. 8210.

Phosphatstärke für die Lebensmittelindustrie. International Minerals & Chemical Corp. E.P. 812 363 vom 15/8.1955, ausg.22/4. 1959. A.Prior. 16/9.1954, id.mit F.P. 1 147 045. - Ref.C. 1960. 8720.

Über Riboflavinbestimmung in angereicherten stärkehaltigen Lebensmitteln. Masuyama, T., Niwa, S. und Katayama, N. Jap.J.Nutrit. 14. 73-75 (1956). - Ref.C. 1960. 12752.

Beitrag zur Frage Algenmehle (Seaweed-Meal) in der Ernährung. Kirschninck, H. Stärke 8. 203-08 (1956). - Ref.C. 1957. 11456.

Phosphatstärke für die Lebensmittelindustrie. International Minerals & Chemical Corp. (Erfinder: H. Neukom). F.P.1 147 045 vom 15/9.1955, ausg.18/11.1957. A.Prior. 16/9.1954. - Ref.C. 1958. 11094, Stärke 11. 52 (1959).

Stärke in der Lebensmittelindustrie. Schoch, Th.J. und Elder, A.L. Advances Chem.Ser.Nr. 12. 21-34 (1955). - Ref.C. 1959. 7320.

Verfahren zur Herstellung eines zum Färben von Lebensmitteln geeigneten roten Farbstoffpräparates. Dr. August Oetker. D.A.S. 1 114 696 Kl. 53k vom 1/3.1954, ausg. 5/10.1961. - Ref.Stärke 15. 78 (1963).

Stärke und Säure bei der Nahrungsmittelherstellung. General Foods Corp. E.P. 725 981 vom 24/3.1953.

Die "pau-pedra"-Stärke, ein Behelfsnahrungsmittel in den halbtrockenen Gebieten Nordost-Brasiliens. Rosa, J.S. und Cavalcanti, M.da C.P.B. An.Assoc.Brasil.Quim. 12. 121-29 (1953). - Ref.C.A. 51. 7516a (1957).

Anwendung von Stärke in der Nahrungsmittelindustrie. Radley, J.A. Food Trav.Rev. 23. Nr.2. 3-4 (1953).

Stärkearten. White, T.A. Food Engng. 25. Nr.6. 95, 97, 114 (1953). - Ref.C. 1954. 9875.

Amylopektin - ein Schritt vorwärts zur Unabhängigkeit von Importkolloiden. Ruhig und Gebler. Lebensmittel-Ind. Ausg.A. 4. 114 u. 139 (1952).

Über besondere Probleme der Wärmeleitung in der Nahrungsmittelindustrie. Bolanowski, J.P. und Lineberry, D.D. Ind.Engng. Chem. 44. 657-60 (1952). - Ref.C.A. 46. 6278i (1952).

Die Verarbeitung von Mais als Nahrungsmittel. Rotsch, A. Dtsch. Lebensmittel-Rdsch. 44. 135-38 (1948). - Ref.C. 1948. E. 143.

Über die Umwandlungen der Kohlenhydrate der Batate bei der kulinarischen Verarbeitung. Ssoloweitschik, I.Ja. Fragen der Ernährung (russ.) 7. Nr.6. 138-41 (1938). - Ref.C. 1939. II. 4121.

Die Bedeutung der Stärkeindustrie für die Lebensmittelversorgung. Kröner, W. Z.Spiritusind. 61. 235, 243, 253 (1938). - Ref.C. 1938. II. 3472.

Einige Aufgaben der Stärkeindustrie in der heutigen Ernährungswirtschaft. Kröner, W. Ernährung 3. 277-81 (1938). - Ref.C. 1939. I. 3643.

Knollen- und Wurzelgewächse als Hauptnahrung. Veen, A.G.van, Meded.Dienst Volksgezondh.Niederl.-Indie 27. 177-82 (1938). - Ref.C. 1938. II. 342.

Die Bedeutung der Stärkeindustrie für die Lebensmittelversorgung. Kröner, W. Vorratspflege u.Lebensmittelforsch. 1. 327-36 (1938). - Ref.C. 1939. I. 1881.

Thermophile Organismen in Zucker und Stärke als Verdorbenheitserreger von Lebensmittelkonserven. Clark, F.M. und Tanner, F.W. Food.Res. 2. 27-39 (1937). - Ref.C. 1938. I. 1248.

Zucker, Stärke und Verdorbenheit. Cameron, E.J. Food Ind. 9. 182-183 (1937). - Ref.C. 1937. II. 1279.

Kartoffelstärke als Lebensmittel für Gesunde, Kranke und Kinder. Neumann, R.O. Z.Spiritusind. 56. 41 (1933).

Kolloidchemisches zur Verwendung der verschiedenen Stärkemehle in der Küche. Wiegel, E. Z.Volksernähr. Diätkost 8. 106-07 (1933). - Ref.C. 1933. I. 4062.

Zur Verwendung von Kartoffelstärkemehl. Neumann, M.P. Z.ges.Getreide-Mühlenwes. 18. 92-94 (1931). - Ref.C. 1931. II. 785.

Die Chemie der Nahrungs- und Genußmittel in den Jahren 1917 und 1918. Kuttenkeuler, H. Chemiker-Ztg. 43. 841-43, 853-56, 869-70, 889-90 (1919).

Über die Verwendung und Beurteilung von Kartoffelstärke und Kartoffelmehl. Saare, O. Z.angew.Chem. 1897. 291-293. W.Ref.2474.

411. Ernährung und Nährwert

4111. Allgemeines

Kohlenhydrate und Ernährung. Allen, R.J.L. Proc.Nutrit.Soc. 23. 109-62 (1964).

Nährwert von zentralamerikanischem Mais. 6. Mitt. Einfluß von Sorte und Umgebung auf Stickstoff, essentielle Aminosäuren und Fett von 10 Sorten. Bressani, R., Elias, L.G., Scrimshaw, N.S. und Guzmán, M.A. Cereal Chem. 39. 59-67 (1962). - Ref.C. 1965. 39-1352.

In welcher Form sind die Hauptnährstoffe Eiweiß, Fett, Kohlehydrate in unseren wichtigsten Nahrungsmitteln enthalten? Steinitzer, F. Z.Volksernähr. 17. 97-99 (1942). - Ref.C. 1942. II.111.

Die Zusammensetzung einiger gewöhnlicher Lebensmittel in Hinsicht auf den Kohlenhydratgehalt. Carpenter, T.M. J.Nutrit. 19. 415-22 (1940). - Ref.C. 1940. II. 1314.

Die Chemie des Kochens. I. Über die chemischen Veränderungen der Kohlehydrate der süßen Kartoffel durch verschiedene Arten des Kochens. Sinoda, G., Kodera, S. und Oya, C. Biochem.J. 25. 1973-76 (1931). - Ref.C. 1932. II. 1851.

Stärkemehle, Mehle und Grieße bei der Ernährung. Carles, P. Ann.Chim.analyt.Chim.appl. 6. 289-92 (1901). - Ref.C. 1901. II. 733.

4112. Verdaulichkeit, Verdauung

(Vgl. auch "Stärke und Organismus": 4113, "Medizin und Stärke": 452, "Enzymatische Verdauung der Stärke": 98. Verdaulichkeit im tierischen Organismus vgl. "Spezielle Fütterungsversuche": 4116)

Die Membranverdauung der Stärke. 3. Mitt. Der Einfluß von alimentären Komponenten des Chymus auf die Membranverdauung der Stärke. Laey, P. de. Nahrung 10. 655-63 (1966).

Die Membranverdauung der Stärke. 2. Mitt. Der Einfluß von Mucinen auf die Membranverdauung der Stärke. Laey, P. de. Nahrung 10. 649-53 (1966).

Die Membranverdauung der Stärke. 1. Mitt. Der Einfluß von seiten der Perfusionsgeschwindigkeit und der amylolytischen Aktivität des Pankreassaftes auf die "in vivo"-Verdauung der Stärke. Laey, P. de. Nahrung 10. 641-48 (1966).

Gefäßwandalteration durch taktile Reize. Volkheimer, G. und John, H. Angiologica 3. 126-139 (1966).

Quantitative Untersuchungen zum Herbst-Effekt. Volkheimer, G., John, H., Wendland, H., Lejniczak, H., Werner, G., Schmidt, W., Wagner, G., Seebo, M. und Hackbarth, H. Dtsch.Gesundheitswes. 20. 1685-87 (1965). - Ref.Stärke 18. 30 (1966).

Die Verdauungsfunktionen der Darmoberfläche bei Kaninchen während der ersten Lebenswochen. Ugolew, A.M. und Ssalenieze, I.K. Bull.exp.Biol.Med.(russ.) 58. Nr.7. 15-18 (1964). - Ref.Stärke 17. 29 (1965).

Untersuchungen zur Physiologie der parietalen Verdauung. Vergleich der Stärkehydrolyse im Darm und in vitro durch Spektrophotometrie der Jod-Stärke-Komplexe. Ugolew, A.M. und Marauska,M.K. Bull.exp.Biol.Med.(russ.) 57. Nr.4. 16-20 (1964).

Resorption großkorpuskulärer Elemente (Untersuchungen zum Herbst-Effekt). Volkheimer, G. Nahrung 8. 691-702 (1964).

Abbau von Stärke in vivo und in vitro im Ratten-Darm. Jesuitowa, N.N., Laey, P. de und Ugolew, A.M. Biochim.biophysica Acta (Amsterdam) 86. 205-10 (1964). - Ref.C.A. 61. 1051a (1964), Stärke 16. 271 (1964), C. 1965. 34-1507.

Die parietale Verdauung (Kontaktverdauung). Ugolew, A.M. Verlag Akad.Wiss.UdSSR, Moskau-Leningrad (russ.) 1963. 170 S.

Einfluß der Perfusionsgeschwindigkeit auf die intraluminale und die parietale Hydrolyse von Stärke und Saccharose. Jesuitowa, N.N., Ugolew, A.M. und Fedjuschina, I.N. Ber.Akad.Wiss.UdSSR (russ.) 149. 746-49 (1963). - Ref.C. 1964. 51-1353, Stärke 16. 270 (1964), C.A. 59. 4353d (1963).

Zur Frage der Deponierung von nutritiven Allergenen im Organismus. Volkheimer, G. und John, H. Allergie u.Asthma 9. 15-18 (1963). - Ref.Stärke 16. 137 (1964).

Der Einfluß auf die Verdaulichkeit der Stärke, deren physikalisch-chemische Struktur bei der technologischen Verarbeitung verändert wurde. Guilbot, A. und Mercier, Ch. Ind.aliment.agric. 79. 939-47 (1962). - Ref.J.Chem.(russ.) 1963. 20 R238, C.A. 61. 6264h (1964).

Nährwert von Süßkartoffelstärke. 3. Mitt. Der Einfluß verschiedener Behandlungsmethoden auf die Verdaulichkeit von Süßkartoffelstärke. Yoshida, M. und Morimoto, H. J.agric.chem.Soc.Japan 36. 592-95 (1962). - Ref.C.A. 62. 2033d (1965).

Über den Mechanismus der fermentativen Spaltung von Stärke im Magen-Darm-Trakt. Laey, P. de und Jesuitowa, N.N. Ber.Akad. Wiss.UdSSR (russ.) 146. 731-33 (1962). - Ref.Stärke 16. 269 (1964), C. 1966. 13-1531.

Die Verdaulichkeit von hoch-amylosigen Maisstärken im Vergleich zu anderen Stärken. Der scheinbare Einfluß der ae-Gene auf die Empfindlichkeit gegenüber Amylase. Sandstedt, R.M., Strahan, D., Ueda, S. und Abbot, R.C. Cereal Chem. 39. 123-31 (1962). - Ref.C.A. 57. 5070f (1962), Stärke 14. 390 (1962).

Abbau und Resorption von Disacchariden im Menschen. Dahlqvist, A. und Bergström, B. Biochem.J. 81. 411-18 (1961). - Ref.C. 1962. 18173.

Resorptionsphysiologische Betrachtungen zur Nahrungsmittelallergie. Volkheimer, G., Hermann, H., Al Abesie, F. und John, H. Dtsch.Gesundheitswes. 16. 2129-30 (1961). - Ref.Stärke 14. 262 (1962).

Durchlässigkeit der Colonschleimhaut für korpuskulare Elemente aus dem Darmlumen und deren Ausscheidung im Harn. Volkheimer, G., John, H., Al Abesie, F. und Wachtel, S. Dtsch.Gesundheitswes. 16. 1651-52 (1961). - Ref.Stärke 14. 262 (1962).

Membranverdauung. 3. Mitt. Vergleich der enzymatischen Hydrolyse von Stärke im Darm und in vitro. Ugolew, A.M. Bull.exp.Biol. Med.(russ.) 52. (26.) Nr.8. 8-12 (1961). - Ref.C. 1962. 18538, C. 1964. 48-1321.

Das Vorkommen der Membran-Kontakt-Verdauung. Ugolew, A.M. Bull. exp.Biol.Med. 49. Nr.1. 12-17 (1960).

Einfluß der Dünndarmoberfläche auf die enzymatische Hydrolyse von Stärke. Ugolew, A.M. Nature (London) 188. 588-89 (1960). - Ref.C. 1961. 12160, Stärke 13. 456 (1961).

Nachweis von Stärke im Organismus und im Harn nach oraler Stärkeeinnahme. Vorläufige Mitteilung. Volkheimer, G. Dtsch.Gesundheitswes. 15. 1298-1302 (1960). - Ref.Stärke 14. 31 (1962).

Untersuchungen über die Verdauungsvorgänge bei verschiedenen Stärkearten. Trémolières, J., Bernier, J.J. und Lowy, R. Nutritio et Dieta (Basel) 1. 100-20 (1959). - Ref.C.A. 54. 16682e (1960), C. 1961. 7979, Stärke 15. 111 (1963).

Der Einfluß von Fett auf die Verdaulichkeit von Stärke. Watanabe, T. und Sasa, T. Rep.Sci.Living, Osaka City Univ., Ser.D. 7. 1-6 (1959). - Ref.C.A. 54. 21519f (1960).

Enzymatischer Mechanismus der Magen-Darm-Verdauung von Stärke. Larner, J., McNickle, C.M. und Gillespie, R.E. 3.Congr.int. Biochem., Résumés Commun., Brussels 1955. 29. - Ref.C.A. 51. 7472i (1957).

Ernährungsstudie an Stärken. VI. Der Einfluß von Oberflächen-Aktivität-Agentien auf die Verdauung bei verschiedenen Roh-Stärken. Yokozawa, I. und Sakurai, Y. Rept.Food Research Inst. (Tokyo) 9. 145-46 (1954). - Ref.C.A. 49. 16104d (1955).

In vitro-Versuche von Stärke von Bananenstengeln. Murthy, H.B.N. und Swaminathan, M. J.Sci.Ind.Research (India) 12B. 391 (1953). - Ref.C.A. 48. 4722f (1954).

Ernährungsstudie an Stärken. 4. Mitt. Röntgenspektren und künstliche Verdauungsversuche mit nach verschiedenen Methoden hergestellten Amylosen. Yokozawa, I., Watanabe, Y. und Sakurai,Y. Rep.Food Res.Inst. (Tokyo) 7. 83-88 (1952). - Ref.C.A. 49. 16104a (1955).

Der Einfluß von Kationenaustauschern auf die Verdauung von roher Maisstärke. Gates, R.L. und Sandstedt, R.M. Science 116. 482-83 (1952). - Ref.C.A. 48. 831h (1954).

Ernährungsstudie an Stärken. 1. Mitt. Unterschiede verschiedener Stärken. I. Sakurai, Y., Masuhara, T., Watanabe, Y. und Hayakawa, S. Rep.Food Res.Inst. (Tokyo) 5. 41-49 (1951). - Ref.C.A. 49. 16103f (1955), Stärke 8. 17 (1955).

Zur Frage der Stärkeverdauung und ihrer Bedeutung für die Ernährungstherapie beim Säugling. Keller, W. Arch.Kinderheilkunde 141. 163-74 (1951). - Ref.C. 1952. 1524, C.A. 46. 11362 (1952).

Die biologische Verwertung von unveränderten und veränderten Nahrungsstärken. Booher, L.E., Behan, I. und McMeans, E. J.Nutrit. 45. 75-95 (1951). - Ref.C. 1952. 3688, C.A. 46. 169b (1952).

Die Bedeutung der mikrobiologischen Verdauung für die Ernährung. Die Struktur der Nahrungsmittel und der mikrobiologische Einfluß. Baker, F. und Nasr, H. Advancement of Sci. 6. 347 (1950). - Ref.C. 1950. II. 313.

Verdaulichkeit von Stärke und stärkehaltigen Lebensmitteln. Kihara, Y. und Kawase, Z. Rept.Food Research Inst.Japan 2. 25-35 (1949). - Ref.Stärke 5. 274 (1953), C.A. 47. 7126i (1953).

Mikroskopie bei der Untersuchung des Abbaues von Stärke und Cellulose im Verdauungstrakt. Baker, F. und Nasr, H. J.Roy.microscop.Soc. 67. 1-4 (1948).

Polymerisation und Verdaulichkeit: Der Einfluß des Mahlens auf die Verdaulichkeit der Stärke. Levy, J. und Jacquot, R. C.R.hebd.Séances Acad.Sci. 227. 371-73 (1948). - Ref.C. 1948. E. 1109.

Reaktion des Magen-Darm-Trakts auf eingeführte Getreidestärke. Fenton, P.F. und Pierce, H.B. Amer.J.Physiol. 148. 296-98 (1947).

Die Amylumverdauung bei den verschiedenen Haustieren. Koopmans,S. Acta brevia neerl. Physiol., Pharmacol.Microbiol.E.A. 13. 86-88 (1946).

Verdauung roher Stärke. Balls, A.K. und Schwimmer, S. J.biol. Chemistry 156. 203-10 (1944). - Ref.C. 1945. II. 833.

Die ätherlösliche Fraktion aus Schiffsbohnen und die Verdauung von Stärke. Bowman, D.E. Science (New York) 98. 308-09 (1944). - Ref.C. 1944. I. 1096.

Der Einfluß eines Überangebotes an Cellulose durch das Brot aus zu 98 % ausgemahlenem Mehl auf die Verdauung. II. Die Wirkung auf die Funktionen der Verdauung und die Kohlenhydratresorption. Tremolieres, J. und Erfmann, R.K.B. Bull.Acad.Med. 127. 3 107. 726-28 (1943). - Ref.C. 1944. II. 971.

Über die Verdaulichkeit von Kartoffelbrot. Jucker, P., Kapp, H. und Zeller, E.A. Beih.Z.Vitaminforsch. Nr. 3. 4-72 (1943). - Ref.C. 1945. II. 1513.

Vergleichende Untersuchungen über die Verdaulichkeit von Gemüsen als Dosen-, Trocken- und Gefrierkonserven. Steudel, H. Ernährung 7. 1-6 (1942).

Die Verdauung der Kartoffel. Heupke, W., Dahlen, E. und Kröll, H. Dtsch.Ztg.Verdauungs- u.Stoffwechselkrankh. 3. 89 (1940).

Die Verdaulichkeit ungekochter Stärke. Heupke, W. und Hauer, L. Münchener med.Wschr. 86. 133-35 (1939). - Ref.C. 1939. I. 2232.

Über die Verdaulichkeit roher Kartoffelstärke beim Menschen. Beazell, J.M., Schmidt, C.R. und Ivy, A.C. J.Nutrit. 17. 77-83 (1939). - Ref.C. 1939. I. 2627.

Über die Verdauung verschiedener Stärkearten. Hock, A. Biedermann's Zbl.Agrikulturchem.ration.Landwirtschaftsbetrieb Abt.B. Tierernährg. 10. 3-20 (1938). - Ref.C. 1938. II. 2363.

Die Verdauung der Kohlenhydrate unter besonderer Berücksichtigung der Stärke. Hock, A. Z.Spiritusind. 61. 399-400 (1938). - Ref.C. 1939. I. 2627.

Die Verdaulichkeit ungekochter Stärke. Heupke, W. und Hauer, L. Dtsch.Z.Verdauungs- u.Stoffwechselkrankh. 1. 89-94 (1938). - Ref.C. 1939. I. 2232.

Die Verdauung der Nahrungsmittel im Dünndarm des Menschen. Heupke, W. und Schülein, F. Dtsch.Z.Verdauungs- u.Stoffwechselkrankh. 1. 20-32 (1938).

Die Harbenvorlesungen 1935. Probleme der Ernährung und des Wachstums. I. Die Verdauung der Stärke. II. Die Rolle der Vitamine. III. Licht und Heliotherapie. Armand-Delille, P. J.State Med. 43. 683-719 (1935). - Ref.C. 1936. I. 1447.

Über die Verdaulichkeit der rohen Stärke. Pozerski, E. Bull.Soc. sci.Hyg.aliment., Alimentat.ration.Homme 21. 1-29 (1933). - Ref.C. 1933. II. 1388.

In-vitro-Verdauung der Stärke von lang und kurz gekochten Cerealien. Noble, I.T., Dean, M., Wing, M. und Halliday, E.G. Cereal Chem. 10. 243-44 (1933). - Ref.C. 1933. II. 571.

Über den Kohlehydratstoffwechsel des Menschen. Mühlbock, O. Z.Spiritusind. 58. 269-70 (1935).

Über die Verdaulichkeit von Rohstärke. Pozerski, E. Ann.Physiol. Physicochim.biol.7. 220-24 (1931). - Ref.C. 1932. II. 398.

Einfluß des Kochens und des Malzzusatzes (Dumaltage) auf die Verdaulichkeit der Leguminosenstärken. Lecoq, R. J.Pharmac.Chim. 3. 12-15 - Ref.C. 1926. II. 2644.

Untersuchungen über Verdauung aus geschlossenen Pflanzenzellen und ihre Bedeutung für Physiologie und Pathologie der Verdauung beim Menschen. VII. Stärkeverdauung aus rohem Pflanzengewebe. Heupke, W. Arch.Verdauungs-Krankh. 44. 169-75 (1928). - Ref.C. 1930. II. 1393.

Über Verdauung von Stärke aus geschlossenen Pflanzenzellen und die Bedeutung dieses Vorganges für Physiologie und Pathologie der Verdauung beim Menschen. Strasburger, J. Dtsch.med.Wschr. 53. 1681-83 (1927). - Ref.C. 1927. II. 2408.

Untersuchungen über Verdauung aus geschlossenen Pflanzenzellen und ihre Bedeutung für Physiologie und Pathologie der Verdauung beim Menschen. III. Quantitative Untersuchungen über Stärkeverdauung aus unverletzten Pflanzenzellen (Kartoffelzellen) nebst Bemerkungen zur Physiologie der Diastase im Darm. Marx, A.V. Arch.Verdauungs-Krankh. 41. 180-93 (1927). - Ref.C. 1929. I. 1836.

Über die Verdauung roher Stärke mittels Speichel. Pozerski, E. Cmpt.R.Séances Soc.Biol. 97. 1592-94 (1927). - Ref.C. 1928. I. 818.

Über die Verdauung von roher Stärke mit Hilfe von Speichel. Pozerski, E. Cmpt.R.Séances Soc.Biol. 96. 1394-96 (1927). - Ref.C. 1927. II. 592.

Capillarpermeabilität. Florey, H., J.of Physiol. 61. I-III (1926). - Ref.C. 1926. I. 3079.

Chemismus der Verdauung. III. Die Speichelverdauung im menschlichen Magen und Darm. Bergeim, O. Arch. internal Med. 37. 110-17; Ber.Physiol. 37. 121 (1926). - Ref.C. 1927. I. 1180.

Verdaulichkeit der Kartoffeln, beeinträchtigt durch Methoden der Zubereitung. Bogges, B. und Ivy, A.C. J.Home Econ. 19. 486 (1927).

Über das amylolytische Vermögen einiger Verdauungssekrete in Beziehung zu der Zeit der Drüsentätigkeit. Zagami, V. Arch.Farmacol.sperim.Sci.affini 41. 151-69 (1926). - Ref.C. 1926. II. 2072.

Beitrag zum Studium der Pankreasfunktion bei der Schwangeren, Verhalten des Trypsins und des Amylopsins. Ferracciu, D. Folia gynaecol. 22. 343-52; Ber.ges.Physiol. 37. 417 (1926). - Ref.C. 1927. I. 1970

Beitrag zur Lokalisation und Größe der Stärke- und Cellulose-verdauung beim Menschen. Strauss, L. Arch.Verdauungs-Krankh. 34. 288-302. - Ref.C. 1926. I. 2117.

Untersuchungen über die Natur der Stärke. III. Über die Stärkeverdauung. Nagai, K. Acta Scholae med.Univ.Imp.Kioto 8. 57-73 (1925). - Ref.C. 1927. I. 2538.

Die Wirkung der Halogensalze auf die Speichelverdauung. Clifford, W.M. Biochem.J. 19. 218-20 (1925). - Ref.C. 1925. II. 1062.

Die Wirkung von Chinadekokt auf die pankreatische Stärkeverdauung. Foschini, D. Bull.Scienze med. (Bologna) 3. 235-49 (1925). - Ref.C. 1926. I. 3487.

Verdaulichkeit von roher Stärke und Kohlenhydraten. Langworthy, C.F. und Merrill, A.T. U.S.Dep.Agric.Bull. 1213. 16 S. (1924). - Ref.C. 1925. I. 2088.

Verdaulichkeit von roher Reis-, Tapioca-, Canna-, Cassava-, Taro-, Farrenbaum- und Kartoffelstärke. Langworthy, C.F. und Deuel, H.J. J.Biol.Chem. 52. 251-261 (1922). - Ref.C. 1922. III. 634.

Über die Veränderungen des Blutzuckers nach enteraler Zufuhr verschiedener Mehlsorten (Beitrag zur Verdaulichkeit der Stärkearten im Darme). Strauß, O. Dissertation, Frankfurt 1920 (1922).

4112

Wirkung des Speichels auf die Stärke in Gegenwart von Magen- und Pankreassaft. Pastore, S. Atti Reale Accad.naz.Lincei, Rend. (5) 29. II. 271-273 (1921). - Ref.C. 1921. III. 184.

Verdaulichkeit von roher Mais-, Kartoffel- und Weizenstärke. Langworthy, C.F. und Deuel, H.J. J.biol.Chem. 42. 27 (1920).

Wirkung des Speichels auf Stärke in Gegenwart von Magen- und Pankreassaft. Pastore, S. Arch.Farmacol.sperim.Sci.affini 30. 173-176, 177-184 (1920). - Ref.C. 1922. I. 210.

Über paraffinierte Stärke. Doumer, E. C.r.soc.de biologie 82. 443-44 (1919). - Ref.C. 1919. III. 390.

Der Wert des Mundspeichels für die bessere Verdauung und Ausnutzung der stärkemehlreichen Nahrungsmittel. Lorand, A. Dtsch.med.Wschr. 44. 412-13 (1918). - Ref.C. 1918. I. 928.

Über die Verdaulichkeit von Brot. III. Erythrodextrin bei der Hydrolyse der Stärke. Blake, J.C. J.Amer.chem.Soc. 40. 623-36 (1918). - Ref.C. 1918. II. 383.

Die Verdaulichkeit der Kartoffelstärke. Haberlandt, G. Illustr. landwirtsch.Ztg. 37. 107-08 (1917). - Ref.C.A. 13. 1503 (1919), W.Ref. 1858.

Über die Verwertung einiger Nebenprodukte der Stärkeindustrie für die Ernährung. Rubner, M. Arch.Anatom.u.Phys. Waldeyer-Rubner Physiol.Abt. 1917. 7-19. - Ref.C. 1922. I. 1080.

Die Verdaulichkeit der Kartoffelstärke. Völtz, W. Z.Spiritusind. 40. 167-68 (1917). - Ref.C. 1917. II. 26.

Über die Verdaulichkeit von Brot. I. Teil. Die Speichelverdauung in vitro. Blake, J.C. J.Amer.chem.Soc. 38. 1245-60 (1916). - Ref.C. 1917. I. 431.

Die Beziehung des Speichels zur gastrischen Verdauung. Maxwell, L.A.I. Biochem.J. 9. 323-329 (1915). -W.Ref. 367, C. 1916. II. 232.

Untersuchungen über Kohlehydrate. Die Zusammensetzung und Verdaulichkeit von Weizenbrot und verwandten Nahrungsmitteln. Verkleisterung von Stärken. LaWall, Ch.H. und Graves, S.S. Trans.Wagner free Inst.Sci. 7. T.2; 37-45 (1913). - W.Ref.1344, C.A. 7. 3798 (1913).

Die Verdauung und Resorption roher Stärke verschiedener Herkunft bei normaler und krankhaft veränderter Tätigkeit des Magen-Darmkanals. Fofanow, L. Z.klin.Med. 72. 257-270 (1911).

Über das Verhalten des Dünndarmsaftes und -extraktes, ferner des Extraktes einiger Bacillen (Coli, Streptokokken) gegenüber Casein, Lecithin, Amylum. Brugsch, Th. und Macuda, N. Z.exp. Pathol.Therap. 8. 617-623 (1911). - Ref.C. 1911. I. 998.

Über die Verdauung der verschiedenen Stärken durch Wirkung der Speichel-, Darm- und Pankreasabsonderung. Rinaldini, Th. Int.Beitr.Pathol.Therap. 2. 350-359 (1910-11). - W.Ref. 3405, C.A. 5. 1475 (1911).

Einige kolloid-chemische Aspekte der Verdauung, nebst ultramikroskopischen Beobachtungen. Alexander, J. J.Amer.chem.Soc. 32. 680-687 (1910). - W.Ref. 341.

Die Gesetze der Verdauung und Resorption. Arrhenius, S. Hoppe-Seyler's Z.physiol.Chem. 63. 323-377 (1909). - Ref.C. 1910. I. 369.

Experimentelle Untersuchungen über die Verdauung stärkemehlhaltiger Nahrungsmittel. Roger, H. Arch.Méd.exp. 20. 217-233 (1908). - W.Ref. 2866, C.A. 2. 2593 (1908).

Durch Kochen hervorgerufene Verdaulichkeit verschiedener Arten von Stärke. Day, E.D. U.S.Dep.Agric., Off.exp.Stat., Bull. 202. 190-202 (1908).

Über die Ausnutzung verschiedener Kohlehydrate unter Ausschluß der Darmverdauung. Mendel, L.B. und Mitchell, Ph.H. Amer.J. Physiol. 14. 239-47 (1905). - Ref.C. 1905. II. 1108.

Stärkeverdauung bei Kleinkindern. Shaw, H.L.K. Albany Med.Annals, Jan. (1904).

Die Verdaulichkeit der Nahrungs- und Genußmittel auf Grund mikroskopischer Untersuchungen der Faeces. Schilling, F. Verlag H.Hartung & Sohn, Leipzig 1901. 128 S.

Über den Umfang der Stärkeverdauung im Mund und Magen des Menschen. Müller, J. Verh.Kongr.inn.Med. 19. 321-337 (1901).

Über den Umfang der Stärkeverdauung im Mund und Magen des Menschen. Müller, J. Med.Woche 1901. 80. - Ref.C. 1909. I. 637.

Über die Speichelverdauung der Kohlehydrate im Magen. Hensay, A. Münchener med.Wschr. 48, 1208-1210 (1901).

Experimentelle Untersuchungen über den Umfang der Stärkeverdauung in Mund und Magen des Menschen bei Brotgenuß. Dauber, H. Dissertation, Würzburg 1901.

Experimentelle Untersuchung über die Bedeutung des menschlichen Mundspeichels für die Verdauung im Magen. Weinstein, V. Dissertation, Würzburg 1899.

Bemerkungen über Stärkeverdauung. Grierson, G.A. Pharmac.J.Trans. 52. 187-189 (1892-93). - W.Ref. 228.

Beiträge zur Kenntnis der Verdaulichkeit und des Nährwertes des Brotes. Zuntz, N. und Magnus-Levy, A. Pflügers Arch.ges. Physiol.Menschen Tiere 49. 438-460 (1891). - W.Ref. 2473.

Künstliche und natürliche Verdauung. Lea, A.S. J.Physiology 11. 226-263 (1890). - W.Ref. 213.

Die Umwandlung der Kartoffelstärke im menschlichen Magen. Zeehnissen, H. Cbl.med.Wiss. 1888. 593-95. 609-12.

Untersuchungen über das Verhalten der in Nahrungs- und Futtermitteln enthaltenen Kohlehydrate zu den Verdauungsfermenten. Stutzer, A. und Isbert, A. Hoppe-Seyler's Z.physiol.Chem. 12. 72-94 (1888). - W.Ref. 1467.

Über Secretion und Resorption im Dünndarm. Röhmann, F. Pflügers Arch.ges.Physiol. Menschen Tiere 41. 411-462 (1887).

Über Resorption im Dünndarm. Gumilewski. Pflügers Arch.ges. Physiol. Menschen Tiere 39. 556-592 (1886).

Beiträge zur Physiologie und Pathologie der Verdauung. 2. Mitt. Ewald, C.A. und Boas, J. Virchow's Arch.Pathol.Anatom.Physiol. klin.Med. 104. 271-305 (1886).

Zur Kenntnis der Pankreasverdauung (vorläufige Mitteilung). Salkowski, E. Hoppe-Seyler's Z.physiol.Chem. 2. 420-424 (1878/79).

Studien über die Kohlehydrate und über die Art, wie sie verdaut und aufgesaugt werden. Stärke, Dextrin und Glykogen. Brücke, E. S.-B.kaiserl.Akad.Wiss., (Wien) math.-naturwiss.Kl. 65. Abt.3 126-161 (1872). - W.Ref. 159.

4113. Stärke und Organismus

(Biologische Wirkungen, Säuglingsernährung, Stärkeesser, tierischer Kohlenhydratstoffwechsel. Vgl. auch "Medizin und Stärke": 452)

Kohlenhydratstoffwechsel. Touster, O. Annu.Rev.Biochem. 31. 407-50 (1962). - Ref.C. 1963. 12453.

Stärkezusatz zur Diät. Wirkung auf den Cholesterol-Spiegel. Farnell, R. und Burns, M.J. Metabolism, clin.and exp. 11. 566-70 (1962). - Ref.C.A. 57. 7707f (1962), C. 1963. 970.

Kohlenhydratstoffwechsel. Sols, A. Annu.Rev.Biochem. 30. 213-38 (1961). - Ref.C. 1962. 14177.

Glucose-Monohydrat und Maisstärke als Kohlenhydratquelle in einer fettarmen Diät. Edwards, H.M. Jr., Marion, J.E. und Driggers, J.C. Poultry Sci. 40. 811-12 (1961). - Ref.C.A. 55. 21283g (1961).

Über den Stoffwechsel der Kohlenhydrate in den Vormägen der Wiederkäuer. Meyer, H. Dtsch.tierärztl.Wschr. 67. 47-51 (1960). - Stärke 12. 282 (1960).

Untersuchungen über das Skelett des Schafes. 4. Mitt. Wirkung und Wechselwirkung der Futterzusätze Calcium, Phosphor und Lebertran sowie Stärke als Energiequelle auf das Skelett wachsender Blackface-Lämmer. Benzie, D., Boyni, A.W., Dalgarno, A.C., Duckworth, J., Hill, R. und Walker, D.M. J.agric.Sci. 34. 202-21 (1960). - Ref.C. 1963. 5545.

Lehm- und maisstärkeessende Frauen. Nutrit.Rev. 18. 35-38 (1960).

Lehm- und maisstärkeessende Frauen. Edwards, C.H., McDonald, S., Mitchell, J., Jones, L., Mason, L., Kemp, A.M., Laing, D. und Trigg, L. J.Amer.dietet.Assoc. 35. 810-15 (1959).

Ergebnisse von Bilanzuntersuchungen über den Wert des zweiten Kohlenhydrats in der Säuglingsnahrung. Beckmann, R. Arch.Kinderheilkunde 159. 75-88 (1959).

Die Umwandlung von Saccharose und Stärke in vivo. Li, Shu-Chun. Bull.Plant Physiol.(China) 1958. Nr. 5. 1-8. - Ref.C.A. 53. 14554h (1959).

Das zweite Kohlenhydrat in der künstlichen Säuglingsernährung. Beckmann, R. Arch.Kinderheilkunde 1958. Beih.38. 114 S.

Die Rolle der Kohlenhydrate bei der Ernährung. Day, H.G. und Pigman, W. Carbohydrates, Chem.,Biochem.,Physiol. 1957. 779-814. - Ref.C. 1960. 7578.

Sensibilität gegen Maisstärke. Spielman, A.D. J.Allergy 24. 522-24 (1953). - Ref.C. 1954. 5329.

Ernährungsstudie an Stärken. 3. Mitt. Fortpflanzung von Insekten auf Körnern verschiedener Stärken. Sakurai, Y. und Watanabe, Y. Rep.Food Res.Inst. (Tokyo) 7. 81-82 (1952). - Ref.C.A. 49. 16103i (1955), Stärke 8. 17 (1956).

Ernährungsstudie an Stärken. 2. Mitt. Unterschiede verschiedener Stärken. 2. Sakurai, Y., Masuhara, T., Yokozawa, I., Watanabe, Y. und Hayakawa, S. Rep.Food Res.Inst. (Tokyo) 6. 125-34 (1952). - Ref.C.A. 49. 16103h (1955), Stärke 8. 17 (1956).

Über Wesen und Aufgaben unausnutzbarer Polysaccharide in der künstlichen Säuglingsernährung. 2. Mitt. Müller, E. Z.Kinderheilkunde 71. 624-32 (1952).

Über Wesen und Aufgaben unausnutzbarer Polysaccharide in der künstlichen Säuglingsernährung. 1. Mitt. Müller, E. Z.Kinderheilkunde 71. 120-35 (1952).

Zur Frage des "Kohlenhydrathungers" und seiner Vermeidung während der diätischen Behandlung des Säuglings. 2. Mitt. Krainick,H.G. und Richarz, H. Z.Kinderheilkunde 70. 253-70 (1952). - Ref.C. 1952. 6721.

Zum Wirkungsmechanismus der Stärke und anderer hochpolymerer Kohlenhydrate in der Säuglingsernährung. Eine gleichzeitige Orientierung über Semolin. Ströder, J. und Müller, E. Z.Kinderheilkunde 69. 491-504 (1951).

Zur Frage des "Kohlenhydrat-Hungers" und seiner Vermeidung während der diätischen Behandlung des Säuglings. Krainick, H.G. und Richarz, H. Z.Kinderheilkunde 69. 262-73 (1951). - Ref.C. 1951. II. 1916.

Stoffwechseluntersuchungen an Patienten mit Intoleranz gegenüber komplexen Kohlenhydraten. Lowe, C.U. und May, C.D. Amer.J. Diseases Children 81. 81-93 (1951). - Ref.C. 1952. 7848.

Diätstudien über typische Frauen in Mississippi: Einführung von Lehm und Wäschestärke. Ferguson, J.H. und Keaton, A.G. New Orleans M. & S.J. 102. 460 (1950).

Die Rolle des Stoffwechsels in Wechselwirkungen zwischen Organismus und umgebendem Medium. Rubin, B.A. Nachr.Akad.Wiss.UdSSR, biol.Ser. 1950. Nr.6. 61-76. - Ref.C. 1951. II. 394, C.A. 48. 10138h (1954).

Zur Diätetik der akuten Ernährungsstörungen. Brehme. Mschr.Kinderheilkunde 98. 168-76 (1950). - Ref.C. 1951. I. 2916.

Spezifischdynamische Wirkung von Kohlehydraten und Eiweiß zu verschiedenen Tageszeiten. Franz, H. Dissertation, Heidelberg 1948.

Augenblickliche Entwicklungsrichtungen und Ereignisse von nationaler Bedeutung in der Negererziehung. Section E: Lehm-, Stärke- und Rußesser bei den südlichen Stadtnegern von Nord-Carolina. Whiting, A.N. J.Negro Education 16. 610 (1947).

Bemerkungen über Lehm- und Stärkeesser unter Negern in einer südlichen ländlichen Gemeinde. Hertz, H. Social Forces 25. 343 (1947).

Der Einfluß der Art des zugeführten Kohlenhydrats auf die Citronensäureproduktion. Meyer, C.E. und Smith, A.H. J.biol.Chemistry 134. 739-47 (1940). - Ref.C. 1940. II. 2331.

4113

Die Verbrennung von Kohlenhydraten beim Menschen nach Aufnahme gewöhnlicher Lebensmittel. Carpenter, T.M. J.Nutrit. 19. 423-35 (1940). - Ref.C. 1940. II. 1314.

Einfluß wiederholter peroraler Zucker- und Stärkezufuhr auf Blutzucker sowie den Hexophosphat- und Glykogengehalt der Muskeln von hungernden und unterernährten Tieren. Jakowlew, N.N. J.Physiol. 26. 276-86 (1939). - Ref.C. 1941. I. 75.

Untersuchungen über die chemische Zusammensetzung der Egagrophilen. Ghigi, E. Arch.ital.Sci.farmacol. 1939. Nr.1. 8 S. - Ref.C. 1940. II. 1600.

Die Ausnutzung ungekochter Stärke (u. a. Weizen- und Haferflocken-Stärke. Hauer, L. Dissertation, Frankfurt 1938.

Glykosegehalt der Leber bei Ernährung mit unterschiedlichen Stärkearten in der gemischten Nahrung. Danopoulos, E. Biochem.Z. 299. 100-03 (1938). - Ref.C. 1941. I. 2269.

Die Beurteilung des Kohlehydratstoffwechsels mit Hilfe der von Noorden'schen Brotreihe und der Blutzuckertageskurve. Zimmer, H. Dissertation, Würzburg 1936.

Kohlehydratbelastung mit reinem Traubenzucker oder mit Weißbrot? Goede, M. Dissertation, Greifswald 1934.

Vergleichende Untersuchungen über die Erträge an Roh- und verdaulichen Nährstoffen bei Rüben, Mais, Sonnenblumen, Markstammkohl und Topinambur und den Futterwert für die Milchleistung. Kirsch, W. und Jantzon, H. Biedermanns Zbl.Agrikulturchem.ration Landwirtschaftsbetr.Abt.B. Tierernährg. 6. 159-72 (1934). - Ref.C. 1934. II. 1048.

Die Antikörperbildung durch Polysaccharide. Nishimura, S. J.exp. Med. 50. 419-30 (1929). - Ref.C. 1930. I. 2441.

Über das Schicksal des Acetylcholins im Blute. V. Der Einfluß von Gummi arabicum und Stärke auf den Spaltungsvorgang. Kodera, Y. Pflügers Arch.Physiol. 219. 686-93 (1928). - Ref.C. 1928. II. 1680.

Der respiratorische Gaswechsel nach Zufuhr verschiedener Kohlenhydrate. Deuel, jr. H.J. J.biol.Chemistry 75. 367-91 (1927). - Ref.C. 1928. I. 820.

Physiologische Vergleichswerte von fünf Kohlehydraten auf Grund des Wachstums und der Analyse der Faces. Mitchell, H.S. Amer.J.Physiol. 79. 537-41 (1927). - Ref.C. 1927. I. 2567.

Untersuchungen über den intermediären Kohlenhydratstoffwechsel bei Avitaminose. I. Mitt. Rubino, P. und Collazo, J.A. Biochem.-Z. 140. 258-267 (1923). - Ref.C. 1923. III. 1418.

Über die biologische Wirkung der einzelnen Nahrungsstoffe. 2.Mitt. Berczeller, L. und Billig, A. Biochem.-Z. 139. 470-475 (1923). - Ref.C. 1923. III. 1103.

Ausnutzung von Kohlehydraten und Fett bei mit Buttermehlnahrung ernährten Kindern. Zielaskowski, M. Dissertation, Breslau 1922.

Über das Verhalten der in den Organismus eingeführten Stärkelösung, Ablagerung der Stärke und Umwandlung in Glykogen. Moscati, G. Hoppe-Seyler's Z.physiol.Chem. 50. 73-96 (1906). - Ref.C. 1907. I. 415.

Über eine besondere Rolle der Kohlenhydrate bei der Ausnutzung der unlöslichen Salze im Organismus. Vaudin, L. Ann.Inst.Pasteur 16. 85-93 (1902).

Untersuchungen über den Stoff- und Energie-Umsatz des erwachsenen Rindes bei Erhaltungs- und Produktionsfutter. Kellner, O. Verlag Paul Parey, Berlin 1900. 474 S.

Über die Säuren des gesunden und kranken Magens bei Einführung von Kohlenhydraten. Ewald, C.A. und Boas, J. Cbl.med.Wiss. 1888. 241-43.

4114. Dextrine und Ernährung

Der Dextrinstoffwechsel von Mycobakterium avium. Yamashita, T. Jap.J.Bacteriol. 15. 762-66 (1960). - Ref.C. 1961. 3368.

Über die Bedeutung der "Protein-Ersatz"-Wirkung von Dextrin. Spivey, H.E. Amer.J.Physiol. 193. 479-82 (1958).

Günstige Wirkungen von Dextrin-Maltose-Gemisch im Fütterungsversuch. Scheunert, A. und Sommer, H. Biochem.Z. 327. 461-72 (1956). - Ref.C. 1957. 10797.

Vitaminanreicherung in Nahrungsmitteln. Laet, J. de. Belg.P. 446 973 vom 29/8.1942, Auszug veröff. 29/5.1943. Luxemb.Prior. 27/11.1939. - Ref.C. 1944. I. 1250.

Vitamin L und Dextrinkost. Nakahara, W., Inukai, F. und Ugami, S. Science (N.Y.) 1941. 39-40.

Der Einfluß von Dextrin und Saccharose auf das Wachstum und Dermatitis. Bender, R.C., Ansbacher, S., Flanigan, G.E. und Supplee, G.C. J.Nutrit. 11. 391-400 (1936). - Ref.C. 1936. II. 1568.

4115. Kohlenhydrate und Proteine

(Vgl. auch "Stärkederivate, Stärke und Proteine und sonstige N-Verbindungen": 67)

Der Einfluß der Protein- und Stärkespiegel in den Futterrationen vom Schaf auf die Nutzbarmachung von Protein. Tagari, H., Dror, Y. und Ascarelli, I. Brit.J.Nutrit. 18. 333-56 (1964).

Die Rolle der Kohlenhydrate im Eiweißstoffwechsel. Bedö, M. und Nagy, Gy. Nahrung 4. 411-16 (1960). - Ref.C. 1964. 31-1356.

Der Einfluß von Kohlenhydraten auf die Verwertung von Kostformen, die α-Protein aus Sojabohnen enthalten. Register, U.D. und Peterson, E.W. J.Nutrit. 64. 483-91 (1958).

Magenentleerung und Darmabsorption von Kohlenhydraten und Proteinen in Abhängigkeit von der Natur der Versuchsnahrung. Rosenthal, S. und Nassett, E.S. J.Nutrit. 66. 91-103 (1958).

Über die Verdaulichkeit von roher Kartoffelstärke in Diäten, die Magermilchpulver bzw. Wuchshefe als Eiweißquelle enthalten. Hock, A. und Dost, G. Z.Tierernährung u.Futtermittelkunde 11. 182-85 (1956).

Ausnutzung der Stärke aus Süßkartoffeln bei Ratten und die Wirkung auf die Verdauung von Nahrungsprotein. Yoshida, M. und Morimoto, H. J.Nutrit. 57. 565-77 (1955). - Ref.C.A. 50. 5867d (1956).

Der Effekt von Alloxan auf Ratten bei Maisstärke-, Saccharose- und Lactosediäten. Leonard, H.B., Berry, M.E. und Schuck, C. J.Amer.dietet.Assoc. 31. 708-10 (1955). - Ref.C. 1956. 7583.

Absorption von Kohlenhydraten und Proteinen und deren Einfluß bei der Fütterung von Maisstärke, Bananen oder Glucose. Dreisbach, L. und Nasset, E.S. J.Nutrit. 53. 523-32 (1954). - Ref.C.A. 49. 452d (1955).

Die Wirkung des Nahrungsproteinspiegels auf das Wachstum von Küken, die mit einer Saccharose oder Dextrin enthaltenden Nahrung gefüttert wurden. Monson, W.J., Harper, E.A., Benton, D.A. und Elvehjem, C.A. J.Nutrit. 53. 563-73 (1954). - Ref.C. 1956. 5332.

Der Einfluß verschiedener Kohlenhydrate auf die Verwertung proteinarmer Rationen bei der weißen Ratte. 2. Mitt. Vergleich mehrerer Proteine und Kohlenhydrate, Wachstum und Leberfett. Harper, A.E., Monson, W.J., Arata, D.A., Benton, D.A. und Elvehjem, C.A. J.Nutrit. 51. 523-37 (1953). - Ref.C. 1954. 10756.

Der Einfluß verschiedener Kohlenhydrate auf die Verwertung proteinarmer Rationen bei der weißen Ratte. 1. Mitt. Vergleich von Saccharose und Maisstärke in einer Diät mit 9 % Casein. Harper, A.E. und Katayama, M.C. J.Nutrit. 49. 261-75 (1953). - Ref.C. 1953. 7849.

Roher Kartoffelpreßsaft in der Ernährung von Säuglingen und älteren Kindern. Catel, W. Dtsch.med.Wschr. 67. 203 (1941).

Zur Kenntnis der Veränderung im Stoffwechsel bei allmählichem Ersatz des Kartoffeleiweißes durch Kasein als Nahrungseiweiß. Braasch, G. Arch.Verdauungskrankh. 61. 74 (1937).

Wirkung der Kombination der wichtigsten Nahrungsmittel (mit vorwiegendem Eiweiß- und Kohlehydratgehalt) auf die Magen- und Pankreassekretion. Eidinowa, M.L. Arch.Sci.biol.(russ.) 34. 113-23 (1934). - Ref.C. 1935. I. 260.

Über die spezifisch dynamischen Wirkungen von Protein, Fett und Kohlehydrat bei der Albinoratte mit verschiedenen Ernährungsarten. Kriss, M., Forbes, E.B. und Miller, R.C. J.Nutrit. 8. 509-34 (1934). - Ref.C. 1935. I. 428.

Die Proteine und Kohlenhydrate im Licht der modernen Ernährungslehre. Ekhard, W. Z.Spiritusind. 51. 159-60 (1928).

4116. Spezielle Fütterungsversuche

(Tierernährung, Verdaulichkeit von Stärke bei Tieren. Vgl. auch "Stärkewert und Futtermittelnährwert": 4118, "Futtermittel": 419)

Abbau von Stärkekörnern durch einige amylolytische Bakterien aus den Pansen der Schafe. Walker, G.J. und Hope, P.M. Biochem.J. 90. 398-408 (1964). - Ref.C. 1965. 6-1261, C.A. 60. 7173h (1964).

Untersuchungen zur Verwertung verschiedener Stärkearten und Zucker durch die Ratte. Reussner, G. jr., Andros, J. und Thiessen, R. jr. J.Nutrit. 80. 291-98 (1963). - Ref.Stärke 16. 137 (1964), C.A. 60. 2103f (1964).

Die Ausnützung von Schardingerschen Dextrinen durch die Ratte. Andersen, G.H., Robbins, F.M., Domingues, F.J., Moores, R.G. und Long, C.L. Toxicol.appl.Pharmacol. 5. 257-66 (1963). - Ref.C. 1965. 5-1572, C.A. 59. 3130h (1963).

Kohlenhydratabbau im Dünndarm junger Stiere. Henschel, M.J., Hill, W.B. und Porter, J.W.G. Proc.Nutrit.Soc. (London) 22. Nr.1. v-vi (1963).

Der Stärkeabbau im Pansen bei Fütterung gekeimten Getreides. 2. Mitt. Fütterungsversuche mit Malz und mit gekeimtem Getreide. Larson, B.Y. Z.Tierphysiol.,Tierernähr.,Futtermittelkunde 18. 209-15 (1963). - Ref.C. 1964. 1-3152.

Die Verwertung reiner Nährstoffe. 3. Mitt. Versuche mit Ochsen und Hammeln. Hoffmann, L., Schiemann, R. und Nehring, K. Arch.Tierernähr. 11. 337-58 (1962). - Ref.C.A. 57. 15581h (1962).

Der Stärkeabbau im Pansen bei der Fütterung gekeimten Getreides. 1. Mitt. Larson, B.Y. Z.Tierphysiol.Tierernähr.Futtermittelkunde 17. 317-25 (1962). - Ref.C. 1964. 23-2564.

Eine Bemerkung über die Verdaulichkeit von hoch-amylosiger Maisstärke durch Ratten. Borchers, R. Cereal Chem. 39. 145-46 (1962). - Ref.C.A. 57. 3849i (1962).

Der Einfluß von Stärke auf die Verdauung von Cellulose in vitro und in vivo durch Pansenmikroorganismen. El-Shazly, K., Dehority, B.A. und Johnson, R.R. J.Animal Sci. 20. 268-73 (1961). - Ref.C. 1963. 10523.

Die Proteinwerte im Alfalfa- und Grasfutter der Wiederkäuer. 2. Mitt. Einfluß des Kohlenhydratzusatzes auf den NH_3 und flüchtigen Fettsäure-Spiegel (VFA) im Pansen des Schafes bei Fütterung von Wiesenheu, Alfalfaheu und getrocknetem Alfalfaheu. Jasiorowski, H. Roczniki Nauk rolniczych, Ser.B. 78. 217-29 (1961). - Ref.C.A. 57. 11637i (1962).

Ernährung der lachsartigen Fische. 9. Mitt. Kohlenhydratbedarf des Chinook-Lachses. Buhler, D.R. und Halver, J.E. J.Nutrit. 74. 307-18 (1961). - Ref.C. 1963. 196.

Hochamylosiger Mais für Eintagsküken. Ackerson, C.W. Feed Age 11. Nr. 7. 25-27 (1961). - Ref.C.A. 55. 21278a (1961).

Harnstoff und Kohlenhydrate gegenüber Pflanzenprotein bei der Schafernährung. Drori, D. und Loosli, J.K. J.Animal Sci. 20. 233-38 (1961). - Ref.C. 1963. 10547.

Die ernährungsphysiologische Bedeutung der stickstofffreien Extraktstoffe, insbesondere der Kohlenhydrate, in der Tierernährung. Schreiber, R. Dtsch.tierärztl.Wschr. 67. 242-45, 271-75 (1960).

Einfluß von Maisstärke auf die Verdaulichkeit von Alfalfaheu. Kane, E.A., Jakobson, W.C. und Damewood, P.M. J.Dairy Sci. 42. 849-55 (1959). - Ref.C. 1960. 4060, C.A. 53. 14265i (1959).

Der Einfluß der Ernährungsform auf die Entwicklung verschiedener Teile des Darmtraktes bei der jungen Ratte. Fournier, P., Susbielle, H. und Bescol-Liversac, J. C.R.hebd.Séances Acad. Sci. 248. 3621-3623 (1959).

Die Wirkung der Kohlenhydratfütterung auf die Entwicklung der verschiedenen Teile des Verdauungskanals von jungen Ratten. Fournier, P., Susbielle, H. und Bescol-Liversac, J. C.R.hebd. Séances Acad.Sci. 248. 2799-2801 (1959).

Verdauung von Stärke und einigen ihrer Abbauprodukte bei Ferkeln. Cunningham, H.M. J.Animal Sci. 18. 964-75 (1959).

Stärkeverdauung beim Karpfen. Jančařik, A. Csl.fysiol. 8. 28-29 (1959).

Der Einfluß von Äthylalkohol und Stärke auf die Verdaulichkeit von Nahrungsmitteln und auf die Stickstoffretention bei zwei Harnstoffspiegeln im Futter. Drori, D. und Loosli, J.K. J.agric. Food Chem. 7. 50-53 (1959). - Ref.C. 1961. 2127.

Cardiovasculare Wirkungen einer Wiederfütterungsbelastung nach einer Hungerperiode. 6. Mitt. Wiederfütterung von Stärke an Stelle von Glucose. Mameesh, M.S. und Johnson, B.C. U.S.Dep. Commerce, Off.techn.Serv., PB Rep. 152,029. 10 S. (1959). - Ref.C.A. 57. 7704b (1962).

Untersuchungen über die Netzmagenverdauung. 14. Mitt. Über die Verdauung von Stärke im Pansen des Schafes. Kumeno, F. und Kandatsu, M. J.agric.chem.Soc.Japan 33. 867-71 (1959). - Ref.C. 1961. 18019, C.A. 57. 6486a (1962).

Untersuchungen über die Netzmagenverdauung. 13. Mitt. Bildung von flüchtigen Fettsäuren aus Stärke im Pansen des Schafes. Kumeno, F. und Kandatsu, M. J.agric.chem.Soc.Japan 33. 740-44 (1959). - Ref.C. 1961. 7648.

Beobachtungen zur Ernährung des jungen Kalbes. Ein Vergleich zwischen Stärke, Lactose und hydriertem Palmöl und Butterfett in Milchtränken. Raven, A.M. und Robinson, K.L. Brit.J.Nutrit.12. 469-82 (1958). - Ref.C.A. 53. 20339a (1959).

Der Einfluß des Nährstoffverhältnisses auf die Milchleistung der Rinder. Leisner, G. Jb.Arbeitsgemeinsch.Fütterungsberat. 1. 46-57 (1957/58).

Testversuche zur Verwertung von Stärkefabrikationsrückständen bei der Milchviehfütterung. Kraack, E. Ernährungsforschung 2. 64-69 (1957). - Ref.C. 1958. 4054.

Milchaustauschprodukte zur Jungtieraufzucht. Helmut Becker GmbH. Oe.P. 198 114 vom 15/1.1957., ausg.10/6.1958. D.Prior.1/2.1956. - Ref.C. 1959. 3330.

Erhöhung der Verdaulichkeit stärkehaltiger Kartoffeln und Cerealien. Sives, W.L. A.P. 2 784 094 ausg. 5/3.1957. - Ref.C.A. 51. 8324g (1957).

Glucose- und Stärke-Toleranz-Teste. Halme, A.A., Kassila, O.J. und Hartiala, K.J.W. Ann.Med.exp.Biol.Fenniae 35. 295-306 (1957). - Ref.C.A. 52. 7517g (1958).

Die Verdaulichkeit von Durchschnitts-Weizen, Mais-Keim-Mehl, Mais-Gluten-Futter, Sojabohnenmehl und Erdnußmehl bei ausgewachsenem Geflügel. Bolton, W. J.Sci.Food Agric. 8. 132-36 (1957).

Bedeutung der Tiernahrung des Karpfens für die Stärkeverdauung. Jančarik, A. Arch.Tierernähr. 7. 347-66 (1957).

Zuverlässigkeit der Chromoxyd-Indicatormethode zur Bestimmung der Verdaubarkeit bei wachsenden Küken. Yoshida, M. und Morimoto,H. J.of Nutrit. 61. 31-38 (1957). - Ref.C. 1961. 1625.

Die Verwertung von Kohlenhydraten durch das junge Kalb. Dollar, A.M. und Porter, J.W.G. Nature (London) 179. 1299-1300 (1957). - Ref.C. 1961. 2346.

Die Verdaulichkeit des Kohlenhydratkomplexes bei Hühnern verschiedenen Alters. Bolton, W. J.agric.Sci. 46. 420-24 (1955). - Ref.C. 1956. 12051.

Die Verdaulichkeit des Kohlenhydratkomplexes von Gerste, Weizen und Mais bei erwachsenem Geflügel. Bolton, W. J.agric.Sci. 46. 119-22 (1955). - Ref.C. 1956. 4780.

Die Resorption von Kohlenhydraten aus dem sterilen Darm-Trakt der Kaninchen. Stern, P., Hukovič, S. und Fukarek, V. Gastroenterologia (Basel) 83. 349-53 (1955). - Ref.C.A. 51. 12269h (1957).

Milchertrag mit niedrigem Fettgehalt bei Fütterung mit wenig Heu und reich an Konzentraten. V. Die Bedeutung der Art der Stärke in den Konzentraten. Balch, C.C., Balch, D.A., Bartlett, S., Hosking, D., Johnson, V.W., Rowland, S.J. u. Turner, J. J.Dairy Res. 22. 10-15 (1955). - Ref.C.A. 49. 9767i (1955).

Einfluß der Natur der Diätglucoside auf die Verwertung des Calciums. Fournier, P., Dupuis, Y., Susbielle, H., Allez, M. u. Tary, N. J.de Physiol. 47. 339-50 (1955). - Ref.C. 1956. 9510.

Zur Frage der Fütterungsregulierung nach dem Eiweiß- und Stärkeeinheiten-Verhältnis in der Praxis der Milchviehhaltung. Kirsch, W. in K.Nehring: Wiss.Abh.Bd.V/2 100 Jahre Möckern. Die Bewertung der Futterstoffe und andere Probleme der Tierernährung. Dtsch.Akad.Landwirtschaftswiss. Berlin 1954. S.263-77.

Verschiedene Kohlehydrate in einer halbsynthetischen Diät für das wachsende Schwein. Becker, D.E. und Terrill, S.W. Arch.Biochem.Biophysics 50. 399-403 (1954). - Ref.C. 1955. 389.

Ein Vergleich der Kohlehydrate in einem synthetischen Mischfutter für das Ferkel. Becker, D.E., Ullrey, D.E. und Terrill, S.W. Arch.Biochem.Biophysics 48. 178-83 (1954). - Ref.C. 1955. 8382, C.A. 48. 4654h (1954).

Die Verdaulichkeit verschiedener Futtermittel beim Pferd. Franke, E.-R. in K.Nehring: Wiss.Abh.Bd.V/2. 100 Jahre Möckern. Die Bewertung der Futterstoffe und andere Probleme der Tierernährung. Dtsch.Akad.Landwirtschaftswiss. Berlin 1954. S.441-72.

Der Durchgang von Stärke durch den Magen des Schafes. Weller, R.A. und Gray, F.V. J.exp.Biology 31. 40-48 (1954). - Ref.C. 1955. 143.

Der Einfluß verschiedener Stärkearten auf die Futterwahl bei Ratten. Tribe, D.E. und Gordon, J.G. Brit.J.Nutrit. 7. 202-07 (1953).

Die Unzulänglichkeit von unmodifizierter Kartoffelstärke als Nahrungskohlenhydrat für die Albinoratte. Bohdan, J., Katayama, M.C. und Harper, A.E. Canad.J.med.Sci. 30. 447-52 (1952).

Mangelnde Eignung von unbehandelter Kartoffelstärke als Nahrungskohlenhydrat für die Albinoratte. Jelinek, B. Canad.J.Med.Sci. 30. 447-52 (1952).

Viehfütterung mit Kartoffelschlempe. Redkin, A. und Filipsson, Je. Fleisch-Ind.UdSSR (russ.) 22. Nr.5. 70-72 (1951). - Ref.C.1952. 4073.

Über den Einfluß der Stärkemenge auf die Ausnutzung von Harnstoff bei Schafen. Peirce, A.W. Australian J.Agr.Research 2. 447-56 (1951). - Ref.C.A. 46. 3130e (1952).

Einfluß von Maisstärke auf die Verdauung beim Vieh. Burrough, W., Gerlaugh, P., Edgington, B.H. u. Bethke, R.M. J.Animal.Sci.8. 271-78 (1949). - Ref.C.A. 46. 3622d (1952).

Histologische Untersuchungen über die Verdaulichkeit von Stärke bei Ratten. Lorenz, W. Dissertation, Frankfurt a/M. 1944 (54 S.). - Ref.C. 1948. II. 415.

Untersuchung über die Verdaulichkeit von roher Stärke beim Meerschweinchen. Terrier, J. und Deshusses, J. Mitt.Gebiete Lebensmittelunters.Hyg. 35. 8-13 (1944). - Ref.C. 1945. II. 1512.

Verdaulichkeit getrockneter Kartoffelpülpe durch das Schwein. Kirsch, W. und Jantzon, H. Biedermanns Zbl.Agrik.-Chem.ration. Landwirtschaftsbetrieb Abt.B. 15. 206-08 (1943). - Ref.C. 1943. II. 2116.

Verdaulichkeit roher Stärke bei weißen Mäusen. Deshusses, J. und Terrier, J. Mitt.Gebiete Lebensmittelunters.Hyg. 31. 259-64. (1940). - Ref.C. 1941. I. 2675.

Chemologie der Pansenverdauung bei Wiederkäuern (Kalb). Nikitin, W.I. Biochem.J. (russ.) 14. 203-22 (1939). - Ref.C. 1940. II. 1319.

Über die Verdauung und Resorption von Kohlenhydraten im Dickdarm der Wiederkäuer. Trautmann, A. und Asher, Th. Z.Tierernähr. Futtermittelkunde 3. 45-52 (1939). - Ref.C. 1939. II. 4518.

Die Zusammensetzung und Verdaulichkeit von Kartoffelschnitzeln und Kartoffelmehl bei Fütterung an Schweine und Schafe. Woodman, H.E. und Evans, R.E. J.agric.Sci. 29. 347-61 (1939). - Ref.C. 1939. II. 2860.

Über Stärke und N-freie Extraktstoffe in Futtermitteln und ihre Verdaulichkeit bei Geflügel und Schweinen. Hock, A. Biedermanns Zbl.Agrikulturchem.ration.Landwirtschafts.Abt.B.Tierernähr. 10. 249-60 (1938). - Ref.C. 1939. II. 2103.

Die Physiologie der Verdauung und Resorption bei der Krabbe Paratelphusa (Oziotelphusa) hydrodromis (Herbst). Reddy, A. Proc.Indian Acad.Sci.Sect.B 6. 170-93 (1937). - Ref.C. 1938. I. 110.

Die Verwertung von Kohlenhydraten durch den Fleischfresser. Schoenemann, R. Landwirtsch.Versuchsstat. 128. 1-88 (1937). - Ref.C. 1937. II. 615.

Über den Gebrauch verschiedener Stärkearten in Fütterungsversuchen von Ratten. Kok, J.A.F. und Bouman. Acta brevia neerl.Physiol. Pharmacol.Microbiol. 5. Nr.7/8 (1937).

Die Beziehung von zugeführtem Kohlenhydrat zu der Art und Menge von Blut- und Harnzucker und dem Auftreten von Katarakt bei Ratten. Mitchell, H.S.M., Orena, A. und Cook, G.M. J.Nutrit. 13. 501-11 (1937). - Ref.C. 1937. II. 615.

Refektion bei der Ratte. Mit einem Anhang über die Herstellung von Ausgangsmaterialien für die Mangelnahrung. Bliss, S. J.Nutrit. 11. 1-19 (1936). - Ref.C. 1936. I. 4456.

Die Verwertung verschiedenartig konfigurierter Zucker - Glucose, Fructose, Galaktose, Rohrzucker, Milchzucker, Maltose, Stärke und Mannan (Steinnuß) - durch den Fleischfresser. Fingerling, G. und Schoenemann, R. Landwirtsch.Versuchsstat. 127. 119-22 (1936). - Ref.C. 1937. I. 919.

Über den Gebrauch verschiedener Stärkearten in Fütterungsversuchen an Ratten. Filedt Kok, J.A. und Bouman, J. Acta brevia neerland. Physiol.Pharmacol.Microbiol. 5. 111-15 (1935). - Ref.C. 1936. I. 2583.

Die Verdaulichkeit einiger Stärkearten durch Pankreasamylase des Hundes und Schweines. Roos, J. und Romijn, C. Arch.neerl. Physiol.Homme Animaux 19. 392-402 (1934). - Ref.C. 1935. I.2553.

Verdauung und Resorption unbehandelter Stärke bei Hunden. Roseboom, B.B. und Patton, J.W. Amer.J.Physiol. 100. 178-79 (1932). - Ref.C. 1932. II. 241.

Untersuchungen über die Verdaulichkeit der Nährstoffe von rohen, gedämpften und gedämpft eingesäuerten Kartoffeln am Schwein, Hammel, an der Milchkuh und am Mastochsen. Bollmann, W. Z.Zücht., Reihe B 24. 329 (1932).

Fütterungsversuch mit Tapiokamehl bei Milchvieh. Brouwer, E. Vereenig.Exploitatie Proofzuivelboerderij Hoorn 1931. 79-111. - Ref.C. 1933. I. 2329.

Über die Beifütterung des Milchviehs auf der Weide und die Beschaffenheit so erzeugter Butter. Brouwer, E. Vereenig. Expoitatie Proofzuivelboerderij Hoorn 1931. 113-56. - Ref.C. 1933. I. 2329.

Stärkeverdauung beim Hund. Roseboom, B.B. und Patton, J.W. J.Amer.veterin.med.Assoc. 74. 768-72 (1929). - Ref.C. 1930. I. 3573.

Verdauung von roher Stärke durch den Pankreassaft des Hundes. Pozerski, E. C.R.Séances Soc.Biol.Filiales Associées 98. 1196-98 (1928). - Ref.C. 1928. II. 1686.

Der Mangel an verdauungsfördernden Substanzen bei den Beri-beri-Tauben. Farmer, Ch.J. und Redenbaugh, H.E. Amer.J.Physiol.75. 45-51 (1925). - Ref.C. 1926. I. 3486.

Beiträge zur chemischen Kinetik der Kohlehydratverdauung im Duodenum der Säugetiere. Böhne, C. Fermentforschung 6. 200-229 (1922). - W.Ref. 2976, C.A. 17. 779 (1923).

Verdaulichkeit der Zucker, Stärke, Pentosane und Proteide einiger Futterstoffe. Fraps, G.S. Texas Stat.Bull. 290. 5-21 (1922); nach Exp.Stat.Rec. 47. 471-72 (1922).

Untersuchungen über die Verdaulichkeit der Stärke verschiedener pflanzlicher Futtermittel durch Malz-, Pankreas- und Speicheldiastase. Pauletig, M. Hoppe-Seyler's Z.physiol.Chem. 100. 74-93 (1917). - Ref.C. 1917. II. 762.

Über die Schichtung des Mageninhaltes nebst Bemerkungen über ihre Bedeutung für die Stärkeverdauung. Scheunert, A. Pflüger's Arch.ges.Physiol.Menschen Tiere 169. 201 (1917).

Weitere Untersuchung über die normale pathologische Verdauung beim Hunde. London, E.S. Hoppe-Seyler's Z.physiol.Chem. 81. 369-438 (1912). - Ref.C. 1913. I. 723.

Kälberfütterungsversuche. I. Vergleichende Fütterungsversuche mit Magermilch, welcher teils Stärke, teils durch Diastasolin verzuckerte Stärke zugesetzt wurde. Hittcher. Landwirtsch.Jb.38. 871-950 (1909). - Ref.C. 1909. II. 1889.

Zum Chemismus der Verdauung im tierischen Körper. 22. Mitt. Verdauung und Resorption der Kohlehydrate im Magendarmkanal des Hundes. London, E.S. und Polowzowa, W.W. Hoppe-Seyler's Z. physiol.Chem. 56. 512-544 (1908). - Ref.C. 1908. II. 1114.

Die Verwendung der durch Diastasolin aufgeschlossenen Stärke bei der Kälberaufzucht. Pflugradt, A. Milch-Ztg. 37. 2-4 (1908). - W.Ref. 3448.

Fütterungsversuch mit durch Diastasolin verzuckerter Stärke bei Ferkeln, ausgeführt am Milchwirtschaftlichen Institut zu Proskau. Klein. Milch-Ztg. 36. 461 (1907). - W.Ref. 328, C. 1907. II. 1651.

Über den Einfluß der Fütterung von Rohrzucker und Stärkesirup auf die Beschaffenheit des Honigs. Raumer, E.v. Z.analyt.Chem.41. 333-50 (1902).

Fütterungsversuche mit Maiskleber an Milchkühen. Ramm, E. Milch-Ztg. 28. 659 (1899).

Über Amylaceenverdauung im Magen der Carnivoren. Friedenthal, H. Arch.Anatom.Physiol., physiolog.Abt. 1899. 383-90. - Ref.C. 1899. II. 1030.

Fütterung mit Wiesenheu, entfettetem Fleischmehl und Weizenstärke. Kühn, G., Köhler, A., Lösche, P. und Gerhard, A. Landwirtsch. Versuchsstat. Berlin 64. 506-46 (1882/83).

Fütterungsversuche mit Wiesenheu und Stärkemehl. Kühn, G., Böttcher, O., Koch, G., Waage, A. und Mielcke, P. Landwirtsch. Versuchsstat. 64. 443-505 (1882/83).

Fütterungsversuche mit Kleeheu, Haferstroh, Weizenstärke und Weizenkleber. Kühn, G., Thomas, A., König, G. und Mohr, G. Landwirtsch.Versuchsstat. Berlin 64. 370-443 (1882/83).

Fütterungsversuche mit Wiesenheu und Weizenstärke. Kühn, G., Thomas, A., Martin, E. und Lankisch, H. Landwirtsch.Versuchsstat. Berlin 64. 318-70 (1882/83).

Untersuchungen bezüglich der Einwirkung des Verdauungssaftes der Cephalopoden auf stärkehaltige Stoffe. Bourquelot, E. C.R.hebd.Séances Acad.Sci. 93. 978-980 (1881).

Über die Umwandlung der Stärke im tierischen Organismus. Bimmermann, E.H. Pflüger's Arch.ges.Physiol.Menschen Tiere 20. 201-210 (1879).

4117. Nährwert
(Biologische Wertigkeit)

Einfluß der Erhitzung auf den Nährwert von Eiweiß, Fetten und Kohlenhydraten. Groot, A.P. de. Voeding 23. 763-80 (1962). - Ref.C. 1963. 14514.

Der Nährwert von chemisch modifizierten Maisstärken. Whistler,R.L. und Belfort, A.M. Science (Washington) 133. 1599-1600 (1961). - Ref.C.A. 55. 24966b (1961), C. 1963. 2907, Stärke 15. 196 (1963).

Der Nährwert von Kartoffeln. Brown, H.D. Potato Handb. 5. 61-66 (1960). - Ref.C. 1961. 332.

Chemische Struktur von Kohlenhydraten und ihr biologischer Wert für den Stoffwechselkranken. Pongratz, A. Scientia pharmac.27. 100-09 (1959).

Die biologische Wertigkeit der Stärke verschiedener Mehle. Dörner, H. Getreide u. Mehl 7. 57-58 (1957). - Ref.Stärke 10. 64 (1958), C. 1959. 193.

Untersuchungen über Zusammensetzung und Nährwert dänischer Kartoffeln. Hansen, F., Brandt, E. und Hoff-Jorgensen, E. Tidsskr.Planteavl 61. 292-376 (1957). - Ref.C. 1958. 4049.

Nährwert und Haltbarkeit von geschältem, leicht und stärker gemahlenem Reis. Subrahmanyan, V., Rao, M.N. und Swaminathan, M. Bull.centr.Food technol.Res.Inst.Mysore 5. 329-34 (1956). - Ref.C. 1957. 13202.

Der Nährwert mittelamerikanischer Maissorten. II. Lysin- und Methioningehalt von 23 Varietäten aus Guatemala. Aguirre, F., Robles, C.E. und Scrimshaw, N.S. Food Res. 18. 268 (1953). - Ref.Stärke 6. 231 (1954).

Der Nährwert mittelamerikanischer Maissorten. I. Stickstoff, Ätherextrakt, Rohfaser und anorganische Bestandteile von 24 Varietäten aus Guatemala. Bressani, R., Arroyave, G. und Scrimshaw, N.S. Food Res. 18. 261 (1953). - Ref.Stärke 6. 231 (1954).

Biologische Vergleichswerte verschiedener Zuckerarten für die Ernährung von Kindern. Vansteeberghe, M. Presse méd. 59. 1239-40 (1951). - Ref.C. 1952. 1857.

Der Einfluß des Kochens auf den Nährwert von pflanzlichen Nahrungsmitteln. Olliver, M. Chem.and Ind. 60. 586-96 (1941).

Nährwert der Kartoffel. Chick, H. Chem.and Ind. 59. 737-39 (1940). - Ref.C. 1941. II. 1221.

Einige Faktoren, die den Speisewert von Kartoffeln beeinflussen. Smith, O. Amer.Potato J. 14. 221-24 (1937). - Ref.C. 1937. II. 2445.

Sind Kartoffel- und Maisstärke in ernährungsphysiologischer Hinsicht gleichwertig? Fischler, F. Münchener med.Wschr. 82. 57-58 (1935). - Ref.C. 1935. II. 243.

Versuche zur Erfassung des Speisewertes der Kartoffelknolle. Rathsack, K. Ernähr.d. Pflanze 31. 321-27 (1935). - Ref.C. 1936. I. 215.

Untersuchungen über den Nährstoffgehalt einer mittelamerikanischen Bohnenart. Junkersdorf, P. und Meyer, K. Biochem.Z. 256. 100-02. - Ref.C. 1934. I. 2367.

Über den Nährwert von Manihot. Martino, G. und J.G. Chenu-Bordon. Arch.Science biol. 17. 305-19. - Ref.C. 1936. I. 1740.

Über den Nährwert der Mandioka. Martino, G. und Chenu-Bordon, J.C. Boll.Soc.ital.Biol.sperim.7. 757-759 (1932). - Ref.C. 1935. II. 3403.

Über den relativen Nährwert verschiedener Kohlenhydrate und verwandter Verbindungen. Ariyama, H. und Takahasi, K. Bull.agric. chem.Soc.Japan 6. 1-5. - Ref.C. 1931. II. 2895.

Beiträge zur Theorie des Nährwertes von Stärke und Rohrzucker. Wendt, G.v. Skand.Arch.Physiol. 43. 264-274 (1923). - Ref.C. 1923. III. 266.

4118. "Stärkewert" und Futtermittelnährwert

(Auch Futterwert. Vgl. auch "Spezielle Fütterungsversuche": 4116, "Futtermittel": 419)

Konsequenzen aus den neueren Erkenntnissen über die Wiederkäuerverdauung hinsichtlich der energetischen Bewertung von Silagen und hinsichtlich des Rohfaserabzugs beim Stärkewert. Orth, A. und Kaufmann, W. Z.Tierphysiol.,Tierernähr.Futtermittelkunde 19. 121-30 (1964). - Ref.C. 1966. 4-3085.

Einfluß von Herbstfrösten auf den Nährwert und den Ertrag von grünem Mais. Pavlov, I.P. Vestnik Sel'skohoz.Nauki 1959. Nr.5. 29-32.

Änderung des Nährwertes von Maisstengel und -kolben von der Wachsreife bis zur Vollreife. Walger, J., Takács, I. und Szászi, J. Agrokémia és Talajtan 6. 143-54 (1957). - Ref.C. 1959. 14905.

Untersuchungen über die Stärkewerte von Kohlrüben, Futterrüben und Grassilagen und über den zusätzlichen Wert von Grassilage und Rüben bei gemischter Fütterung an Wiederkäuer. Dodsworth, T.L. J.agric.Sci. 47. 456-60 (1956). - Ref. C. 1958. 5239.

Vergleichende Untersuchungen zwischen dem Stärkewert und den verschiedenen amerikanischen Futtereinheiten. Kirchgessner, M. Arch.Tierernähr. 6. 186-92 (1956). - Ref.C.A. 50. 17224d (1956).

Kritische Betrachtungen über die Entwicklung der Stärkewertlehre Oskar Kellners. Schiemann, R. Dissertation, Rostock 1955. 145 S.

Der Wert der Flechtbinse als Futtermittel. Sperling, L. Kieler Milchwirtsch.Forschungsber. 6. 723-30 (1954). - Ref.C. 1956. 2900.

Untersuchungen über den Stärkewert verschiedener Futtermittel. Nehring, K. und Werner, A. Deutscher Bauernverlag Berlin 1953. - Ref.C.A. 50. 5944b (1956).

Schnelle und einfache Bestimmung zur Methode des Futterwertes von Kartoffeln. Nový, O. Sborník ceskoslov.Akad.zemedelskych Ved, Rada A 26. 461-74 (1953). - Ref.C. 1950/45. 1357 S

Der Futterwert der Nebenerzeugnisse der Stärkefabrikation und ihr zweckmäßiger Einsatz in der Fütterung. Richter, K. Stärke 5. 149-52 (1953).

Die Bewertung der Futtermittel. (Läßt sich die Stärketheorie auf die Fütterung der verschiedenen Tierarten übertragen?) Nehring, K. Arch.Tierernähr. 1. 177-87 (1950). - Ref.C. 1951. II. 463.

Beziehung zwischen dem Rohfasergehalt von Weide- und anderen Futtermitteln und ihrer Verdaulichkeit und dem Stärkeäquivalent. Hallsworth, E.G. J.agric.Sci. 39. 254-58 (1949). - Ref.C.A. 48. 3591i (1954).

Der Stärkewert der Topinamburknollen. Fingerling, G. Z.Tierernähr. Futtermittelkunde 8. 107-211 (1944). - Ref.C. 1945. I. 733.

Der Stärkewert von getrocknetem ungewaschenen und getrocknetem gewaschenen Rübenkraut. Fingerling, G. Z.Tierernähr.Futtermittelkunde 7. 201-31 (1944). - Ref.C. 1944. II. 1335.

Über die Zusammensetzung und den Futterwert einiger Schalenabfälle. Honkamp, F. und Blanck, E. Landwirtsch.Versuchsstat. 91. 93

Kohlenhydratwerte von Früchten und Gemüsen. Williams, R.D., L. Wicks, H.R. Bierman u. W.H. Olmsted. J.Nutrit. 19. 593-604 (1940). - Ref.C. 1940. II. 2636.

Zusammensetzung und Nährwert von Erbsenhülsen- und Großebohnenhülsenmehl bei Fütterung an Wiederkäuer. Woodman, H.E. und Evans, R.E. J.agric.Sci. 30. 189-201 (1940). - Ref.C. 1940. II. 280.

Der Einfluß der "basischen" und "sauren" Ernährung auf den Stoffwechsel im tierischen Organismus. I. Die mögliche Veränderung der produktiven Wirkung des Stärkeäquivalentes unter dem Einfluß der alkalischen oder sauren Fütterung. Borshkowski, S.J., Michailowa, W.W. und Kolomitschenko, M.A. Biochemic.J. (russ.) 11. 405-23 - Ref.C. 1940. II. 2771.

Über die Bestimmung des Nährwertes eines Futtermittels. I. II. Molhant, A., Estienne, P. und Dewilde, O. Agricultura 41. 177-88. 42. 55-71 (1939). - Ref.C. 1939. II. 2183.

Werte für die Verdaulichkeit von Nährstoffen. Verdauliche Nährstoffe und Stärkeäquivalent. Ward, H.H. Milling (Liverpool) 90. 382 (1938).

Der Futterwert des Strohes von Lathyrus sativis. Kureleo, V. Mezögazdasagi Kutatasok 11. 129-32 (1938). - Ref.C. 1938. II. 2200.

Der Stärkewert der Trockenschnitzel. Fingerling, G. Cbl.Zuckerind. 46. 477-78 (1938). - Ref.C. 1938. II. 1333.

Der Stärkewert der Trockenschnitzel. Fingerling, G. Landwirtsch. Versuchsstat., Berlin 129. 177-308 (1938).

Neuere Untersuchungen über den Gehalt wichtiger Futtermittel an verdaulichen Nährstoffen und Stärkewerten für den Wiederkäuer. Splittgerber, H. Dissertation, Königsberg 1937. 158 S.

Der Stärkewert der Zuckerrüben. Fingerling, G. Landwirtsch.Versuchsstat. 127. 235-56 (1937). - Ref.C. 1937. I. 3732.

Der Aufwand an Stärkeeinheiten im Produktionsfutter für die Lebendgewichtzunahme beim wachsenden Rind. Wiegner, G. und Grandjean, S. Biedermanns Zbl. Agrikulturchem.ration.Landwirtschaftsbetr. Abt.B. Tierernährg. 8. 287-99 (1936). - Ref.C. 1936. II. 3736.

Zuckerhaltige Futtermittel und Futterwertberechnung. Rossée. Zbl.Zuckerind. 44. 101 (1936). - Ref.C. 1936. I. 3766.

Der Stärkewert der Mohrrüben. Fingerling, G. Landwirtsch.Versuchsstat. 127. 157-223 (1936). - Ref.C. 1937. I. 3732.

Zuckerhaltige Futtermittel und Futterwertberechnung. Meyer, J. Dtsch.Zuckerind. 61. 379 (1936). - Ref.C. 1936. II. 390.

Zusammensetzung und Nährwert von Reisfuttermehlen. Kureleo, V. Mezögazdasagi-Kutatasok 8. 157-69 (1935). - Ref.C. 1935. II. 3719.

Nährstoffverluste bei verschiedenen Futterkonservierungsmethoden. Wiegner, G. Karjatalous 11. 65-71 (1935). - Ref.C. 1935. I. 2909.

Der Stärkewert der Runkelrüben. Fingerling, G. Landwirtsch.Versuchsstat. 121. 1-141 (1934). - Ref.C. 1935. I. 325.

Der Nährwert von Hülsenfruchtschoten. Linton, R.G., Wilson, A.N. und Watson, S.J. J.agric.Sci. 24. 260-68 (1934). - Ref.C. 1934. II. 1861.

Einige grundsätzliche Betrachtungen und Versuche zur physiologischen Beurteilung der Futtermittel auf Grund des Fett- und Fleischansatzes am Tiere. (Vorschlag zu einer Erweiterung der Stärkewerttheorie.) Wiegner, G. Arb.dtsch.Ges.Züchtungskunde. Nr.63 Verlag M.u.H. Schaper, Hannover 1934. 34 S.

Heubereitung und Silage. Wiegner, G. Verh.-Ber. 3. Grönland-Kongr. nord.u.mitteleurop.Länder 230-83 (1934). - Ref.C. 1935. II.296.

Der Nährwert der Naktgerste im Vergleich zu bespelzten Gersten. Knibbe, R. Landwirtsch.Versuchsstat. 117. 131 (1933).

Weitere Untersuchungen über den Einfluß des Wachsens von frischem und eingesäuertem Zuckerrübenkraut auf Zusammensetzung und Verdaulichkeit desselben sowie über die hierbei entstehenden Verluste an Roh- und verdaulichen Nährstoffen. Honcamp, F., Meier, O., Schramm, W. und Wöhlbier, W. Biedermanns Zbl.Agrikulturchem.ration.Landwirtschaftsbetr. Abt.B. Tierernährg. 5. 65-86 (1933). - Ref.C. 1933. I. 4064.

Der Stärkewert von badischem Grünmais und der daraus hergestellten Silage. Fingerling, G., Schmidt, K. und Hientzsch, B. Landwirtsch.Versuchsstat. 117. 229-63 (1933). - Ref.C. 1934. I.2055.

Der Nährwert der Zuckerrüben und der daraus gewonnenen Trockenerzeugnisse. Fingerling, G. Cbl.Zuckerind. 41. 240-41 (1933). - Ref.C. 1933. I. 4064.

Der Stärkewert des Gerstenschrotes. Fingerling, G. Landwirtsch. Versuchsstat. 116. 1-63 (1933). - Ref.C. 1933. II. 1800.

Der Stärkewert der Maissilage. Fingerling, G., Schmidt, K. und Hientzsch, B. Landwirtsch.Versuchsstat. 113. 103-20 (1931). - Ref.C. 1932. I. 1311.

412. Nähr- und Nahrungsmittel

4121. Allgemeines

Herstellung von Nahrungsmitteln. 1. Mitt. Einfluß von Wachstumsregulatoren auf die Keimung von Gerste und Roggen. 1. Amylase-Aktivität. Obara, T., Ogasawara, Y. und Kimura, T. Nippon Shokuhin Kogyo Gakkaishi 10. 85-89 (1963). - Ref.C.A. 63. 1164a (1965).

Nahrungsmittelzusätze. Modifizierte Stärke für Nahrungsmittel. Federal Register 27. 222-23 (1962). - Ref.C.A. 56. 7755b (1962).

Gegenwärtiger Stand unserer Kenntnisse über einige Aspekte der physikalischen Chemie der Stärke. Technologische Eigenschaften von Nahrungsmitteln auf Getreidegrundlage. Guilbot, A. Ind. aliment.agric. 78. 205-18 (1961). - Ref.J.Chem.(russ.) 1961. 24 N307, C. 1962. 8451, Stärke 14. 143 (1962).

Gegenwärtiger Stand unserer Kenntnisse über einige Aspekte der physikalischen Chemie der Stärke. Technologische Eigenschaften von Nahrungsmitteln auf Getreidegrundlage. Guilbot, A. Bull.anciens Elèves Ecole franc.Meunerie 1961. 187-203. - Ref.C. 1962. 16517, Ref.J.Chem.(russ.) 1962. 7 N311.

Vorverkleisterte Stärken für den Nahrungsmittelproduzenten. Waldt, L.M. Food Technol. 14. 50-53 (1960). - Ref.C. 1960. 15934.

Chemische Zusammensetzung und Nährwert einiger Konzentrate. Michailowskaja, Je.I. und Kagan, L.M. Konserven- u.Dörrgemüse-Ind. (russ.) 15. Nr.6. 18-19 (1960). - Ref.C. 1961. 5638.

Neuere Entwicklungen in der Herstellung von Nahrungsmitteln aus Getreide. Geddes, W.F. J.agric.Food Chem. 7. 605-10 (1959).

Färbungsmittel für Nahrungsmittel. Ikeda, M. Japan.P. 10 588 ('58) ausg.11/12.1958. - Ref.C.A. 53. 46041 (1959).

Lösliche Stärke für Nahrungsmittelprodukte. Food Research Assoc. (Erfinder: Sakurai, Y., Nogami, T. und Niizuma, T.). Japan.P. 2 825 ('58) ausg.18/4.1958. - Ref.C.A. 53. 4605a (1959), Ref.J.Chem.(russ.) 1964. 11 R369.

Zusammensetzung der in Venezuela am meisten verzehrten stärkehaltigen Lebensmittel. Jaffé, W.G., Budowski, P., Mosqueda, A., Gross, M., Olivares, H., Embden, C. und Nolberga, B. Arch.venezolanos Nutric. 6. 111-19 (1955). - Ref.C. 1959. 5322.

Backpulver, Puddingpulver, Kindernährmittel. Schiller, K. Stärke 7. 284-290 (1955).

Einfluß der Citronensäure auf ausgewählte eßbare Stärken und Mehle. Hansuld, M.K. und Briant, A.M. Food Res. 19. 581-89 (1954). - Ref.Stärke 7. 99 (1955), C.A. 49. 5704h (1955), C. 1956. 1468.

Nahrungsmittel der Nation. 2. Getreide als Nahrungsmittel. Kent-Jones, D.W. und Bacharach, A.L. Chem.and Ind. 60. 823-27 (1941).

4122. Nähr- und Nahrungsmittel
(Auch spezielle Produkte)

Neue Produkte aus Weizenstärke, -mehl und -kleber. Thewlis, B.H. Nature (London) 190. 260-61 (1961). - Ref.Stärke 13. 385 (1961), C.A. 56. 15715a (1962), C. 1964. 23-2541.

Puffmaisprodukte. Gorun, Je. Getreidemühlen u.Getreidespeicher (russ.) 25. Nr.1. 25-26 (1959).

Reisersatzmittel. Bhatia, D.S. und Subrahmanyan, V. Food Sci. (Mysore) 8. 161-67 (1959).

Über ein gedämpftes Bataten-Produkt. 8. Mitt. Beziehung zwischen Zuckergehalt und Stärke von gedämpften Bataten-Produkten und ihre Qualität. Nara, S. J.agric.chem.Soc.Japan 33. 1077-80 (1959). - Ref.C. 1965. 3-2831.

Über ein gedämpftes Bataten-Produkt. 7. Mitt. Bestimmung der Zucker während des Herstellungsprozesses eines gedämpften Bataten-Produktes durch Ionenaustausch-Säulenchromatographie. Nara, S. J.agric.chem.Soc.Japan 33. 1072-76 (1959). - Ref.C. 1965. 3-2830, C.A. 62. 12374g (1965).

"Konnyaku" aus rohem Arumwurzel-Mehl. Kakizaka, M. Japan.P. 6 827 ('58) vom 19/8.1958. - Ref.C.A. 54. 4964a (1960).

Verfahren zur Herstellung eines gepufften, schnell kochenden Nährmittels. Guardite Corp. (Carmann, Ch.R. und Allison, J.E. D.B.P. 1 011 713 vom 12/12.1957. - Ref.Stärke 10. 91 (1958).

Herstellung eines eßbaren Puffprodukts. H.S. Whiteside & Co. Ltd. (Erfinder: Ferree, J.C.). E.P. 847 677 vom 5/11.1957., ausg. 14/9.1960. - Ref.C. 1962. 11043.

Verfahren zur Herstellung eines im wesentlichen aus Erdnüssen bestehenden Nahrungsmittels. Bo, Liem Tjiauw. D.B.P.1 031 107 Kl. 53k 4/01, angem.12/4.1957, erteilt 20/11.1958. Niederl. Prior. 22/3.1957. - Ref.Stärke 11. 87 (1959).

Weizenprodukte. Proto, International Hygienic Food Co. E.P. 822 243 vom 30/4.1957. A.Prior. 1/5.1956.

Herstellung von Knödeln im industriellen Prozeß. Fioravanti. It.P. 573 931 vom 19/1.1956. - Ref.C. 1965. 41-2916.

Schnell kochendes Getreidenährmittel. Campbell, J.S., übert.von: Cantor, C.M., Faller, L. und Wolnak, B. A.P. 2 890 118 vom 13/11.1956, ausg.9/6.1959. - Ref.C. 1961. 3514.

Verfahren zur Herstellung von rasch- und trockenkochenden Getreideprodukten. N.V. Koninklijke Pellerij "Mercurius" V/H Gebroeders Laan. D.A.S. 1 130 269 Kl. 53k vom 8/8.1955., ausg.24/5.1962. - Ref.Stärke 15. 230 (1963).

Gari aus Nigeria. Spickett, R.G.W., Squires, J.A. und Ward, J.B. Colonial Plant Animal Products 5. 230-38 (1955). - Ref.C. 1959. 4327.

Einfluß der Herstellungsbedingungen und der Sorte (Bataten) auf die Eigenschaften von Trockenerzeugnissen. Arthur jr., J.C. und McLemore, T.A. J.agric.Food Chem. 3. 782-87 (1955). - Ref.C. 1957. 12035.

Überziehen von festen Lebensmitteln. Winterberg, A. Oe.P.194 701 vom 7/5.1955., ausg.10/1.1958. Israelit.Prior. 27/12.1954. - Ref.C. 1959. 333.

Herstellung von Mandel- und Nußschnitzeln. Rührup, G.A. und Geerkens, P.M.C. D.A.S. 1 010 813 Kl. 53f vom 10/3.1955, veröff. 19.6.1957. Holl.Prior.11/3.1954. - Ref.C. 1957. 12921.

Stärke nach "Maaß". White, T.A. Food Engng. 25. 6, 95 (1953).

Kurz-kochende getreide- oder mehlhaltige Nahrungsmittelprodukte. Knoch, H. E.P. 722 333 vom 13/2.1952.

Vorgekochtes Nährmittel aus Getreide. Guardite Corp. (Erfinder: Carman, C.R. und Allison, J.E.). E.P. 759 478 vom 30/10.1952.

Maisprodukt "creamstyle corn". Food Maschinery and Chemical Corp., übert.von: R.A. Whitemore u. F.D. Hickery. A.P. 2 592 988 vom 18/4.1950, ausg.15/4.1952. - Ref.C. 1953. 8739.

Geformtes Nährmittel. Orizar Products Inc., übert.von: F.T. Kimball. A.P. 2 538 202 vom 10/2.1949, ausg.16/1.1951. - Ref.C. 1952. 460.

Nährmehl aus reifen Bananen. Laboratorie de Produits Diététiques Cérébanine. F.P. 967 790 vom 17/6.1948, ausg.10/11.1950. - Ref.C. 1953. 6383.

Herstellung von Nährmitteln und therapeutischen Produkten. Walzenmühle Bonames GmbH. (Erfinder: W.Hofmann). D.B.P. 860 596 Kl. 53k vom 2/10.1948, ausg.22/12.1952. - Ref.C. 1953. 8741.

Herstellung eines Nahrungsmittels. Starke, A. F.P. 1 003 633 vom 5/2.1947, ausg.20/3.1952. - Ref.C. 1954. 3362.

Nährmittel. Soc.des Laboratories de Recherches pur Applications Industrielles dite Solar (Erfinder: P. Doittou, E. Valentin, P. Koechlin, L. Rouzet u. H. Nouveau). E.P. 648 245 vom 15/3. 1946, ausg.3/1.1951. F.Prior. 24/11.1943. - Ref.C. 1953. 2852.

Hefehaltige Nährmittel. Doittau, P., Valentin, E., Koechlin, P., Rouzet, L. u. Nouveau, H. E.P. 648 244 vom 14/3.1946, ausg. 3/1.1951. F.Prior. 28/4.1942. - Ref.C. 1953. 5593.

Herstellung veredelter Nährmittel. Knorr, C.H., GmbH. Oe.P.163 864 vom 3/12.1946, ausg.25/8.1949. - Ref.C. 1950. II. 2985.

Nährmittel. Mitcham Food Products Co. Schwz.P. 253 468 vom 6/12. 1946, ausg.16/11.1948. E.Prior. 23/7.1946. - Ref.C. 1948. E. 683.

Nährmittel. Schaul, M.C. und Klein, A.J. Schwz.P. 249 362 vom 22/5.1946, ausg.16/4.1948. E.Prior. 22/2.1943. - Ref.C. 1948. E. 682.

Getreidenährmittel. Caprino, G. It.P. 412 721 ausg.16/12.1946. - Ref.C. 1946. I. 1493.

Stärkeäther. Modifizierte Stärke-Nährpräparate. National Starch Products Inc. E.P. 641 222 vom 29/12.1945, ausg.29/8.1946.

Nahrungsmittel. United States of America, Secretary of Agric., übert.von: M.M.MacMasters u. G.E. Hilbert. A.P. 2 442 928 vom 23/3.1945, ausg.8/6.1948. - Ref.C. 1949. I. 256.

Herstellung von Produkten, die lösliche Stärke enthalten. "Deback" Deutsche Backmittel-Gesellschaft Quasohning & Co. Belg.P. 450 279 vom 20/4.1943, Auszug veröff. 13/1.1944. D.Prior.27/6. 1942. - Ref.C. 1945. I. 1080.

Stärkepräparate. Hoffmann's Stärkefabriken AG. (Erfinder: Busch,J. und Ritter, H.). D.B.P. 863 168 Kl. 53k vom 10/9.1943, ausg. 15/1.1953. - Ref.C. 1954. 6372.

Nahrungsmittel aus Tapiokastärke. Soc. des Laboratories de Recherches pour Applications Industrielles "Solar". F.P. 884 657 vom 31/3.1942, ausg.24/8.1943. - Ref.C. 1944. I. 902.

Herstellung von Nahrungsmitteln aus Stärkeflocken. Scholten's Chemische Fabrieken N.V.W.A. N.P. 65 962 vom 7/7.1941, ausg. 15/3.1943. Holl.Prior. 15/8. u. 3/12.1940. - Ref.C. 1945. I. 1080.

Nahrungsmittel aus Sojabohnen. Soc.civile D'Edudes pour la Fabrication de Produits Alimenteurs et Industriels d'origine vegetale. F.P. 877 021 vom 5/3.1941, ausg.25/11.1942. - Ref.C. 1943. I. 1944.

Nahrungsmittelherstellung. Scholten's Chemische Fabrieken. Belg.P. 442 271 vom 29/7.1941, Auszug veröff. 18/6.1942. Holl. Prior. 15/8. u. 3/12.1940. - Ref.C. 1943. I. 1834.

Nahrungsmittel. Slotmaekers, R.C.C. Belg.P. 442 451 vom 13/8. 1941, Auszug veröff. 13/7.1942. - Ref.C. 1943. I. 1834.

Nahrungsmittel. Tommy's Products (Soc.de Personnes a.r.l.) F.P. 868 986 vom 31/12.1940, ausg.21/1.1942. Belg.Prior.29/11. 1939 u. 31/10.1940. - Ref.C. 1942. II. 114.

Nährmittel. Russ, R. D.R.P. 764 697 Kl.53k vom 16/4.1939, ausg. 5/1.1953. - Ref.C. 1953. 6994.

Nährmitteltrockenpulver. Schmidt, Heintz u. Atomised Food Products Ltd. E.P. 518 237 vom 19/8.1938, ausg.21/3.1940. - Ref.C. 1941. I. 1240.

Nahrungsmittel. Codazzi, C. It.P. 380 181 vom 6/7.1938. - Ref.C. 1942. II. 726.

Herstellung von kochfesten Nährmitteln aus Kartoffelstärkemehl oder solches enthaltenden Mehlgemischen. Werner, A. und Schulz, M. D.R.P. 714 287 Kl. 53k vom 15/2.1938, ausg.25/11.1941. - Ref.C. 1942. I. 1570.

Maisstärke-Eiweiß enthaltendes Nahrungsmittel. American Maize Products Co., übert.von: Walsh, J.J. u. Rawlins, A.L. A.P. 2 191 509 vom 5/11.1937, ausg.27/2.1940. - Ref.C. 1942. I. 552.

Verfahren für die Herstellung eines Nahrungsmittels. Shepherd, Th. L. Holl.P. 47 366 Kl. 53k vom 30/7.1937, ausg.15/12.1939. E.Prior. vom 30/7.1936.

Nahrungsmittel aus Cassavamehl. Shepherd, T. Belg.P. 422 905 vom 29/7.1937, Auszug veröff. 19/1.1938. E.Prior.30/7.1936. - Ref.C. 1938. II. 212.

Ernährung. I. Manioka und seine Verwendung als Nahrungsmittel. Jacquot, R. und B. Nataf. Hermann et Cie, Paris: 1936. 60 S. - Ref.C. 1936. II. 557.

Verfahren zur Herstellung von Nahrungsmitteln aus Mais. Wagner, T.B. A.P. 2 192 212 vom 29/10.1936, ausg.5/3.1940.

Verfahren für die Herstellung von sogenannten "gepufften" Getreideprodukten. Plews, W.J. Holl.P. 45 236 Kl. 53k vom 16/12. 1935, ausg.15/3.1939. A.Prior. vom 30/7.1936.

Herstellung von Nährprodukten. Libby, McNeill & Lybby, übert.von: J.T. Knowles. A.P. 2 037 029 vom 11/6.1934, ausg.14/4.1936. - Ref.C. 1936. II. 892.

Getreideprodukt für die Bereitung von Mehlbrei und Suppen.Mead Johnson & Co., übert.von: Johnson, L.D., True, N.F. und Engel, H.H. A.P. 1 990 329 vom 8/5.1933, ausg.5/2.1935. - Ref.C.1935. II. 1726.

Herstellung eines stärkehaltigen Nährmittels. Kitchen Art Foods, Inc., übert.von: H.G. Lorenzen. A.P. 2 045 019 vom 3/4.1933, ausg.23/6.1936. - Ref.C. 1937. I. 225.

Getreidenahrungsmittel. Mead Johnson & Co., übert.von: Johnson, L.D., True, N.F. und Engel, H.H. Can.P. 346 700 vom 25/5.1933, ausg.11/12.1934. - Ref.C. 1935. II. 453.

Nahrungsmittel. Royal Baking Powder Co., übert.von: W. Stokes u. J.K. Dale. Can.P. 336 170 und 336 171 vom 29/4.1932, ausg. 3/10.1933. - Ref.C. 1935. I. 2104.

Nahrungsmittel. Standard Brands Inc., übert.von: W.E. Stokes, J.H. Dale u. Ch.N. Frey. Can.P. 336 183 vom 29/4.1932, ausg.3/10. 1933. - Ref.C. 1935. I. 2104.

Nährmittel. Standard Brands Inc., übert.von: E.B. Brown, Ch.N.Frey u. H.H. Harkins. A.P. 1 755 864 vom 2/9.1927, ausg.22/4.1930. - Ref.C. 1930. II. 160.

Herstellung eines Mehl und Stärkeabbauprodukte enthaltenden Produkts. Stein, W.D. Schwz.P. 129 282 vom 28/10.1926, ausg.1/12. 1928. - Ref.C. 1929. I. 2361.

Herstellung eines Nahrungsmittels aus Stärke oder stärkehaltigem Material. Anderson Puffed Rice Co. (Erfinder: A.P. Anderson). Schwed.P. 67 479 vom 19/12.1925, ausg.4/6.1929. - Ref.C. 1932. I. 154.

Über den Stärkegehalt von Haferflocken. Gerum, J. Z.Unters.Nahrungs- u. Genußmittel 37. 157-59. (1919). - Ref.C. 1919. IV.675.

Nährmittel aus Manihot. Balland. J.Pharmac.Chim. 17. 316-19 (1903). - Ref.C. 1903. I. 1094.

4123. Kindernährmittel, Säuglingsnahrung

Über die Zustandsformen des zweiten Kohlenhydrates in Säuglingsnahrung. Huth, E. Z.Kinderheilkunde 77. 662-673 (1956). - Ref. Stärke 10. 47 (1958).

Säuglingsnahrung durch enzymatischen Abbau von Mehlen und Stärke. Töpfer, M. GmbH. (Erfinder: Adam). D.P. (DDR) 7 346 Kl. 53k vom 29/12.1950, ausg.14/6.1954 (Ausschließungspatent). - Ref.C.1956. 12991

Stärke in der Säuglingsernährung. Lust, M. Schweiz.med.Wschr. 82. 417-18 (1952).

Kartoffelstärkeprodukt. Afico AG. (Erfinder: A. Kaehr). D.B.P. 864 043 Kl. 53k vom 3/7.1951, ausg.22/1.1953.Schwz.Prior.5/5. 1944. - Ref.C. 1953. 7430.

Untersuchung über Milch, deren Casein durch Erhitzen koaguliert wird. Lust, M. Lait 32. 241-58 (1952). - Ref.C. 1953. 4131.

Kindernährmittel. Scholten's Chemische Fabrieken, N.V.W.A., übert. von: J. Lolkema. A.P. 2 559 022 vom 19/7.1948, ausg.3/7.1951. Holl.Prior. 15/7.1947. - Ref.C. 1952. 5665, Stärke 4. 12 (1952).

Kindernährmittel. Scholten's Chemische Fabrieken N.V.W.A. E.P. 653 119 vom 17/4.1948, ausg.9/5.1951. Holl.Prior.15/7.1947. - Ref.C. 1953. 2371.

Verfahren, um das Absetzen von Kartoffelstärke in wässeriger Suspension zu verhindern. Scholten's Chemische Fabrieken, W.A. D.P. 89k 528 581 D v.30/12.1948, ausg.26/10.1950. Holl.Prior. v.11/7.1945. - Ref.Stärke 2. 305 (1950).

Kindernährmittel aus Getreide und Stärke. Schiller, K. Stärke 2. 176-81 (1950).

Die Kohlenhydratpräparate in der Säuglingsernährung. Müller, E. Mschr.Kinderheilkunde 97. 253-65 (1949). - Ref.C. 1949. E.3891.

Selbsthilfe beim Mangel an Nährpräparaten bei Säuglingen, Stolte,K. Dtsch.Gesundheitswes. 2. 542-43 (1947). - Ref.C. 1948. II.1359.

Über Versuche mit einer neuen Kartoffelstärke (Flammeriokchen) als Zusatz zur Säuglingsnahrung. Becker, R. Würzburg: Dissertation 1935. 21 S.

Kindernährmehle. Mansfeld, M. XVIII.Jber.Untersuchungsanst. allgem.österr. Apotheker-Ver. 1905/1906. 8-9.

Soxhlet's Nährzucker. Ein neues Kindernährmittel. Frucht. Münchener med.Wschr. 49. 57-60)1902).

Untersuchungen von englischen und amerikanischen Kindermehlen. Stutzer, A. Pharmaz.Zentralhalle Deutschland 27. 94-97 (1886).

4124. Puddings, Nachspeisen

(Auch Dickungsmittel, Bindemittel. Vgl. auch "Quellstärke": 32, "Puddingmehl, Speisestärken": 351)

Puddingstärke. Denissowa, G.I. Zucker-Ind. (russ.) 37. Nr. 11. 63-66 (1963). - Ref.J.Chem.(russ.) 1964. 8 R369, C. 1965. 15-2907, C.A. 63. 13932b (1965).

Methoden zur Bestimmung der Konsistenz von Speisepasten. del Valle, J.M. Grasas y Aceites 13. 216-21 (1962). - Ref. Stärke 15. 194 (1963).

Untersuchungen über den mikroskopischen Nachweis einiger oft verwendeter Dickungsmittel in Trockenmischungen. Czaja, A.T. Z.Lebensmittel-Unters.u. -Forsch. 117. 499-513 (1962).

Herstellung eines Stärkebindemittels. Corn Products Co. (Erfinder: Satterthwaite, R.W.). E.P. 971 665 vom 28/9.1962., ausg.30/9. 1964, A.Prior. 28/9.1961; id.mit D.A.S. 1 184 290. - Ref.C. 1965. 51-2884.

Herstellung von verformbarer Stärke. National Starch and Chemical Corp. (Erfinder: McGowan, J.F. Jr. und Marotta, N.G.). A.P. 3 074 803 vom 27/9.1960., ausg.22/1.1963. - Ref.C. 1965. 20-2863.

Kühlen von mit Stärke gedickten Nahrungsmitteln durch Rühren mit einem von kaltem Wasser durchflossenen Rohr. Longree, K., Moragne, L. und White, J.C. J.Milk Food Technol. 23. 330-36 (1960). - Ref.C.A. 55. 8682c (1961).

Herstellung eines wasserlöslichen, aber feuchtigkeitsfesten Verdickungsmittels. Shinroku, N. Japan.A.S. 11 663/1960 vom 9/4.1958., ausg.22/8.1960. - Ref.C. 1963. 3355.

Gleichmäßige Qualität durch TGL. Puddingpulver. Bäcker u.Konditor 14. 221 (1960).

Trockenpräparat für Schlagspeisen. Downey, H.A. A.P. 3 018 183 vom 23/9.1959., ausg.23/1.1962. - Ref.C. 1963. 20641.

Gelierungsmittel für Süßspeisen. Standard Brands, Inc. (Erfinder: Campbell, A.D.). A.P. 3 031 308 vom 21/12.1959., ausg.24/4. 1962. - Ref.C. 1963. 20641.

Untersuchung der Eigenschaften von Verdickungsmitteln. Ssadow, F.I. und Wildt, Je.O. Hochschulnachr., Technol.Textil-Ind.(russ.) 1959. Nr.3. 121-25. - Ref.C. 1960. 2726.

Süßgelierverfahren für Milch. Chemische Fabrik Budenheim, Rudolf A. Oetker KG. D.A.S. 1 129 813 Kl. 53e vom 1/7.1959., ausg. 17/5.1962, Zusatz zu D.A.S. 1 117 367. - Ref.Stärke 15. 305 (1963).

Dickungsmittel. Corn Products Co. (Erfinder: Kerr, R.W. und Cleveland, F.C. jr.). A.P. 3 021 222 vom 27/4.1959., ausg.13/2.1962. - Ref.C.A. 56. 10653f (1962), Ref.J.Chem.(russ.) 1963. 17 R205, C. 1963. 14140, Stärke 16. 235 (1964).

Zum Verdicken und Stabilisieren von Saucen und zum Modifizieren deren Geschmackes geeignetes Mittel. International Minerals & Chemical Corp. (Erfinder: Ferrara, L.W.). Schwz.P. 375 977 vom 31/1.1958., ausg.15/3.1964. A.Prior. 27/2.1957.

Phosphatmodifizierte Stärke als Stabilisierungsmittel. International Minerals & Chemical Corp. Oe.P. 207 664 vom 28/1.1958, ausg.25/2.1960. A.Prior. 27/2.1957. - Ref.C. 1960. 16974.

Die Konsistenz von Stärke-Milch-Pudding. 1. Mitt. Herstellung von Pudding und Bestimmung der Konsistenz. Rutgers, R. J.Sci.Food Agric. 9. 61-68 (1958). - Ref.C. 1962. 7739.

Herstellung von Schaumspeisen ("Chiffon"). General Foods Corp. (Erfinder: Clausi, A.S., Common, J.L. und Horti, H.M.). A.P. 2 954 299 vom 10/7.1958., ausg.27/9.1960. - Ref.C. 1963. 1117.

Pulver zur Herstellung von gelatinöser Paste. Tunnel Glucose Refinieries Ltd. (Erfinder: Wigdor, L.S.). E.P. 915 703 vom 11/6.1958., ausg.16/1.1963. - Ref.C. 1964. 20-2784.

Trockene Pudding-Kombination. Commonwealth Engineering Co. of Ohio. A.P. 2 938 799 vom 3/9.1958., ausg.31/5.1960. - Ref.Stärke 14. 259 (1962).

Verfahren zum Verdicken und Stabilisieren von Saucen. International Minerals & Chemical Corp. D.A.S. 1 159 750 Kl. 53k vom 24/1. 1958., ausg.19/12.1963. A.Prior. 27/2.1957. - Ref.Stärke 17. 202 (1965).

Verfahren zur Herstellung einer Grundlage für kaltlösliche Gelee-Erzeugnisse. Dr. August Oetker. F.P. 1 207 975 vom 4/11.1958., ausg.7/9.1959. D.Prior. 14/11.1957. - Ref.Stärke 14. 64 (1962).

Verfahren zur Herstellung einer Grundlage für kaltwasserlösliche Gelee-Erzeugnisse. Dr. August Oetker. F.P. 1 206 490 vom 30/10.1958., ausg.24/8.1959. D.Prior. 1/11.1957. - Ref.Stärke 14. 64 (1962).

Die Konsistenz von Stärke-Milch-Pudding. 2.Mitt. Einfluß der Koch- und Abkühlbedingungen usw. und der Stärkeart. Rutgers, R. J.Sci.Food Agric. 9. 69-77 (1958). - Ref.C.A. 52. 7556a (1958), C. 1962. 8101.

Verfahren zur Herstellung von kaltquellenden Speisen mit grießiger Struktur. Friedrichsdorfer Zwieback- und Nährmittelfabrik Milupa-Pauly GmbH. D.A.S. 1 093 655 Kl. 53k vom 11/12.1958., ausg.24/11.1960. - Ref.Stärke 14. 140 (1962).

Neue Instant-Stärkeprodukte in USA. Food Engng. 30. 142 (1958). - Ref.Stärke 11. 143 (1959).

Nahrungsmittel-Kombination. International Minerals & Chemical Corp. A.P. 2 865 763 vom 27/2.1957, ausg.23/12.1958. - Ref.Stärke 12. 312 (1960).

Mittel zur Kaltherstellung von puddingartigen Speisen. Fa. Dr. August Oetker (Erfinder: Koch, H.). D.A.S. 1 151 168 Kl. 53k vom 1/11.1957., ausg.4/7.1963. - Ref.C. 1964. 12-2618.

Milchpuddingpulver für Kaltansatz. Lipton, T.J. Inc., übert.von: Charie, H.J. und Savage, J.P. A.P. 2 927 861 vom 4/3.1957., ausg.8/3.1960. E.Prior. 8/3.1956. - Ref.C. 1961. 12680.

Puddingpulver aus USA. Zucker- und Süßwarenwirtsch. 10. 1014-16 (1957).

Puddingpulver für Kaltansatz. Brown & Polson Ltd. Belg.P.555 014 vom 14/2.1957, ausg.12/2.1960. E.Prior. 14/2.1956. - Ref.C.1961. 4197.

Verbessertes Verfahren zur Herstellung von Pudding- und Kremzubereitungen. Brown & Polson Limited. E.P. 859 810 vom 5/2.1957., ausg.25/1.1961. - Ref.Stärke 14. 64 (1962).

Puddingpulver für Kaltansatz mit Milch. General Foods Corp., übert.von: Bangert, J.G. A.P. 2 901 355 vom 23/9.1957, ausg. 25/8.1959. - Ref.C. 1960. 9412.

Puddingpräparat zum Kaltansatz. Unilever Ltd. (Erfinder: Charie, H.J. und Savage, J.P.). E.P. 849 905 vom 8/3.1956., ausg. 28/9.1960. - Ref.C. 1962. 9559.

Puddingpräparat für Kaltansatz. Pearce, Duff & Co. Ltd. (Erfinder: Beedham, R.B.). E.P. 796 972 vom 9/3.1956., ausg.25/6.1958. - Ref.C. 1959. 14588.

Nahrungsmittelprodukte. Unilever Ltd. E.P. 810 762 ausg.22/8.1957. A.Prior. 23/8.1956.

Gelieren von stärkehaltigen Nahrungsmitteln. Barducci, P. It.P. 556 203 vom 3/5.1955. - Ref.C. 1964. 11-2673.

Trockenpräparat für schlagfähige Füllmassen. General Foods Corp. E.P. 819 078 vom 3/7.1956., ausg.26/8.1959. A.Prior.13/7.1955. - Ref.C. 1961. 5288.

Instant-Puddingpulver. General Foods Corp. A.P. 2 801 924 vom 24/7.1956, ausg.6/8.1957.

Trockenpuddingpräparat zum Kaltansatz. Standard Brands, Inc. E.P. 784 555 vom 9/9.1955, ausg.9/10.1957. - Ref.C. 1958. 13384.

Puddingzusammensetzungen. Monkhouse & Glasscock Ltd. (Erfinder: Alexander, M.F.). E.P. 813 725 ausg.28/6.1956.

Die Qualität von Stärkepuddingen, die Molke oder fettfreie Milchstoffe enthalten. Hanning, F., de Goumois Bloch, J. und Siemers, L.L. J.Home Econ. 47. 107-09 (1955). - Ref.Stärke 7. 67 (1955), C. 1956. 281.

Instant-Puddingzubereitung. Standard Brands Inc. A.P. 2 829 978 vom 5/5.1955, ausg.8/4.1958.

Trockene Puddingmischung. Commonwealth Engineering Co., übert.von: Toulmin, H.A. A.P. 2 818 343 vom 3/10.1955, ausg.31/12.1957. - Ref.C. 1959. 4332.

Stärkezusammensetzung. General Foods Corp. (übert.von: Common, J.L. und Campbell, H.A.). A.P. 2 698 803 vom 4/1.1955. - Ref.Stärke 7. 128 (1955), C.A. 49. 7776e (1955).

Puddingpräparat für Kaltansatz. Seaplant Chemical Corp. (Erfinder: Stoloff, L.S.). A.P. 2 801 923 vom 26/5.1954., ausg.6/8.1957. - Ref.C. 1959. 981.

Verdickungs- und Stabilisierungsmittel. Rootry Exploitatie Mij.N.V. Holl.P. 93 356 vom 16/11.1954., ausg.15/2.1960. - Ref.C. 1961. 7062.

Puddingmischung. International Minerals & Chemical Corp. A.P. 2 865 762 vom 16/9.1954, ausg.23/12.1958.

Herstellung von stabilem gefrorenem Pudding. Hanson, H.L., Nishita, K.D. und Lineweaver, H. Food Technol. 7. 462-65 (1953).

Dickungsmittel. Dörner, H. und Tessmer, E. Brot u. Gebäck 7. 163-66 (1953).

Die Wirkung von homogenierter Milch auf die Viscosität von Maisstärkepuddings. Jordan, R., Wegner, E.S. und Hollender, H.A. Food Res. 18. 649-58 (1953). - Ref.C. 1954. 9415.

Puddingpulver für Kaltansatz. American Maize-Products Co., übert. von: Winner, B.M. A.P. 2 749 244 vom 10/6.1953., ausg.5/6.1956. - Ref.C. 1957. 3415.

Puddingpulver. Corn Products Refining Co. E.P. 714 701 vom 23/2. 1951, ausg.2/8.1951.

Verdickungsmittel für Kuchenfüllungen. Bisno, L. Bakers Digest 25. 29-34 (1951). - Ref.C. 1952. 1750.

Dickungsmittel für Fruchttorten. Qualitätsmerkmale handelsüblicher Dickungsmittel zur Verhinderung des Auslaufens von Fruchtsäften beim Backen. Bisno, L. Bakers Digest 25. 26-29 (1951). - Ref.C. 1951. II. 1980.

Pudding-Zusammensetzung. Standard Brands Inc. E.P. 709 931 vom 24/5.1951.

Nachtisch und ähnliche Gerichte. Forschungsgemeinschaft Dr. Kremers GmbH. Belg.P. 449 734 vom 18/3.1943, Auszug veröff.7/12. 1943. D.Prior. 17/11.1942. - Ref.C. 1945. II. 88

Herstellung eines Trockenproduktes für die Bereitung von Nachspeisen. Svenska Mjölprodukter Aktebolag (Erfinder: K.Kremers). Schwed.P. 129 026 vom 11/2.1943, ausg.8/8.1950. - Ref.C. 1951. II. 2962.

Anwendungsgebiete für neue Stabilisatoren. Deutsch, Priscilla A. Food Ind. 19. 112-13 (1947). - Ref.C. 1947. E. 456.

Produkt zur Herstellung von Verdickern. Bubeck und Dolder. Schwz.P. 223 929 vom 13/7.1942, ausg.16/3.1943. - Ref.C. 1943. II. 2115.

Verfahren für die Herstellung einer in kaltem Wasser quellenden Puddingstärke. Deutsche Maizena GmbH. Holl.P. 52 827 Kl. 89k vom 17/11.1939, ausg.15/7.1942. D.Prior. vom 1/12.1938.

Herstellung einer beständigen Milch- und Schokoladensuspension. International Patents Development Co., übert.von: Linn, D.E. A.P. 1 989 758 vom 23/1.1933, ausg.5/2.1935. - Ref.C. 1935. II. 616.

Verfahren zur Herstellung eines Verdickungsmittels aus pulverisiertem Pflanzenschleim. Ferd. Sichel KG. D.R.P. 514 842 Kl. 22g vom 2/3.1928, ausg.18/12.1930. - Ref.C. 1931. I. 1180.

4125. Sonstige Stärke enthaltende Produkte

Stärkungsmittel. Griffon, H. und Tixier, G. F.P.(Méd.) Add. 10 vom 12/5.1961., ausg.3/4.1963. Zusatz zu F.P. (Méd.) 861. - Ref.C. 1966. 23-1811.

Stärkungsmittel. Griffon, H. und Tixier, G. F.P. (Méd.) 861 vom 6/12.1960., ausg.28/11.1962. - Ref.C. 1966. 23-1810.

Diätisches Nährmittel. Miner, C.S., übert.von: H.A.Cranston. A.P. 2 717 211 vom 3/11.1952, ausg.6/9.1955. - Ref.C. 1956. 1101.

Einbettungsmasse auf Stärkebasis und Verfahren zu ihrer Herstellung. Corn Products Co. A.P. 2 876 160 vom 26/7.1954, ausg. 3/3.1959. - Ref.Stärke 12. 312 (1960).

Stärkepuder für kalt herstellbare Lebensmittel. National Starch Products, Inc., übert.von: Halden, A.A. A.P. 2 613 150 vom 7/10.1952. - Ref.C.A. 47. 1307 (1953), Stärke 5. 72 (1953).

Herstellung eines Brotaufstrichs. Winkelmann, H. und Winkelmann, E. (Erfinder: H. Winkelmann). D.R.P. 723 029 Kl. 53k vom 5/11. 1937, ausg.17/11.1942. - Ref.C. 1943. I. 905.

Untersuchungen über die "Chinesischen Hefekuchen"-"Ch'ü". II. Amylomycetische Wirkung von Rhizopusarten, isoliert aus den Hefekuchen von China, Manchoukou und Korea auf Klebreis. Yamazaki, M. Bull.Utsonomiya agric.Coll.Sect.A 2. 211-62 (1937). - Ref.C. 1937. I. 5065.

Herstellung quellfähiger, geformter Nährmittel aus Stärke enthaltenden Stoffen. Rüter, R. D.R.P. 718 873 Kl. 53k vom 25/3.1936, ausg.24/3.1942. - Ref.C. 1942. II. 232.

Herstellung hefehaltiger Nährpräparate. Nährmittelfabrik München GmbH. D.R.P. 560 104 Kl. 53i vom 8/1.1925, ausg.28/9.1932. Zusatz zu D.R.P. 494 873; C. 1930. I. 3371. - Ref.C. 1932. II. 3319.

Herstellung hefeartiger Nährpräparate. Nährmittelfabrik München GmbH. D.R.P. 494 873 Kl. 53i vom 17/1.1924, ausg.29/3.1930. - Ref.C. 1930. I. 3371.

Verfahren zur Gewinnung von Nährstoffen bei der Kartoffelstärkefabrikation. Stärkezuckerfabrik AG. vorm.C.A. Koehlmann & Co. D.R.P. 301 679 Kl. 53g vom 4/4.1916, ausg.29/7.1919. - Ref.C. 1919. IV. 834.

Verfahren zur Herstellung eines amylolytische und proteolytische Fermente, Kohlenhydrate und Eiweißstoffe enthaltenden Nährmittels. Krause, M. D.R.P. 128 881 vom 12/6.1900.

Die Zusammensetzung einiger als menschliche Nahrungsmittel in Verwendung stehender japanischer landwirtschaftlicher Produkte. Kellner, O. Landwirtsch.Versuchsstat. 30. 42-51 (1884). - W.Ref. 1879, C. 1884. 266-267.

413. Nahrungsmittel aus Kartoffeln

4131. Allgemeines
4132. Vorbehandlungen
4133. Trockenkartoffeln
4134. Kartoffelflocken
4135. Kartoffelwalzmehl
4136. Verschiedenes

4131. Allgemeines

(Auch Nährwert)

Die Auswahl von Kartoffelproben für die Bewertung der Speisequalität. Young, D.A. J.technol.Soc.Starch (Japan) 10. 38-40 (1962).

Einige anatomische Eigenschaften in Verbindung mit der Kochqualität von irischen Kartoffeln. Barrios, E.P., Newson, D.W. und Miller, J.C. Proc.Amer.Soc.horticult.Sci. 78. 413-20 (1961). - Ref.C.A. 56. 13307e (1962).

Verschiedene Erzeugnisse aus Kartoffeln. Feustel, I.C. Potato Handb. 5. 51-52 (1960). - Ref.C. 1960. 13553.

Zur ernährungsphysiologischen Beurteilung der Kartoffel. Wirths, W. Lebensmittel u.Ernährung 13. Nr.3. 8-11 (1960).

Der Nährwert der Kartoffeln. McCay, C.M. in W.F.Talburt: Potato Processing S. 187-204. Avi Publishing Company, Inc. Westport, Conn. 1959.

Verfahren zur Herstellung von Kartoffelprodukten. Pfanni-Werk Otto Eckart KG. D.A.S. 1 162 673 Kl. 53k vom 20/7.1959., ausg.6/2.1964. A.Prior.3/2.1959. - Ref.Stärke 17. 238 (1965).

Physikalische und chemische Gesichtspunkte in bezug auf die Mehligkeit der Kartoffel. Unrau, A.M. und Nylund, R.E. Canad.J.Plant Sci. 37. 136-48 (1957). - Ref.C.A. 52. 3195e (1958).

Herstellung von Kartoffelpräserven in Kartoffelstärkefabriken. Jany, W. Stärke 4. 6-8 (1952).

Faktoren, die den Nährwert von Kartoffeln beeinflussen. Leichsenring, J.M., Morris, L.M., Salmon, W.D., Flanagan, C., Wodds,E., Bolin, D.W., Duyne, F.O.van, Wolfe, J.C., Simpson, J.I., Murphy, E.F., Sheets, O.A., Werner, H.O., Leverton, R.M., Schlaphoff, D.M., Peterson, W.J., Kelly, E., Knowless, D., Reed, H.M., Orent-Keiles, E., Hewston, E.M., Greenwood, J.B., Latimer, M. und Levy, D. Univ.Minnesota, agric.Exp.Stat., techn.Bull. 1951. Nr. 196. 1-96. - Ref.C. 1954. 6371.

Der Nährwert von Kartoffeln. Steuart, D.W. Chem.and Ind. 1948. 12. - Ref.C. 1948. E. 1751.

Physikalische Eigenschaften der Stärke von Kartoffeln verschiedener Kochqualität. Briant, A.M., Personius, C.J. und Cassel,E.G. Food Res. 10. 437-44 (1945).

Die Industrie der Kartoffelerzeugnisse. Engineer 171. 410-12 (1941). - Ref.C. 1943. I. 2047.

Über den Zustand der Stärke in Kartoffelprodukten. Seck, W. und Rüdorff-Fischer, G. Vorratspflege u.Lebensmittelforsch. 3. 473-80 (1940). - Ref.C. 1941. I. 2191.

Über Kartoffelverarbeitung. Kröner, W., Z.Spiritusind. 61. 77-78 (1938). - Ref.C. 1938. I. 4546.

Faktoren, die den Kochwert von Kartoffeln bestimmen. Sweetman,M.D. Univ.Maine.Agric.Exp.Stat.Bull. 383. 81 S. (1936). - Ref.C.1937. II. 684.

Nährwert und Nährwertverlust bei Kartoffeln in verschiedenen Formen. Flegel, K. Z.Tierzücht.Züchtungsbiol. 22. 34 (1931).

Der Wert der Kartoffel bei der menschlichen Ernährung. Kon, St.K. und Klein, A. Biochem.J. 22. 258 (1928). - Ref.C. 1928. I.2957.

Der Wert der Kartoffel als Nahrungsmittel. Hindhede, M. Volksernährung 2. 321 u. 342 (1927). - Ref.C. 1928. I. 603.

Über die biologische Wertigkeit von Fleisch, Kartoffeln und Weizenmehl. Lauter, S. und Jenke, M. Dtsch.Arch.klin.Med. 146. 173 (1925). - Ref.C. 1925. I. 1621.

Die Kartoffelfabrikate im Lichte der Lebensmittelversorgung. Parow, E. Z.Spiritusind. 43. 319 (1920).

Über die Feststellung und Beurteilung des Nährwertes der Kartoffeln zum Handelswert. Reichard, C. Pharmaz.Zentralhalle Deutschland 60. 359-363 (1919). - - W.Ref. 1751.

Die Ernährung mit Kartoffeln. Rubner, M. und Thomas, K. Arch.Anat. u.Physiol.,Physiolog.Abt. 1918.1. - Ref.C. 1922. I. 1245.

Kartoffeln, Süßkartoffeln und andere stärkehaltige Wurzeln als Nahrungsmittel. Langworthy, C.F. U.S.Dep.Agric., Bull. 468. 28 S. (1917). - W.Ref. 2118.

Untersuchungen über die Verdaulichkeit von Kartoffeln. Hindhede, M. Skand.Arch.Physiol. 27. 277 (1912), Z.Unters.Lebensmittel 32. 474 (1916).

Über den Nährwert der Kartoffel. Coudon, H. und Bussard, L. C.R.hebd.Séances Acad.Sci. 125. 43 (1897), Biedermanns Zbl. Agrikulturchem. 27. 131 (1898).

4132. Vorbehandlungen
(Schälen, Dämpfen, Kochen)

Kartoffelqualität. 16. Mitt. Tieftemperatur-Lagerung roher Kartoffelschnitten zur Bereitung von pommes frites und roher Schnitten zur Bereitung von Chips. Davis, C.O. und Smith, O. Amer.Potato J. 40. 193-99 (1963). - Ref.C. 1964. 1-3103.

Verfahren zum Frischhalten von geschälten rohen Kartoffeln in Kunststoffbeuteln. Struck, O. D.A.S. 1 132 785 Kl. 53c vom 26/10.1960., ausg.5/7.1962. - Ref.Stärke 15. 229 (1963).

Die Rolle der Zucker bei der Bräunungsreaktion in Kartoffelschnitzeln. Shallenberger, R.S., Smith, O. und Treadway, R.H. J.agric.Food Chem. 7. 274-77 (1959).

Verfärbung von Kartoffeln nach dem Kochen. Bate-Smith, E.C., Hughes, J.C. und Swain, T. Chem.and Ind. 1958. 627-28. - Ref.C. 1963. 16014.

Über die Ursachen der Verfärbung gedämpfter Kartoffeln. 3. Mitt. Die Bedeutung der Dämpfzeit, der Temperatur und eventuell vorhandener Enzymreste. Kiermeier, F., Rickerl, E. und Kamarijani. Z.Lebensmittel-Unters.u. -Forsch.103. 285-90 (1956). - Ref.C. 1957. 6304, Stärke 9. 15 (1957).

Über die Ursachen der Verfärbung gedämpfter Kartoffeln. 1. Mitt. Der Einfluß phenolischer Körper. Kiermeier, F., Rickerl, E. und Kamarijani. Z.Lebensmittel-Unters. u. -Forsch. 100. 441-49 (1955). - Ref.C. 1957. 6304.

Die Beziehungen zwischen Mehligkeit gekochter Kartoffeln und gewissen mikroskopischen Beobachtungen am rohen und gekochten Produkt. Shewfelt, A.L., Brown, D.R. und Troop, K.D. Canad.J. agric.Sci. 35. 513-17 (1955). - Ref.C. 1957. 1550.

Konservierung von gekochten Kartoffeln und anderen Erdfrüchten. Soc.Fromagère de la Haute Auvergne. F.P. 977 242 vom 2/11. 1948, ausg.29/3.1951. - Ref.C. 1953. 6383.

Versuche über die Verringerung der Schälverluste bei der Verarbeitung von Kartoffeln. Verfahren-technische Untersuchungen über die Güteverbesserung von Obst- und Gemüsedauerwaren. Willigen, de A.H. Obst- u.Gemüse-Verwert.Ind.Braunschweig, Konserven-Ztg. 30. 285-87 (1943). - Ref.C. 1944. I. 67.

Schwarzwerden von Kartoffeln beim Kochen. Cowie, G.A. Nature London 148. 285 (1942).

Farbe von gekochten Kartoffeln. Cowie, G.A. Chem.and Ind. 59. 816 (1940). - Ref.C. 1941. II. 1221.

Kartoffelmehligkeit und Veränderungen beim Kochen in der Weichheit. Barmore, M.A. Food Res. 2. 377-83 (1937). - Ref.C. 1938. I. 1021.

Verhinderung der Verfärbung von geschnittenen Früchten, z. B. Äpfeln und Kartoffeln. Boyce Thompson Institute for Plant Research, Inc., übert.von: F.E. Denny. A.P. 2 093 865 vom 8/1. 1936, ausg.21/9.1937. - Ref.C. 1938. I. 209.

Vorbehandlung von Kartoffeln. Jansen, E.G. A.P. 2 069 884 vom 20/4.1935, ausg.9/2.1937. - Ref.C. 1937. I. 3565.

Über die Verwendbarkeit von schwachen Salzsäurelösungen zum Verhüten des Dunkelwerdens von rohen geschälten Kartoffeln. Lobanow, D.I. und Pusstylnikowa, J.B. Fragen der Ernährung (russ.) 4. Nr.3. 111-16 (1935). - Ref.C. 1937. I. 2286.

Verfahren zur Vorbehandlung von Kartoffeln und ähnlichem stärkehaltigem Gut für die Trocknung. Koeniger, W. D.R.P.695 200 Kl. 53c vom 6/12.1934, ausg.20/8.1940. - Ref.C. 1940. II.2974.

Über die Zusammensetzung von abgepreßten und getrockneten Kartoffelkrümeln. Lampe, B. Z.Spiritusind. 53. 298 (1930).

Erweiterung der "Praktischen Ausbeutetabelle für Trockenkartoffeln". Lampe, B. Z.Spiritusind. 52. 311 (1929).

4133. Trockenkartoffeln

(Auch granulierte Produkte, Kartoffelkörner)

WRRL-Direktverfahren für Kartoffelgranulat. Lazar, M.E., Notter, G.K., Smith, G.S., Reeve, R.M., Hendel, C.E. und Morgan, A.I. jun. Food Technol. 18. Nr.7. 109-11 (1964). - Ref.C. 1966. 4-3062.

Ascorbinsäure in Trockenkartoffeln. Myers, P.W. und Roehm, G.H. J.Amer.dietet.Assoc. 42. 325-27 (1963). - Ref.C. 1965. 48-2791.

Trockenkartoffelpräparat. Unilever Ltd. E.P. 923 224 vom 4/5.1960, ausg.10/4.1963. A.Prior. 6/5.1959. - Ref.C. 1965. 5-2995.

Getrocknete Kartoffelwürfel. Kueneman, R.W. Potato Handb. 5. 32-34 (1960). - Ref.C. 1960. 13553.

Verbesserung der Qualität von Kartoffelgranulat durch Wirbelschichttrocknung. Roby, M.T. und Simon, M. Food Technol. 13. 327-31 (1959). - Ref.C. 1961. 15596.

Der kolloidchemische Zustand der Stärke in Trockenkartoffelerzeugnissen. Wegner, H. Ber.Arbeitsgemeinschaft Kartoffelforsch. Hamburg 1959. 142-50.

Herstellung von entwässerten Kartoffeln. United States of America as represented by the Secretary of Agriculture. A.P.2 959 487 vom 3/2.1959., ausg.8/11.1960. - Ref.Stärke 14. 382 (1962).

Verfahren und Vorrichtung zum kontinuierlichen Trocknen stärkehaltiger Stoffe, insbesondere Kartoffeln. Fischer, W. Oe.P. 207 222 vom 17/2.1958, ausg.25/1.1960. D.Prior.18/2.1957. - Ref.Stärke 12. 219 (1960).

Weitere Untersuchungen zur Herstellung von Kartoffelgranulaten durch Behandlung mit Lösungsmitteln. Heisler, E.G., Hunter, A.S., Siciliano, J. und Tradway, R.H. Food Technol. 10. 276-78 (1956). - Ref.C. 1960. 3407.

Kartoffelkörnchen, Entwicklung und Technologie der Herstellung. Olson, R.L. und Harrington, W.O. Advances Food Res. 6. 231-56 (1955). - Ref.C. 1958. 5826.

Teilentwässerung von Kartoffeln. United States of America Secretary of Agriculture, übert.von: J.Siciliano, E.Heisler u.R.H. Treadway. A.P. 2 797 166 vom 26/1.1954, ausg.25/6.1957. - Ref.C. 1958. 10808.

<u>Trocknung von Kartoffelkörnern</u>. Cooley, A.M., Severson, D.E. und Fred-Rickson, R.E. Proc.North Dakota Acad.Sci. <u>6</u>. 70-73 (1952).

<u>Ist die Angliederung von Kartoffeltrocknungsanlagen an Kartoffelstärkefabriken zu empfehlen</u>? Jany, W. Stärke <u>3</u>. 243-245 (1951).

<u>Fehler bei der Herstellung und Lagerung von Kartoffel-Trocknungserzeugnissen</u>. Wegner, H. Stärke <u>3</u>. 58-61 (1951). - Ref.C. <u>1951</u>. II. 3242.

<u>Die Herstellung von Trockenspeisekartoffeln</u>. Flick, H. Ind.Obst- u. Gemüseverwert. <u>33</u>. 13-15 (1948). - Ref.C. <u>1948</u>. E. 327.

<u>Herstellung von Kartoffelschnitzeln</u>. Stibergs Livsmedelshandel Aktiebolaget (Erfinder: O. Jönssen). Schwed.P. 123 229 vom 13/6.1946, ausg.9/11.1948. - Ref.C. <u>1948</u>. E. 331.

<u>Trocknen von stärkehaltigen Früchten</u>. Research Co., übert.von: J.W. Greene, R.M. Conrad u. F.A. Rohrmann. A.P. 2 490 431 vom 19/7.1946, ausg.6/12.1949. - Ref.C. <u>1949</u>. E.1144.

<u>Physikalische und chemische Fragen bei der Herstellung von Trokkenspeisekartoffeln</u>. Kröner, W. Z.Spiritusind. <u>64</u>. 67-68 (1941). - Ref.C. <u>1941</u>. I. 3454.

<u>Physikalische und chemische Fragen bei der Herstellung von Trokkenspeisekartoffeln</u>. Kröner, W. Vorratspflege und Lebensmittelforsch. <u>4</u>. 176-83 (1941). - Ref.C. <u>1941</u>. II. 3006.

<u>Versuche der Trocknung von Kartoffeln an der Sonne</u>. Kalogeras, S. A. Praktika Akad. Athenon <u>15</u>. 425-29 (1940). - Ref.C. <u>1946</u>. II. 687.

<u>Kartoffeltrocknung</u>. Werkspoor, N.V. Holl.P. 56 870 vom 3/3.1939, ausg.15/8.1944. - Ref.C. <u>1945</u>. I. 1313.

<u>Ein neues und schnelles Trocknungsverfahren für Vegetabilien</u>. Hopkins, E.F. Science (New York) <u>87</u>. 71-72 (1938). - Ref.C. <u>1938</u>. II. 210.

<u>Kartoffeltrockenerzeugnis</u>. Potato Corp. of Idaho, übert.von: O. Gano. A.P. 2 190 063 vom 15/2.1938, ausg.13/2.1940. - Ref.C. <u>1940</u>. I. 3864.

<u>Trocknen von Früchten und stärkehaltigen Stoffen</u>. Sardik Inc., übert.von: William W. Cowgill. A.P. 2 140 788 vom 12/6.1937, ausg.20/12.1938. - Ref.C. <u>1939</u>. I. 3982.

<u>Trocknen von Früchten und sonstigen Vegetabilien</u>. Hopkins, E.F. A.P. 2 137 890 vom 20/3.1937, ausg.22/11.1938. - Ref.C. <u>1939</u>. I. 1474.

<u>Kartoffeltrockenerzeugnis</u>. Dalsey, D. A.P. 2 120 777 vom 3/6. 1936, ausg.14/6.1938. - Ref.C. <u>1938</u>. II. 2364.

<u>Kartoffeltrockenpräparate</u>. Kapeller, G. Z.Unters.Lebensmittel <u>66</u>. 136-42 (1933). - Ref.C. <u>1933</u>. II. 3499.

<u>Wieviel Stärkeprozente sind zur Herstellung eines Zentners Trokkenkartoffeln erforderlich</u>? Ekhard, W. Z.Spiritusind. <u>51</u>. 132-33 (1928). - Ref.C. <u>1928</u>. I. 3008.

<u>Die Bewertung der Kartoffeln nach den Stärkeprozenten ist für den Kartoffeltrockner nicht richtig</u>. Parow, E. Z.Spiritusind. <u>51</u>. 290 (1928). - Ref.C. <u>1928</u>. II. 2415.

Die im Auftrage des Trocknungsausschusses für landw. Erzeugnisse ausgeführten Versuche über die bei der mechanischen Wasserentziehung von Kartoffeln auftretenden Nährstoffverluste. Parow, E., Stirnus, A. und Ekhard, W. Z.Spiritusind. 50. 359 (1927).

Versuche über die bei der mechanischen Wasserentziehung von Kartoffeln auftretenden Nährstoffverluste. Parow, E., Stirnus, A. und Ekhard, W. Z.Spiritusind. 50. 277-78 (1927).

Die Saccharosebildung in Kartoffeln während des Trocknens. Wolff, C.J.de. Biochem.Z. 178. 36-59 (1926).

4134. Kartoffelflocken

Kartoffelflöckchen - ein neues Trockenkartoffel-Produkt. Eskew, R.K. und Drazga, F.H. Food Technol. 16. Nr. 4. 99-101 (1962). - Ref.C. 1964. 22-2605.

Kartoffelflocken. Eskew, R.K. Potato Handb. 5. 28-30 (1960). - Ref.C. 1960. 13553.

Physikalische Untersuchungen der Konsistenz von Kartoffelflocken. Mullins, W.R., Potter, A.L., Wood, E.R., Harrington, W.O. u. Olson, R.L. Food Technol. 11. 509-11 (1957).

Neuere Entwicklungen auf dem Gebiet der Kartoffelflockenherstellung. Cording jr., Willard jr., M.J., Eskew, R.K., Edwards, P. W., Sullivan, J.F. Food Technol. 9. 520-21 (1955). - Ref.C. 1958. 14192.

Faktoren, die die Struktur von rehydratisierten Kartoffelflocken beeinflussen. Severson, D.E., Cooley, A.M. und Simon, M. Food Technol. 9. 223-27 (1955).

Eine Methode zum Vergleich der Konsistenz zu verschiedenen Zeiten beurteilter Kartoffelflocken. Wood, E.R., Olson, R.L. und Nutting, M.-D. Food Technol. 9. 164-67 (1955). - Ref.C. 1957. 2617.

Kartoffelflocken zur Herstellung von Kartoffelbrei. Greene, J.W., Marburger, G.C. und Rohrmann, J.A. Food Ind. 19. 86-89 (1947). - Ref.C. 1947. E. 138.

Farbfaktoren bei der Herstellung von Kartoffelflocken. Denny, F.E. und Thornton, N.C. Contr.Boyce Thompson Inst. 11. 291 (1940).

Flockenherstellung nach Verfahren Koeniger. Beck, F. Z.Spiritusind. 60. 53 (1937). - Ref.C. 1937. I. 4304.

Über die Ursachen der Verfärbung von Kartoffelflocken und Kartoffelwalzmehl. Lampe, B. und Deplanque, R. Z.Spiritusind. 60. 263-64. 266 (1937). - Ref.C. 1937. II. 4254.

Weitere Beiträge zu dem Verfärbungsproblem bei Kartoffelflocken und Kartoffelwalzmehl. Lampe, B. und Deplanque, R. Z.Spiritusind. 60. 283 (1937). - Ref.C. 1938. I. 454.

Über den Stärkegehalt von Kartoffelflocken. Platzmann, M. Z.Spiritusind. 59. 361 (1936).

Eine Methode zur Bestimmung der Schalenanteile in Kartoffelflocken. Lampe, B. und Delanque, R. Z.Spiritusind. 58. 300 (1935). - Ref.C. 1936. I. 911.

Methodik der Untersuchung von Kartoffelflocken auf ihren Stärkewert und Brennwert. Lampe, B. und Kilp, W. Z.Spiritusind. 54. 173-74 (1931).

4135. Kartoffelwalzmehl
(Auch Kartoffelmehl, Kartoffelbrei)

Herstellung und chemische Zusammensetzung von Kartoffelmehl aus einigen Kartoffelsorten. Choudhuri, R.N.R., Joseph, A.A., Joseph, K., Rao, M.N., Swaminathan, M., Sreenivasan, A. und Subrahmanyan, V. Food Sci. (Mysore, India) 12. 251-53 (1963). - Ref.C. 1964. 32-2578.

Beobachtungen an trommelgetrocknetem Kartoffelbrei. Drazga, F.H. und Eskew, R.K. Food Technol. 16. Nr.12. 103-05 (1962). - Ref.C. 1963. 19034.

"Instant"-Kartoffelbrei. McBean, D.McG. Food Preservat.Quart. 22. 68-72 (1962). - Ref.C. 1963. 14511.

Getrockneter Kartoffelbrei - Kartoffelkörner. Hendel, C.E. Potato Handb. 5. 24-26 (1960). - Ref.C. 1960. 13553.

Verfahren zur Herstellung eines von Wasser befreiten Kartoffelbreiproduktes. Maggi-Unternehmungen AG. (Erfinder: Cording,J.W. jr., Willard, M.J. jr. und Sullivan, J.F.). Schwz.P. 369 957 vom 10/6.1960, ausg.15/6.1963.

Kartoffelbrei in Trockenform. Salada-Shiriff-Horsey Ltd. (Erfinder: Irmiter, T.F. und Rubin, G.). A.P. 3 027 264 vom 6/11. 1959., ausg.27/3.1962. - Ref.C. 1963. 20223.

Kartoffelmehl. Willard, M.J. in W.F. Talburt: Potato Processing S. 390-403. Avi Publishing Company, Inc., Westport, Conn. 1959.

Die Herstellung von Kartoffelpulver im Auslande. Genin, Ss.A. und Schtschekoldina, Je.Ss. Konserven- u.Gemüsetrocknungs-Ind. (russ.) 14. Nr.3. 39-42 (1959).

Herstellungsmethoden für Kartoffelpulver (Kartoffelpüree). Janicki, J., Niewiarowicz, A., Rieve, I. und Drewniak, E. Przemysl Spozywczy 11. 239-44 (1957). - Ref.C. 1958. 8776.

Verfahren zur Herstellung eines Trockenpulvers aus gekochten Kartoffeln. Templeton, R.A.S. D.B.P. 1 010 814 vom 5/12.1957. - Ref. Stärke 10. 46 (1958).

Kartoffelpüreepulver und Kartoffelkloßmehl. Wegner, H. Dtsch.Lebensmittel-Rdsch. 52. 199-205 (1956).

Untersuchung von Kartoffelwalzmehl. Noetzel, O. Pharmaz.Zentralhalle Deutschland 92. 439-41 (1953). - Ref.C. 1955. 2797.

Die Lagerfestigkeit von Kartoffelmehl aus in einer Zuckerfabrik getrockneten Kartoffelschnitzeln. Burton, W.G. J.Soc.chem.Ind. 64. Trans.and Commun. 85-86 (1945). - Ref.C. 1946. II. 1299.

Kartoffelmaischpulver. 3. Mitt. Hochtemperaturbraunfärbung von Kartoffelmaischpulver. Burton, W.G. J.Soc.chem.Ind., Trans. and Commun. 64. 215-18 (1945). - Ref.C. 1946. II. 2483.

Kartoffelmaischpulver. 2. Mitt. Sprühtrocknungsmethode. Burton,W.G. J.Soc.chem.Ind., Trans. and Commun. 63. 213-15 (1944). - Ref.C. 1946. II. 2483.

4135

Kartoffelbreipulver. 1. Mitt. Allgemeine Kennzeichen und die Bürsten-Sieb-Methode der Herstellung. Barker, J. und Burton, W.G. J.Soc.chem.Ind. 63. 169-72 (1944). - Ref.C. 1945. II. 739.

Kartoffelmehl. Fortschritt in der Kartoffeltrocknung. Barker, A. Food 12. 16-18 (1943). - Ref.C. 1943. II. 85.

Herstellung von Kartoffelmehl. Scholten's Aardappelmeelfabrieken. F.P. 865 301 vom 30/4.1940, ausg.20/5.1941. - Ref.C. 1941. II. 2750.

Verbesserungen bei der oder in bezug auf die Verarbeitung von Kartoffeln oder anderen stärkehaltigen Gemüsen zu Trockenpulver. Jones, C.R. und Greer, E.N. E.P. 537 669 vom 19/1. 1940.

Trockenpulver aus stärkehaltigen Früchten. Volpertas, Zelmanas. E.P. 844 296 vom 4/10.1938, ausg.21/7.1939. E.Prior.14/10.1937. - Ref.C. 1940. I. 643.

Verfahren zum Überführen von stärkehaltigem Gemüse in ein trockenes Pulver. Volpertas, Z. E.P. 525 043 vom 17/2.1938, ausg. 13/2.1939.

Überführen von Kartoffeln in Pulverform. Volpertas, Zelmanas. F.P. 842 651 vom 17/2.1938, ausg.16/6.1939. - Ref.C. 1939. II. 2862.

Überführen von Kartoffeln, anderen stärkehaltigen Knollen und Gemüsen in Pulverform. Bunimovitsh, Marcos, u. Faitelowitz, A. F.P. 822 775 vom 8/6.1937, ausg.7/1.1938. E.Prior.10/6.1936. - Ref.C. 1938. I. 3854.

Die Vermahlung von Kartoffelflocken unter Verwendung des vorhandenen Zeuges. Hopf, L. Mühle 74. 1257-58 (1937). - Ref.C. 1938. I. 205.

Kartoffelwalzmehl. Lampe, B. und Deplanque, N. Z.Spiritusind. 60. 205-06 (1937). - Ref.C. 1938. I. 758.

Verbessertes Verfahren und Vorrichtung zum Überführen von stärkehaltigem Gemüse in Pulverform. Volpertas, Z. E.P. 496 423, ausg.14/10.1937.

Eine verbesserte Methode zum Überführen von Kartoffeln und anderen stärkehaltigen Gemüsen in Pulverform. Bunimovitch, M. und Faitelowitz, A. E.P. 457 088 ausg.10/6.1936.

Kartoffelmehlverwendung im Haushalt. Z.Spiritusind. 56. 22 (1933).

Die Verwendung von Kartoffelmehl und Kartoffelmehlfabrikaten im Haushalt. Parow, E. Z.Spiritusind. 49. 279, 288 (1926).

Kann Kartoffelmehl zusammen mit Weizenmehl zu Nahrungsmitteln verarbeitet werden? Parow, E. Z.Spiritusind. 49. 86-87 (1926).

Über die Verwendung von Kartoffelwalzmehl. Parow, E. Z.Spiritusind. 44. 199 (1921). - Ref.C. 1921. IV. 719.

Ist Kartoffelwalzmehl dem aus bei niedrigen Temperaturen getrockneten Kartoffeln hergestellten Trockenkartoffelmehl unterlegen? Parow, E. Ztschr.f.Spiritusind. 44. 59-60 (1921). - Ref.C. 1921. II. 967.

4136. Verschiedenes
(Spezialprodukte, Chips. Kartoffelscheibchen)

Vorläufige Untersuchungen über das Schicksal der Zucker und Aminosäuren in Chips aus frischen und aus gelagerten Kartoffeln. Fitzpatrick, T.J., Talley, E.A. und Porter, W.L. J.agric.Food Chem. 13. 10-12 (1965). - Ref.C. 1966. 1-3037.

Saccharosegehalt von Kartoffeln und Verfärbung von Chips von Frühsommerkartoffeln. Clegg, M.D. und Chapman, H.W. Amer. Potato J. 39. 212-16 (1962). - Ref.C. 1963. 4177.

Kartoffelchipherstellung. Smith, O. Potato Handb. 5. 9-18 (1960). - Ref.C. 1960. 13553.

Kochfertiges Kartoffelpräparat. J.R.Simplot Co. (Erfinder: Kueneman, R.W. und Conrad, J.E.). F.P. 1 237 050 vom 6/10.1959., ausg.23/11.1960. A.Prior. 6/10.1958. - Ref.C. 1963. 18297.

Küchenfertige Kartoffelzubereitung. Borden Co. (Erfinder: Hale, J.F., Klein, R.A. und Bradway, E.M.). F.P. 1 229 196 vom 1/7. 1959, ausg.5/9.1960. A.Prior. 16/7.1958. - Ref.C. 1962. 18314.

Die Verwertung von Stärkeabfällen aus der Gemüsetrocknungsproduktion. Genin, Ss.A. Abhandlungen des zentr.wissenschaftl. Forschungsinst.der Konserven- u.Trockengemüse-Ind. (russ.), Ausgabe 9. Technologie der Trocknung von Kartoffeln und Gemüse 85-98 (1959).

Verfahren zur Herstellung eines aus Kartoffeln einerseits und Obst oder Gemüse andererseits bestehenden Trockengutes. Koeniger, W. D.B.P. 942 733 vom 12/4.1956. - Ref.Stärke 8. 214 (1956).

Verfahren zur Herstellung eines gebackenen knusperigen Nahrungsmittels aus Knollenmehl. D.B.P. 944 301 vom 24/5.1956. - Ref.Stärke 8. 257 (1956).

Gewinnung von Nahrungsmitteln. Nibbit Products Association Ltd. Ind.P. 56 081 vom 16/12.1955., ausg.19/11.1957. - Ref.C. 1961. 12680.

Verfahren zur Gewinnung eines reisähnlichen Nahrungsmittels aus Kartoffeln. Oetling, K., übert.von: Oetling, C. D.B.P.916 870 vom 8/7.1954. - Ref.Stärke 7. 37 (1955).

Nichtfärbendes Kartoffeltrockenprodukt mit Molkenzusatz. Schweigert, F. und Schweigert, H. D.B.P. 861 633 angem.9/10.1948, ausg.5/1.1953. - Ref.Stärke 5. 71 (1953).

Herstellung eines genießbaren Erzeugnisses, das Eiweiß, Dextrine, Zucker, Mineralstoffe und Vitamine enthält, aus Kartoffeln. Friedrichsdorfer Zwieback- und Nährmittelfabrik Milupa-Pauly GmbH. Schwz.P. 234 342 vom 30/3.1942, ausg.3/1.1945. - Ref.C. 1949. E. 3059.

Behandlung von pflanzlichem, besonders stärkehaltigem Gut. Ges.für Stärke-Veredlung mbH. (Erfinder: H. Schorn). D.R.P. 737 219 Kl. 89k vom 26/3.1941, ausg.8/7.1943. - Ref.C. 1943. II. 1507.

Konservieren von Kartoffeln. Hoveman, J.A.A.Ch. F.P. 837 961 vom 5/7.1938, ausg.15/2.1939. - Ref.C. 1939. I. 3982.

Über Kartoffelscheibchen. Schuette, H.A. und Zehnpfennig, R.G. Food Ind. 9. 11-54 (1937). - Ref.C. 1937. I. 3239.

Die Herstellung von Kartoffelscheibchen in Zusammenhang mit einigen chemischen Eigenschaften von Kartoffeln. Rogers, M.C., Rogers, C.F. und Child, A.M. Amer.Potato J. 14. 269-90 (1937). - Ref.C. 1938. I. 205.

Kartoffelerzeugnis. Miller, G.P. A.P. 2 006 146 vom 1/12.1933, ausg.25/6.1935. - Ref.C. 1936. I. 223.

414. Müllerei und Bäckerei

4141. Allgemeines

Stärke in Bäckerei-Produkten. Schoch, T.J. Baker's Digest 39. 48-57 (1965).

Getreide und Getreideprodukte. 3. Mitt. Stärkearten in bestimmten Lebensmittelerzeugnissen und Lebensmittelabfällen in Ost-Pakistan. Khan, N.A., Khaleque, A. und Rahman, C.A.F.M. Sci.Res. (Dacca, Pakistan) 2. Nr.1/2. 11-19 (1965). - Ref.C.A. 63. 12224e (1965).

Neuere Ergebnisse der Getreide- und Brotforschung. Pelshenke, P.F. Naturwissenschaftliche Reihe der Arbeitsgemeinschaft für Forschung des Landes Nordrhein-Westfalen, Heft 121. Westdeutscher Verlag GmbH., Köln und Opladen 1963. 93 S. - Ref.Stärke 16. 74 (1964).

Stärkeforschung und Bäckerei. MacMasters, M.M. Bakers Digest 1961. Nr.5. 42-46. - Ref.C.A. 55. 27681f (1961).

Die Anwendung von hochkonvertiertem Maissirup in der Backwarenindustrie. Trempel, L.G. Bakers Digest 30. Nr.1. 43-48 (1956). - Ref.C. 1961. 7066.

Mit Vitaminen angereicherte künstliche Getreidekörner. Takeda Pharmaceutical Industries Co. (Erfinder: Mima, H.). Japan.P. 8 125 ('55) ausg.10/11.1955. - Ref.C.A. 51. 18387g (1957).

Die Anwendung von hochkonvertiertem Maissirup in der Backwarenindustrie. Trempel, L.G. Bakers Digest 29. Nr.6. 39-44. 66-67 (1955). - Ref.C. 1961. 7066.

Getreide. Greup, D.H. und Hintzer, H.M.R. in G.W.S.Blair: Foodstuffs, their Plasticity, Fluidity and Consistency. North-Holland Publishing Company, Amsterdam 1953. 35-79.

Handbuch der neuzeitlichen Bäckerei. Pelshenke, P. Verlag: Hugo Matthaes, Stuttgart 1952. 338 S.

Müllerei und Forschung. Hess, K. Mühle 89. 428-31 (1952). - Ref.C. 1956. 4585.

Bauer und Bäcker. - Neue Wege zur Leistungssteigerung in der Ernährungswirtschaft. Jörrisen, J. Kurzbriefe Ernähr.Landwirtsch. 1948. B.VI 1. 4 S. - Ref.C. 1948. II. 1136.

Vergleichende Untersuchungen über die Verdaulichkeit frischen und altbackenen Brotes. Habs, H. und Plagemann, L. Ernährung 9. 48 (1944).

Glasigkeit und innere Kornausbildung. Thomas, B. Mühle 78. Nr.28, Mühlenlab. 11. 57-64 (1941). - Ref.C. 1941. II. 2886.

Stärkesirup in der Bäckerei. Lemmerzahl, J. und Weimershau, E. Vorratspflege u.Lebensmittelforsch. 1. 540-45 (1938). - Ref.C. 1939. I. 274.

Behandlung stärkehaltiger Körnerfrüchte. Stein-Hall Mfg. Co. F.P. 765 111 vom 7/12.1933, ausg.2/6.1934. - Ref.C. 1935. I. 2746.

Kolloidale Gesichtspunkte in der Chemie des Backens. Frey, Ch.N. und Landis, Qu. in J.Alexander: Colloid Chemistry, Theoretical and Applied, Vol. IV, S. 539-78. Chem.Catalog Co., Inc., New York 1932.

Über die notwendige und zweckmäßige Verwendung der Kartoffelfabrikate für die Brotversorgung. Parow, E., Z.Spiritusind.45. 241 (1922).

Brotstreckung mit Kartoffelwalzmehl. Lindner, R. Z.Spiritusind. 43. 201 (1920).

Brotstreckung mit Kartoffelfabrikaten in 1920/21. Lindner, R. Z.Spiritusind. 43. 195-196 (1920).

Über die Verwendung der Kartoffel bei der Brotbereitung. Neumann, M.P. Ber.dtsch.pharmaz.Ges. 25. 131-141 (1915). - W.Ref. 1851, C. 1915. II. 37.

Brotgetreide und Brot. Lehrbuch für die Praxis der Getreideverarbeitung und Hand- und Hilfsbuch für Versuchstationen, Nahrungsmittel-Untersuchungsämter und Laboratorien der Mühlen, Bäckereien und Fachschulen.Neumann, M.P. Verlagsbuchhandlung Paul Parey, Verlag für Landwirtschaft, Gartenbau und Forstwesen, Berlin 1914. 615 S.

4142. Mehl

(Allgemeines, Windsichtung, γ-Bestrahlung, Fermente. Vgl. auch "Einwirkung von γ-Bestrahlung auf Stärke": 823, "Amylasen in Bäckerei": 945, "Analytische Stärkekennzeichnungen, Beschädigte Stärkekörner": 568, "Mikroskopische Untersuchung beschädigter Stärkekörner": 7144)

Die Kleister-Viskositäten von Weizenstärke und Weizenmehl-Wasser-Mischungen beim Erhitzen. 1. Mitt. Ein Vergleich der Fallzahl nach Hagberg, dem Brabender Amylograph und der α-Amylase-Aktivität von australischen und englischen Mehlen. Hutchinson, J.B. J.Sci.Food Agric. 17. 198-201 (1966).

Abbau verkleisterter Stärke von Weizenmehl. Carter, J.E. und Hutchinson, J.B. Chem. and Ind. 1966. 1265-66.

Die Abhängigkeit der Wasserresorption von Weizenmehl vom Proteingehalt und dem Grad der Verletzung der Stärkekörner. Meredith, P. New Zealand J.Sci. 9. 324-30 (1966).

Methoden zur penetrometrischen Bestimmung der Backfähigkeit von Roggenmehl. Tscheuschner, H.-D. und Auermann, L.J. Bäcker u. Konditor 19. 89-92 (1965). - Ref.C. 1966. 22-3025.

Einfluß von Kobalt-60-γ-Strahlen und die mechanische Beschädigung von Weichweizen-Mehl. Miller, B.S., König, V.L., Trimbo, H. und Ogrins, A. J.Sci.Food Agric. 15. 701-11 (1964). - Ref.C.A. 62. 5800e (1965).

Die Fallzahl, eine Schnellmethode zur Bestimmung des Auswuchses. Perten, H. Brot u.Gebäck 18. 181-86 (1964). - Ref.C.A. 62. 2175h (1965).

Der Einfluß von Mikrowellen-Bestrahlung auf Weizen und Mehl: die Viskosität von Mehlkleistern. Edwards, G.H. J.Sci.Food Agric. 15. 108-14 (1964). - Ref.C.A. 60. 13789e (1964).

Chemische Bestandteile des Mehles von Zuchtsorten und Wildarten bei Getreide. Vaisey, M. und Unrau, A.M. J.agric.Food Chem. 12. 84-86 (1964). - Ref.C. 1966. 14-3066.

Die Mehleigenschaften in Beziehung zur modernen Brotbereitung im Vereinigten Königreich mit besonderer Berücksichtigung der α-Amylase und Stärkebeschädigung. Farrand, E.A. Cereal Chem. 41. 98-111 (1964). - Ref.C.A.(B.) 61. 2391c (1964), C. 1966. 7-3269.

Veränderungen der Backfähigkeit von Weizenmehl. Lüddeke, J. Bäcker u. Konditor 12. 324-27 (1964). - Ref.C. 1966. 3-3006.

Hydratation als Faktor für die Brotmehlqualität. Larsen, R.A. Cereal Chem. 41. 181-87 (1964). - Ref.C. 1966. 4-3045.

Die Hydratation als ein Faktor der Brotmehlqualität. Larsen, R.A. Cereal Chem. 41. 181-87 (1964).

Kochsalzwirkung bei der Verarbeitung von Weizen- und Roggenmehl. Huber, H. Brot u.Gebäck 18. 21-28 (1964). - Ref.C. 1966. 5-3052.

Untersuchung über die Abhängigkeit des Maltosegehaltes in Weizenmehlen von der Stärkebeschädigung. Wolf, E.F. Getreide u.Mehl 14. 115-17 (1964).

Beitrag zur Beurteilung von Getreidemehl. Sarazin, J. und Berrier, R. Bull.anciens Élèves École franç.Meunerie 1963. 43-46. - Ref.C. 1963. 20216.

Untersuchungen über die Qualitätseigenschaften von indischem Weizen unter Berücksichtigung der Mischbarkeit der Mehle mit den Mehlen anderer eßbarer Körner und Knollen zur Herstellung von Chapati. Murty, G.S. und Austin, A. Food Sci. (Mysore, India) 12. 64-68 (1963). - Ref.C. 1965. 10-2787.

Untersuchungen über die Qualitätseigenschaften von indischem Weizen unter Berücksichtigung der Herstellung von Chapati. Murty, G.S. und Austin, A. Food Sci. (Mysore, India) 12. 61-64 (1963). - Ref.C. 1965. 10-2786.

Beziehungen zwischen Phosphortypen in Weizenmehl und Gluten zur Mehlqualität. Watson, C.A., Miller, B.S., Johnson, J.A. und Bequette, R.K. Agronomy J. 55. 526-28 (1963). - Ref.C. 1966. 13-3074.

Chemische Differenzierung der Eiweißstoffe des Weizens und Roggens. 6. Mitt. Nachweis und Identifizierung eines Glykoproteins in Weizen- und Roggenmehl. Rohrlich, M., Essner, W. und Lichtenfels, I. Z.Lebensmittel-Unters. u. -Forsch. 119. 118-23 (1963). - Ref.C. 1966. 14-3065.

Mineralstoffzusammensetzung von Gluten, Stärke und den wasserlöslichen Fraktionen von Weizenmehl in Beziehung zur Mehlqualität. Bequette, R.K., Watson, C.A., Miller, B.S., Johnson, J.A. und Schrenk, W.G. Agronomy J. 55. 537-42 (1963). - Ref.C. 1966. 14-3064.

Die Anwendung progressiver Extraktions- und chromatographischer Methoden auf mit γ-Strahlen behandeltem Mehl. Deschreider, A.R. Fermentatio (Gand) 1963. 125-36. - Ref.C.A.(B.) 60. 2020c (1964).

Erfahrungen mit der Dextrinmethode. Wassermann, L. Brot u.Gebäck 17. 236-40 (1963). - Ref.C. 1965. 3-2829.

Veränderungen einiger Eigenschaften der Stärke und des Klebers sowie des Backwertes des Mehles durch die Vermahlung. Kamiński, E. Roczniki Szkoly Wyzszej rolniczej w Poznaniu 18. 3-56 (1963). - Ref.Stärke 17. 170 (1965).

Dampfbehandlung von Weizen: ein neuer Mehltyp. Hutchinson, J.B. Chem.and Ind. 1963. 1084. - Ref.Stärke 16. 136 (1964).

Die spezifische Oberfläche von Mehl und Stärkekörnern in Hartwinterweizenmehl und seinen fünf Fraktionen unterhalb des Siebbereichs. Gracza, R. und Greenberg, S.I. Cereal Chem. 40. 51-61 (1963). - Ref.J.Chem.(russ.) 1963. 20 R285, C. 1965. 9-2887.

Zur Wirkung von amylasehaltigen Mehlverbesserungsmitteln. Weith,L. Brot u. Gebäck 17. 21-26 (1963). - Ref.C. 1963. 20988.

Weitere Studien über die Stärkebeschädigung beim Zerkleinern und Sichten von Mehlen. Pelshenke, P.F., Seibel, W. und Zwingelberg, H. Mühle 99. 103-06, 131-32 u. 139-40 (1962). - Ref.C. 1963. 8368.

Der Einfluß an beschädigter Stärke in Mehl auf die CO_2-Produktion und die Brotqualität. Kaminski, E. Biuletyn Informacyjny Centralnego Laboratorium Technologii Przetwórstwa i Przechowalnictwa Zbóz w Warszawie 6. Nr. 21. 25-32 (1962). - Ref.C.A. 57. 103011 (1962).

Die Bestimmung der Stärke-Beschädigung von Mehl. Sullivan, B., Anderson, M.L. und Goldstein, A.M. Cereal Chem. 39. 155-67 (1962).

Untersuchungen über regionale Unterschiede im Stärkebeschädigungsgrad heller Weizenmehle. Ponte, J.G. jr., Titcomb, S.T., Rosen, J., Drakert, W. und Cotton, R.H. Cereal Sci.today 6. 108-12, 121 (1961). - Ref.C. 1962. 333.

Bessere Backeigenschaften des Mehles durch Erwärmung mit Infrarotstrahlen. Auermann, L.Ja. Getreidemühle 5. 5-6 (1961).

Biochemische und Backeigenschaften des Mehls aus mit γ-Strahlen von ^{60}Co behandeltem Weizen. Romenski, N.W., Tschmyr, A.D., Kaljushnaja, A.M. und Musyka, M.F. Hochschulnachr. Nahrungsmittel-Technol.(russ.) 1961. Nr. 6. 28-32. - Ref.C. 1962.19044.

Untersuchung der Backeigenschaften des Maismehls. Browkin, Ss.I. Brot- u. Konditorei-Ind. 5. Nr.11. 5-9 (1961). - Ref.C. 1962. 16166.

Oberflächenaktive Eigenschaften von Phosphatid-Konzentraten in Wechselwirkung mit Mehl, Gluten und Stärke. Auerman, L.Ja., Putschkowa, L.I. und Lasarewa, L.W. Hochschulnachr., Nahrungsmittel-Technol. (russ.) 1961. Nr.4. 75-78. - Ref.C.A. 55. 27680c (1961).

Die Wirkung der ionisierenden Strahlung auf aus gemahlenem bestrahltem Weizen hergestellte Kuchen und Biskuits. Webb, N.L., Rutherford, B.E. und Wiant, D.E. Food Technol. 15. 386-88 (1961). - Ref.C. 1965. 9-2892.

Mehlqualität und Teilchengröße. Gracza, R. und Norris, C.G. Bakers Digest 35. Nr.3. 56-64, 92-93 (1961). - Ref.C. 1962. 6620.

Bestimmung der beschädigten Stärke auf mathematischem Wege statt auf graphische Weise durch die Sandstedt- und Mattern-Methode. Ponte, J.G. jr. und Rosen, J. Cereal Chem. 38. 306 (1961). - Ref.C.A. 56. 10643h (1962).

Auswirkung des Totmahlens auf die Mehleigenschaften. Atkinson, F.M. und Fuehrer, F. Bakers Digest 34. Nr.3. 49, 51-52, 80-81 (1960). - Ref.C. 1961. 8147.

Einfluß großer Dosen von Röntgenstrahlen auf den Kohlenhydrat-Komplex von Weizen. Sosedow, N.I. und Drosdowa, S.B. Arb.wiss. Allunions Forsch.-Inst.Getreide u.Verarbeitungsprod. (russ.) 1960. Nr. 38. 25-36. - Ref.C.A. 56. 14590g (1962).

Probleme der Mehluntersuchung. Gracza, R. Cereal Sci.today 5. 166-73 (1960).

Verfahren zur Herstellung eines stärkefreien, backfähigen Mehls. Dr. A. Wander AG. D.A.S. 1 158 463 Kl. 2c vom 26/8.1960., ausg.5/12.1963. Schwz.Prior. 16/9.1959. - Ref.Stärke 17. 203 (1965).

Behandlung von Weizen mit ionisierenden Strahlen. 3. Mitt. Bestimmung und Bewertung der biochemischen Veränderungen in Hardredwinter-Weizen. Seibel, W. Landwirtsch.Forsch. 13. 317-29 (1960). - Ref.C.A. 55. 9706f (1961), C. 1962. 6620.

Erfahrungen mit bestrahlten Mehlen. Blinc, M. Getreidemühle 4. 229-32 (1960). - Ref.C. 1964. Nr. 2. 2618.

Schnellmethode zur quantitativen Bestimmung von Mehl in backfertigen Mischungen. Pippitt, R.G. Cereal Sci.today 5. 285-86 (1960). - Ref.C. 1961. 12305.

Bestimmung des Anteils der Stärkebeschädigung im Mehl und dessen Einfluß auf die amylolytische Aktivität. Kaminski, E. Biuletyn Informacyjny Centralnego Laboratorium Technologii Przetwórstwa i Przechowalnictwa Zbóz w Warszawie 4. 56-60 (1960). - Ref.C.A. 57. 15886e (1962).

Behandlung von Weizen mit ionisierenden Strahlen. 5. Mitt. Wirkung von γ-Bestrahlung auf einige Enzymsysteme. Linko, P. und Milner, M. Cereal Chem. 37. 223-27 (1960). - Ref.C. 1962. 685.

Einfluß der γ-Bestrahlung von Weizenmehl auf dessen Qualität, die elastisch-zähen Eigenschaften der Klebereiweißstoffe und des Teiges und auf die Qualität des Brotes. Schkadina, Ss.Ss. Brot-u.Konditorei - Ind.(russ.) 4.Nr.5. 8-10 (1960). - Ref.C.1961.4545.

Erfahrungen aus Versuchen zur Bestrahlung von Mehl. Maes, E. Getreidemühle 4. 232-33 (1960).

Bemerkungen über die Bestrahlung von Mehlen aus 13 Weizensorten. Lee, C.C. Cereal Chem. 37. 78-80 (1960). - Ref.C. 1961. 4189.

Das Verhalten der Kleberproteine bei der Behandlung des Mehles mit Gamma-Strahlen. Deschreider, A.R. Getreide u.Mehl 10. 49-54 (1960). - Ref.C. 1961. 4190.

Erste französische Untersuchungen über die Behandlung von Mehlen mit Ionenstrahlen. (Auszug). Sandret, F., Guilbot, A. und Buré, J. Müllerei 13. Wissenschaftl.Müllerei 1960. 19-24.

Behandlung von Weizen mit ionisierenden Strahlen. 1. Mitt. Beeinflussung der Mahlfähigkeit bei Hardwinter-Weizen. Seibel, W. Getreide u. Mehl 10. 13-20 (1960).

Backtechnische Untersuchungen mit windgesichteten Mehlen. Rotsch, A. und Tessmer, E. Brot u. Gebäck 14. 3-10 (1960).

Windsichtung, eine Situationsanalyse. Cleve, H. Dtsch.Müller-Ztg. 58. 145-49 (1960).

Ein Überblick über die Zusammensetzung handelsüblicher Weizenmehle und Weizensüßkleber. Kempf, W. Stärke 12. 299-300 (1960).

Möglichkeiten der Beeinflussung der Mehlqualität durch Windsichtung. Cleve, H. Getreidemühle 4. 151-57 (1960).

Anwendung ionisierender Strahlen zur Lebensmittelkonservierung. Einflüsse auf den Nährwert, den gesundheitlichen Wert und die organoleptischen Eigenschaften von Getreideprodukten und Hülsenfrüchten. Sandret, F., Guilbot, A. und Buré, J. Acta chim. Acad.Sci.hung. 23. 513-27 (1960).

Theorie und Praxis der Roggenbeurteilung. Lemmerzahl, J. Brot u. Gebäck 14. 194-98 (1960).

Bestrahlung von Getreide und Mehl in Belgien. Maes, E., Deschreider, A. und Peeters, G. Arbeitsgemeinsch.Getreideforsch.E.V., Ber.Getreidechem.Tag. 1959. 12-16. - Ref.C. 1961. 11175.

Französische Versuche zur Behandlung von Mehl mit ionisierenden Strahlen. Buré, J. Arbeitsgemeinsch.Getreideforsch.E.V., Ber. Getreidechem.Tag. 1959. 1-11. - Ref.C. 1961. 11555.

Einfluß der γ-Bestrahlung auf Weizenmehl. Doguchi, M., Yokoyama, Y. und Okada, I. J.chem.Soc.Japan, Ind.Chem.Sect. 62. 562-65 (1959). - Ref.C.A. 57. 10300g (1962), Ref.J.Chem.(russ.) 1962. 14 N336.

Durch Windsichtung hergestellte Fraktionen aus Weichweizenmehl, deren Herstellung durch Siebung nicht möglich ist. Gracza, R. Cereal Chem. 36. 465-87 (1959).

Die Auswirkung der Behandlung von Mehlen mit γ-Strahlen auf die Löslichkeit der Kleberproteine. Deschreider, A.R. Fermentatio (Gand) 1959. 347-51. - Ref.C. 1961. 18163.

Französische Versuche zur Behandlung von Mehl mit ionisierenden Strahlen. Buré, J. Getreide u. Mehl 9. 133-35 (1959).

Bisherige Erfahrungen mit bestrahlten Mehlen. Blinc, M. Brot u. Gebäck 13. 238-41 (1959).

Mineralische Bestandteile des Klebers, der Stärke und der löslichen Weizenmehlfraktion und ihr Einfluß auf die Mehlqualität. Przeglad Zbotowo-Mlynarski 3. 329 (1959).

Bestrahlung von Getreide und Mehl in Belgien. Maes, E., Deschreider, A. und Peeters, G. Getreide u. Mehl 9. 117-19 (1959).

Ein Beitrag zur Windsichtung von Weizenmehlen. Kempf, W. Stärke 11. 121-24 (1959).

Einfluß von Gammastrahlen auf die Güte einiger Mehlsorten. Blinc, M. Brot u. Gebäck 13. 205-09 (1959).

Systematische Untersuchung von mit Gamma-Strahlen behandeltem Mehl. Deschreider, A.R. Fermentatio (Gand) 1959. 125-28.

Bestimmung des Auswuchsgrades von Getreide und dessen Einfluß auf die Qualität des Mehles. Lemmerzahl, M. Tecn.Molit. 10. 94-97 (1959).

Analytische Befunde an windgesichtetem Mehl. Cleve, H. Getreide u. Mehl 9. 81-86 (1959).

Die angenäherte Analyse von Weizenmehlkohlenhydraten. 4. Mitt. Analyse von Vollmehl und einigen seiner Fraktionen. Fraser, J.R. und Holmes, D.C. J.Sci.Food Agric. 10. 506-12 (1959). - Ref.C.A. 54. 769 (1960).

Systematische Untersuchung über mit γ-Strahlen behandeltem Mehl. Deschreider, A.R. Rev.Fermentat.Ind.aliment. 14. 125-28 (1959).

Backqualität und Maltosewert von γ-bestrahltem Mehl. Lee, C.C. Cereal Chem. 36. 70-77 (1959). - Ref.C. 1959. 16809.

Einfluß der γ-Bestrahlung von Weichweizen auf Geschmack und Eigenschaften bei der Verarbeitung. Cornwell, P.B. J.Sci.Food Agric. 10. 409-12 (1959). - Ref.C. 1960. 15251.

Zur Beurteilung der Verkleisterungseigenschaften von Roggen. Rohrlich, M. und Nernst, Ch. Mühle 96. 687-88 (1959).

Analytische Befunde an windgesichtetem Mehl. Cleve, H. Müllerei 12. 537-39, 551-53 (1959).

Oligosaccharide von Getreide und Mehl. Täufel, K., Romminger, K. und Hirschfeld, W. Z.Lebensmittel-Unters.u.-Forsch. 109. 1-12 (1959).

Mahlversuche mit Roggen. Brückner, G. und Matthies, D. Mühle 96. 578-81 (1959).

Über das Schicksal der Reste bestimmter Schädlingsbekämpfungsmittel in Nahrungsmitteln. 7. Mitt. Das Schicksal der Reste von γ-Benzol-Hexachlorid in Mehl während des Backprozesses. Bridges, R.G. J.Sci.Food Agric. 9. 439-48 (1958).

Vermahlung von Weizen und die Qualität von Weizenmehl. 14. Mitt. Einfluß von Wärmetrocknung nach der Ernte auf die Eigenschaft von Weizen und Weizenmehl. Watanabe, O., Yasunaga, T., Watanabe, T. und Uemura, M. Rep.Food Res.Inst.(Japan) 13. 19-20 (1958). - Ref.C.A. 53. 22561c (1959).

Backverbesserung mit ionisierenden Strahlen. Blinc, M. Brot u. Gebäck 12. 237-41 (1958). - Ref.C. 1959. 8347.

Die backtechnische Rolle der Kohlenhydrate in Teig und Brot. Rotsch, A. Dtsch.Lebensmittel-Rdsch. 54. 134-39 (1958). - Ref.Stärke 11. 54 (1959), C. 1959. 2638.

Charakteristika verschiedener brasilianischer Mehle und deren Analysenmethoden. Leão, M., Boas, D.M.V. und Macambira, H.M.M. Arquivos Bromatologia (Rio de Janeiro) 6. 5-13 (1958).

Der Einfluß von Mineraldünger bei Weizen auf die Fraktionierung von Weizenmehl. El-Gindy, M.M., Lamb, C.A. und Burrell, R.C. Dtsch.landwirtsch.Forsch. 10. 260-67 (1957). - Ref.C.A. 52. 14942a (1958).

Die Müllerei nach Proteingehalt. Heinze, P. Mühle 94. 393-95 (1957). - Ref.C. 1958. 4645.

Die unterschiedliche Verwertung von Weizenmehl hinsichtlich seines Eiweiß- und Stärkegehaltes. Gordian 57. -1357. 25-26 (1957).

Die angenäherte Analyse von Weizenmehlkohlenhydraten. 2. Mitt. Die Analyse der Kohlenhydratfraktionen verschiedener Mehltypen. Fraser, J.R. und Holmes, D.C. J.Sci.Food Agric. 7. 589-94 (1956). - Ref.C. 1959. 10426.

Die angenäherte Analyse von Weizenmehlkohlenhydraten. 1. Mitt. Analysenmethoden und -schema. Fraser, J.R., Bravo, M.B. und Holmes, D.C. J.Sci.Food Agric. 7. 577-89 (1956). - Ref.C.1959. 10425.

Einfluß der Trocknung des Weizens auf Fermentaktivität, Klebereiweiß und Wasseraufnahmefähigkeit. Rohrlich, M. und Brückner, G. Mühle 93. 13-15 (1956). - Ref.C. 1957. 12916.

Ein neues Verfahren zur Fraktionierung von Weizenmehl. Sollars, W.F. Cereal Chem. 33. 111-20 (1956). - Ref.C.1959. 16500.

Behandlung von Weizen mit ionisierenden Strahlen. 3. Mitt. Der Einfluß auf die Brotherstellung und damit verbundene Eigenschaften. Milner, M. und Yen, Yin-chao. Food Technol. 10. 528-31 (1956). - Ref.C. 1958. 8497.

Die Beurteilung der Menge von Verunreinigungen tierischen Ursprungs in ungesiebtem Mehl. Stas, M.E. Voeding 16. 524-29 (1955).

Die Dextrinmethode zur Bestimmung der Höhe der Auswuchsschädigung bei Getreidemehlen. Lemmerzahl, J. Brot u.Gebäck 9. 139-41 (1955). - Ref.C. 1959. 3674.

Eine vorläufige Untersuchung über den Einfluß von γ-Strahlen auf die Backqualität des Mehles. Brownell, L.E., Harlin, H.A. und Nehemias, J.V. Food Technol. 9. 620-23 (1955). - Ref.Stärke 9. 254 (1957).

Veränderungen der Saccharide von Weizenmehl und Reis im Verlauf ihrer Verarbeitung zu gebräuchlichen indischen Nahrungsmitteln. Parihar, D.B. Naturwissenschaften 42. 514 (1955). - Ref.Stärke 8. 44 (1956), C. 1959. 13341.

Verbesserung von Mehl. Rootry Exploitatie Mij. N.V. Holl.P.93 357 vom 16/11.1954, ausg.15/2.1960. - Ref.C. 1961. 4197, C.A. 55. 9719d (1961).

Industrielle Anwendung von Weizenprodukten. Horan, F.E. Trans. Amer.Assoc.Cereal Chemists 12. 258-71 (1954).

Bewertung von Mühlennachprodukten. Naumann, K. Landwirtsch. Forsch. 4. Sonderh.142-45 (1953). - Ref.C. 1956. 1754.

Über die Bennenung und Wertbeurteilung von Mühlennachprodukten des Weizens und Roggens. Pohlheim, P.v. und Kummer, H. Landwirtsch.Forsch. 4. 195-204 (1952). - Ref.C. 1953. 3327.

Die zellulare Struktur von Weizenmehl. Kent, N.L. und Jones,C.R. Cereal Chem. 29. 383-98 (1952).

Stärkezerstörung und "totgemahlene" Mehle. Pelshenke, P.F. und Hampel, G. Bakers Digest 26. Nr.6. 13-16 (1952). - Ref.C. 1953. 5427.

Stärke und Diastase im Mehl. Geoffrey, R. Ind.agric.aliment. 69. 411, 415-16 (1952). - Ref.C. 1953. 5754.

Klassifizierung der Müllereinachprodukte nach dem Stärkegehalt. (Ergänzende Bemerkungen zum Aufsatz von J. Svenson.). Weiss,H. Müllerei 5. 13 (1952).

Stärkeabbau in Mehlen durch verschiedene Fermentzusätze. Rohrlich, M. und Nernst, Ch. Jber.Versuchsanst.Getreideverwert. 1950/1951 76-78. - Ref.C. 1953. 9342.

Untersuchungen über die Wirkungen von Polyoxyäthylenmonostearat auf die Amylaseaktivität von Mehl. Marnett, L.F. und Selman, R.W. Cereal Chem. 27. 349-58 (1950). - Ref.C. 1951. I. 2374.

Die Abhängigkeit der Backeigenschaften des Mehles von den Kohlenhydraten in den Weizensorten. Melnikow, N.I. und Pawlowskaja, Je.G. Selekt.u.Samenzucht (russ.) 17. Nr.10. 33-36 (1950). - Ref.C. 1951. I. 2821.

Die Anwendung der Hochfrequenzerwärmung in der Lebensmitteltechnik. Fränz, I. Dechema Monogr. 15. 271-74 (1950). - Ref.C. 1951. II. 2535.

Neuere Untersuchungsergebnisse über die Klumpenbildung bei Mehl. Schulz, A. Getreide, Mehl, Brot 3. 149-51 (1949). - Ref.C.A. 46. 8782a (1952), C. 1950. I. 808.

Die Teilchengröße von Mehl. Wichser, F.W., Schellenberger, J.A. und Pence, R.O. Food Ind. 20. 194 (1948). - Ref.C. 1949. I. 1055.

Über den Einfluß der dielektrischen Erhitzung auf die Quellfähigkeit von Roggen. Fränz, I. Dtsch.Lebensmittel-Rdsch. 44. 92-97 (1948).

Über die Verarbeitung von Maismehl. Schulz, A. Getreide, Mehl, Brot 2. 68-69 (1948). - Ref.C. 1948. II. 914.

Mehlbleichmittel. General Foods Corp., übert.von: W.A. Mitchell. A.P. 2 535 313 vom 18/2.1946, ausg.26/12.1950. - Ref.C. 1952. 4237.

Prüfung der Stärkekörner im Mehl im Hinblick auf die Backfähigkeit. Giacanelli, E. Ann.Tech.agrar. 15. 1-4 (1943). - Ref.C. 1943. II. 1761.

Ausmahlungsgrad und Mehltype, zwei Begriffe zur Beurteilung des Mehles. Klimpek, A. Z.Volksernähr. 17. 177. (1942). - Ref.C. 1942. II. 1526.

Backfähiges Kartoffelmehl. Maschinefabriek Reineveld, N.V. Belg.P. 443 579 vom 2/12.1941, Auszug veröff.16/11.1942. Holl.Prior. 24/10.1940. - Ref.C. 1943. I. 2547.

Einfluß der Roggenmehl- und Kartoffelstärkemehlbeimischung auf Asche und Backfähigkeit. Mühle 78. 9 (1941). - Ref.C. 1941. I. 1486.

Über die Backfähigkeit des Roggens und über die Verkleisterungseigenschaften seiner Stärke und ihre Messung. Biechy, T. Mehl u. Brot 41. 38-40, 51-52 (1941). - Ref.C. 1941. I. 2742.

Untersuchungen mit dem Amylographen an deutschen Roggensorten. Pelshenke, P. Mehl u. Brot 41. 445-47 (1941). - Ref.C. 1942. I. 942.

Die Bildung von mechanisch beschädigter Stärke in der Müllerei als beherrschender Faktor für die diastatische Wirksamkeit von Mehl. Jones, C.R. Cereal Chem. 17. 133-69 (1940). - Ref.C. 1940. II. 1519.

Beimischung von Kartoffelstärkemehl zum Weizenmehl. Z.Spiritus-ind. 63. 259 (1940).

Eine neue Mehlprüfmethode: "Die Dextrinzahl". Kent-Jones, D.W. und Amos, A.J. Cereal Chem. 17. 265-79 (1940). - Ref.C. 1940. II. 1227.

Über die Deutung der Amylogrammkurven. Scholz, H. Z.ges.Getreidewes. 27. 23-29 (1940). - Ref.C. 1940. I. 2573.

Der Einfluß der Zusätze von Kartoffelprodukten auf die Backfähigkeit von Weizenmehlen. Trognitz, K. Z.ges.Getreide-, Mühlen- u. Bäckereiwes. 26. 14-20 (1939). - Ref.C. 1939. I. 3091.

Stärke als bestimmender Faktor für die Kuchenmehlqualität. Hastings, P.O. Bakers techn. Digest 13. 219-20 (1939). - Ref.C. 1939. II. 1189.

Backtechnische Eigenschaften des Kartoffelstärkemehls bei Weizenbrot und -gebäck. Pelshenke, P. Mehl u. Brot 39. 17-19, 33-35 (1939). - Ref.C. 1939. I. 3466.

Die Beziehung der Stärke zu einigen Backeigenschaften des Mehles. Sandstedt, R.M., Jolitz, C.E. und Blish, M.J. Cereal Chem. 16. 780-92 (1939). - Ref.C. 1940. I. 2085.

Betrachtungen der Messung von Getreidemehlen durch den Amylographen. Scholz, H. Z.ges.Getreidewes. 26. 105-07 (1939).

Teilchengröße in Beziehung zu Mehleigenschaften und Stärkezellen des Weizens. Pulkki, L.H. Cereal Chem. 15. 749-65 (1938). - Ref.C. 1939. I. 1466.

Einfluß der Milchsäure auf die Verkleisterungsfähigkeit von Roggenmehl. Schmidt, E.A. und Scholz, H. Mühle 76. Mühlenlabor 9. 121-24 (1939). - Ref.C. 1940. I. 2084.

Kartoffelstärke und Backeigenschaften der Weizenmehle. Mühle 75. 1403 (1938).

Einfluß der Lagerung auf Zusammensetzung und Eigenschaften des Mehles. Haevecker, H. Mühle 75. 971-72 (1938). - Ref.C. 1938. II. 3333.

Wasserbindevermögen als wichtiges Maß der Mehlqualität. Briggs, C.H. Cereal Chem. 15. 107-13 (1938). - Ref.C. 1938. I. 3406.

Einfluß der Temperatur auf Getreide und seine Mahlprodukte. Mühle 74. 1-21 (1937).

Kartoffelstärkemehl - Kartoffelwalzmehl - Quellmehl. Kühl, H. Mehl u. Brot 37. Nr.45. 1-2 (1937). - Ref.C. 1938. I. 1240.

Der Amylograph, ein Apparat zur Messung der Backfähigkeit von Roggen. Brabender, C.W., Mueller, G. und Köster, A. Z.ges. Getreide-, Mühlen- u. Bäckereiwes. 24. 168-75 (1937). - Ref.C. 1937. II. 2282.

Verbesserung der Eigenschaften von Mehl. Scholtens Aardappelmeelfabrieken. Holl. P. 46 078 vom 27/4.1936, ausg.15/7.1939. - Ref.C. 1940. I. 479.

Oberflächenuntersuchung von Weizenmehlteilchen. Kemp, I. Trans. Faraday Soc. 32. 837-43 (1936). - Ref.C. 1937. I. 3729.

Quellungsversuche mit Weizen- und Roggenmehlen. Klemt, G. Z.ges. Getreidewes. 23. 81-85 u. 100-02 (1936).

Die Stärke als bestimmender Faktor für die Backfähigkeit der Roggenmehle. Schulerud, A. Mühle 73. Nr. 52; Mühlenlabor. 6. 177-82 (1936). - Ref.C. 1937. I. 1821.

Die molekularen Oberflächeneigenschaften der Mehlkolloide. Untersuchung der Mehlstruktur nach der Methode der sedimentometrischen Analyse (nach der Stabilisierbarkeit). Gerschson, A.I. Kolloid-J. (russ.) 2. 383-89 (1936). - Ref.C. 1937. I. 456.

Physikalische Chemie der Oberflächenerscheinungen und der dispersen Systeme im Brotbacken. Die Bestimmung der Mehl- und Stärkedispersität mittels dauernder Sedimentierung. Gerschson, A.I. Colloid-J. (russ.) 2. 375-81 (1936). - Ref.C. 1937. I. 456.

Einfluß des Mehlalters auf den Verkleisterungsverlauf beim Roggenmehl. Biechy, T. Mühle 72. Nr. 37. Mühlenlabor. 5. 130-40 (1935). - Ref.C. 1935. II. 3314.

Beeinflussung der Backqualitäten durch Stärke in Weizen. Woodruff, S. 48th Annu.Rep.Illinois Agric.Exp.Stat. 1935. 296-297.

Der neue gesetzliche Ausmahlungsgrad für Mehl und der Nährwert der Mehle. Nottin, P. J.Agric.prat.J.Agric. 98. 468-69 (1934).

Der Ausmahlungsgrad der Mehle und ihr Nährwert. Nottin, P. und Dartois, E. C.R.hebd.Séances Acad.Agric.France 19. 843-47 (1934).

Erhöhung der Backfähigkeit von Mehlen. Hauff, E. F.P. 760 844 vom 13/9.1933, ausg.3/3.1934. D.Prior. 7/9.1932. - Ref.C. 1934. I. 3937.

Zur Frage der Stärkemehlbeimischung in der Tschechoslowakei. Z.Spiritusind. 55. 154-55 (1932).

Verbesserung von Backmehl. Gallusser, W. Ung.P. 105 610 vom 1/12. 1931, ausg.16/3.1933. - Ref.C. 1933. II. 3210.

Eine vergleichende Untersuchung der Nichtkleber-Bestandteile von Weich- und Hartweizenmehlen. Hall, H. Cereal Chem. 7. 270-80 (1930). - Ref.C. 1930. II. 1297.

Die Jodometrie der Mahlprodukte. I. Fuchs, K., Ruziczka, W. und Kohn, E. Z.Unters.Lebensmittel 59. 266-81 (1930). - Ref.C.1930. II. 833.

Kartoffelstärkemehlzusatz zu Weizensemmelmehl. Z.Spiritusind. 52. 283 (1929).

Verfahren zur Vorbereitung von stärkehaltigen Mehlen für die Brotbereitung. Berlin, L.I. Russ.P. 15 521 vom 19/4.1929, ausg. 3/5.1930. - Ref.C. 1931. II. 788.

Stärke in Mehl. Alsberg, C.L. Cereal Chem. 4. 485-92 (1927). - Ref.C. 1928. I. 983.

Die Konzentration von Glutenin und anderen Proteinen in verschiedenen Typen von Weizenmehl. Grewe, E. und Bailey, C.H. Cereal Chem. 4. 230-47 (1927).

Faktoren, die die diastatische Aktivität von Weizenmehl beeinflussen. Mangels, C.E. Cereal Chem. 3. 316-22 (1926).

Studie über die Eigenschaften der Weizenstärke und der Back-Qualitäten des Mehls. Naudain, G.G. Amer.Food J. 20. 250-251 (1925). - W.Ref. 824, C.A. 19. 2245 (1925).

Einfluß von Stärke auf die Ergiebigkeit von Weizenmehl. Buchanan, J.H. und Naudain, G.G. Ind.Engng.Chem. 15. 1050-51 (1923). - W.Ref. 1433, C. 1924. I. 111.

Laboratoriumskontrolle beim Vermahlen von Weizenmehl. Jacobs,B.R. und Rask, O.S. J.ind.Engng.Chem. 12. 899-903 (1920). - W.Ref. 1914.

Über den Ausmahlungsgrad der Mehle. Gerum, J. Z.Unters.Nahrungs-u.Genußmittel 37. 145-157 (1919). - W.Ref.1909, C. 1919. IV. 674, C.A. 14. 81 (1920).

Über den Ausmahlungsgrad des Roggenmehls. Gerum, J. Z.Unters. Nahrungs- u.Genußmittel 31. 176-180 (1916). - W.Ref. 1504, C. 1916. I. 1179, C.A. 11. 2939 (1917).

Die Fähigkeit zur Gasbildung als Faktor bei der Bestimmung der Ergiebigkeit von Weizenmehlen. Humphries, A.E. und Simpson,A.G. 7. Int.Congr.appl.Chem., London, Trans., Sect. 6a. 27-38 (1909).

Über die Backfähigkeit der Mehle und die Entwicklung des Weizenkorns (Triticum vulgare). Brenchley, W.E. Ann.Botany 23. 117-141 (1909).

Die Kohlenhydrate von Weizen- und Mais-Mehl und Brot. Stone, W.E. U.S.Dep.Agric., Office Exp.Stat., Bull. 34. 7-16 (1896). - W.Ref. 705, C. 1897. I. 852.

Über die Verwendung der Stärke (Kartoffelstärke) zu Backzwecken. (Auszug). Delbrück und Zuntz, N. C. 1891. I. 560. - W.Ref.2472.

4143. Brotteige und Kleber

(Vgl. auch "Amylasen in Bäckerei": 945)

Mikroskopische Untersuchung über die Veränderungen, denen die Weizenstärke und -Proteine sowie die Fettbestandteile während des Knetens und Backens von Einback unterliegen. Audidier, Y. und Bassfeld, I. Ind.aliment.agric. 1966. Nr.1. 3-21.

Proteinzusammensetzung von Teig. Stone, C.D. und Hamdy, M.K. Bakers Digest 38. Nr.4. 36-40, 43-44, 46-48, 50, 52 (1964). - Ref.C. 1966. 6-3020.

Bedeutung des Zwickelproteins von Roggenmehl für die Teigeigenschaften. Voneš, F., Podrazký, V., Šimová, J. und Veselý, Z. Cereal Chem. 41. 456-64 (1964). - Ref.C. 1966. 16-3078.

4143

Beitrag von α- und ß-Amylase zur Bildung von bei der Brotgärung vergärbaren Zuckern. Mamaril, F.P., Pomeranz, Y. und Shellenberger, J.A. J.Sci.Food Agric. 15. 385-89 (1964). - Ref.C. 1965. 20-2887.

Über die Roggenmehlschleimstoffe. 1. Mitt. Einfluß der Roggenmehlschleimstoffe auf den amylographischen Wert von Stärke und Mehlen. Podrazký, V. Z.Lebensmittel-Unters.u.Forsch. 126. 110-18 (1964). - Ref.C. 1965. 48-2783, C.A.62. 12371g (1965).

Neue Untersuchungen am Weizenprotein im Hinblick auf das Backverhalten der Mehle. Rohrlich, M. und Niederauer, Th. Süßwaren 8. 181-83 (1964). - Ref.C. 1965. 49-2856.

Veränderungen an Mehlproteinen während der Teigmischung. Mecham, D.K. Bakers Digest 38. 46-50 (1964). - Ref.C. 1965. 49-2857.

Einfluß der Art und der spezifischen Oberfläche der Stärke auf die mechanischen Eigenschaften der Eiweiß-Stärke-Struktur. Nikolajew, B.A. und Schkadina, Ss.Ss. Hochschulnachr., Nahrungsmittel-Technol. (russ.) 1964. Nr.3. 56-59. - Ref.Stärke 17. 97 (1965), C. 1965. 16-2981, Ref.J.Chem.(russ.) 1965. 23 R374.

Analytische Charakteristika von gemälztem Weizen und ihre Kontrolle für die Schnell-Fermentation in der Bäckerei. Luneau,F. Bull.anciens Elèves Ecole franç.Meunerie Nr. 197. 259-64 (1963). - Ref.C.A. 60. 13785f (1964).

Untersuchung von Natriumchlorid-Konzentrationen in der flüssigen Phase von Weizenteig. Roiter, I.M. und Bersina, N.I. Hochschulnachr. Nahrungsmittel-Technol. (russ.) 1963. 47-52. - Ref.C.A.(B.) 60. 1036c (1964).

Die Wirkung von "Tailings" aus Weizenmehl und deren Unterfraktionen auf die Brotqualität. Kulp, K. und Bechtel, W.G. Cereal Chem. 40. 665-75 (1963). - Ref.C. 1965. 7/8-2920.

Über die Veränderung von Klebereiweiß durch Teigknetung. Galter,E. Gordian (Hamburg) 63. Nr.1492. 31-32 (1963). - Ref.C. 1965. 16-2980.

Die Verwendung von Zuckern bei der kontinuierlichen Teigführung. Synder, E.G. und Trum, G.W. Bakers Digest 36. Nr. 5. 76-78 (1962). - Ref.Stärke 15. 197 (1963).

Die Bromatreaktion im Teig. 5. Mitt. Wirkung von Mehlbestandteilen und einigen verwandten Verbindungen. Bushuk, W. und Hlynka, I. Cereal Chem. 38. 316-24 (1961). - Ref.C. 1962. 15066.

Der Einfluß von kristalliner Glucose auf die Backqualität. 1.Mitt. Einfluß auf die Gärung und rheologischen Eigenschaften von Brotteig. Sato, T., Tanaka, Y. und Koyanagi, T. J.technol.Soc. Starch 8. 56-59 (1960).

Beitrag zur Bedeutung der Roggenschleimstoffe für die Backfähigkeit. Rehfeld, G. Ernährungsforschung 5. 523-32 (1960). - Ref.C. 1961. 10009, Stärke 14. 334 (1962).

Die backtechnischen Eigenschaften verschiedener Weizenkleberarten. Kempf, W. Stärke 11. 94-103 (1959).

Bemerkung über den Einfluß neutraler Polysaccharide auf die Mischeigenschaften der Teige. Wilham, C.A., Dimler, R.J. und Senti, F.R. Cereal Chem. 36. 558-63 (1959). - Ref.C. 1960. 14212, C.A. 54. 4944a (1960).

Chemische und backtechnische Untersuchungen an künstlichen Teigen. Rotsch, A. Bäcker u. Konditor 12. Nr.12. 9-10 (1958). - Ref.C. 1959. 8347.

Bäckerkleber in Australien. Hönsch, W.M. Stärke 10. 284-88 (1958). - Ref.C. 1959. 14903, C.A. 53. 9706i (1959).

Weizenstärke-Teige und Gele, die Sucrose und Citronensäure enthalten. Campbell, A.M. und Biant, A.M. Food Res. 22. 358-66 (1957). - Ref.C. 1958. 9927, Stärke 11. 21 (1959).

Fluoreszenzmikroskopische Methode zur Beobachtung der Kleberausbildung in Getreidemehlteigen. Hanssen, E. Z.Lebensmittel-Unters.- u.Forschung 106. 196-200 (1957).

Kornquellung und Teigviscosität von dickverkleisternder Stärke. Kite, F.E., Schoch, T.J. und Leach, H.W. Bakers Digest 31. Nr.4. 42-46 (1957). - Ref.C. 1958. 6695, C.A. 52. 10619b (1958).

Verwendungsmöglichkeiten von Weizenkleber in der Bäckerei. Kempf,W. Stärke 8. 261-68 (1956).

Emulgatoren als Regler der Verteilung des labilen Wassers zwischen Protein und Stärke. Birnbaum, H. Bakers Digest 29. Nr. 5. 46-52, 101-07 u. 112 (1955). - Ref.C. 1957. 13201, C.A. 50. 6697h (1956).

Der Einfluß von Stärkemehl auf die physiko-mechanischen Eigenschaften von Teig. Zawjalowa, E.S. Mitt.u. Referate des Allunions-Forsch.-Inst.f. Getreide u. seine Verarbeitung (russ.) 1954. Nr.1. 17-21. - Ref.C.A. 50. 5182g (1956).

Anwendung thermographischer Methoden bei der Untersuchung des Wärmeprozesses bei der Teigbereitung. Nasarow, W.I., Ginzburg, A.S., Kolpatschew, W.I. und Melnik, K.M. Arbeiten des Moskauer Technol.Inst.Lebensmittel-Ind. 1954. Nr.3. 65-68. - Ref.C.A.50. 5182b (1956).

Untersuchungen über den Einfluß des mechanischen Mehlstärkeaufschlusses auf die Backfähigkeit. I. Teil: Brotteige. II. Teil: Dauerbackwaren. Hampel, G. Getreide u. Mehl 4. 81-84 u. 92-95 (1954). - Ref.C. 1950/54. S.620/21.

Herstellung von Teig für Fettgebackenes, Windbeutel und dgl. DCA Food Industries, Inc. (Erfinder: Block, Z., Goodman, A.H. und Grennan, P.G.). A.P. 2 796 350 vom 14/8.1953., ausg.18/6. 1957. - Ref.C. 1959. 1641.

Veränderungen bei Protein und Stärke von Weizenmehl während des Teigknetens und Backens. Hess, K. Trans.Amer.Assoc.Cereal Chemists 11. 153-66 (1953). - Ref.C. 1954. 5646.

Über den natürlichen Zustand der Stärke im Mehl und die Veränderungen des Mehles beim Teigen und Backen. Hanssen, E. Getreide u. Mehl 2. 31-36 (1952).

Mehl, Protein und Stärke beim Teigen und Backen. Hess, K. Getreide u. Mehl 2. 25-31 (1952). - Ref.Stärke 5. 47 (1953).

Die Bedeutung der kolloiden Systeme im Teige für die Bewertung der Weizenmehle. Kühl, H. Mehl u. Brot 44. 225-26 (1944). - Ref.C. 1945. I. 351.

Über den Charakter von mit einem registrierenden Teigkneter erhaltenen Kurven bei mit Weizenstärke gestreckten Mehlen. Ofelt, C.W. und Sandstedt, R.M. Cereal Chem. 18. 435-42 (1941).

Einfluß des Malzextraktes auf physikalische Eigenschaften des Weizenmehlteiges und des Klebers. Tultschinski, M.N. Bäckerei-Ind. (russ.) 1940. Nr.6. 25-27.

Stärke als Faktor in der Teigbildung. Stamberg, O.E. Cereal Chem. 16. 769-80 (1939). - Ref.C. 1940. I. 2086.

Das Verhalten von Kleber und Stärke. Hopf, L. Mühle 75. 5., 58, 81, 117, 149, 181-82 (1938). - Ref.C. 1938. I. 3128.

Das kolloide Verhalten des Mehlteiges. III. Untersuchungen über die Eigenschaften des Mehl-Stärke-Wassersystems. Markley, M.C. Cereal Chem. 15. 438-44 (1938). - Ref.C. 1938. II. 3025.

Einige mikrophotographische Untersuchungen über die Teig- und Brotstruktur. Butterworth, S.W. und Colbeck, W.J. Cereal Chem. 15. 475-88 (1938). - Ref.C. 1938. II. 3334.

Die Beziehungen zwischen Viscosität, Elastizität und plastischer Festigkeit weicher Materialien, aufgezeigt anhand einiger mechanischer Eigenschaften des Teiges. IV. Die Einflüsse des Klebers und der Stärke. Schofield, R.K. und Blair, G.W.Scott. Proc.Roy.Soc. (London) Ser.A. 160. 87-94 (1937). - Ref.C.1937. II. 1159.

Welche Faktoren beeinflussen die Triebkraft? Brabender, C.W., Kuhlmann, W. u. Fritz, H. Z.ges.Getreide-, Mühlen- u.Bäckereiwes. 24. 36-46, 65-71, 97-100 (1937). - Ref.C. 1937. II. 151.

Über das Verhalten von Zuckern bei der Teiggärung. Fornet, A. und Ihlow, F. Mehl u.Brot 37. Nr.12. 1-4 (1937). - Ref.C. 1937. I. 5068.

Untersuchungen über das Gelatiniervermögen von Mehlteigen und Stärke. Jelinek, B. Bull.Anciens Eleves Ecole Franç.Meunerie 64. 303-09 (1937). - Ref.C. 1938. I. 2640.

Zuckerzusatz in der Teiggärung. Soenen, M. Annales Zymol (2) 3. 53-71 (1936). - Ref.C. 1936. II. 888.

Untersuchungen über die Verkleisterung von Stärke. III. Über die elektrische Leitfähigkeit von Mehlteigen bei steigenden Temperaturen. Dedek, J., Jelinek, B. und Kulcickyj, I. Annales Fermentat. 2. 449-73 (1936). - Ref.C. 1937. I. 3082.

Mehlkleber und die Zurückhaltung von Gas bei Weizenmehlteigen. Johnson, A.H. u. Bailey, C.H. Cereal Chem. 2. 95-106 (1925). - W.Ref. 2587.

Eine Theorie zum Kolloid-Verhalten im Teig. Swanson, C.O. Cereal Chem. 2. 265-275 (1925). - W.Ref. 827, C.A. 20. 74 (1926).

Beiträge zur Kolloidchemie des Brotes. I. Über kolloidchemische Probleme bei der Brotbereitung. Ostwald, W. Kolloid-Z. 25. 26-45 (1919).

Über das J.Keilsche Verfahren zur gleichzeitigen Gewinnung von Stärke und Kleberteig für Bäckereizwecke u. dgl. Baumert, G. Z.angew.Chem. 1900. 805-9. - Ref.C. 1900. I. 697.

Verfahren zur Trennung der Stärke und des Klebers von Getreide und Leguminosen unter Gewinnung eines nährkräftigen Teiges für Bäckereizwecke u. dgl. Keil, J. D.R.P. 102 465 vom 16/7.1897. - Ref.C. 1899. II. 279.

4144. Brot im Zusammenhang mit der Stärke

(Stärke und Backprozeß. Vgl. auch "Fermente in der Bäckerei": 945, "Altbackenwerden von Brot": 4145, "Stärkegebäcke": 4148, "Analytische Stärkekennzeichnung, Beschädigte Stärkekörner": 568)

Gerüst- und Gefügedarstellungen von Gebäcken. 1. Mitt. Methode zur Isolierung von Protein- und Stärkegerüsten. Otto, G. und Hanssen, E. Süßwaren 6. 976-77, 979-80 (1962).

Zur chromatographischen Kennzeichnung der Stärke in Gebäcken. 1. Mitt. Das Schicksal der Stärke beim Backprozeß. Ulmann, M. Ernährungsforschung 7. 113-22 (1962). - Ref.C.A. 57. 3833g (1962), Stärke 14. 298 (1962), C. 1963. 343.

Über die Möglichkeiten zur Verkürzung der Backzeiten und ihre Grenzen. Schneeweiß, R. Brot u. Gebäck 16. 64-70 (1962).

Die Funktion der Stärke beim Brotbacken. Sandstedt, R.M. Bakers Digest 35. Nr.3. 36-42 (1961).

Die Kohlenhydrate von Gramineen. 11. Mitt. Die Konstitution der aus Brotkruste erhaltenen wasserlöslichen Polysaccharide. Gilles, K.A., Geddes, W.F. und Smith, F. Cereal Chem. 38. 229-40 (1961). - Ref.C. 1962. 17960.

Über die Beteiligung der Aminosäuren bei der Reaktion der Melanoidbildung beim Backen von Brot. Kretowitsch, W.L. und Ponomarewa, A.N. Biochemie (russ.) 26. 237-43 (1961).

Der Abbau von Stärken in verschiedenen Getreideprodukten. Pelshenke, P.F. und Hampel G. Ber.Getreidechemiker-Tag.,Detmold 1961. 136-53. - Ref.C.A. 56. 6421o (1962), C. 1965. 2-2998.

Die Bildung der Teig- und Brotstruktur. 1. Mitt. Die Fähigkeit der Stärke zur Strukturbildung und der verbessernde Effekt von Glycerinmonostearat. Jongh, G. Cereal Chem. 38. 140-52 (1961). - Ref.C. 1961. 18538, C.A. 55. 15764a (1961), Stärke 14. 334 (1962).

Genetik der Backqualität. Stucke, E. Getreide u. Mehl 10. 20-22 (1960).

Biochemische Untersuchung zum Backvorgang. Nishimura, S., Hirai, R. und Tokunaga, H. J.agric.chem.Soc.Japan 34. 1013-16 (1960).

Untersuchungen über den Abbau von Stärke bestimmter Getreideprodukte. Kapp, M., Legrand, C. und Trillat, J.J. C.R.hebd. Séances Acad.Sci. 251. 490-94 (1960). - Ref.C.A. 55. 3864d (1961), C. 1962. 13985.

Die Bestimmung des Grades der Trockenhärte von Weizenbrot auf Grund der Angreifbarkeit der Krume durch ß-Amylase. Rachmankulowa, R.G. und Falunina, S.F. Hochschulnachr., Nahrungsmittel-Technol. (russ.) 1960. Nr. 2. 129-33. - Ref.C. 1961. 5641, Stärke 13. 92 (1961).

Untersuchungen über beschleunigte Bräunung von Stärkepasten, die verschiedene Brotbestandteile enthalten. Stenberg, R.J. und Geddes, W.F. Cereal Chem. 37. 623-37 (1960). - Ref.C. 1961. 12302, C.A. 55. 7690d (1961).

Studien über die Umwandlung von Stärke während der Herstellung von Brot. Geoffroy, R. Techn.Meun. 1959. Nr.70.1-7.

Untersuchungen über die Bedeutung von Stärke- und Proteinsystemen einzelner Mehle bei der Laibbrotherstellung. Pence, J.W., Eremia, K.M., Weinstein, N.E. und Mecham, D.K. Cereal Chem. 36. 199-214 (1959). - Ref.C.A. 53. 14364h (1959), C. 1960. 6354.

Der Einfluß der Düngung auf den Ertrag, auf den Nährwert und das Verhalten beim Backprozeß von Weizenstärke. El-Gindy, Montaz,M. Stärke 9. 225-232 (1957). - Ref.C. 1958. 13376.

Spezialstärken für die Backindustrie. Otterbacher, T.J. Bakers Digest 29. Nr.5. 60-64 (1955). - Ref.C. 1957. 13201.

Einfluß der Wasserstoffionenkonzentration der Teige auf die Gebäckausbildung bei Verarbeitung auswuchshaltigen Roggenmehles. Kirschner, M. Getreide u. Mehl 5. 49-50 (1955). - Ref.C. 1957. 5723.

Die mikroskopische Struktur von Brot und Teig. Sandstedt, R.M., Schaumburg, L, und Fleming, J. Cereal Chem. 31. 43-49 (1954). - Ref.C. 1954. 10613.

Neue Methoden zur Verbesserung der Stärke. Paris, L.M. Anales bromatol. (Madrid) 6. 145-63 (1954). - Ref.C.A. 49. 526f (1955).

Über die Bedeutung der Stärke für die Krumenbildung. Rotsch, A. Brot u. Gebäck 7. 121-25 (1953).

Veränderung der Stärke während des Brotbackens. Johnson, J.A. Bakers Digest 3. 39 (1953). - Ref.Stärke 5. 199 (1953).

Einfluß von Glutathion auf den Amylodextrinanteil im Weizenmehl und auf damit hergestelltes Brot. Bechtel, W.G., Meisner, D.F. und Bradley, W.B. Cereal Chem. 30. 270-72 (1953). - Ref.C. 1955. 4723.

Neue Erfahrungen bei der Verwendung von Stärke in der Bäckerei. Lindemann, E. Brot u. Gebäck 6. 160-63 (1952). - Ref.C. 1953. 3653.

Struktur und irreversibler Abbau von Stärkemehl im Zusammenhang mit der Brotbereitung. Badenhuizen, N.P. Chem.Weekbl. 47. Nr.3. 33-39 (1951). - Ref.C. 1951. I. 2821.

Gärtoleranz, Porenbildung und Quellungsvorgänge. Doose, O. Brot u. Gebäck 5. 49-55 (1951).

Struktur und irreversibler Abbau von Stärke in Bezug auf den Backvorgang. Badenhuizen, N.P. Bakers Digest 25. 21-25 (1951). - Ref.C. 1951. II. 3387.

Kolloide beim Brotbacken. Kulman, A.G. Kolloide in der Lebensmittel-Ind., Sammlung 2, (russ.) Moskau 1949. 125-39.

Zur Frage der Verkleisterung von Stärke beim Prozeß des Brotbackens. Ginsburg, A.S. Kolloide in der Lebensmittel-Ind. (russ.) Sammlung 2, Moskau 1949. 140-45.

Backen von Brot. "Deback", Deutsche Backmittel-Gesellschaft Quaschnig u. Co. (Erfinder: Hundertmark, H.F.W.). Schwed.P. 109 839 vom 30/8.1938,ausg.22/2.1944. - Ref.C.1944.II. 1236.

Vergleich der Backeigenschaften von Stärke und Kleber aus "Red Spring"-Hartweizen, die nach der Kleber-Stärke-Gemisch-Backmethode verarbeitet wurden. Harris, R.H. und Sibbitt, L.D. Cereal Chem. 19. 763-72 (1942).

Vergleich der Backqualität von aus verschiedenen Weizensorten hergestellten Stärken. Harris, R.H. und Sibbitt, L.D. Cereal Chem. 18. 585-604 (1941).

Stärke-, Dextrin- und Glucosegehalt der Kruste und Krume des Brotes. Terrier, J. Mitt. Gebiete Lebensmittelunters.Hyg. 32. 166-69 (1941). - Ref.C. 1942. I. 3154.

Der Einfluß des Ausbackens auf die chemische Zusammensetzung der Brotkrume. Rotsch, A. Jber.Inst.Bäckerei Reichsanst. Getreideverarb. Berlin 6. 59-60 (1940). - Ref.C. 1941. I. 3159.

Über die Zusammensetzung der Brotkrume beim Auftreten von Wasserstreifen. Rotsch, A. Jber.Inst.Bäckerei Reichsanst. Getreideverarb. Berlin 6. 59-60 (1940). - Ref.C. 1941. I. 3159.

Süße Kartoffelstärke in der Bäckerei. Scrivanich, D. Bakers Digest 14. Nr.4. 63-65, 67 (1939). - Ref.C. 1940. I. 4000.

Einfluß der Stärke und Stärkeverkleisterung auf die Gebäckqualität. Haevecker, H. Mühle 74. 1385-88 (1937). - Ref.C. 1938. I. 1021.

Vergleichende Untersuchung von mit Hefe und mit Wasserstoffsuperoxyd gelockertem Brot. Bailey, L.H. und Clerc, J.A.Le. Cereal Chem. 13. 119-26 (1936). - Ref.C. 1936. I. 4823.

Biochemie der Brotbereitung. Bailey, C.H. und Sherwood, R.C. Ind.Engng.Chem. 27. 1426-30 (1935). - Ref.C. 1936. I. 3038.

Brotbereitung mit Maniokbeimischung. Martino, G. Quaderni Nutrizione 1. 99-121 (1934). - Ref.C. 1934. II. 3193.

Die Gewinnung der Kartoffelstärke und ihre Bedeutung für die Ernährung. Bleyer, B. Z.Spiritusind. 56. 45-46 (1933). - Ref.C. 1933. I. 3638.

Kartoffelmehlzusatz beeinträchtigt nachweisbar Brotqualität. Simons. Mühle 70. 101-04 (1933). - Ref.C. 1933. I. 1862.

"Die Schädlichkeit des Kartoffelmehls im Brot". Z.Spiritusind. 55. 194 (1932).

Die Wirkung von gekochten Kartoffeln und gärfähigem Zucker auf den Backprozeß. Harris, R.H. Canad.J.Res. 6. 548-59 (1932). - Ref.C. 1932. II. 2753.

Begünstigt Kartoffelstärke das Fadenziehen des Brotes? Seidel, K. Z.ges.Getreide- u.Mühlenwes. 19. 194-201 (1932). - Ref.C. 1933. I. 860.

Die Rolle der Stärke bei der Brotbereitung. Alsberg, C.L. in R.P. Walton: A Comprehensive Survey of Starch Chemistry Part I, S. 87-99. Chemical Catalog Company, New York 1928.

Umwandlung von Stärke zur Herstellung von Nahrungsmitteln, insbesondere Brot. Stein, W.D. E.P. 282 178 vom 28/9.1926, ausg. 12/1.1928. - Ref.C. 1928. I. 2137.

Herstellung von Brot. Stein-Hall Manufacturing Co. E.P.198 281 vom 14/2.1922, ausg.21/6.1923. - Ref.C. 1923. IV. 888.

Zur Brotstreckung mit Kartoffelfabrikaten. Parow, E. Z.Spiritusind. 43. 305 (1920).

Einfluß der Salze auf die Amylose des Brotes. Effront, J. Moniteur scient. (5) 6. 5-12 (1916). - Ref.C. 1916. II. 69.

Die Kohlenhydrate von Brot aus Weizen, Weizenfeinmehl und Mais. Stone, W.E. U.S.Dep.Agric., Office Exp.Stat., Bull.34. 17-18 (1896). - Ref.C. 1897. I. 853.

4145. **Altbackenwerden von Brot**

(Vgl. auch "Alterung, Retrogradation": 862)

Die Beschaffenheit der Altbackenheit von Brot und die Erhaltung seiner Frische. Knjaginitschew, M.I. J.ges.Chem. der Mendelejew Gesellschaft (russ.) 10. 277-86 (1965). - Ref.C.A. 63. 7569d (1965).

Altbackenwerden maismehlhaltiger Weizenhefebrote. Ballschmieter, H.M.B. und Vlietstra, H. Brot u. Gebäck 18. 189-91 (1964). - Ref.C. 1966. 3-3008.

Über das Altbackenwerden von Brot. Rachmankulowa, R.G. Hochschulnachr. Nahrungsmittel-Technol. (russ.) 1964. Nr.3. 77-79. - Ref.C. 1965. 10-2792.

Über die Auswirkungen von Polysaccharid- und Proteinzusätzen auf den Frischezustand von Weizenmehl- und Stärkegebäcken. Rehfeld, G. Ernährungsforschung 8. 510-16 (1963). - Ref.C. 1965. 15-2891.

Über das Altbackenwerden von Brot und Gebäck. 3. Mitt. Weizengebäck mit Kartoffelzusätzen. Hampel, G. Brot u.Gebäck 17. 153-59 (1963). - Ref.C. 1964. 17-2815.

Haltbarmachen von Backwaren durch Zusatz von Amylopektin zum Teig vor dem Backen. Dehne, R. A.P. 3 193 389 vom 5/11.1962., ausg. 6/7.1965. - Ref.C.A. 63. 12238e (1965).

Zur chromatographischen Kennzeichnung der Stärke in Gebäcken. 2. Mitt. Stärkeveränderungen in alterndem Brot. Ulmann, M. Ernährungsforschung 7. 123-31 (1962). - Ref.Stärke 14. 298 (1962), C. 1963. 343.

Stärke-Retrogradation in verschiedenen Brotsorten. Pelshenke, P.F. und Hampel, G. Bakers Digest 36. Nr.3. 48-50, 52-54, 56-57 u. 85-86 (1962). - Ref.C.A. 57. 17147b (1962).

Mittel gegen Altbackenwerden von Backwaren. Top-Scor Products Corp., Inc. (Erfinder: Jackson, G.R. und Livingston, J.M.). A.P. 3 111 409 vom 2/3.1961., ausg.19/11.1963. - Ref.C. 1966. 18-3100.

Der Einfluß von verkleistertem Mehl auf die Veränderung bestimmter Kohlenwasserstoffe während der Alterung von Brot. Jankowski, S. und Jankiewicz, M. C.R.hebd.Séances Acad.Agric.France 47. 380-90 (1961). - Ref.C. 1962. 686.

Die Wirkung des Gefrierens und der Gefrierlagerung auf die Frische und Festigkeit von Hefegebäck. Kulp, K. und Bechtel, W.G. Food Technol. 15. 273-75 (1961). - Ref.C. 1964. 17-2816.

Fortschritt in der Untersuchung der Alterungserscheinung. Bechtel, W.G. Bakers Digest 35. Nr.5. 48-50, 172-74 (1961). - Ref.C. 1964. 5-2673.

Verhinderung des Altbackenwerdens von Brot durch oberflächenaktive Agenzien. Matsumoto, H. Koroido To Kaimen-Kasseizai 2. 145-51 (1961). - Ref.C.A. 57. 15563g (1962).

Über das Altbackenwerden von Brot und Gebäck. 2. Mitt. Untersuchungen an einigen Weizenbrottypen und -gebäcken mit verschiedenen Zusätzen. Pelshenke, P.F. und Hampel, G. Brot u.Gebäck 15. 202-08 (1961).

Über das Altbackenwerden von Brot und Gebäck. 1. Mitt. Theoretische Betrachtungen und Methodik. Pelshenke, P.F. und Hampel, G. Brot u. Gebäck 15. 180-86 (1961).

Wechselwirkung von Stärke mit Saccharosestearaten und anderen Mitteln zur Verhinderung des Altbackenwerdens. Bourne, E.J., Tiffin, A.I. und Weigel, H. J.Sci.Food Agric. 11. 101-09 (1960).

Einige chemische Veränderungen, die mit der Bräunung von Büchsenbrot während der Lagerung einhergehen. Stenberg, R.J. und Geddes, W.F. Cereal Chem. 37. 614-22 (1960). - Ref.C. 1961. 12303

Bestimmung des Ausmaßes der Reaktion zwischen Epichlorhydrin und Stärke. Hamerstrand, G.E., Hofreiter, B.T. und Mehltretter, C.L. Cereal Chem. 37. 519-24 (1960). - Ref.C. 1961. 17417, C.A. 55. 1040a (1961), Stärke 13. 100 (1961).

Erhöhung der Haltbarkeit von Brot. Dehne, R. D.A.S. 1 141 602 Kl. 2c vom 1/12.1960., ausg.27/12.1962. - Ref.C. 1963. 15636, Stärke 16. 34 (1964).

Veränderung der Stärke und des Glutens während der Alterung von Brot. Senti, F.R. und Dimler, R.J. Bakers Digest 34. Nr.1. 28-32, 70-71 (1960). - Ref.C.A. 54. 14490g (1960), C. 1961. 3178.

Beziehungen zwischen der Gelfestigkeit von Mehl, Stärke und Gluten zum Altbackenwerden von Brot. Cluskey, J.E., Taylor, N.W. und Senti, F.R. Cereal Chem. 36. 236-46 (1959). - Ref.C. 1960. 6354, Stärke 13. 24 (1961).

Wechselwirkung von der Alterung entgegenwirkenden Agentien mit Stärke. Bourne, E.J., Tiffin, A.I. und Weigel, H. Nature (London) 184. 547 (1959). - Ref.Stärke 12. 89 (1960), C. 1961. 18907.

Wechselwirkung zwischen Saccharosestearat und Stärke. Bourne, E.J., Tiffin, A.I. und Weigel, H. Nature (London) 184. 110-11 (1959). - Ref.C. 1960. 11498, C.A. 54. 1905g (1960).

Studien über das Altbackenwerden von Brot aus Mehlfraktionen. V. Mitt. Einfluß einer hitzestabilen Amylase und einer verzweigten Stärke. Bechtel, W.G. Cereal Chem. 36. 368-77 (1959). - Ref.C.A. 53. 20600d (1959), C. 1961. 2819.

Altbackenwerden von Brot. Röntgenbeugungsuntersuchungen an Broten, die vernetzte Stärke und eine hitzebeständige Amylase enthalten. Zobel, H.F. und Senti, F.R. Cereal Chem. 36. 441-51 (1959). - Ref.C.A. 53. 22563a (1959), C. 1961. 4190.

Stärkekristallisation und Altbackenwerden von Brot. Food 28. 110 (1959).

Neue Forschungsergebnisse in der Getreidechemie. - Die Rolle der Stärke beim Altbackenwerden von Brot. Müllerei 11. Nr. 34. wiss.Müllerei 62-64 (1958).

Das Altbackenwerden von Brot. Jankowski, St. und Gasirowski, H. Przemysl Spożywczy 12. 377-81 (1958). - Ref.C. 1960. 9059.

Einige Angaben zur Untersuchung der Festigkeit von Stärkegallerten und des Hartwerdens von Brot. Nasarow, W.I., Ssacharow, W.G. und Tichomirowa, T.P. Hochschulnachr., Nahrungsmittel-Technol. (russ.) 1958. Nr. 4. 131-35.

Brotqualität und Bekömmlichkeit. Thomas, B. Brot u. Gebäck 12. 8-12 (1958). - Ref.C. 1958. 13124.

Einfluß von ß-Amylase auf das Altbackenwerden von Brot. Blinc, M. Nova Proizvodnja 1958. 174-80. - Ref.C.A. 55. 25078d (1961).

Die backtechnische Rolle der Kohlenhydrate in Teig und Brot. Rotsch, A. Dtsch.Lebensmittel-Rdsch. 54. 134-39 (1958). - Ref.C. 1959. 2638.

Brotfrischhaltung. Kékedy, G. Elelmezési Ipar 11. 178 (1957).

Das Altbackenwerden und der Quellungsgrad der Stärke. Hampel, G. Getreide u. Mehl 7. 17-22 (1957). - Ref.C. 1958. 1722, C.A.53. 20600h (1959).

Über die Bedeutung der Eiweißstoffe beim Altbackenwerden des Brotes. Auermann, L. Brot u. Gebäck 11. 177-81 (1957).

Altbackenwerden von Brot mit und ohne Zusatz von ß-Amylase. Blinc, M. und Klemenc, S. Bull. sci. (Yougoslavie) 3. 65 (1957). - Ref.C. 1959. 2638.

Streich- und Frischhaltemittel für Gebäck. Eisenhauer, J. D.A.S. 1 016 654 Kl. 2c vom 13/8.1956, veröff. 3/10.1957. - Ref.C. 1958. 6416.

Einige Beobachtungen über die Einwirkung von ß-Amylase auf das Altbackenwerden von Brot. Blinc, M. Brot u. Gebäck 10. 249-52 (1956). - Ref.C. 1957. 7808.

Übersicht über die Untersuchungen des Altbackenwerdens von Brot. Bechtel, W.G. Trans.Amer.Assoc.Cereal Chemists 13. 108-21 (1955). - Ref.C. 1958. 4646.

Studien über das Altbackenwerden von Brot aus Mehlfraktionen. V. Der Einfluß der Mehlfraktionen und verschiedenen Stärken auf die Festigkeit der Brotkrume. Prentice, N., Cuendet, L.S. und Geddes, W.F. Cereal Chem. 31. 188-206 (1954). - Ref.Stärke 6. 233 (1954), C.A. 48. 8975e (1954), C. 1950/54. S. 7170.

Studien über das Altbackenwerden von Brot aus Mehlfraktionen. IV. Der Einfluß von Kleber und Weizenstärke. Bechtel, W.C. und Meisner, D.F. Cereal Chem. 31. 182-87 (1954). - Ref.Stärke 6. 233 (1954), C. 1950/54. S. 7170.

Studien über das Altbackenwerden von Brot aus Mehlfraktionen. III. Der Einfluß von Krumenfeuchtigkeit und von Stärkeanteilen. Bechtel, W.G. und Meisner, D.F. Cereal Chem. 31. 176-81 (1954). - Ref.C. 1950/54. 7170 S.

Untersuchung des Altbackenwerdens von Brot aus Mehlfraktionen. II. Auswahl des Untersuchungsausschusses. Bechtel, W.G. und Meisner, D.F. Cereal Chem. 31. 171-75 (1954). - Ref.C. 1950/54. 7170 S.

Studien über das Altbackenwerden von Brot aus Mehlfraktionen. I. Die Fraktionierung von Mehl und die Brotherstellung. Bechtel, W.G. und Meisner, D.F. Cereal Chem. 31. 163-70 (1954). - Ref.Stärke 6. 232 (1954), C.A. 48. 8976b (1954), C. 1950/54. 7170 S.

Praktische Maßnahmen zur Frischhaltung von Brot. Schulz, A. Brot u. Gebäck 8. 152-56 (1954).

Neuere Fortschritte in den Untersuchungen über Altbackenwerden von Brot. MacMasters, M.M. und Baird, P.D. Bakers Digest 28. Nr.5. 32-35, 43 (1954). - Ref.C. 1955. 5445.

Empfindlichkeit der Stärke in frischem und altbackenem Brot gegen enzymatische Verdauung. Jackel, S.S., Schultz, A.S. und Schaeder, W.E. Science (Washington) 118. 18-19 (1953). - Ref.C.1954. 3827.

Die Verdaulichkeit (in vitro) der Stärke von frischem und altbackenem Brot. Jackel, S.S., Schultz, A.S. und Schaeder, W.E. Cereal Chem. 3. 236-41 (1953). - Ref.Stärke 5. 278 (1953).

Das Altbackenwerden von Brot. Hintzer, H.M.R. Getreide u. Mehl 2. 67-71 (1952).

Gegenwärtiger Stand der Theorie des Altbackenwerdens von Brot. Bechtel, W.G. und Meisner, D.F. Bakers Digest 26. 27-29 (1952). - Ref.C. 1952. 5831.

Die Verringerung in der Empfindlichkeit der Stärke der Brotkrume auf ß-Amylase während des Altbackenwerdens. Jackel, S.S., Schultz, A.S., Schoonover, D. u. Schaeder, W.E. Cereal Chem. 29. 190-99 (1952). - Ref.C.A. 46. 8284d (1952).

Verhinderung von Altbackenwerden von Brot durch α-Amylase. Schultz, A.S., Schoonover, F.D., Fisher, R.A. u. Jackel, S.S. Cereal Chem. 29. 200-11 (1952). - Ref.C.A. 46. 8284b (1952), C. 1954. 8691.

Der Einfluß von Kartoffelmehl auf die Brotqualität und deren Veränderung mit zunehmendem Alter. Harris, R.H., Sibbitt, O.J. und Banasik, O.J. Cereal Chem. 29. 123-31 (1952). - Ref.Stärke 5. 228 (1953), C. 1954. 8464.

Untersuchungen über das Altbackenwerden von Brot. Der Einfluß von gequollenem und teilweise hydrolysiertem Stärkemehl auf den Alterungsvorgang. Greup, D.H. Chem.Weekbl. 48. 219-23 (1951). - Ref.C. 1953. 9663, C.A. 46. 7244f (1952).

Einfluß von Emulgatoren auf die Enzymempfindlichkeit von Stärke während des Altbackenwerdens von Brot. Volz, F.E. und Ramstad, P.E. Cereal Chem. 28. 118-24 (1951). - Ref.C. 1953. 2370.

Untersuchungen über das Altbackenwerden von Brot. 1. Mitt. Die Rolle der Stärke. Schoch, Th.J. und French, D. Cereal Chem.24. 231-49 (1947).

Untersuchung über das Altbackenwerden von Wachsmaisstärke enthaltendem Brot. Noznick, P.P., Merritt, P.P. und Geddes, W.F. Cereal Chem. 23. 297-305 (1946).

Die Rolle der Stärke beim Altbackenwerden von Brot. Geddes, W.F. und Bice, C.W. Quartermaster Corps Report 17-10, Committee on Food Research (1946).

Eine Untersuchung gewisser physikalischer Eigenschaften des Brotes während des Altbackenwerdens mittels der Elektronenzelle. Glasbau, C.A. und Goldman, P.F. Cereal Chem. 15. 541-51 (1938). - Ref.C. 1938. II. 3334.

Stärke und Altbackenwerden. Fuller, C.H.F. Chem. and Ind. (London) 57. 562-68 (1938). - Ref.C. 1938. II. 1692.

Altbackenwerden bei Brot. Platt, W. Cereal Chem. 7. 1 (1930).

Verkleistern und Retrogradieren von Stärke in Bezug auf das Problem des Altbackenwerdens. Katz, J.R. in R.P.Walton: A Comprehensive Survey of Starch Chemistry Part 1, S.100-17. Chemical Catalog Company, New York 1928.

Das Altbackenwerden der Brotkrume vom physiologisch-chemischen Standpunkt betrachtet. II. Mitt. Katz, J.R. Hoppe-Seyler's Z. physiol.Chem. 95. 136-46 (1915). - Ref.C. 1916. I. 263.

Das Altbackenwerden der Brotkrume vom physiologisch-chemischen Standpunkt betrachtet. III. Mitt. Katz, J.R. Hoppe-Seyler's Z. physiol.Chem. 95. 147-51 (1915). - Ref.C. 1916. I. 263..

Über die merkwürdige Eigenschaft der Aldehyde, das Altbackenwerden des Brotes zu hemmen. Katz, J.R. Hoppe-Seyler's Z.physiol. Chem. 96. 314-22 (1915). - Ref.C. 1916. I. 1088.

Das Altbackenwerden der Brotkrume vom physiologisch-chemischen Standpunkt betrachtet. I. Mitt. Katz, J.R. Hoppe-Seyler's Z. physiol.Chem. 95. 104-29 (1915). - Ref.C. 1916. I. 262, W.Ref. 772.

Die Änderung der mikroskopischen Struktur des Brotes beim Altbackenwerden. Verschaffelt, E. und Teutem, E.van. Hoppe-Seyler's Z.physiol.Chem. 95. 130-135 (1915). - W.Ref. 775, C. 1916. I. 262.

Die Schnelligkeit des Altbackenwerdens von Brot. Katz, J.R. Kon.Akad.Wetensch. Amsterdam, Versl. 23. 652-655 (1914). - W.Ref. 764, C.A. 9. 1808 (1915).

Die Ursache des Altbackenwerdens der Brotkrume und die Möglichkeiten, diese Veränderung zu verhüten. Katz, J.R. Z.Elektrochem. 19. 663 (1913).

Über den Zustand der Stärke im frischen und im altbackenen Brot. Lindet, L. Bull.Soc.chim. Paris 27. Sér.3; 634-639 (1902). - W.Ref. 718, C. 1902. II. 394.

Über die Umwandlung von frischem Brot in altbackenes. Lindet, L. C.R.hebd.Séances Acad.Sci. 134. 908-10 (1902).

Über den Zustand der Stärke im altbackenen Brot. Roux, E. C.R.hebd.Séances Acad.Sci. 138. 1356-1358 (1894). - W.Ref.1356, C. 1904. II. 255.

4146. Backhilfsmittel

(Einfluß von Zusätzen auf den Backvorgang, Kartoffelzusätze)

Rolle der Weizenmehlpentosane beim Backen. 2. Mitt. Einfluß der Zugabe von Mehlpentosanen und anderen gummiartigen Substanzen auf Brotlaibe aus Gluten und Stärke. Cawley, R.W. J.Sci.Food Agric. 15. 834-38 (1964). - Ref.C. 1966. 4-3054.

Über die Verwendung von Dextrin und wasserlöslichen Proteinen zur Qualitätsverbesserung von Gebäcken. Rehfeld, G. Bäcker u.Konditor 17. 69-70 (1963).

Die Rolle der Stearyl-2-lactylsäure in chemisch gelockerten Backwaren. Buddemeyer, B.D. und Moneymaker, J.R. Bakers Digest 35. Nr.4. 54-57 (1961). - Ref.C. 1962. 5134.

Präparat zum Streichen (Glasieren) von Gebäcken. Food Products Corp., Inc. (Erfinder: Rapaport, R.M.). A.P. 3 088 829 vom 16/2.1961., ausg.7/5.1963. - Ref.C. 1965. 4-2936.

<u>Backhilfsmittel</u>. Bak-Kraft Corp. Ltd. (Erfinder: Freed, R.J.). A.P. 3 031 306 vom 20/8.1959., ausg.24/4.1962. - Ref.C. 1963. 14139.

<u>Der Einfluß von Lecithin polnischer Produktion auf die Eigenschaften von Backwaren</u>. Jankowski, St. und Gasiorowski, H. Przemysl Spożywczy 13. 393-95 (1959). - Ref.C. 1961. 3178.

<u>Verfahren zur Verbesserung der Backfähigkeit von Mehl und Teig</u>. Koninklijke Industrieele Maatschappij, Vorhen Noury & van der Lande N.V. D.A.S. 1 050 703 vom 26/3.1956, veröff. 19/2.1959. Holl.Prior.vom 28/4.1955. - Ref.Stärke 12. 61 (1960).

<u>Backhilfsmittel auf der Basis von Malz, α-Amylase und Lecithin</u>. Eiselen, W. F.P. 1 154 658 vom 25/11.1955, ausg.15/4.1958.

<u>Backhilfsmittel für Hefeteige</u>. Jeffreys, G.A. A.P. 2 842 442 vom 1/12.1954., ausg.8/7.1958. - Ref.C. 1959. 8352.

<u>Trennmittel für die Bäckerei</u>. Haas, C.J. A.P. 2 793 123 vom 18/2. 1954., ausg.21/5.1957. - Ref.C. 1959. 1640.

<u>Maissüßstoffe in Brot</u>. Otterbacher, Th.J., Homer, J.C. und Ford, W.T. Bakers Digest 28. Nr.6. 25-30, 43 (1954). - Ref.C.1950/54. S. 4324.

<u>Herstellung eines Backmittels</u>. Pietschmann, E. Schwz.P. 316 716 vom 14/1.1953, ausg.15/12.1956. D.Prior. 19/4.1952. - Ref.C. 1958. 1455.

<u>Backmittelherstellung</u>. Pietschmann, E. D.B.P. 966 711 Kl. 2c vom 17/1.1952, ausg. 5/9.1957. - Ref.C. 1958. 7627, Stärke 10. 90 (1958).

<u>Untersuchungen über die Wirkung von Lecithin auf die Teig- und Gebäckbeschaffenheit</u>. Doose, O. Brot u. Gebäck 5. 134 (1951).

<u>Verfahren zur Herstellung eines Backhilfsmittels aus stärkehaltigen Knollen</u>. Nibbit Products Assoc.S.A. Holl.P. 78 372 Kl.53k vom 17/6.1950, ausg.15/7.1955. Schwz.Prior. vom 24/6.1949.

<u>Der Einfluß von Polyoxyäthylenmonostearate auf Stärke in Beziehung zum Lockerungsprozeß im Brot</u>. Lord, D.D. J.Coll.Sci. 5. 360-75 (1950).

<u>Die Beurteilung von amylasehaltigen Backhilfsmitteln</u>. Johnson,J.A., Dirks, B.M. und Schellenberger, J.A. Bakers Digest 23. 21 (1949).

<u>Austauschstoff für Mürbungsmittel</u>. Wade, R.W. A.P. 2 557 524 vom 18/10.1949, ausg.19/6.1951. - Ref.C. 1952. 5184.

<u>Tablette zur Verbesserung von Teigware</u>. Winthrop-Stearns Inc., übert.von: Clark, T.S.H. A.P. 2 470 804 vom 16/5.1947, ausg. 24/5.1949. - Ref.C. 1949. E. 159.

<u>Beeinflussung der Backfähigkeit</u>. Kalning, H. Mehl u.Brot 43. 229-230 (1943). - Ref.C. 1943. II. 2321.

<u>Backhilfsmittel</u>. Chemische Fabriek Servo, N.V. u. Meindert Danius Rosenbrock. Holl.P. 55 264 vom 10/3.1942, ausg. 15/3.1943. - Ref.C. 1944. I. 195.

<u>Herstellen eines eiweißhaltigen, beständigen Schaum gebenden Backmittels</u>. Ireks AG. (Erfinder: H. Ruckdeschel). D.R.P. 744 271 Kl. 2c vom 20/3.1942, ausg.13/1.1944. - Ref.C. 1944. I. 1250.

Säurehaltiges Backhilfsmittel. "Deback" Deutsche Backhilfsmittel-Ges. Quaschning & Co. Holl.P. 56 164 vom 18/4.1942, ausg. 15/4.1944. D.Prior. 14/5.1941. - Ref.C. 1944. II. 704.

Herstellung eines Backhilfsmittels. Breunig, P. (Erfinder: Tornow, E.). D.R.P. 747 993 Kl. 2c vom 21/2.1941, ausg.3/10.1944. - Ref.C. 1945. II. 435.

Trockenkartoffelpülpe als Streumittel. Hopf, K. Jber.Inst.Bäckerei, Berlin 6. 91 (1940). C. 1941. I. 3158.

Die Aufschließung der Stärke und stärkereichen Produkte. Ein Beitrag zur Kenntnis der Backhilfsmittel. Kühl, H. Mehl u.Brot 38. Nr.7. 2-4 (1938). - Ref.C. 1938. I. 3983.

Herstellung eines Backmittels aus Stärkemehlen oder stärkereichen Stoffen. Buhtz, E. D.R.P. 745 219 Kl. 2c vom 12/7.1938, ausg. 11/10.1944. - Ref.C. 1945. 963.

Herstellen quellstärkehaltiger Backhilfsmittel. Vereinigte Anklam-Friedländer Kartoffelstärke- u. Flockenfabriken GmbH. zu Anklam. D.R.P. Zweigstelle Österreich 159 940 Kl. 3c vom 14/5. 1938, ausg.27/12.1940. - Ref.C. 1941. I. 2746.

Backmittel. American Maize-Products Co., übert.von: R.L. Lloyd. A.P. 2 172 211 vom 19/1.1938, ausg. 5/9.1939. - Ref.C. 1940. I. 479.

Herstellung eines nicht hauptsächlich zur Ernährung bestimmten Erzeugnisses mit hohem Maltosegehalt, das als Backhilfsmittel und im Gärungsgewerbe verwendet werden kann. Patent Co. Ltd. Schwz.P. 200 989 vom 11/3.1937, ausg.16/1.1939. - Ref.C. 1939. II. 752.

Backmehlverbesserung. Stein, Hall Mfg. Co., übert.von: H.F.Bauer u. B.W. Thayer. A.P. 2 197 784 vom 14/6.1937, ausg.23/4.1940. - Ref.C. 1942. I. 824.

Bäckereihilfsmittel. Matti, J.C. F.P. 825 032 vom 7/11.1936, ausg.22/2.1938. - Ref.C. 1938. I. 4121.

Herstellung von Kartoffelbackmehl. Scholten's Aardappelmeelfabrieken, N.V.W.A. Holl.P. 48 355 vom 27/4.1936, ausg.15/5.1940. - Ref.C. 1940. II. 2974.

Herstellung eines Streumehles für Backzwecke. Beyer, C. D.R.P. 659 635 Kl. 2c vom 13/10.1935, ausg.7/5.1938. - Ref.C. 1938. II. 2201.

Backhilfsmittel aus Stärke. Lüthje, H. E.P. 437 314 vom 3/7.1934, ausg.21/11.1935. D.Prior. 6/7.1933. - Ref.C. 1936. I. 1536.

Backhilfsmittel aus Stärke. Lüthje, H. E.P. 436 028 vom 2/7.1934, ausg.31/10.1935. D.Prior. 4/7.1933. - Ref.C. 1936. I. 915.

Backmittel. Kartoffeln, Kartoffelstärke oder -Walzmehl. Soltau, G. A.P. 2 040 249 vom 15/11.1933, ausg.12/5.1936. - Ref.C. 1936. II. 892.

Verbesserung von durch aufschließende Trocknung von Kartoffeln gewonnenen Backhilfsmitteln. Oertzen, I.v. D.R.P. 659 480 Kl. 2c vom 21/7.1933, ausg.4/5.1938. - Ref.C. 1938. II. 2201.

Nochmals: Kartoffelfabrikate als Backhilfsmittel. Eisener, O. Z.Spiritusind. 56. 274 (1933).

Kartoffelfabrikate als Backhilfsmittel. Eisener, O. Z.Spiritusind. 56. 256 (1933).

Walzmehl oder Stärkemehl? Z.Spiritusind. 55. 270 (1932).

Kartoffel-Walzmehl als Backhilfsmittel. Lüthje, H. Z.Spiritusind. 55. 212-13 (1932).

Kartoffel-Walzmehl als Backhilfsmittel. Lüthje, H. Z.Spiritusind. 55. 270 (1932).

Herstellung einer Backzutat aus Kartoffelstärke. Stark, A. D.R.P. 657 329 Kl. 2c vom 19/1.1932, ausg.2/3.1938. - Ref.C. 1938. I. 4247.

Teigzusatzmittel. Baker, F.B. A.P. 1 953 332 vom 10/2.1930, ausg. 3/4.1934. - Ref.C. 1934. II. 1050.

Herstellung eines für Bäckereizwecke zu verwendenden milchsäure- und quellstärkehaltigen trockenen Säuerungsmittels. Schröder,W. D.R.P. 657 356 Kl. 2c vom 6/12.1930, ausg.2/3.1938. - Ref.C. 1938. I. 4247.

Verfahren zur Verbesserung von Backwaren. Braune, C. D.R.P.542 509 Kl. 2c vom 23/4.1929, ausg.26/1.1932. - Ref.C. 1932. I. 1727.

Mittel zur Verbesserung von Brotteig, bestehend aus Stärkeester. Stein, W.D., übert.von: D.J. Block. A.P. 1 733 574 vom 21/1. 1927, ausg.29/10.1929. - Ref.C. 1930. II. 160.

Formbares, diastatischen Malzextrakt und Quellstärke enthaltendes Backhilfsmittel. Purucker, G. D.R.P. 590 346 Kl. 2c vom 23/7. 1926, ausg.29/12.1933. - Ref.C. 1934. I. 1257.

4147. Backpulver

Untersuchungen über die Verbesserung der Haltbarkeit von Backpulver mit Hilfe von Magnesiumstearat. Raciszewski, Z. und Pijanowski, E. Zeszyty naukowe Szkoły głównej Gospodarstwa wiejskiegow Warszawie, Rolnictwo 1961. Nr.1. 239-45. - Ref.C. 1962. 13983.

Backpulver. General Foods Corp. (Erfinder: Novitsky, P.). A.P. 2 793 121 ausg. 21/5.1957. - Ref.C.A. 51. 14160i (1957), C. 1958. 4936.

Haltbarkeit von Backpulver. Heiss, R. Stärke 7. 209-16 (1955).

Verbesserungen bei der Backpulverzusammenstellung. General Foods Corp. (Erfinder: Novitsky, P.). E.P. 782 869 vom 29/7.1955. - Ref.C. 1959. 333.

Backpulver, Puddingpulver, Kindernährmittel. Schiller, K. Stärke 5. 240-44 (1953).

Backpulver. Victor Chemical Works, übert.von: Guy A. McDonald. A.P. 2 550 491 vom 23/12.1947, ausg.24/4.1951. - Ref.C. 1952. 2598.

Backpulver. Schiller, K. Stärke 2. 36-40 (1950). - Ref.C. 1950. II. 240.

Phosphatbackpulver. Standard Brands Inc., übert.von: W.E. Barch, A.P. 2 532 281 vom 15/10.1947, ausg.5/12.1950. - Ref.C. 1951. II. 1076.

Backpulver. American Maize-Products Co., übert.von: W.L. Morgan. A.P. 2 170 274 vom 18/12.1937, ausg.22/8.1939. - Ref.C. 1940. I. 479.

Dispergierende Mittel in Backpulvern zwecks Stabilisierung. II. Mendelsohn, S. Food Manufact. 13. 333-36 (1938). - Ref.C. 1939. II. 2593.

Dispergierende Mittel in Backpulvern zwecks Stabilisierung. I. Mendelsohn, S. Food Manufact. 13. 298-300 (1938). - Ref.C. 1939. II. 2593.

Die Wirkung verschiedener Stärkearten auf die Stabilität von Backpulvern. Gallay, W. und Bell, A.C. Canad.J.Res. 14. Sect.B. 204-15 (1936). - Ref.C. 1937. I. 220.

Backpulver. Searle, A.B. Chemist and Druggist 122. 403 (1935). - Ref.C. 1935. I. 3863.

Geschmackliche Verbesserung von Natriumbicarbonat. Arnold Holste Wwe. Stärkefabrik. D.R.P. 644 803 Kl. 53k vom 28/10.1934, ausg. 13/5.1937. - Ref.C. 1937. II. 1473.

Die rheinisch-westfälische Back- und Puddingpulverindustrie. Kaselowsky, Th. Dissertation, Köln 1923.

Verfahren zur Herstellung von Backpulvern. Chemische Fabrik Marienfelde GmbH. D.R.P. 338 196 vom 16/1.1920, ausg.15/6.1921. - Ref.C. 1921. IV. 367.

Verfahren zur Herstellung haltbarer, trockener Präparate aus Glycerinphosphorsäure. Reese, L.Ch. D.R.P. 251 803 Kl. 12o vom 20/11.1910, ausg.8/10.1912. E.Prior.vom 27/11.1909.

Backpulver. Beythien, A. Pharmaz.Zentralhalle Deutschland 48. 148 (1907).

4148. Fein- und Dauergebäck, Spezialgebäck

(Diabetikergebäcke, kleberfreie Gebäcke, Stärkegebäcke)

Einfluß vorverkleisterter Stärken auf die Keksqualität. Boettger, R.M. Cereal Sci.today 8. 106-08 (1963). - Ref.C. 1965. 13-2958.

Kleberfreie Stärkebrote. Rotsch, A. und Gutgesell, O. Stärke 10. 325-26 (1958). - Ref.C. 1960. 678.

Uber das Gleichgewicht der Zutaten in mechanisch und chemisch gelockerten Kuchenmassen. Rotsch, A. und Tessmer, E. Brot u. Gebäck 12. 1-4 (1958). - Ref.Stärke 10. 64 (1958).

Nahrungsmittel für Diätzwecke. E.I.du Pont de Nemours & Co.,übert. von: Rockwell, N.P., Jucaitis, P. und Bliudzius, I.D. A.P. 2 876 106 vom 25/3.1957, ausg.3/3.1959. - Ref.C. 1961. 3514.

Verfahren zur Herstellung von Backerzeugnissen aus Nichtbrotgetreidemehlen. Deutsche Akademie der Wissenschaften zu Berlin. D.A.S. 1 123 994 Kl. 2c vom 3/8.1957., ausg. 22/2.1962. - Ref.Stärke 15. 109 (1963).

Verfahren zur Herstellung von Gebäck aus Nicht-Brotgetreidemehlen. Fuchs, K. D.P. (DDR) 16 969 Kl. 2c vom 7/3.1957, ausg.15/6. 1959. (Wirtschaftspatent).

Neue Wege zur Herstellung kleberfreier Gebäcke. Fuchs, K. Brot u. Gebäck 11/12. 261 (1957). - Ref.Stärke 10. 64 (1958), C. 1958. 12353.

Einfluß des Rührverfahrens und des Stärkeanteils auf die Qualität von Sandmassen. Dörner, H. und Tessmer, E. Brot u. Gebäck 11. 261-64 (1957). - Ref. Stärke 10. 64 (1958).

Die Bräunungseigenschaften der Dextrose bei Keksen. Griffith, Th. und Johnson, J. Cereal Chem. 34. 153-59, 159-69 (1957). - Ref. Stärke 11. 142 (1959).

Kleberfreies und eiweißarmes Brot. Bothma, F. Voeding 17. 108-12 (1956). - Ref.C. 1961. 2819.

Herstellung von Streuzucker, bes. für Fettgebäck. Griffith Laboratories, Inc. (Erfinder: Rosner, G.J.). A.P. 2 846 315 vom 4/12.1956., ausg. 5/8.1958, id.mit A.P. 2 846 311. - Ref.C. 1959. 7992.

Herstellung von Streuzucker, bes. für Fettgebäck. Griffith Laboratories, Inc. (Erfinder: Rosner, G.J.). A.P. 2 846 311 vom 4/12.1956., ausg. 5/8.1958, id.mit A.P. 2 846 315. - Ref.C. 1959. 7992.

Bewertung der Mehlfraktionen hinsichtlich ihrer Bedeutung für die Qualität von Keksen. Sollars, W.F. Cereal Chem. 33. 121-28 (1956). - Ref.C. 1959. 16500.

Einfluß von vier Mehlkomponenten auf Backpulver-Biskuits bei Anwendung in zwei Mischungsverhältnissen. Zaehringer, M.V., Briant, A.M. und Personius, C.J. Cereal Chem. 33. 170-80 (1956). - Ref.C. 1958. 580, C.A. 50. 10293f (1956).

Über die backtechnische Wirkung von Stärkesirup bei der Zwiebackherstellung. Rotsch, A. und Tessmer, E. Brot u. Gebäck 9. 201-03 (1955). - Ref.C. 1956. 13278.

Über einheimischen Zwieback und seine Analyse. Hadorn, H. und Jungkunz, R. Mitt.Gebiete Lebensmittelunters.Hyg. (Bern) 45. 93-104 (1954). - Ref.C. 1955. 5677.

Herstellung von gebackenen Produkten mit reduziertem Stärkegehalt. Whitworth Holdings, Ltd. (Erfinder: George, W.F.C.). E.P. 781 087 vom 22/8.1954.

Färbemethoden zur Untersuchung des Krumengefüges von Kuchen. Jooste, M.E. und Mackey, A.O. Stain Technol. 27. 17-20 (1952). - Ref.C. 1952. 5990.

Untersuchungen über Verwendbarkeit von Tapiokamehl für ungesäuerte Flachgebäcke und Nudeln. Bains, G.S., Reddy, S.K., Bhatia, D.S. u. Subrahmanyan, V. Bull.centr.Food technol.Res.Inst., Mysore 2. 38-42 (1952). - Ref.C. 1956. 2330.

Kontinuierliches Stärkegelverfahren. Food Engng. 24. 93 (1952). - Ref. C. 1956. 12992.

Vergleichende Untersuchungen über die Eignung von Weizen-, Mais- und Milostärke in der Feinbäckerei. Lindemann, E. Stärke 4. 258-260 (1952). - Ref.C. 1953. 4616.

Die Verwendung von Stärke für Fein- und Dauerbackwaren. Graefe,G. Zucker- u.Süßwaren-Wirtsch. 5. 971-72 (1952). - Ref.C. 1953. 3968.

Stärkederivate in der Dauerbackwarenindustrie der USA. Aus: Eindrücke und Beobachtungen von der Dauerbackwarenherstellung der USA. Pelshenke. Zucker- und Süßwarenwirtsch. 5. 477-78 (1952). - Ref.Stärke 4. 228 (1952).

Verfahren zur Überführung von feuchten, stärkehaltigen, insbesondere mit Wasser angeteigten Massen, vorzugsweise von Teigwaren aller Art, in einen getrockneten, haltbaren Zustand. Schmid,R. D.B.P. 826 400 Kl. 89k vom 8/1.1950, ausg.3/1.1952.

Erfahrungen mit Stärke und Stärkeerzeugnissen bei der Herstellung von Fein- und Dauerbackwaren. Rotsch, A. Getreide, Mehl Brot 4. 59-60 (1950). - Ref.Stärke 2. 143 (1950), C. 1951. II. 761.

Etwas über Stärkeverzuckerung bei der Pumpernickelherstellung. Oberländer, G. Getreide, Mehl Brot 3. 100-101 (1949). - Ref.C. 1950. I. 1163.

Dauergebäck. Schaul, M.C. A.P. 2 469 995 vom 26/12.1946,ausg.10/5. 1949. E.Prior. 23/7.1946. - Ref.C. 1950. I. 1797.

Mehl für Feingebäck aus Kartoffelstärke. Spolek Pro Chemickou A Hutni Vyrobu Narodni Podnik (Manufactures Réunies de Produits Chimiques & Métallurgiques, Entreprise Nationale) und J.Vacha. F.P. 943 399 vom 18/3.1947, ausg.7/3.1949. - Ref.C. 1950. II. 714.

Mischung zum Backen in Fett. American Maize-Products Co., übert. von: Lloyd, R. u. Buchanan, B.F. A.P. 2 401 259 vom 8/4.1943, ausg.28/5.1946. - Ref.C. 1947. 1048.

Gerstenzucker und seine Analyse. Whalley, H.C.S.de. Food 9. 85-86 (1940). - Ref.C. 1940. I. 2727.

DPM-Mehl an Stelle von Weizenpuder. Pelshenke, P.F. Jber.Inst. Bäckerei Reichsanst.Getreideverarb., Berlin 6. 88 (1940). - Ref.C. 1941. I. 3158.

Feingebäck mit hohem Zuckergehalt. American Maize-Products Co., Maine, übert.von: R.L. Lloyd. A.P. 2 210 857 vom 15/10.1938, ausg.6/8.1940. - Ref.C. 1940. II. 3125.

Zusatzmittel für Zwiebackteig. Joos, O.H. F.P. 845 573 vom 3/11. 1938, ausg. 28/9.1939. - Ref.C. 1941. I. 466.

Verhalten von Zucker- und Butterzusatz bei der Herstellung von Kuchengebäck. Grossfeld, J. und Damm, H. Z.Unters.Lebensmittel 75. 137-50 (1938). - Ref.C. 1938. I. 3851.

Chemische Veränderung von Teigwaren durch Kochen. Carteni, A. und Piergrossi, A. Quaderni.Nutriz. 4. 294-304 (1937). - Ref.C. 1938. II. 203.

Herstellung von Biskuitteig. Chierichetti, G. It.P. 355 602 vom 15/7.1937. - Ref.C. 1941. II. 3258.

Verfahren zur Herstellung eines zur Bereitung von Gebäcken verwendbaren Produktes. Egli jun., E. und E. Hess-Egli. Schwz.P. 154 964 vom 17/5.1930, ausg.1/8.1931. - Ref.C. 1932. I. 154.

Versuche zur Herstellung eines porenreichen Stärkegebäcks. Ostwald, W. u. A. Riedel. Kolloid-Z. 17. 12-14 (1915). - W.Ref. 2510, C. 1915. II. 1051, C.A. 9. 3307 (1915).

"Stärkefreie" Glutenpräparate. Cownley, A.J. Pharmac.J. 61. 327 (1898). - W.Ref. 1950.

415. Gärungsindustrie

4151. Verkochung und sonstige Vorbehandlung stärkehaltiger Materialien

Untersuchung der Verhältnisse des Vorkochens von Kartoffelstärke. Stoljar, M.G. Hochschulnachr.(Krasnodar), Nahrungsmittel-Technol. (russ.) 1965. Nr.1. 61-65. - Ref.C. 1965. 44-2780.

Kontrolle der Verkochung von Getreide und Kartoffeln bei der Alkoholherstellung nach der Acidität des Extradampfes. Sabrodski, A.G. und Poloshischnik, A.F. Hochschulnachr. (Krasnodar), Nahrungsmittel-Technol. (russ.) 1963. Nr. 1. 134-38. - Ref.C. 1964. 30-2368.

Über die Warmwasser-Behandlung von Maiskörnern. Aschkinusi, S.K. und Juditzki, D.G. Fermentations- u.Alkohol-Ind. (russ.) 30. Nr.2. 11-13 (1964). - Ref.C. 1965. 13-2948.

Der Einfluß des Einquellens der Gerste auf die dextrinisierende und verzuckernde Kraft von Malz. Blaszkow, W. Przemysł Spozywczy 16. 106-07 (1962). - Ref.C.A. 57. 7744c (1962).

Die Verkochung stärkehaltiger Rohstoffe nebst anschließender Dispergierung. Brattschik, M.W. Spiritus-Ind. (russ.) 27. Nr.1. 40-42 (1961). - Ref.C.A. 55. 11753b (1961), Stärke 14. 67 (1962), C. 1963. 22931.

Chemische Veränderungen der Stärke beim Kochen während der Alkoholerzeugung. Ssotskaja, W.P. und Smirnow, W.A. Hochschulnachr., Nahrungsmittel-Technol. (russ.) 1961. Nr.4. 25-34. - Ref.C.A. 56. 1656f (1962), Stärke 14. 262 (1962), C. 1963. 1488.

Zur Frage der Bedingungen bei der Verkochung stärkehaltiger Rohstoffe bei erniedrigten Temperaturen. Ustinnikow, B.A. Spiritus-Ind. (russ.) 26. Nr.6. 23-27 (1960). - Ref.Stärke 13. 277 (1961), C. 1963. 725, C.A. 60. 15097e (1964).

Die kontinuierliche Verkochung in der Spiritusfabrik Triles. Aschkinusi, S.K., Jegorow, A.Ss., Mamunja, A.U., Nagitschewa, A.I., Ssytsch, P.K. und Tjusnew, M.F. Spiritus-Ind. (russ.) 26. Nr.4. 15-19 (1960). - Ref.Stärke 14. 193 (1962).

Eine Verkürzung der Verweilzeit bei kontinuierlicher Verkochung von vermahlenem stärkehaltigem Rohstoff nach dem Tschemersker Schema. Aschkinusi, S.K., Drashner, T.M., Mamunja, A.U., Ssemernja, W.M. und Janowski, W.Ss. Spirituosen-Ind. (russ.) 26. Nr.2. 6-12 (1960). - Ref.C. 1963. 727.

Die kontinuierliche Verkochung des Rohstoffes in der Spiritusfabrik Rasskasowo. Erdman, Ss.Ss. Spiritus-Ind. (russ.) 26. Nr.7. 37-39 (1960). - Ref.Stärke 14. 148 (1962).

Die Automatisierung der kontinuierlichen Prozesse der Verkochung und Verzuckerung. Gratschew, B.K. Spiritus-Ind. (russ.) 26. Nr.2. 24-26 (1960). - Ref.Stärke 14. 148 (1962).

Bestimmung der optimalen Bedingungen einer kontinuierlichen Verkochung. Logotkin, I.Ss. und Fertmann, G.I. Spiritus-Ind. (russ.) 25. Nr.5. 9-14 (1959). - Ref.C. 1961. 6710.

Die Durchführung der kontinuierlichen Verkochung von Stärke enthaltenden Rohstoffen in der Tschemer Spiritusbrennerei. Tschatzki, P.A. Spiritus-Ind. (russ.) 25. 6-8 (1959). - Ref.C. 1961. 7062.

Die Verkochung von Rohstoffen auf kontinuierlich arbeitenden Anlagen. Maltschenko, A.L. Spiritus-Ind. (russ.) 25. Nr.7. 7-11 (1959). - Ref.C. 1960. 7709.

Über ein Schnellverkochen des Rohstoffes. Juditzki, D.G. und Rudakow, A.A. Spiritus-Ind. (russ.) 25. Nr.6. 5-10 (1959). - Ref.C. 1960. 8037.

Über die Konzentration der Trockenstoffe beim kontinuierlichen Verkochen des Getreidekorns. Sabrodski, A.G. und Poloshischnik, A.F. Spiritus-Ind. (russ.) 25. Nr.6. 4-5 (1959). - Ref.C. 1960. 8037.

Über den Einfluß der Temperatur auf den Prozeß der Rohstoffverkochung. Sabrodski, A.G. Spiritus-Ind. (russ.) 25. Nr.2. 5-11 (1959). - Ref.C. 1960. 675.

Grundfragen der kontinuierlichen Verkochung von stärkehaltigem Material. Fremel, W.B. Spiritus-Ind. (russ.) 25. Nr.1. 19-23 (1959). - Ref.C. 1959. 16182.

Die kontinuierliche Verkochung von stärkehaltigen Rohstoffen in der Spiritusbrennerei. Usstinnikow, B.A. und Netschiporenko, A.A. Spiritus-Ind. (russ.) 25. Nr.1. 25-28 (1959). - Ref.C. 1959. 16182.

Apparatur für eine schnelle Verkochung von stärkehaltigen Rohstoffen. Mamunja, A.U., Rabinowitsch, B.D. und Janowski, W.Ss. Spiritus-Ind. (russ.) 25. Nr.7. 4-6 (1959). - Ref.C. 1960. 7709.

Die kontinuierliche Verkochung des stärkehaltigen Rohstoffes nach dem Schema des Rjasaner Alkoholtrustes. Rott, W.A. Spiritus-Ind. (russ.) 25. Nr.4. 5-9 (1959). - Ref.C. 1960. 3403.

Erfahrungen der Lipezker Spiritusbrennerei bei der kontinuierlichen Verkochung des Rohstoffes. Ternowski, N.Ss. Spiritus-Ind. (russ.) 24. Nr.4. 21-23 (1958). - Ref.C. 1959. 6322.

Kontinuierliche Wärmebehandlung eines stärkehaltigen Rohstoffes. Bronstein, D.S. Spiritus-Ind. (russ.) 24. Nr.7. 35-38 (1958). - Ref.C. 1959. 7656.

Beschleunigtes Brühen stärkehaltiger Rohstoffe mit Verzuckerung und Zerkleinerung. Maltschenko, A.L. Kvasný Průmysl 4. 97-101 (1958). - Ref.C. 1960. 8036.

Über die kontinuierliche Verkochung von stärkehaltigem Rohstoff. Logotkin, I.Ss. Spiritus-Ind. (russ.) 24. Nr.5. 15-19 (1958). - Ref.C. 1959. 7317.

Einfluß des p_H auf die Verluste der zu vergärenden Kohlenhydrate bei der Verkochung der Getreidekörner. Sabrodski, A.G. und Danilenko, P.L. Spiritus-Ind. (russ.) 24. Nr.8. 7-10 (1958). - Ref.C. 1959. 15522.

Schnellkochen von Stärkerohstoffen bei gleichzeitiger Verzuckerung und Zerkleinerung. Maltschenko, A.L. Spiritus-Ind.(russ.) 23. Nr.5. 3-11 (1957). - Ref.C. 1958. 2887.

Kontinuierliche Verarbeitung stärkehaltiger Rohstoffe durch Wärme. Kusnetzow, N.M. Kvasný Průmysl 3. 274-76 (1957). - Ref.C. 1958. 14468.

Versuchsarbeiten zur kontinuierlichen Verkochung von stärkehaltigen Rohstoffen in zerstäubtem Zustande. Begma, I.P., Janowski, W.Ss. und Diki, N.F. Spiritus-Ind. (russ.) 22. Nr.3. 30-31 (1956). - Ref.C. 1957. 7193, C.A.51. 665e (1957).

Kontinuierliche Verkochung von stärkehaltigem Rohstoff in vermahlenem Zustande. Aschkinusi, S.K., Rabinowitsch, B.D., Berenstein, A.F., Tschatzki, P.A. (unter Mitarbeit von Kusnetzow, N.M., Drashner, T.M., Kotschkina, L.W. und Trikos,P.M.) Spiritus-Ind. (russ.) 22. Nr.1. 4-10 (1956). - Ref.C. 1957. 1814.

Neues zum Dämpfen von Kartoffeln und Getreide. Kusnetzow, N.M. Spiritus-Ind. (russ.) 20. Nr.1. 8-10 (1954). - Ref.C. 1956. 7677, C.A. 52. 6823c (1958).

Die Gerstenstärke beim kontinuierlichen Kochverfahren. Suominen, H.S. Mallasjuomat 1953. 69-78. - Ref.C. 1954. 903.

Hochdruckdämpfverfahren für stärkemehlhaltige Rohstoffe unter Säurezusatz. Lühder, E. Z.Spiritusind. 50. 341-42 (1927).

Beitrag zum Studium des Kochens der Getreidekörner. Boidin, A. Bull.Assoc.Chimistes Sucr., Distill.Ind.agric.France Colonies 23. 133-135 (1905-06). - W.Ref. 722, C. 1905. II. 1201.

Über die Einwirkung der Alkalien beim Dämpfen von stärkemehlhaltigen Rohmaterialien. Stiasny, F. Z.Spiritusind. 16. 190-191 (1893). - W.Ref. 2261.

Ist beim Dämpfen stärkehaltiger Rohmaterialien hoher Druck (Luftdruck) oder hohe Temperatur notwendig? Stiasny, F. Z.Spiritusind. 15. 231-32, 239-40 (1892).

4152. Patente

(Vgl. auch "Hydrolyse von stärkehaltigen Materialien, Patente": 372)

Apparat für die Extraktion und Verwendung von Stärke aus Malzextrakt bei der alkoholischen Gärung. Nagorny, Ja.A. und Uraso, N.N. UdSSR.P. 121 420 vom 5/8.1959. - Ref.C.A. 54. 5007a (1960).

Halbkontinuierliche Verzuckerung von Stärke bei der Alkoholherstellung. Daniljak, N.I., Kaminski, R.Ss. und Schwedow, A.D. UdSSR.P. 119 852 vom 21/5.1959. - Ref.C.A. 54. 3846i (1960).

Stärkehaltiges Material für die alkoholische Gärung. Maltschenko, A.L. UdSSR-P. 108 458 ausg. 25/10.1957. - Ref.C.A.52. 6714c (1958).

Behandlung von Abfallstärke für die alkoholische Gärung. Fukuizumi Brewery Industry Co. (Erfinder: Sumie, K.). Japan.P. 1 836 ('55) ausg. 19/3.1955. - Ref.C.A. 51. 670a (1957).

Verfahren zum absatzweisen oder ununterbrochenen Aufschließen und Hydrolysieren von stärkehaltigen Rohstoffen bei Überdruck zu ihrer Vergärung. Dietrich, K.R. D.B.P. 966 621 Kl. 6b vom 4/1.1952, ausg. 29/8.1957. - Ref.Stärke 9. 164 (1957), C. 1958. 1165.

Gewinnung von Alkohol. Merco Centrifugal Co., übert.von: A.Peltzer. A.P. 2 698 826 vom 13/2.1951, ausg.4/1.1955. - Ref.C. 1956. 10136.

Behandlung stärkehaltiger Materialien durch Druck-Homogenisation. Manton-Gaulin-Mfg. Co., Inc., übert.von: Rees, L.H. A.P. 2 635 068 vom 17/10.1949, ausg. 14/4.1953. - Ref.C.A. 47. 6690b (1953), Stärke 5. 254 (1953).

Zuckerhaltige oder alkoholische Lösungen aus stärkehaltigen Knollengewächsen. Niermann, F. D.B.P. 928 519 Kl. 89i vom 17/5. 1949, ausg. 2/6.1955. - Ref.Stärke 7. 127 (1955), C. 1955. 10875.

Verfahren zur Gewinnung von zuckerhaltigen oder alkoholischen Lösungen bzw. Konzentraten. Niermann, F. D.B.P. 931 280 Kl.89i vom 25/5.1949, ausg. 4/8.1955. Zusatz zum D.B.P. 928 519. - Ref.Stärke 7. 218 (1955).

Äthylalkohol. United States of America as represented by the Secretary of Agriculture, übert.von: Lynferd I. Wickerham. A.P. 2 431 004, ausg.18/11.1947. - Ref.C. 1948. II. 912.

Umwandlung von stärkehaltigen Stoffen in gärfähige Zucker zur Alkoholgewinnung. Usines de Melle, Soc.A., übert.von: Firmin Boinot u. Pierre Gautier. A.P. 2 529 131 vom 9/10.1947, ausg. 7/11.1950. F.Prior. 27/3.1947. - Ref.C. 1951. II. 2265.

Behandeln von stärkehaltigen Rohstoffen bei der Herstellung von Alkohol. Fremel, W.B. Russ.P. 67 271, ausg. 31/10.1946. - Ref.C. 1946. I. 808.

Vorbehandlung von stärkehaltigen Stoffen für die Vergärung auf Alkohol oder für die Verzuckerung. Svenska Jästfabriks Aktiebolaget (Erfinder: N.R. Normander). Schwed.P. 124 345 vom 4/10.1946, ausg. 22/3.1949. - Ref.C. 1950. I. 1920.

Alkohol. Fremel, W.B., Wjatkin, W.W., Starikow, Ch.S. u.Smirnowa, A.O. Russ.P. 67 012, ausg.30/9.1946. - Ref.C. 1946. I. 808.

Herstellen eines Trockensauers aus Kartoffeln bei gleichzeitiger Gewinnung von Stärke. Gesellschaft für Bäckereibedarf mbH. D.R.P. 744 541 Kl. 2c vom 11/12.1941, ausg. 19/1.1944. - Ref.C. 1944. I. 1145.

Verzuckern von stärkehaltigen Rohstoffen für die Alkoholgärung. Maltschenko, A.L. und Bespetschni, D.W. Russ.P. 57 236 vom 9/1.1939, ausg. 30/6.1940. - Ref.C. 1941. I. 1749.

Herstellung eines stabilen Stärkeproduktes. Union Starch and Refining Co., übert.von: W.R. Fetzer. A.P. 2 163 782 vom 29/6. 1936, ausg.27/6.1939. - Ref.C. 1939. II. 3894.

Vorbereitung von stärkehaltigen Rohstoffen. Loginow, A. E.P. 474 320 vom 11/11.1936, ausg. 25/11.1937. - Ref.C. 1938. I. 1894.

Behandlung von Stärke. International Patents Development Co. F.P. 806 696 vom 23/5.1936, ausg.22/12.1936. A.Prior.13/6.1935. - Ref.C. 1937. I. 3237.

Gärbeschleuniger. Patent Co. Ltd. F.P. 805 695 vom 11/3.1936, ausg. 26/11.1936. - Ref.C. 1937. I. 2042.

Herstellung von Wein oder ähnlichen alkoholhaltigen Getränken. Langfeldt, E. Dän.P. 47 566 vom 20/7.1932, ausg.24/7.1933. N.Prior. 24/7.1931. - Ref.C. 1934. I. 2987.

Gewinnung von vergärbaren Zuckern. Soc. des Brevets Etrangers Lefranc & Cie., übert.von: Soc.an.Le Ketol. E.P. 315 403 vom 26/6.1929, Auszug veröff. 4/9.1929. Prior. 13/7.1928. - Ref.C. 1929. II. 3192.

Behandlung stärkehaltiger Produkte. Treuhand-Ges.mbH., Bartmann & Co. F.P. 634 119 vom 10/5.1927, ausg. 9/2.1928. D.Prior. 17/5.1926. - Ref.C. 1928. I. 2318.

Verzuckerung von Maniokwurzel und Gewinnung von Hefe oder Alkohol aus der Zuckerlösung. Langfeldt, E. A.P. 1 834 788 vom 7/8. 1928, ausg. 1/12.1931. Norw.Prior. 9/6.1928. - Ref.C. 1932. I. 1169.

Gewinnung von Stärke für die Alkoholfabrikation. Sinai, L. F.P. 566 237 vom 20/2.1923, ausg. 11/2.1924. - Ref.C. 1924. I. 2648.

Verzuckerung stärkehaltiger Stoffe zwecks Bereitung von Alkohol oder alkoholischen Flüssigkeiten. Mezzadroli, G. F.P.551 494 vom 16/5.1922, ausg. 6/4.1923. - Ref.C. 1924. I. 257.

Verfahren zur Herstellung eines Malzersatzes für Brauereizwecke aus der Stärke von Knollenfrüchten. Société Anonyme pour la Fabrication de Produits et Textiles "Brassitex". F.P.531 747 vom 8/3.1921, ausg. 19/1.1922. - Ref.C. 1922. II. 821.

Verfahren zur Gewinnung von gärungsfähigem Zucker aus stärkehaltigen Materialien. Hafner, B. und Krist, F. D.R.P.214 997 Kl. 89i vom 10/5.1908, ausg.22/10.1909. Österr.Prior. 7/12. 1906.

Verfahren zum Dämpfen stärkehaltiger Materialien. Boidin, A. D.R.P. 215 529 Kl. 6b vom 9/7.1907, ausg. 1/11.1909.

Verfahren und Apparate zur Herstellung von Alkohol aus stärkehaltigen Materialien zur Verzuckerung mit Hilfe von Schimmelpilzen und zur Gärung mit Hefen. Jaquemin, W.H. F.P. 359 236 (1907).

Verfahren, stärkemehlhaltige Stoffe zu vergären. Effront, J. Can.P. 62 953 vom 13/4.1899.

Verbesserungen in der Behandlung von Stärke oder stärkeartigen Produkten oder von kristallisierbarem Zucker zur Darstellung von Produkten für Brauereizwecke. Wilmot, H.C.E. E.P. 18 358 vom 27/9.1894. - Ref.C. 1896. I. 231.

Verfahren zur Herstellung vergärbarer Maischen bei Verzuckerung von Stärke mittels einer Mineralsäure. Novák & Jahn (Erfinder: Bauer, E., Kruis, K. und Jahn, R.). D.R.P. 43 689 Kl. 6b vom 30/9.1887, ausg. 7/6.1888.

4153. Allgemeines, Brennerei

(Vergärung allgemein, Brennerei. Spezielle Arbeiten vgl. "Amylasen in der Industrie, Gärungsindustrie": 942, vgl. auch "Gewinnung von Stärke und Alkohol aus Kartoffeln": 181)

4153

Praktische Illustration zur industriellen Alkoholherstellung unter Verwendung des stärkeverzuckernden Enzym-Systems von Rhizopus-Arten. Harada, A. J.Fermentat.Assoc. (Japan) 21. 227-30 (1965). - Ref.C.A. 62. 15384b (1965).

Vom Gärungskolben zum Cryoscop. Owades, J.L. und Harris, A.F. Brauwissenschaft 17. 417-19 (1964). - Ref.C.A. 62. 7071h (1965).

Die Alkoholherstellung aus mit Amylase verzuckertem Sorghum. Sadir, R. Univ.Nacl.Tucuman Fac.Cienc.Exact.Technol., Inst. Ing.Quim., Publ.Nr. 879. 15 S. - Ref.C.A.(B.) 61. 2437a (1964).

Vereinfachung des Maische-Verzuckerungsprozesses unter Verwendung des stärkeverzuckernden Enzym-Systems von Rhizopus-Arten. Harada, A. J.Fermentat.Assoc. (Japan) 21. 173-77 (1963). - Ref.C.A. 62. 15384a (1965).

Die Verarbeitung von Mais im Kolben. Podurashny, W.K. Spiritus-Ind. (UdSSR) 28. Nr.5. 31-33 (1962). - Ref.C. 1963. 10293.

Spektrophotometrische Analyse von Aldehyden in durch Verarbeitung von beschädigter Rohstärke gewonnenem Alkohol. Grjasnow, W.P., Pachalow, A.P., Poloshentzewa, N.G., Rshetschitskaja, G.W. Arb.zentr.wiss.Forsch.-Inst.Spiritus- u.Likör-Branntwein-Ind. (russ.) 1961. Nr.11. 237-42. - Ref.C.A. 56. 7563e (1962).

Die Alkoholausbeuten aus Roggen. Drews, B. und Specht, H. Branntweinwirtschaft 101. 185-87 (1961). - Ref.C. 1962. 8098.

Fragen der Organisation der Kartoffelrohstoffbasis für die Spiritusindustrie. Ssiwolap, I.K. und Winogradski, B.M. Spiritus-Ind. (russ.) 26. Nr.5. 30-32 (1960). - Ref.Stärke 14. 228 (1962).

Die Brennereien als Kartoffel-Verarbeitungsbetriebe. Engler, H. Kartoffelbau 11. 149 (1960).

Die Vereinigung der Stärke- und Alkoholproduktion in Brennereien. Zelikman, G.F. Spiritus-Ind. (russ.) 24. Nr.7. 30-31 (1958). - Ref.C.A. 53. 642h (1959).

Spirituosentrübungen. Farchmin, K. Branntweinwirtschaft 79. 145-56, 333-43 (1957).

Der Stärkewert der Kartoffeln und die Spiritusausbeute. Szymusik-Kumelowska, I. Hodowla Roslin, Aklimatyzacja Nasiennictwo 1957. 135.

Der Stärkegehalt von Brennereirohstoffen. Riechert, R. Alkohol-Ind. 69. 237-38 (1956).

Die Gärungsindustrie in den überseeischen Ländern. Kempf, W. Stärke 7. 246-48 (1955).

Biochemische Verarbeitung von Neben- und Abfallprodukten. Bachman, B. Polska Akad.Nauk, Zeszyty Problem.Nauki Polskiej 2. 19-48 (1955). - Ref.C.A. 50. 11603h (1956).

Über das Verhältnis von Amylose und Amylopektin in zur Branntweinherstellung verwendeter Stärke aus Reis. Noshiro, K. und Kayashima, S. J.Soc.Brewing Japan 50. 292-94 (1955). - Ref.C.A. 49. 15161c (1955).

Gärung. Perlman, D., Brown, W.E. und Lee, S.B. Ind.Engng.Chem.44. 1996-2011 (1952). - Ref.C. 1953. 5950.

Die Gärungsindustrien. Preece, I.A. Rep.Progr.appl.Chem. 35. 738-63 (1950).

Neuartige Methoden in der Gärungsindustrie. Deckenbrock, W. Dtsch.Lebensmittel-Rdsch. 46. 26-28 (1950). - Ref.C. 1950. II. 715.

Anwendung von Stärke und Stärkeprodukten in den Gärungsindustrien. Christensen, L.M. in R.W.Kerr: Chemistry and Industry of Starch. Academic Press Inc.Publishers, New York 1950. S. 515-34.

Untersuchungen von Rohstoffen aus Kornbrennereien. Lampe, B. Branntweinwirtschaft 4. 152-53 (1950). - Ref.C. 1951. I. 1540.

Herstellung von Stärke aus rohen süßen Kartoffeln und Herstellung von Äthylalkohol aus Stärke. 3. Mitt. Herstellung von Äthylalkohol aus Stärke. Miyaji, N. J.agric.chem.Soc.Japan 22. 80-81 (1948). - Ref.C.A. 46. 7704g (1952).

Die Verarbeitung von Gerstenschleifmehl. Frey, A. Branntweinwirtschaft 2. 3-5 (1948). - Ref.C. 1948. I. 1459.

Gewinnung von Alkohol aus den bei der Verzuckerung von Stärke verbleibenden Rückständen. Usiness de Melle, Les. (Erfinder: F. Boinot und P. Gautier). F.P. 1 004 269 vom 27/3.1947, ausg. 27/3.1952. - Ref.C. 1953. 3968.

Die Verarbeitung von Abfallprodukten der Maisvermahlung, insbesondere Maisschälkleie, auf Spiritus. Drews, B. und Lantermann, H. Branntweinwirtschaft 1. 17-22 (1947). - Ref.C. 1948. I. 1459.

Vergärung zucker- oder stärkehaltiger Stoffe. Usines de Melle, übert.von: P. Vergnaud. A.P. 2 529 061 vom 6/6.1946, ausg. 7/11.1950. F.Prior. 20/8.1945. - Ref.C. 1951. II. 2814.

Fortschritte in der Brauereiforschung im Jahre 1942. Brown, B.M. Amer.Brewer 77. Nr.6. 20. 30 (1944).

Stärkehaltige Rohstoffe. Stöckli, A. Schweiz.Brauerei-Rdsch. 55. 171-79 (1944). - Ref.C. 1946. II. 1646.

Weizen als Rohstoff für Alkoholproduktion. Stark, W.H., Kolachov, P. und Willkie, H.F. Ind.Engng.Chem.Ind.Edit. 35. 133-37 (1943). - Ref.C. 1946. II. 1925.

Bericht über die Gärungsindustrien 1940. Comrie, A.A.D. Amer. Brewer 74. Nr.4. 26-37., Brewers Digest 16. Nr.6. 32-41 (1941). - Ref.C. 1941. II. 2628.

Unsere Brennereikartoffeln der Ernte 1940. Platzmann, M. Z.Spiritusind. 64. 106 (1941). - Ref.C. 1941. II. 2628.

Die Nutzbarmachung von Mais und Sorghumals Pflanzen zur Zucker- und Alkoholgewinnung. Miège, Em. Rev.Bot.appl.trop. 20. 329-42, 419-35, 483-96, 594-615 (1940). - Ref.C. 1943. I. 686.

Quantitative Veränderungen von Monosacchariden bei wiederholter Ausnutzung des Schlempefiltrats. Schmelew, W. Branntwein-Ind. (russ.) 16. Nr.8. 21-24 (1939). - Ref.C. 1940. I. 1117.

Über die Vergärbarkeit der Dextrine. Haehn, H., Glaubitz, M. und Gross, W. Wschr.Brauerei 54. 335 (1937). - Ref.C. 1938. I. 88.

Über die Vergärbarkeit der Dextrine. Haehn, H., Glaubitz, M. und Gross, W. Brennerei-Ztg. 54. 142 (1937). - Ref.C. 1937. II. 3331.

Sind die Dextrine vergärbar? Haehn, H., Glaubitz, M. und Gross, W. Z.Spiritusind. 60. 197-98, 206-08 (1937). - Ref.C. 1937. II. 3331.

Ausnutzung der Abgänge der Stärkesirupindustrie für die Spritfabrikation. Ssinelnikow, I. Branntwein-Ind. (russ.) 14. Nr.7. 12-13 (1937). - Ref.C. 1938. I. 1016.

Alkoholherstellung aus Kartoffeln. I. Lagerung der Kartoffeln. Sato, K., Maruta, I., Matumi, A. u. Murai, M. Bull.agric.chem. Soc.Japan 13. 95-96 (1937). - Ref.C. 1938. I. 2801.

Untersuchungen über die Alkoholgewinnung aus der Jerusalem-Artischocke. I. Über die Verzuckerung der Jerusalem-Artischocke. 1. Die Säurehydrolyse. Asai, T. Bull.agric.chem.Soc.Japan 13. 28-29 (1937). - Ref.C. 1937. II. 880.

Die Siloaufbewahrung von rohen Kartoffeln als ein Verfahren für die Spiritusindustrie. Shiglewitsch, B. Gärungs-Ind. (russ.) 11. Nr.4. 16-21. - Ref.C. 1936. I. 1528.

Über die vollständige Verarbeitung von Kautschukträgern. Kraft, D. Sowjet-Kautschuk (russ.) 1935. Nr.4. 44. - Ref.C. 1936. I. 3227.

Etwas über die neueste Entwicklung der Gärungsindustrie. Lundin, H. Tekn.Tidskr. 65. Nr.10 u. 15. Kemi 17-21. 25-30 (1935). - Ref.C. 1935. II. 1459.

Über die Grundlagen und Entwicklung des neuen Verfahrens der Verarbeitung von Kartoffelreibsel auf Spiritus. Lühder, E., Lampe, B. und Kilp, W. Z.Spiritusind. 57. 43-45 (1934).

Gewinnung von Alkohol aus den Abfällen der Stärkefabrikation. Berenstein, A.F. und Kusnetzow, N.M. Russ.P. 39 727 vom 10/3. 1933, ausg.30/11.1934. - Ref.C. 1935. II. 3312.

Die Verzuckerung der Stärke. Verbruggen, W. Petit J. Brasseur 41. 198-201 (1933). - Ref.C. 1933. I. 2755.

Die Gärungsindustrien. Hopkins, R.H. und Norris, F.W. Rep.Fermentat.Ind.1932. 30 S., Beilage zu J.Inst.Brewing. - Ref.C. 1933. I. 2326.

Die Alkoholergiebigkeit stärkehaltiger Getreidearten in der Brennerei und ihre Beziehung zu den üblichen Methoden der Stärkebestimmung. Gugelmeier, R. Dissertation, Hohenheim 1932.

Einfluß von Natriumchlorid auf die Gärung bei der biologischen Methode der Stärkewertbestimmung mittels Inversion. Lampe, B. und Kilp, W. Brennerei-Ztg. 48. 121-22. Z.Spiritusind. 54. 167-68 (1931). - Ref.C. 1931. II. 1644.

Manioka, ein Brennereirohstoff. Staiger. Z.Spiritusind. 54. 322 (1931). - Ref.C. 1932. I. 1453.

Moderne Entwicklungen und zukünftige Möglichkeiten in der industriellen Anwendung der Gärungserscheinungen. Walker, T.K. J.Soc.chem.Ind. 49. 946-48 (1930). - Ref.C. 1931. I. 1533.

Handbuch der Spiritusfabrikation. Foth, G. Paul Parey, Berlin 1929.

Schwierigkeiten bei der Verarbeitung von Trockenpülpe in Brennereien. Lühder, E. und Lampe, B. Z.Spiritusind. 52. 2 (1929).

Umwandlung von Stärke in der Gärungsindustrie. Fernbach, A. in R.P.Walton: A Comprehensive Survey of Starch Chemistry, Part 1, S.118-29. Chemical Catalog Company, New York 1928.

Verarbeitung von Mais in Form von Maismehl oder Maisschrot. Lühder, E. Z.Spiritusind. 51. 297-98 (1928).

Hoher Stärkegehalt der Kartoffeln - Diastasemangel in den Maischen - ungenügende Endvergärung. Lampe, B. Z.Spiritusind.51. 297 (1928).

Zur Pülpeverarbeitung in Brennereien. Lühder, E. Z.Spiritusind. 49. 315-16 (1926). - Ref.C. 1927. I. 197.

Geflockter Mais. Berry, A.F. J.Inst.Brewing 29. 219-227 (1923). - W.Ref. 398.

Die Entwicklung der Gärungsindustrien unter dem Einfluß der Theorien von Pasteur. Effront, J. Chim. et Ind. 9. 1076-1093 (1923). - W.Ref. 3342.

Fortschritte auf dem Gebiet der Stärke und Gärungsindustrie 1914 - 1919. Laskowsky, W. Chemiker-Ztg. 44. 441-443, 451-452, 462-463, 478-479, 486-488, 497-499, 505-506 (1920). - Ref.C. 1921. II.37.

Wie läßt sich Kartoffelschlempe konservieren. Foth, G. Z.Spiritusind. 43. 157 (1920).

Die Monohexosen bei der Gärung. (Besonders im Hinblick auf das Zumaischen von Stärke- und Rohrzucker. Schönfeld, F. und Krumhaar, H. Wschr.Brauerei 33. 145-47, 156-58 (1916).

Die Verarbeitung der Pülpe auf Spiritus. Foth, G. Z.Spiritusind. 34. 25-26 (1911). - W.Ref. 2489.

Die Verarbeitung von Manioka auf Spiritus und Hefe. Lange, H. Z.Spiritusind. 32. 200-201 (1909). - W.Ref. 2082, C. 1909. II. 388.

Erprobte Arbeitsweise bei Verarbeitung stärkemehlarmer Kartoffeln. Bredlow, E. Z.Spiritusind. 28. 91 (1905).

Verfahren zur Herstellung aufgelöster Stärke für Brauerei-, Destillations- und andere Zwecke. Aspinall, F.B. D.R.P. 164 796 Kl. 6b vom 28/2.1904, ausg.7/11.1905. - Ref.C. 1905. II. 1647.

Über Fortschritte in der Spiritusfabrikation. Dinglers polytechn. J. 268. 91-95 (1888). - W.Ref. 1762.

Über ein Verfahren der Spiritus-Fabrikation aus stärkemehlhaltigen Rohmaterialien ohne die Anwendung von Malz. Märcker, M. Z.Landwirtsch.techn.Fortschr.der landwirtschaftl.Gewerbe 20. 118-20 (1882).

Die Zuckerbildung durch Säuren in Brennereien, welche Stärkemehl, Stärkemehlabfälle, Getreide-Abfälle etc. verarbeiten. Z.Landwirtsch.techn.Fortschr.der landwirtschaftl.Gewerbe 20. 54-59 (1882).

Über das Zubrennen von Stärke zu Kartoffeln. Richter, G.M. Z.Spiritusind. 3. 121-123 (1880). - W.Ref. 2463.

4154. Sake

Herstellung von Sakemaische aus gereinigter Stärke. Tani, Y., Tani, H. und Tani, Y. Japan P. 4988 ('56) ausg.25/6.1956. - Ref.C.A. 52. 9513d (1958).

Koji aus Stärke. Matsumoto, Y. Japan P. 6 091 ('56) ausg.23/7. 1956. - Ref.C.A. 52. 9513c (1958).

Synthetisches Sake. 5. Mitt. Kohlenhydrate als Ausgangsmaterial. Sakamoto, M. J.Fermentation Technol. Japan 33. 388-92 (1955). - Ref.C.A. 50. 73891 (1956).

Synthetisches Sake. 4. Mitt. Ausgangspunkt Kohlenhydratstoffe. 1. Reinigung der Stärke. Sakamoto, M. J.Fermentation Technol. (Japan) 33. 357-362 (1955). - Ref.C.A. 49. 16327a (1955), Stärke 8. 45 (1956).

Herstellung von Sake unter Verwendung von Stärke der Süßkartoffel. Muto, H., Ihara, T., Hirose, T., Ishii, M., Ryuji, Y., Nariue, T., Enoki, T. u. Tonegawa, K. J.Soc.Brewing Japan 50. 364-65 (1955). - Ref.C.A. 49. 15161a (1955).

Über die Änderung des Zuckergehaltes in Sake. Yamada, Masakazu. Bull.agric.chem.Soc.Japan 11. 28-29 (1935). - Ref.C. 1935. II. 1795.

Die Anwendung von Taka-Koji in Brennereien. Ortved, N.C. 8.Int. Congr.appl.Chem., Washington and New York, Orig.Commun. 26. 69-76 (1912). - W.Ref. 3296, C.A. 7. 1949 (1913), C. 1914. I. 1312.

Studien über Buttersäure bildende Bacillen aus Sake-Muromi. Kurono, K. J.Agric., Tokyo 1. 301-313 (1911). - Ref.C. 1912. I. 742.

Rhisopus Batatas, ein neuer Pilz aus dem Koji des Batatenbranntweines von der Insel Hachijo (Japan). Nakazawa, R. Zbl.Bakteriol., Parasitenkunde, Infektionskrankh. Hyg. II. Abt. 24. 482-487 (1909). - Ref.C. 1909. II. 1681.

Chemische und biologische Untersuchungen über Sake-Bereitung. Kozai, Y. Zbl.Bakteriol., Parasitenkunde Infektionskrankh., Abt. II. 6. 385-405 (1900). - W.Ref. 3268.

Über Sake, das alkoholische Getränk der Japaner. Korschelt, O. Dinglers polytechn.J. 230. 76-80, 172-181, 229-240, 330-335, 421-427 (1878). - W.Ref. 3223.

4155. Bierbrauerei

(Vgl. auch "Gärungsindustrie, allgemeines": 4153, "Amylasen in der Industrie, Gärungsindustrie": 942)

Biochemische Eigenschaften der zum Bierbrauen in der UdSSR benutzten Gerstensorten. Petrowa, T.M. Gesammelte Arb.Aspiranten u. jungen wiss. Mitarbeitern Allunions-Inst.Pflanzenzüchtung (russ.) 1963. 232-40. - Ref.C.A.(B.) 60. 2300e (1964).

Einige Effekte von Gammabestrahlung auf Gerste und deren Mälzungseigenschaften. Tipples, K.H. und Norris, F.W. J.Sci.Food Agric. 14. 646-54 (1963). - Ref.Stärke 17. 97 (1965).

Über den Einfluß des Lagerns der Braugerste auf den biologischen und technologischen Wert von einzelnen Korngrößengruppen. Lekes, J. Sbornik Českoslov.Akad.zemědělskych Věd,rostlinná Výroba 6. (33), 1609-24 (1960). - Ref.C. 1963. 14507.

Mälz- und Braustudien über die Kaffernhirse. 6. Mitt. Stärkegehalt von Kaffernhirse-Braumaterialien. Holdt, M.M. und Brand, J.C. J.Sci.Food Agric. 11. 463-67 (1960). - Ref.C. 1962. 7734.

Die Bedeutung der Kohlenhydrat-Forschung für Mälzerei und Brauerei. Harris, G. Brauwissenschaft 12. 34-43 (1959).

Die Bedeutung der Kohlenhydratforschung für das Mälzen und Brauen. Harris, G. Brewers Digest 33. Nr.11. 50-64 (1958). - Ref.C. 1959. 13340.

Die Brauwissenschaft in Deutschland. Drews, B. Brauerei 9. 252-56 (1956). - Ref. C. 1958. 11970.

Kartoffelsirup zur Bierherstellung. Koźmicki, S. Przcmysl Spozywczy 9. 19-21 (1955). - Ref.C. 1959. 4646.

Brauen, Mälzen und ähnliche Prozesse. Preece, I.A. und MacLeod, A.M. Rep.Progr.appl.Chem. 36. 748-75 (1951).

Die wissenschaftlichen Grundlagen von Brauerei und Mälzerei. Lüers, H. Verlag Hans Carl, Nürnberg 1950.

Neue Untersuchungen über Kohlenhydrate im Brauprozeß. Lundin, H. Brauwelt, Ausg.B 1950. 1036-37. - Ref.C. 1951. I. 2518.

Syrup für Brauzwecke. Doughnut Corp. of America, übert.von: J.F. Walsh, A.H. Goodman u. D.M. Levitt. A.P. 2 517 148 vom 9/10. 1947, aus.1/8.1950. - Ref.C. 1951. I. 2977.

Fortschritte in der Brauereiforschung im Jahre 1943. Brown, B.M. Amer.Brewer 77. Nr.7. 23. 46. Nr.8. 20. 22. 45 (1945).

Einführung in die Diskussion über Zusätze. Becker, K. Amer.Brewer 77. Nr.11. 19-21 (1944).

Die Verwendung von Maniok in der Brauerei.Raux, J. Brasseur franc. 4. 7-8 (1940). - Ref.C. 1940. I. 2083.

Über die wechselseitigen Beziehungen des Eiweiß- und Stärkegehaltes bei Braugersten. Krügel, W., Dreyspring, C. und Heinrich,F. Superphosphate 12. 177-83 (1939). - Ref.C. 1940. I. 143.

Malzersatzstoffe. Brewery Age 6. Nr.5. 56-59 (1938). - Ref.C. 1938. II. 3174.

Brauereirohstoff. American Maize Products Co., übert.von: J.F. Walsh u.W.L. Morgan. A.P. 2 144 471 vom 20/8.1937, ausg.17/1. 1939. - Ref.C. 1939. I. 3646.

Stärkesirup als Braustoff für Malzbier. Haselbach, A. Tages-Ztg. Brauerei 34. 649 (1936). - Ref.C. 1937. I. 454.

Qualitätsforderungen bei Malzgerste. Lindberg, J.E. Svenskaja Bryggareförem. Månadsbl. 51. 89-98 (1936). - Ref.C. 1936. II. 2249.

Die schwedischen Malzgerstenversuche 1933. Thunaeus, H. Svenska Bryggarenfören Månadsbl. 50. 9-16 (1935). - Ref.C. 1935. I. 3486.

Die Verwendung von Rohfrucht zu Brauereizwecken. Belgeonne, A. Bull.Assoc.anciens Elèves Inst.supér.Ferment.Gand 36. 195-205 (1935). - Ref.C. 1936. I. 911.

Behandlung der Rohfrucht in der Brauerei. Corvaisier, H.Le. Bull.Assoc.anciens Etudiants Ecole supér.Brasserie Univ.Louvain 34. 3-7 (1934). - Ref.C. 1934. I. 3279.

Der Einfluß verschiedener Faktoren auf das Eiweiß-Stärkeverhältnis in der Braugerste. Lorch, M. und Staehler, H. Allg.Brauer.u. Hopfen-Ztg. 69. 229-30 (1929). - Ref.C. 1929. I. 1952.

Über die Herstellung eiweißbeständiger Biere und die Beziehungen der Eiweißbeständigkeit zum Dextringehalt des Bieres. Visez,A. Wschr.Brauerei 39. 73-75 (1922). - W.Ref. 1285, C.A. 18. 2941 (1924).

Kaffernhirse (Sudan durra) als Braumaterial. Briant, L. u. H. Harman. J.Inst.Brewing 24. 209-214 (1918). - W.Ref. 2119, C.A. 12. 2039 (1918).

Braurohstoffe (Auszug). Petit, P. J.Soc.chem.Ind. 37. 102A (1918). - W.Ref. 2525, C.A. 12. 1680 (1918).

Die zur Bierbereitung zu verwendenden Zucker. 1. Mitt. Der Stärkezucker. Schönfeld. F. Wschr.Brauerei 33. 97-99 (1916).

Braumaterial. Wagner, Th. A.P. 855 599. 1907.

Über die Beziehungen zwischen dem durch Polarisation erhaltenen Stärkewert und dem Eiweiß- und Extraktgehalt der Gerste. Wenglein, O. Z.ges.Brauwes. 30. 157-160 (1907). - W.Ref. 1532, C. 1907. I. 1357, C.A. 3. 939 (1909).

Säuren als Stärkeumwandler in der Brauerei. Laer, N. van. J.federat. Inst.Brewers 6. 162-169 (1900). - W.Ref. 80.

Die Herstellung und der Gebrauch von Brauzucker in Amerika. Rolfe, G.W. u. Defren, G. J.federat.Inst.Brewers 5. 59-76 (1899). - W.Ref. 77.

Bericht über Fortschritte in der Bierbrauerei. Lintner, C.J. Forschungsber. Lebensmittel Beziehungen Hyg., forense Chem. Pharmakog. 1. 275-79, 325-31 (1894).

Über die interessierenden Prozesse bei der Umsetzung von Stärke in Alkohol und ihre Beziehung zum Brauen und Destillieren. Squire, W.S. J.Soc.chem.Ind. 3. 397-407 (1884). - W.Ref. 194.

416. Stärke und Stärkeprodukte bei Fleischwaren

(Dextrin, Sirup, Glucose. Auch Filmüberzüge, Kunstdarm)

Einfluß der Zuckerzugabe auf die Qualität von Rohwurst. Coretti,K. und Tändler, K. Fleischwirtschaft 45. 1055-59 (1965). - Ref.Stärke 18. 255 (1966).

Eßbare Nahrungsmittelumhüllungen aus Mais-Kohlenhydraten. 2. Mitt. Beurteilung an Frischfleischprodukten. Allen, L., Nelson, A.I., Steinberg, M.P. und McGill, J.N. Food Technol. 17. Nr.2. 104-08 (1963). - Ref.C. 1964. 1-3092.

Die Verwendung von Zuckern bei der Rohwurstherstellung. Tändler,K. Fleischwirtschaft 1963. 804-11. - Ref.C. 1964. 34-2701.

Haftfestigkeit von Schutzfilmen an gefrorenen, gebackenen Hühnern. Hanson, H.L. und Fletcher, L.R. Food Technol. 17. Nr.6. 115-18 (1963). - Ref.C. 1964. 20-2831.

Der Einfluß von Lecithin zur Verbesserung der Weizenstärkeeigenschaften zur Verwendung bei Aspik-Waren. Kawakami, K. Bull. Japan.Soc.Sci.Fisheries 29. 251-57 (1963). - Ref.C.A.(B.) 61. 3611d (1964).

Die Verwendung von Stärkehydrolysenprodukten bei der Herstellung von Fleischerzeugnissen. Grau, R. Stärke 13. 332-37 (1961).

Die Bedeutung der Kohlenhydrate für die Fleischverarbeitung. Prändl, O. Fleischwirtschaft 13. 49-51 (1961). - Ref.Stärke 13. 314 (1961), C. 1962. 5883.

Die Eignung des Trockenstärkesirups Kristallpur zur Herstellung von Fleischwaren. Grau, R. und Böhm, A. Fleischwirtschaft 11. 117-20 (1959). - Ref.C. 1959. 9422, Stärke 12. 124 (1960), C.A. 53. 11695f (1959).

Verwendung von Maisstärkesirup beim Verpacken und Einfrieren von Fisch. Dassow, J.A. und Nelson, E.W. Commerc.Fisheries Rev.21. 20-24 (1959). - Ref.Stärke 12. 316 (1960).

Um den Zusatz von Bindemitteln bei Dosenwurst und Luncheon Meat. Kotter, L. und Terplan, G. Fleischwirtschaft 11. 437-43 (1959).

Verwendung von Stärke-Sirup-Lösungen bei der Glasierung gefrorener Fische und bei der Herstellung von Tiefgefrierfilets. Inform. Fischwirtsch. 6. 78-79 (1959).

Erhöhung der Gelfestigkeit von Fischfleischgelee durch Stärke. 5. Mitt. Anwendung von modifizierten Stärken bei der Herstellung von Kamaboko. Okada, M. und Yamazaki, A. Bull.japan.Soc.sci. Fisheries 25. 448-50 (1959). - Ref.C.A. 54. 18823a (1960).

Erhöhung der Gelfestigkeit von Fischfleischgelee durch Stärke. 4. Mitt. Beziehungen zwischen den Eigenschaften der Stärke und ihrer verfestigenden Fähigkeit. Okada, M. und Yamazaki, A. Bull.japan.Soc.sci.Fisheries 25. 440-47 (1959). - Ref.C.A. 54. 18822h (1960).

Erhöhung der Gelfestigkeit von Fischfleischgelee durch Stärke. 3. Mitt. Modelluntersuchungen mit Harzteilchen. Okada, M. und Yamazaki, A. Bull.japan.Soc.sci.Fisheries 25. 435-39 (1959). - Ref.C.A. 54. 18822g (1960).

Eßbarer Maiskunstdarm. Fleischwirtschaft 11. 872 (1959).

Abbau von Stärke bei der Fleischverarbeitung. Dahl, O. Food Res. 23. 161-69 (1958). - Ref.Stärke 12. 93 (1960), C. 1961. 7437.

Eßbare Kunstdärme auf Stärkebasis. Emilsson, B. Inform.Arbeitsgem.Ernährungsfragen 1957. Nr.251. 2. - Ref.Stärke 10. 184 (1958).

Verfahren zur Herstellung eßbarer Därme. Kalle Aktiengesellschaft. D.A.S. 1 097 793 Kl. 53c vom 13/4.1957, ausg.19/1.1961. - Ref.Stärke 14. 141 (1962), C. 1961. 7788.

Die Erhöhung der Gelfestigkeit von Fischfleischgelee durch Stärke. 2. Mitt. Einfluß von Amylose und Amylopektin. Okada, M. und Yamazaki, A. Bull.japan.Soc.sci.Fisheries 23. 476-82 (1957/58). - Ref.C.A. 53. 4601e (1959).

Erhöhung der Gelfestigkeit von Fischfleischgelee durch Stärke. 1. Mitt. Steigerungseffekt und Verkleisterung von Stärke. Okada, M. und Yamazaki, A. Bull.japan.Soc.sci.Fisheries 22. 583-88 (1956/57). - Ref.C.A. 52. 7563b (1958).

Fischkuchen und Stärke. Kimata, M. J.technol.Soc.Starch (Japan) 3. 151-55 (1956).

Methode zur Bestimmung der Frische von Stärke enthaltendem Fischkuchen. Higasa, S. und Asakawa, S. Rep.Nankei reg.Fisheries Res.Lab.(Japan) 4. Contrib. Nr.59. 1-8 (1956). - Ref.C.A. 52. 15775c (1958).

Mürbesalz auf Dextrosebasis. Ponomareff, F. F.P. 1 143 423 vom 15/3.1956, ausg.1/10.1957.

Hülle zur Herstellung hautloser Fleischprodukte. O'Brian, R.E. und O'Brian, E.D. A.P. 2 729 565 vom 3/1.1956. - Ref.C.A. 50. 5945f (1956).

Stärkehaltige Fleischdauerwaren. Benk, E. Dtsch.Lebensmittel-Rdsch. 52. 263 (1956).

Untersuchungen über die Gallertfestigkeit von Kamaboko. VII. Verbesserung von Kamaboko mit Stärke. Shimizu, Y. und Shimizu, W. Bull.Japan.Soc.sci.Fish 20. 893-94 (1955).

Nahrungsmittelstudien an japanischen Fischkuchen-Produkten. II. Das Verhältnis der Kochungstemperatur zur Verkleisterung der Stärkekörner in Fischkuchen. Uchiyama, H. und Amano, K. Bull.Jap.Soc.sci.Fish 20. 830-34 (1955).

Untersuchungen an Pökelhilfsstoffen. Böhm, A. Fleischwirtschaft 7. 383-85 (1955). - Ref.C. 1956. 4586, C.A. 49. 15112f (1955).

Zucker und andere Kohlenhydrate bei der Fleischwarenherstellung. Kraybill, H.R. Advances Chem.Ser. Nr.12. 83-88 (1955). - Ref.C. 1959. 7323.

Künstliche Wursthülle. Commonwealth Engineering Co., übert.von: Novak, L.J. und Bulloff, J.J. A.P. 2 817 592 vom 8/3.1954, ausg. 24/12.1957. - Ref.C. 1959. 1975, C.A. 52. 4064a (1958).

Konservierung proteinhaltiger Lebensmittel wie Fleisch und Fisch. Vries, F.E. de. E.P. 815 465 vom 2/12.1954, ausg. 24/6.1959. - Ref.C. 1960. 9064.

Die Verwendung unvollständig hydrolysierter Stärke zur Konditionierung von Erzeugnissen aus gehacktem Fleisch. Griffith Laboratories, Inc., übert.von: Komarik, St.L. A.P. 2 634 211, A.P. 2 634 212 vom 7/4.1953. - Ref.C.A. 47. 6576a (1953), Stärke 5. 254 (1953).

Verwendung von Phosphaten und Stärkesirup zu Wurst. Grau, R. Dtsch.Lebensmittel-Rdsch. 48. 18-19 (1952). - Ref.C. 1956.11864.

Polymere Phosphate zu Wurstbrät. Ellerkamp, W. und Haunerland, H. Dtsch.Lebensmittel-Rdsch. 48. 32-37 (1952). - Ref.Stärke 4. 210 (1952).

Trockenstärkesirup in Wurstgut. Weiß, H. Stärke 4. 8-9 (1952).

Verwendung von Bindemitteln zur Wurstherstellung. Aumüller, M. Vieh- u. Fleischwirtsch. 1951. Nr. 5.

Verwendung von Stärkederivaten bei der Fleischwarenherstellung. Grau, R. Stärke 3. 112-15 (1951). - Ref.C. 1952. I. 147.

Die lebensmittelrechtliche Lage bei der Verarbeitung von Phosphaten, aufgeschlossenem Milcheiweiß oder Magermilchpulver, Trocken-Eipulver, Trocken-Stärkesirup und Trocken-Blut-Plasma im Wurstgut. Kammel, O. Dtsch.Lebensmittel-Rdsch.47. 228-230 (1951).

Trocken-Pökel Speck. Über die Anwendung vorverkleisterter Stärke zur Verbesserung der Gleichmäßigkeit der Pökelung. Sidwell,G.G., Vibrans, F.C., Greenwood, D.A., Schwartz, V.W. u. Niven, C.F. Jr.Amer.Meat Inst.Found., Chicago, Bull.Nr.8. 1950. 17 S.

Umhüllung für Fleischpasten und Würste. Armour u. Co., übert.von: Lesparre, J.L. A.P. 2 440 517 vom 7/6.1943, ausg.27/4.1948. - Ref.C. 1949. I. 649.

Über die Eignung von Trockenstärkesirup (Dryose-Krystallpur) als Zusatz zu Fleischwaren. Lerche, M. und Fritz, H. Z.Unters. Lebensmittel 79. 349-64 (1940). - Ref.C. 1940. I. 4001.

Pökeln von Fleisch. Industrial Patents Corp., übert.von: W.M. Urbain. A.P. 2 180 750 vom 7/4.1939, ausg.21/11.1939. - Ref.C. 1940. I. 3197.

Die Verwendung von Bindemitteln bei der Wurstfabrikation. Behre,A. Z.Unters.Nahrungs- u.Genußmittel 13. 525-33 (1907).

Die Zusammensetzung der Wurstwaren des Handels. Weller,H. Forschungsber. Lebensmittel 3. 430-432 (1896). - W.Ref. 1522.

417. Dextrin, Stärkesirup, Glucose und Stärkederivate als Zusatzmittel

4171. Allgemeines
4172. Süß- und Konditorwaren
4173. Speiseeis
4174. Marmeladen und Fruchtkonserven
4175. Getränke
4176. Verschiedenes

4171. Allgemeines

(Auch Anwendung von Stärkesirup und Glucose an Stelle von Saccharose)

Nahrungsmittelzusätze. Modifizierte Stärke für Nahrungszwecke. Federal Register 29. 15652 (1964). - Ref.C.A. 62. 3316f (1965).

Zur physikalischen und chemischen Charakterisierung der als Lebensmittel-Zusatzstoffe verwendeten Celluloseäther. Crössmann, F., Klaus, W. und Mergenthaler, E. Z.Lebensmittel-Unters. u.Forsch. 125. 413-27 (1964).

Zur physikalischen und chemischen Charakterisierung der als Lebensmittel-Zusatzstoffe verwendeten Celluloseäther. 1. Mitt. Herstellung, Eigenschaften und Verwendung von Celluloseäthern. Souci, S.W., Crössmann, F. und Mergenthaler, E. Z.Lebensmittel-Unters.u.-Forsch. 125. 247-58 (1964).

Eßbare Materialien, die wasserlösliche dextrinbildende Komplexe enthalten. General Foods Corp. (Erfinder: Robbins, F.M.). A.P. 3 140 184 vom 29/10.1959., ausg. 7/7.1964. - Ref.J.Chem. (russ.) 1965. 22 R339.

Neue Abarten von Karamel-Stärkesirupen und ihre Verwendung. Saussele, H. jr. Candy Ind. 118. Nr.3. 15-16 u. 20 (1962). - Ref.J.Chem. (russ.) 1963. 5 R290.

Kennzeichnung des Stärkesirupzusatzes bei Speisesirup. Liebig, A. Süßwaren 4. 295-98 (1960). - Ref.Stärke 13. 99 (1961).

Vorurteile gegen Stärkesirup unbegründet. Graefe, G. Gordian 60. Nr.1434. 21-24 (1960). - Ref.C. 1961. 14494, Ref.J.Chem.(russ.) 1961. 11 N381.

Der Stärkesirup - nicht Ersatzstoff, sondern Hilfsstoff. Maurer,W. Lebensmittelindustrie 7. 81-84 (1960). - Ref.C. 1961. 12296.

Neue Verwendungsmöglichkeiten für Glucosesirup bei Lebensmitteln. Food 28. 331-33 (1959). - Ref.Stärke 12. 125 (1960).

Stärkehydrolysate in der Lebensmittelindustrie. Peckham jr.,G.T. Advances Chem.Ser.Nr. 12. 43-48 (1955). - Ref.C. 1959. 7320.

Maissirup ist mehr als ein Süßmittel. Lewis, F.A. Food Engng. 27. Nr.5. 75-76, 195-96 (1955). - Ref.C. 1956. 6538.

Stärkesirup und ähnliche Produkte in der Lebensmittelindustrie. Marcuse, R. Svenska Inst.Konserveringsforskn., Publ.Nr.102. 1-17 (1954). - Ref.C. 1950/54. 2165 S.

Neue Verwendungsmöglichkeiten von Stärkesirup in der Lebensmittelindustrie. Roederer, H. Stärke 6. 298-303 (1954).

Über Stärkeäther und ihre Verwendungsmöglichkeit. Schade, H. Dtsch.Lebensmittel-Rdsch. 48. 228-230 (1952).

Konkurrenzbeziehungen zwischen Zucker und Maiszuckern. Jones, P.E. und Thomason, F.G. U.S.Dep.Agric., Prod.Market Administr., agric.Inform.Bull. 48. 1-245 (1951).

Ausgenützte und unausgenützte Verwendungsmöglichkeiten des Stärkesirups. Wucherer, H. Stärke 3. 117-19 (1951). - Ref.C. 1951. II. 2671.

Malzextrakt und Malzsirup. Grossfeld, J. Handbuch der Lebensmittelchemie. Verlag J.Springer 5. 442 (1938).

"Stärkesirup" - "Speisesirup" - "Tafelsirup". Z.Spiritusind. 57. 331 (1934).

Die ernährungsphysiologische Bedeutung des Stärkesirups. Z.Spiritusind. 51. 58 (1928).

Raffinierter Stärkezucker (aus Mais) in den USA. Int.Sug.J. 30. 573 (1928).

Stärkezucker als Nahrungsmittel. Z.Spiritusind. 50. 271-72 (1927).

Ungerechte Beurteilung des Stärkesirups. Parow, E. Z.Spiritusind. 43. 121 (1920).

Über die Verwendung des Stärkezuckers und Stärkesirups. Donselt,W. Z.Spiritusind. 42. 267 (1919). - Ref.C. 1919. IV. 748.

Über die Verwendung des Stärkezuckers und Stärkesirups. Donselt,W. Dtsch.Essigind. 23. 233-34 (1919). - Ref.C. 1919. IV. 676.

Die Verwendung des Stärkesirups (Einmachesirups) im Haushalt. Parow, E. Z.Spiritusind. 32. 419 (1909).

Die Verwendung des Stärkesirups (Einmachesirups) im Haushalt. Parow, E. Z.Spiritusind. 32. 322 (1909).

Über den Stärkesirup als vorzügliches Nahrungsmittel. Parow, E. Z.Spiritusind. 29. 163 (1906).

Das Gutachten des Präsidenten des Kaiserlichen Gesundheitsamtes über "Die Verwendung von Kartoffelsirup bei der Herstellung von Nahrungsmitteln". Z.Spiritusind. 29. 341, 353-54 (1906).

Stärkesirupzusatz - keine Nahrungsmittelverfälschung. Parow, E. Z.Spiritusind. 28. 466 (1905).

Der Stärkezucker und seine Bedeutung in der Nahrungsmittelindustrie. Z.Spiritusind. 28. 396 (1905).

Zur Verwendung von Kapillärsirup bei der Herstellung von Nahrungs- und Genußmitteln. Windisch, K. Z.Spiritusind. 27. 337 (1904).

Der Stärkesirup bei Zubereitung von Nahrungs- und Genußmitteln. Fresenius, W. Z.Unters.Nahrungs-Genußmittel 2. 35-41 (1899). - Ref.C. 1899. I. 534.

Enthält Kartoffelzucker gesundheitsschädliche Stoffe? Pharmaz. Zentralhalle Deutschland 23. 392-93 (1882).

4172. Süß- und Konditoreiwaren

(Bonbons, Karamellen, Pralinen, Zuckerersatz. Auch Stärkeanwendung, Formstärken. Auch Süßungsvermögen, Süßkraft)

Jodometrische und permanganometrische Zucker-Bestimmung in Stärke enthaltenden Konditoreierzeugnissen. Kewanischwili, W.N. und Chetschinaschwili, T.P. Brot- u.Konditorei-Ind.(russ.) 9. Nr.2. 15-16 (1965). - Ref.C. 1965. 39-2974.

Einfluß des "modernen" Maisstärkesirups auf die Bonbonherstellung. Leighton, A.E. Confect.Product. 30. Nr.3. 185-87, 226 (1964). - Ref.Stärke 18. 30 (1966).

Formstärke für Konditoreizwecke. American Maize-Products Co. (Erfinder: Evans, J.W.). A.P. 3 130 060 ausg. 21/4.1964. - Ref.C.A.(B.) 61. 7623b (1964), C. 1966. 20-3065.

Glukosesirup und die Süßwarenindustrie. Conti, F.-W. Stärke 16. 254-57 (1964).

Spezialstärkesirup für Hartkaramellen. Gobec, B. Tehnika (Beograd) 18. 1137-43 (1963). - Ref.C. 1965. 15-2905.

Das Verhalten des Stärkemoleküls und neue Entwicklungen. Ronai, K.S. und Boettger, R.M. Manufact.Confectioner 43. Nr.6. 56-59 (1963). - Ref.Stärke 18. 232 (1966).

Glucosesirupe in der Zuckerwarenindustrie. Maiden, A.M. Süßwaren 7. 1068-72 (1963). - Ref.C. 1964. 40-2544.

Eine Schnellmethode zur Wasserbestimmung in Bonbonmassen. Wolf, G. Nahrung 7. 391-94 (1963). - Ref.Stärke 16. 173 (1964).

Ein Beitrag zum Studium der Hygroskopizität der Hartkaramellenmassen. Rasper, V. und Smišek, J. Listy Cukrovarnické 78. 147-60 (1962). - Ref.C. 1963. 5681, Stärke 15. 158 (1963).

Stärkesirup als bestimmender Faktor im Rezept. Völker, H.H. Süßwaren 6. 691-96 (1962). - Ref.Stärke 15. 195 (1963), Ref.J.Chem. (russ.) 1962. 23 N389.

Untersuchungen auf Glanz und Haltbarkeit von Fudge. Duck, W. Zucker- u.Süßwaren-Wirtsch. 15. 339-43 (1962). - Ref.C. 1963. 8369.

Maltosesirup verbessert Süßwarenqualität. Food Engng. 34. 97 (1962). - Ref.Stärke 15. 231 (1963), Stärke 15. 269 (1963).

Stärkesirup für die Bonbonindustrie. Conti, F.-W. Süßwaren 5. 498-500, 556-57 u. 596-98 (1961). - Ref.C. 1964. 20-2822.

Die Beurteilung der Inversion-Aktivität der Stärkesirupen in der Süßwarenpraxis. Zelenka, S., Rasper, V. und Paulů, M. Sborník Vysoké Školy chemicko-technologické v Praze, Potravinárská Technologie (Sci.Papers Inst. chem.Technol.Prague, Food Technol.) 5. Part 1. 325-50 (1961). - Ref.Stärke 14. 147 (1962).

Zur Frage der Bildung von Melanoidinen beim Herstellungsprozeß von "Iriss". Nikiforowa, W.N. und Ssokolowskii, A.L. Hochschulnachr.Nahrungsmittel-Technol.(russ.) 1961. Nr.1. 17-22.

Die Mechanisierung der Produktionsprozesse in der Süßwarenfabrik "Nowy Kalew". Raid, L.K. Brot- u.Konditorei-Ind.(russ.) 4. Nr.9. 36-39 (1960). - Ref.Stärke 14. 227 (1962).

Stärketypen für die Gieß- und Prägevorgänge bei der Herstellung von Süßwaren. Wardrip, E.K. Gordian 60. 665 (1960). - Ref.Stärke 14. 152 (1962).

Zusammensetzung von Stärkesirup und ihr Einfluß auf die Konsistenz der Bonbonmasse und die Festigkeit des Fertigprodukts. Komor, E. Édesipar 1960. márc.-ápr. 8-10. - Ref.J.Chem.(russ.) 1961. Nr.2 N309.

Dextrosin in der Süßwaren-Industrie. Süßwaren 4. 898-99 (1960).

Süßigkeitsvermögen von Trauben-, Stärke- und Rohrzucker. Niemann, C. Süßwaren 4. 751-57 (1960). - Ref.Stärke 13. 61 (1961), C. 1961. 6333.

Süßkraft von Glucosesirup, Glucose und Saccharose. Niemann, C. Z.Zuckerind. 10. 470-76 (1960). - Ref.C. 1961. 10005.

Kohlenhydrate in der Süßwarenindustrie. Gordian 60. Nr. 1427. 24 (1960).

Zuckerwaren, Pralinen und Konfekt mit Dextrosin. Gordian 59. 866-68 (1960).

Dextrosin in Süßwaren. Zucker- u.Süßwaren-Wirtsch. 13. 435-36 (1960).

Süßigkeitsvermögen von Glucose, Dextrose und Saccharose. Niemann, C. Zucker- u.Süßwarenwirtsch. 13. 620, 629-30, 674, 677-78, 706-07, 756-60 (1960).

Stabilisieren von Zuckerüberzugsmassen. Hercules Powder Co. (Erfinder: Ganz, A.J.). A.P. 3 009 812 vom 6/6.1960., ausg.21/11. 1961. - Ref.C. 1963. 9918.

Die Bedeutung der Stärkezuckererzeugnisse in der Süßwarenherstellung. Graefe, G. Süßwaren 4. 127-29, 176-82 (1960). - Ref.C. 1961. 18160.

Stärkeverzuckerungserzeugnisse und ihre Eigenschaften unter besonderer Berücksichtigung der Süßwarenherstellung. Graefe, G. Stärke 12. 2-12 (1960). - Ref.C. 1960. 15930.

Beurteilung der Inversionswirkung von Stärkesirupen vom Standpunkt der Bonbonerzeuger. Zelenka, S., Rasper, V. und Paulů, M. Stärke 12. 137-45 (1960). - Ref.C. 1961. 5989.

Stärken für die Candyindustrie - neuere Entwicklungen. Evans, J.W. Manufact.Confektioner 29. Nr.5. 19-20 (1959). - Ref.Stärke 13. 99 (1961).

Untersuchung der Struktur von Konfektmassen vom Pralinentyp. Nasarow, W.I. und Rybakowa, Ju.Ss. Hochschulnachr.,Nahrungsmittel-Technol.(russ.) 1959. Nr.2. 133-35.

Der Einfluß der Zusammensetzung von Glucosesirup auf die Beschaffenheit von Hartkaramellen. Bocioagă, V. und Popa, M. Lucrările Inst.Cercetări aliment. (Arb.Nahrungsforsch.-Inst. 3. 59-67 (1959). - Ref.C. 1962. 3663.

Verwendung von Stärkesirup für die Herstellung von Zitronat. Kakao u. Zucker 11. 208 (1959).

Verfahren zur Herstellung von krustenlosen Dragées oder mit schokoladeähnlichen Massen überzogenen Dragées mit flüssiger Füllung. Gustav & Wilhelm Heller. Oe.P. 210 724 vom 15/1.1958., ausg. 25/8.1960. Zus.zu Oe.P. 195 738. - Ref.Stärke 14. 65 (1962).

Anwendung von Glycerin-Monostearat und verwandten Emulgatoren bei der Konfektherstellung. Knightly, W.H. Manufact.Confect. 38. Nr.6. 33-34, 36-38, 40-42 (1958).

Zucker und Stärken. Goodwin, R.W.L. Confect.Product. 24. 141, 143-46, 417, 419, 425, 774-75, 777, 789 (1958).

Die Beeinflussung der Struktur bei Süßwaren. Mansvelt, J.W. Fette Seifen einschl. Anstrichmittel 60. 672-74 (1958). - Ref.Stärke 11. 143 (1959).

Der Einfluß kolloider Substanzen bei der Geleekonfektherstellung. Williams, C.T. Confect.Manufact. 3. 482-83 (1958). - Ref.C.A. 52. 17557i (1958).

Beitrag zur Bewertung des Bonbon-Stärkesirups. Malinský, Vl. Prumysl Potravin 9. 254-55 (1958). - Ref.C. 1961. 10787.

Puder zum Gießen von Süßwarenkörpern. Zucker- u.Süßwaren-Wirtsch. 11. 482 (1958).

Wissenschaft bei der Süßwarenherstellung. Lipscomb, A.G. Food Manufact. 33. 240-44 (1958). - Ref.Gordian 59. 900 (1960).

Heller Krokant. Parlow, R. Gordian 57. Nr.1363. 42-43 (1957). - Ref.C. 1958. 3763.

Zur Frage der Bewertung von Stärkesirupen zum Bonbonkochen. Rasper, V. und Zelenka, St. Prumysl potravin 8. 635-42 (1957).

Verfahren zur Herstellung von Honigprodukten. Schuler, R. D.B.P. 1 003 560 vom 8/8.1957. - Ref.Stärke 10. 65 (1958).

Verfahren zur Herstellung eines fetthaltigen Tortenkrems. Pehla,M. (Großeinkaufsges.Deutscher Konsumgen.mbH.). D.B.P. 966 408 vom 18/7.1957. - Ref.Stärke 10. 65 (1958).

Verfahren zur Herstellung von krustenlosen Bonbons, wie Schokoladebonbons, mit einer flüssigen Füllung. Heller, G. & W. D.A.S. 1 050 162 vom 17/12.1956, veröff. 5/2.1959. Oe.Prior.vom 2/11.1956. - Ref.Stärke 12. 61 (1960).

Änderung der Inversion und der Verfärbung beim Bonbonkochen durch Zusatz von Alkalisalzen organischer Säuren. I. Kartoffelstärkeglucose. Borud, O.J., Borud, A.M. und Nielsen, Ib. Stärke 8. 24-27 (1956).

Amerikanische oder Stärkegummidrops. Clay, C. Zucker- u.Süßwaren-Wirtsch. 9. 931-35 (1956). - Ref.C. 1958. 9369.

Herstellung von Schokoladenaroma. Ruskin, S.L. E.P. 804 293 vom 22/3.1956., ausg.12/11.1958. - Ref.C. 1960. 4384.

Die Eigenschaften und Veränderungen des Saccharose/Wasser-Systems, das Zusätze und eine kristalline feste Phase enthält. Maczelka, I.L. Elelmezési Ipar (Lebensmittel-Ind.) 10. 231-39 (1956). - Ref.C.A. 53. 12506b (1959).

Verzögerung der Verformung bei geleeartigen Zuckerwaren auf Stärkebasis. Sterling, C. Food Res. 21. 491-501 (1956).

Hoher Fettkonsum kann durch Stärkesirup gemildert werden; Fettkrems und Fettfüllungen als Beispiele. Weiss, H. Stärke 8. 12-13 (1956).

Belastungszeit und Spannungsverminderung bei Stärkegummibonbons. Sterling, C. Food Res. 21. 546-54 (1956). - Ref.C. 1958. 13124.

Die Gleichgewichtsfeuchtigkeit der Süßwaren. Illies, R. Zucker- und Süßwaren-Wirtsch. 8. 14, 721-24 (1955).

Die Verwendung von Stärkegelees in Dominosteinen. Parlow, R. Zucker- u.Süßwaren-Wirtsch. 8. 6. 252-54 (1955).

Neue Untersuchungen bei der Herstellung und Prüfung der Qualität von Stärkesirupen für die Süßwarenindustrie. Malinsky, V. Listy Cukrowarnické 71. 82-89 (1955). - Ref.C.A. 51. 15978h (1957), C. 1963. 3424.

Kohlenhydrate bei der Süßwarenherstellung. Alikonis, J.J. Advances Chem., Ser.Nr. 12. 57-63 (1955).

Untersuchungen über die Haltbarkeit von Hartkaramellen, IV. Mitt. Einfluß der Technologie der Verarbeitung. Heiss, R. Stärke 7. 147-160 (1955).

Untersuchungen über die Haltbarkeit von Hartkaramellen. III. Mitt. Zeitabhängigkeit des Dampfdruckes über der Bonbonoberfläche. Heiss, R. Stärke 7. 51-55 (1955). - Ref.C. 1956. 9875.

Untersuchungen über die Haltbarkeit von Hartkaramellen. II. Mitt. Die Berechnung der Sorptionsisothermen für Hartkaramellen. Heiss, R. Stärke 7. 45-55 (1955). - Ref.C. 1956. 9875.

Studien über die Herstellung von Stärkesirupen mit besonderer Eignung für die Hartkaramellenfabrikation. Lindemann, E. Gordian 54. Nr. 1286. 13 (1954).

Schnellbestimmungs-Methode zur Ermittlung des Wassergehaltes von Bonbonzuckermassen. Duisberg, H. Zucker- u.Süßwaren-Wirtsch. 7. 591-94 (1954). - Ref.C. 1955. 5679.

Erfahrungen mit Stärke bei der Süßwarenherstellung. Graefe, G. Zucker- u.Süßwaren-Wirtsch. 7. 214-16 (1954). - Ref.C. 1955. 9466.

Gummibonbons auf Stärkebasis. Williams, C.T. Food Manufact. 12. 476-78 (1954). - Ref.Stärke 6. 311 (1954).

Die Funktion der Kohlenhydrate bei der Bonbon-Herstellung. Alikonis, J.J. Manufact.Confectioner 34. Nr.3. 15 (1954). - Ref.C.A. 50. 8936e (1956).

Der Einfluß von Salzen im Stärkesirup auf die Inversion der Saccharose beim Bonbonkochen und die Verfärbung der Bonbonmassen. Lindemann, E. Stärke 5. 175-179 (1953). - Ref.C. 1954. 2290, C.A. 48. 897h (1954).

Die Wasseraufnahme von Hartkaramellen in Abhängigkeit von der Zusammensetzung des verwendeten Stärkesirups und dem Polymerisationsgrad der Dextrine. Illies, R. Zucker- u.Süßwaren-Wirtsch. 6. 606, 608-10 u. 612 (1953).

Zusammenhänge zwischen Viskosität verschiedener Dickungsmittel und ihrer Verwendbarkeit als Bäckerei- und Konditoreihilfsstoffe. Dörner, H. und Tessmer, E. Stärke 5. 169-74 (1953). - Ref.C.A. 48. 897g (1954), C. 1956. 7381.

Die Wasseraufnahme von Hartkaramellen in Abhängigkeit von der Zusammensetzung des verwendeten Stärkesirups und dem Polymerisationsgrad der Dextrine. Illies, R. und Lindemann, E. Stärke 5. 119-24 (1953). - Ref.C. 1953. 8736.

Untersuchungen über die Haltbarkeit von Hartkaramellen. Heiss, R. und Schachinger, L. Stärke 5. 152-57 (1953).

Stärkesirup für die Bonbonherstellung. Nossberger, Vl. Listy Cukrovarnické 68. 227-30 (1952). - Ref.C. 1950/54. 2912 S.

Fabrikationsvorschrift für die Herstellung der Belegfrüchte. Ohler, H. Stärke 4. 9-10 (1952). - Ref.C. 1952. 5664.

Die Fabrikation von Bonbons und Fondants. Hönsch, W. Stärke 4. 1-4 (1952). - Ref.C. 1952. 5664.

Kochmethode und Ausbeutekontrolle bei der Herstellung von Konfitüren mit Stärkesirup-Zusatz. Ohler, H. Stärke 4. 27-28 (1952).

Das Abkühlen von Bonbonmasse. Société des Produits du Mais. Stärke 4. 98-99 (1952). - Ref.C. 1953. 2045.

Inversion bei der Fondantherstellung. Parlow, R. Zucker- u.Süßwaren-Wirtsch. 5. 70-72 (1952). - Ref.Stärke 4. 140 (1952).

Erfahrungen bei der Verarbeitung von Stärkesirupen in der Süßwarenindustrie. Brüchner, R. Stärke 3. 108-12 (1951). - Ref.C. 1952. 458.

Ersatzstoffe für Zucker. Maiden, A.M. Food Manufacture 25. 11, 459 (1950). - Ref.Stärke 3. 87 (1951).

Zur Bonbonkocherei und Hygroskopizität von gekochtem Zucker. Rieder, H. Dtsch.Lebensmittel-Rdsch. 46. 272-75 (1950). - Ref.C. 1953. 7963.

Herstellung eines Karamelzuckers. Oetker, August, OHG. (Erfinder: G.A. Krause). D.B.P. 837 834 Kl. 6b vom 6/8.1950, ausg. 2/5.1952. - Ref.C. 1952. 5663.

Stärkepuder, der wenig Staub entwickelt. Chem.Engng. 1950. 167. - Ref.Stärke 2. 308 (1950).

Einiges von der Zitronatherstellung. Ohler, H. Stärke 2. 205-06. (1950).

Herstellung von Zuckerwerk mit Stärkesirup. Aktieselskabet Volund. Schwz.P. 258 831, ausg. 16/5.1949. - Ref.Stärke 1950. II. 236.

Zuckerwarenherstellung. Food Technology, Inc., übert.von: E.F. Glabe. A.P. 2 513 638 vom 21/8.1948, ausg.4/7.1950. - Ref.C. 1951. I. 270.

Fondants und ähnliche Zuckerwaren. National Syrup Prod. Co., übert. von: H. Lebeson u. A.H. Field. A.P. 2 504 542 vom 4/10.1946, ausg. 18/4.1950. - Ref.C. 1951. I. 271.

Herstellung von hartem, bonbonähnlichem Kaugummi. Sweets Laboratories Inc. übert.von: E.G. Lindhe. A.P. 2 460 698 vom 7/3. 1946, ausg.1/2.1949. - Ref.C. 1950. I. 634.

Kunsthonig. Bruhns, G. Zbl. Zuckerindustr. 1943. 82-83 (1943).

Herstellung von Schlagsahne-Ersatz. Scholten's Aardappelmeel-Fabrieken, N.V.W.A. F.P. 881 492 vom 23/4.1942, ausg.27/4.1943. Holl.Prior. 25/4.1941. - Ref.C. 1944. I. 906.

Vegetabilische Öle bei der Zuckerwarenherstellung. Süßmachende Mittel: Der Aufschluß von Stärke. Williams, A.E. Chem.Age 47. 362-64 (1942). - Ref.C. 1943. I. 2154.

Aufbewahren von Bonbons in trockenem Zustande. Solberg, I.C. N.P. 67 131 vom 14/3.1942 u. 67 139 vom 6/2.1942, beide ausg. 29/11.1943. - Ref.C. 1944. II. 377.

Zuckerersatz. Soc. Pyragric (Soc.à.r.l.). F.P. 868 551 vom 3/9. 1940, ausg. 7/1.1942. - Ref.C. 1942. II. 468.

Herstellung einer flüssigen bis pastenartigen Füllmasse aus flüssigen aromatischen Stoffen. Altschwager, H., Neubauer, H. und Wildermuth, K. D.R.P. 747 258 Kl. 53f vom 9/6.1940, ausg. 18/9.1944. - Ref.C. 1945. I. 1314.

Herstellung von Konfekt. Lebeson, H. A.P. 2 266 051 vom 6/3.1940, ausg. 16/12.1941. - Ref.C. 1945. I. 1313.

Herstellung von künstlicher Schlagsahne. Notermanns, A.H.W. u. A.G. Notermanns. Holl.P. 51 711 vom 6/11.1940, ausg.15/12.1941. - Ref.C. 1942. I. 1447.

Eignung von Erkennungsmitteln für Kunsthonig. Grossfeld, J. Z.Unters.Lebensmittel 78. 380-85 (1939). - Ref.C. 1940. I.1770.

Die Verwendung von Kartoffelstärkespeisemehl (DPM) zur Herstellung von Cremefüllungen. Reischel, W. und Plenner, H. Z.Spiritus-Ind. 62. 171 (1939).

Zur Verwendung von Kartoffelstärke-Speisemehl zu Cremefüllungen. Reischel, W. und Plener, H. Vorratspflege u. Lebensmittelforsch. 2. 317-18 (1939). - Ref.C. 1939. II. 2859.

Füllmasse für Feingebäck oder Eismischungen. American Maize-Products Co., übert.von: Hellwig, A.P. u. Fischer, G. A.P. 2 210 856 vom 19/7.1938, ausg.6/8.1940. - Ref.C. 1940. II. 3125.

Fondantähnliches Erzeugnis. International Patents Development Co. F.P. 837 972 vom 13/5.1938, ausg.23/2.1939. - Ref.C. 1939. I. 4694.

Füllmasse. Corn Products Refining Co., übert.von: T.J.Otterbacher. A.P. 171 244 vom 26/3.1937, ausg. 29/8.1939. - Ref.C. 1940. I. 643.

Fondantmasse. Roquette Freres & Cie. F.P. 831 659 vom 15/4.1937, ausg. 12/9.1938. - Ref.C. 1938. II. 3872.

Süßwaren. Corn Products Refining Co., übert.von: Berquist, C. A.P. 2 193 470 vom 28/10.1937, ausg.12/3.1940. - Ref.C. 1942. I. 433.

Fondantmasse. Corn Products Refining Co., übert.von: C.S. Miner. A.P. 2 129 859 vom 16/1.1936, ausg.13/9.1938. - Ref.C. 1938. II. 3872.

Konfektfüllung aus Zuckern. National Adhesives Corp., übert.von: Fuller, A.D. A.P. 2 173 878 vom 21/11.1936, ausg.26/9.1939. - Ref.C. 1940. I. 1591.

Fondantähnliche Masse. Corn Products Refining Co., übert.von: C.S. Miner u. A. Thompson. A.P. 2 145 662 vom 16/7.1935, ausg.31/1. 1939. - Ref.C. 1939. I. 4694.

Herstellung von weichen Zucker- und Schokoladenmassen, wie Fondant, Zuckercreme, Toffee. Deutsche Stärke-Verkaufsgenossenschaft eGmbH. Oe.P. 144 660 vom 5/12.1934, ausg. 25/2.1936. D.Prior. 15/3.1934. - Ref.C. 1936. II. 391.

Gummizuckerwaren, Pastillen, Gallerten. Scarborough, N.F. Food Manufact. 8. 259-60 (1933). - Ref.C. 1933. II. 2339.

Herstellung von Kunsthonig. Kokonow, M.T. Russ.P. 31 838 vom 10/3. 1931, ausg. 31/8.1933. - Ref.C. 1934. II. 2306.

Angewandte Kolloid-Chemie in der Süßwarenherstellung. Jordan, St. in J. Alexander: Colloid Chemistry, Theoretical and Applied, Vol. IV, S. 163-66. Chemical Catalog Co., Inc. New York 1932.

Herstellung von Fondants u.dgl. International Patents Development Co. E.P. 368 447 vom 5/1.1931, ausg.13/2.1932. - Ref.C. 1932. II. 1542.

Herstellung nichthygroskopischer, den Zucker in abgestorbener Form enthaltender Zuckerwaren, insbesondere Bonbons. Holz, K.R. D.R.P. 541 340 Kl. 53f vom 21/9.1929, ausg. 11/1.1932. - Ref.C. 1932. I. 1591.

Die Verwendung von Glukose in Konfitüren. Laer, H. van. Chim.et Ind. 17. Sonder-Nr. 742. - Ref.C. 1927. II. 1410.

Vergleichende Bonbonkochversuche mit deutschem Kartoffelstärkesirup und amerikanischem Maisstärkesirup. Parow. Z.Spiritusind. 48. 388 (1925). - Ref.C. 1926. I. 1728.

Herstellung von süßstoffhaltigem Stärkezucker und Stärkesirup. Verein der Stärke-Interessenten in Deutschland. D.R.P. 473 453 Kl. 89i vom 8/2.1924, ausg.16/3.1929. - Ref.C. 1929. I. 2361.

Relatives Süßigkeitsvermögen von Saccharose, Lävulose und Dextrose. Deer, N. Int.Sugar J. 24. 481 (1922).

Herstellung eines Zuckerersatzes aus Stärkesirup oder Stärkezucker. Riedel, J.D., Akt.-Ges. D.R.P. 401 408 vom 18/3.1922, ausg. 3/9.1924. - Ref.C. 1924. II. 2299.

Herstellung eines Zuckerersatzes. Riedel, J.D., Akt.-Ges. D.R.P. 401 407 vom 20/5.1921, ausg. 3/9.1924. - Ref.C. 1924. II. 2299.

Der Stärkezucker und die Herstellung von Kunsthonig. Parow. Z.Spiritusind. 44. 59 (1921). - Ref.C. 1921. II. 967.

Resultate und Besprechung von Untersuchungen verschiedener Produkte mit Bezug auf den Gehalt an Süßstoff und entsprechende Fragen betreffend den staatlichen Zucker. Condelli, S. Staz. sperim.agrar.ital. 54. 326-341 (1921). - Ref.C. 1922. II. 339.

Herstellung eines Zuckerersatzes aus Stärkesirup. Riedel, J.D. Akt.-Ges. D.R.P. 401 406 vom 27/7.1920, ausg.3/5.1924. - Ref.C. 1924. II. 2299.

Verfahren zur Herstellung lagerfähiger Füllungen für Schokolade und Zuckerwaren. Rohstoff-Trocknungs-Ges.mbH. D.R.P.360 353 vom 4/12. 1920, ausg.3/10.1922. - Ref.C. 1923. II. 637.

Bestimmung von Saccharose in gekochte Stärke enthaltenden Konditorwaren und in "marshmallows". (Auszug). Roberts, Ch.C. 8. Int. Congr.appl.Chem., Washington and New York, Orig.Commun. 25. 539 (1912). - W.Ref. 1902, C.A. 6. 3478 (1912).

Verfälschungen der Konfitüren durch Stärkederivate. Collin, E. Ann.Falsificat.Fraudes 2. 127-130 (1909). - W.Ref. 1896.

Zur Bewertung von Bonbonsirupen, die mittels Salzsäure invertiert sind. Preuss, E. Z.Spiritusind. 28. 123 (1905).

Versuche über das Zerfließen der mit Stärkesirup gekochten Bonbons. Parow, E. Z.Spiritusind. 28. 88 (1905). - Ref.C.1905. I. 972.

Über die Brauchbarkeit von Stärkesirupen, die mittels Salzsäure invertiert sind, für die Bonbonfabrikation. Preuss, E. Z.Spiritusind. 27. 478 (1904). - W.Ref. 88.

Über die Anwendung eines neuen Stärkederivats in Konfitüren und Cremes. Frehse. Ann.Chim.analyt. 6. 210-211 (1901). - W.Ref. 1890, C. 1901. II. 319.

Verfahren zur Darstellung von Dextrin und Traubenzucker enthaltenden Mehlpräparaten. Frerichs, F., Boie, H. und Stromfeldt,jr.H. D.R.P. 422 Kl. 12o vom 3/7.1877.

4173. Speiseèis

Der Einfluß von Maisstärkesirup auf die Qualität und Eigenschaften von Milcheis. Simpfendörfer, S. und Martin, W.H. Food Technol. 18. 99-101 (1964). - Ref.Stärke 17. 64 (1965), C. 1966. 7-3248.

Glucosesirup für die Bereitung von Speiseeis. Rothwell, J. Süßwaren 7. 826-29 (1963). - Ref.C. 1964. 41-2542.

Die funktionellen Eigenschaften von Eis-Stabilisatoren. Birnbaum, H. Bakers Digest 34. Nr.2. 62-67 (1960).

Die Verwendung von Maissirup und Mischsirup bei der Eiscremeherstellung. Webster, D.P. Ice Cream Trade J. 55. Nr.2. 12. 14. 106-08 (1959). - Ref.C. 1959. 12406.

Über die pro- oder antioxydative Wirkung einiger bei der Speiseeisherstellung Verwendung findender Komponenten und ihre Einwirkung auf die Gesamtqualität des Fertigprodukts. Geiger, P. Süßwaren 2. 331-32 (1958). - Ref.C. 1958. 11686.

Speiseeis für Diätzwecke. E.I. du Pont de Nemours & Co.,übert.von: Bliudzius, I.D., Rockwell, N.P. und Jucaitis, P. A.P. 2 876 104 vom 25/3.1957, ausg.3/3.1959. - Ref.C. 1961. 3514.

Maissüßungsmittel in Eiskrem und verwandten Produkten. Lloyd,R.L. Ice Cream Trade J. 55. Nr.3. 32. 34. 114-15 (1959). - Ref.C. 1960. 10792.

Verwendung von Maissüßstoffen in gefrorenem Dessert. Fisher, H.S. Ice Cream Rev. 40. Nr.9. 57, 70-72, 74, 76)1957). -Ref.C.1959. 6660.

Neuartige Speiseeis-Grundstoff-Kombination. Schade, H. Gordian 56. 1352. 19-20 (1957).

Abhängigkeit der Viscosität bei verschiedene Stabilisatoren enthaltenden Eis-Crem-Gemischen von der Erhitzungszeit.Wegener,H. Milchwissenschaft 9. 123-25 (1954). -Ref.C.A.48.13114g (1954).

Speiseeispulver. Katz, J.R. und Katz, M.A. A.P. 2 679 458 vom 29/8.1952, ausg. 25/5.1954. - Ref.C. 1955. 4481.

Die Speiseeis-Bereitung. Ihre Grundlagen und Voraussetzungen. Goslar: Herzog 1952.(135 S.,1Tafel).Schade,H. - Ref.C.1953. 6385.

Über ein Bindemittel auf Stärkebasis. Schade, H. Dtsch.Süßwaren-Ztg. 26. 264-66 (1952).

Anforderungen an Stärke und Stärkederivate bei der Speiseeisherstellung. Schade, H. Stärke 4. 86-89 (1952).

Verwendung von festem Stärkesirup beim Speiseeis. Zant, van der, W.C. und Caulfield, W.J. Ice Cream Rev. 36. Nr.2. 190-99 (1952). - Ref.C. 1953. 2209.

Die Rolle der verschiedenen Zuckerarten bei Speiseeis. Graefe, G. Zucker- u. Süßwaren-Wirtsch. 5. 200-02 (1952). - Ref.C. 1952. 7110.

Die Verwendung von Stärkesirup und Dextrose für Speiseeis. Graefe, G. Stärke 4. 41-46 (1952).

Speiseeis und Eiszubereitungen. Scholten's Chemische Fabrieken (übert.von: Lolkema, J.). Holl.P. 70443 vom 15/8.1952. - Ref.Stärke 5. 131 (1953).

Über Speiseeis und Speiseeishilfsstoffe. Schade, H. Stärke 3. 283-284 (1951).

Stärkesirup und Stärkezucker für Eiscreme. Drusendahl, L.G. Ice Cream Trade J. 47. 44-45. 86. 92 (1951). - Ref.C. 1952. 1586.

Eiscreme. Zur Verwendung von Stärkesirup bei der Herstellung von Eiskrem. Stärke 2. 206-07 (1950).

Speiseeis. Scholten's Chemische Fabrieken, N.V.W.A. A.P.2 590 077 vom 2/6.1949, ausg.25/3.1952. Holl.Prior. 12/2.1949. - Ref.Stärke 4. 227 (1952), C. 1953. 6384.

Speiseeisprodukt. Minster, C.H. A.P. 2 558 453 vom 17/2.1949, ausg.26/6.1951. - Ref.C. 1952. 3751.

Süßkraft von Maiszuckern in Eiskrem. Leighton, A. und Williams,O.E. J. Dairy Sci. 26. 1107-10 (1943).

Glukose und Maissirup für Speiseeis. Dahlberg, A.G. und Penczek, E.S. Ice Cream Rev. 24. Nr.7. 38-40 (1941). - Ref.C. 1941. II. 548.

Dextrose und Stärkesirup für Speiseeis. Dahlberg, A.C. und Penczek, E.S. New York State agric.Exp.Stat., Bull. 1940. 3-36. - Ref.C. 1946. II. 495.

Eiscremeherstellung in Kriegszeit. Hynes, L.J. Food Manufact. 15. 64-66 (1940). - Ref.C. 1940. I. 3336.

Die Verwendung von Dextrose in Eiscreme. Corbett, W.J. und Tracy, P.H. Ice Cream Trade J. 35. Nr.12. 11-12 (1939). - Ref.C. 1941. II. 1692.

Dextrose bei der Eiskremherstellung. Corbett, W.J. und Tracy, P.H. Univ.Illinois, agric.Exp.Stat., Bull. Nr. 452. 347-80 (1939).

Eßbare Hülle für Speiseeis. Frediani, N. A.P. 2 255 506 vom 5/6. 1939, ausg.9/9.1941. - Ref.C. 1945. I. 1314.

Trockenpulver für Speiseeis. Corn Products Refining Co., übert.von: D.J. Young jr. A.P. 2 221 563 vom 20/4.1939, ausg.12/11.1940. - Ref.C. 1941. I. 1899.

Verfahren zur Herstellung von Überzügen und Überzugsmischungen für Gefrorenes. Corn Products Refining Co. (Erfinder: Stanger, O.C. und Thompson, A.). A.P. 2 133 586 vom 16/1.1936, ausg.18/10.1938.

Überzugmasse für Speiseeis. Corn Products Refining Co., übert.von: A.A. Schildberger. A.P. 2 129 881 vom 29/4.1935, ausg.13/9. 1938. - Ref.C. 1938. II. 3872.

Die Beziehungen zwischen Löslichkeit und Gefrierpunkt von Wasserlösungen, gesättigt in bezug auf Saccharose und Glucose im Zusammenhang mit der Aufbewahrung von Sorbett und Wassereis. Leighton, A. und Leviton, A. J. Dairy Sci. 18. 801-04 (1935). - Ref.C. 1936. I. 4225.

4174. Marmeladen und Fruchtkonserven (Konfitüren)

Verwendung von Stärkesirup bei der Herstellung von Pfirsich- und Aprikosenkonfitüre. Andreotti, R., Porretta, A., Delindati, G. und Agosti, R. Ind. Conserve 39. 275-81 (1964). - Ref.C. 1966. 3-3014.

Qualitätsfrüchtekuchen mit Weizenquellstärke. Dubois, D.K. und Brown, N.R. Bakers Digest 36. Nr.5. 66-69 (1962). - Ref.Stärke 15. 195 (1963).

Freestone-Pfirsiche. 1. Mitt. Die Auswirkung von Saccharose, Citronensäure und Stärkesirup auf den Verbrauchergeschmack. Pangborn, R.M., Leonard, S., Simone, M. und Luh, B.S. Food Technol. 13. 444-47 (1959). - Ref.C. 1960. 9750.

Faktoren, die das Abtropfgewicht von eingedosten Clingstone-Pfirsichen beeinflussen. Leonard, S., Luh, B.S. und Mrak, E.M. Food Technol. 12. 80-85 (1958). - Ref.C. 1961. 4918.

Über Backmarmeladen. Ohler, H. Stärke 7. 5-6 (1955).

Bessere gefrostete Früchte durch Verwendung eines neuen Maissirup-Trockenpräparates. Gilbert, P.E. Food Engng. 26. Nr.8. 125-27. 167 (1954). - Ref.C. 1950/54. S. 4325.

Qualitätsfrüchte mit Maisstärkesirup. Wiegand, E.H. Food Engng. 25. 5, 131 (1953). - Ref.Stärke 5. 227 (1953).

Qualitätsmarmeladen mit Stärkesirup. Lewis, F.A. Food Engng. 24. 78 (1952). - Ref.Stärke 4. 269 (1952).

Dextrose für Obst- und diätische Konserven. Erfahrungsbericht aus der amerikanischen Praxis. Stärke 4. 242-43 (1952). - Ref.C. 1953. 7196.

Marmelade und hochverzuckerter Stärkesirup als einzigen Zuckerzusatz. Haupt, E. DDR P. 4 392 vom 14/3.1951, ausg.27/4.1953. - Ref.Stärke 5. 302 (1953).

Eine neue Obstkonserve mit hohem Gehalt an Stärkesirup. Weiss, H. Stärke 3. 115-17 (1951). - Ref.C. 1951. II. 3242.

Konservierung von Früchten. Goerbig, M. D.B.P. 843 946 Kl. 53c vom 19/1.1950, ausg.24/3.1952. Zusatz zu D.B.P. 831 055. - Ref.C. 1952. 5666.

Geliermittel für die Konfitüren- und Marmeladenherstellung, unabhängig von Zucker- und Säurezusatz. Ohler, H. Stärke 2. 302-03 (1950).

Verfahren zur Kaltherstellung von Fruchtkonserven. Loeffler, P. Anm.: Pomosinwerke GmbH. Dtsch.Patentauslg. 53 K 1/01 P. 3384, angem. 13/9.1950, ausg.18/1.1951. - Ref.Stärke 3. 69 (1951).

Verwendung von Trockenstärkesirup beim Einfrieren von Früchten. American Maize Prod. Corp., übert.von: L. Lloyd. A.P.2 516 891 vom 23/4.1950. - Ref.Stärke 3. 132 (1951).

Backmarmeladen unter Berücksichtigung der Stärkesirupverwendung dem Verbrauch angepaßt. Ohler, H. Ind.Obst- u.Gemüseverwert. 35. 88 (1950).

Backmarmeladen unter Berücksichtigung der Stärkesirupverwendung, dem Verbrauch angepaßt. Ohler, H. Stärke 2. 40-41 (1950).

Die Glukose bei der Herstellung und Prüfung von Marmeladen. Serger, H. und Stumpf, A. Stärke 1. 68-69 (1949).

Herstellung von Marmeladen, Konfitüren und dgl. Altschwager, H., Neubauer, H., Wildermuth, K. u. Stockmann, H. F.P. 887 286 vom 28/10.1942, ausg. 9/11.1943. D.Prior. 5/6.1942. - Ref.C. 1944. II. 377.

Flüssige oder pastenförmige Konfitürenfüllung. Altschwager, H., Neubauer, H. und Wildermuth, K. F.P. 872 960 vom 7/6.1941, ausg.25/6.1942. D.Prior. 8/6.1940. - Ref.C. 1942. II. 2098.

Über die Anwendung von Glucose und Sirup bei der Beeren- und Fruchtkonservierung. Aschehoug, V. und Vesterhus, R. Tidsskr. Hermetikind. 27. 146-52 (1941). - Ref.C. 1941. II. 3006.

Dextrose für Obstkonserven. Bruce, Th.A. Canner 88. 14 (1939).

Über einige Hilfsstoffe der Obstkonservenindustrie. Beythien, A. Braunschweig.Konserven-Ztg. 1937. Nr. 37. 3-4; Nr. 38. 3-4; Nr. 39. 3-4 (1937). - Ref.C. 1937. II. 4255.

Dextrose bei der Herstellung von Frucht- und Gemüseprodukten. Fellers, C.R., Miller, J. und Onsdorff, T. Ind.Engng.Chem.29. 946-49 (1937). - Ref.C. 1937. II. 3249.

Konservieren von Früchten in Zuckerlösungen. Flohr, F.W. Holl.P. 42 493 vom 11/2.1935, ausg.15/2.1938. - Ref.C.1938. I. 4247.

Über die Zähflüssigkeit der Obstsirupe. Dtsch.Destillateur-Ztg. 56. 261-62 (1935). - Ref.C. 1936. I. 3932.

Die Herstellung von Kunstgelee. Blumenthal, S. Fruit Products J.Amer.Vinegar Ind. 14. 178-80 (1935). - Ref.C. 1935. I. 3612.

Konservierungsmittel. International Sugar and Alcohol Co., "Isaco". F.P. 788 098 vom 1/4.1935, ausg.3/10.1935. D.Prior.27/2.1935. - Ref.C. 1936. I. 915.

Über die Verwendung von Stärkesirup zu Marmeladen und Konfitüren. Nehring, E. Konservenindustrie 19. 669-70. 689-90 (1932). - Ref.C. 1933. I. 1039.

Stärkesirup in der Zuckerwaren- und Marmeladenherstellung. Food Manufact. 7. 273 (1932). - Ref.C. 1932. II. 2891.

Über Stärkesirup und Wassergehalt bei Marmeladen. Konservenindustrie 19. 720-22 (1932). - Ref.C. 1933. I. 1536.

Verfahren zur Beseitigung von Stärke aus pektinhaltigen oder ähnlichen Lösungen. Pomosin-Werke GmbH. (Erfinder: Ripa, R.). D.R.P. 547 806 Kl. 53k vom 8/1.1929, ausg.4/4.1932. - Ref.C. 1932. I. 3511.

Stärkesirup und Marmeladenfabrikation. Ekhard, W. Z.Spiritusind. 51. 82-83 (1928). - Ref.C. 1928. I. 2470.

Zur Verwendung von Apfelpektin enthaltenden Erzeugnissen bei der Herstellung von Marmeladen, Gelees und ähnlichen Fruchtdauerwaren. Griebel, C. und Nothnagel, M. Z.Unters.Nahrungs- u. Genußmittel 49. 352-59 (1925). - Ref.C. 1925. II. 2110.

Normale Gegenwart von Stärke in Pektinsäften, die in den Marmeladefabriken gebraucht werden. Perrier, G. Ann.Fasificat.Fraudes 17. 208-211 (1924). - W.Ref. 1921, C. 1924. II. 1292, C.A. 18. 2390 (1924).

Über das Vorkommen von Stärke in Marmeladen. Haupt. Z.Unters.Nahrungs- u.Genußmittel 32. 411-412 (1916). - W.Ref. 1905, C.A.11. 674 (1917).

Die Konfitüren. Collin, E. Ann. des Falsificat. Fraudes 6. 629-38 (1913). - Ref.C. 1914. I. 568.

Die Verwendung des Stärkesirups in der Schweiz. Z.Spiritusind. 31. 3 (1908).

Rübenzucker und Stärkezucker. Parow, E. Z.Spiritusind. 30. 287 (1907).

Der Stärkesirup ist notwendig zur Herstellung von Marmeladen. Parow, E. Z.Spiritusind. 30. 412-13 (1907).

Billige Marmeladen. Parow, E. Z.Spiritusind. 28. 51 (1905).

Über Fruchtsäfte und Marmeladen. Beythien, A. Z.Unters.Nahrungs- u. Genußmittel 6. 1095-1118 (1903).

Untersuchung und Beurteilung eingekochter Beeren und Fruchtmarmeladen. Raumer, v. Z.Unters.Nahrungs- u.Genußmittel 6. 481-92 (1903).

Zusammensetzung und Herstellung von Jams und Marmeladen. Herzfeld, A. Z.Ver.dtsch.Zuckerind. 40. 405-26 (1903).

Zur Bestimmung des Rohrzuckers in stärkehaltigen Fruchtkonserven. Schrefeld, O. Z.Ver.dtsch.Zuckerind. 39. 204-06 (1902).

4175. Getränke

(Alkoholfreie Getränke, Liköre, Weine. Auch Caramel, Karamel, Couleur, Kulör)

Die Herstellung von Substanzen für die Cola-Anfärbung. Abdel-Akher, M. und Ibrahim, A. Stärke 18. 243-48 (1966).

Nachweis und Beurteilung des Zusatzes von Zuckerkulör bei Fruchtsaftgetränken und fruchttrüben Limonaden. Benk, E. Naturbrunnen 11. 338-41 (1961). - Ref.Stärke 14. 386 (1962).

Beherrschung einer neuen Rohstoffart für die Herstellung von Karamelsirup. Fedossejew, G.L. Zucker-Ind. (russ.) 34. Nr.5. 49-52 (1960). - Ref.C. 1961. 12296, Stärke 13. 150 (1961).

Der Stärkesirup in der Likör-Herstellung. Burmeister, H. Alkohol-Ind. 72. 343-45 (1959). - Ref.Stärke 12. 317 (1960), Stärke 13. 28 (1961).

Dextrine in der Likörfabrikation. Walter, E. Alkohol-Ind. 72. 605-07 (1959). - Ref.C. 1961. 7428.

Caramel und Dextrin, hergestellt durch trockene Erhitzung von Glucose und Stärke, besitzen die physiologischen Eigenschaften von Strukturverbindungen. Fournier, P. C.R.hebd.Séances Acad. Sci. 248. 3744-46 (1959). - Ref.Stärke 12. 314 (1960), C. 1961. 3723.

Die chemische Untersuchung von Caramel. 1. Mitt. Die chemische Analyse von handelsüblichem Karamel. Shigeno, Y. und Sotome, S. Bull.Coll.Agric.Utsunomiya Univ. 4. 129-31 (1958). - Ref.C. 1961. 16684.

Gärungsgetränke. Knit Wear Patents, Inc. (Erfinder: Nugey, A.L.). A.P. 2 790 718 ausg.30/4.1957. - Ref.C.A. 51. 13312d (1957).

Herstellung eines Karamelfarbstoffes. Corn Products Refining Co. Belg.P. 562 205 vom 7/11.1957, ausg.3/6.1956. A.Prior. 13/11. 1956. - Ref.C. 1961. 6343.

Herstellung von Caramelfarbe. Standard Brands, Inc. (Erfinder: Fetzer, W.R.). A.P. 2 767 108 vom 19/1.1955, ausg.16/10.1956. - Ref.C. 1958. 5237.

Grundsätze bei der praktischen Verwendung von Stärkesirup in der Likörindustrie. Weiss, H. Branntweinwirtschaft 77. 292-93 (1955). - Ref.C. 1958. 10222.

Karamelfarbe. Union Starch & Refining Co., übert.von: R.E.Pyle und J.B. Longenecker. A.P. 2 784 118 vom 16/5.1955, ausg.5/3. 1957. - Ref.C. 1958. 3766.

Verwendung, Untersuchung und Herstellung von Kulör. Roederer, H. Stärke 7. 205-209 (1955) u. Branntweinwirtschaft 77. 473-77 (1955). - Ref.C. 1957. 2345.

Dextrose und Stärkesirup für alkoholfreie Getränke. Roederer, H. Mineralwasser-Ztg. 6. 311-12 (1953).

Stärkesirup in Limonaden und Brausen. Benk, E. Mineralwasser-Ztg. 6. 637-38 (1953).

Dextrose und Stärkesirup für alkoholfreie Getränke. Roederer, H. Stärke 5. 7-10 (1953).

Isolierung von Karamelfarbstoffen. Union Starch & Refining Co., übert.von: Cleland, J.E. u. Longenecker. A.P. 2 637 655 vom 5/5.1953. - Ref.C.A. 47. 9522i (1953), Stärke 6. 29 (1954).

Die Verwendung von Stärkezucker bei der Weinbereitung. Kielhöfer,E. Vortr.d.Fachgruppe Lebensmittelchemie der Ges.Dtsch.Chemiker, Geisenheim/Rhein 22/5.1952. - Ref.Stärke 4. 140 (1952).

Rasch zwischen Walzen gekühlter Karamelzucker. Cleland, J. und Mitarb. E.P. 710 043 vom 18/6.1952, ausg.2/6.1954. - Ref.Stärke 6. 258 (1954).

Karamelfarbe. Union Starch & Refining Co., übert.von: J.B.Longenecker. A.P. 2 582 261 vom 15/1.1952. - Ref.Stärke 4. 209 (1952).

Der Stärkesirup in der Likörindustrie. Luckow, C. Z.Spiritusind. 60. 157; Dtsch.Destillateur-Ztg. 58. 341-42; Brennerei-Ztg. 54. 85 (1937). - Ref.C. 1937. II. 2758.

Karamel-Herstellung. Clark, P.C.T. Int.Sugar J. 53. 162, 164 (1951). - Ref.Stärke 3. 309 (1951).

Abtrennung von Karamelfarbe. Union Starch & Refining Co., übert. von: J.E. Cleland u. J.B. Longenecker. A.P. 2 533 221, ausg. 12/12.1950. - Ref.Stärke 3. 132 (1951), C.A. 45. 2118d (1951).

Nicht-hygroskopischer Karamelzucker. Krause, G. (Anm.: A.Oetker). D.B.P. 837 834 vom 6/8.1950, ausg.2/5.1952. - Ref.Stärke 4. 184 (1952).

Karamel aus Stärke. Kurokawa, Takehisa. Japan.P. 179 676 ausg. 18/7.1949. - Ref.Stärke 4. 11 (1952).

Über die Verwendung von Stärkesirup zum Verdicken von Likören. Luckow, C. Pharmaz.Zentralhalle Deutschland 83. 267-68 (1942). - Ref.C. 1942. II. 1413.

Über die Verwendung von Stärkesirup zum Verdicken von Likören. Luckow, C. Destillateur u. Likörfabrikant 52. 6. 3/1.1939. - Ref.C. 1939. I. 1878.

Über die Anforderungen der Likörindustrie an Sirup und Kulör. Luckow, C. Stärke 3. 199-201 (1951).

Über die Verwendung von Stärkesirup zum Verdicken von Likören. Luckow, C. Z.Spiritusind. 62. 85. 16/3.1939. - Ref.C. 1939. I. 4544.

Der Stärkesirup in der Likörindustrie. Luckow, C. Dtsch.Lebensmittel-Rdsch. 1939. 27-28. 15/2. - Ref.C. 1939. I. 3464.

Der Stärkesirup in der Likörindustrie. Luckow, C. Pharmaz.Zentralhalle Deutschland 79. 289-91 (1938). - Ref.C. 1938. II. 611.

Der Stärkesirup in der Likörindustrie. Luckow, C. Mitt.Abt. Trinkbranntwein- u.Likörfabrikat.Inst.Gärungsgewerbe Berlin 27. 22-23. Brennerei-Ztg. 54. 85-86 (1937). - Ref.C. 1937. II. 880.

Trockenglucose. Brennerei-Ztg. 53. 106 (1936). - Ref.C. 1936. II. 1809.

Brausesalz. International Patents Development Co., übert.von: A.H. Kelling. A.P. 2 071 841 vom 14/6.1935, ausg.23/2.1937. - Ref.C. 1937. I. 4442.

Über das Wesen und die Bedeutung des Stärkesirups in der Spirituosenindustrie. Luckow, C. Destillateur u. Likörfabrikant 47. 136-37 (1934). - Ref.C. 1934. I. 3933.

Die Verwendung des Stärkesirups zu Getränken. Lohmann, W. Mineralwasser-Fabrikant u. Brunnenhändler 38. 288-89 (1934). - Ref.C. 1934. II. 676.

Verfahren zur Herstellung von Zuckercouleur aus Stärke. Stärke-Zuckerfabrik AG., vorm. C.A. Koehlmann & Co. (Erfinder: O.Jungfer). D.R.P. 582 039 Kl. 6b vom 31/3.1931, ausg.7/8.1933. - Ref.C. 1933. II. 2337.

Über die Haltbarkeit und Lagerung von Stärkesirup für die Likörfabrikation. Luckow, C. Z.Spiritusind. 54. 164 (1931).

Über das Wesen und die Bedeutung des Stärkesirups in der Spirituosenindustrie. Luckow, C. Mitt.Abt.Trinkbranntwein- u.Likörfabrikat.Inst.Gärungsgewerbe Berlin 20. 56-57 (1930). Z.Spiritusind. 53. 348 (1930). Dtsch.Destillateur-Ztg. 51. 782 (1930). - Ref.C. 1931. I. 1029.

Untersuchungen über Stärkecouleur, Rübenzuckercouleur und Bierfarbmittel. Daniel, A. Chemiker-Ztg. 35. 1373 (1911).

Das Caramel, seine Reinheit, Bestimmung und seine Verfälschung. Carles. Ann.Chim.analyt. 15. 305-307 (1910).

Die Anwendung der Glucose des Stärkemehls in den Jahren schlechter Weinernte. Comboni, E. Staz.sperim.agrar.ital. 33. 56-71 (1900). - Ref.C. 1900. I. 1045.

Über technisch reinen Stärkezucker und unter Verwendung desselben hergestellten Wein. Fresenius, W. Z.analyt.Chem. 35. 50-56 (1896). - Ref.C. 1896. I. 526.

Die Herstellung von Karamel. Salamon, G. und Goldie, E.N. J.Soc.chem.Ind. 19. 301-07 (1900).

Fortschritte und Neuerungen auf dem Gebiete der Fabrikation von Stärke, Dextrin, Traubenzucker etc. Über Stärkezucker und seine Verwendung zur Weinverbesserung. Brössler, J. Dinglers polytechn.J. 287. 231-235, 285-288 (1893). - W.Ref. 2260, C. 1893. I. 674.

Die Fabrikation des gummifreien Kartoffelstärkezuckers zur Bereitung der Spirituosencouleur. Krötke, C. Dinglers polytechn.J. 204. 243-249 (1872). - W.Ref. 39.

4176. Verschiedenes

Zuckerenthaltende Festsubstanzen. Duintjer Wilkens Meihuizen & Co. N.V. F.P. 1 369 982 ausg. 21/8.1964. Holl.Prior. 18/12.1961. - Ref.C.A. 62. 10656c (1965).

Salatöle. Procter & Gamble Co. (Erfinder: Baur, F.J.).A.P.3 158 489 vom 27/3.1962., ausg. 24/11.1964. - Ref.C.A. 62. 4534e (1965).

Stärkesirup als Schutz für Geschmackstoffe. Corn 18. 3 (1962). - Ref.Stärke 15. 270 (1963).

Verfahren zur Herstellung eines gelben Farbstoffpräparates zum Färben von Lebensmitteln. Dr. August Oetker. D.A.S. 1 173 780 Kl. 53k vom 12/5.1961., ausg. 9/7.1964. - Ref.Stärke 18. 300 (1966).

Verfahren zur Gewinnung eines roten Farbstoffpräparates für die Lebensmittelanfärbung. Dr. August Oetker. D.A.S. 1 173 779 Kl. 53k vom 26/11.1960., ausg. 9/7.1964. - Ref.Stärke 18. 299 (1966).

Verfahren zum Glasieren von Reis. Deutsche Maizena Werke GmbH. D.A.S. 1 126 716 Kl. 53k vom 17/5.1960., ausg. 29/3.1962. Zusatz zur D.A.S. 1 110 998. - Ref.Stärke 15. 305 (1963).

Verfahren zum Glasieren von Reis. Deutsche Maizena Werke GmbH. D.A.S. 1 110 998 Kl. 53k vom 11/7.1959., ausg. 13/7.1961. - Ref.Stärke 15. 304 (1963).

Verfahren zum Glasieren von Nahrungsmitteln. American Maize Products Co. A.P. 2 861 889 vom 16/1.1958, ausg. 25/11.1958. - Ref.Stärke 12. 313 (1960).

Verfahren zur Erhöhung der Wasserlöslichkeit von in der Lebensmittelindustrie verwendeter Adipinsäure. Kuppi, H. D.A.S. 1 101 387 Kl. 12o vom 3/12.1957, ausg. 9/3.1961. - Ref.C. 1961. 13756, Stärke 15. 78 (1963).

Herstellung fester Geruchsstoffe. Sunkist Growers, Inc. (Erfinder: Swisher, H.E.). A.P. 2 809 895 vom 5/7.1955., ausg. 15/10. 1957. - Ref.C. 1959. 1975.

Die prinzipiellen Fragen des Glänzens von Reis. Kolta, R. und Zukál, E. Elelmezési Ipar 9. 113-16 (1955).

In USA wird ein Teil des Zuckers in Essiggemüse durch Stärkesirup ersetzt. Fabian, F. und Pionick, H. Food Engng. 25. 97-98 u. 138-39 (1953). - Ref.Stärke 5. 199 (1953).

Stärkezucker in gezuckerter kondensierter Milch. Schade, H. Stärke 4. 55-56 (1952).

Dextrose wird Farbänderungen bei warm behandelten sauren Nahrungsmitteln hemmen. Cohee, R.F. und Walter, R.D. Food Ind. 21. 7, 40, 41, 184 u. 186 (1949). - Ref.Stärke 2, 192 (1950).

Herstellung dextrosehaltiger Produkte. Corn Products Refining Co. Schwz.P. 279 272 vom 29/5.1947, ausg. 1/3.1952. A.Prior.20/3. 1940. - Ref.C. 1953. 2043.

Verbesserungen bei der Herstellung von gekochten stärkehaltigen Gemüsen in Pulverform. Rendle, T. E.P. 566 167 (1943).

Speiseölersatz. Jole, R. F.P. 872 336 vom 10/1.1941, ausg. 4/6. 1942. - Ref.C. 1942. II. 2864.

Herstellung von Konservierungseis. Nitsche, P. N.P. 62 428 vom 5/6.1939, ausg. 29/4.1940. - Ref.C. 1940. II. 2105.

Physikalische Wirkungen von Glucose bei der Herstellung von Süßpickles. Cohee jr., R.F. Fruit Products J.Amer.Vinegar Ind.17. 169-70 (1939). - Ref.C. 1939. II. 756.

Herstellung von Dextroseessig. II. Versuche im Großbetrieb. Cohee jr., R.F. Fruit Products J.Amer.Vinegar Ind. 16. 266 (1937). - Ref.C. 1937. II. 881.

Herstellung von Dextroseessig. Cohee jr., R.F. Fruit Products J. Amer.Vinegar Ind. 16. 237 (1937). - Ref.C. 1937. II. 305.

Zuckerhaltige Lake, insbesondere Salzlake. Aktieselskabet Kongens Bryghus. Dän.P. 52 856 vom 2/5.1936, ausg.22/3.1937. - Ref.C. 1937. I. 5074.

Emulgatoren für Margarine. Palladina, O.K. Bakteriol.Technol. Margarine (russ.). 1935. 106-38. - Ref.C. 1936. II. 212.

Über die käuflichen Varietäten des Dextrins und ihre Verwendung bei dem Aufbau künstlicher, zur biologischen Nahrungsmittelanalyse bestimmter Kostformen. Randoin, L. und Lecoq, R. J.Pharmac.Chim. (8) 4. 289-94 (1926). - Ref.C. 1926. II. 2735.

Sulfithaltiger Stärkesirup in Margarine. Treue, E. Z.Unters.Nahrungs- u.Genußmittel 24. 742-43 (1912). - Ref.C. 1913. I. 556.

Zur Chemie des Honigs. Künnmann, O. und Hilger, A. Forschungsber. Lebensmittel 3. 211-226 (1896). - W.Ref. 1887, C. 1896. II. 476-478.

Über ein Verfahren zur Konservierung von Speisen durch Dextrin. Seure, J. C.R.hebd.Séances Acad.Sci. 91. 945 (1880). - W.Ref. 2464.

Dextrin, ein Bestandteil der Manna (Auszug). Arch.Pharmacie 133. 146 (1868).

418. Stärke als Streckungs- und Verfälschungsmittel

4181. Kaffee, Kaffeeersatz

Wasserlöslicher pulverisierter Kaffee. Meiji Milk Products Co., Ltd. (Erfinder: Uegaki, Y., Imado, M., Ueno, J. und Miyazawa, H.) Japan.P. 9 987 ('59) vom 11/11.1959. - Ref.C.A. 54. 9154d (1960).

Die Bedeutung der Stärke bei der Kaffeemittelbereitung. Beitter, H. Stärke 1. 38 (1949).

Kaffee-Extrakt. Soc.Immobilière & Financière du Parc. Schwz.P. 276 708 vom 18/6.1948, ausg. 16/10.1951. F.Prior. 25/9.1947. - Ref.C. 1952. 6779.

Herstellung von aromatischen Pflanzenextrakten, z.B. Kaffee-Extrakt. Germinal, S.A. E.P. 654 950 vom 8/12.1947, ausg. 4/7. 1951. Schwz.Prior. 10/1.1947. - Ref.C. 1952. 6147.

Herstellung von Kaffeeersatzstoffen. Poulsen, P. Dän.P. 59 670 vom 16/3.1940, ausg. 13/4.1942. - Ref.C. 1942. II. 1529.

Veredeln harter Kaffeesorten. Abderhalden, E. und Schultze, W. D.R.P. 743 334 Kl. 53d vom 5/8.1939, ausg. 23/12.1943. - Ref.C. 1944. I. 968.

Mitteilung über Proben von Kaffee mit fremder Stärke und von künstlichem Kaffee. Cribb, C.H. Analyst 27. 114-16 (1902).

4182. Kakao, Kakaoersatz

Zum Nachweis artfremder Stärkearten in Kakao und Kakaoerzeugnissen. Seidemann, J. Gordian 63. 386-88 (1963).

Trockenpräparat zur Herstellung von Schokoladenchiffon. General Foods Corp., übert.von: Mitchell, W.A. und Seidel, W.C. A.P. 2 968 565 vom 18/11.1958., ausg. 17/1.1961. - Ref.C. 1962. 11043.

Verwendungsmöglichkeiten pflanzlicher Stabilisatoren für die Bereitung einwandfreier Kakaogetränke. Gabel, W. Zucker- u.Süßwaren-Wirtsch. 7. 20-22 u. 47-49 (1954).

Kakaoersatz. Jeda, Ditta Prodotti. It.P. 387 504 vom 14/3.1940. - Ref.C. 1942. II. 2654.

Kakaomilchpräparate. Dairy Drink Co., übert.von: Ch.E.North. A.P. 1 710 507 vom 15/8.1925, ausg. 23/4.1929. - Ref.C. 1929. II. 1092.

4183. Konserven
(Gemüse)

Verfahren für die Herstellung von Quellstärke enthaltenden Nahrungsmitteln aus Hülsenfrüchten. W.A. Scholten's Chemische Fabrieken, N.V. Holl.P. 57 462 Kl. 53k vom 22/1.1943, bek.gem. 15/8.1944.

Kälteemulgierungsmittel für vegetabilische Öle und Fette. Modernas Aplicaciones de la Refrigeracion Industrial Soc.An. F.P. 1 155 118 vom 15/9.1955., ausg. 23/4.1958. Span.Prior. 16/9.1954. - Ref.C. 1959. 2997.

Einfluß des Überziehens mit Stärke und Stärkefraktionen auf die Lagerung getrockneter Möhren. Kuppuswamy, S. und McBean,D.McG. Food Technol. 11. 262-65 (1957). - Ref.C. 1958. 8498.

Verfahren zur Herstellung von Tomatenpulver. Hartmann, J.K. D.A.S. 1 064 791 Kl. 53k vom 11/6.1956, veröff. 3/9.1959. - Ref.Stärke 12. 313 (1960).

Stärkehaltige Getreidearten als Dickungsmittel bei der Herstellung von Büchsen-Nahrungsmitteln. Davis, J.G., Anderson, J.H. und Hanson, H.L. (Western Utilazion Research Branch, U.S.D.A.). Food Technol. 9. 13-17 (1955). - Ref.C.A. 50. 12320h (1956).

Verhütung von weißer Trübung bei Büchsen-Bambus-Schösslingen. II. Der Zeitpunkt der Bildung der trüben Substanzen und Retrogradation der Stärke. Fujii, M. und Ukita, M. J.Fermentation Technol. (Japan) 31. 443-45 (1953). - Ref.C.A. 48. 1601a (1954).

Dynamik der Stärke bei Himbeeren. Bluket, N.A. Ber.Moskauer "K.A. Timirjasew" Akad. (russ.) 1953. Nr.3. 230-33. - Ref.C.A. 48. 5940g (1954).

Untersuchungen über die Eignung von Erbsensorten für Zwecke der Naßkonservierung. 2. Mitt. Qualitative Unterschiede von Schal-Markerbsenstärke und ihre Einflüsse auf die Aufgußflüssigkeit der Naßkonserven. Schneider, A. Züchter 21. 275-81 (1951).

Untersuchungen über die Eignung von Erbsensorten für Zwecke der Naßkonservierung. Schneider, A. Züchter 21. 97-107 (1951).

Konservieren von Lebensmitteln. Rivoche, Eugene, übert.von: Georges-Barsky. A.P. 2 565 942 vom 25/2.1948, ausg. 28/8.1951. F.Prior. 11/10.1941. - Ref.C. 1952. 4237.

Das Trocknen von Gemüse. 5. Mitt. Die Wirkung des Brühens in Stärke- oder Sulfitlösung auf den Verlust von Carotin und die Zerstörung der Kochqualität von getrockneten Karotten während der Lagerung. Tomkins, R.G., Mapson, L.W. und Wager, H.G. J.Soc.chem.Ind. 65. 384-85 (1946). - Ref.C. 1946. II. 144.

Bananenerzeugnis. Vitabana, S.A. F.P. 809 509 vom 28/11.1935, ausg. 4/3.1937. - Ref.C. 1937. I. 4306.

Die Tomatenkonserven. Estienne, V. und Sprumont, G. J.Pharmac. Belgique 14. 763-66 (1932). - Ref.C. 1933. I. 148.

Die Zusammensetzung von Tomatenkonserven. Saywell, L.G. und Cruess, W.V. Univ.California coll.Agric., agric.exp.Stat. Berkeley Bull. 545. (1932). - Ref.C. 1933. II. 2910.

Das Aussieben der jungen eingemachten Erbsen. Lasausse, E. Ann. Falsificat.Fraudes 19. 28-40 (1926). - Ref.C. 1926. I. 2633.

Fortschritt zur Unterscheidung von Konserven aus aufgefrischten, getrockneten Erbsen und Konserven aus grünen Erbsen. Muttelet, C.F. C.R.hebd.Séances Acad.Sci. 182. 238-40. - Ref.C. 1926. I. 2634.

Überziehen von Früchten mit einer Schutzhülle zwecks Konservierung. Brogdex Co., übert.von: E.M. Brogdex. A.P. 1 373 864 vom 15/2.1922, ausg. 10/12.1929. - Ref.C. 1930. II. 489.

Über das griechische Tomatenmus. Emmanuel, E.J. Schweiz.Apotheker-Ztg. 55. 565-67 (1917).

Resultate der Fragebogen über Stärke in Büchsenkonserven. Reminton, R.R. Canning Trade 38. 18-22 (1916). - W.Ref. 1906.

4184. Stärke bei Fettprodukten

Verfahren zur Herstellung konzentrierter Säuremilchnahrung. J.A. Benckiser GmbH. D.A.S. 1 132 786 Kl. 53e vom 17/3.1956, ausg. 5/7.1962. - Ref.Stärke 15. 305 (1963).

Der Einfluß der Zubereitungsbedingungen, des Stärke- und des Pektin-Gehaltes auf die Gelierung von Erbsen- und Pinto-Bohnen-Konserven. Powers, J.J., Pratt, D.E. und Joiner, J.B. Food Technol. 15. 41-47 (1961). - Ref.C. 1962. 4378.

Haltbares Milchprodukt. Joh.A. Benckiser GmbH., Chemische Fabrik. F.P. 1 227 206 vom 2/2.1957, ausg.19/8.1960. D.Prior.2/2.1956. - Ref.C. 1963. 18298.

Herstellung von Milchprodukten. Hadorn, W. F.P. 1 241 283 vom 7/8.1959., ausg. 21/12.1960. - Ref.C. 1963. 18299.

Herstellung von Margarine oder ölhaltigen Nahrungsmitteln. Rootry Exploitatiemij N.V. (Erfinder: Koops, H.A.). F.P. 1 139 394 vom 16/11.1955, ausg.28/6.1957. Holl.Prior. 16/11.1954. - Ref.C. 1958. 1177.

Herstellung von Margarine oder ölhaltigen Nahrungsmitteln. Rootry Exploitatiemij N.V. (Erfinder: Koops, H.A.). F.P. 1 139 393 vom 16/11.1955, ausg. 28/6.1957. Holl.Prior. 16/11.1954. - Ref.C. 1958. 1177.

Trockenmilch. Beau, M. F.P. 972 011 vom 24/1.1951. - Ref.C.A. 46. 7679e (1952).

Herstellung eines Nahrungsmittels aus Molke. Weingand, C. D.B.P. 816 476 Kl. 53e vom 2/10.1948, ausg.11/10.1951. - Ref.C. 1952. 3422.

Nahrungsmittel aus Milch und Stärke. Forschungsgemeinschaft Dr. Kremers GmbH. F.P. 873 310 vom 24/6.1941, ausg. 6/7.1942. - Ref.C. 1942. II. 2653.

Verwendung milchsaurer Molke zur Herstellung stärke- und zuckerhaltiger Nahrungs- und Genußmittel. Boulenge, A.P.L.X. le. F.P. 858 516 vom 31/7.1939, ausg. 27/11.1940. Belg.Prior.17/11. 1938. - Ref.C. 1941. I. 3019.

Nußbutter. Musher Corp., übert.von: A. Musher. A.P. 2 217 701 vom 6/7.1939, ausg. 15/10.1940. - Ref.C. 1941. I. 1105.

Verhindern des Verderbens von Fettsäureglyceriden oder diese enthaltendem Gut. Musher, Foundation Inc., übert.von: S. Musher. A.P.2 176 022 vom 19/4.1939, ausg.10/10.1939. -Ref.C.1940.I.1285

Zur Chemie des Verderbens der Fette. 8. Der Einfluß verschiedener Stoffe (Gerste, Malz, Gerstenröstprodukte, Phosphatide, Eiweißstoffe, Kohlehydrate) im nichterhitzten sowie im erhitzten Zustand auf die Lagerfestigkeit der Fette. Täufel, K. und Köchling, J. Fette und Seifen 46. 554-60 (1939). - Ref.C. 1940. II. 1669.

Beitrag zur Bestimmung der Ranzigkeit in stärkehaltigen Nahrungsmitteln. Schmidt-Hebbel, H. und Medvinsky, R. Pharmaz. Zentralhalle Deutschland 79. 713-16 (1938). - Ref.C. 1939. I.1682.

Über den Ersatz von Eigelb in Margarine. Ssandomirski, I. und Ssemenowa, B. Öl- u.Fett-Ind.(russ.) 9. Nr.6. 20-21 (1933). - Ref.C. 1934. I. 2677.

Die Kennzeichnungsmittel für Margarine. Verwendung der Stärke als Kennzeichnungsmittel. Vitoux, E. Ann.Falsificat.Fraudes 21. 420-24 (1928). - Ref.C. 1928. II. 2689.

Stärke als Zusatz zu Margarine zwecks Kenntlichmachung derselben. Gilson, E. Bull.Soc.chim.Belgique 18. 93-94 (1904). - W.Ref. 1891, C. 1904. II. 56.

4185. Mayonnaise

Mayonnaiseartiges Nahrungsmittel. Carter Products, Inc. (Erfinder: Spitzer, J.G., Nasarevich, L.S., Lange, J.L. und Bondi, H.S.) A.P. 2 944 906 vom 23/12.1957, ausg.12/7.1960. - Ref.C. 1961. 18173.

Herstellung von Stärkekleister. Girdler Corp., übert.von: Bruce De Haven Miller. A.P. 2 481 436 vom 3/6.1946, ausg.6/9.1949. - Ref.C. 1949. E 1643, Stärke 3. 307 (1950).

Kunstmayonnaise. Soc. an. Produits Alimentaires Louit Freres u.Cie. F.P. 870 477 vom 28/2.1941, ausg.12/3.1942. - Ref.C. 1942. II. 354.

Mayonnaiseherstellung. Musher, A. F.P. 843 617 vom 19/9.1938, ausg. 6/7.1939. - Ref.C. 1940. I. 3049.

Emulgierungsmittel für Mayonnaisen. Kosin, N.I., Edelstein, N.N. und Lurje, M.B. Problems Nutrit. (russ.: Woprossy Pitanija) 5. Nr.6. 3-16 (1936). - Ref.C. 1937. II. 3544.

Die Anwesenheit von Stärkemehl in Eigelb (Auszug). Dareste. Jber.Chem. 1873. 828. - W.Ref. 1875.

4186. Käse

Untersuchungen über Käsereifung. Okultich, O. und Eagles, Blythe,A. Canad.J.Res. 14. Sect.B. 320-24 (1936). - Ref.C. 1937. I. 749.

Stärke bewirkt Formfehler bei Käse aus gekochter Käsemasse. Guittoneau, G., Keilling, J. u. Lancelot, E. Ind.laitière 59. Nr.3. 1-2 (1935). - Ref.C. 1935. I. 3996.

Stärke und Lochbildung der Käse aus gekochter Käsemasse. Guittonneau, G., Keilling, J. und Lancelot, E. Ind.laitière 58. Nr.8. 1-3 (1934). - Ref.C. 1935. I. 2462.

4187. Gewürze, Aromen

Verfahren zur Herstellung von trockenen Extrakten. Faure, A. D.A.S. 1 070 909 Kl. 53k vom 3/6.1958, veröff. 10/12.1959. F.Prior. 4/6.1957. - Ref.Stärke 12. 343 (1960).

Ultra-Amylopektin N in der Aromen- und Essenzindustrie. Drechsel, L.W. Lebensmittel-Ind., Ausg. D 4. 150-52 (1952). - Ref.C.1956. 13883.

Ultra-Amylopektin N in der Aromen- und Essenzenindustrie. Drechsel, L.W. Lebensmittel-Ind. 4. 15-17 (1952).

Speisenwürze. Staley Mfg.Co., übert.von: R.F. Larson, R.W. Liggett, W.C. Mussulman u. W.W. Moyer. A.P. 2 459 563 u. 2 459 574 vom 19/5.1947, ausg. 18/1.1949. - Ref.C. 1950. I. 1424.

Fortschritte in der Würzebereitung aus stärkehaltigen Rohstoffen. Mariller, C. Branntweinwirtschaft 2. 177-78 (1948). - Ref.C. 1949. I. 1054.

Aromen in Pulverform. Ohio State University Research Foundation, übert.von: K.M. Gaver. A.P. 2 389 770 vom 2/12.1939, ausg. 27/11.1945. - Ref.C. 1946. I. 1792.

Haltbare Gewürzmischung. Stange, Wm.J. Co., übert.von: W.J. Stange. A.P. 2 170 954 vom 21/7.1938, ausg. 29/8.1939. - Ref.C. 1940. I. 479.

Stärkekörner im Safranpulver. Camilla, S. Ann.Chim.applicata 28. 541-47 (1938). - Ref.C. 1939. II. 908.

Zimtfälschung. Fischer, B. und Grünhagen, C. Jber.chem.Untersuchungs-Amtes Breslau 1900/01, 38.

Natürlicher und künstlicher Pfeffer. Teyxeira, G. und Ferrucio, B. Boll.chim.farmac. 39. 534-41 (1900). - Ref.C. 1900. II. 736.

4188. Stärke als Stabilisator

Experimenteller Beitrag zum Studium der Stabilität von Vitamin B_1 in Lebensmitteln. Menger, A. Brot u. Gebäck 13. 121-23 (1959).

Die Vitaminisierung von Kochsalz. Aisenberg, W.N. und Kuplitschenko, M.Je. Fragen d.Ernähr.(russ.) 17. Nr.4. 66-69 (1958). - Ref.C. 1959. 8736, Stärke 13, 99 (1961), C.A. 53. 595a (1959).

Verfahren zur Stabilisierung der Ascorbinsäure in vitaminisiertem Kochsalz. Beresowskaja, N.N., Bessonow, Ss.M. und Kotschetkowa, S.W. Fragen d.Ernähr.(russ.) 17. Nr.4. 61-66 (1958). - Ref.C. 1959. 8736, C.A. 53. 594i (1962).

Feuchtigkeitsschutz bei pulverförmigen Nahrungsmitteln. Nagai, Y. Japan.P. 8 420 ('58). 20/9.1958. - Ref.C.A. 54. 4963i (1960).

Stärke als Stabilisator für Xanthophyllöl. Maywald, E.C. und Schoch, T.J. J.agric.Food Chem. 5. 528-31 (1957). - Ref.C.A. 51. 16992c (1957), C. 1960. 17189.

Herstellung von stabilen Präparaten aus essentiellen Ölen. Reckitt & Colman, Ltd. E.P. 778 280 vom 24/11.1955, ausg. 3/7.1957. - Ref.C. 1959. 1640.

Stabilisator für Lebensmittel. Pillsbury Mills, Inc. (Erfinder: Harrel, C.G. und Brown, R.O.). A.P. 2 574 179 ausg. 6/11.1951. - Ref.Stärke 4. 104 (1952), C.A. 46. 1180h (1952), C. 1952.5502.

Stabilisatoren für Vitamin C. Brjuchanowa, N.A. Hyg.u.Sanitätswes. (russ.) 1951. Nr.9. 41-46. - Ref.C. 1952. 3748.

Verfahren zur Behandlung von pulverförmigen oder körnigen Nahrungs- oder Genußmitteln. Rau, W. D.A.S. 1 152 299 Kl. 53k vom 13/3.1950., ausg. 1/8.1963. - Ref.Stärke 17. 95 (1965).

4189. Sonstiges
(Auch Stärkeverfälschungen)

Nahrungsmittelzusätze. Modifizierte Stärke. Federal Register 26. 7580-81 (1961). - Ref.C.A. 55. 23854f (1961).

Nahrungsmittelzusätze. Modifizierte Stärke. Federal Register 26. 188-89 (1961). - Ref.C.A. 55. 4811h (1961).

Herstellung eines haltbaren Trockeneiproduktes. Seymour Foods,Inc. (Erfinder: Gorman, J.M. und Keith, A.C.). D.A.S. 1 109 990 Kl. 53c vom 10/8.1959., ausg. 29/6.1961. A.Prior. 11/8.1958. - Ref.C. 1962. 3668.

Die Klumpenbildung in gefrorenen eingedickten Stärke-Saucen hervorrufende Faktoren. Cummisford, P.D. M.S.Thesis, Dep.Foods Nutrition, Michigan State Univ. 1957.

Einige Faktoren, die die Stabilität gefrorener weißer Soße beeinflussen. Osman, E.M. und Cummisford, P.D. Food Res. 24. 595-604 (1959). - Ref.C.A. 54. 7915c (1960).

Verfahren zur Gewinnung eines schlag- und backfähigen Milcheiweißes. Kremers, K. D.B.P. 967 186 vom 3/10.1957. Zusatz zu P. 944 043. - Ref.Stärke 10. 20 (1958), Stärke 10. 238 (1958), C.A. 53. 22610a (1959).

Verbesserung des Aromas von Tabak. R.J. Reynolds Tobacco Co. (Erfinder: Jones, S.O.). A.P. 2 766 148 ausg. 9/10.1956. - Ref.C.A. 51. 3942f (1957).

Mittel zum Gelbfärben von Nährmitteln. Oetker, A. (Erfinder: H. Koch und W. Thies). Schwz.P. 321 851 vom 31/1.1953, ausg.15/7. 1957. D.Prior. 1/2.1952. - Ref.C. 1958. 3191.

Milcharten. Allard, H.L. France.Pharmac. 4. 423-25 (1951). - Ref.C. 1952. 5184.

Milchfiltration. Inglesent, H. und Storrow, J.A. Food 19. 25-26 (1950). - Ref.C. 1950. II. 717.

Färben von Lebensmitteln. Alfred Bird & Sons Ltd. E.P. 679 436 vom 14/12.1950, ausg. 17/9.1952. - Ref.C. 1953. 8739.

Filtrationsverfahren für flüssige und pastenartige Nahrungsmittel. Soc. d'Edudes et Applications Industrielles. F.P. 886 434 vom 30/8.1941, ausg.14/10.1943. A.Prior. 3/12.1940. - Ref.C. 1944. I. 715.

Zubereitung von ölfreien Salattunken oder dergleichen. Musher, Corp. Elisabeth, N.J., übert.von: A. Musher. A.P. 2 217 699 vom 14/9.1938, ausg. 15/10.1940. - Ref.C. 1941. I. 1753.

Der gegenwärtige Stand des Zuckerproblems bei nichtsauren Lebensmitteln. Cameron, E.J. Canning Trade 59. Nr.34. 7-8 (1937). - Ref.C. 1937. II. 2087.

Abtrennung von Maisstärke aus damit verfälschtem Trockeneipulver. Comte. Ann.Falsificat. Fraudes 22. 600 (1929). - Ref.C. 1930. I. 1716.

Interessante Ersatzstoffe für Nahrungsmittel. Viehöver, A. Amer. Food J. 17. 21-24 (1922). - W.Ref. 2154.

Baryumhaltiges Kartoffelmehl. Lührig, H. Pharmaz.Zentralhalle Deutschland 62. 144-145 (1921). - W.Ref. 1982.

Zwei eigenartige Ersatzmittel. Prescher, J. und Claus, R. Ztschr.f.Unters.Nahrungs- u.Genußmittel 40. 208 (1920). - W.Ref. 1980, C. 1921. II. 568.

Chemisch-technische Kriegspräparate. Stärkeersatzmittel. König, R. Seifensieder-Ztg. 44. 101 (1917). - Ref.C. 1919. II. 181.

Stärkehaltige Stoffe in der Fabrikation von Mostrich. Dagousset. Ann.Falsificat.Fraudes 2. 126 (1909). - W.Ref. 1897.

Über die normale Gegenwart von Stärke im zubereiteten Mostrich. Grélot, P. Ann.Falsificat.Fraudes 2. 405-407 (1909). - W.Ref. 1898, C. 1910. I. 1282.

Über die normale Gegenwart von Stärke im rein zubereiteten Mostrich. Grélot, P. Bull.Sci.pharmacol. 15. 210-213 (1908). - W.Ref. 1894, C. 1908. I. 2045, WC.A. 4. 354 (1910).

Stärkeverfälschung. Dickmann, F. Z.angew.Chem. 3. 596 (1890). - W.Ref. 1944.

Verfälschte Stärke in Paris (Auszug). Amer.Chemist 3. 200 (1873). - W.Ref. 1935.

Fälschungen belgischer Stärke (Auszug). Amer.Chemist 3. 468 (1872-73). - W.Ref. 1934.

Stärkemehl (Auszug). Coster, D.J. C. 1871. 149. - W.Ref. 1932.

Stärke und ihre Verfälschungen. Sci.American 21. 186-187 (1869).

Über fremde Bestandteile im käuflichen Stärkemehl. Lindenmeyer, G. Dinglers polytechn.J. 189. 131-135 (1868). - W.Ref. 1929.

419. Futtermittel

4191. Stärke als Futtermittel und Futtermittelzusatz
4192. Kartoffeln als Futtermittel
4193. Pülpe als Futtermittel

4191. Stärke als Futtermittel und Futtermittelzusatz

(Vgl. auch "Verdaulichkeit, Verdauung": 4112, "Spezielle Fütterungsversuche": 4116, "Stärkewert und Futtermittelnährwert": 4118)

Der Einfluß verschiedener Zusätze auf den Gärungsprozeß in Silage. Svensson, L. und Tveit, M. J.Sci.Food Agric. 15. 78-82 (1964). - Ref.C.A. 60. 13803a (1964).

Stärkeaufschluß in Mischfuttern. Pecht, G. Kraftfutter 45. 470-72 (1962). - Ref.Stärke 15. 195 (1963).

Silierungsverfahren für Futtermittel. Nilsson, N.R. und Rydin, A.C.H.L. Port.P. 38 207 vom 27/3.1961., Auszug veröff. 27/5. 1961. Schwed.Prior. 29/3.1960. - Ref.C. 1962. 15072.

Verfahren zum Herstellen von quellfähigen, im wesentlichen aus Stärke und Fett bestehenden Zusatzfuttermitteln. Schaumann, H.W. D.A.S. 1 149 601 Kl. 53g vom 8/2.1960., ausg.30/5.1963. - Ref.Stärke 16. 403 (1964).

Die Bestimmung von verdaulichen Kohlenhydraten in Geflügelfutter. Bolton, W. Analyst 85. 189-92 (1960). - Ref.Stärke 13. 93 (1961), C. 1963. 11863.

Die Lebensmittelindustrie als Regulator des Stickstoffgehalts in für die Fütterung bestimmten Rückständen pflanzlicher Rohstoffe nach der industriellen Verarbeitung. Hošpes, B. Sbornik československ.Akad.zemědělských Věd 5. 477-502 (1959).

Eiweiß, Mineralstoffe und Vitamine aus der eigenen Futterwirtschaft. Nehring, K. Dtsch.Landwirtsch. 10. 47-52 (1959).

Über die Änderungen in der Zusammensetzung des Maises in Abhängigkeit vom Vegetationszustand (Studien zur Silierfähigkeit des Maises. Nehring, K. und Laube, W. Z.Tierphysiol.Tierernähr. Futtermittelkunde 14. 129-44 (1959). - Ref.Stärke 12. 223 (1960).

Zusatz zu mineralischen Beifuttermitteln. Werfft-Chemie GmbH. (Erfinder: Mikschovsky, E.). D.A.S. 1 141 521 Kl. 53g vom 24/9.1958., ausg. 20/12.1962. Oe.Prior. 6/11.1957. - Ref.C. 1963. 13406.

Futtermittel.National Research Development Corp. (Erfinder:Porter, J.W.G. und Dollar, A.M.). Can.P. 649 990 vom 15/5.1958., ausg. 9/10.1962. - Ref.C. 1965. 45-2986.

Kohlenhydrate in Futtermitteln. 2. Mitt.Bailey, R.W. J.Sci.Food Agric. 9. 748-53 (1958).

Kohlenhydrate in Futtermitteln. 1. Mitt. Bailey, R.W. J.Sci.Food Agric. 9. 743-47 (1958). - Ref.C.A. 53. 6479c (1959).

Ungegärte Weizenkernstärkemilch in Futterrationen der Schlachtschweine. Hanáček, S. und Tyleček, J. Sbornik Vysoké Školy Zěmědelské Lesnické Brno 1958. 401-08.

Verfahren und Vorrichtung zum kontinuierlichen Trocknen stärkehaltiger Früchte für Futterzwecke. Fischer, W. D.A.S.1 077 517 Kl. 53g vom 19/2.1957, veröff. 10/3.1960. - Ref.Stärke 13. 416 (1961).

Stabile, trockene Jodstärke. Interchemie GmbH. (Erfinder: Mikschovsky, E.). Oe.P. 200 428 vom 6/11.1957, ausg.10/11.1958. - Ref.C. 1959. 9083, Stärke 12. 218 (1960).

Viehfutter aus Fischabfällen und Stärkerückständen. Great Asia Scientific Research Co. (Tomiyasu, Y. und Sekiya, Y.). Japan.P. 9 372 ('57) ausg. 7/11.1957. - Ref.C.A. 52. 14027b (1958).

Zur Herstellung von Kälbernährmehl. Gebauer, H. Ernährungsforschung 2. 746-50 (1957). - Ref.C. 1958. 11397.

Protein- und stärkehaltiges Ergänzungsfutter für Saugferkel, jünger als 8 Wochen. Iowa State College Research Foundation. D.A.S. 1 084 123 Kl. 53g vom 15/6.1956., ausg. 23/6.1960. A.Prior. 20/10.1955. - Ref.C. 1961. 2825.

Silage mit erhöhtem Stärkegehalt. N.V.Matepa Maatschappij tot Exploiteeren van Octrooien en Licenties und Kalis, K.P. Holl.P. 79 361 ausg. 15/10.1955. - Ref.C.A. 51. 3870e (1957).

Futtermittel. Fattinger, H. und Pfauth, E. Oe.P. 189 044 vom 22/9.1954, ausg. 25/2.1957. - Ref.C. 1957. 8675.

Verfahren zur Herstellung von Futter- oder Nährmitteln, insbesondere für Kälber. Jaegher, J. de. D.A.S. 1 052 220 vom 10/6. 1954, veröff. 5/3.1959. Belg.Prior. vom 11/6.1953. - Ref.Stärke 12. 62 (1960).

Futtermittel. Fattinger, H. und Pfauth, E. Oe.P. 189 045 vom 22/9.1954, ausg. 25/2.1957. - Ref.C. 1957. 8675.

Herstellung eines Nährmittels. Jaegher, J. de. F.P. 1 102 308 vom 11/6.1954, ausg.19/10.1955. Belg.Prior. 11/6.1953. - Ref.C. 1956. 10823.

Malzkeime und Biertreber sind wertvolle Futtermittel. Coester,W. Brauerei 8. 485-88 (1954). - Ref.C. 1956. 3722.

Biochemische Gewinnung flüssiger Nahrungsmittel. Jeffreys, G.A. und Littell, N. A.P. 2 452 534 vom 10/2.1945, ausg.2/11.1948. - Ref.C. 1949. E. 3059.

Herstellung von Futtermitteln. Scholten's Aardappelmeelfabrieken. D.R.P. 745 252 Kl. 53g vom 28/12.1938, ausg. 24/3.1944. Holl. Prior. 16/12.1938. - Ref.C. 1944. II. 378.

Die Roßkastanie in der Viehfütterung. Mila, L. Rev.Agriculteurs France 73. 363 (1941). - Ref.C. 1945. II. 1682.

Futtermittel. Francois, Auguste-Eugène und Mosseder, Maurice. E.P. 875 075 vom 5/9.1941, ausg. 5/9.1942. - Ref.C. 1943. I. 1945.

Die Stickstoff- und Kohlenhydratverteilung in philippinischem Reisfuttermehl. Maranon, Joaquin und Cosma, Luz. Philippine J. Sci. 57. 289-94 (1935). - Ref.C. 1936. I. 463.

Herstellung von Kondensationsprodukten aus Gemischen von hochpolymeren Kohlenhydraten und Harnstoff. I.G.Farbenindustrie AG. (Erfinder: Münch, H. und Vierling, K.). D.R.P. 714 840 Kl.39c vom 18/12.1934, ausg. 8/12.1941. - Ref.C. 1942. I. 1825.

Vitaminfreie Futtergemische für Tierversuche. Bacharach, A.L. Nature (London) 146. 28-29 (1940). - Ref.C. 1940. II. 2493.

Herstellung eines haltbaren Futtermittels für Jungvieh. Stärkefabrik Kyritz GmbH. (Erfinder: F. Henke u. W.Hönsch). D.R.P. 698 109 Kl. 53g vom 10/3.1938, ausg.1/11.1940. - Ref.C. 1941. I. 303.

Viehfutter und seine Herstellung. Corn Products Refining Co., übert.von: Kelling, A.H. A.P. 2 192 611 vom 25/6.1938, ausg. 5/3.1940. - Ref.C. 1942. I. 283.

Zusammensetzung eines Futtermittels für die intensive Schweinezucht. Collin, G.J. F.P. 818 157 vom 20/2.1937, ausg.20/9.1937. - Ref.C. 1941. I. 2605.

Ein Vergleich der chemischen Zusammensetzung von Weidegras und einem Mischkraftfutter. Bennett, E. Amer.Miller 64. Nr.10. 58-59 (1936). - Ref.C. 1937. I. 459.

Die Bedeutung der Nacktgerste als Futtermittel. Schulz, K.G. Z.Spiritusind. 57. 2 (1934). - Ref.C. 1934. I. 1408.

Eine Bemerkung über den Gebrauch von Weizenstärke bei "synthetischem" Futter. Mitchell, H.S. Proc.Soc.exp.Biol.Med. 27. 874-75 (1930). - Ref.C. 1930. II. 1721.

Über den Vitamin-B-Gehalt der aus den Abfällen der Maisstärke-Gewinnung von den Deutschen Maizena-Werken hergestellten Futtermitteln. Scheunert, A. Züchtungskunde 1. 638 (1926).

Futtermittel. Swift & Co., übert.von: Richardson, W.D. A.P. 1 599 030 vom 4/8.1925, ausg.7/9.1926. - Ref.C. 1926. I. 2645.

Futtermittel. Swift & Co., übert.von: Jones, K.K. A.P.1 599 031 vom 4/8.1925, ausg.7/9.1926. - Ref.C. 1926. II. 2645.

Etwas zur Herstellung von Kartoffeldörrscheiben. Stich, E.G. Z.Spiritusind. 43. 180-81 (1920). - Ref.C. 1920. IV. 145.

Einfluß der Gärung auf den Stärkegehalt bei versuchsweiser Silage. Dox, A.W. und Yoder, L. J.agric.Res. 19. 173-179 (1920). - W.Ref. 1912, C.A. 14. 2958 (1920).

Kisso, ein Vollmilchersatz zur Kälberaufzucht. Kolbe, F. Dtsch. landw.Tierzucht 22. 241 (1918). - Ref.C. 1920. IV. 147.

Untersuchungen über die Acidität der wichtigsten Handelsfutter. Wilk, L. Ztschr.f.landw.Vers.-Wesen Österr. 17. 231-69 (1914). - Ref.C. 1914. II. 656.

Verzuckerte Stärke als Pferde- und Schweinefutter. Roßmann. Z.Spiritusind. 34. 432 (1911).

Verzuckerte Stärke als Aufzuchtsfutter für Schweine. Sevenster,S.S. Milch-Ztg. 37. 88 (1908). - W.Ref. 338, C. 1908. I. 2318.

Das Verfüttern verzuckerter Stärke. Hansen-Bonn. Illustr.landwirtsch.Ztg. 27. 130. - W.Ref. 327, C.A. 1. 1306 (1907).

Stärkezucker zur Ernährung für Kälber. Plehn, B. Z.Spiritusind. 30. 110 (1907).

Untersuchungen über die Futtermittel des Handels. XIII. Hirse und Hirseabfälle. Bersch, W. Landwirtsch.Versuchsstat. 46. 103-116 (1896).

Untersuchungen über die Futtermittel des Handels. XII. Mais und Maisabfälle. Bersch, W. Landwirtsch.Versuchsstat. 46. 85-102 (1896).

4192. Kartoffeln als Futtermittel.

Versuche zur Verkürzung der Dämpfzeit von Futterkartoffeln. Klug, A., Zillig, R., Schierbaum, F., Richter, M. und Görlitz, H. Arch.Tierernähr. 14. 213-29 (1964). - Ref.Stärke 17. 169 (1965).

Schweinemastversuch mit Kartoffeltrockenschnitzeln und Kartoffelflocken. Hofmann, P. Kartoffelbau 11. Nr.6. 118-19 (1960).

Überlegungen zur rationellen Verfütterung. Bergmann, H. Kartoffelbau 10. Nr.3. Stärkekartoffel 4. Nr.2. 4 (1959). - Ref.Stärke 12. 123 (1960).

Verdaulichkeit und Futterwert von eiweißreichen Kartoffelfasern. Dijkstra, N.D. Landbouwkund.Tijdschr. 70. 821-25 (1958). - Ref.C. 1959. 10424.

Haltbarmachung von Kartoffeln zu Fütterzwecken. 5. Mitt. Ergebnisse vergleichender Untersuchungen mit verschiedenartig aufbereiteten Kartoffeln in der Schweinefütterung. Richter, K. und Gerlach, G. Stärke 9. 54-57 (1957). - Ref.C. 1958. 11100.

Haltbarmachung von Kartoffeln zu Futterzwecken. 3. Mitt. Ermittlungen über eine Verbesserung des Verfahrensablaufes bei der Herstellung von Kartoffelpreßschrot mit dem Ziel eines optimalen Stärkeaufschlusses. Hacke, F. Stärke 8. 227-30 (1956). - Ref.C. 1958. 2892.

Haltbarmachung von Kartoffeln zu Futterzwecken. 2. Mitt. Vergleichende Untersuchungen über Betriebstechnik und -kosten der einzelnen Verfahren zur Kartoffelkonservierung. Worrings, Buchtmeier, F. und Schardey, H.D. Stärke 8. 199-203 (1956).

Haltbarmachung von Kartoffeln zu Futterzwecken. 1. Mitt. Die marktwirtschaftliche Bedeutung der Haltbarmachung von Kartoffeln zu Futterzwecken und allgemeine Betrachtungen über die verschiedenen Konservierungsverfahren. Bremer, K. und Schardey, H.D. Stärke 8. 78-81 (1956).

Schweinemast mit Kartoffeln verschiedenen Stärkegehalts. Kirsch,W. Mitt.Landwirtsch. 56. 617 (1941). - Ref.C. 1941. II. 2269.

4193. Pülpe als Futtermittel

(Vgl. auch "Spezielle Fütterungsversuche": 4116)

Bewertung von Stärkepülpe als Futtermittel. Ozawa, T. J.technol. Soc.Starch (Japan) 6. 127-31 (1959).

Kartoffelpülpe in der Schweinefütterung. Richter, K., Cranz, K.L. und Antoni, J. Kartoffelbau 9. Nr.7, Stärkekartoffel 3. Nr.4. 3-4 (1958).

Verwendung von Kartoffelpülpe in der Schweinemast. Wacker. Kartoffelbau 8. Nr.12. Stärkekartoffel 2. Nr.6. 4 (1957).

Futter aus den Stärkeschlempen der Stärkefabriken Zátor und Troppau. Hospes, B. Za socialist Zemědělstvi 6. 1504-06 (1956). - Ref.C. 1958. 9374.

Die Eignung von Kartoffeleiweißpülpe als Milchviehkraftfutter. Schmidt, J. und Kliesch, J. Züchtungskunde 18. 43-49 (1943). - Ref.C. 1943. I. 2311.

Ersatz des Hafers bei der Fütterung von Arbeitspferden durch getrocknete Kartoffelpülpe mit Beigabe von feingeschrotenen Süßlupinen. Newerla, H. und Müller, H. Biedermanns Zbl. Agrikulturchem.ration.Landwirtschaftsbetrieb Abt.B. 15. 193-205 (1943). - Ref.C. 1943. II. 2220.

Untersuchungen über den Futterwert und die Futterwirkung von getrockneter Kartoffelpülpe bei der Fütterung an landwirtschaftliche Arbeitspferde unter verschiedenartigen Grundfutterverhältnissen. Bizer, E. Biedermanns Zbl.Agrikulturchem.ration. Landwirtschaftsbetrieb Abt. B. 12. 217-57 (1940). - Ref.C.1940. I. 3340.

Herstellung eines eiweiß- und kohlehydrathaltigen Futtermittels. Maschinenfabrik Imperial GmbH. (Erfinder: O Hoening u. H. Rumpelt). D.R.P. 719 283 Kl. 53g vom 24/6.1939, ausg.4/4.1942. - Ref.C. 1942. II. 114.

Über die Zusammensetzung und die Verdaulichkeit eines neuen Kartoffeleiweißfuttermittels (Kartoffeltrockensaft-Pülpeflocken). Nehring, K. und Schramm, W. Landwirtsch.Versuchsstat. 129. 28-33 (1937). - Ref.C. 1938. II. 446.

Zur Frage der Pülpeneinsäuerung. Ruschmann, G. Z.Spiritusind.54. 278-79 (1931). - Ref.C. 1932. I. 597.

Das Einsäuern von Kartoffelreibseln. Ruschmann, G. und Gräf, G. Biedermanns Zbl.Agrikulturchem.ration.Landwirtschaftsbetrieb, Abt. A 60. 465 (1931). - Ref.C. 1932. I. 1727.

Einsäuerungsversuche mit Kartoffelreibsel. Ruschmann, G. und Gräf, G. Landwirtsch.Jb. 74. 633-62 (1931). - Ref.C. 1932. I. 2397.

Fütterungsversuch mit Kartoffelpülpe bei Milchvieh. Brouwer, E. Versl.landbouwkund.Onderz, Rijslandbouwproefstat.Hoorn 30. 36 (1931).

Fütterungsversuch mit Kartoffelpülpe bei Milchvieh. Brouwer, E. Vereenig.Exploitatie Proofzuivelboerderij Hoorn 1930. 21-46 (1931). - Ref.C. 1932. I. 464.

Verfahren zum gleichzeitigen Erzeugen eines eiweißreichen Futters und eines phosphorsäurereichen Düngemittels bei der Reinigung von Rohsäften, Abpreßwässern der Zuckerfabrikation und Fruchtwässern der Stärkefabrikation mittels schwefliger Säure o.dgl. "Reinzucker" Gesellschaft für Patentverwertung mbH. D.R.P. 363 429 vom 12/3.1916, ausg. 9/11.1922. - Ref.C. 1923. II. 419.

Füttert Kartoffelpülpe. Parow, E. Z.Spiritusind. 34. 501 (1911).

Schweinefütterungsversuche mit Trockenkartoffelpülpe und Erdnußmehl im Jahre 1905. Klein. Milchwirtsch.Zbl. 2. 345-55 (1906). - Ref.C. 1906. III. 905.

Fütterungsversuche mit Trockenkartoffelpülpe. Parow, E. Z.Spiritusind. 28. 351 (1905).

Schweinefütterungsversuche mit Trocken-Zuckerschnitzeln und Trocken-Kartoffelpülpe. Klein. Milchwirtsch.Zbl. 1. 529-37 (1905). - Ref.C. 1906. I. 264.

42. Textilindustrie

420. Allgemeines

Stärke als Klebmittel in der Textilindustrie. Zerdik, M. Kem. u. Ind. (Zagreb) 12. 325-31 (1964). - Ref.C. 1965. 51-3008.

Polotex und seine Verwendung in der Textilindustrie. Tomaszewski, R. Przeglad włókienniczy 17. 112-16 (1963). - Ref.C. 1965. 39-3016.

Der teilweise Ersatz von Stärke durch Polyacrylamid in der Weberei und bei der Ausrüstung. Drosdow, N.P. Textil-Ind.(russ.) 23. Nr.6. 44-46 (1963). - Ref.C. 1965. 23-2858.

Modifizierte Stärken in der Textilveredlung. Schönefeld, H. Dtsch.Textiltechn. 13. 28-33 (1963). - Ref.C. 1964. 29-2792, C.A.(M.) 58. 12718f (1963), Stärke 17. 97 (1965).

Spezialstärken für die Textilindustrie. Raway, A. Textilis (Gent) 18. Nr.3. 54-55 (1962). - Ref.C. 1963. 22950.

Die Verwendung von Amylopektin und Amylose in der Textilindustrie. Hiemstra, P. und Nijland, B. De Tex 19. 27-32 (1960). - Ref.C. 1960. 13564.

Die Verwendung von Amylopektin und Amylose in der Textilindustrie. Hiemstra, P. und Nijland, B. De Tex 18. 1534-39 (1959). - Ref.C. 1960. 13564.

Stärkeäther und ihre Anwendung in der Textilindustrie. Felgentreff, H. Textil-Praxis 13. 1040-43 (1958). - Ref.C. 1959. 8360.

Süßkartoffelstärke als Rohmaterial für Nylon 66. Soong, Lu-Goon. Hua Hsueh Kung Yeh 1958. Nr.6. 41-45. - Ref.C.A. 56. 6195h (1962).

Die Verminderung der Textilabwasserprobleme durch Verwendung von Stärke-Ersatzmitteln. McCarthy, J.A. Sewage Ind.Wastes 28. 334-36 (1956). - Ref.C. 1956. 13890, C.A. 52. 7710g (1958).

Einfluß von Stärkeersatzmitteln auf die Abwässer der Textilindustrie. McCarthy, J.A. Sanitalk 4. Nr.1. 23-25 (1955). - Ref.C.A. 51. 7726i (1957).

Celluloseäther und Stärkeäther in der Textilindustrie. Voß, J. Prakt.Chem. (Wien) 6. 100 (1955). - Ref.C. 1961. 7080.

Stärkeglykolate in der Textilveredlung. Göbel, H.F. Textil-Praxis 10. 484-86 (1955). - Ref.C. 1956. 3429.

Hilfen bei der Textilverarbeitung. Lintner, A. Melliand Textilber. 34. 1191-93 (1953). - Ref.C.A. 48. 4844i (1954).

Ein neues Verfahren zum Abbau der Stärke. Rubanowitsch, N.M. Textil-Ind. (russ.) 12. Nr.9. 33 (1952). - Ref.C. 1955. 4238.

Überblick über die Textilforschung und Entwicklung während 1951. Steele, R. und Messler, C. Textile Res.J. 22. 293-377 (1952). - Ref.C. 1953. 468.

Etwas über Stärke und Stärkederivate sowie über deren Verwendung in der Textil- und Papierindustrie. Snijder, H. Svensk Papperstidn. 54. 173-77 (1951). - Ref.C. 1952. 8064.

Verbesserung der Widerstandsfähigkeit von Baumwollstoff gegen Verschmutzung. Utermohlen jr., W.P. Amer.Dyestuff Reporter 39. P262-P264 (1950). - Ref.C. 1951. I. 143.

Erfahrungen in der Textilindustrie mit den verschiedenen Stärkesorten und -derivaten. Krause, H. Stärke 2. 96-98 (1950).

Kommender erhöhter Bedarf an Süßkartoffel-Stärke. Bendigo, C.W. Textile Wld. 94. 123 (1944).

Bewertung von Stärken für textile Zwecke. Schreiber, W.T. und Stafford, W.L. Ind.Engng.Chem.analyt.Edit. 14. 227-31 (1942). - Ref.C. 1944. I. 257.

Rationalisierung in den Webereien durch gutes Stärken. Jawaschoff, W. Chem.u.Ind. (russ.) 20. 336-37 (1942). - Ref.C. 1943.I.466.

Sachgemäßer Stärkeaufschluß: eine ernste Forderung der Zeit. Fischer, C.-H. Färber u.Chemischreiniger 1940. 33-35 (1940). - Ref.C. 1940. II. 427.

Textilstärken. Morgan, W.L. Amer.Dyestuff Reporter 29. 494-96 (1940). - Ref.C. 1941. I. 1110.

Verwendung von Stärke bei der Herstellung von Kunstseide. Fitzgerald, J.F. Rayon Warp Sizing Specialist 1939. Januar.

Gelatine, Leim, Casein, Stärke und Kunststoffe in der Textilindustrie. Knochenverarb. u. Leim 1. 89-93, 125-27, 139-41 (1939). - Ref.C. 1940. I. 1930.

Die Rolle der Stärke in Textilien. Stallings, J.W. Amer.Dyestuff Reporter 28. 35-37 (1939). - Ref.C. 1939. I. 3985.

Eiweiß, Stärke und Kunststoffe in der Textilindustrie. Klepzigs Textil-Z. 41. 637-38, 647-48, 658-59 (1938). - Ref.C. 1939. I. 2333.

Ende der Stärke? Wakelin, J. Text.Colorist 60. 302-04. 348 (1938). - Ref.C. 1938. II. 2528.

Die Anwendung von löslicher Stärke in der Textilausrüstung. Lomanowitsch, A.F. Baumwoll-Ind.(russ.) 8. Nr.9. 46-47 (1938). - Ref.C. 1939. I. 4265.

Johannisbrotkernmehl zur Streckung der Stärkevorräte. Spinner u. Weber 55. Nr.33. 8-9 (1937). - Ref.C. 1937. II. 2926.

Stärke, Leim und Cellulosederivate in der Textilindustrie. Spinner u. Weber 55. Nr.2. 5-7 (1937). - Ref.C. 1937. I. 3243.

Festigkeiten, die bei verschiedenen Geweben durch verschiedene Stärken erreicht wurden. Furry, M.S. J.Home Econ. 28. 687-90 (1936). - Ref.C. 1937. I. 2499.

Über Dispersität und textiltechnisches Verhalten von Stärkelösungen. Seck, W. Melliand Textilber. 17. 506-07 (1936). - Ref.C. 1937. I. 233.

Über Dispersität und textiltechnisches Verhalten von Stärkelösungen. Seck, W. Melliand Textilber. 17. 147-48, 343-44 (1936). - Ref.C. 1936. I. 4639.

Stärke und Stärkeprodukte. Stallings, J.W. Amer.Dyestuff Reporter 24. 399-401 (1935). - Ref.C. 1935. II. 3601.

Die löslichen Stärken und ihre Anwendung in der Textilindustrie. Fonsny, H. Congr.Chim.ind.Bruxelles 15. I. 242-45 (1935). - Ref.C. 1936. II. 1087.

Stärke und Leim in der Textilindustrie. Ohl, F. Gelatine, Leim Klebstoffe 3. 51-54 (1935). - Ref.C. 1935. II. 1108.

Die Stärke in der Textilindustrie. Schmidt, A. Z.Spiritusind. 58. 277 (1935). - Ref.C. 1935. II. 3601.

Verhalten von Stärke und Dextrinlösungen gegenüber den in der Appretur und Schlichte üblichen Zusätzen. Dittmar, F. und Kober, H. Melliand Textilber. 16. 734-38 (1935). - Ref.C.1936. I. 230.

Stärken für Textilzwecke. Auswahl der Schlicht- und Ausrüstungsmittel. Williams, A.E. Chem.Trade J.chem.Engr. 94. 190-91 (1934). - Ref.C. 1934. I. 3941.

Vorbereitung der Wollstragarne für die Weberei. Z.ges.Textilind. 37. 455-56 (1934). - Ref.C. 1934. II. 2625.

Die Erschwerung von Wollstoffen. Pratt, F.C. Canad.Textile J. 51. Nr.23. 23-27 (1934). - Ref.C. 1935. I. 1145.

Einige Anwendungen von Stärkeprodukten in der Textilindustrie. Crown, H.A. Amer.Dyestuff Reporter 22. 668-71 (1933). - Ref.C. 1934. I. 632.

Dextrinersatz. Herzinger, E. Monatsschr.Textil-Ind. 45. 403-04 (1930). - Ref.C. 1930. II. 3216.

Praxis und Theorie der Kunstseidenveredelung. Kunstseide 12. 327-29, 368-70 (1930). - Ref.C. 1931. I. 2283.

Die Verwendung der Stärkeprodukte zur Erzielung einwandfreier Baumwollgewebe. Schlieper, A. Leipziger Mschr.Textil-Ind. 44. Fachheft 3. 128-29 (1929). - Ref.C. 1930. I. 1401.

Ursachen der in baumwollenen Waren auftretenden Schimmelpilze. Reihard, S. Z.ges.Textilind. 322 (1928).

Die Eigenschaften der Stärke, insbesondere der Maisstärke. Boehskandl, B. Z.ges.Textilind. 29. 248-49, 260-62 (1926). - Ref.C. 1926. II. 664.

Aktivin in der Textilindustrie. Das Aufschließen der Stärke. Feibelmann, R. Der Spinner u. Weber 1925. 12.

Stärke. Woodman, J. Textile Colorist 47. 232-234, 640-641, 736-737, 805-806 (1925). - W.Ref. 2585.

Stärke. Woodman, J. Textile Colorist 46. 717-719, 783-787 (1924). - W.Ref. 2585.

Verwendung von Maisstärke und ihren Derivaten in der Textilindustrie. Cathcart, W.R. Amer.Dyestuff Reporter 12. 21-24 (1923). - W.Ref. 2361.

Die Behandlung künstlicher Seide in Baumwollspinnereien. Cooper, W.F. Textile Wld. 64. 2705-2707, 2713, 2717 (1923). - W.Ref. 2567.

Stärkeverdickungen. Z.ges.Textilind. 26. 40-41 (1923). - W.Ref. 2578.

Stärke und ihre Wirkung auf das Gewebe. Starchroom Laundry J.1922. Nov. 160. - W.Ref. 2565A.

Etwas über Dextrin. Rüf, E. Z.ges.Textilind. 24. 214-215 (1921). - W.Ref. 2551, C. 1921. IV. 515.

Maisstärke. Posselt's Textile J. 29. xxii (1921). - W.Ref. 2549.

Stärke und Stärkepräparate in der Textiltechnik. Pomeranz, H. Z.ges.Textilind. 23. 84-85 (1920). - Ref.C. 1920. II. 778.

Stärkekleister. Posselt's Textile J. 25. 53 (1919). - W.Ref. 2534.

Maisstärke in der Textilindustrie. Allen, P.W. Textile Wld.J. 55. 3839-3840 (1919). - W.Ref. 2532.

Über Stärkeersatzmittel. Winter, A. Färber-Ztg. 30. 104-105 (1919). - Ref.C. 1919. IV. 154.

Stärken. Posselt's Textile J. 22. 95 (1918). - W.Ref. 2527.

Maisstärke in der Textilindustrie. Cathcart, W.R. Textile Colorist 40. 339-342 (1918). - W.Ref. 2523.

Verdünnung von Stärke-Gemischen. Textile Wld.J. 52. 2863 (1917). - W.Ref. 2521.

Für industrielle Zwecke nützliche Eigenschaften von Textilstärken. Verschiedene Stärkeprodukte zur Befriedigung der verschiedenen Ansprüche. MacNider, G.M. Textile Wld.J. 51. 5019, 5021 (1916). 52. 411-412, 417 (1916). - W.Ref. 2515.

Sparen an den Stärkeprodukten. Rüf, E. Z.ges.Textilind. 18. 140 (1915). - W.Ref. 2511.

Der Wert der Handelsstärken für Zwecke der Baumwollfabriken. MacNider, G.M. J.Elisha Mitchell sci.Soc. 28. 135-145 (1912). - W.Ref. 1315.

Anwendung von Stärke beim Leimen, ihre chemischen und physikalischen Eigenschaften. Ermen, W.F.A. New York 1912. 126 S. - Ref.C. 1913. II. 1447.

421. Schlichterei

(Vgl. auch "Amylasen in der Textilindustrie": 943)

Einflüsse auf die Viskosität von Schlichteflotten. Richter, G. Dtsch.Textiltechn. 15. 530-34 (1965). - Ref.C. 1966. 21-2977.

Stärken von Kunstseidengarnen. Calhoun, L.M. De Tex 23. 509-12 (1964). - Ref.C. 1966. 17-2946.

Schlichten von Textilien. Hauschild, G. Melliand Textilber. 45. 1223-27 (1964). - Ref.C. 1966. 5-2843.

Bestimmung der Viscosität von Stärkeschlichten. Ramaszéder, K. Textile Manufacturer 89. 506-08 (1963). - Ref.C. 1964. 43-2862.

Die Verwendung von Polyacrylamid bei der Schlichtekocherei. Beljajew, P.A. Textil-Ind.(russ.) 23. Nr.2. 56 (1963). - Ref.C. 1964. 30-2539.

Herstellung von Schlichte mit Ultraschall. Ramaszéder, K. Textil-Prax. 17. 1231-33 (1962). - Ref.C. 1963. 20231.

Einiges über Schlichtemittel. Schmink, H. Prakt.Chem.(Wien) 1962. 334 u. 339-40. - Ref.Stärke 15. 159 (1963).

Das Verhalten von Stärke und Stärkederivaten beim Schlichten in Abhängigkeit von ihren physikalisch-chemischen Eigenschaften. Schutz, R. und Reitzer, M.T. Stärke 14. 466-68 (1962). - Ref.C. 1964. 36-2667, C.A. 58. 10338b (1963).

Anwendung von Ultraschall zur Herstellung von Schlichte. Ramaszéder, K. Magyar Textiltechn.(Ung.Textiltechn.) 14. 403-06 (1962). - Ref.C.A.(M.) 58. 11512e (1963), C. 1963. 19056.

Die Herstellung von Schlichte unter Verwendung von "hydrodynamischen Pfeifen". Banuschkin, N.Ss., Jakowlew, N.M. und Doschlygin, W.W. Textil-Ind.(russ.) 22. Nr.11. 67-69 (1962). - Ref.C. 1963. 22950.

Untersuchung verschiedener Schlichtemittel hinsichtlich ihrer Viscosität und Strukturviskosität. Ceh, M. und Kannen, A. von. Stärke 14. 355-60 (1962). - Ref.C. 1963. 17906, Ref.J.Chem. (russ.) 1963. 13 R281.

Notwendigkeit und Weiterentwicklung der Entschlichtungsverfahren. Catelani, R. Tinctoria (Milano) 58. 458-63 (1961). - Ref.C. 1964. 22-2825.

Schlichtemittel für die Textilindustrie. Frieser, E.P. Adhäsion 5. 505-12, 564-77, 617-22 (1961). - Ref.Stärke 14. 388 (1962).

Fortschritt auf dem Gebiet des Schlichtens. Tomaszewski, R. Przeglad wlókienniczy 14. 428-32 (1960). - Ref.C. 1961. 16327.

Schlichten mit Stärkeäthern. Zilahi, M. und Ramaszéder, K. Magyar Textiltechnika 11. 368-70 (1959). - Ref.C.A. 55. 13859h (1961), C. 1961. 1413.

Stärke mit positiver Ladung. Olsen, H.C. Textile Ind. 123. Nr.9. 104-06 (1959). - Ref.C.A. 53. 20815f (1959).

Die Einführung einer neuen Stärke-Schlichte. Casey, J.P. Amer. Dyestuff Reporter 48. Nr.7. 47 (1959). - Ref.C. 1960. 7042.

Ein guter Ersatz für Stärkeprodukte beim Schlichten. Kotschetkow, I.Ss. Textil-Ind. (russ.) 18. Nr.2. 62 (1958). - Ref.C. 1959. 4012.

Die Herstellung homogener Schlichten. Ramaszéder, K. Textile Manufacturer 84. 19-23 (1958). - Ref.C. 1958. 10237.

Gedanken über das Schlichten unter Berücksichtigung von Eiweißschlichten. 2. u. 3. Mitt. Ulmer, W. Prakt.Chem. (Wien) 9. 404-06, 440-44 (1958). - Ref.C. 1959. 12090.

Schlichte aus Süßkartoffelstärke. Gussewa, N.M. Textil-Ind. (russ.) 17. Nr.3. 50-51 (1957). - Ref.C.A. 51. 17177d (1957).

Automatische Kontrolle beim Gebrauch von Schlichten und Appreturen im durchlaufenden Naßverfahren. Jones, E.H. J.Textile Inst. 48. 569-590 (1957).

Kontrolle bei der Herstellung geschlichteter Ketten aus durchlaufend gedrehten Garnen und ihr Einfluß auf die Stoffqualität. Jackson, N. und MacGregor, J.H. J.Textile Inst. 48. 591-614 (1957).

Die Verwendung von Batatestärke zum Schlichten. Gussewa, N.M. Textil-Ind.(russ.) 17. Nr.3. 50-51 (1957). - Ref.C. 1957.11753.

Fixierung von Stärkeschlichten mit Hilfe von synthetischen Harzen. Rozental, S. Prace Inst.Wlok. 4. Nr.16. 8-13 (1955). - Ref.C.A. 52. 5832a (1958).

Schlichten von Kunstseidengarn. 1. Mitt. Eigenschaften von Stärke, Carboxymethylcellulose und Poly(vinylacetat)filmen. Kuwajima,S. Sci.Rep.Toyo Rayon Co. (Japan) 10. 149-52 (1955). - Ref.C.A.52. 1621d (1955).

Schlichten von Kunstseidengarn. 2. Mitt. Eigenschaften von Stärke, Carboxymethylcellulose und Poly(vinylacetat)filmen. Kuwajima,S. Sci.Rep.Toyo Rayon Co. (Japan) 10. 153-55 (1955). - Ref.C.A.52. 1621d (1958).

Untersuchungen über das Schlichten von Textilien. 1. Mitt. Wirkung einiger Phosphate auf Stärkeschlichte. Bekku, Fujio. J.Soc. Textile Cellulose Ind., Japan (Sen-iGakkaishi) 11. 148-53 (1955). - Ref.C. 1957. 12636, C.A. 51. 17175i (1957).

Lösliche Kartoffelstärke zum Leimen von Baumwollspinngarn. Rydzewski, E. Przemysl Spozywczy 9. 217-18 (1955). - Ref.C.1958. 3184.

Einführung in die systematische Untersuchung des Schlichtens mit stärkeartigen Stoffen. Meybeck und Schutz. Bull.Soc.ind. Mulhouse 1954. 33-55. - Ref.C. 1954. 11333.

Einige Ansichten über die Technik des Schlichtens. 1. Mitt. Whitehead, D.A. Textile Mercury Argus 129. 1029-58 (1953). - Ref.C. 1954. 4978.

Stärkeäther für das Schlichten, das Beste für die Anforderungen des Reyon. Zonnenberg, J. Dyer, Textile Printer, Bleacher,Finisher 107. 513 (1952). - Ref.C. 1953. 947.

Schlichte mit Gelatine. Wassiljewa, M.N. und Bubnowa, Je.A. Textil-Ind. 12. Nr.4. 29-30 (1952). - Ref.C. 1952. 6307.

Für eine weitgehende Anwendung von Schlichte mit Chloramin. 2.Mitt. Betriebserfahrungen. Nikitin, Ss.M. Textil-Ind.(russ.) 12. Nr.6. 28 (1952). - Ref.C. 1953. 1420.

Für eine weitgehende Anwendung von Schlichte mit Chloramin. 1.Mitt. Beratung in der technischen Verwaltung. Panferowa, A.A. Textil-Ind. (russ.) 12. Nr.6. 28 (1952). - Ref.C. 1953. 1420.

Neue Schlichterezepte. Katkow, G.G. (unter Mitarb.von F.O. Raichlina u. I.I. Ustjuchin). Textil-Ind. (russ.) 12. Nr.4. 31-32 (1952). - Ref.C. 1952. 6153.

Maiserzeugnisse. Lewis, F.A. Rayon synthet.Textiles 32. Nr.9. 85-86, 106 (1951). - Ref.C. 1952. 2603.

Schlichten und Schlichtemittel. MacGregor, J.H. Rev.Textile Progr. 3. 282-99 (1951). - Ref.C. 1950/54. 638 S.

Sind Fettzusätze nötig? Kuligin, A.W. Textil Ind. (russ.) 11. Nr.7. 37-39 (1951). - Ref.C. 1951. II. 3248.

Die Chemie der Stärke. Textile Mercury 123. 262 (1950). - Ref.C. 1951. I. 412.

Solvitosen, Stärkeprodukte mit neuen Eigenschaften. Möller, F.A. Melliand Textilber. 31. 419-22 (1950). - Ref.C. 1950. II. 1527.

Lösliche Stärke. Tschernyschew, P.W. Textil-Ind. (russ.) 10. Nr.1. 38-39 (1950). - Ref.C. 1950. II. 714.

Kaltschlichten von Kettfäden mit Emulsionsschlichte. Rybakow, Ss. Textil-Ind. (russ.) 9. Nr.10. 34-35 (1949). - Ref.C. 1950. I. 1427.

Sauerstoffhaltige Produkte in Schlichte und Appreturen. Mouton, J. Ind.Textile 66. 185-89 (1949). - Ref.C. 1950. I. 137.

Beitrag zum rationellen Schlichten. Metais, B. Ind.Textile 65. 341-42 (1948). - Ref.C. 1949. I. 1183.

Die Vorteile einer sachlichen Verarbeitungsweise der Schlichtmehle und Schlichtstärken. Rehmann, H. Mschr.Textil-Ind. 55. 38-39 (1940). - Ref.C. 1940. I. 3051.

Die Verwendung von löslicher Stärke beim Schlichten. III. Mitt. Kaulen, G.R., Germann, Je.A. und Orlowa, W.P. Baumwoll-Ind. (russ.) 9. 8/9. 41-46 (1939). - Ref.C. 1940. II. 149.

Die Verwendung von löslicher Stärke beim Schlichten. I. Mitt. Isslentjew, P.A. Baumwoll-Ind. (russ.) 9. Nr.8/9. 36 (1939). - Ref.C. 1940. II. 148.

Stärken beim Schlichten von Kunstseide. Sénéchal, J. Rev.univ. Soie Textiles artific. (Riesta-Rayonne) 14. 333-39 (1939). - Ref.C. 1939. II. 3358.

Umgewandelte Stärken. Jambuserwala, G.B. J.Textile Inst. 29. Trans. 149-60 (1938). - Ref.C. 1938. II. 2528.

Anwendung von löslicher Stärke beim Schlichten. Kamarow, L.I. Baumwoll-Ind. (russ.) 8. Nr.11. 27-30 (1938). - Ref.C. 1939. II. 1993.

Einfluß des Schlichtens, des Webens und des Abscheuerns auf die physikalischen Eigenschaften von Baumwollgarn. Schreiber, W.T., M.N.V. Geib u. O.C. Moore. Bur.Standards J.Res. 18. 559-563 (1938).

Baumwoll-Schlichtmischungen. Ihre Anwendung, Eigenschaften und Auswahl. Mann, P.L. Amer.Dyestuff Reporter 26. 177-179 (1937).

Fortschritte im Schlichten von Kunstseideketten mit Stärke. La Piana, F.G. Rayon Textile Monthly 18. 599-600 (1937). - Ref.C. 1937. II. 3980.

Stärke, Leim, Pflanzenschleime und andere Stoffe für Schlichte- und Appreturmittel. Kunstdünger u. Leim 33. 329-33 (1936). - Ref.C. 1937. I. 1837.

Untersuchungen über das Schlichten von Kunstseide. (I.) Wirkung der Depolymerisation auf Stärke beim Schlichten. Sobue, H., Moroyu, S. und Mitome, N. Cellulose Ind. 12. 1-3 (1936). - Ref.C. 1936. I. 2860.

Schlichten und Appretieren. La Piana, F.G. Textile Wld. 86. 1272-73 (1936). - Ref.C. 1936. II. 1638.

Über das Schlichten von Baumwollgarn. Kaulen, G.R. Baumwoll-Ind. (russ.) 6. Nr.5. 19-23 (1936). - Ref.C. 1938. I. 775.

Schlichten von Baumwollketten. Hart, R. Amer.Dyestuff Reporter 25. 231-36, 250-51 (1936).

Kettschlichten. La Piana, F.G. Textile Wld. 86. 1070-71 (1936). - Ref.C. 1936. II. 720.

Schlichten von Kunstseide. Ind.Textile 52. 311-12 (1935). - Ref.C. 1936. I. 230.

Stärken für Schlichte. Joshi, B.B. Indian Textile J. 43. 777-78 (1933). - Ref.C. 1933. I. 3020.

Stärke und Dextrine. Zum Schlichten, Appretieren und Drucken. Textile Wld. 83. 229 (1933). - Ref.C. 1933. I. 3020.

Materialien für das Schlichten, das Ausrüsten und den Stoffdruck. Dalencord, G.F. J.Soc.Dyers Colourists 48. 275 (1932).

Schlichten und Ausrüsten von Textilien. Olney, L.A. In J.Alexander: Colloid Chemistry, Theoretical and Applied, Vol. IV. S. 193-96. Chemical Catalog Co., Inc., New York 1932.

Natürliche Schlichteprodukte. Fischer, C.H. Kunstseide 14. 121-32 (1932). - Ref.C. 1932. I. 3241.

Einfluß der Oberflächenspannung auf Schlicht- und Appreturmassen. Jochum, K. Melliand Textilber. 13. 595 (1932).

Ein Beitrag zum Abbau von Stärke durch Oxalsäure bei der Herstellung von Schlichtemassen. Sieber, W. und Gärtner, S. Melliand Textilber. 12. 105-07 (1931). - Ref.C. 1931. I. 2138.

Das Abfallen der Schlichte von den Kettengarnen. Meissner, E. Mschr.Textil-Ind. 45. 314-15, 351-52 (1930). - Ref.C. 1930. II. 2974.

Einige Betrachtungen über Schlichtegemische. Bose, S. Indian Textile J. 39. 402-03 (1929). - Ref.C. 1930. II. 332.

Über die Anwendung von Kaoliang-Stärke als Schlichtmittel für Textilien. Kawamata, J. Abstr.Report Central Lab.South Manchuria Railway Company 1929. 27-29.- Ref.C. 1931. I. 2819.

Einfluß des Schlichtens mit Stärke und Kalanderns auf die physikalischen Eigenschaften eines Baumwollfabrikates. Kuehn, A. und Edgar, R. Amer.Dyestuff Reporter 17. 279 (1928).

Die Schlichterei. Rüf, E. A.Hartlebens Verlag, Wien und Leipzig 1928.

Die Anwendung von Stärke in der Textilindustrie, besonders beim Leimen von Baumwollketten. Farrow, F.D. In R.P.Walton: A Comprehensive Survey of Starch Chemistry Part 1, S. 215-22. Chemical Catalog Company, New York 1928.

Die Schlichterei in ihrem ganzen Umfange. 2. Aufl. Kretschmer, K. A. Ziemsen Verlag, Wittenberg 1928.

Benetzen von Baumwolle. Benetzen roher Baumwolle durch heiße Stärkepasten. Farrow, F.D. und Neale, S.M. J.Textile Inst. 16. T 209-22 (1925). - Ref.C. 1926. I. 1901.

Die Quellstärke und ihre Verwendung in der Schlichte und Appretur. Krizkovsky, F.L.P. Melliand Textilber. 6. 423-424 (1925). - W.Ref. 2588, C. 1925. II. 987.

Chemie im Schlichtekessel. Seydel, H. u. Reiners, A.H. Textile Wld. 67. 2986, 3047-3049 (1925). - W.Ref. 2590.

Diskussion über das maschinelle Schlichten. Cotton 89. 1232-1235 (1925). - W.Ref. 2586D.

Vergleichende Versuche mit verschiedenem Schlichtmaterial an Kunstseide. Curry, W.F. Textile Colorist 46. 489-493 (1924). - W.Ref. 2579.

Schlichten feuchter Ketten. Cotton 89. 165-167, 479, 601 (1924). - W.Ref. 2578F.

Neue Fortschritte in der experimentellen Untersuchung des Ketteschlichtens. Farrow, F.D. Trans.Faraday Soc. 20. 303-308 (1924). - W.Ref. 1327, C.A. 18. 2608 (1924).

Aufschließen von Stärke mittels Aktivin. Feibelmann, R. Z.ges. Textilind. 27. 410 (1924). - Ref.C. 1924. II. 2702.

Maschinelles Schlichten auf kaltem Wege. Cotton 89. 47-49 (1924). - W.Ref. 2578D.

Maschinelles Schlichten und Appretieren. Cotton 88. 1151-1153 (1924). - W.Ref. 2578C.

Das Schlichten, Definitionen und Probleme. Cathcart, W.M. Cotton 88. 818-822 (1924). - W.Ref. 2578A.

Das Schlichten: Ein Literaturbericht. Farrow, F.D. Color trade J.Textile Chemist 13. 146-151 (1923). - W.Ref. 2569.

Das "Nivling"-System beim standardisierten Schlichten. Textile mercury 66. 223 (1922). - W.Ref. 2565B.

Verdickungsmittel für Schlichterei und Appretur. Mollino, A. Z.ges.Textilind. 25. 456-457 (1922). - W.Ref. 2559-60.

Das Abstauben der Ketten beim Weben und die Ursache. List, P. Z.ges.Textilind. 25. 266 (1922). - W.Ref. 2558.

Das Schlichten von Baumwollketten. Smith, G. Color trade J. 8. 147-152 (1921). - W.Ref. 2552.

Das Schlichten von Baumwollgarn. Posselt's Textile J. 29. 107-108 (1921). - W.Ref. 2550.

Maschinelles Schlichten von Baumwollketten. Nanson, W.B. Cotton 86. 169-171, 243-246 (1921-22). - W.Ref. 2547A.

Nachprüfung eines Berichts über das Schlichten. Cathcart, W.R. Textile Wld. 59. 2895, 2897-2899 (1921). - W.Ref. 2544.

Das Schlichten von Gerstenkornhandtüchern. Textile Wld. J. 57. 3650 (1920). - W.Ref. 2542.

Der Gebrauch antiseptischer Mittel beim Schlichten. Smith, G. Textile Manufacturer 46. 278-279 (1920). - W.Ref. 2541.

Schlichtrezepte für Leinengarn. Z.ges.Textilind. 22. 514 (1919). - Ref.C. 1920. II. 344, W.Ref. 2538.

Schlichtmischungen und Schlichten des Kettgarns. Reaburn. Textile Wld. J. 56. 3357-3358 (1919). - W.Ref. 2535.

Stärken als Schlichtmittel. Hadfield, T. Textile Manufacturer 45. 372 (1919). - W.Ref. 2533A.

Das Schlichten der Baumwolle - ein empirischer Vorgang. Pickard, R.H. J.Soc.chem.Ind. 37. 26-27R (1918) - W.Ref. 2526.

Schlichten von Baumwolle. Posselt's Textile J. 20. 121 (1917). - W.Ref. 2520.

Stärke für Zwecke des Schlichtens. Textile Wld. J. 51. 291-297 (1915). - W.Ref. 2512.

Verschiedene Methoden zum Modifizieren von Stärke zum Zwecke des Schlichtens. Bean, P. J.Textile Inst. 6. 223-230 (1915). - W.Ref. 2509, C.A. 10. 392 (1916).

Materialien zum Schlichten. Ermen, W.F.A. Posselt's Textile J. 12. 8, 36 (1913). - W.Ref. 2500.

Das Schlichten von Pflanzenfasern. Seydel, H. Textile Manufacturer 36. 170-171 (1910). - W.Ref. 2486A.

Bemerkungen über Materialien zum Schlichten und Ausrüsten. Textile Manufacturer 35. 27-28 (1909). - W.Ref. 2483A.

Das Schlichten. Lindau, J.W. Textile Manufacturer 35. 354-355 (1909). - W.Ref. 2483B.

Das Schlichten von Baumwollgarnen. Textile Manufacturer 33. 347-348 (1907). - W.Ref. 2480A.

422. Schlichtstärken - Patente

(Vgl. auch "Schlichten und Entschlichten": 423, "Appreturstärke - Patente": 425)

Das Schlichten von Textilien und die Rückführung der Schlichteabwässer. Bode, H.E. A.P. 3 093 504 ausg. 11/6.1963. - Ref.C.A.(M.) 59. 8931d (1963), C. 1965. 38-2821.

Schlichten von Acetat-Seidengarn. Tanabe Seiyaku Co., Ltd. (Erfinder: Nomura, K.; Kitamoto, S. und Ono, M.). Japan.P.12 639 ('63) ausg. 19/7.1963. - Ref.C.A.(M.) 59. 10295a (1963).

Textil-Schlichte auf Stärkegrundlage mit Polyurethan-Zusatz. Deering Milliken Research Corp. (Erfinder: Habib, E.E.). A.P. 3 086 887 ausg. 23/4.1963. - Ref.C.A.(M.) 58. 14194a (1963), C.A.(M.) 59. 2984e (1963).

Textil-Schlichte auf Kohlenhydratgrundlage. National Industrial Products (Erfinder: Roscelli, G.A. und High, R.L.). A.P. 3 081 183 ausg. 12/3.1963. - Ref.C.A.(M.) 58. 11520d (1963), C. 1965. 5-3123.

Schlichtemittel. A.E.Staley Mfg.Co. (Erfinder: Brockway, C.E., Christman, D.W. und Estes, R.R.). A.P. 3 061 471 vom 2/3.1960., ausg. 30/10.1962. - Ref.C. 1964. 40-2650, C.A.(M.) 58. 5831h (1963).

Herstellung von trocknen, in kaltem Wasser löslichen Stärkeprodukten. W.A.Scholten's Chemische Fabrieken N.V. F.P. 1 243 149 vom 11/12.1959., ausg. 11/1.1961. - Ref.C. 1963. 1509.

Verfahren zum Schlichten von Textilgarnen sowie zur Herstellung der dabei zu benutzenden trockenen Schlichte. W.A.Scholten's Chemische Fabrieken N.V. Oe.P. 211 265 vom 24/3.1959, ausg. 26/9.1960. F.Prior. 23/6. u. 24/3.1958. - Ref.Stärke 14. 65 (1962).

Stärkeaufschlußmittel für Appretur- und Schlichtezwecke. Monopol Technic A.G. Schwz.P. 352 992 vom 27/10.1958, ausg.15/5.1961. - Ref.C. 1962. 16181.

Verfahren zur Herstellung verbesserter Schlichte- bzw. Appreturmittel aus Stärke unter Verwendung von Harnstoff bzw. eines Rhodansalzes. Herth, H. D.A.S. 1 032 208 veröff. 19/6.1958. - Ref.Stärke 10. 296 (1958), C. 1958. 14482.

Herstellung von Abkömmlingen von Polysacchariden. Chemische Fabrik Grünau A.G. (Erfinder: Wagner, H. und Schwörzer, L.K.). D.A.S. 1 051 835 Kl. 12o vom 9/10.1957, veröff. 5/3.1959. - Ref.C. 1959. 13977, Stärke 12. 30 (1960), C.A. 55. 5000g (1961).

Verfahren zur Gewinnung einer Kettenschlichte. Spółdzielnia Pracy Chemików "Xenon" (Erfinder: Malikowski,T., Rogoziński, J., Adolf, E., Plesiak, A. und Wierzbowski, R.). Poln.P.40 205 Kl. 89k vom 6/12.1956, ausg.31/10.1957.

Verfahren und Vorrichtung für die Zubereitung von Schlichten, Appreturen und ähnlichen Stoffen. Sucker GmbH., übert.von: Kabelitz, H. D.B.P. 943 826 vom 9/5.1956. - Ref.Stärke 8. 256 (1956).

Schlichtemittel für alle Textilien. Wyandotte Chemicals Corp. (Erfinder: Cramer, J.J. und Narscius, K.). A.P.2 811 462 vom 25/4.1956, ausg.29/10.1957. - Ref.C. 1959. 5337.

Versteifungs- und Schlichtungsmittel. La Tessilchimica S. p. a. It.P. 514 411 ausg. 9/2.1955. - Ref.C.A. 51. 15980b (1957).

Herstellung eines Gemisches aus einem Cellulose- und einem Stärkeäther. N.V. Kunstzijdespinnerij Nyma (Erfinder: Nijhoff,G.J.J.). Holl.P. 89 835 vom 22/12.1955, ausg.15/12.1958. - Ref.C.A. 54. 894i (1960), C. 1960. 3083.

Schlichte für Polyacrylgarne, wie Orlon und Acrilan. National Starch Products, Inc. (Erfinder: Caldwell, C.G., Wurzburg, O.B. und Fitzgerald, L.D.). A.P. 2 788 293 vom 15/3.1954., ausg. 9/4.1957. - Ref.C. 1959. 4015.

Herstellung von Textil- und Papierbehandlungsmitteln aus Stärke. Standard Brands Inc., übert.von: Satterly, K.P. A.P.2 831 853 vom 7/10.1953, ausg.22/4.1958. - Ref.C. 1959. 6998.

Kettgarnschlichte. Texize Chemicals, Inc., übert.von: Farkas, R.Z. A.P. 2 757 097 vom 24/2.1953, ausg. 31/7.1956. - Ref.C. 1957. 7206.

Textilschlichte. Zimmermann, B.G. A.P. 2 614 103 vom 17/2.1949, ausg. 14/10.1952. - Ref.C. 1953. 9675.

Stärkeleim für die Textilindustrie. Larger, C. F.P. 953 676, ausg. 12/12.1949. - Ref.Stärke 1950. II. 236.

Herstellung modifizierter Stärke. United States Rubber Co., übert. von: Dwight L. Schoene u. V.S. Chambers. A.P. 2 524 400 vom 31/3.1949, ausg.3/10.1950. - Ref.C. 1951. II. 622.

Textilschlichte. Cathau, J. F.P. 993 232 vom 14/6.1949, ausg. 29/10.1951. - Ref.C. 1955. 4394.

Schlichte oder Leim für Textilien oder Papier, Verdickungsmittel für Druckzwecke. Scholten's Chemische Fabrieken, N.V.W.A. E.P. 661 277 vom 29/5.1948, ausg. 21/11.1951. Holl.Prior.30/5. 1947. - Ref.C. 1950/54. 5078 S.

Schlichtestärke durch Alkalizusatz und Kühlen. Wulkan, E. Schwed.P. 139 529 angem. 11/5.1948, ausg.10/3.1953. E.Prior. 19/12.1947. - Ref.Stärke 5. 275 (1953).

Herstellung von wasserunlöslichen Überzügen und Schichten auf Textilien und dergl. Scholten's Chemische Fabrieken, N.V.W.A., übert.von: Lolkema, J. u. Kool, C.M.H. Holl.P. 58 015, ausg. 15/8.1946. - Ref.C. 1948. I. 1264.

Wasserunempfindliches Titan-Stärke-Produkt. E.I. du Pont de Nemours & Co., übert.von: F.K. Signaigo. A.P. 2 570 499 vom 27/4.1946, ausg.9/10.1951. - Ref.C. 1952. 4234,

Herstellung trockener, in kaltem Wasser dispergierbarer Stärkepräparate. Scholten's Chemische Fabrieken, N.V.W.A. (Erfinder: J. Lolkema und W.A. van der Meer). Schwz.P. 272 562 vom 14/6. 1946, ausg.2/4.1951. Holl.Prior. 20/6.1945. - Ref.C. 1952.6630.

Stärkepräparat. Scholten's Chemische Fabrieken, N.V.W.A. Dän.P. 82 355 vom 27/7.1946, ausg. 19/11.1956. Holl.Prior. 23/11.1944, id.mit: D.B.P. 923 420. - Ref.C. 1960. 11848.

Verbesserte Hydrosole aus stärkeartigen Stoffen. Encophi Soc. à r.l. F.P. 928 459 vom 28/5.1946, ausg.28/11.1947. - Ref.C. 1949. E. 2567.

Kettschlichtemittel. Stein, Hall & Co. Inc., übert.von: F.G. La Piana. A.P. 2 462 108 vom 25/7.1945, ausg. 22/2.1949. - Ref.C. 1950. I. 1801.

Herstellung von wasserlöslichen Stärkederivaten. Sichel-Werke AG. D.B.P. 861 241 Kl. 12o vom 4/1.1945, ausg. 29/12.1952. - Ref.C. 1953. 3020.

Vereinigung verschiedener Gewebe. Utility Fabries Co., Inc., übert.von: Lawrence, Beardstey jr., Huntington, W. A.P. 2 410 884 vom 26/1.1943, ausg. 12/11.1946. - Ref.C. 1947. 1634.

Stärkeschlichte. American Maize Products, übert.von: H.H. Schopmeyer u. H.A. Kaufmann. A.P. 2 364 590 vom 8/4.1942, ausg. 5/12.1944. - Ref.C. 1949. E. 3365.

Herstellung von Schlichtemitteln. Herth, H. P.d.DDR 2 147 Kl. 8k vom 2/7.1941, ausg. 22/11.1952. - Ref.C. 1954. 10 133.

Herstellung von Polyoxyalkyläthern höhermolekularer Oxyverbindungen. Badische Anilin- & Soda-Fabrik (Erfinder: H.Haussmann u. A. Spaeth). D.B.P. 880 587 Kl. 12o vom 3/1.1941, ausg. 22/6. 1953. - Ref.C. 1954. 2084.

Schlichten. I.G. Farbenindustrie AG. F.P. 875 283 vom 13/9.1941, ausg. 14/9.1942. D.Prior. 9/10.1940. - Ref.C. 1943. I. 1435.

Behandlung von Fasern und Geweben. Sandor u. Paul Quittmann. F.P. 50 445 vom 13/2.1939, ausg.5/6.1940. - Ref.C. 1941. I.3317.

Stärkeklebstoff, auch Stärkeschlichte für Kunstfasergarne. Bierly, G.M. A.P. 2 231 050 vom 26/4.1939, ausg. 11/2.1941. - Ref.C. 1941. II. 706.

Schlichten und Appretieren. Sandor, Soc. u. P. Quittmann. F.P. 854 087 vom 10/12.1938, ausg. 4/4.1940. - Ref.C. 1941. I. 3317.

Zusammensetzung von Stärkeappretur und -schlichte und Verfahren zu ihrer Herstellung. Drake, S. A.P. 2 275 845 vom 10/5.1938, ausg. 10/3.1942.

Schlichten von Cellulosederivat-, insbesondere Celluloseacetatgarn. Stein, Hall u. Co., Inc., übert.von: Bosland, H.S. A.P.2 192 219 vom 14/6.1937, ausg. 5/3.1940. - Ref.C. 1942. I. 1077.

Schlichten von Cellulosehydratfäden oder -garnen. Stein, Hall u. Co., übert.von: Bosland, H.S. A.P. 2 192 218 vom 14/6.1937, ausg. 5/3.1940. - Ref.C. 1942. I. 1077.

Herstellung von Stärkelösungen, besonders für das Schlichten und Appretieren von Textilien. Österreichische Chemische Werke GmbH. D.R.P. Zweigstelle Österreich 156 592 Kl. 89b vom 20/1. 1937, ausg. 25/7.1939. - Ref.C. 1939. II. 3651.

Schlichten. Power, J.T. und E.G. Almy. E.P. 508 068 vom 22/12. 1937, ausg. 20/7.1939. - Ref.C. 1940. I. 2100.

Stärkeprodukte. Penick & Ford, Ltd., Inc., übert.von: C.C.Kesler. A.P. 2 124 372 vom 4/5.1936, ausg. 19/7.1938. - Ref.C. 1938. II. 3021.

Textilstärke. Albright & Wilson Ltd. E.P. 450 192 vom 18/4.1935, ausg. 6/8.1936. - Ref.C. 1937. I. 1599.

Herabsetzung der Viscosität von Stärkekleistern für das Schlichten und Appretieren. Seck, W. E.P. 467 098 vom 7/12.1935, ausg. 8/7.1937. - Ref.C. 1938. I. 214.

Herstellung von Stärkeprodukten. Duintjer Wilkens Meihuizen & Co., N.V. F.P. 772 858 vom 4/5.1934, ausg. 7/11.1934. Oe.Prior. 6/5.1933. - Ref.C. 1935. I. 2285.

Herstellung von Stärkeprodukten. Duintjer Wilkens Meihuizen & Co. N.V., übert.von: J.H. van der Meulen. E.P. 423 286 vom 3/5. 1934, ausg. 28/2.1935. - Ref.C. 1935. II. 1284.

Herstellung von Hilfsprodukten für die Textilbereitung usw. I.G.Farbenindustrie AG. F.P. 751 744 vom 2/3.1933, ausg.8/9. 1933. D.Prior. 2/3.1932. - Ref.C. 1933. II. 3785.

Herstellung einer trockenen Textilstärke aus Kartoffelstärke. Norddeutsche Kartoffelmehl-Fabrik mbH. D.R.P. 666 252 Kl. 89k vom 30/9.1931, ausg. 14/10.1938. - Ref.C. 1938. II. 4326.

Herstellung von Zubereitungen aus Stärke für das Schlichten und Appretieren von Textilfasern. I.G. Farbenindustrie AG. Schwz.P. 124 743 vom 18/1.1926, ausg. 1/3.1928. - Ref.C. 1928. II. 1824.

Schlichten von Kunstseide.Schmid, A. F.P. 594 059 vom 8/6.1925.

Schlichte von Weichmachungsmittel. Marsh, J.W. und Aische, M.J. E.P. 245 199 vom 2/10.1924.

Verfahren zur Herstellung einer Schlichte für Garn und andere Textilwaren aus Stärke und Chlor oder Hypochloriten. Paechtner, L. D.R.P. 205 753 vom 30/10.1906, ausg. Jan. 1909.

423. Schlichten und Entschlichten

(Vgl. auch "Amylasen in der Textilindustrie": 943)

Entschlichtung in der Vorbereitung der Gewebe. Delecourt, R. Melliand Textilber. 46. 721-26 (1965). - Ref.C. 1966. 22-2852.

Entschlichtungsmittel. Frieser, E.P. Tinctoria (Milano) 62. 141-53 (1965). - Ref.C.A. 63. 7156c (1965).

Chromatographische und elektrophoretische Studien über den durch Einwirken von verschiedenen Entschlichtungsmitteln hervorgerufenen Stärkeabbau. Svoboda, F. und Sramek, J. Textil-Rdsch. (St. Gallen) 20. 183-93 (1965). - Ref.Stärke 18. 232 (1966), C.A. 63. 18434f (1965).

Entschlichten als Teil der Vorbehandlung von Stoffen. Delecourt, R. Textil-Rdsch. (St. Gallen) 19. 477-87 (1964). - Ref.C.A. 62. 685e (1965).

Einfluß von Natriumalginat-Zusätzen auf das Quellverhalten und Auswaschen von Stärkeschlichten. Hornuff, G.v. Dtsch.Textiltechn. 14. 658-63 (1964). - Ref.C.A. 62. 7922b (1965).

Das Entschlichten beim Herstellen von Geweben. Delecourt, R. Teintex 29. 463, 465-66, 469, 471-72, 475 u. 477 (1964). - Ref.C. 1965. 13-3101.

Verleimung von Viskose-Kettgarnen mit Mehl aus Roßkastanien. Weiss, G. und Fodor, A. Studia Univ.Babes-Bolyai (Gluj), Ser.Chem. 1964. 25-27. - Ref.C. 1965. 43-3006.

Neue Entwicklungen bei der Entschlichtung mit Natrium-Bromit. Freytag, R. Bull.Inst.Textile France 106. 541-56 (1963). - Ref.C.A.(M.) 59. 10283c (1963).

Entschlichtungsmittel. Frieser, E. Z.ges.Textilind. 64. 900-03 (1962) und 65. 62-66 (1962). - Ref.C. 1964. 16-2852.

Entschlichten von mit Stärke geschlichteten Textilien. Schweizerische Ferment AG. (Erfinder: Klemm, O.). D.A.S.1 130 407 Kl.8k vom 30/5.1962., Schwz.Prior. 3/12.1959. - Ref.C.A. 57. 12763f (1962), C. 1963. 16773.

Schlichten von cellulosehaltigen Substanzen mit Stärkederivaten. Corn Products Co. (Erfinder: Meisel, H.). A.P. 2 965 518 ausg. 20/12.1960. - Ref.C.A. 55. 6864a (1961), Stärke 14. 434 (1962), C. 1962. 16181.

Schlichten der Kette von Textilgarnen mit Stärkeaminen. National Starch & Chemical Corp., übert.von: Olsen, H.C. A.P.2 946 705 ausg. 26/7.1960. - Ref.C.A. 54. 21780b (1960), Stärke 14. 383 (1962), C. 1962. 4033.

Entschlichten von mit Stärke geschlichtetem Gewebe. Schweizerische Ferment AG. (Erfinder: Klemm, O.). Schwz.P. 365 045 vom 3/12. 1959., ausg. 15/12.1962. - Ref.C. 1964. 9-2734.

Verfahren zum Schlichten von Textilgarnen. W.A. Scholten's Chemische Fabrieken N.V. D.A.S. 1 118 151 Kl. 8k vom 23/3.1959., ausg. 30/11.1961. F.Prior. 24/3. u. 23.6.1958. - Ref.Stärke 15. 34 (1963).

Verfahren zum Entschlichten von Geweben und Gewirken und Vorrichtung zur Ausführung des Verfahrens. Benteler-Werke AG. D.A.S. 1 135 857 Kl. 8k vom 28/9.1959., ausg. 6/9.1962. - Ref.Stärke 16. 33 (1964).

Schlichten von Textilien und Papier mit durch Styren-Oxyd behandelter Stärke. Standard Brands Inc. (Erfinder: Satterly, K.P.). A.P. 3 037 017 vom 18/9.1958., ausg. 29/5.1962. - Ref.C.A. 57. 7504b (1962), Ref.J.Chem.(russ.) 1963. 24 R319, C. 1964.40-2836, Stärke 16. 236 (1964).

Verfahren zum Schlichten von Garnen aus synthetischen oder natürlichen Fasern oder Fäden. Union Carbide Corp. D.A.S.1 095 780 Kl. 8k vom 19/2.1958., ausg. 29/12.1960. A.Prior. 20/2.1957. - Ref.Stärke 14. 224 (1962).

Verfahren zum gleichzeitigen Entschlichten und Bleichen. Kalle &. Co. AG. Oe.P. 207 356 vom 17/7.1958, ausg. 25/1.1960.D.Prior. 20/7.1957. - Ref.C. 1960. 13235, Stärke 12. 369 (1960).

Entfernung von Stärkeschlichten von Cellulosetextilien. Soc. d'Etudes Chimiques pour l'Industrie et l'Agriculture (Erfinder: Leclerc, J.). A.P. 3 083 072 vom 8/7.1957., ausg. 26/3.1963. F.Prior. 10/7.1956; id.mit D.A.S. 1 033 173. - Ref.C. 1965. 46-3075.

Schlichten und Stärken von Cellulosetextilien. Corn Products Co. (Erfinder: Meisel, H.). D.A.S. 1 126 353 Kl. 8k vom 15/11.1957, ausg. 29/3.1962. A.Prior. 16/11.1956. - Ref.C. 1964. 24-2902.

Verfahren zum Entschlichten von Textilien aus Cellulose, insbesondere aus Baumwolle. Societe d'Etudes Chimiques pour l'Industrie et l'Agriculture. D.A.S. 1 033 173 Kl. 8k, angem. 10/7.1957, ausg. 3/7.1958. - Ref.Stärke 11. 20 (1959).

Entschlichten und Bleichen von stärkegeschlichteten Geweben. Kalle & Co. AG. (Erfinder: Windbichler, V. und Göbel, H.F.). D.A.S. 1 074 545 Kl. 8i vom 20/7.1957, veröff. 4/2.1960. - Ref.C. 1960. 13234, Stärke 12. 343 (1960).

Schlichten und Entschlichten. Schnupp, W. Melliand Textilber. 38. 1380-85 (1957). - Ref.C. 1958. 6706.

Bemerkungen über Stärke zum Schlichten. Textile Manufacturer 80. 478-82 (1954). - Ref.C. 1955. 2103.

Entfernen von Stärke, Reinigen und Bleichen von Garn. Ohmori, Takashi. Japan.P. 644 ('53) 16/2. - Ref.C.A. 48. 6139c (1954).

Über Schlichten und Entschlichten. Strauch, G. Textil-Praxis 8. 860-64 (1953). - Ref.C. 1954. 4978.

Die Rolle des Aufschlußmittels beim Schlichten. Isslentjew, P.A. und Nalskaja, N.P. Textil-Ind.(russ.) 11. Nr.2. 30-32 (1951). - Ref.C. 1951. II 1077, C.A. 48. 11793g (1954).

Schlichten und Entschlichten.Walter, K. Melliand Textilber. 25. 306 (1944).

Verfahren zum gleichzeitigen Beuchen und zur Entfernung stärkehaltiger Schlichten von Cellulosefasergut. Mathieson Alkali Works. F.P. 864 868 vom 27/3.1940, ausg. 7/5.1941. A.Prior. 28/3.1939. - Ref.C. 1942. I. 1077.

Ein neues Oxydationsmittel für die Behandlung von Textilien. Dubeau, A.L., MacMahon, J.D. und Vincent, G.P. Amer.Dyestuff Reporter 28. 590-92 (1939). - Ref.C. 1940. I. 955.

Entschlichten von Stärkeschlichte tragendem Textilgut. American Cyanamid Co., übert.von: St.J. Garnett. A.P. 2 185 548 vom 16/7. 1938, ausg. 2/1.1940. - Ref.C. 1940. I. 3471.

Das Entschlichten von Textilien. Muller, J. A.P. 2 173 040 vom 24/2.1937, ausg. 12/9.1939. Oe.Prior. 23/3.1936.

Entschlichten. Bohac, F. Oe.P. 151 637 vom 23/3.1936, ausg.25/11. 1937. - Ref.C. 1938. I. 1269.

Entschlichten von Seiden und Baumwollen. Evans, J.E. J.Soc.Dyers Colourists 51. 318-320 (1935). - Ref.C. 1935. II. 3324.

Materialien und Methoden zum Löslichmachen und Abziehen von Stärken. Walker, Chas P. Amer.Dyestuff Reporter 24. 374-75 (1935). - Ref.C. 1935. II. 2308.

Entstärken von Textilgut. N.V.De Eibergsche Stoombleekerij Voorheen De Firma Gerrit Jan Ten Cate & Zonen, te Eibergen. Holl.P. 40 048 vom 19/3.1934, ausg. 15/3.1937. E.Prior.20/3. 1933. - Ref.C. 1937. I. 3896.

Schlichten und Entschlichten von Kunstseiden unter dem Motto: Devisenknappheit. Fischer, C.-H. Kunstseide 16. 374-77 (1934). - Ref.C. 1935. I. 333.

Entschlichten von Baumwolle. Mullin, Ch.E. Textile Colorist 159, 238 (1928).

Löslichmachen von Stärke mit Activin. Feibelmann, R. Amer.Dyestuff Reporter 17. 436 (1928). - Ref.C. 1928. II. 2419.

Das Aktivin. Haller, R. Z.ges.Textilind. 30. 416-18 (1927). - Ref.C. 1927. II. 1902.

424. Appretieren, Ausrüsten

(Vgl. auch "Imprägnierungen": 429)

Teilweiser Ersatz der Stärke durch Gumbrin in Appreturen und Dickungsmitteln. Dugin, N.I. Textil-Ind. (russ.) 25. Nr.4. 54-56 (1965). - Ref.C.A. 63. 4449d (1965).

Stärke- und modifizierte Stärkeprodukte in der Appretur. Loss, R. SVF Fachorgan Textilveredlung 18. 579-80 (1963). - Ref.J.Chem. (russ.) 1964. 6 R358, C. 1964. 43-2832.

Das Ausrüsten von Petticoats aus Polyamiden. Grunert, H. SVF Fachorgan Textilveredlung 15. 144-45 (1960). - Ref.C. 1960. 13564.

Neue "Milo-Film"-Stärken verringern Kosten und verbessern die Qualität der Appreturen. Corn Products Sales Co. (Erfinder: Weaver, J.). Paper-Trade J. 144. Nr.13. 30-32 (1960). - Ref.C.A. 54. 15929c (1960).

Einfluß der Ausrüstung auf die Luftdurchlässigkeit von Baumwollgeweben. Grimes, M.A. und Dillin, C.M. J.Home Econ. 50. 187-93 (1958). - Ref.C. 1958. 13135.

Über einige Eigenschaften der homogenisierten Stärke. Ramaszéder, K. Magyar Kémiai Folyóirat (Ung.Z.Chem.) 62. 79-82 (1956). - Ref.C. 1956. 13285, C.A. 52. 6823d (1958).

Einige Eigenschaften eines homogenisierten Appreturmittels. Ramaszéder, K. Ind.Textile 1955. 743-47. - Ref.C. 1956. 7386.

Einige Gesichtspunkte beim mechanischen Appretieren von Baumwoll-Textilien. Nabar, G.M. und Tawde, G.P. J.Soc.Dyers Colourists 71. 343-50 (1955). - Ref.C.A. 49. 12009a (1955).

Neuere Entwicklungen der Schrumpfechtausrüstung. Textile Recorder 71. Nr.842. 74-76 (1953). - Ref.C. 1953. 8749.

Appreturen. Arnold, H. Dtsch.Textilgewerbe 54. 820-21, 823, 825 (1952). - Ref.C. 1953. 307.

Erfahrungen auf dem Gebiet der Infrarottrocknung. Würker, E. Dtsch.Wirker-Ztg. 1. 74-78 (1952). - Ref.C. 1952. 6153.

Appretur für Damastbettzeug. Rev.gén.Teinture, Impress.,Blanchiment, Apprêt (Tiba) 28. 7 (1951). - Ref.C. 1952. 5026.

Der Ersatz der Stärke durch Kieselerde-Appretur. Fedorowa, N.Je. und Toropowa, S.F. Textil-Ind.(russ.) 11. Nr.7. 35-37 (1951). - Ref.C. 1951. II. 3248.

Chemische Ausrüstung für Baumwollgarne und Strümpfe. Furry, M.S. Rayon Textile Monthly 29. Nr.2. 65-66; Nr.3. 67-70 (1948). - Ref.C. 1948. II. 1464.

Einige Probleme bezüglich des Webstoffappretierens mit Stärke. Jensen, J. Tidskr.Textilteknik 5. 121-6 (1947). - Ref.Stärke 1950. II. 123.

Die Steifigkeit von Stärkepasten, wie sie für Appretur und Druck gebraucht werden. Textile Colorist 62. 332-33 (1940). - Ref.C. 1940. II. 1809.

Waschfeste Appretur auf Stärkebasis. Gröner, E. Klepzigs Text.-Z. 43. 1154-55 (1940). - Ref.C. 1941. I. 1757.

Sind Appreturen aus Kartoffelstärke überholt? Ohl, F. Appretur-Ztg. 31. 144-49 (1939). - Ref.C. 1939. II. 3648.

Stärke, Appreturen und deren Ersatzstoffe. Hübscher, J. Seifensieder-Ztg. 64. 522 (1937). - Ref.C. 1937. II. 2455.

Die Anwendung von Gemischen aus Latex und Stärkeprodukten in der Appretur. Hinzelin, V. Rev.gén.Teinture, Impress., Blanchiment, Apprêt (Tiba) 15. 501-07 (1937). - Ref.C. 1938. I. 2280.

Das Appretieren von grauem Baumwolltuch (Grey Cotton Cloth). Textile Manufacturer 63. 376-78 (1937).

Appretiermittelkunde. Herzinger, E. Verlag A.Ziemsen, Wittenberg 1937, 3. Aufl. 320 S.

Gewebe aus gesteifter Cellulose. Dumas, M.J. Rev.gén.Matieres colorantes, Teinture, Impress., Blanchiment, Apprêt (Tiba) 41. 129-30 (1937). - Ref.C. 1937. I. 4041.

Neues Verfahren zur Herstellung von löslicher Stärke für Appreturen. Rev.gén. Teinture, Impress., Blanchiment, Apprêt (Tiba) 13. 633 (1935).

Stärken, Gummisorten und Dextrine für die Appretur von Baumwollstückwaren. Clark, J.A. Cotton 97. Nr.9. 36-42, 89 (1933). - Ref.C. 1933. II. 3359.

Die praktische Anwendung von Stärken, Gummis und Dextrinen bei der Ausrüstung von Baumwollstückwaren. Clark, J.A. Cotton 97. Nr.11. 31-33 (1933). - Ref.C. 1934. I. 1414.

Die Dasheenstärke hat sich als geeignet zum Appretieren und Schlichten erwiesen. Furry, M.S. Textile World 81. 1182-83 (1932). - Ref.C. 1932. II. 1097.

Stärkeprodukte in der Textilappretur. Griffin, I.L. Amer.Dyestuff Reporter 20. 71-74 (1931). - Ref.C. 1931. I. 2283.

Stärkeprodukte in der Textilappretur. Canad.Textile J. 48. Nr.12. 25-26 (1931). - Ref.C. 1931. I. 3192.

Handbuch der Appretur; von Bergmann, J. Nach dem Tode des Verfassers ergänzt und herausgegeben von Prof.Dr.Ing.Chr.Marschik. Marschik, Chr. Berlin, Verlag Julius Springer 1928.

Über einige neu eingeführte Mittel für Appreturen. Lagache, H. Rev.gén.Teinture, Impress., Blanchiment, Apprêt (Tiba) 5. 145-51 (1927). - Ref.C. 1927. II. 1399.

Ist Maisstärke der Kartoffelstärke für Appreturzwecke vorzuziehen? Ekhard, W. Z.Spiritusind. 49. 196-97 (1926). - Ref.C. 1926. II. 2019.

Die Appretur von Blaudruck und Gardinen mit Aktivin. Feibelmann,R. Melliand Textilber. 7. 144-146 (1926).

Das Ausrüsten eines "slate drill". Cotton 89. 1047-1048 (1925). - W.Ref. 2586C.

Dextrin-Seifen-Appreturen. Melliand Textilber. 5. 387-389 (1924). - W.Ref. 2581.

Ausrüstung grauer Leinwand. Cotton 89. 52-55 (1924). - W.Ref.2578E.

Das Ausrüsten schwer gestärkter Decken (wigans) und 50-inch Segeltuch. Cotton 88. 965-967 (1924). - W.Ref. 2578B.

Ausrüstung baumwollener Sackware. Nanson, W.B. Cotton 87. 661, 700-703, 721-722 (1923). - W.Ref. 2571A.

Die Appretur (Ausrüstung) der Glasbatiste (Transparente) und Rollbocks. Marshall, A. Melliand Textilber. 4. 32-33, 179-180 (1923). - W.Ref. 2571.

Die Appretur. Retep, L. Z.ges.Textilind. 25. 366-367 (1922). - W.Ref. 2564.

Die beim Kattundruck verwendbaren Appreturmittel, vom kolloidchemischen Standpunkte betrachtet, und ihr Einfluß auf die Färbung des auf der Faser gebildeten Lackes im Zusammenhang mit dem Prozeß des Kattundruckes. Planowsky, N.J. Ber.Polytechnikum Iwanowo-Wosniessensk 4. 129-137 (1921). - W.Ref.2562, C.A. 17. 3102 (1923), C. 1922. IV. 551.

Die Kartoffelstärke als Klebe-, Appretur- und Farbenverdickungsmittel. Pomeranz, H. Leipziger Mschr.Textil-Ind. 36. 173-175 (1921). - W.Ref. 2548, C. 1921. IV. 1327.

Über Bukskinappreturen (Auszug.) Pomeranz, H. Textilber. Wissensch., Ind.u.Handel 1. 80 (1920). - W.Ref. 2540, C. 1920. IV. 747.

Lösliche Stärke als Appreturmittel. Pomeranz, H. Österr.Wollen-u.Leinen-Ind. 37. 187 (1917).

Das Stärken und Blauen von Baumwollstückware. Demain. Textile Wld.Rec. 47. 225-226 (1914). - W.Ref. 2508.

Über die Erzeugung von Appreturdextrin. Freund, M. Färber-Ztg.23. 286-87 (1912). - W.Ref. 2398, C. 1912. II. 970.

Über die Erzeugung von Appreturdextrin. Hofer, A. Färber-Ztg. 23. 337-340 (1912). - W.Ref. 2400, C. 1912. II. 1076.

Über die Erzeugung von Appreturdextrin. Hofer, A. Färber-Ztg. 23. 212-15 (1912). - W.Ref. 2399, C. 1912. II. 970.

Über die Erzeugung von Appreturdextrin. I.Triester Reisschälfabrik AG. Färber-Ztg. 23. 267 (1912). - W.Ref. 2402, C. 1912.II. 970.

Das Dextrin als Appreturmittel. Déri, W. Färber-Ztg. 23. 61-62 (1912). - W.Ref. 2494, C. 1912. I. 1643.

Durch die Ausrüstung verursachte Schäden und Verfärbungen an Spitzenwaren (lace goods). (Auszug). Trotman, S.R. J.Soc.chem. Ind. 30. 1294-1295 (1911). - W.Ref. 2491.

Können Dextrinlösungen die Farben trüben und harte Appreturen geben? Hastaden, E. Färber-Ztg. 21. 335-337 (1910). - W.Ref. 2485.

Appretur und Appretiermaterialien. Stocks, H.B. und White, H.G. J.Soc.chem.Ind. 22. 4-11 (1903).

Appreturmittel aus Stärke und Stärkefabrikaten. Saare, O. Z.Spiritusind. 24. 451 (1901). - W.Ref. 2477.

Über Appreturmittel und deren Verwendung. Fürth. Färber-Ztg. 1901. 1-6. - W.Ref. 2476.

Neues Appreturmittel (Auszug). Chemiker-Ztg. 4. 227 (1880). - W.Ref. 2462.

425. Appreturstärke - Patente
(Vgl. auch "Schlichtstärke - Patente": 422)

Ausrüsten von Cellulose-Geweben. Farbenfabriken Bayer AG. (Erfinder: Weis, K., Langmann, W. und Baehren, F.). D.A.S. 1 146 027 Kl. 8k ausg. 28/3.1963. - Ref.C.A.(M.) 59. 2984f (1963), C.1963. 20233.

Stärke enthaltendes Appreturmittel zur waschbeständigen Textilausrüstung. Zschimmer & Schwarz (Erfinder: Schwarz, R., Langrock, O., Feustel, G. und Mayer, R.). D.A.S. 1 138 731 Kl. 8k vom 25/1.1962, ausg. 31/10.1962. - Ref.C. 1963. 21757, C.A.(M). 58. 3548c (1963).

Ausrüstungen für Baumwollgewebe. Solowew, N.P. und Lifenzewa, A.S. UdSSR.P. 166 299 vom 19/6.1962., ausg. 19/11.1964. - Ref.C.A.62. 10596a (1965).

Textilappretur in Aerosol-Form. Corn Products Co. (Erfinder: Katzbeck, W.J. und Gabel, R.R.). Belg.P. 621 772 ausg. 14/12.1962, A.Prior. 2/4.1962. - Ref.C.A.(M.) 59. 804b (1963).

Appreturmittel für Textilien. Hoffmann's Stärkefabriken AG. (Erfinder: Schmidt, M. und Wehr, W.). D.A.S. 1 161 220 Kl. 89k vom 26/6.1961., ausg. 9/1.1964. - Ref.C. 1964. 46-2806, Stärke 17. 398 (1965).

Unlöslichmachen polymerer, Hydroxyl-Gruppen enthaltender Verbindungen, insbesondere Stärken und Vinyl-Polymere, zur Behandlung von Textilien und Papier. Quaker Chemical Products Corp. (Erfinder: Kress, B.H.). A.P. 2 968 581 ausg. 17/1.1961. - Ref.C.A. 55. 9898g (1961), C. 1963. 7586.

Appretieren von Geweben. Kandi, W.P., Labinow, S.Sch. und Singer, Ch.M. UdSSR.P. 143 368 vom 9/12.1960. - Ref.C. 1965. 24-3001.

Herstellung eines Stärkeaufschließungsmittels für Appretur- und Schlichteprozesse. Colon Trust. Oe.P. 215 394 vom 27/10.1959., ausg. 25/5.1961., Schwz.Prior. 27/10.1958. - Ref.C. 1962. 19059.

Verstärkende Ausrüstung. Corn Products Co. (Erfinder: Meisel, H.). A.P. 3 017 294 vom 1/10.1958., ausg. 16/1.1962. - Ref.C. 1963. 21393.

Verfahren zur Verminderung der Wasserempfindlichkeit von Textilmaterialien, die mit wasserempfindlichen oder wasserlöslichen Appreturmitteln veredelt sind. Imperial Chemical Industries Limited. D.A.S. 1 172 228 Kl. 8k vom 19/6.1958., ausg.18/6. 1964. E.Prior. 24/6.1957 u. 17/3.1958. - Ref.Stärke 18. 299 (1966).

Appreturmittel für Textilien. Venturi, A.R. F.P. 1 194 605 vom 11/4.1958., ausg.10/11.1959. It.Prior. 11/4.1957. - Ref.C. 1961. 17799.

Füllen, Versteifen und Glänzen von Geweben, Vliesen. British Industrial Plastics Ltd. (Erfinder: Bennett, A. und Heywood, D.W.). E.P. 849 411 vom 18/12.1957., ausg. 28/9.1960. - Ref.C. 1962. 1078.

Imprägniermittel für Damenstrümpfe aus Seide oder Rayon. Triolo,F. It.P. 658 743 vom 8/3.1957. - Ref.C. 1965. 28-2936.

Waschbeständige Textilavivage. Imperial Chemical Industries Ltd. (Erfinder: Moyse, J.A. und Williams, G.). E.P. 849 368 vom 24/6.1957., ausg. 28/9.1960. - Ref.C. 1961. 18185.

Appretieren von Textilien und Papier. Corn Products Refining Co. (Erfinder: Meisel, H.). F.P. 1 190 027 vom 4/11.1957, ausg. 8/10.1959. A.Prior. 16/11.1956. - Ref.C. 1961. 7084.

Appreturmittel für Textilien. Venturi, A.R. It.P. 570 002 vom 11/4.1957. - Ref.C. 1965. 28-2926.

Appreturmasse für Textilien. Kendall, J.D. und Fry, D.J. D.B.P. 1 007 726 vom 17/10.1957. - Ref.Stärke 10. 66 (1958).

Verfahren zur Herstellung trockener, in kaltem Wasser löslicher Binde-, Klebe-, Appretiermittel u.dgl. Scholten's Chemische Fabrieken N.V.W.A. (Erfinder: Lolkema, J. und van der Meer,W.A.). D.B.P. 971 132 Kl. 89k vom 15/3.1956, ausg. 27/11.1958.

Appretieren von Textilien. Badische Anilin- & Soda-Fabrik AG. F.P. 1 153 117 vom 6/4.1956, ausg. 3/3.1958. D.Prior.6/4.1955. - Ref.C. 1959. 17567.

Verminderung der Verschmutzung von Textilmaterialien aus hydrophoben, synthetischen Fasern. Farbwerke Hoechst AG., vormals Meister Lucius & Brüning. Oe.P. 190 896 vom 7/4.1956, ausg. 25/7.1957. D.Prior. 9/4.1955. - Ref.C. 1958. 2317.

Emulgiermittel für Appreturstärke. I.T.E.A. Industria Tessile e Appretti. It.P. 545 734 vom 6/12.1955. - Ref.C. 1963. 11082.

Ausrüsten von Baumwollfäden, -garnen und -stoffen. Commonwealth Engineering Co. of Ohio (Erfinder: Deniston, G.L.). D.A.S. 1 051 238 Kl. 8k vom 1/2.1955, veröff. 26/2.1959. - Ref.C. 1959. 13038.

Erhöhung der Knitterfestigkeit von Kunstseide. Phrix-Werke AG. (Erfinder: Torke, E. und König, J.). D.B.P. 928 043 ausg.23/5. 1955. - Ref.C.A. 52. 3357g (1958).

Stärkesulfatester zum Leimen von Textilien oder Papier. Corn Products Refining Co. (Erfinder: Paschall, E.F.). F.P.1 118 451 vom 6/12.1954, ausg.6/6.1956. A.Prior.4/10.1954. - Ref.C. 1958. 2309.

Imprägnieren von Damenstrümpfen. La Viola, A. und Canto, G. It.P. 514 720 vom 5/2.1954. - Ref.C. 1962. 350.

Waschbeständige Steif- und Füllappretur von Textilien. Böhme Fettchemie GmbH. (Erfinder: Wedell, H.). D.A.S. 1 118 152 Kl. 8k vom 22/12.1954., ausg. 30/11.1961. - Ref.C. 1962. 14373.

Herstellung eines Appretiermittels. Lampugani, L. It.P.507 336 vom 1/7.1953. - Ref.C. 1961. 2482.

Behandlungsmittel für Textilwaren. Davies-Young Soap Co. (Erfinder: Trusler, R.B.). A.P. 2 826 506 vom 5/12.1952., ausg.11/3. 1958. - Ref.C. 1959. 9092.

Versteifende Appretur für Textilien und Papier. Pont de Nemours & Co., E.I.du, übert.von: G.M.Richardson. A.P. 2 661 312 vom 14/6.1951, ausg. 1/12.1953. - Ref.C. 1954. 10134.

Stärkeprodukte zur Herstellung von Imprägnierungen, Appreturen usw. Wetzler, I. F.P. 1 042 024 vom 7/9.1951, ausg.28/10.1953. - Ref.C. 1954. 7304.

Knitterfestmachen und Stabilisieren von Textilien. Clark & Sons Ltd., William. F.P. 1 134 798 vom 15/2.1951, ausg.31/7.1953. E.Prior. 17/2.1950. - Ref.C. 1954. 7321.

Als Appretur-, Schlicht-, Klebe- und Bindemittel geeignetes trockenes Stärkepräparat. Scholten's Chemische Fabrieken N.V.W.A. (Erfinder: J. Lolkema u. W.A. van der Meer). D.B.P. 923 420 Kl. 89k vom 21/12.1948, ausg. 10/2.1955. Holl.Prior. 23/11.1944. - Ref.C. 1955. 6413, Stärke 7. 36 (1955), C.A. 52. 744b (1958).

Spitzenartig gemusterte Gewebe. Sayles Finishing Plants, Inc. E.P. 635 157 vom 8/8.1947, ausg. 5/4.1950. A.Prior. 21/11.1944. - Ref.C. 1953. 7440.

Waschbeständiges Finish auf Textilwaren. Bancroft, J. & Sons Co. E.P. 634 634 vom 29/6.1945., ausg.22/3.1950. A.Prior. 7/12.1944. - Ref.C. 1953. 8751.

Verfahren für das Appretieren und Stärken von Textilien unter Anwendung von Stärke und Kondensationsprodukten von Aminotriazin und Aldehyden. W.A. Scholten's Chemische Fabrieken, N.V. (Erfinder: Lolkema, J. und van der Meer, W.A.). Holl.P. 66 631 Kl. 89k vom 18/8.1944, ausg. 15/11.1950.

Stärkeappretur unter Verwendung von sauren Sulfiten und Isocyansäureestern. Nestelberger, F. (Anm. Farbwerke Hoechst). D.B.P. 875 038 angem. 24/3.1944, ausg. 30/4.1953. - Ref.Stärke 5. 162 (1953), C. 1954. 227.

Stärkeprodukte aus Kartoffelstärke. Diamalt AG. (Erfinder: W. Jülicher u. O. Appelt). D.B.P. 851 180 Kl. 89k vom 5/12.1943, ausg. 2/10.1952. - Ref.C. 1953. 2524, Stärke 4. 305 (1952).

Appretur-Stärkepräparat. Beukenkamp, R.L. Holl.P. 57 980 vom 6/10.1943, ausg. 15/8.1946. - Ref.C. 1948. I. 863.

Verfahren zur Herstellung von trockenen Appreturmitteln. Scholten's Chemische Fabrieken, N.V.W.A. (Erfinder: Lolkema, J. u. Koll, C.M.H.). D.P. (DDR) 6 606 vom 17/3.1942, ausg. 15/3.1954. Holl.Prior. 25/4.1941.

Herstellung eines Appretur- und Leimungsmittels für Textilien, Holz oder dgl. Scholten's Chemische Fabrieken, N.V.W.A. F.P. 881 495 vom 23/4.1942, ausg. 27/4.1943. Holl.Prior.25/4. 1941. - Ref.C. 1944. I. 1253.

Wasserbeständiges Appretieren oder Leimen von Textilien. Scholten's Chemische Fabrieken, N.V.W.A. Finn.P. 24 846 vom 15/4. 1942 u. 24 847 vom 27/8.1948. Auszüge veröff. 3/3.1951. Holl. Prior. 25/4.1941. - Ref.C. 1951. II. 1683.

Appretur- und Schlichtstärke. Diamalt AG. (Erfinder: W. Jülicher u. O. Appelt). D.B.P. 857 184 Kl. 8k vom 13/12.1942, ausg. 27/11.1952. - Ref.C. 1953. 4306.

Streckungsmittel für Leimprodukte und Appreturen auf Stärkebasis. Bubeck und Dolder. F.P. 888 897 vom 15/12.1942, ausg.24/12. 1943. Schwz.Prior. 19/12.1942. 13.7., 24/7., 24/8., 25.8.1942. - Ref.C. 1944. II. 1142.

Waschbeständige Stärkeappreturen. Röhm und Haas GmbH. F.P. 879 956 vom 4/3.1942, ausg. 10/3.1943. D.Prior. 18/11. 1939. - Ref.C. 1944. I. 401.

Stärkeappretur für Textilprodukte. Chemische Fabrik Pfersee GmbH. F.P. 869 357 vom 17/1.1941, ausg. 30/1.1942. D.Prior.10/10. 1939. - Ref.C. 1942. I. 2731.

Waschfeste Appreturen und Schlichten. Röhm u. Haas Co., übert.von: Bock, L.H. u. Houk, A.L. A.P. 2 220 508 vom 11/4.1939, ausg. 5/11.1940. - Ref.C. 1941. II. 2514.

Herstellung eines Appretur- und Steifungsmittels für Textilien. Hoffmann's Stärkefabriken AG. (Erfinder: O. Künne, R. Krecke u. H. Ritter), D.B.P. 767 580 Kl. 89k vom 16/12.1938, ausg. 2/2.1953. - Ref.C. 1953. 3977.

Herstellung eines Leimungs-, Appretur- und Imprägniermittels aus Stärke. Corn Products Refining Co. F.P. 844 509 u. 844 510 vom 7/10.1938, ausg. 26/7.1939. A.Prior. 10/12.1937. - Ref.C.1939. II. 4135.

Fettdichte Überzüge für faserige Substanzen. Corn Products Refining Co. E.P. 506 108 vom 30/6.1938, ausg. 22/6.1939. A.Prior. 12/8.1937. - Ref.C. 1939. II. 2190.

Herstellung von Stärkelösungen. Soc. des Produits Peroxydes. F.P. 832 322 vom 20/1.1938, ausg. 26/9.1938. - Ref.C. 1939. I. 1086.

Waschbeständige Stärkeappreturen. Imperial Chemical Industries Ltd. F.P. 816 387 vom 15/1.1937, ausg. 6/8.1937. E.Prior. 15/1. u. 24/6.1936. - Ref.C. 1937. II. 3692.

Waschbeständige Appretur. Jones, H.I. und Jones, L. A.P. 2 171 475 vom 8/3.1936, ausg. 29/8.1939. - Ref.C. 1940. I. 1447.

Füllen von textilem Fasergut. Stein, Hall & Co., Inc., übert.von: H.S. Bosland. A.P. 2 083 982 vom 8/9.1936, ausg. 15/6.1937. - Ref.C. 1937. II. 4135.

Appretur- und Schlichtemittel. Patent Co. Ltd. F.P. 810 688 vom 19/9.1936, ausg. 26/3.1937. - Ref.C. 1937. II. 695.

Herstellung von Leimen, Appreturmitteln, Nährmitteln und Verdickungsmitteln aus Stärke. Stärkefabrik Golssen W. Schulze & Co. F.P. 798 746 vom 6/12.1935, ausg. 25/5.1936. - Ref.C. 1936. II. 2032.

Appretieren von Teppichbrücken. International Latex Processes Ltd. (Erfinder: A.W. Holmberg). D.R.P. 650 541 Kl. 8k vom 26/6.1934, ausg. 24/9.1937. A.Prior. 1/9.1933. - Ref.C. 1937. II. 4135.

Erzeugung waschechter Stärkeappreturen. Farbenindustrie AG. (Erfinder: H.-D. von der Horst u. H. Klein). D.R.P. 653 427 Kl.8k vom 23/7.1933, ausg. 23/11.1937. - Ref.C. 1938. I. 1269.

Zusatzmittel für Stärkeappreturen. I.G. Farbenindustrie AG. (Erfinder: E. Koch u. A. Vogt). D.R.P. 681 818 Kl. 8k vom 26/8. 1933, ausg. 2/10.1939. - Ref.C. 1939. II. 4619.

Verstärken von dünnen Faserflorgebilden. Raccolta AG. Oe.P.138 382 vom 14/8.1933, ausg. 25/7.1934. - Ref.C. 1934. II. 3869.

Ausrüsten von Geweben mit waschbeständigen Appreturen. I.G. Farbenindustrie AG. F.P. 766 119 vom 26/12.1933, ausg. 21/6.1934. D.Prior. 29/12.1932 u. 7/1.1933. - Ref.C. 1934. II. 3868.

Stärke-, Appretur- und Füllungsmasse. I.G. Farbenindustrie AG. Poln.P. 17 555 vom 31/3.1930, ausg. 25/3.1933. D.Prior. 15/5. 1929. - Ref.C. 1934. I. 793.

Hochviscose Stärkeappreturmasse. Wolff, A. D.R.P. 510 084 Kl. 8k vom 24/3.1928. - Ref.C. 1930. II. 3875.

Appretieren von Geweben. King, J.F. E.P. 275 891 vom 14/3.1927.

Appreturmittel. Spicer, A.L. A.P. 1 609 003 vom 23/7.1923, ausg. 30/11.1926. - Ref.C. 1927. I. 1220.

Stärkelösungen. Reychler, A. D.R.P. 371 365 vom 1/3.1921, ausg. 15/3.1923. - Ref.C. 1923. II. 1221.

Verfahren zur Herstellung von Stärkelösungen. Reychler, A. D.R.P. 360 128 vom 22/1.1921, ausg. 29/9.1922. - Ref.C. 1923. II. 40.

Über die Erzeugung von Appreturdextrin. Freund, M. Färber-Ztg.23. 286-87 (1912). - Ref.C. 1912. II. 970.

Verfahren zur Herstellung von Kleb- und Appreturmitteln. Hecht, F. D.R.P. 174 222 Kl. 89k vom 24/12.1904, ausg. 2/10.1906.

426. Untersuchung und Beurteilung von Textilstärken

(Vgl. auch "Stärkebestimmung": 552)

Anwendung der papierchromatographischen Kapillaranalyse als einfache Kontrollmethode für Stärken. Seidemann, J. Deutsche Textiltechnik 16. 426-428 (1966).

Bewertung enzymatischer Entschlichtungsmittel. Catelani, R. Tinctoria (Milano) 61. 105-10 (1964). - Ref.C. 1965. 42-2787.

Refraktometrische Bestimmung von Schlichte in Lösungen. Suwalska, W. Prace Inst. Włókiennictwa 14. 169-78 (1964). - Ref.C.A. 63. 4449e (1965).

Anwendung und Bewertung der enzymatischen Entschlichtungsmittel. Svoboda, F. Textil-Praxis 19. 378-84 (1964). - Ref.C.A.(M.) 61. 7166e (1964), C. 1965. 48-2895.

Probleme der Viscositätsmessung von Stärke-Schlichtemitteln im Betrieb. Ramaszéder, K. Magyar Textiltechn. 13. 170-72 (1961). - Ref.C. 1961. 17798.

Betriebskontrolle von Schlichtemitteln auf Grund polarographischer Maximumdämpfung. Králik, I. und Gergely, A.G. Magyar Textiltechn. 13. 97-98 (1961). - Ref.C. 1961. 17798.

Über die Bedeutung der Viscositätsmessung an Textilschlichten. Martin, H. und Putzger, D. Dtsch.Textiltechn. 9. 588-90 (1959). - Ref.C. 1960. 4389, Stärke 13. 99 (1961).

Beiträge zur systematischen Untersuchung des Schlichtens. 9. Mitt. Beschreibung eines Apparates zur Herstellung und gleichzeitigen Viscositätsbestimmung von Leimen zum Schlichten. Schutz, R. Bull.Inst.Textile France 1959. Nr. 81. 87-92. - Ref.C. 1961. 7447.

Untersuchungen über das physikalische und chemische Verhalten von Stärkedispersionen und Eiweiß im Hinblick auf den Schlichte- und Entschlichtungsprozeß. Holzinger, O. Dissertation, Stuttgart 1958. 123 S.

Die Identifizierung von Schlichten auf Geweben aus synthetischen Endlosfasergarnen. Trommer, C.R. Textile Res. J. 27. 66-72 (1957). - Ref. C. 1961. 8883, C.A. 51. 4005d (1957).

Untersuchungen über das Ausschmutzen von Stoffen. 4. Mitt. Waschen von appretierten oder gestärkten Stoffen. Matzukawa, T. Natural Sci.Rep. Ochanimizu 8. 123-37 (1957).

Untersuchungen über das Ausschmutzen von Stoffen. 3. Mitt. Ausschmutzen appretierter oder gestärkter Stoffe. Matzukawa, T. Natural Sci.Rep.Ochanomizu 8. 113-22 (1957).

Neue Methoden zur Untersuchung der Wirkungsweise von Textilhilfsmitteln: Untersuchungen über Schlichtungs- und Entschlichtungsvorgänge. Textilforschungsanstalt Krefeld. Forschungsber. Wirtschafts- u.Verkehrsministeriums Nordrhein-Westfalen 1954. Nr. 63. 24 S.

Systematische Untersuchungen beim Appretieren. Iwanow, N. und Schutz, R. Bull. Inst.Textile France Nr. 42. 29-41 (1953). - Ref.C.A. 48. 14263g (1954).

Eine Schnellmethode zur Analyse der Schlichte. Maklaschin, A. Textil-Ind.(russ.) 10. Nr.4. 29-31 (1950). - Ref.C. 1951. II. 161.

Untersuchungen über die Verwendung von Stärke bei textilen Arbeitsgängen. 2. Mitt. Die Verleimungskraft von Stärkepasten. Jensen, J. Trans.Dan.Acad.techn.Sci. 1949. Nr.8. 1-16. - Ref.C. 1949. E. 5929.

Untersuchungen über die Verwendung von Stärke bei textilen Arbeitsgängen. Charakteristika von Fettemulsionen in Stärkepasten. 1. Mitt. Jensen, J. Trans.Dan.Acad.techn.Sci. 1949. Nr.7. 1-15. - Ref.C. 1949. E. 5929.

Gewinnung und Untersuchung widerstandsfähiger Appreturen. Leporski, A. Textil-Ind.(russ.) 8. Nr.1. 31-32 (1948). - Ref.C. 1948. II. 1139.

Über die Viscosität von Stärkeschlichte und ihre Veränderungen. Wolff, G. Mschr.Textil-Ind. 49. 151-52, 174-75 (1934). - Ref.C. 1934. II. 3067.

Analysen und Prüfungen in der Textilindustrie. Riere, J. Rev.gén. Teinture, Impress.Blanchiment,Apprêt (Tiba) 16. 321 (1938). - Ref.C. 1939. I. 854.

Analyse von Schlicht- und Appreturmitteln für Seide und Kunstseide. Textile Manufacturer 61. 340 (1935). - Ref.C. 1935. II. 3726.

Wie kann mit einfachen Mitteln analysenmäßig die Beschaffenheit einer Appretur (Gummierung) festgestellt werden? Appretur-Ztg. 26. 151-54 (1934). - Ref.C. 1935. I. 333.

Über die analytische Wertbestimmung von Textilstärke. Seck, W. Melliand Textilber. 15. 368-71 (1934). - Ref.C. 1934. II. 3335.

Die Konsistenz von Kartoffelstärkeschlichte. Schreiber, W.T., Geib, M.N.V. und Moore, O.C. Bur.Standards J.Res. 11. 765-73 (1933). - Ref.C. 1934. I. 2514.

Die Ausgiebigkeit der Appretur und der Verdickungsmittel. Kölbl, F. und Zakarias, L. Textil-Ind. 47. 62-63. Melliand Textilber. 13. 262-63 (1932). - Ref.C. 1932. I. 3516.

Über die Ausgiebigkeitsbeurteilung der Stärke für Appretur, Schlichte und Färberei. Obst, W. Mschr.Textil-Ind. 46. 105-06 (1931). - Ref.C. 1931. I. 3194.

Mikrotechnik bei Textilien. Hoxie, F.J. Cotton 89. 25-31 (1925). - W.Ref. 2586 E.

Analyse von Schlichtmaterial. Sokolinski, J.J. Amer.Dyestuff Reporter 13. 64-66 (1924). - W.Ref. 2583.

Die Wirkung metallischer Salze, Stärke und Seife auf die Dehnbarkeit und Reißfestigkeit von Baumwolle. Hübner, J. u. Malvin, V. J.Soc.chem.Ind. 42. 66-68T. (1923). - W.Ref. 2570.

Die Prüfung des Dextrins auf seinen Wert als Appreturmittel. Pomeranz, H. Leipziger Mschr.Textil-Ind. 37. 14-16, 33-35 (1922). - W.Ref. 2563, C. 1922. II. 815, C.A. 16. 3000 (1922).

Viskosität und Klebkraft von Bindemitteln. Abrams, A. Textile Wld.J. 55. 3957-3961 (1919). - W.Ref. 1322, C.A. 13. 2137 (1919).

Kontrolle der Textilstärken. Textile Wld.J. 53. 4427 (1918). - W.Ref. 2530.

Das Ermitteln des Wertes der Stärkekleister. Posselt's Textile J. 17. 47 (1915). - W.Ref. 1970.

Ein Verfahren zur Herstellung von Dextrinlösungen und über Wetterbeständigkeit von Dextrinappreturen. Freiberger, M. Färber-Ztg. 24. 293-295, 317-322 (1913). - W.Ref. 2403, C.A. 8. 1683 (1914), C. 1913. II. 1626.

Schnelle Prüfung des zu Appreturzwecken bestimmten Kartoffelmehls. Ravizza, V. Färber-Ztg. 24. 416-19 (1913). - Ref.C. 1913. II. 2170.

Beitrag zur Appreturanalyse. Schmidt, E. Chem.-Ztg. 36. 313-15 (1912). - Ref.C. 1912. I. 1642.

Methode zur Bestimmung des Wertes von Handelsstärke für Baumwollspinnereien. MacNider, G.M. J.ind.Engng.Chem. 4. 417-22 (1912). - Ref.C. 1912. II. 1066.

427. Wäschestärke, auch Untersuchung

Wäschestärke in Aerosolform. Leberl, O. Kosmetik-Parfum-Drogen Rdsch. (Innsbruck) 12. Nr.7/8. 108-12 (1965). - Ref.C.A. 63. 11843g (1965).

Bedeutung und Degradation der Stärke im Bayer-Verfahren. 3. Mitt. Der Verbleib der Stärke und ihrer Zerfallsprodukte. Holló, J., László, E., Szejtli, J.u.Lux, A. Stärke 17. 36-40 (1965).

Wäschesteife aus Stärke. Zjednoczone Zespoly Gospodarcze (Erfinder: Korda, Z. und Sikorski, B.). Poln.P. 48 886 vom 6/5.1964., ausg. 15/12.1964. - Ref.C.A. 63. 18437b (1965).

Kationenkapillaraktive Verbindungen als Weichspülmittel in der Wäscherei. Ronald, E. Wäscherei-Techn. u.Chem. 17. 152 (1964). - Ref.Stärke 17. 269 (1965).

Alkaliflecken. Wäscherei-Techn. u.Chem. 17. 520 (1964). - Ref.Stärke 17. 269 (1965).

Das Stärken in der Wäscherei. 4. Mitt. Zusammenhang zwischen Qualität des Stärkekleisters und der Stärkewirkung. Szejtli,J. Holló, J. und Komlós, S. Magyar Textiltechn. (Ung.Textiltechn.) 19. 78-80 (1964). - Ref.C. 1965. 21-2938.

Das Stärken in der Wäscherei. 3. Mitt. Technik des Stärkens und dessen Beurteilung. Komlós, S., Szejtli, J. und Holló, J. Magyar Textiltechn. (Ung. Textiltechn.) 15. 312-14 (1963). - Ref.C. 1964. 52-2919.

Studien über die Verkleisterung der Stärke. 6. Mitt. Bedeutung der Eigenschaften des Kleisters bei der Wäschereistärke. Holló, J., Szejtli, J., Gantner, G.S., Huszár, J., Békés, Z. und Komlós,S. Stärke 15. 25-31 (1963). - Ref.J.Chem.(russ.) 1963. 22 R316, C. 1965. 12-2968.

Das Stärken in der Wäscherei. Szejtli, J., Holló, J. und Komlós,S. Magyar Textiltechn. (Ung.Textiltechn.) 15. 64-68 (1963). - Ref.C. 1964. 4-2852.

Nichtgelierende frostbeständige Wäschestärke. American Maize-Products Co. (Erfinder: Evans, J.W. und Nelson, G.E.). A.P. 3 083 112 ausg. 26/3.1963. - Ref.C.A.(M.) 59. 1829a (1963), C,1965. 5-3126, Ref.J.Chem.(russ.) 1965. 2 R209.

Das Stärken in der Wäscherei. 2. Mitt. Untersuchung der Verkleisterung des Stärkekornes. Holló, J., Szejtli, J., Lászlo, E., Gantner, G. und Komlós, S. Magyar Textiltechn. (Ung.Textiltechn.) 15. 64-68 (1963). - Ref.C. 1964. 4-2853.

Entwicklung eines Aerosol-Stärke-Sprays. Reed, W.H. Soap chem. Specialties 39. 76-78, 104 u. 106 (1963). - Ref.C.A.(M.) 58. 10338a (1963).

Stärkesprays. "Which" 1963. 30-32. - Ref.Stärke 17. 64 (1965).

Wäschestärke. Corn Products Co. (Erfinder: Paschall, E.F., Katzbeck, W.J. und Hach, W.). A.P. 3 068 124 ausg. 11/12.1962. - Ref.C.A.(M.) 58. 5874f (1963), C. 1965. 21-3017.

Wäscheversteifung. Corn Products Co. (Erfinder: Katzbeck, W.J.und Gabel, R.R.). E.P. 963 382 vom 12/7.1962., ausg. 8/7.1964. A.Prior. 2/4.1962., id.mit D.A.S. 1 153 713. - Ref.C. 1965. 38-2835.

Feuerfeste Überzüge für Textilien. Totaki, T. Japan.P. 16 169 ('62) ausg. 10/10.1962. - Ref.C.A.(M.) 58. 14240f (1963).

Selbsttreibende flüssige Wäscheversteifung. Corn Products Co. (Erfinder: Katzbeck, W.J. und Gabel, R.R.). D.A.S. 1 153 713 Kl. 8k vom 2/8.1962., ausg. 5/9.1963. A.Prior. 2/4.1962. - Ref.C. 1964. 29-2819.

Durch Borat stabilisierte flüssige Wäschestärke. A.E.Staley Manufg.Co. (Erfinder: McDonald, J.W.). A.P. 2 994 615 ausg. 1/8.1961. - Ref.C.A. 55. 26488h (1961), Ref.J.Chem.(russ.)1962. 24 N483.

Bügelstärke. Pennsalt Chemicals Co. (Erfinder: Koob, J.H. und Staubly, J.L.). D.A.S. 1 146 820 Kl. 89k vom 15/6.1960, ausg. 4/4.1963. A.Prior. 17/6.1959., id.mit F.P. 1 260 348 u.Can.P. 647 265. - Ref.C.A. 59. 2999f (1963), C. 1964. 11-2597, Stärke 16. 341 (1964).

Stärkeprodukt zum Steifen von Wäsche. Kündig, B. Schwz.P.356 107 vom 23/12.1960., ausg. 29/9.1961. - Ref.C. 1962. 15816, Ref.J. Chem.(russ.) 1962. 10 N366.

Herstellung von Wäschestärke. Hercules Powder Co. (Erfinder: Harrison, J.R.). Can.P. 646 391 vom 27/1.1960., ausg.7/8.1962. A.Prior. 29/5.1959; id.mit A.P. 3 049 434. - Ref.C. 1965. 35-2910.

Bügelstärke. Pennsalt Chemicals Corp. (Erfinder: Koob, J.H. und Staubly, J.L.). Can.P. 647 265 vom 6/6.1960., ausg. 21/8.1962. A.Prior. 17/6.1959; id.mit D.A.S. 1 146 820. - Ref.C. 1965. 39-2956.

Verhinderung der Verfärbung von "instant starch". Pennsalt Chemicals Corp. E.P. 906 097 vom 13/6.1960., ausg. 19/9.1962. A.Prior. 17/6.1959. - Ref.C. 1964. 39-2600.

Flüssige, nicht gelierende Wäschereistärke. A.E.Staley Mfg.Co. (Erfinder: Miller, J.L.). A.P. 2 999 761 vom 20/2.1959., ausg. 12/9.1961. - Ref.C. 1964. 8-2849, Ref.J.Chem.(russ.) 1963. 1 R311.

Wäschestärke und Verfahren zur Herstellung derselben. Hercules Powder Co. (Erfinder: Harrison, J.R.). A.P. 3 049 434 vom 29/5.1959., ausg. 14/8.1962. - Ref.J.Chem.(russ.) 1964. 7 R426, C.A.(M.) 58. 652d (1963), C. 1964. 48-2728.

In kaltem Wasser dispergierbare Stärkeprodukte. Scholten's Chemische Fabrieken, N.V.W.A. E.P. 816 049 vom 8/7.1959; id.mit A.P. 2 967 110. - Ref.C.A. 53. 20868h (1959), C. 1961. 3841.

Untersuchungen über Stärken und Steifungsmittel für Wäsche. Viertel, O. Wäscherei-Techn. u.Chem. 11. 384-92 (1958). - Ref.C. 1959. 2326.

Verfahren zum Stärken oder dgl. von Wäsche und Dampfbügeleisen zur Ausübung dieses Verfahrens. Faveau, P. D.B.P.1016 226 vom 26/9.1957, ausg. 13/3.1958. - Ref.Stärke 10. 212 (1958).

Wäschestärke. National Industrial Products Co., übert.von: Miley, W.M., Hughes, S.B. und High, R.L. A.P. 2 876 125 vom 10/6. 1957, ausg. 3/3.1959. - Ref.C. 1960. 11864, Ref.J.Chem.(russ.) 1961. Nr.5 N325, C.A. 53. 11867b (1959).

Flüssige Wäschestärke. Corn Products Co. (Erfinder: Katzbeck, W.J.). A.P. 2 999 031 vom 5/9.1957., ausg. 5/9.1961. - Ref.C. 1963. 16396.

Wäschestärke. Corn Products Co., übert.von: Katzbeck, J. A.P. 2 938 809 vom 10/6.1957., ausg. 31/5.1960. - Ref.C. 1961. 8145, Stärke 14. 259 (1962), Ref.J.Chem.(russ.) 1961. 16 N364.

Flüssige Wäschestärke. Staley Mfg.Co. (A.R. Fuller). A.P.2 796 354 vom 18/6.1957. - Ref.C.A. 51. 13433g (1957), C. 1959. 1314.

Stärken bzw. Versteifen von Wäschestücken. Hatcher, R.A. A.P. 2 907 676 vom 14/11.1956., ausg. 6/10.1959. - Ref.C. 1960. 11155.

Wäschereistärke. American Tansul Co. (Erfinder: Peter, B.J.). E.P. 803 123 vom 24/2.1956, ausg. 15/10.1958; id.mit A.PP. 2 745 760 u. 2 745 761. - Ref.C. 1960. 7367.

Wäschestärke. Staley, A.E., Mfg.Co. E.P. 788 758 vom 19/9.1955, ausg. 8/1.1958. - Ref.C. 1959. 10419.

Flüssige Wäschestärke. Chaney, B.J. A.P. 2 702 755 vom 22/2.1955. - Ref.C.A. 49. 7880c (1955), Stärke 7. 128 (1955), C. 1956. 4597.

Wäschestärkemittel. Esch, A. D.B.P. 936 866 vom 24/11.1955. - Ref.Stärke 8. 15 (1956), C.A. 52. 17768d (1958).

Bestimmung des Wassergehaltes in Glanzstärke mit Boraxzusatz. Dörner, H. Stärke 6. 124-27 (1954). - Ref.C. 1955. 2322.

Waschbeständige Haushalts-Stärken. Ohl, F. Seifen-Oele-Fette-Wachse 80. 424-26 (1954). - Ref.C. 1950/54. 9362 S.

Glanzstärke. Busch, J., Krecke, R. und Ritter, H. D.B.P. 906 684 vom 4/2.1954. - Ref.Stärke 7. 65 (1955).

Wäschereistärke. American Tansul Co., übert.von: Peter, B.J. A.P. 2 745 761 vom 13/7.1953, ausg. 15/5.1956; id.mit E.P. 803 123. - Ref.C.A. 50. 14252g (1956), C. 1957. 3422.

Wäschereistärke. American Tansul Co., übert.von: Peter, B.J. A.P. 2 745 760 vom 5/10.1952., ausg. 15/5.1956. - Ref.C.A. 50. 14252g (1956), C. 1957. 3422.

Versteifungsmittel für Wäsche. Canadian Industries Ltd., übert.von: Allenby, O.C.W. u. MacKenzie, J.C. A.P. 2 653 140 vom 19/11. 1952, ausg. 22/9.1953. Can.Prior. 9/10.1951. - Ref.C. 1954.9887.

Wäschestärke. Universal Oil Products Co., übert.von: G.L. Hervert. A.P. 2 728 683 vom 9/9.1952, ausg. 27/12.1955. - Ref.C. 1956. 12988.

Wäschestärke. Seegrist, T.A. A.P. 2 979 373 vom 26/1.1951., ausg. 11/4.1961. - Ref.C. 1962. 17968, Stärke 14. 435 (1962).

Klümpchenfreie Wäschestärke durch Paraffinzusatz. Esch, A. P. der DDR 2 914 vom 3/8.1951, ausg. 28/11.1952. - Ref.Stärke 5. 94 (1953), C. 1954. 9643.

Plätt- und Glanzstärke aus Kartoffelmehl. Esch, A. P.der DDR 2 985 Kl. 8k vom 18/8.1950, ausg. 9/12.1952. (Ausschließungs-patent). - Ref.C. 1954. 9643.

Bügelstärke. Johnson, S.C. & Son, Inc., übert.von: C.T. Rood. E.P. 662 945 vom 28/1.1949, ausg. 12/12.1951. A.Prior. 16/9. 1948. - Ref.C. 1953. 3499.

Bügelstärke. Johnson, S.C. & Son, Inc., übert.von: J.R. Hill. E.P. 662 944 vom 28/1.1949, ausg. 12/12.1951. A.Prior. 16/9. 1948. - Ref.C. 1953. 8751.

Stärkeprodukt. Corn Products Refining Co., übert.von: Pigman, W.W., Kerr, R.W. und Schink, N.F. Can.P. 503 075 vom 13/8.1949, ausg. 25/5.1954. A.Prior. 21/5.1948; id.mit A.P. 2 609 326. - Ref.C. 1960. 12191.

Wäschestärke für den Haushalt. Johnson, S.C. & Son, Inc., übert. von: C.T. Rood. A.P. 2 563 661 vom 16/9.1948, ausg. 7/8.1951. - Ref.C. 1953. 8751.

Herstellung von kaltwasserlöslicher Wäschestärke. Corn Products Refining Co., übert.von: W.W. Pigman, R.W. Kerr u. N.P. Schink. A.P. 2 609 326 vom 21/5.1948, ausg. 2/9.1952. - Ref.C. 1954. 671.

Herstellung von Wäschestärke. Pecker, J.S. E.P. 624 426 vom 5/3.1946.

Glanzstärke. Hoffmann's Stärkefabriken AG. (Erfinder: Busch, J., Krecke, R. und Ritter, H. D.P. (DDR) 1 948 Kl. 8k vom 26/2. 1943, ausg. 15/1.1953. (Ausschließungspatent). Zusatz zu D.P. (DDR) 1 079.

Wäschestärke. Peters, A.F. A.P. 2 435 901 vom 25/8.1945. - Ref.C. 1948. E. 1004.

Wäschestärke und Appreturmittel. Hoffmann's Stärkefabriken. Belg.P. 452 678 vom 12/10.1943, Auszug veröff. 28/6.1944. D.Prior. 15/12.1938. - Ref.C. 1945. I. 851.

Glanzstärke. Hoffmann's Stärkefabriken (Erfinder: J. Busch, R. Krecke u. H. Ritter). P.der DDR 1948 Kl. 8k vom 26/3.1943, ausg. 15/1.1953. (Ausschließungspatent) Zusatz zu P.der DDR 1 079. - Ref.C. 1954. 9876.

Glanzstärke. Hoffmann's Stärkefabriken AG. (Erfinder: J. Busch, R. Krecke u. H. Ritter). D.B.P. 906 684 Kl. 8k vom 26/2.1943, ausg. 15/3.1954. Zusatz zu D.B.P. 899 786; C. 1954. 8942. - Ref.C. 1955. 254.

Glanzstärke. Hoffmann's Stärkefabriken AG. (Erfinder: Krecke, R.). D.P. (DDR) 1 947 Kl. 8k vom 26/1.1940, ausg. 14/1.1953. (Ausschließungspatent).

Glanzstärke. Hoffmann's Stärkefabriken (Erfinder: Krecke, R.). D.P. (DDR) 1 946 Kl. 8k vom 26/1.1940, ausg. 11/11.1952. (Ausschließungspatent).

Glanzstärke für die Wäscheplätterei. Hoffmann's Stärkefabriken (Erfinder: R. Krecke). P.der DDR 1 079 Kl. 8k vom 5/10.1939, ausg. 22/6.1952. (Ausschließungspatent). - Ref.C. 1954. 6135.

Glanzstärke. Hoffmann's Stärkefabriken AG. (Erfinder: R. Krecke). D.B.P. 899 786 Kl. 8k vom 5/10.1939, ausg. 17/12.1953. - Ref.C. 1954. 8941.

Glanzstärke. Lien, Svanhild. N.P. 60 419 vom 16/2.1938, ausg. 6/2.1939. - Ref.C. 1940. I. 644.

Wäscheversteifungsmittel. Hoffmann's Stärkefabriken AG. (Erfinder: Reschke, K.). D.R.P. 717 273 Kl. 8i vom 9/7.1937, ausg. 10/2. 1942. - Ref.C. 1942. I. 2839.

Wäschestärkemittel. Fritz Schulz jun. AG. (Erfinder: Reichardt, A., Hahn, A. und Probst, K.L.). D.R.P. 707 018 Kl. 8i vom 29/4. 1937, ausg. 11/6.1941. - Ref.C. 1941. II. 2754.

Wäschestärke. Hall Laboratories Inc., übert.von: R.E. Hall. A.P. 2 149 734 vom 17/6.1937, ausg. 7/3.1939. - Ref.C. 1939. II. 270.

Über die konduktometrische Bestimmung von Borax in Glanzstärken und über die Wertbestimmung von technischen Boraxen. Konn, V. Chem. Obzor 11. 68-71 (1936). - Ref.C. 1936. II. 2821.

Stärken von Wäsche. International Patents Development Co. F.P. 806 698 vom 23/5.1936, ausg. 22/12.1936. A.Prior.7/9.1935. - Ref.C. 1937. I. 2711.

Wäschestärke. Ultrazell GmbH. F.P. 803 753 vom 19/3.1936, ausg. 8/10.1936. - Ref.C. 1937. I. 2711.

Herstellung von Wäschestärke. Bierly, G.M. A.P. 2 014 794 vom 11/6.1934, ausg. 17/9.1935. - Ref.C. 1936. I. 3427.

Boraxhaltige Plättstärke. Arnold Holste,Wwe. D.R.P. 647 997 Kl.8k vom 6/1.1934, ausg. 16/7.1937. - Ref.C. 1937. II. 3681.

Herstellung von Plättstärke. Hall Laboratories Inc., übert.von: R.E. Hall. A.P. 2 009 692 vom 19/4.1934, ausg. 30/7.1935. - Ref.C. 1935. II. 3848.

Einfluß vorhergehenden Stärkens auf die Leichtigkeit des Waschens von Baumwollgeweben. Stout, L.E. und Schiermeier, K.F. Ind.Engng.Chem. 25. 1403-05 (1933). - Ref.C. 1934. I. 1413.

Ausdehnung der Verwendungsmöglichkeiten für Natriumperborat. McKeown, J. und Stewart, M.E. Chem.Markets 30. 45-48 (1932). - Ref.C. 1932. I. 2496.

Die Steifigkeit, die in Textilwaren mit verschiedenen Stärken und Stärkemischungen erzeugt wird. Peterson, E.C. Textile Colorist 51. 531-34 (1929). - Ref.C. 1929. II. 2392.

Die Steifigkeit von Fabrikaten, die mit verschiedenen Stärken und Stärkemischungen erzeugt wird. Peterson, E.C. Textile Colorist 51. 448-52 (1929). - Ref.C. 1929. II. 1872.

Die Bestimmung des Borax in boraxhaltiger Stärke. Trost, F. Industria chimica 4. 868-69 (1929). - Ref.C. 1930. I. 3732.

Stärke. Nanji, D.R. E.P. 273 481 vom 23/6.1926, ausg. 28/7.1927. - Ref.C. 1927. II. 2018, C.A. 22. 2076 (1928).

Doppelt gestärktes oder gekleistertes Steifleinen. Cotton 89. 1037-1039 (1925). - W.Ref. 2586B.

Waschen von halbsteifen Kragen. - Beeinflussungen beim Stärken der Kragen. Sullivan, O. Starchroom laundry J. Dez. 1924. 163. - W.Ref. 2583A.

Glanzgarn. Harper, C.H. Cotton 88. 265-267 (1924). - W.Ref. 2580A.

Wäschestärke. The Keever Starch Company, übert.von: E.N. McVeigh. Can.P. 246 416 vom 13/3.1924, ausg. 27/1.1925. - Ref.C. 1926. I. 2983.

Herstellung von Wäschereistärke. Staley Mfg. A.E., Co., übert.von: L.O. Gill. A.P. 1 656 190 vom 25/4.1923, ausg. 17/1.1928. - Ref.C. 1928. I. 1916.

Über Versuche, Kartoffelstärke zum Rohstärken (Steifstärke) der feinen Wäsche geeignet zu machen. Parow, E. Z.Spiritusind. 46. 33, 39 (1923). - Ref.C. 1923. II. 1219.

Verbesserte Wäschestärke. Chem.Age 30. 142 (1922). - W.Ref. 2554.

Der gestärkte Kragen. Cluett, E.H. Starchroom laundry J. Okt.1921. 117. - W.Ref. 2552A.

Verfahren zur Herstellung eines Klebemittels aus Kartoffelstärke. Kantorowicz, J. F.P. 532 960 vom 29/3.1921, ausg. 16/2.1922. - Ref.C. 1922. II. 881.

Verfahren zur Herstellung einer auch zum Stärken von Feinwäsche geeigneten Stärke aus Kartoffelstärke. Ringe & Co. D.R.P. 346 882 vom 22/1.1921, ausg. 9/1.1922. - Ref.C. 1922. II. 335.

Zur Aufklärung über Kartoffelmehl. Parow. Z.Spiritusind. 44. 69 (1921). - Ref.C. 1921. II. 1070.

Verfahren zur Herstellung von Wäschestärke. McVeigh, E.N. A.P. 1 406 050 vom 19/5.1920, ausg. 7/2.1922. - Ref.C. 1922. II. 951.

Zur Abhandlung "Über Ersatzmittel für Weizenstärke". Hoffmanns Stärkefabriken AG. Z.Spiritusind. 42. 379-380 (1920). - Ref.C. 1920. II. 194.

Ersatzmittel für Wäschestärke. Z.Spiritusind. 42. 359 (1919). - W.Ref. 1977.

Auswahl chemisch-technischer Vorschriften. Blumk, G. Chem.-techn. Ind. 1919. Heft 9. 4. - Ref.C. 1919. IV. 16

Lösliche Stärke zum Wäschestärken. Reinke, O. Chem.-Ztg. 42. 422 (1918). - Ref.C. 1919. II. 505.

Analysen von Wäschestärkemitteln. Kühl, H. Seifensieder-Ztg. 45. 462 (1918). - W.Ref. 1972, C. 1919. II. 857.

Das Steifen von Rock-Gurtband. Textile Wld.J. 53. 2525 (1917). - W.Ref. 2522.

Nutzbarmachen gebrauchter Stärke in Wäschereibetrieben. Chemisch-Technische Anstalt für die Wäscheindustrie GmbH. Oe.P. 69 790 vom 29/7.1914.

Verfahren zur Herstellung eines den Heißkalander ersetzenden Stärkepräparates für Plättwäsche. Hamburger, A. D.R.P. 233 245 Kl. 8k vom 21/5.1908, ausg. 3/4.1911.

Flüssiger Stärkeglanz (Auszug). C. 1881. 144. - W.Ref. 2465.

Untersuchung des Steifungsvermögens einiger Stärkesorten. I. Wiesner, J. Dinglers polytechn.J. 190. 154-157 (1868). - W.Ref. 2449.

428. Zeugdruck und Druckfarben

(Stärke und Stärkederivate. Auch Verdickungsmittel)

Einige Eigenschaften von γ-bestrahlter Stärke und Pfropf-Copolymeren als Pasten und Färbereihilfsmittel. Mishina, A., Yoshimoto, Y. und Nikuni, Z. J.agric.chem.Soc.Japan 37. 43-45 (1963). - Ref.C.A. 62. 10583c (1965).

Acrylonitril-Polymere mit antistatischen und verbesserten Färbeigenschaften. Union Rheinische Braunkohlen Kraftstoff AG. (Erfinder: Wehr, W. und Wollmann, K.). E.P. 1 005 685 vom 27/5. 1963., ausg. 29/9.1965. - Ref.C.A. 63. 16578b (1965).

Neuzeitliche Verdickungsmittel beim Druck auf Polyamid-Webtrikot. Porges, W. SVF Fachorg.Textilveredl. 18. 791-95 (1963). - Ref.C. 1966. 4-2688.

Einfluß einiger intermolekularer Änderungen der Maisstärke auf ihre Eigenschaften als Verdickungsmittel beim Druck mit Küpenfarbstoffen. Dimov, K., Valtschewa, R., Gvosdieva, R. und Kaltschev, E. Melliand Textilber. 43. 270-72 (1962). - Ref.C. 1962. 12105.

Die Anwendung der Stärke und ihrer Derivate im Textildruck. Schüller, P. Stärke 14. 131-34 (1962). - Ref.C.A. 57. 4900i (1962), C. 1963. 9505.

Die Anwendung von Wasserstoffsuperoxid bei der Herstellung von Dickungsmitteln aus Stärke. Jakimow, G.I., Tschernomordik, A.S. und Kusnetzowa, A.P. Textil-Ind.(russ.) 21. Nr.10. 62-63 (1961). - Ref.C. 1962. 19017.

Modifizierung der Streichfarben durch Amine. Claxton, A.W. Tappi 43. 235-41 (1960). - Ref.C. 1961. 2830.

Neue Verdickungsmittel in der Textildruckerei. Porges, W. Adhäsion 4. 533-35 (1960).

Wässerige Pigmentzusammensetzungen. Imperial Chemical Industries Ltd. (Erfinder: Gomm, A.S., Morgan, L.B. und Wood, L.). E.P. 895 657 vom 9/9.1959, ausg. 2/5.1962. - Ref.C. 1963.21008.

Untersuchung der Eigenschaften von Verdickungsmitteln und Druckfarben. I. Mitt. Ssadow, F.I. und Chen, Ssin Men. Hochschulnachr.(Iwanowo) Technol.Textil-Ind.(russ.) 1959. Nr.5. 111-16. - Ref.C. 1963. 22150.

Erhöhung des Pigmentgehaltes in wäßrigen Farbpigmentpasten. J.R.Geigy AG. (Erfinder: Balassa, L.L.). Schwz.P. 347 169 vom 24/6.1959., ausg. 15/8.1960. A.Prior. 23/7.1958. - Ref.C. 1961. 13727.

Einfluß verschiedener intermolekularer Veränderungen bei Maisstärke auf ihre Eigenschaften als Dickungsmittel zum Drucken mit Küpenfarben. Dimow, K., Wulchewa, R., Gwozdjewa, R. und Kalchew, E. Textil-Ind.(bulg.) 8. Nr.9. 37-42 (1959). - Ref.C.A. 54. 17890i (1960).

Tiefenmusterung von Geweben oder Gewirken aus Schrumpfgarnen. Heberlein & Co. AG. E.P. 833 145 vom 2/4.1958., ausg. 21/4. 1960. Oe.Prior. 18/4.1957. - Ref.C. 1961. 9253.

Gleichmäßiges Färben von Textilfabrikaten. Kalle & Co. AG. (Erfinder: Schnupp, W., Vorck, C. und Hoffmann, R.). E.P. 788 369 ausg. 2/1.1958. - Ref.C.A. 52. 9614i (1958).

Zur Frage der Plastifizierung von Stärkepasten. Schicher, M.G. und Rybkina, L.A. J.angew.Chem.(russ.) 31. 315-19 (1958). - Ref.C. 1959. 11752, Stärke 12. 251 (1960).

Glasfaserdruckerzeugnisse und entsprechende Pasten. Owens-Corning Fiberglas Corp. (Erfinder: O'Flahavan, J.M.) D.B.P. 957 835 Kl. 8m ausg. 7/2.1957. - Ref.C.A. 53. 6640h (1959).

Herstellung von Zeugdruckpasten. Auer, L. und J.R.Geigy Soc.An. E.P. 808 925 vom 28/5.1956., ausg. 11/2.1959. A.Prior. 26/5.1955. - Ref.C. 1960. 15912.

Herstellung von Zeugdruckpasten. Auer, L. und J.R.Geigy Soc.An. Belg.P. 548 062 vom 24/5.1956, ausg. 6/11.1959. A.Prior. 25/5. 1955. - Ref.C. 1960. 15912.

Nachbehandlung der Färbungen von Celluloseestergeweben. Ciba Soc. An. (Erfinder: Raff, F., McGuire, R.T. und Palestri, R.J.). F.P. 1 154 238 vom 20/6.1956., ausg. 3/4.1958. A.Prior.22/6. 1955. - Ref.C. 1961. 17395.

Reduktives Ätzen von mit Dispersionsfarbstoffen erzeugten Färbungen auf celluloseesterhaltigen Geweben. Ciba AG. (Erfinder: Raff, F., McGuire, R.T. und Palestri, R.J.). D.A.S.1 103 288 Kl. 8n vom 13/6.1956., ausg. 30/3.1961. A.Prior. 22/6.1955. - Ref.C. 1962. 6218.

Herstellung einer haltbaren stärke- und borathaltigen Pigmentdispersion für die Verwendung im Textildruck. J.R. Geigy AG. (Erfinder: Balassa, L.L.). Schwz.P. 350 272 vom 26/5.1956., ausg. 14/1.1961. A.Prior. 26/5.1955. - Ref.C. 1962. 3632.

Behandlung von Geweben zur Erleichterung des Bedruckens. Angeletti, G. It.P. 550 395 ausg. 26/10.1956. - Ref.C.A. 53. 9684h (1959).

Druckpaste für Textilien. Kunstzijdespinnerij Nyma, N.V. (Lanczer, J.M.). Holl.P. 78 917 vom 15/8.1955. - Ref.C.A. 50. 8219b (1956).

Herstellen von Oberflächeneffekten auf Geweben und Wirkwaren. Buisson. J. F.P. 1 109 686 vom 2/10.1954., ausg. 31/1.1956. - Ref.C. 1960. 1716.

Herstellung egaler Färbungen. Kalle & Co. AG. (Erfinder: Schnupp, W., Hoffmann, R. und Vorck, C.). D.A.S. 1 014 070 Kl. 8m vom 27/2.1954, veröff. 22/8.1957. - Ref.C. 1958. 1431.

Zeugdruckverfahren. Huck, J. F.P. 1 081 641 vom 27/7.1953., ausg. 21/12.1954. - Ref.C. 1956. 5967.

Herstellung eines Stärkekomplexpigments. Vanderbilt Company R.T. (Erfinder: Craig, W.L.). A.P. 2 824 099 vom 24/9.1953., ausg. 18/2.1958. - Ref.C. 1960. 6332, C.A. 52. 17752 (1958).

Bestäubungspulver für frische Drucke. Oxy-Dry Sprayer Corp., übert.von: L.J. La Brie und J.E. Fenn. A.P. 2 647 892 vom 11/7. 1950, ausg. 4/8.1953. - Ref.C. 1955. 1642.

Eindicken von Druckpasten bei Filmdrucken. Franken, A. Reyon, Zellwolle andere Chemiefasern 30. 357-58 (1952). - Ref.C.A. 46. 9314a (1952).

Das Verhalten der Verdickungen beim Dämpfen. Rev.gén.Teinture, Impress., Blanchiment, Apprêt 29. Nr.6. 3-9 (1952). - Ref.C. 1952. 5980.

Grundlegende Verfahren bei Textildrucken. IV. Übertragung von Säurefarbstoffen auf Cellulose während des Dämpfens. Patel, R.B. und Turner, H.A. J.Soc.Dyers Colourists 68. 77-87 (1952). - Ref.C.A. 46. 4801d (1952).

Herstellung wasserunlöslicher, nichtquellbarer organischer Pigmente. Badische Anilin- & Soda-Fabrik (Erfinder: Schöller, C.). D.B.P. 840 542 Kl. 12o vom 14/3.1950., ausg. 3/6.1952. - Ref.C. 1952. 6290, C.A. 49. 12855f (1955).

Polysaccharid-carboxy-äther im Steindruck. Harris-Seybold Co., übert.von: Wm.H. Wood. A.P. 2 589 313 vom 18/3.1952. - Ref.C.A. 46. 6024H (1952).

Stärke und Metallsalze beim Textildruck. Haller, H. Rev.gén Teinture, Impress., Blanchiment, Apprêt (Tiba) 28. 11-15 (1951). - Ref.C. 1956. 268.

Indigosole: Einige Beobachtungen über das Verhalten beim Drucken. Borai, A.M.A. und Turner, H.A. Dyer, Textile, Printer, Bleacher, Finisher 106. 525 (1951). - Ref.C. 1952. 2925.

Einige Beobachtungen über die Verwendung von Verdickungsmitteln für den Textildruck. Textile Recorder 69. Nr. 825. 91-93 (1951). - Ref.C. 1952. 6933.

Grundlegendes Verfahren bei Textildrucken. 3. Mitt. Übertragen von Indigosolen auf Cellulose beim Dämpfen. Borai, A.E. und Turner, H.A. J.Soc.Dyers Colourists 67. 586-97 (1951). - Ref.C.A. 46. 4235i (1952).

Untersuchungen über die grundlegenden Verfahren des Textildrucks. 2. Mitt. Der Einfluß der Zusammensetzung der Verdickungsmittel auf den Farbstoffübergang beim Dämpfen. Reilly, D.A. und Turner, H.A. J.Soc.Dyers Colourists 67. 103-15 (1951). - Ref.C. 1951. II. 2253.

Über Druckverdickungsmittel besonders auf Stärkebasis. Zonnenberg, J. J.Soc.Dyers Colourists 66. 132-40 (1950). - Ref.C. 1950. II. 341.

Stärke und Metallsalze. Haller, R. Melliand Textilber. 31. 49-50 (1950). - Ref.C. 1950. I. 1282.

Trockenes Küpenfarbstoffpräparat. Ciba AG. Schwz.P. 276 120 vom 11/2.1949, ausg. 1/10.1951. - Ref.C. 1952. 6441.

Die Kunst der Indigofärberei in der Welt. Dyer,Textile,Printer, Bleacher, Finisher 102. 626 (1949). - Ref.C. 1950. II. 341.

Farbverdickungen für den Maschinen-, Hand- und Filmdruck. Dtsch.Textilgewerbe 1. 115 (1949). - Ref.C. 1950. I. 123.

Herstellung von Druckpasten. Girdler Corp. E.P. 653 244 vom 30/6. 1947, ausg. 9/5.1951. A.Prior. 19/7.1946. - Ref.C. 1953. 4944.

Dickungsmittel für Druckfarben und Drucktinten. Kornis, K. F.P. 958 145 vom 29/12.1947, ausg. 3/3.1950. - Ref.C. 1950. II. 1628.

Deformationseigenschaften der Verdickungsmittel. Schichter, M.G. J.appl.Chem.(russ.) 19. 542-52 (1946). - Ref.C. 1947. 524.

Verfahren zur Herstellung von Verdickungen für den Textildruck aus Kartoffelmehl sowie dem dabei gebrauchten trockenen Zwischenprodukt. W.A.Scholten's Aardappelmeelfabrieken, N.V. (Erfinder: Krizkovsky, F.L.P. und Hofman, T.F.H.). Holl.P. 58 851 Kl. 89k vom 6/11.1943, ausg. 15/2.1946.

Verdickungsmittel für Druckfarben. Kornis, J. Schwz.P. 251 101 vom 2/6.1943, ausg. 2/8.1948. Ung.Prior. 30/9.1942. - Ref.C. 1948. E 826.

Herstellung eines Verdickungsmittels für Druckpasten zum Bedrucken von Textilstoffen. Kornis, J. Schwz.P. 246 970 vom 2/6.1943, ausg. 1/11.1947. Ung.Prior. 17/6.1942. - Ref.C. 1949. E. 2502.

Die einheimischen Austauschstoffe für den Offsetdruck. Graph. Betrieb graph.Techn. 17. 242-44 (1942). - Ref.C. 1942. II.2853.

Stärkefarben. Giorn.Chimici 36. 172-74 (1942). - Ref.C. 1944. II. 75.

Über neue Stärkeverdickungsmittel aus hydrolysierter Stärke für basische Druckfarben. Posdejew, M.F. Baumwoll-Ind.(russ.) 10. Nr.4/5. 54-56 (1940). - Ref.C. 1941. I. 700.

Neue Versuche über die Wechselbeziehung zwischen Quellung und Lösung der Farbstoffe in Druckverdickungen. Gerber, H. Melliand Textilber. 21. 144 (1940). - Ref.C. 1940. I. 3181.

Verdickungsmittel für den Zeugdruck. Stein, Hall u. Co., übert. von: Piana, F.G. La. A.P. 2 220 573 vom 7/1.1939, ausg. 5/11. 1940. - Ref.C. 1941. I. 2454.

Herstellung von feinverteilter, trockener, gelatinierter Stärke. Stein, Hall, Co., übert.von: Bauer, H.F. A.P. 2 216 179 vom 15/1.1947, ausg. 1/10.1940. - Ref.C. 1941. I. 2049.

Über die Diffusion von Farbstofflösungen in Druckverdickungen. Gerber, H. Melliand Textilber. 20. 713-14 (1939). - Ref.C. 1940. I. 1749.

Batikfärbungen. I.G. Farbenindustrie AG. Holl.P. 53 630 vom 10/7. 1939, ausg. 15/6.1942. - Ref.C. 1942. II. 2207.

Verdickungsmittel für Zeugdruck. Straschnow, J. E.P. 518 510 vom 10/1.1939, ausg. 28/3.1940. - Ref.C. 1941. I. 120.

Versuche über die Wasseraufnahme der Druckverdickungen beim Dämpfprozeß. Gerber, H. und Grünn, P. Melliand Textilber. 20. 439-40 (1939). - Ref.C. 1939. II. 1974.

Versuche über Verwendbarkeit einiger neuer Verdickungen im Zeugdruck. Pezold, E.von. Melliand Textilber. 19. 516-517, 593-594, 743-744 (1938). - Ref.C. 1938. II. 2351, 3462.

Neue Versuche mit Emulsionen als Verdickungsmittel im Zeugdruck. Druckverdickungen auf Stärke-Tragantbasis. Gerber, H. Melliand Textilber. 19. 804-07 (1938). - Ref.C. 1938. II. 4128.

Neue Dickungsmittel. Kiernan, J.A. J.Soc.Dyers Colourists 53. 379 (1937).

Eine grundlegende Arbeit über Küpen-Druckpasten. Glarum, S.N. Textile Res. 8. 56-58 (1937).

Glucose in der Färberei und Druckerei. Dyer, Textile,Printer, Bleacher,Finisher 77. 387-88 (1937). - Ref.C. 1937. II. 2075.

Über Bewertung von Verdickungsmitteln im Textildruck. Pezold, E. von. Melliand Textilber. 17. 222-223, 330-331, 418-420 (1936). - Ref.C. 1936. II. 186.

Färben mit schwer egalisierenden Küpenfarbstoffen aus der Hydrosulfitküpe. Gesellschaft für Chemische Industrie in Basel. F.P. 776 146 vom 19/7.1934, ausg. 17/1.1935. Schwz.Prior.19/8. 1933. - Ref.C. 1935. I. 3852.

Etwas über Stärke und ihre Anwendung. Skalnik, K.M. Textile Colorist 53. 24-56 (1931). - Ref.C. 1931. I. 1981.

Verdickungen für Textildruck. Scholten's Chemische Fabrieken u. F.A. Möller. F.P. 732 306 vom 5/8.1931, ausg. 19/9.1932. - Ref.C. 1933. II. 284.

Verdickungen für Textildruck. W.A. Scholten's Chemische Fabrieken, N.V. (Erfinder: Groves, W.W.). E.P. 392 178 vom 6/8.1931, id. mit F.P. 732 306. - Ref.C. 1933. II. 284.

Verfahren zur Herstellung eines mit kaltem Wasser quellbaren Farbbindemittels. Henkel & Cie. GmbH. Schwz.P.P. 137 128 u.137 129 vom 4/4.1928, ausg. 1/3.1930. D.Prior. 21/4.1927. Zus.zu Schwz. P. 134 950. C. 1930. I. 4273. - Ref.C. 1930. II. 475.

Glukose-Verfahren für Indigo-Küpenfärberei. Tschilikin, M. Melliand Textilber. 9. 926-928 (1928).

Maschineller Kattundruck. Nanson, W.B. Cotton 89. 354-357 (1925). - W.Ref. 2589A.

Maschineller Kattundruck. Nanson, W.B. Cotton 88. 1132-1134, 1177 (1924); 89. 811-814, 1116-1118, 1126 (1925). - W.Ref. 2581A.

Stärkeverdickungen. Z.Textilind. 26. 40-41 (1923). - Ref.C. 1923. II. 966.

Diskussion über Fehler beim Färben. Lloyd, L.L. J.Soc.Dyers Colourists 37. 100-103 (1921). - W.Ref. 2547, C.A. 16. 1870 (1922).

Zur Frage der Fixation von Ultramarin. Stein, G. Melliand Textilber. 2. 176-177 (1921). - W.Ref. 2552B.

Kann Dextrin einen Stärkekleister bei kurzer Kochzeit in eine leichtflüssige Form bringen? Uhler, E. Färber-Ztg. 62. 80-81 (1913). - W.Ref. 121, C.A. 7. 1633 (1913).

Analyse von stärkehaltigem Indigo. Frank, G.H. und Perkin, A.G. J.Soc.chem.Ind. 31. 372-373 (1912). - W.Ref. 1901, C. 1912. II. 966.

Bestimmung von Indigotin in Gegenwart von Stärke. Thomson, W. J.Soc.Dyers Colourists 27. 49-52 (1911). - W.Ref. 1900, C.A. 6. 297 (1912).

Wirkung des Lichtes auf Farbstoffsysteme. 2. Mitt. Gebhard, K. Z.angew.Chem. 22. 2484-2489 (1909). - W.Ref. 2482.

Über die Prüfung und Analyse gewisser bei der Färbung und beim Kattundruck gebrauchter Stoffe. Williams, R. J.Soc.chem.Ind. 5. 72-75 (1886). - W.Ref. 1941.

Über ein Mittel zum Ersatz des Pfeifentons beim Gewebedruck. Breuer, O. Bull.Soc.ind.Mulhouse 55. 322-323 (1885). - W.Ref. 2469.

Eine neue Methode zur Befestigung der Anilinfarben auf Baumwolle. Reimann, M. Dinglers polytechn.J. 202. 380-382 (1871). - W.Ref. 2451.

429. Imprägnierungen

(Vgl. auch Appretieren, Ausrüsten)

Das Leimen von Teppichen. Crone, H.R. J.Textile Inst. 48. 404-415 (1957).

Behandlung von Kunstfasern. E.I.du Pont de Nemours & Co. (Erfinder: Keefe, R.L. jr.). F.P. 1 154 922 vom 1/3.1956, ausg. 18/4.1958. A.Prior. 13/7.1955. - Ref.C. 1959. 13354.

Wasserlösliche Stärkeprodukte in Verbindung mit einem harzigen Fixativ. N.V.W.A. Scholten's Chemische Fabrieken (Erfinder: Lolkema, J. und van der Meer, W.A.). Holl. P. 81 917 ausg.16/7. 1956. - Ref.C.A. 51. 9192d (1957).

Imprägnierte Fasermatten. Wood Conversion Co., übert.von: Videen, O.R. - A.P. 2 813 806 vom 5/4.1955, ausg. 19/11.1957. - Ref.C. 1959. 8005, C.A. 52. 3356h (1958).

Allylstärke-Behandlung von Keratin-Geweben. Wilde, H.E. (Merck & Co.). A.P. 2 707 689 vom 3/5.1955. - Ref.C.A. 49. 13662i (1955).

Carbonisierbares Verstärkungsgewebe für Leichtstickereigewebe. Kendall Co., übert.von: Stamford, R.B. A.P. 2 741 569 vom 14/11.1952, ausg. 10/4.1956. - Ref.C. 1957. 1562.

Poliermasse für Schnüre. Ederer Corp., übert.von: C.L. Ederer. A.P. 2 725 302 vom 1/11.1952, ausg. 29/11.1955. - Ref.C. 1956. 14537.

Wasserabweisende Imprägnierung von Textilien. Textile Weekly 50. 102-04 (1952). - Ref.C. 1955. 2103.

Unlösliche Schutzüberzüge. Scholten's Chemische Fabrieken,N.V.W.A. übert.von: J. Lolkema und C.M.H. Kool. A.P. 2 541 773 vom 15/2.1946, ausg. 13/2.1951. Holl.Prior. 25/4.1941. - Ref.C. 1952. 789.

Verfahren zur Herstellung eines Kleisters für die Imprägnierung von Faserstoffen. Sandor, S. und Quittmann, P. (Erfinder: Hirsch, R.). Schwed.P. 116 157 Kl. 89k vom 10/7.1939, ausg. 2/4.1946.

Schutzmittel für tierische Faserstoffe bei deren Behandlung mit Säuren oder Laugen. I.G. Farbenindustrie AG. E.P. 396 050 vom 9/10.1931, ausg. 24/8.1933. - Ref.C. 1933. II. 3069.

Das Auffüllen gebleichter Waren in Indien. Band, H.R. Cotton 89. 246, 283 (1925). - W.Ref. 2585A.

Verfahren, um Geweben Seidenglanz zu verleihen. Botschen, H. Oe.P. 104 720 vom 19/3.1925, ausg. 25/11.1926. - Ref.C. 1927. I. 1220.

Stärkeverfahren zur Erhöhung der Beständigkeit von Geweben, Fäden und Fasern pflanzlichen Ursprungs. Lange. Génie ind. 38. 269-70 (1869). - W.Ref. 2200, C. 1870. 342.

43. Papierindustrie

430. Allgemeines

(Stärke bei der Papierherstellung, Papieruntersuchung, Geschichte des Papiers. Vgl. auch "Amylasen in der Papierindustrie": 944)

Schaumbildung und deren Kontrolle in der Papierindustrie. Petersen, K. Wbl.Papierfabrikat. 91. 771-80 (1963). - Ref.C.A.(M.) 59. 13005e (1963).

Anwendungen und Anforderungen für Stärke in der Papierindustrie. Greif, D.S. Paper Trade J. 146. Nr.50. 43-45 (1962). - Ref.C.A.(M.) 58. 14294h (1963).

Weizenstärke in der australischen Papierindustrie. Hönsch, W.M. Stärke 14. 58-63 (1962).

Industrielle Anwendung von Stärken in der Papier- und Textilindustrie. Harsveldt, A. Chem. and Ind. 1961. 2062-70.

Der wirkungsvollere Einsatz von Stärke bei der Papierherstellung. Millar, R.J.B. Pulp Paper Mag.Canada 62. T 201-T 204 (1961). - Ref.Stärke 14. 154 (1962).

Hilfsmittel der Papierindustrie. Nemes, A. Kolorisztikai Értesítö (Kolorist.Rdsch.) 2. 138-42 (1960). - Ref.C. 1964. 28-2803.

Stärke enthaltendes Papier. S.D.Warren Co. (Erfinder: Johnson,S.J. und Marra, W.H.). D.B.P. 1 085 029 ausg. 7/6.1960. - Ref.C.A.55 22822a (1961).

Herstellung von Papier. United States of America, Secretary of Agriculture (Erfinder: Hofreiter, B.T., Hamerstrand, G.E. und Mehltretter, C.L.). A.P. 3 067 088 vom 24/3.1960., ausg.4/12. 1962. - Ref.C. 1965. 4-3030.

Praktische Aspekte der Stärke-Chemie. Schoch, Th.J. Papier 14. 11-18 (1960). - Ref.C. 1960. 17318, Stärke 13. 148 (1961), Stärke 15. 113 (1963).

Die Anwendung von Stärke in der britischen Papierindustrie. Seaman, J. Stärke 11. 166-69 (1959).

Störende Einflüsse von Stärke und Titanoxyd auf die Bestimmung und das Verbleiben von Harzsäuren in Industrieabwässern von Papiermühlen. Jayme, G. und Reimann, K. Papier 13. 475-83 (1959). - Ref.C.A. 54. 892i (1960), C. 1960. 3736.

Verwendung verschiedener Stärkearten bei der Papierherstellung. Starch Products Ltd. (Millar, R.J.B.). Brit.Paper Board Makers' Assoc., techn.Sect. 39. 61-78 (1958). - Ref.C.A. 52. 21095e (1958).

Die Verwendung von Stärkespezialitäten bei der Papierherstellung. Millar, R.J.B. Proc.techn.Sect., Brit.Paper Board Makers' Assoc. (Inc.) 39. 61-78 (1958). - Ref.C. 1959. 987.

Verwendung von Stärke in der Papierindustrie. Roederer, H. Papier 10. 77-83 (1956). - Ref.C. 1956. 7962.

Papierherstellung. S.D.Warren Co. E.P. 773 732 vom 8/7.1955., ausg. 1/5.1957. A.Prior. 13/8.1954. - Ref.C. 1959. 988.

Stärke bei der Pappenherstellung. Graham, G.P. Pulp.Paper Mag. Canada 56. Nr.11. 118-21 (1955). - Ref.C. 1956. 5991.

Die Anwendung von Maisstärke in der Papierindustrie. Goldfrank, M. und Evans, J.W. Trans.Amer.Assoc.Cereal Chemists 12. 217-32 (1954). - Ref.C.A. 49. 1352e (1955), C. 1950/54. 8258S.

Über die Anwendung von Stärke in der Papierindustrie. Harsveldt,A. Norsk Skogindustri 8. 11-15 (1954). - Ref.C.A. 49. 5834b (1957).

Über weitere Verwendung von Maisprodukten bei der Papierherstellung. Lewis, F.A. Paper Ind. 34. 350-56 (1952). - Ref.C.A. 46. 7326g (1952).

Kartoffelstärke bei Papierherstellungsprozessen. Teil II. Stephenson jr., E.E. Paper Ind. 33. 413-16 (1951). - Ref.Stärke 4. 16 (1952).

Kartoffelstärke bei der Papierherstellung. Stephenson jr., E.E. Paper Ind. 33. 288-91 (1951). - Ref.C. 1952. 312.

Herstellung von Maisstärke. Kennedy, N. Tappi Monograph Series Nr.3. 82-87 (1947).

Herstellung von Kartoffelstärke. Gussman, L. und Frieden, A. Tappi Monograph Series Nr.3. 92-96 (1947).

Sagostärke. Britton, R.K. Tappi Monograph Series Nr.3. 101 (1947).

Wachsmaisstärke. Frieden, A., Britton, R.K. und Caldwell, C.G. Tappi Monograph Series Nr.3. 97-100 (1947).

Herstellung von Tapiokamehl. Gussman, L. und Frieden, A. Tappi Monograph Series Nr.3. 88-91 (1947).

Stärken für das Papierfach. Casey, J.P. Chem.Trade J.chem.Engr. 110. 438 (1942). - Ref.C. 1943. I. 2742.

Über Stärke in der Papiermacherei. Rowland, B.W. Paper Mill Wood Pulp News 63. Nr. 35. 50-56 (1940). - Ref.C. 1941. I. 1245.

Stärke für Papierhersteller. Roberts, J. Proc.Paper Maker's Assoc., techn.Sect. 192. 439-450 (1939).

Einige Gesichtspunkte bei Stärken in der Papierindustrie. Saxl,J.J. Paper Trade J. 105. Nr.13. 46-52 (1937). - Ref.C. 1938. I. 473.

Kolloidologie der Stärkehydrosole und des Stärkemehls sowie deren Anwendung in der Papiermacherei. Papeterie 57. 102-09. 150-54. 198-206 (1935). - Ref.C. 1935. I. 3739.

Stärkeprodukte in der Papiermacherei. Torre, P. Paper Mill Wood Pulp News 54. Nr.25. 15. 21-22 (1931). - Ref.C. 1931. II. 2533.

Stärke in der Papiermacherei. Govier, G.E. Paper-Maker 80. 85-90 (1930). - Ref.C. 1931. I. 1989.

Stärke in der Papierfabrikation. Strasser, J.P. Paper Ind. 11. 2205-09 (1930). - Ref.C. 1930. I. 3120.

Stärke in der Papierfabrikation. Govier, G.E. Paper-Maker 79. 373 B-6. (1930). - Ref.C. 1930. I. 3505.

Bedeutung der Stärkeviskosität bei der Herstellung von Papier und Textilien. Nivling, A. in R.P.Walton: A Comprehensive Survey of Starch Chemistry Part 1, S.188-214. Chemical Catalog Company, New York 1928.

Stärkeprodukte in der Papier- und Textilindustrie. Walton, R.P. Amer.Dyestuff Reporter 17. 371-74 (1928). - Ref.C. 1928. II. 1396.

Erfahrungen der Verwendung von Stärke im Papier. Wrede, H. Papierfabrikant 26. 301-09 (1928). - Ref.C. 1928. I. 3013.

Die Anwendung von Stärkemehlprodukten in der Papierfabrikation. Tromp, E. Papierfabrikant 23. 109-111 (1925). - W.Ref. 2591, C.A. 19. 1628 (1925), C. 1925. I. 1924.

Färben von stärke- oder cellulosehaltigen Produkten. Maison Breton Jean Fichot & Cie. Successeurs u.Société de Recherches et de Perfectionnements Industriels. F.P. 596 801 vom 28/7.1924, ausg. 2/11.1925. - Ref.C. 1926. I. 3369.

Stärke für die Papierherstellung. Paper Ind. 5. 1395-1396 (1923-24). - W.Ref. 2572.

Die Anwendung von Maisstärken in der Papierfabrikation. Wrede, H. Papierfabrikant 20. 1429-1433 (1922). - W.Ref. 2566, C. 1923. II. 109.

Die Stärke in der Papierfabrikation. Bol.Soc.fomento fabril 39. 688-691 (1922). - W.Ref. 2565.

Die Verwendung von Stärke in der Papierfabrikation. Nivling, W. Paper Trade J. 75. July 13, 32-38 (1922). - W.Ref. 2561.

T.A.P.P.I. Bericht über das Prüfen von Papier. Clark, F.C. Paper (New York) 25. 777-780, 829-831, 877-879 (1919). - W.Ref. 1507.

Die Anwendung von Maisstärken in der Papierfabrikation. Wrede, H. Papier-Ztg. 38. Teil I. 995-996, 1027-1029 (1913). - W.Ref.2506.

Die Anwendung von Stärke in der Papierfabrikation. Wrede, H. Wbl. Papierfabrikat. 44. 2077-2078 (1913). - W.Ref. 2505.

Die Anwendung von Maisstärken in der Papierfabrikation. Wrede, H. Wbl. Papierfabrikat. 44. 835-841 (1913). - W.Ref. 2504, C.A. 7. 2114 (1913).

Die Anwendung von Stärke in der Papierfabrikation. Füs, E. Wbl.Papierfabrikat. 44. 1223-1224 (1913). - W.Ref. 2501.

Die Anwendung von Maisstärke zu Schreibpapier in den Vereinigten Staaten von Amerika. Wrede, H. Wbl.Papierfabrikat. 43. 1004-1006 (1912). - W.Ref. 2498.

Über die ältesten bis jetzt aufgefundenen Hadernpapiere. Wiesner,J. S.-B.kaiserl.Akad.Wiss.Wien,philosoph.-histor. Kl. Abhandl. 5. 26 S. (1911). - W.Ref. 2491A.

Die Geschichte des Papiers. Wiesner, J. Papierfabrikant 9. 886-887 (1911). - W.Ref. 2492.

Ein neuer Beitrag zur Geschichte des Papieres. Wiesner, J. S.-B.kaiserl.Akad.Wiss.Wien, philosoph.-histor. Kl. 148. Abhandl. 6, 26 (1904). - W.Ref. 2476B.

Mikroskopische Untersuchung alter ostturkestanischer und anderer asiatischer Papiere nebst histologischen Beiträgen zur mikroskopischen Papieruntersuchung. Wiesner, J. Denkschr.kaiserl.Akad. Wiss.Wien, math.-naturwiss. Kl. 72. 583-632 (1902). - W.Ref. 2476A.

Neue Quellen zur Papiergeschichte. Karabacek, J. Mitt.Samml. Papyrus Erzherzog Rainer, Wien 4. 75-122 (1888). - W.Ref.2470C.

Die Faijûmer und Uschmûneiner Papiere. Wiesner, J. Mitt.Samml. Papyrus Erzherzog Rainer, Wien 2-3. 179-260 (1887). - W.Ref. 2470B.

Mikroskopische Untersuchung der Papiere von El-Faijûm. Wiesner, J. Mitt.Samml.Papyrus Erzherzog Rainer, Wien 1. 45-48 (1887). - W.Ref. 2470A.

431. Papier und Stärke

(Verhältnis zu einander, Zweck der Stärke, Einfluß.
Vgl. auch "Allgemeines": 430)

Faserige Cellulose-Produkte. McGraw-Edison Co. (Erfinder: Puydak, R.C.). A.P. 3 166 466 ausg. 19/1.1965. A.Prior. 28/6.1962. - Ref.C.A. 62. 9349b (1965).

Kationische Stärke als Bindemittel in Papierstreichmassen. Greif, D.S. Tappi 43. 254-59 (1960). - Ref.Stärke 14. 155 (1962).

Untersuchungen über die Retention von Stärke und Stärke-Produkten im Papierstoff und Auswirkung derselben beim Zusatz im Holländer auf die Papier-Eigenschaften. Ditmar, R. und Stein, H. Wbl. Papierfabrikat. 88. 543-50 (1960). - Ref.C.A. 54. 20195a (1960), C. 1961. 7078.

Anziehungskraft und Bindung von Fasern bei Zugabe von Polysacchariden als Papierzusatz. Cushing, M.L. und Schuman, K.R. Tappi 42. 1006-16 (1959). - Ref.C. 1960. 13883, Stärke 14. 155 (1962).

Röntgenstrahlen-Analyse der Wechselwirkung zwischen Papier und den Konstituenten des Bindemittels von Druckerschwärze. Wolarowitsch, M.P., Iwanowa, W.T., Afanassjewa, Je.M. und Gussew, K.F. Kolloid-J. (russ.) 21. 544-51 (1959).

Einwirkung einiger Papierrohstoffe auf bestimmte Charakteristica von Papier. Vámos, G. und Méro, T. Tappi 41. Nr.5. 196A-206A (1958). - Ref.C.A. 52. 15907c (1958).

Der Einfluß einiger Stärkearten auf die mechanischen Eigenschaften von Papier. Masirevič, Dj. und Samec, M. Stärke 9. 125-31 (1957). - Ref.C.A. 52. 5820d (1958).

Zugabe von Maisstärke zur Naßpartie erfordert das Studium vieler Faktoren. Lucas, D.E. und MacDowell, C.J. Paper Trade J. 1957. 22-24. - Ref.Stärke 9. 210 (1957), C.A. 52. 6789d (1958).

Eine Bewertung verschiedener Mahlzusätze zum Zurückhalten von Titandioxydfüllstoffen in Gegenwart von chlorierter Kornstärke. Brill, H.C. Tappi 38. 522-26 (1955). - Ref.C. 1956. 6833.

Untersuchung von Papiergemischen durch Parallel-Schnitte. Browning, B.L. und Isenberg, I.H. Tappi 38 602-03 (1955). - Ref.C.A. 50. 569g (1956).

Zugabe von Naturstoffen im Holländer und deren Einfluß auf die Papierfasern. Swanson, J.W. Pulp.Paper Mag.Canada 51. 99-108 u. 119 (1950). - Ref.C. 1951. II. 319.

Über mechanische Eigenschaften von Papier. 2. Mitt. Einfluß von Stärke. Ogata, Y. und Horio, M. J.Soc.Textile Cellulose Ind. Japan 6. 273-75 (1950). - Ref.C.A. 46. 6382h (1952).

Über mechanische Eigenschaften von Papier. 1. Mitt. Einfluß der Faserlänge. Ogata, Y. und Horio, M. J.Soc.Textile Cellulose Ind. Japan 6. 76-78 (1950). - Ref.C.A. 46. 6382h (1952).

Chemie der Stärke in Beziehung zu ihrer Anwendung bei Papierüberzügen. Kerr, R.W. Tappi Monograph Series Nr.3. 4-13 (1947).

Verwandtschaft zwischen Stärkeeigenschaften und Überzügen. Bechtel, W.G., Kesler, C.C. und Stinchfield, J. Tappi Monograph Series Nr. 3. 65-69 (1947).

Stärke bei der Herstellung von Papier und Pappe. Casey, J.P. Paper Trade J. 114. Nr.8. 107-17 (1942).

Typen und Merkmale von Füllstärke. Price, G.E. Paper Trade J. 113. Nr.3. 16-18 (1941). - Ref.C. 1942. II. 1980.

Stärke im Papier. Lee, H.N. Paper-Ind. 19. 785-794 (1937).

Funktion der Stärke in der Papierverleimung. Obst, W. Z.Spiritusind. 57. 245-46 (1934).

Fällung von Stärke auf Fasermaterial bei der Papierherstellung. Stein, Hall u.Co., übert.von: Rowland, B.W. A.P. 2 207 555 vom 17/5.1934, ausg. 9/7.1940. - Ref.C. 1941. I. 312.

Kochen von Papierstoff. Staley, Mfg., A.E., Co., übert.von: Aimwell Gordon MacIntyre. A.P. 1 945 862 vom 7/8.1930, ausg. 6/2.1934. - Ref.C. 1934. II. 868.

Maisstärke in feinen und mittleren Papieren. Wrede, H. Papierfabrikant 23. 293 (1925). - Ref.C. 1925. II. 871.

Die Funktion der Stärke beim Leimen im Holländer. Traquair, J. Paper (New York) 21. Feb. 13; 68, 70 (1918). - W.Ref. 2531.

Welchen Einfluß übt die Mitarbeit von Stärke auf die Papiereigenschaften aus? Lutz, A. Papier-Ztg. 33. 314-316, 1022-1024, 1062-1063, 1098-1100, 1142-1143 (1908). - W.Ref. 2481, C.A. 2. 1488, 1885 (1908).

Stärke für die Verwendung in der Papierfabrikation. Paper (New York) 5. Nov. 30. 11, 19 (1910). - W.Ref. 2487.

Funktion der Stärke in der Papierfabrikation. Traquair, J. J.Soc.chem.Ind. 29. 323-329 (1910). - W.Ref. 2488, C.A. 5. 588 (1911).

Über Stärke und Zellulose in der Papierfabrikation. Virneisel, F. Papierfabrikant 7. 335-338 (1909). - W.Ref. 2484.

432. Herstellung von Papiermacherstärke

(Papierleime. Vgl. auch "Appreturstärke-Patente": 425, "Verschiedene Papierzusätze": 436)

Weizenstärke als Bindemittel für steife Isolierpappe. Sinclair, G.D. und Sallans, H.R. Pulp Paper Mag.Canada 64. Nr.5. techn. Sect. T-246-50 (1963). - Ref.C. 1964. Nr.2. 2738.

Dialdehyd-Stärke-Hydrazone: Kationische Agentien für naßfestes Papier. Hamerstrand, G.E., Hofreiter, B.F., Kay, D.J. und Rist, C.E. Tappi 46. 400-04 (1963). - Ref.Stärke 16. 73 (1964), C. 1964. 40-2607.

Emulsionen von Stärkederivaten in Papierpräparationen. Hercules Powder Co. (Erfinder: Harris, G.C. und Weisgerber, C.A.). A.P. 3 070 452 ausg. 25/12.1962. - Ref.C.A.(M.) 58. 10398b (1963).

Abbauversuche an Stärke ohne Reaktionspartner und ihre papiertechnologischen Aspekte. Samec, M. Österr.Chemiker-Ztg. 63. 12-17 (1962). - Ref.Stärke 14. 389 (1962), C.A. 56. 15715d (1962).

Papierbrei aus Cerealien. 1. Mitt. Herstellung und Anwendung von vernetzten Cerealien-Xanthaten in Papierprodukten. Russell, C.R., Buchanan, R.A., Rist, C.E., Hofreiter, B.T. und Ernst, A.I. Tappi 45. 557-66 (1962). - Ref.Stärke 15. 113 (1963), C. 1963. 19845.

Herstellung kationischer Dialdehydstärken für naßfestes Papier. Mehltretter, C.L., Yeates, T.E., Hamerstrand, G.E., Hofreiter, B.T. und Rist, C.E. Tappi 45. 750-52 (1962). - Ref.Stärke 15. 35 (1963), C. 1963. 19051, Stärke 15. 231 (1963).

Kontinuierliche Verkleisterung und enzymatische Hydrolyse von Stärke für die Papierindustrie. Maurer, W. Stärke 14. 197-209 (1962). - Ref.C.A. 57. 11439e (1962), C. 1963. 6818.

Kationen-Stärke enthaltende Papierstreichmasse. National Starch and Chemical Corp. E.P. 897 952 ausg. 6/6.1962. A.Prior.10/8. 1959. - Ref.C.A. 57. 6194e (1962).

Die Aufbereitung und der Zusatz von Stärke zu dem Papierstoff vor der Papiermaschine. Farin, W.G. Paper Trade J. 145. Nr. 51. 36-38 (1961). - Ref.Stärke 14. 388 (1962).

Stärkekocher für verschiedene Verkleisterungsverfahren. Paper Trade J. 145. Nr.33. 53-54 (1961). - Ref.Stärke 14. 387 (1962).

Automatische Stärkeverkleisterung in Monadnock. Meador, R.J. und Cushing, M.L. Paper Trade J. 145. Nr.15. 46-48 (1961). - Ref.Stärke 14. 386 (1962).

Stärkekocher für die geregelte kontinuierliche Verkleisterung. Paper Trade J. 145. Nr.10. 45 (1961). - Ref.Stärke 14. 386 (1962).

Druckkochung für Streichfarbenherstellung. Black, W.C. und Winfrey, V.L. Tappi 44. 155-60 (1961). - Ref.Stärke 14. 155 (1962).

Modifizierte Stärken in der Papierherstellung. Iwanow, S.N. und Demtschenkow, P.A. Papier-Ind.(russ.) 36. Nr.7. 9-12 (1961). - Ref.C.A. 55. 27883a (1961), Stärke 14. 389 (1962), C. 1963. 2677.

Neue oxydierte Stärken für die Papierindustrie. Lucas, D.E. und Fletcher, C.H. Paper Ind. 40. 810-12 (1959). - Ref.C.A. 53. 11866b (1959).

Neuer kontinuierlicher Stärkekocher für den Stärkeeintrag in den Papierstoff vor der Papiermaschine. Dauwe, A. und Martin, J.L. Papeterie 9. 601-05 (1959). - Ref.Stärke 14. 387 (1962).

Herstellung wasserlöslicher Stärkeprodukte. Monsanto Chemical Co. (Erfinder: Cohen, O.P. und Heaps, J.F.). Aust.P. 232 311 vom 21/7.1958., ausg. 23/2.1961. A.Prior. 23/7.1957; id.mit A.P. 3 127 362. - Ref.C. 1963. 14144.

Die Herstellung und Handhabung umgewandelter Stärken. Loomer, J.T. und Kaulakis, F. Tappi Monogr.Ser.Nr. 17. 102-07 (1957). - Ref.C. 1958. 14478.

Kombinationen von Stärke mit anderen Klebstoffen. Sullivan, J.E. und Silvernail, L.H. Tappi Monogr.Ser. 1957. Nr.17. 92-101. - Ref.C. 1958. 14201.

Abgewandelte Stärke für die Papierbeschichtung. Wheeler, R.W. und Newton, J.M. Tappi Monogr.Ser. Nr.17. 25-30 (1957). - Ref.C. 1958. 12853.

Stärkederivate für das Streichen von Papier. Caldwell, C.G. und Kesler, C.G. Tappi Monograph Series Nr. 17. 31-38 (1957). - Ref.C. 1958. 12853.

Apparatur zum Kochen von Stärke. Springs Cotton Mills (F.H.Martin). A.P. 2 730 468 vom 10/1.1956. - Ref.C.A. 50. 6080a (1956).

Papierveredlungsmittel auf Stärke- und CMC-Basis. Müller, M. Allg.Papier-Rdsch. 1956. 440-42 (1956). - Ref.C.A. 50. 17443b (1956), C. 1956. 13001.

Umwandlungsprodukte von Dextrin oder Tylose. Eldeka Soc.An., N.V. (Erfinder: J.G.Korteling und B.T. Lans). F.P. 1 121 603 vom 19/1.1955, ausg. 22/8.1956. Holl.Prior. 19/1.1954. - Ref.C. 1957. 3956.

Kontinuierliches Kochen von Stärke zu Bindemitteln für Papierstriche. Ringwood, R.L. und Killinger, H.E. Paper Mill News 78. Nr. 52. 51-58 (1955). - Ref.C. 1956. 9061.

Neues Röhrengerät zum Kochen von Stärke. Ethridge, O. Paper Trade J. 138. Nr. 45. 16-18 (1954). - Ref.C.A. 49. 4988g (1955).

Stärke zum Leimen von Papier. A.M. Meincke & Son, Inc. (Erfinder: Yarber, C.J.). A.P. 2 692 824 vom 26/10.1954. - Ref.C. 1956. 1187, C.A. 49. 2734c (1955).

Chemische Behandlung von Stärke für Papierüberzüge. 3. Mitt. Kochen von Stärkeleim bei Zimmertemperatur mit Alkali und Wasserstoffperoxyd. Maeno, S. und Sano, K. J.Japan.Assoc.Pulp Paper Ind. 6. 94-102 (1952). - Ref.C.A. 46. 9304b (1952).

Klebstoff, Appretur und Papierleim. American Cyanamid Co., übert. von: C.G. Landes u. J. Studeny. E.PP. 669 201, 669 202 und 669 203 vom 5/5.1949, ausg. 26/3.1952. A.Prior. 5/5.1948. - Ref.C. 1953. 3508.

Chemische Behandlung von Stärke für Papierüberzüge. 2. Mitt. Die Verflüssigungsdiastase für Stärke. Maeno, S. und Sano, K. J.Japan.Tech.Assoc.Pulp and Paper Ind. 5. 379-91 (1951). - Ref.C.A. 46. 1277 (1952).

Stärkebehandlung. Clinton Industries, Inc., übert.von: J.Marshall Newton u. Lee D. Ough. A.P. 2 497 838 vom 16/11.1948, ausg. 14/2.1950. - Ref.C. 1950. II. 2132.

Leim zum Aufbringen von Streichmassen für Druck- und Packpapier. Warren, S.D., Co., übert.von: L.W. Porter u. F.H. Jewett. A.P. 2 550 057 vom 10/12.1947, ausg. 29/5.1951. - Ref.C. 1953. 467.

Ausfällbarer Leim für die Papierherstellung. Fowler, G.B. und Pattiloch, D.K. Can.P. 467 956 vom 18/7.1942, ausg. 12/9.1950. A.Prior. 27/9.1941. - Ref.C. 1951. I. 2824.

Mittel zum Leimen von Papier. Fowler, G.B. Schwz.P. 250 384 vom 6/5.1944, ausg. 1/6.1948. A.Prior. 8/6. u. 14/8.1942. - Ref.C. 1949. E.3364.

Vorgeschlagene Grundrezepte für Überzüge mit Stärke an Stelle von Klebstoff. Tappi Monograph Series Nr.3. 62-64 (1947).

Herstellung und Behandlung konvertierter Stärke. Britton, R.K. Tappi Monograph Series Nr.3. 31-35 (1947).

Herstellung von Stärkepräparaten. Corn Products Refining Co. und R.W. Kerr. F.P. 925 003 vom 20/3.1946, ausg. 22/8.1947. A.Prior. 18/7.1945. - Ref.C. 1949. E.3352.

Anwendung von verzweigten polymeren Fraktionen bei Stärke. Kerr, R.W. und Schink, N.F. Paper Trade J. 120. 86-90 (1945). - Ref.C.A. 39. 3663 (1945).

Ein Niederschlagsprodukt aus Stärke. Kesler, C.C. und Black, W.C. Paper Trade J., Tappi Sect. 114. Nr.21. 57-60 (1942). - Ref.C.A. 36. 5048 (1942).

Herstellung von Papierleim auf Stärkebasis. Vanderbilt Co., Inc., übert.von: Ch.H. Champion u. F.H. Denham. E.P. 532 044 vom 14/8.1939, ausg. 13/12.1941. A.Prior. 13/8.1938. - Ref.C. 1943. II. 2125.

Mittel zum Leimen von Papierstoff. Le Page's Inc., übert.von: Edson, E.R. u. I.C. Quincy. A.P. 2 239 814 vom 13/3.1939, ausg. 29/4.1941. - Ref.C. 1942. I. 1078.

Klebstoff für Papierverleimung. Russia Cement Co., übert.von: E.R. Edson u. G.F. Mach. A.P. 2 192 585 vom 16/1.1937, ausg. 5/3. 1940. - Ref.C. 1942. I. 304.

Wasserbeständiges stärkehaltiges Bindemittel. Stein, Hall & Co., Inc., übert.von: G.V. Caesar. A.P. 2 111 204 vom 3/2.1936, ausg. 15/3.1938. - Ref.C. 1938. II. 246.

Stärke für Papierleimung. Berg, H.L. Papir-J. 19. 175-77 (1931). - Ref.C. 1932. I. 1021.

Stärke in der Papierfabrikation. III. Die Herstellung von hydrolysierter und oxydierter Stärke. Govier, G.E. Paper-Maker 79. 623 (1930). - Ref.C. 1930. II. 1011.

Stärke in der Papierfabrikation. 2. Mitt. Die Herstellung von Papiermacherstärke. Govier, G.E. Paper-Maker 79. 509-10 (1930). - Ref.C. 1930. II. 1011.

Die Verflüssigung und Aufschließung von Stärke mittels Biolase sowie ihre Verwendung in der Papierindustrie. Wrede, H. Papierfabrikant 27. 197-202 (1929). - Ref.C. 1929. I. 3049.

Verfahren zur Herstellung einer insbesondere als Papierleim verwendbaren Klebmasse durch Einwirkung von Oxalsäure auf Stärke. Casein Company of America. Oe.P. 859 43 vom 18/2.1913, ausg. 25/10.1921. - Ref.C. 1922. II. 581.

Verfahren zur Herstellung einer insbesondere als Papierleim verwendbaren Klebmasse durch Einwirkung von Oxalsäure auf Stärke. Casein Company of America. D.R.P. 322 936 vom 18/2.1913, ausg. 10/7.1920. - Ref.C. 1920. IV. 411.

433. Untersuchung und Beurteilung von Papiermacher-Stärke
(Vgl. auch "Stärkebestimmung": 551)

Untersuchung über den Bruchfaktor und das Retentionsverhalten von Stärkezusätzen bei der Papierherstellung. Isabell, R.D., Miller, D.J.B. und McNaughton, J.G. Paper Technol. 4. 135-41 (1963). - Ref.C.A.(M.) 59. 4162b (1963).

Eine Schnellmethode für die quantitative Bestimmung der Titandioxidretention. I. Mitt. Der Einfluß des pH-Werts und verschiedener Stärken. Rogols, S. und High, R.L. Tappi 46. 424-27 (1963). - Ref.C. 1964. 46-2776, C.A.(M.) 59. 8967f (1963), Stärke 16. 203 (1964).

Spezielle Anforderungen an Stärken für die Oberflächenveredlung von Papier. Rosenstock, K.-H. Stärke 15. 401-05 (1963).

Anforderungen an die Qualität der Stärke für Papierüberzüge. Harsveldt, A. Tappi 45. 85-89 (1962). - Ref.C.A. 57. 14033f (1962), C. 1964. 23-2625.

Untersuchungen über den Zusatz einer modifizierten Stärke bei der Herstellung von Papier. Szwarcsztajn, E. und Kaj, J. Przeglad Papierniczy 18. 273-78 (1962). - Ref.C. 1963. 19050.

Ein Verfahren für die Bewertung von Stärke als Zusatz zur Naßpartie. Walters, J.R. Tappi 44. Nr.7. 185A-87A (1961). - Ref.C.A. 56. 1647h (1962).

Die Retention von Stärke, Carboxymethyl-Cellulose und Alginat auf dem Sieb und im Stoffänger in Abhängigkeit von der eingetragenen Menge und dem Mahlgrad des Zellstoffes. Jayme, G., Demmig, W. und Knolle, H. Papier 15. 648-54 (1961). - Ref.C.A. 56. 7545c (1962).

Die Retention von Dialdehyd-Stärke unter Anwendung von Kationenstärke für hochnaßfestes Papier. Hamerstrand, G.E., Hofreiter, B.T., Mehltretter, C.L., Schulze, W.E. und Kay, D.J. Tappi 44. 430-33 (1961). - Ref.C.A. 55. 21584g (1961), Stärke 14. 153 (1962), C. 1963. 2677.

Die Retention verschiedener Stärke-, CMC- und Alginattypen auf dem Papiermaschinensieb. Jayme, G. und Demmig, W. Papier 14. 625-30 (1960). - Ref.C. 1962. 11049.

Untersuchungen über die Retention von Stärke im Papier unter besonderer Berücksichtigung von Zeichenkarton. Kin, Z. Przeglad papierniczy 16. 225-30 (1960). - Ref.C. 1962. 2585, C.A. 56. 7554b (1962), Stärke 14. 388 (1962).

Vergleich der Harzsäureretention auf dem Papiermaschinensieb bei Anwesenheit verschiedener Hilfsstoffe. Jayme, G. und Demmig, W. Papier 14. 408-14 (1960). - Ref.C. 1961. 6723.

Prüfung von für die Papierindustrie vorgesehener Stärke. Fasergehalt, Brechungszahl, Naßfestigkeit. Ansart, M. Stärke 12. 265-72 (1960). - Ref.C. 1961. 15965, C.A. 55. 2153g (1961).

Fortschrittsbericht über die Untersuchung der Grundlagen für die Bestimmung der Viskosität von Streichfarben. Mattson, V.F. und Leighton, J.R. Tappi 42. 1-5 (1959). - Ref.C.A. 53. 10760e (1959), Stärke 14. 156 (1962).

Viskositätskontrolle von Bindemitteln für Papierstreichmassen mit Harnstoff. Belche, I.R. und G.C. Ellis. Tappi 40. 94-99 (1957). - Ref.Stärke 9. 101 (1957), C.A. 51. 5419a (1957), C. 1958.2900.

Eigenschaften und Prüfung von Streichmassen auf Stärkebasis und von stärkegestrichenen Papieren. Wilber, J.E. Tappi Monogr. Ser. 1957. Nr. 17. 143-50. - Ref.C. 1959. 16509.

Einige physikalische und chemische Betrachtungen über die bei der Papierfabrikation verwendeten Stärkeprodukte. Gaver, K.M. Pulp Paper Mag.Canada 58. Nr.3. 241. 242. 246 (1957). - Ref.C. 1957. 12926, C.A. 51. 13432e (1957).

Der Einfluß einiger Stärkearten auf die mechanischen Eigenschaften von Papier. Samec, M. Stärke 9. 125-31 (1957).

Anforderungen der Papierindustrie an die Stärke und ihre Derivate. Kotte, H. Stärke 2. 95-96 (1950). - Ref.C. 1951. I. 1246.

Klebkraft tierischer Leime in der Papierindustrie. Chemiker-Ztg. 74. 269 (1950). - Ref.C. 1951. I. 1256.

Chemische und physikalische Prüfung von Stärkeprodukten. Gill, O. Tappi Monograph Series Nr. 3. 19-24 (1947).

Viskositätsbestimmung von Stärkedispersionen. Bechtel, W.G. Tappi Monograph Series Nr. 3. 25-30 (1947).

Die Stärkeviscosität in der Papierindustrie. Bechiel, N.G. und Kesler, C.C. Paper Trade J. 125. Nr.16. 35-39 (1947). - Ref.C. 1947. E.461.

Widerstandsfähigkeit von Stärkeüberzügen. Bearse, N. Tappi Monograph Series Nr. 3. 70-72 (1947).

Wertbestimmung der Stärke durch eine neue Viskositätsmethode. Briggs, C.A. und McCarthy, J.L. Paper Trade J. 114. 37 (1942).

Erfahrungen mit gestrichenen Papieren und Kartons mit Stärkeanstrich. Graph.Betriebsverein.graph.Techn. 17. 85-88 (1942). - Ref.C. 1942. I. 3158.

Zur Kenntnis der papiertechnischen Wertbemessung von Kartoffelmehl. Noll, A. und Hölder, F. Papierfabrikant 30. 85-88 (1932). - Ref.C. 1932. I. 2657.

Analytische Prozesse für Papierhersteller. 2. Die Prüfung der Leimung. - Tests für Leime, Casein, Kollophonium und Stärke. Bromley, H.A. Paper (New York) 16. 8. 13-16 (1915). - W.Ref. 1501.

434. Leimung von Papier

(Vgl. auch "Herstellung von Papiermacherstärke": 432, "Verschiedene Papierzusätze": 436, "Papierklebstoffe, Klebpapiere": 439)

Untersuchung über die Leimungswirkung bei der Herstellung einseitig glatter Papiere. Brecht, W. und Wenzel, L. Papier 18. 139-44 (1964). - Ref.C. 1964. 1-3207.

Papierleim, insbesondere für Zeitungspapier. Canadian International Paper Co. (Erfinder: Read, D.E., Cranford, W.B. und Petricola, A.J.). A.P. 3 210 240 vom 16/7.1963., ausg. 5/10.1965. - Ref.C.A. 63. 16608d (1965).

Leimen von Papier. American Cyanamid Co. (Erfinder: Reynolds, W.F. und Sexsmith, D.R.). A.P. 3 212 962 vom 22/10.1962., ausg. 19/10.1965. - Ref.C.A. 63. 18459d (1965).

Herstellung einer mit Cellulose reaktionsfähigen Dispersion aus einem hydrophoben Fettsäureanhydrid zum Leimen von Papierstoff. American Cyanamid Co. (Erfinder: Savina, A.R.). F.P. 1 323 342 vom 24/5.1962., ausg. 28/6.1963. A.Prior. 26/5.1961. - Ref.C. 1965. 22-3013.

Oberflächenleimung. Corn Products Co. (Erfinder: Roberts, H.J. und Saatkamp, J.T.). A.P. 3 112 214 vom 24/10.1962., ausg. 26/11. 1963. - Ref.C. 1966. 20-2997.

Stärkederivate für Papierleimung. Hercules Power Co. (Erfinder: Harris, G.C., Leonard, R.A. und Weisgerber, C.A.). E.P.990 886 vom 13/9.1962., ausg. 5/5.1965. - Ref.C.A. 63. 13553a (1965).

Leimmittel. American Cyanamid Co. E.P. 954 526 vom 24/5.1962., ausg. 8/4.1964. A.Prior. 26/5.1961. - Ref.C. 1965. 22-3012.

Bindemittel für die Naßleimung. E.I. du Pont de Nemours and Co. (Erfinder: Schott, H.). A.P. 3 114 672 vom 9/8.1961., ausg. 17/12.1963. - Ref.C. 1966. 20-2998.

Erhöhung der Papierfestigkeit und Verbesserung der Wirtschaftlichkeit durch Zusatz einer modifizierten Stärke im Stoffauflauf der Papiermaschine. Paper Trade J. 145. Nr. 28. 48 u. 51 (1961). - Ref.Stärke 14. 388 (1962).

Maisstärke für die Oberflächenleimung auf Leimpressen und Kalandern. Papeterie 81. 685-89 (1959). - Ref.Stärke 13. 248 (1961).

Das Aufbringen modifizierter Stärke an der Leimpresse. Harsveldt, A. Proc.techn.Sect., Brit.Paper Board Makers' Assoc. (Inc.) 40. 399-414 (1959). - Ref.C. 1962. 16175.

Leimen von Papier. Columbia-Southern Chemical Corp. (Erfinder: Taylor, L.B.). F.P. 1 229 760 vom 4/2.1959., ausg. 9/9.1960. A.Prior. 17/2.1958. - Ref.C. 1963. 4561.

Leimen von Papier. Hercules Powder Co. (Erfinder: Chapman, C.H.). D.A.S. 1 148 130 Kl. 55c vom 7/12.1959., ausg. 2/5.1963. A.Prior. 24/12.1958. - Ref.C. 1964. 30-2536.

Leimungsmittel für Papierstoff. Hercules Powder Co. (Erfinder: Chapman, C.H.). F.P. 1 243 657 vom 23/12.1959., ausg. 18/1. 1961. A.Prior. 24/12.1958. - Ref.C. 1963. 11473.

Oberflächenveredelung mit der Leimpresse unter besonderer Berücksichtigung der CMC-haltigen Pigmentstriche für Druckpapier. Reich, J.G. Norsk Skogind. 12. 325-33 (1958). - Ref.C. 1959. 11763.

Modellversuche zur Verwendung von Stärke und CMC in der Leimpresse. Arneberg, O. Papier 12. 81-86 (1958). - Ref.C. 1958. 8220.

Klebstoffe auf Stärkebasis für die Papierherstellung. Giordano,M. It.P. 581 167 vom 28/11.1957. - Ref.C.A. 56. 6228e (1962).

Verfahren zur Herstellung eines Papierleims. Corn Products Co. A.P. 2 903 391 vom 9/10.1957., ausg. 8/9.1959. - Ref.Stärke 13. 349 (1961), C. 1961. 17056.

Herstellung von trockenem gemahlenem Harzleim. Hirschfeld, G. D.A.S. 1 063 741 Kl. 23e vom 28/11.1955, veröff. 20/8.1959. - Ref.C. 1960. 12543.

Stärkeleimung von Papier. Newton, J.M. Paper Trade J. 135. Nr.20. 314-21 (1952). - Ref.C. 1955. 2562.

Ausfällung von Stärkeverbindungen aus wässerigen alkalischen Stärkelösungen. Höppler, F. D.P. (DDR) 2 915 Kl. 89k vom 12/5. 1950, ausg. 8/12.1952. (Ausschließungspatent). - Ref.C. 1956. 2340.

Stärke als Zusatz im Holländer. Steffen, O.R. Paper Mill News 73. Nr.1. 16, 18, 22 (1950).

Oberflächenleimung von Papier mit Stärke auf der Papiermaschine. Stanley, H.B.T. Proc.Austr.Pulp Paper Ind., techn.Assoc. 2. 187-92 (1948). - Ref.C.A. 43. 6410h (1949).

Auswechselbarkeit von Stärken und anderen Klebstoffen. Britton, R.K., Getty, J.E., Press, H. und Wilkins, M.R. Tappi Monograph Series Nr. 3. 41-46 (1947).

Leimung von Papier. Shaw, L. van. Can.P. 428 076, ausg. 12/6.1945. - Ref.C. 1945. II. 1429, C.A. 39. 4225 (1945).

Leimung von Papier. Fowler, G.B. E.P. 568 352 ausg. 30/5.1945. - Ref.C. 1947. 1811.

Stärke für die Papierleimung. A.M. Meincke & Son, Inc. (Erfinder: Marrone, J.C.). A.P. 2 433 285 vom 21/4.1944, ausg. 23/12.1947.

Einige Gesichtspunkte der Stärkechemie im Zusammenhang mit der Leimung der Walzen. Kerr, R.W. Paper Trade J. 115. (Tappi Sect.) Nr. 23. 30-34 (1942). - Ref.C.A. 37. 1265 (1943).

Verfahren zur Leimung von Papier mittels Stärke. Le Page's Inc. (Erfinder: Edson, E.R. und Ives, C.Q.). A.P. 2 337 459 vom 10/10.1940, ausg. 21/12.1943.

Verfahren zur Herstellung von geleimten Papiererzeugnissen. Le Page's Inc. (Erfinder: Edson, E.R. und Ives, C.Q.). A.P. 2 337 458 vom 13/3.1939, ausg. 21/12.1943.

Verleimen von Papier und Papiergegenständen. Stein, Hall, Mfg. Co. E.P. 511 026 vom 16/2.1939, ausg. 7/9.1939. A.Prior. 10/8. und 7/11.1938. - Ref.C. 1940. II. 1540.

Verleimen von Papier und Papiergegenständen.Stein, Hall, Mfg. F.P. 851 082 vom 2/3.1939, ausg. 2/1.1940. A.Prior. 10/8. und 7/11.1938. - Ref.C. 1940. II. 1540.

Wässerige Dispersionen, besonders zum Leimen und Wasserdichtmachen von Papier und Geweben. Muranyi, P. Belg.P. 427 528 vom 12/4. 1938, ausg. 25/11.1938. - Ref.C. 1939. I. 3477.

Verleimen von Papier mit Gewebe. Stein, Hall, Mfg. Co., übert.von: J.V.Bauer und D.M. Hawley. A.P. 2 197 754 vom 18/8.1937, ausg. 23/4.1940. - Ref.C. 1942. I. 304.

Leimen von Papier. Staley Mfg. Co., übert.von: L.O. Gill. A.P. 2 214 018 vom 16/7.1936, ausg. 10/9.1940. - Ref.C. 1941. I. 721.

Leimung von Papier. Tätosin Gesellschaft Kiene & Co. KG. D.R.P. 682 173 Kl. 55c vom 15/9.1936, ausg. 18/7.1939. - Ref.C. 1940. I. 317.

Leimen von Papier. Stein, Hall, Mfg. Co., übert.von: B.W. Rowland u. J.V. Bauer. A.P. 2 113 034 vom 5/6.1935, ausg. 5/4.1938. - Ref.C. 1938. II. 224.

Eignung der Süßkartoffelstärke für die Leimung des Papiers in der Schlagmaschine. Weber, C.G., Shaw, M.B. und O'Leary, M.J. U.S.Dep.Commerce, Nat.Bur.Standards, Misc.Publ. M 150. 1-7 (1935).

Das Leimen des Papieres. Lafontaine, G.H. und Ellicott, W.A. Paper Mill Wood Pulp News 57. Nr.30. 8, 14, 17 (1934). - Ref.C. 1934. II. 2315.

Kritische Betrachtungen über die Stärkeleimung. Blasweiler,Th.E. Wschr. Papierfabrikat. 56. Nr. 24A. 89-93 (1925). - W.Ref.2586, C.1925. II. 1235.

Stärken als Leime. Grasselt, H.M. Paper Ind. 7. 900-901 (1925). - W.Ref. 2369.

Verfahren zum Leimen von Papier. Feculose Company of America. E.P. 175 034 vom 5/11.1920, ausg. 9/3.1922. - Ref.C. 1922. IV. 850.

Die Stärke und das Stärkeleimen bei der Papierherstellung. Traquair, J. Paper (New York) 26. 11-14 (1920). - W.Ref. 2543, C.A. 14. 2083 (1920).

Verfahren zur Darstellung eines als Leimersatz brauchbaren Produkts. Farbenfabriken vorm. Friedrich Bayer & Co. D.R.P. 318 957 Kl. 89k vom 8/7.1913, ausg. 17/2.1920. - Ref.C. 1920. IV. 46.

Stärke und Stärkeprodukte beim Leimen. Richard, D. Paper (New York) 11. Mai 7. 19-20 (1913). - W.Ref. 2503.

Das Leimen und die stärkehaltigen Leime. Margival, F. Chimiste, Berchem-Ste-Agathe 3. 157-159, 186-189 (1912). - W.Ref. 2496.

Maisstärke als Leimstoff für Schreibpapier. Wrede, H. Papier-Ztg. 37. Teil I. 1033 (1912). - W.Ref. 2499.

Kombinierte Mineral-Stärkeleimung für Druckpapier. Wrede, H. 8. Int.Congr.appl.Chem., Washington and New York, Orig.Commun. 26. 31-32 (1912). - W.Ref. 2497.

Die Frage des Leimens von Papier. Wrede, H. Paper (New York) 5. Nov. 1. 23-24, 30 (1911). - W.Ref. 2493.

Künstlicher Leim für die Papierfabrikation (Auszug). Abadie, A. C. 1880. 221. - W.Ref. 2460.

435. Überzogene und gestrichene Papiere

(Papierüberzüge, Papierbeschichtung, Streichmassen. Vgl. auch "Leimung von Papier": 434)

Pigmentbindungsfähigkeit von Papierüberzügen. Mengler, W. Zellstoff u. Papier 14. 205-08 (1965). - Ref.C.A. 63. 18452g (1965).

Verbesserung der Naß-Scheuerfestigkeit von Papierüberzügen mit Glyoxal. Buttrick, G.W., Kelly, G.B. jr. und Eldred, N.R. Tappi 48. 28-33 (1965). - Ref.C.A. 63. 15094f (1965).

Polyvinylpyrrolidinon - ein Mittel zur Viscositätsmodifizierung von Papierüberzügen. Leibowitz, M.R., Wolfe, E.H., Landberge, M. und Webster, B. Tappi 48. 73A-76A (1965). - Ref.C.A. 63. 15100a (1965).

Wasserfester Papierstrich. W.A. Scholtens Chemische Fabrieken N.V. (Erfinder: Moes, G. und Zijderveld, H.). E.P. 1 003 324 ausg. 2/9.1965. Holl.Prior. 6/6.1961. - Ref.C.A. 63. 13576f (1965).

Anwendung von Amylose für das kontinuierliche Überziehen von Papier. A.E. Staley Mfg. Co. Holl.P. 6 408 175 ausg. 25/1.1965., A.Prior. 22/7.1963. - Ref.C.A. 63. 11876c (1965).

Bedeutung von Stärke als Strichbindemittel für die Bedruckbarkeit. Zijderveld, A.H. Wbl.Papierfabrikat. 93. 185-90 (1965). - Ref.C. 1966. 11-3212.

Papierstreicherei und Aufbau von Streichfarben. Wilfinger, H. Wbl.Papierfabrikat. 93. 225-28 (1965). - Ref.C. 1966. 17-3132.

Natürliche und synthetische Bindemittel in der Streicherei. Toepsch, H. Papier 19. 52-58 (1965). - Ref.C. 1966. 1-3016, C.A. 62. 10662c (1965).

Wie beeinflußt das Überziehen mit PVA die Papiereigenschaften. Colgan, C.P. und Garey, C.L. Paper Trade J. 148. Nr. 47. 32-37 (1964). - Ref.C.A. 63. 16604a (1965).

Bewertung der Leistung von PVA-Stärke-Überzügen. Colgan, C.P. und Garey, C.L. Paper Trade J. 148. Nr. 43. 25-27 (1964). - Ref.C.A. 63. 16604a (1965).

Stärkestabilisierte Casein-Emulsionen für Papierüberzüge. Arthur D. Little, Inc. (Erfinder: Clancy, J.J., Lovering, D.W., Brenneman, R.S. und Wells, R.C.). A.P. 3 157 533 vom 17/7.1963, ausg. 17/11.1964. - Ref.C.A. 62. 10664h (1965).

Das Wasserfestmachen von Papierstrichen. Ritson, D.D. Tappi 46. 600-05 (1963). - Ref.Stärke 16. 139 (1964).

Papierstreichmassen mit Dialdehydstärke und Kasein als Bindemittel. Ernst, A.J., Carr, M.E., Weakley, F.B., Hofreiter, B.T. und Mehltretter, C.L. Paper Trade J. 146. Nr.10. 60 (1962). - Ref.Stärke 14. 388 (1962).

Gummen für den Pigmentstrich bei hohen Feststoffgehalten. Paper Trade J. 146. Nr.12. 53-54 (1962). - Ref.Stärke 14. 388 (1962).

Aufbringen von wasserunlöslichen Stärkederivat-Schichten auf Papier. N.V.W.A. Scholten's Chemische Fabrieken (Erfinder: Moes, G. und Zijderveld, A.H.). Belg.P. 618 620 ausg. 28/9.1962. - Ref.C.A.(M.) 58. 8139b (1963).

Verwendung einer wasserunlöslichen Beschichtung. N.V.W.A. Scholten's Chemische Fabrieken (Erfinder: Moes, G. und Zijderveld, A.H.). Belg.P. 613 242 ausg. 15/2.1962. Holl.Prior. 31/1.1961. - Ref.C.A.(M.) 58. 1625a (1963).

Bindemittel für Überzüge auf Papier aus Dialdehydstärke-Casein zur Erhöhung der Naßabriebfestigkeit. Ernst, A.J., Carr, M.E., Weakley, F.B., Hofreiter, B.T. und Mehltretter, C.L. Tappi 45. 646-50 (1962). - Ref.C. 1963. 19847.

Schema zum Nachweis von Bindemitteln, die im allgemeinen bei mineralischen Beschichtungen verwendet werden. Boast, W.H. und Trosset, S.W. jun. Tappi 45. 873-77 (1962). - Ref.C. 1963. 19450.

Neue Gummis für niedrigviscose Überzugsfarben mit hohem Feststoffgehalt. Spencer, C.C. Paper Trade J. 146. Nr.8. 24-25 (1962). - Ref.C.A. 57. 4913e (1962).

Streichfarben und Streichverfahren für gestrichene Papiere. Engel,K. Stärke 14. 179-85 (1962).

Die Rheologie der Papierbeschichtung. 8. Mitt. Verhalten der Beschichtung auf dem Papier. Diehm, R.A. Ind.Carta 16. 130-33 (1962). - Ref.C. 1964. 46-2769.

Die Rheologie der Papierbeschichtung. 7. Mitt. Verhalten von Streichmassen auf Beschichtungsanlagen. Diehm, R.A. Ind.Carta 16. 93-98 (1962). - Ref.C. 1964. 46-2768.

Die Rheologie der Papierbeschichtung. 6. Mitt. Zusätze zu Streichmassen. Diehm, R.A. Ind.Carta 16. 43-48 (1962).

Die Rheologie der Papierbeschichtung. 5. Mitt. Mischungen für die Beschichtung. Diehm, R.A. Ind.Carta 16. 1-5 (1962). - Ref.C. 1964. 46-2766.

Die Rheologie der Papierbeschichtung. 4. Mitt. Ausflocken und Entflockung der Pigmente. Diehm, R.A. Ind.Carta 15. 391-94 (1961). - Ref.C. 1964. 46-2765.

Die Rheologie der Papierbeschichtung. 3. Mitt. Bindemittel. Diehm, R.A. Ind.Carta 15. 266-71 (1961). - Ref.C. 1964. 46-2764.

Die Rheologie der Papierbeschichtung. 2. Mitt. Streichpigmente. Diehm, R.A. Ind.Carta 15. 263-66 (1961). - Ref.C. 1964. 46-2763.

Einführung in die Rheologie der Papierbeschichtung. 1. Mitt. Diehm, R.A. Ind.Carta 15. 109-13 (1961). - Ref.C. 1964. 46-2762.

Herstellung von Streichpapieren. Soc.An.des Papeteries Darblay. F.P. 1 313 786 vom 22/9.1961., ausg. 8/4.1963. - Ref.C. 1965. 21-2978.

Gummen als Bindemittel in Pigment-Streichmassen. Paper Trade J. 145. Nr.12. 18-19 (1961). - Ref.Stärke 14. 155 (1962).

Oberflächenbehandlung von Papier und Pappe mit Stärke und Pigmentfarben. Killinger, J.E. und Bainbridge, J.P. Tappi 44. 173A - 176A (1961).

Die Bathurst-Methode zur Bestimmung des Stärkeverbrauchs des Corrugators. Reynolds, J.G. und Limerick, J.McK. Pulp Paper Mag.Canada 61. T 559 - T 562 (1960). - Ref.C.A. 55. 17001b (1961), C. 1964. 28-2806.

Neue Technik bei der Oberflächenbehandlung mit Polyvinylalkohol. Beardwood, B.A. und Czerwin, E.P. Tappi 43. 944-52 (1960). - Ref.C. 1962. 18321.

Heutiger Stand der Herstellung gestrichener Papiere. Wultsch, F. und Ortner, H. Wbl. Papierfabrikat. 88. 897-903, 945-55 (1960). - Ref.C. 1962. 3673.

Papierüberzug. Owens-Illinois Glass Co. (Erfinder: Wilkins, C.W.). A.P. 3 162 543 vom 30/12.1960., ausg. 22/12.1964. Ref.C.A. 62. 7994h (1965).

Beschichten von Papier mit einer modifizierten Stärke. A.E.Staley Mfg. Co. E.P. 911 500 vom 3/10.1960., ausg. 28/11.1962. A.Prior. 6/10.1959. - Ref.C. 1964. 22-2728, C.A. 58. 5890d (1963).

Beschichtungsmasse. National Starch and Chemical Corp. (Erfinder: Kronfeld, J.). Can.P. 649 713 vom 13/7.1960., ausg. 2/10.1962. A.Prior. 10/8.1959; id.mit A.P. 3 052 561. - Ref.C. 1965. 40-2999.

Zusammensetzung von Papierüberzügen. Compagnie de Saint-Gobain (Erfinder: Gouzene, J.P.). F.P. 1 275 468 vom 28/9.1960., ausg. 28/2.1962. - Ref.C.A. 56. 14516i (1962).

Mit einem Überzug versehenes Papier für den Offsetdruck. Dow Corning Corp. (Erfinder: Keil, J.W.). F.P. 1 263 643 vom 27/7. 1960., ausg. 6/10.1961. A.Prior. 8/9.1959. - Ref.C. 1963. 8384.

Die Veredlung von Papier durch eine Oberflächenbehandlung innerhalb der Papiermaschine. Wilfinger, H. und Luchtenberg, H.G. Paperi ja Puu 41. 589-603 (1959). - Ref.C. 1961. 16327.

Herstellung von Streichpapier. A.E.Staley Mfg. Co. (Erfinder: Taylor, K.G.). A.P. 3 081 199 vom 6/10.1959., ausg. 12/3.1963. - Ref.C. 1965. 6-2949.

Streichmasse. Minerals & Chemicals Philipp Corp. (Erfinder: Claxton, A.W.). A.P. 3 063 854 vom 18/11.1959., ausg.13/11. 1962. - Ref.C. 1965. 4-3032.

In Wasser dispergierbare Papierstreichmasse. Sherwin-Williams Co., übert.von: Abbott, C.W. und Freeman, H.I.). A.P. 2 975 147 vom 5/5.1958., ausg. 14/3.1961. - Ref.C. 1962. 13995.

Durch Enzyme abgebaute Stärken als Klebemittel in Streichmassen. Cushing, M.L. und Turner, Ch.W. Tappi 41. 343. 345. 349 (1958). - Ref.C. 1959. 8763, C.A. 52. 17766g (1958), Stärke 10. 330 (1958).

Streichpapier. Monsanto Chemical Co. (Erfinder: Cohen, O.P. und Heaps, J.F.). Aust.P. 224 473 vom 21/7.1958., ausg. 5/11.1959. A.Prior. 23/7.1957. - Ref.C. 1962. 13995.

Papierüberzüge. Corn Products Refining Co. (Erfinder: Schoenberger, J.J. und Turula, G.T.). A.P. 2 849 326 ausg. 26/8.1958., id. mit E.P. 807 070. - Ref.C.A. 53. 9671c (1959), C. 1963. 356.

Streichmasse. Kimberly-Clark Corp. (Erfinder: Dratz, R.A.). A.P. 3 047 427 vom 17/11.1958., ausg. 31/7.1962. - Ref.C. 1964. 22-2729.

Stärke-Bindemittel für Überzüge. Fletcher, C.H. Paper Trade J. 142. Nr. 42. 32-35 (1958). - Ref.C.A. 53. 4735g (1959).

Stärke und Stärkeprodukte für Papier-Überzüge. Frost, F.H. Pulp Paper Ind. 1957. 175 S. - Ref.C.A. 51. 10059a (1957).

Die Chemie der Stärke im Hinblick auf ihre Verwendung bei der Papierbeschichtung. Kerr, R.W. Tappi Monogr.Ser.Nr.17. 3-6 (1957). - Ref.C. 1958. 12853.

Methoden zur Aufbringung von Stärkestrichen. Culp, F.E. Tappi Monogr.Ser.Nr. 17. 117-39 (1957). - Ref.C. 1958. 14478.

Stärke-Ton-Überzugsfarbstoffe. American Cyanamid Co. (Ritson,D.B.). A.P. 2 804 436 ausg. 27/8.1957. - Ref.C.A. 52. 4986a (1958).

Rezepte für Beschichtungen auf Basis von Stärkeklebstoff. Casey, J.P. Tappi Monograph Series Nr. 17. 140-42 (1957). - Ref.C. 1958. 14478.

Wasserfeste Stärkestriche. Black, W.C. Tappi Monograph Series Nr. 17. 151-63 (1957). - Ref.C. 1958. 14478.

Die Verwendung eines Triazonharzes zur Herstellung wasserfester Stärke-Kreide-Striche. O'Brien, R.J. Tappi 40. 485-87 (1957). - Ref.C. 1959. 1980, C.A. 51. 12489b (1957).

Streichmasse. Lowe Paper Co. (Erfinder: Rice, J.C.). A.P.3 028 258 vom 27/3.1956., ausg. 3/4.1962. - Ref.C. 1964. 22-2730.

Beschichtungen von hohem Grundgewicht auf der Grundlage von Stärke. Skalický, C. Sbornik výzkumných Praci Oborü Celulosy Papiru 1. 263-78 (1956). - Ref.C. 1963. 7209.

Herstellung von wasserbeständigen und abriebfesten stärkehaltigen Bindemitteln und Überzügen. Soc.An.Bozel-Maletra Soc.Industrielle de Produits Chimiques (Erfinder: Lehmann, R.L. und Gandon, L.). F.P. 68 060 vom 19/10.1955, ausg. 27/3.1958. Zusatz zu F.P. 1 120 163. - Ref.C. 1960. 3754.

Überzüge für Papier mit mineralhaltigen Klebstoffen. Gardner Board & Carton Co. (Erfinder: Sooy, B.E. und Fisher, H.C.). A.P. 2 725 307 vom 29/11.1955. - Ref.C.A. 50. 6048g (1956).

Dispersion von Harnstoff-Formaldehyd-Harzen und Stärke für wasserwiderstandsfähige Überzüge. Benckiser, J.S. GmbH. (Erfinder: Thompson, R.N.). D.B.P. 909 019 Kl. 22g ausg. 12/4.1954. - Ref.C.A. 52. 10608d (1958).

Herstellung gestrichener Papiere. Kurz geb. Geyer, E., Kurz, V., Kurz, R., Kurz, B., Dietz, D., Kamphenkel, L. und Thinius, K. (Erfinder: Kurz, G., Dietz, D., Kamphenkel, L. und Thinius, K.). D.P. (DDR) 14 095 Kl. 55f vom 7/5.1954., ausg. 22/11.1957 (Wirtschaftspatent). - Ref.C. 1962. 1076.

Stärke und ihre Verwendung zur Oberflächenleimung in der Papierindustrie. Boardman, W.H. Proc.techn.Sect., Brit.Paper Board Maker's Assoc.(Inc.) 35. 107-20 (1954). - Ref.C. 1954. 11330.

Appretieren von MG-Papier. 2. Mitt. Unterschiede in der Appretur durch die Zusammensetzung des Materials. Peterson, V. Svensk Papperstidn. 57. 191-93 (1954). - Ref.C.A. 49. 9927b (1955).

Überzugsmasse zum Veredeln von Papier, insbesondere Druckpapier. National Starch Products, Inc. (Erfinder: W.F. Smart). A.P. 2 772 981 vom 17/3.1953., ausg. 4/12.1956. - Ref.C. 1958. 6128.

Überziehen von Papier und dergleichen und Aufbringen von Druckfarben. Gardner Board & Carton Co., übert.von: H.C. Fisher und St.W. Trosset jr. A.P. 2 725 306 vom 20/4.1953, ausg. 29/11. 1955. - Ref.C. 1959. 5994.

Wasserunlösliche Überzüge. Scholten's Chemische Fabrieken, übert. von: J. Lolkema. A.P. 2 657 155 vom 27/10.1953. - Ref.C.A. 48. 3040h (1954).

Wasserfeste Papierüberzüge. Calgon, Inc. (Erfinder: R.N. Thompson). A.P. 2 652 374 vom 15/9.1953. - Ref.C.A. 48. 1682f (1954).

Nachbehandlung von gestrichenem Papier. Warren, S.D., Co., übert. von: F.H. Frost und R.E. Lane. A.P. 2 780 563 vom 8/12.1952, ausg. 5/2.1957. - Ref.C. 1958. 2310, C.A. 51. 10906d (1957).

Klebstoffe. Corn Products Refining Co. E.P. 733 612 vom 27/4.1951, ausg. 13/7.1955. A.Prior. 12/2.1951. - Ref.C. 1956. 4029.

Verteilung von Stärke in Tonüberzügen. Dappen, J.W. (Scott Paper Co., Chester, Pa.). Tappi 34. 324-35 (1951). - Ref.C.A. 46. 257i (1952).

Neue Erzeugnisse. Clinton Foods, Inc. Paper Trade J. 130. 14. 48-49 (1950). - Ref.Stärke 2. 285 (1950).

Herstellung von unlöslichen Schichten auf Trägern. Scholten's Chemische Fabriken, N.V.W.A. (Erfinder: J. Lolkema). F.P.968 655 vom 29/5.1948, ausg. 1/12.1950. Holl.Prior. 30/5.1947. - Ref.C. 1955. 2807.

Stärke für Papierüberzüge. The Tappi Coating Committee. Tappi Monograph Series Nr. 3 (1947) 120 S.

Viskoseeigenschaften der Papier-Überzüge. Frost, F.H. Tappi Monograph Series Nr. 3. 105-115 (1947).

Andere Stärken (Reisstärke und -mehl, Süßkartoffel-Stärke). Tappi Monograph Series Nr. 3. 104 (1947).

Wasserfeste Stärkeüberzüge. Felske, F.G., Gardner, H.F., Getty, J.E. und Kesler, C.C. Tappi Monograph Series Nr. 3. 73-81 (1947).

Verwendungsmethoden von Stärke-Überzügen. Haywood, G. Tappi Monograph Series Nr. 3. 47-61 (1947).

Enzym-Umwandlung für Papierüberzüge. Casey, J.P. und Gillan, E.P. Tappi Monograph Series Nr. 3. 36-40 (1947).

Gestrichenes Papier. American Cyanamid Co., übert.von: C.G.Landes. A.P. 2 399 489, ausg. 30/4.1946. - Ref.C. 1948. II. 145.

Überziehen von Papier. Stein, Hall & Co., Inc., übert.von: H.E. Nelson. A.P. 2 460 998 vom 20/3.1944, ausg. 8/2.1949. - Ref.C. 1950. I. 1168.

Streichmasse. Vanderbilt, R.T. Co., übert.von: Wm. L. Craig. A.P. 2 360 828 ausg. 24/10.1944. - Ref.C. 1945. II. 1429, C.A. 39. 3934 (1945).

Papierüberzug. West Virginia Pulp and Paper Company (Erfinder: Rawling, F.G.). A.P. 2 321 244 vom 13/3.1940, ausg. 8/6.1943.

Mineralpigmentüberzug für Druckpapier. Holmens Bruks-Fabriks Aktiebolag (Erfinder: Dickermann, G.K. und Riley, R.W.). Schwed.P. 143 939 vom 25/6.1940, ausg. 2/2.1954. A.Prior. 23/6. 1939. - Ref.C. 1956. 14534.

Kann die Streichpapierindustrie das Kasein mit Vorteil durch andere Leimstoffe ersetzen? Hoyer, F. Gelatine, Leim, Klebstoffe 3. 174-76 (1935).

Verfahren zum Überziehen von Papier. Champion Coated Paper Co. E.P. 333 226 vom 3/5.1929, ausg. 4/9.1930. - Ref.C. 1930. II. 3221.

Wann hat die Stärkeappretur des Papiers aufgehört? Kobert, R. Papierfabrikant.Fest- u.Auslandsheft 1912. (4 S.). - Ref.C. 1912. II. 1706.

436. Verschiedene Papierzusätze

(Oxydierte Stärken, chemische Papierbehandlung. Vgl. auch "Spezielle Papiersorten": 437, "Herstellung von Papiermacherstärke": 432)

Kationische Dispersionen von Dialdehydstärke. 3. Mitt. Vergleichende Bewertung in drei Industrie-Pulpen. Kaser, W.L., Mirza, J., Curtis, J.H. und Borchert, P.J. Tappi 48. 583-87 (1965). - Ref.C.A. 63. 18453f (1965).

Wasserlösliche Polymere. 8. Mitt. Anwendung von Polyacrylhydrazid zur Papierherstellung. Machida, S., Yoshii, T. und Yamada, H. J.Japan.techn.Assoc.Pulp, Paper Ind. 19. 440-45 (1965). - Ref.C.A. 63. 18452b (1965).

Zusammensetzungen für die Verbesserung der Papierfestigkeit. Miles Laboratories, Inc. (Erfinder: Curtis, J.H.). F.P. 1 392 095 ausg. 12/3.1965. A.Prior. 25/3.1963. - Ref.C.A. 63. 15098b (1965).

Außerordentliche Effekte bei Kombinationen von Polyacrylamid und Dialdehydstärke als Zusätze im Mahlgerät oder am Ende der Naßpartie. Yoshii, T. und Yamada, H. J.Jap.techn.Assoc.Pulp Paper Ind. 17. 505-09 (1963). - Ref.C. 1965. 5-3044.

Verwendung chemischer Verbindungen zur Verbesserung der Steifheit von Behälterpappen unter hohen Feuchtigkeitsbedingungen. Fahey, D.J. Tappi 45. 192A-202A (1962). - Ref.C. 1963. 19052.

Verbesserung der Naß-Scheuerfestigkeit von Stärke-Kaolin-Papierstrichen durch Glyoxal. Buttrick, G.W. und Eldred, N.R. Tappi 45. 890-93 (1962). - Ref.Stärke 15. 113 (1963), C. 1963. 19449.

Dialdehydstärke-Hydrazon: ein kationenaktiver Wirkstoff für die Herstellung von naßfestem Papier. Hamerstrand, G.E., Hofreiter, B.T., Kay, D.J. und Rist, C.E. Paper Mill News 85. Nr. 45. 22 (1962). - Ref.Stärke 15. 159 (1963).

Dialdehydstärke-Hydrazon: ein kationenaktiver Wirkstoff für die Herstellung von naßfestem Papier. Hamerstrand, G.E., Hofreiter, B.T., Kay, D.J. und Rist, C.E. Paper Trade J. 146. Nr. 43. 30 (1962). - Ref.Stärke 15. 159 (1963).

Herstellung von gegen Feuchtigkeit widerstandsfähigem, polymere Aldehyde enthaltendem Papier. National Starch & Chemical Corp. F.P. 1 290 390 vom 23/3.1961., ausg. 5/9.1962. A.Prior. 24/3. 1960. - Ref.C. 1964. 20-2926.

Kombinationen von Casein und Dialdehydstärke für die Herstellung wasserfester Papierstriche. Paper Trade J. 145. Nr. 10. 39 (1961). - Ref.Stärke 14. 154 (1962).

Verbesserte Retention von Dialdehydstärke in naßfestem Papier. Paper Trade J. 145. Nr.10. 39 (1961). - Ref.Stärke 14. 154 (1962).

Neue Stärkederivate verbessern Reißfestigkeit von Papier. Chem. Engng. News 39. 50 (1961). - Ref.Stärke 14. 154 (1962).

Stärkeprodukte und Stärke-Harzseifen-Komplexe als Stoffzusätze. Unter besonderer Berücksichtigung der Stärkeretentionen und der Festigkeitseigenschaften des Papieres. Wilde, G. Dissertation, Darmstadt 1961.

Stärkeäther enthaltendes Papier. National Starch and Chemical Corp. (Erfinder: Caldwell, C.G. und Wurzburg, O.B.). A.P. 2 935 436 ausg. 3/5.1960. - Ref.C.A. 54. 16831b (1960), Stärke 14. 259 (1962), C. 1963. 1507.

Der Einfluß von Pigmentbindemitteln auf den Papierglanz und auf die Ölabsorption. Weber, R.E. Tappi 43. 833-36 (1960). - Ref.C. 1962. 18322.

Maisstärke-Acrylamid-Reaktionsprodukte für die Papierherstellung. A.E. Staley, Manufg. Co. E.P. 879 849 vom 14/4.1960, ausg. 11/10.1961. A.Prior. 23/4.1959., id.mit F.P. 1 257 289. - Ref.C.A. 56. 6228f (1962), C. 1964. 41-2646.

Herstellung von trockenem Harzleim. Hirschfeld, G. F.P.1 228 895 vom 16/3.1959., ausg. 2/9.1960. - Ref.C. 1963. 1903.

Verwendung Perjodat-oxydierter Stärken bei der Papierherstellung. Jones, E.J., Wabers, B., Swanson, J.W., Mehltretter, C.L. und Senti, F.R. Tappi 42. 862-66 (1959). - Ref.C.A. 54. 3949g (1960), C. 1960. 12878, Stärke 13. 314 (1961), Stärke 14. 154 (1962).

Die Verwendung von oxydierter Stärke bei der Papierherstellung. Melbergs, Ja.W. Papier-Ind. (russ.) 34. Nr.10. 13 (1959). - Ref.C. 1960. 10098, Stärke 12. 346 (1960).

Anwendung oxydierter Stärke in der Papierindustrie. Iwanow, S.N. Papier-Ind.(russ.) 33. Nr.3. 2-3 (1958). - Ref.C. 1960, 13883, Stärke 12. 346 (1960), C.A. 52. 11417h (1958).

Der Einfluß oxydierter Stärke als Mahlzusatz auf die Papierfestigkeiten. Meller, A. Tappi 41. 684-86 (1958). - Ref.C. 1959. 12089, Stärke 11. 249 (1959), C.A. 53. 7593a (1959).

Die Verwendung von Butadien-Methylmetacrylat-Latex als Bindemittel. MacLeod, N.D. und Wilson, J.H. Paper-Maker Brit.Paper Trade J. 137. Nr.2. 77-78 (1959). - Ref.C.A. 53. 10757f (1959).

Eine Auswertung der Verbindungen von Stärke und natürlichem Gummi als Hilfsmittel bei der Papierherstellung. Cushing, M.L. Tappi 41. Nr.7. 155A-58A (1958). - Ref.C.A. 52. 17704i (1958).

Weitere Studien über die Verwendung eines Harnstoff-Formaldehyd-Konzentrats zur Verbesserung der Naß-Scheuerfestigkeit von Stärke-gestrichenen Papieren. Belche, I.R. Tappi 41. 318-20 (1958). - Ref.Stärke 10. 241 (1958).

Der Einfluß verschiedener Hilfschemikalien bei der Herstellung von Druckpapier. Wilfinger, H. Papier 11. 1-6 (1957). - Ref.C.A. 51. 6149g (1957).

Stärke, Titandioxyd und Papierfarbstoffe. Franchi, P. Cellulosa e Carta 8. 5-11 (1957). - Ref.C. 1959. 2651.

Zusätze und Beigaben für Stärkestriche. Ritson, D.D. und Ward,J.E. Tappi Monograph Series Nr. 17. 108-16 (1957). - Ref.C. 1958. 12853.

Herstellung von Papierleim. Corn Products Refining Co. (Erfinder: R.W. Kerr). F.P. 1 093 182 vom 12/2.1954., ausg. 2/5.1955. A.Prior. 7/12.1953. - Ref.C. 1957. 308.

Die Verwendung von Stärke als Hilfsmittel bei der Erzeugung von mineralische Füllstoffe enthaltendem Papier. Cushing, M.L. Pulp Paper Mag.Canada 55. Nr.3. 163-65 (1954). - Ref.C.A. 48. 9690f (1954), C. 1954. 8935.

Herstellung eines Imprägniermittels für Papier. Minnesota & Ontario Paper Co., übert.von: G. Stevens. A.P. 2 717 213 vom 10/2. 1951, ausg. 6/9.1955. - Ref.C. 1956. 9328, C.A. 50. 2172d (1956).

Verbesserung der Druckeigenschaften und des Aussehens von Papier. North American Paper Process Co., übert.von: P.A. Snowman jr. E.P. 664 049 vom 21/2.1949, ausg. 2/1.1952. A.Prior. 21/2.1948. - Ref.C. 1952. 6785.

Maisstärke als Allergen. Randolph, T.G. J.Amer.dietet.Assoc. 24. 10. 841-46 (1948). - Ref.Stärke 2. 285 (1950).

Insekticide Papierüberzugsmasse. Standard Oil Development Co., übert.von: Fiero, G.W., Seeland, H.F. u. Batt, G.H. A.P.2 534008 vom 10/7.1947,ausg.12/12.1950. - Ref.C. 1951. II. 2795.

Chemische Papierbehandlung. E.I. du Pont de Nemours & Company (Erfinder: Schwartz, G.L. und Walker, J.F.). A.P.2 322 887 vom 15/10.1940, ausg. 29/6.1943.

Die Verwendung von Traubenzucker für Pergaminpapiere und Pergamentersatz. Wrede, H. Wbl.Papierfabrikat. 63. 642-43 (1932). - Ref.C. 1932. II. 2260.

Traubenzucker in der Papierindustrie und seine Behandlung. Wrede, H. Wbl. Papierfabrikat. 63. 465-66 (1932). - Ref.C. 1932. II. 945.

Die Verwendung von Traubenzucker in der Papierindustrie. Wrede,H. Papierfabrikant 30. 463-64 (1932). - Ref.C. 1932. II. 1549.

Weitere Studie über Mineralien und Klebstoffe zur Papiererschwerung. Shaw, M.B., Bicking, G.W. u. O'Leary, M.J. Bur.Standards J.Res. 5. 1189-1203 (1930). - Ref.C. 1931. I. 2412.

Mit Traubenzucker (Stärkezucker, Stärkesirup) geschmeidig gemachtes Pergamentpapier als Packmaterial für Margarine. Boltenstern,O.v. Z.Spiritusind. 32. 174-75 (1909).

Mit Stärkesirup geschmeidig gemachtes Pergamentpapier ist zum Verpacken von Butter brauchbar. Boltenstern, O.v. Z.Spiritusind. 32. 99-100 (1909).

Pülpe als Zusatzstoff für Papier. Herzberg, W. Papier-Ztg. 17. 2034 (1892). - W.Ref. 2252.

437. Spezielle Papiersorten

(Vgl. auch "Verschiedene Papierzusätze": 436)

Waschbeständiges Papier. Nobel-Bozel. F.P. 1 409 758 vom 13/5. 1964., ausg. 3/9.1965. - Ref.C.A. 63. 16607b (1965).

Herstellung von Papier mit verbesserter Naßfestigkeit. General Mills, Inc. E.P. 965 865 vom 28/1.1963., ausg. 6/8.1964. A.Prior. 26/1.1962. - Ref.C. 1966. 20-3001.

Naßfestes Papier durch Einsatz von mit Perjodatstärke oxydierter Stärke und dessen Herstellungsweise. United States of America as represented by the Secretary of Agriculture. A.P. 3 184 333 vom 12/2.1963., ausg. 18/5.1965. - Ref.Stärke 17. 360 (1965).

Hochleistungsfähige Erzeugung von naßfestem Papier mit Dialdehydstärke in geschlossenen Reinwassersystemen. Hofreiter, B.T., Hamerstrand, G.E., Kay, D.J. und Rist, C.E. Tappi 45. 177-81 (1962). - Ref.C. 1963. 3828.

Auf nassem Wege hergestelltes feuerbeständiges Papier- und Pappmaterial. Ernst Holger Bertil Nystroem. E.P. 958 468 vom 8/11. 1962., ausg. 21/5.1964. - Schwed.Prior. 13/11.1961. - Ref.C. 1966. 21-3187.

Festeres, fettundurchlässigeres Papier. U.S.Dept.of Agriculture (Erfinder: Russell, C.R., Buchanan, R.A. und Rist, C.E.). A.P. 3 160 552 vom 14/3.1962., ausg. 8/12.1964. - Ref.C.A. 62. 5442g (1965).

Herstellung naß- und trockenfester Papiere. National Starch and Chemical Corp. (Erfinder: Hofreiter, B.T., Hamerstrand, G.E. und Mehltretter, C.L.). D.A.S. 1 138 310 Kl. 55f vom 1/11.1960, ausg.18/10.1962. A.Prior.10/12.1959. - Ref.C. 1963. 21756.

Hochnaßfestes Papier durch Zugabe von Dialdehydstärke zur Naßpartie. Hofreiter, B.T., Hamerstrand, G.E., Mehltretter, C.L., Schulze, W.E. und Ernst, A.J. Tappi 43. 639-43 (1960). - Ref.Stärke 13. 248 (1961), C. 1962. 10687.

Photographisches Papier. Société anon. des Papeteries Vincent Montgolfier (Erfinder: Gruenman, V.). F.P. 1 211 069 ausg.14/3. 1960. - Ref.C.A. 55. 24010g (1961).

Stärkehaltiges Papier für planographischen Druck. Oransky, R.L. und Doggett, T. A.P. 2 876 134 ausg. 3/3.1959. - Ref.C.A. 53. 9670i (1959).

Neues über die Anwendung von Bindemitteln bei der Herstellung von Kreidepapier. Bunin, G.Ja. und Kowaltschuk, I.N. Papier-Ind. (russ.) 34. Nr.6. 5-6 (1959). - Ref.C. 1961. 16327.

Herstellung von feuerfester Pappe. Wood Conversion Co. (Erfinder: Bergstrom, F.S.). A.P. 3 001 907 vom 17/11.1958., ausg. 26/9. 1961. - Ref.C. 1963. 10305.

Papier für Flachdruckfolien. Oxford Paper Co. E.P. 821 375 vom 6/5.1957., ausg. 7/10.1959. A.Prior. 18/9.1956. - Ref.C. 1962. 8130.

Die Anwendung von oxydierter Stärke in der Tapetenindustrie. Andaburski, Ss.I. und Chain, I.N. Papier-Ind. (russ.) 34. Nr.6. 24-25 (1959). - Ref.C. 1960. 9418, C.A. 53. 20796g (1959), Stärke 13. 314 (1961).

Gummiertes Papier. Minnesota Mining and Manufg. Co. A.P. 2 976 178 vom 22/4.1957., ausg. 21/3.1961. - Ref.Stärke 14. 435 (1962).

Herstellung von naßfesten Cellulosefaser-Stoffen. Consolidated Mining & Smelting Co. of Canada Ltd. (Erfinder: McDonnell, B. und Jackson, H.E.). A.P. 3 002 881 vom 9/11.1956., ausg.3/10. 1961. - Ref.C. 1963. 10304.

Vorstrich für Diazotypiepapiere. Murray, H.D. E.P. 825 361 vom 9/2.1955., ausg. 16/12.1959. - Ref.C. 1962. 5168.

Vorstriche für lichtempfindliche Papiere. Ozalid Co. Ltd. (Erfinder: Benjamin, B. und Murray, H.D.). E.P. 826 005 vom 4/2.1955, ausg. 23/12.1959. - Ref.C. 1961. 17078.

Herstellung von Papier für Abziehbilder. Brož, J. Papír a Celulosa (Prag) 10. 74-76 (1955). - Ref.C.A. 52. 4175a (1958).

Flachdruckfolie mit Papierunterlage. S.D. Warren Co. (Erfinder: Oransky, R.L. und Dogget, T.). D.A.S. 1 032 761 Kl. 15 l. vom 10/9.1955, veröff. 26/6.1958. - Ref.C. 1959. 5000.

Diazotypiematerial zur Herstellung von Flachdruckfolien. Polychrome Corp. E.P. 756 277 vom 25/8.1954., ausg. 5/9.1956. A.Prior. 2/9.1953. - Ref.C. 1959. 1332.

Vervielfältigungspapier. Horii, S. A.P. 2 756 161 vom 9/9.1952., ausg. 24/7.1956. Jap.Prior. 30/7.1952. - Ref.C. 1959. 8021.

Herstellung eines mit Wasser verdünnbaren und wärmehärtbaren Reaktionsproduktes aus Stärke und Harz und von widerstandsfähigem Schachtelkarton. Weston Paper & Mfg. Co., übert.von: E.P. Wenzelberger und K.A. Wohl. A.P. 2 670 663 vom 3/5.1951, ausg. 2/3.1954. - Ref.C. 1955. 5689.

Gegen Verkratzen widerstandsfähiges, bemalbares Papier als Überzug für Gipswandplatten. United States Gypsum, Co., übert.von: H.N. Huntzicker und J.K. Wise. A.P. 2 590 013 vom 22/6.1948, ausg. 18/3.1952. - Ref.C. 1953. 6340.

Vervielfältigungspapier für Schreibmaschinen, Hektographen, Durchschreibebücher usw. National Cash Register Co., übert.von: B.K. Green und R.W. Sandberg. A.PP. 2 550 466, 550 467, 550 468, 550 469, alle vom 31/7.1948, ausg. 24/4.1951. - Ref.C. 1953. 1590.

Abziehbilderpapier. McLaurin-Jones Co., übert.von: Lewis Davis. A.P. 2 561 976 vom 9/10.1947, ausg. 24/7.1951. - Ref.C. 1953. 7689.

Wasserfestes Papier. Chemical Development, Inc., übert.von: Fowler, G.K. u. Patilloch, D.K. A.P. 2 385 435 ausg. 25/9. 1945. - Ref.C. 1948. I. 1163.

Herstellung eines schmiegsamen und widerstandsfähigen Papiers (Pappe). Milloux, M. F.P. 881 911 vom 25/6.1941, ausg. 12/5. 1943. - Ref.C. 1944. I. 504.

Druckpapier. Mead Corp., übert.von: J.J. O'Connor, R.H. Savage u. H.C. Schwalbe. A.P. 2 565 260 vom 26/9.1939, ausg. 21/9.1951. - Ref.C. 1953. 8483.

Schreib- und Druckpapier. I.G. Farbenindustrie AG. E.P. 480 679 vom 24/7.1936, ausg. 24/3.1938. - Ref.C. 1938. II. 224.

Herstellung von metallisiertem Papier. I.G. Farbenindustrie AG. F.P. 767.561 vom 23/1.1934, ausg. 20/7.1934. D.Prior. 26/4.1933. - Ref.C. 1934. II. 3871.

Herstellung von wasserdichtem Papier. Portals Ltd. und Knaggs, J. E.P. 436 878 vom 20/4.1934, ausg. 14/11.1935. - Ref.C. 1936. I. 3053.

Herstellung von Buchdruckpapier. Mead Corp. (Erfinder: Ruff, H.T.). A.P. 2 140 394 vom 25/1.1934, ausg. 13/12.1938. - Ref.C. 1939. I. 2337.

Papier. Staley Mfg. Co., übert.von: A.H. French u. L.O. Gill. A.P. 1 985 368 vom 23/9.1932, ausg. 25/12.1934. - Ref.C. 1935. II. 2473.

Herstellung von Papier. Scholten's Chemische Fabrieken N.V.W.A. E.P. 380 674 vom 23/12.1931, ausg. 13/10.1932. F.Prior. 8/10. 1931. - Ref.C. 1933. I. 158.

438. Wellpappe

Untersuchungen über wasserfeste Stärkekleber für die Herstellung von Wellpappe. Maj, Z. Przeglad papierniczy 20. 33-37 (1964). - Ref.C. 1965. 2-3075, C.A. 62. 13380h (1965).

Offener Transport von Stärke und Stärkeprodukten in der Industrie für gaufrierte Kartone. Williams, R.H. Tappi 46. A194-A97 (1963). - Ref.J.Chem.(russ.) 1964. 24 R319.

Herstellung, Umlauf und Lagerung von Klebstoffen für Wellpappe. Ewing, F.G. Tappi 46. A190-A94 (1963). - Ref.C. 1964.38-2780.

Quellstärke als Bestandteil von Klebstoffen für Wellpappen. Paper Trade J. 146. Nr.12. 54 (1962). - Ref.Stärke 14. 389 (1962).

Synthetische Harze beschleunigen das Wachstum des Absatzes von Wellpappe. Sherwood, P.W. Wbl.Papierfabrikat. 89. 292-96 (1961) - Ref.Stärke 14. 152 (1962).

Klebstoffe für Wellpappe. Stein, Hall & Co., Inc. (Erfinder: Robbins, A.R.). A.P. 2 996 462 ausg. 15/8.1961. - Ref.C.A. 55. 27930d (1961).

Alkalisches Klebemittel für Wellpappe. A.E. Staley Manufg. Co. D.A.S. 1 117 060 Kl. 89k vom 4/2.1960., ausg. 9/11.1961. A.Prior. 5/2.1959. - Ref.Stärke 15. 77 (1963).

Klebmittel für wasserfeste Wellpappe. Ajinomoto Kabushiki Kaisha (Erfinder: Shibuya, S., Takahashi, R., Kojima, T., Shimakawa, T., Yamamoto, A. und Ono, T.). Japan.A.S. 5964/1963 vom 14/4. 1960., ausg. 14/5.1963. - Ref.C. 1966. 20-3004.

Die Klebstoffe für die Wellpappenerzeugung. Michalik, K. Papír a Celulosa 15. 202-05 (1960). - Ref.C. 1961. 8524, C. 1962. 696.

Eine Übersicht über Wellpappe-Stärkekleber in Canada. Black, D.B. Pulp Paper Mag.Canada 61. T563-T568 (1960). - Ref.Stärke 14. 153 (1962), C. 1964. 29-2772.

Stärkeklebstoff für Wellpappe. Webb, R.J. und Reece, M.C. Adhesives & Resins 8. 69-72 (1960). - Ref.C.A. 55. 3096i (1961).

Mit Dimethylol-Harnstoff modifizierte Stärke als Klebstoff für Wellpappe. A.E. Staley Manufg. Co. E.P. 902 938 vom 5/2.1959, ausg. 9/8.1962. - Ref.C.A.(M.) 58. 651h (1963).

Verfestigung von Stärkepaste. Arakawa Rinsan Kagaku Kogyo Kabushiki Kaisha (Erfinder: Nagoshi, T.). Japan.P. 17 837 ('60) vom 13/2.1959., ausg. 6/12.1960. - Ref.C. 1964. 4-2959, Ref.J.Chem. (russ.) 1962. 20 N215.

Verwendung von Stärke bei der Herstellung von Wellpappe. Roederer, H. Neue Verpackung 12. 651-54 (1959). - Ref.Stärke 13. 98 (1961).

Spezialstärken zur Wellpappeherstellung. Scallet, B.L. und Sowell, E.A. Tappi 42. 203-05 (1959). - Ref.C. 1960. 7039.

Nichtthixotroper Wellpappen-Klebstoff. Daniels-Midland Co. (Erfinder: Horner, J.W. jun.). A.P. 2 999 028 vom 16/9.1958., ausg. 5/9.1961. - Ref.C. 1964. Nr.2. 2944.

Zur Herstellung von Wellpappe geeignete Stärkeklebstoffe. A.E. Staley Mfg. Co. (Erfinder: Smith, C.E. und Tuschhoff, J.V.). A.P. 3 004 855 vom 30/6.1958., ausg. 17/10.1961. - Ref.C. 1963. 4205, Stärke 16. 235 (1964).

Verkleben von Wellpappe mit Stärkekleister. P.O. Stockebyes Kvarn A/B (Erfinder: Blomquist, G.H.). Schwed.P. 177 266 vom 27/2. 1957., ausg. 14/11.1961. - Ref.C. 1964. 43-2828.

Untersuchungen über die Anfälligkeit von wasserglas- und stärkegeklebten Wellpappen gegenüber Rattenfraß. Roederer, H. Papier 11. 492-96 (1957). - Ref.C. 1958. 3772.

Klebstoff für das Verkleben von Wellpappe. Stein-Hall Mfg. Co. D.B.P. 964 760 vom 16/5.1957. - Ref.Stärke 10. 45 (1958).

Verfahren zum maschinellen Verkleben. North American Philips Company, Inc. A.P. 2 937 105 vom 24/5.1956., ausg. 17/5.1960. Holl. Prior. 25/5.1955. - Ref.Stärke 14. 225 (1962).

Klebemittel. Philips' Gloeilampenfabrieken, N.V. (Erfinder: F. Cazemier und G. Moen) D.A.S. 1 019 980 Kl. 89k vom 22/5.1956, veröff. 21/11.1957. Holl.Prior. 25/5.1955. - Ref.Stärke 10. 22 (1958), C. 1958. 6720.

Stärke für Wellpappe. Wohl, K.A. und Kaplan, P. Fibre Containers 40. Nr.3. 62-65 (1955). - Ref.C.A. 49. 8623b (1955).

Leime für die Herstellung von Wellpappe. Palenik, K. Przeglad Papierniczy 11. 36-41 (1955). - Ref.C. 1956. 4018.

Stärke für die Herstellung von Wellpappen. Hönsch, W. Stärke 7. 299-305 (1955).

Herstellung einer Stärkepaste. Baker, J.P. & Co. Pty.Ltd. Aust.P. 210 154 vom 12/5.1954, ausg. 3/10.1957. - Ref.C. 1959. 15539.

Methode zur Herstellung eines Klebstoffes und Methode zur Herstellung eines Papiererzeugnisses. King, H.D. A.P. 2 824 037 vom 15/9.1954., veröff. 18/2.1958. - Ref.Stärke 10. 327 (1958), C. 1962. 17261.

Zur Frage des Klebstoffes für Wellpappe. Krause, H. Allg.Papier-Rdsch. 1950. 657-59 (1950). - Ref.C. 1950. II. 2998.

Zur Frage des Klebstoffes für Wellpappe. Allg.Papier-Rdsch. 1950. 5-7.

Zur Frage des Klebstoffes für Wellpappe und Kistenpappe. Allg. Papier-Rdsch. 1950. S.1, 5. - Ref.Stärke 2. 260 (1950), C. 1950. II. 369.

Klebemischung. American Cyanamid Co., (Erfinder: Scrutchfield, P.H.). A.P. 2 523 851 vom 14/6.1949, ausg. 14/11.1950. - Ref.C. 1951. II. 2129.

Mehrschichtiges Papier und Wellpappe. Stein, Hall & Co., übert.von: G.V. Caesar, J.V. Bauer u. D.M. Hawley. A.P. 2 496 440 vom 17/6.1943, ausg. 7/2.1950. - Ref.C. 1950. II. 1301.

Wasserfeste Klebemittel für Mehrschichtpapier und Wellpappe. Stein, Hall & Co., Inc., übert.von: G.V. Caesar, V. Bauer und D.M. Hawley. A.P. 2 463 148 vom 17/6.1943, ausg. 1/9.1949. - Ref.C. 1950. I. 1168.

Klebmittel besonders zur Herstellung von Wellpappe. Pont de Nemours & Co. E.I., übert.von: R.W. Maxwell. A.P. 2 182 524 vom 1/10.1937, ausg. 5/12.1939. - Ref.C. 1940. I. 2115.

Leimungsmittel für die Herstellung von Wellpappe. Stein, Hall Mfg. Co. A.P. 2 102 937, id.mit E.P. 466 062.

Bindemittel.Stein, Hall Mfg. Co. (Erfinder: Bauer, J.V.). Schwed.P. 96 499 Kl. 89k vom 2/5.1936, ausg. 8/8.1939. A.Prior. vom 26/7.1935.

Leimungsmittel für die Herstellung von Wellpappe. Stein, Hall Mfg. Co. E.P. 466 062 vom 8/5.1936, ausg. 17/6.1937. A.Prior.26/7. 1935. - Ref.C. 1937. II. 3693.

Leimungsmittel zur Herstellung von ein- und zweiseitiger Wellpappe. Stein, Hall Mfg. Co. (Erfinder: Bauer, J.V.). A.P. 2 051 025 vom 17/6.1936, ausg. 18/8.1936. - Ref.C. 1937. I. 1601.

Stärkehaltiges Klebmittel für Wellpappen. Stein, Hall Mfg. Co. E.P. 474 583 vom 8/5.1936, ausg. 2/12.1937. A.Prior. 26/7.1935. - Ref.C. 1938. I. 2300.

439. Papierklebstoffe, Klebpapier
(Vgl. auch "Klebstoffindustrie": 44)

Wiederanfeuchtbare Klebstoffüberzüge für Papier. National Starch and Chemical Corp. (Erfinder: Sederlund, W.W. und Marotta, C.D.). A.P. 3 200 094 vom 14/3.1962., ausg. 10/8.1965. - Ref.C.A. 63. 11817c (1965).

Wiederanfeuchtbare Klebstoffüberzüge für Papier. National Starch and Chemical Corp. (Erfinder: Sederlund, W.W. und Marotta, C.D.). A.P. 3 200 091 vom 14/3.1962, ausg. 10/8.1965. - Ref.C.A. 63. 11817b (1965).

Wasserfeste Klebstoffe für Pappe. Corn Products Co. (Erfinder: Mentzer, M.J.). A.P. 3 155 527 vom 21/6.1962., ausg. 3/11. 1964. - Ref.C.A. 62. 2891c (1965).

Ein Verfahren zur Gewinnung eines ausfällbaren Klebstoffes aus Stärke. Kornis, J. Ung.P. 137 385 Kl. 89k ausg. 30/11.1962. - Ref.J.Chem. (russ.) 1964. 6 R362.

Faktoren, die das Kleben von Papier und Karton beeinflussen. Bristow, J.A. Svensk Papperstidn. 64. 775-96 (1961). - Ref.Stärke 14. 388 (1962).

Mögliche Hybrid-Moleküle für Klebstoffe. Skeist, I. U.S.Dep. of Agric. ARS 1060T. 2 S. (1960). - Ref.C.A. 57. 8786b (1962).

Gummierte Druckpapiere und ihre Herstellung. Schmid, A.F. Adhäsion 4. 505-13 (1960).

Klebstoffe für die Verpackungs-Industrie. Köhler, R. Fette, Seifen, Anstrichmittel 62. 189-94 (1960).

Dextrin-Gummierungen für die Herstellung von Marken in USA. Schmid, A.F. Adhäsion 3. 568-70 (1959). - Ref.Stärke 12. 316 (1960).

Die Herstellung von Leim für Etikettierautomaten. Werny, A.I. Spiritus-Ind. (russ.) 25. Nr.4. 39-40 (1959). - Ref.C. 1960. 3753.

Herstellung nichtrollender gummierter Klebepapiere. Hannoversche Gummier-Anstalt August Wegener GmbH. (Erfinder: Großsteinbeck, R.). D.A.S. 1 061 938 Kl. 22i vom 3/7.1958., ausg. 23/7.1959. - Ref.C. 1961. 1789.

Umwandlungsprodukte aus Stärkehydrolysaten. Corn Products Refining Co. (Durand, H.W.). A.P. 2 836 591 ausg. 27/5.1958. - Ref.C.A. 52. 15106e (1958).

Papier- und Pappenmaterial mit antikryptogamischen Eigenschaften. Unilever N.V. (Erfinder: Muys, G.T.). F.P. 1 187 994 vom 16/11. 1957., ausg. 17/9.1959. E.Prior. 16/11.1956. - Ref.C. 1961. 7446.

Herstellung eines hochprozentigen Etikettenleims. Deutsche Maizena-Werke GmbH. (Erfinder: Roederer, H. und Zinke, W.). D.A.S. 1 061 710 Kl. 89k vom 5/6.1957, veröff. 16/7.1959. - Ref.C. 1960. 5051, Stärke 12. 190 (1960), C.A. 55. 6896i (1961).

Klebstoff zum Verkleben von Papiersäcken, Tüten und Beuteln. Chemische Fabrik am Steindamm GmbH. (Erfinder: Horst Otto). D.A.S. 1 003 382 Kl. 22i vom 25/5.1956, veröff. 28/2.1957. - Ref.C. 1957. 10377, Stärke 9. 211 (1957), C.A.53.23105f (1962).

Borat-Silikat-Stärke-Klebstoff zur Herstellung von kombiniertem Karton. Philadelphia Quartz Co. A.P. 2 772 996 vom 4/12.1956. - Ref.Stärke 9. 211 (1957), C.A. 51. 6192g (1957).

Verwendung von Weizenstärke als internationales Bindemittel. Gaver, K.M., Barton, A.M. und Gray, W.St.R. Pulp Paper Mag. Canada 56. 58-60 (1955). - Ref.C.A. 49. 9926b (1955).

Klebstoffe für Pappe oder Furniere. Institute of Industrial Research (Erfinder: Hayakawa, E. und Morita, Y.). Japan.P. 5 987 ('55) ausg. 26/8.1955. - Ref.C.A. 51. 17242f (1957).

Herstellung eines Klebebandes. British Plaster Board Ltd. (Erfinder: Brothers, W.M.). E.P. 741 140 vom 16/10.1952, ausg. 30/11.1955. - Ref.C. 1958. 13673.

Die Selbstherstellung von Papierklebstoffen aus enzymatisch abgebauter Rohstärke. Behnke, J.-M. Wbl.Papierfabrikat. 82. 318-20 (1954). - Ref.C. 1955. 1188.

Stärke-Aceton-Formaldehyd-Harz-Lösung als Klebemittel für Papier. Harvel Research Corp., übert.von: M.T. Harvey u. P.L.Rosamilia. A.P. 2 683 104 vom 24/1.1952, ausg. 6/7.1954. - Ref.C. 1956. 4029.

Flächen aus thermoplastischen Massen. Horsak, D. Oe.P. 172 662 vom 10/10.1952. - Ref.C.A. 46. 11771e (1952).

Die Klebstoffe der Papier- und Pappenverarbeitenden Industrie. Häcker, G. Fachliteratur-Ermittlungs- und Berichtsdienst für Industrie und Forschung, Garmisch-Partenkirchen 1951. 20 S.

Klebstoff zur Herstellung von Schichtpapier in Hochleistungsmaschinen. Philadelphia Quartz Co., übert.von: R.L. Kreyling. A.P. 2 669 282 vom 21/6.1950, ausg. 16/2.1954. - Ref.C. 1955. 7821.

Verkleben von zwei Lagen Papier. Verpackungsbedarf GmbH. (Erfinder: E. Holzapfel). D.B.P. 845 312 Kl. 55f vom 10/2.1950, ausg. 31/7.1952. - Ref.C. 1953. 467.

Neue Klebemittel für die Herstellung von Tapeten. Shapiro, V.I. und Mazurina, M.I. Bumazh Prom. 23. 37 (1948). - Ref.C.A. 46. 6860c (1952), C. 1949. 294.

Stärkeklebstoff für Klebstoffstreifen und dessen Zusammensetzung. Minnesota Mining and Mfg. Co. (Erfinder: Nestor, L.R.). A.P. 2 559 043 vom 26/11.1947, ausg. 3/7.1951. - Ref.C. 1953. 4149.

Gummiertes Papier. Stein, Hall & Co., übert.von: H.F. Bauer. F.P. 953 823 vom 6/8.1947, ausg. 14/12.1949. A.Prior. 19/4. u. 4/5.1939. - Ref.C. 1950. II. 1301.

Papierklebemittel. Stancal Asphalt & Bitumuls Co., übert.von: L.C. Wooster u. E.E. Gardiner. A.P. 2 489 170 vom 7/3.1944, ausg. 22/11.1949. - Ref.C. 1950. II. 2999.

Klebstoff. Herman, A. und Knowlton, F.M. Proc.Amer.Soc.Testing Mater 42. 956 (1942).

Klebemittel für Wachspapier. Goodrich, B.F., Co. (Erfinder: Purdon, J.R.). A.P. 2 373 597 vom 7/4.1941, ausg. 10/4.1945. - Ref.C. 1946. I. 1162.

Methode zur Herstellung von mit Klebstoff bestrichenen Oberflächen und Produkten daraus. Eiseman, B.J. A.P. 2 321 072 vom 27/9. 1940, ausg. 8/6.1943.

Stärkegummi für Klebstreifen. Stein, Hall Mfg. Co. F.P. 851 083 vom 2/3.1939, ausg. 2/1.1940. A.Prior. 10/8., 22/8., 17./10. u. 22/12.1938. - Ref.C. 1940. II. 1540.

Stärkegummi für Klebstreifen. Stein, Hall Mfg. Co. Schw.P.212 203 id.mit F.P. 851 083.

Verfahren zur Verfertigung von gummierten Streifen, zur Herstellung von einem dazu dienenden Klebmittel nebst den hiermit erhaltenen, gummierten Streifen selbst. Stein, Hall Mfg. Co. Holl.P. 53 076 Kl. 89k vom 21/2.1939, ausg. 15/9.1942. A.Prior. vom 10/8.1938 und 22/12.1938.

Etikettierleime. Ohl, H. Destillateur u. Likörfabrikant 52. 511-12 (1939). - Ref.C. 1940. II. 1976.

Klebepapier. Stein, Hall Mfg. Co. (Erfinder: Bauer, H.F.). A.P. 2 215 848 vom 19/4.1939, ausg. 24/9.1940. - Ref.C. 1941. I. 2899.

Klebepapier. Stein, Hall Mfg. Co., übert.von: H.F. Bauer. A.P. 2 183 532 vom 23/1.1939, ausg. 19/12.1939. - Ref.C. 1940. II. 446.

Stärkegummi für Klebestreifen. Stein, Hall Mfg. Co. E.P.518 010 vom 10/8.1938, ausg. 16/2.1939, id.mit F.P. 851 083.

Klebestreifen. Stein, Hall Mfg. Co., übert.von: H.F. Bauer, J.V. Bauer u. D.M. Hawley. A.P. 2 188 329 vom 22/12.1938, ausg. 30/1.1940. - Ref.C. 1940. I. 3878.

Klebstoff aus Stärke. Stein, Hall Mfg. Co., übert.von: H.F. Bauer, J.V. Bauer und D.M. Hawley. A.P. 2 145 195 vom 17/10.1938, ausg. 24/1.1939. - Ref.C. 1939. I. 3301.

Klebstoff, z. B. für Briefumschläge. Russia Cement Co. (Erfinder: Edson, E.R. und Mach, G.F.). A.P. 2 210 119 vom 1/2.1938, ausg. 6/8.1940. - Ref.C. 1940. II. 2848.

Klebmittel für Klebepapier. Stein, Hall Mfg. Co. (Erfinder: Bauer, H.F., Bauer, J.V. und Hawley, D.M.). A.P. 2 144 610 vom 22/8. 1938, ausg. 24/1.1939, id.mit Schw.P. 203 147. - Ref.C. 1939. I. 3836.

Herstellung von Klebepapier. Freudenthal, O., Clingestein, A. geb. Kunz und Clingestein, M.G. (Erfinder: Freudenthal, O. und Clingestein, O.). D.R.P. 723 662 Kl. 55f vom 17/6.1938, ausg. 7/8.1942. - Ref.C. 1942. II. 2451.

Buchbinderleim aus mit Chromsäure oxydierter Stärke. Spasski, N. und Wassiljewa, S. Polygraph.Ind.(russ.) 1938. Nr.11. 35-36. - Ref.C. 1939. II. 307.

Klebstoff besonders für Umschläge. Old Colony Envelope Co., übert. von: P.B. Davidson u. J.R. Adams. A.P. 2 202 247 vom 18/4.1935, ausg. 28/5.1940. - Ref.C. 1940. II. 2712.

Herstellung eines Klebmittels für Briefumschläge und dergleichen. Old Colony Envelope Co., übert.von: J.R. Adams. A.P. 2 190 372 vom 18/8.1937, ausg. 13/2.1940. - Ref.C. 1940. I. 3878.

Stärkepaste zum Kleben und Leimen von Papier und Textilien. Röhm & Haas Co., übert.von: J.J. Willaman, R.A. Diehm u. E.W. Clark. A.P. 2 153 445 vom 21/4.1936, ausg. 4/4.1939. - Ref.C. 1939. II. 279.

Klebstoff für Papier. Old Colony Envelope Co., übert.von: P.B. Davidson. A.P. 2 159 613 vom 18/4.1935, ausg. 23/5.1939. - Ref.C. 1939. II. 1427.

Verwendung von Stärkeleim in der Kartonindustrie. Ohl, F. Kunstdünger u. Leim 31. 207 (1934), 35. 309 (1938).

Trägerlose Klebefolie. Britzer Chemische Fabrik GmbH. F.P. 775 396 vom 6/7.1934, ausg. 27/12.1934. D.Prior. 22/8. 1933. - Ref. C. 1935. II. 172.

Herstellung eines zum Aufkleben von Papier auf Werkstoffe aller Art bestimmten Klebemittels. Mang, A., und Groh, H. D.R.P. 626 010 Kl. 22i vom 5/1.1934, ausg. 19/2. 1936. - Ref.C. 1936. I. 4387.

Klebepapier. Papeteries Navarre. E.P. 343 248 vom 20/12.1929, ausg. 12/3.1931. F. Prior. 17/1.1929. - Ref.C. 1931. II. 182.

Weißer, flüssiger Leim. Wattecamps, L.G.F.A. D.R.P. 444 576 Kl. 89k vom 3/7.1925, ausg. 28/5.1927., id.mit F.P. 597 747. - Ref.C. 1927. II. 664.

Weißer, flüssiger Leim für Papier und Pappe. Wattecamps, L.G.F.A. F.P. 597 747 vom 8/5.1925, ausg. 27/11.1925. Blg.Prior. 1/3. 1922, id.mit D.R.P. 444 576. - Ref.C. 1926. I. 2421.

Bindemittel für Paraffin- und Wachspapiere. Ferdinand Sichel KG. D.R.P. 455 014 Kl. 89k vom 9/10.1925, ausg. 23/1.1928. - Ref.C. 1928. I. 1342.

Buchbinderleime. Durst, G. Melliand Textilber. 4. 232-234 (1923). - W.Ref. 2568.

Packleim, Dextrin-Leim zum Aufkleben von Adressen, Signaturen etc. Dietrich, E. Pharmaz.Centralhalle Deutschland 28. 162-163 (1887). - W.Ref. 2470, C. 1887. 677.

44. Klebstoffindustrie

0. Allgemeines
1. Herstellung - Patente
2. Holzleime
3. Klebstoffe für spezielle Zwecke
4. Klebstoffe und Farben (Malerleim)
5. Untersuchung und Beurteilung

440. Allgemeines

(Übersichten, Anwendung, Klebstoffe, Leime, Kleister. Vgl. auch "Papierklebstoffe, Klebpapiere": 439)

Rationelle Verwertung von Klebstoffmaterialien. Schischmanow, Ss. M. und Bondarenko, B.K. Tabak (russ.) 25. Nr.1. 24-26 (1964). - Ref.C. 1965. 39-3171.

Die Gewinnung und die Eigenschaften von mit Säure behandeltem Mehl. Rankin, J.C., Samalik, J.H., Holzapfel, M.M., Russell, C. R. und Rist, C.E. Cereal Chem. 41. 386-99 (1964). - Ref.J.Chem. (russ.) 1965. 12 R335.

Stärke und Dextrine als Grundlage für die Herstellung pflanzlicher Klebstoffe. Haciadur, O. Ind.aliment. 15. Nr.4. 157-63 (1964). - Ref.J.Chem.(russ.) 1965. 9 R338.

Stärke und Dextrin als Grundlage für die Gewinnung von pflanzlichen Klebstoffen. Haciadur, O. Ind.aliment. 15. Nr.3. 104-09 (1964). - Ref.J.Chem.(russ.) 1965. 2 R210.

Modifizierung von Getreidemehlen mit Salzsäure. Lancaster, E.B., Moulton, K.J., Uhl, D. und Sohns, V.E. Cereal Chem. 41. 484-91 (1964). - Ref.J.Chem.(russ.) 1965. 12 R336.

Stärke- und Dextrinklebstoffe. Bearman, E., Goodworth, J.L., Sederlund, W.W. und Shirley, P.J. Tappi Monogr.Ser. Nr. 26. 1-26 (1963). - Ref.C. 1965. 14-3246.

Eine neue Technologie zur Herstellung von kolloiden Dextrin-Klebstoffen. Anastassow, A. Tjutjun (bulg.) 1963. Nr.8. 16-23. - Ref.J.Chem.(russ.) 1964. 9 R355.

Wasserfeste Klebstoffe heute. Brekke, M.G. Tappi 45. 187A-92A (1962). - Ref.Stärke 15. 112 (1963).

Die Anwendung von technischer Stärke als Klebstoff. Komatzu, T. und Komatzu, Takassi. Adhesion and Adhesives 6. Nr.3. 19 (1962). - Ref.J.Chem.(russ.) 1963. 14 R265.

Pflanzlicher Klebstoff. Perera, P.R. Quimia 1962. Nr.111. 7-12. - Ref.J.Chem.(russ.) 1963. 15 R255.

Stärke- und Dextrin-Klebstoffe. Smith, V.M. Adhesives Age 5. Nr. 5. 19-25 (1962). - Ref.J.Chem.(russ.) 1962. 24 N477.

Handbuch der Klebstoffe. Skeist, I. Reinhold Publishing Corporation, New York 1962. 683 S. - Ref. Stärke 16. 38 (1964).

Verklebungsprozesse, Technologie der Herstellung von Dextrinklebstoff und Methoden zu dessen Anwendung. Gussew, Je.A. Zucker-Ind.(russ.) 36. Nr.10. 31-34 (1962). - Ref.C. 1964. 50-2754, Ref.J.Chem.(russ.) 1963. 9 R302, C.A. 58. 7017h (1963).

Klebstoffrezepturen und die Bedeutung des Glycerins. Reckless, F. N. Manufact.Chemist 32. 404-06 u. 410 (1961). - Ref.J.Chem. (russ.) 1962. 12 N325.

Klebstoff und Kleben. 2. Mitt. Stärke enthaltende Klebstoffe. Chemist, A. Trav. de Peinture 16. 310-15 (1961). - Ref.J.Chem. (russ.) 1962. 9 N337.

Stärke- und Dextrinklebstoffe. Dux, E. Rep.Progr.appl.Chem. 46. 311-13 (1961). - Ref.C. 1964. 9-2868.

Gegenwärtige Verwendungen von Stärke und Dextrin-Klebstoffen in England. Whyte, J.F. und McIver, H. Adhesives Age 4. Nr.7. 22-28 (1961). - Ref.J.Chem.(russ.) 1962. 3 N314.

Stärke- und Dextrin-Klebstoffe. Ihre Verwendungsmöglichkeiten. Whyte, J.F. und Reece, M.C. Adhesives and Resins 8. Nr.7-8. 64-68 (1960). - Ref.J.Chem.(russ.) 1961. 15 N359.

Stärke- und Dextrin-Klebstoffe. (Eine allgemeine Klassifikation). McIver, H. und Reece, M.C. Adhesives and Resins 8. Nr.7-8. 61-64 (1960). - Ref.J.Chem.(russ.) 1961. 15 N358.

Die Verhütung der Alterung von Stärkeleim. Adati, M. Japan.P. 18 735 (60') ausg. 28/12.1960. - Ref.J.Chem.(russ.) 1962. 19 N291.

Dextrin-Klebstoffe. Easton, A.J. Chem.Processing (Austral.) 13. Nr.1. 25, 27-29 (1960). - Ref.J.Chem.(russ.) 1961. Nr.2 N313.

Verwendung von Stärke- und Dextrinklebstoffen in Großbritannien. Dux, E.F.W. Adhäsion 4. 14-17 (1960). - Ref.C. 1961. 2854.

Anwendung von Stärke- und Dextrinklebstoffen in Großbritannien. Dux, F.W. Stärke 11. 319-22 (1959). - Ref.C. 1960. 12897.

Stärke und Dextrin enthaltende Klebstoffe. Bakanow, N.A. Zentral. Büro techn.Inform.(russ.), Moskau 1959. 47 S. - Ref.C.A. 54. 1905i (1960).

Leim- und Klebstoff-Fibel. Ein Ratgeber für Händler und Verbraucher von Leimen, Klebstoffen und verwandten Produkten. Hadert, H. Hadert-Lexikon-Verlag, Berlin 1958. 208 S. - Ref.Stärke 14. 303 (1962).

Stärke als Klebstoff. Omae, K. und Norizuki, I. Adhesion and Adhesives (Japan) 2. Nr.2. 67-72 (1958). - Ref.J.Chem.(russ.) 1960. Nr.71200.

Haltbarmachung einiger natürlicher Klebstoffe. Bomar, M. Obaly (Prag) 3. 136-38 (1957). - Ref.C.A. 52. 14203f (1958).

Moderne Klebmittel. 6. Mitt. Wärmehärtende Klebstoffe und Schlußbemerkungen. Reckless, F.N. Soap,Perfum.Cosmet. 30. 395-97 (1957). - Ref.C. 1959. 14927.

Moderne Klebmittel. 5. Mitt. Synthetische Klebstoffe auf der Grundlage von Cellulose und Polyvinylalkohol. Reckless, F.N. Soap, Perfum.Cosmet. 30. 303-05 (1957). - Ref.C. 1959. 14927.

Moderne Klebmittel. 3. Mitt. Rezepte für Stärke, Dextrine und natürliche Gummis. Reckless, F.N. Soap, Perfum.Cosmet. 30. 77-79 (1957). - Ref.C. 1959. 14927.

Einige Gesichtspunkte zur Technologie von aus Stärke hergestellten Klebstoffen. McIver, H. Adhesives and Resins 4. Nr.4. 50-59 (1956). - Ref.C.A. 50. 14250i (1956).

Moderne Klebemittel. 1. Mitt. Ihre Physikochemie, Einteilung und Anwendung. Reckless, F.N. Soap, Perfum.Cosmet. 29. 1133-36 (1956). - Ref.C. 1957. 12348.

Verbesserung der Leistung von Erdnußmehlleim durch Eiweißanreicherung. 1. Mitt. Anreicherung des Eiweißgehaltes in Erdnußmehlen durch Fermentabbau. Chaudhuri, P.K.B. Composite Wood 1. 56-69 (1954). - Ref.C. 1957. 13228.

Klebstoffe. Sauer, E. Chemiker-Ztg. 78. 805-08, 838-42 (1954). - Ref.C. 1950/54. 648.

Die Verwendung von Cerealienprodukten in Klebemitteln. Bauer, J.V. Trans.Amer.Assoc.Cereal Chemists 12. 252-57 (1954). - Ref.C. 1950/54. 1391 S.

Die Anwendung von Cerealienprodukten bei Klebemitteln. Hubinger Co. (J.V. Bauer). Trans.Amer.Assoc.Cereal Chemists 12. 252-57 (1954). - Ref.C.A. 49. 1352g (1955).

Klebstoffe auf Stärkebasis. Chem.Products chem.News 18. 216-18 (1954). - Ref.C. 1956. 4892.

Derzeitige Kenntnisse von den Klebstoffen auf Stärke-und Gelatinebasis. Martorell, J.L. Afinidad (3) 31. 373-82 (1954). - Ref.C. 1955. 7356.

Amylopektin, ein Klebstoff für maschinelle Verleimung. Hiemstra,P. Plastica (Delft) 10. 344-45 (1954). - Ref.C. 1954. 9207.

Kaltklebstoffe auf Stärkebasis. Venkatachallum, C.N. und Srikantan, B.S. J.Indian chem.Soc.ind. News Edit. 16. 114-18 (1953). - Ref.Stärke 6. 199 (1954), C. 1950/54. S.4367.

Die Technologie der Klebstoffe. Lüttgen, C. Wilhelm Pansegrau Verlag, Berlin 1953.

Aktuelle Fragen auf dem Klebstoffgebiet mit besonderer Berücksichtigung der Stärke und Stärkederivate. Köhler, R. Stärke 4. 89-92 (1952).

Stärke- und Dextrinklebstoffe. Kunowski, H. Fachliteratur-Ermittlungs- und Berichtsdienst für Industrie und Forschung, Garmisch-Partenkirchen 1951: 21 S.

Stärkeklebstoffe. Frieden, A. in R.W. Kerr: Chemistry and Industry of Starch. Academic Press Inc. Publishers, New York 1950, S. 589-626.

Verfahren zur Herstellung eines stabilen Stärkeklebstoffes. Spasski, N.A. Polygraph. Betrieb (russ.) 1950. Nr.8. 25-26. - Ref.C. 1951. I. 813.

Leime, Kitte, Klebstoffe. Farbe u. Lack 56. 113-14 (1950). - Ref.C. 1950. II. 369.

Konservierung von Leim- und Klebstoffen. Foulon, A. Stärke 1. 89-90 (1949).

Hill, E.H. und Sliwinski, V.X. Paper Trade J. Tappi 1949. 297.

Herstellung von Klebstoffen aus Stärke. Gupta, G.N. und Mukherji, K.C. J.Sci. and Technol. 9. 17-27 (1949). - Ref.Stärke 5. 303 (1953).

Verkleisterung von Kartoffelstärkemehl. Willigen, A.H.A.de, Hofstee, J. und Groot, P.W.de. Chem.Weekbl. 44. 422-29 (1948). - Ref.C. 1948. E. 2577, Stärke 1. 104 (1949).

Klebstoffe auf Basis Dextrin. Becher, C. Gelatine, Leim Klebstoffe 12. 3-16 (1944).

Stärkeklebstoffe. Smith, L.T. und Hamilton, R.M. Chem.Trade J. chem.Engr. 115. 500-02 (1944). - Ref.C. 1945. II. 1697.

Symposium über Kleben und Leimen. III. Verarbeitung von Stärkemehl zu Klebstoffen. Meijer, O. Chem.Weekbl. 39. 111-12 (1942). - Ref.C. 1943. I. 1441.

Klebstoff-Fragen jetzt und später. Hadert, H. Gelatine, Leim Klebstoffe 10. 7-10 (1942). - Ref.C. 1942. I. 2845.

Die Fabrikation der Klebstoffe. Becher, C. Gelatine, Leim Klebstoffe 10. 49-55 (1942). - Ref.C. 1942. II. 1993.

Die Fabrikation der Klebstoffe. Becher, C. Gelatine, Leim Klebstoffe 10. 27-32 (1942). - Ref.C. 1942. II. 739.

Wachsartige Stärke von Mais und anderen Getreidearten, eine mögliche Konkurrenz für Tapioka. Hixon, R.M. und Sprague, G.F. Ind.Engng.Chem. 34. 959-962 (1942).

Die Fabrikation der Klebstoffe. Becher jr., C. Gelatine, Leim Klebstoffe 10. 73-78 (1942). - Ref.C. 1943. I. 119.

Klebstoff-Fragen jetzt und später. Hadert, H. Gelatine, Leim Klebstoffe 9. 128-31 (1941). - Ref.C. 1942. I. 1209.

Stärkekleber mit Metallchloriden. Datta, R.L. und Bose, N.N. Manufact.Chemist.pharmac.fine chem.Trade J. 11. 197-98 (1940). - Ref.C. 1943. II. 887.

Kolloide Klebstoffe mit verbessernden, zum Teil mineralischen Zusätzen. Obst. Knochenverarb.u.Leim 2. 28-31 (1940). - Ref.C. 1940. I. 3479.

Über Verfahren zur Erhöhung der Bindekraft der Kleisterstärke. Kühl, H. Farben-Ztg. 45. 825 (1940). - Ref.C. 1941. I. 1503.

Rationelle Methode der Kleisterbereitung aus Kartoffelstärke. Makarow, I. Polygraph.Ind.(russ.) 1938. Nr.5. 31-33. - Ref.C. 1938. II. 3197.

Klebstoffe aus Stärkeerzeugnissen. (2. erweiterte Auflage). Stadlinger, H. Otto Elsner, Verlagsges. Berlin 1938. - Ref.C. 1938. I. 4748.

Zur Anwendung der Kleister. Ohl, F. Gelatine, Leim Klebstoffe 6. 3-6 (1938). - Ref.C. 1938. I. 4138.

Organische Leime und Klebmittel aus deutschen Rohstoffen. Ohl, F. Gelatine, Leim Klebstoffe 6. 111-17 (1938). - Ref.C. 1938. II. 3197.

Pflanzenleim - ein Erzeugnis aus heimischen Rohstoffen. Mayer,H.Th. Gelatine, Leim Klebstoffe 6. 107-111 (1938). - Ref.C. 1938. II. 3197.

Wasserlösliche Klebstoffe ohne Getreidemehl. Micksch, K. Chemiker-Ztg. 61. 373-375 (1937).

Leim alkalischer Behandlung. Spasski, N. Polygraph.Betrieb (russ.) 1937. Nr.9. 29-35. - Ref.C. 1938. I. 3294.

Vergütung von Klebemitteln. Micksch, K. Chemiker-Ztg. 61. 940-42 (1937). - Ref.C. 1938. I. 4137.

Neuzeitliche Dextrinklebstoffe. Williams, A.E. Chem.Trade J. chem.Engr. 98. 447 (1936). - Ref.C. 1936. II. 1476.

Klebemittel. Mason, Ch.F. Chem.Industries 39. 171-72 (1936). - Ref.C. 1936. II. 3247.

Empirische Erfahrungen in der Klebstoffindustrie. Hammer, R. Gelatine, Leim Klebstoffe 4. 88 (1936).

Kleister und Pflanzenleime sowie Klebstoffe aus Dextrin, Casein, Gummiarten, Gelatine und Leim. Becher, C. Gelatine, Leim Klebstoffe 4. 43-51, 83-88 (1936).

Klebstoffe aus Stärke. Werth, van der. Mschr.Textil-Ind. 50. 294-98 (1935). - Ref.C. 1936. I. 2275.

Klebstoffe aus Stärke. Eine Übersicht über die deutschen Patente seit Kriegsende. Werth, van der. Kunstdünger u. Leim 31. 361-64. 32. 17-20 (1935). - Ref.C. 1935. II. 171.

Stärke- und Dextrinleime. Holt, F. jr. Paper-Ind. 17. 482-85 (1935). - Ref.C. 1936. I. 489.

Stärke in der Klebstoffindustrie. Hammer, R. Gelatine, Leim Klebstoffe 3. 7-12 (1935). - Ref.C. 1935. I. 2935.

Kleister und Pflanzenleime sowie Klebstoffe aus Dextrin, Casein, Gummiarten, Gelatine und Leim. Becher, C. Gelatine, Leim Klebstoffe 3. 54-58, 87-92, 123-31, 163-68, 203-07 (1935). - Ref.C. 1935. II. 171.

Klebstoffe aus Stärke. Van der Werth. Kunstdünger u. Leim 31. 335-37 (1934). - Ref.C. 1935. I. 1162.

Über Klebstoffe. Becher, C. Zellstoff u. Papier 14. 506-07 (1934). - Ref.C. 1935. I. 2481.

Die gebräuchlichsten Klebstoffe. Kirchdorfer, F. Seifensieder-Ztg. 61. 783-85. 803-05. 823-25. 843-44 (1934). - Ref.C. 1935. I. 2935.

Klebstoffe und Verklebung (Kaschierung) von Metallfolien. Ohl, F. Gelatine, Leim Klebstoffe 2. 195-99 (1934). - Ref.C. 1935. I. 841.

Stärkeleime. II. Zeinwoldt, F. Chim. e Ind. 2. 40-43 (1934). - Ref.C. 1934. II. 3890.

Stärkeleime. Zeinwoldt, F. Chim. e Ind. 2. Nr.2. 23-25 (1934). - Ref.C. 1934. II. 1384.

Stärke in der Klebstoffindustrie. Hammer, R. Gelatine, Leim Klebstoffe 2. 246-48 (1934). - Ref.C. 1935. I. 2935.

Über die Herstellung von Kleistern. Pallas, E. Techn.-Ind.schweiz. Chemiker-Ztg. 16. 44-45 (1933). - Ref.C. 1933. I. 3508.

Kleister aus in kaltem Wasser löslichen Stoffen. Pallas, E. Papier-Ztg. 58. 645-46; Kunststoffe 23. 139 (1933). - Ref.C. 1933. II. 979.

Die Pflanzenleime. Kaltleim und lösliche Stärke. Frydlender, J.-H. Rev.Produits chim. 36. 609-13. 645-47 (1933). - Ref.C. 1934. I. 2383.

Klebstoffe aus Stärkeerzeugnissen. Stadlinger, H. Kunstdünger u. Leim 28. 399-402. 478-80. 521-32. 29. 20-24 (1932). - Ref.C. 1932. I. 3141.

Die Pflanzenleime auf der Wiener Chemiker-Tagung. Stadlinger, H. Kunstdünger u. Leim 28. 311-14 (1931).

Über die Herstellung von Kleistern aus in kaltem Wasser löslichen Stoffen. Kunstdünger- u. Leim-Ind. 27. 68-69 (1930). - Ref.C. 1930. I. 2675.

Die gebräuchlichsten Klebstoffe. Kirchdorfer, F. Seifensieder-Ztg. 56. chem.-techn.Fabrikant 26. 83-86, 87-90, 91-93 (1929).

Über Pflanzenleime. Braun, H.J. Metallbörse 19. 2025. 2080-81 (1929). - Ref.C. 1930. I. 2675.

Stärke- und Mehlklebstoffe. Alexander, J. in R.P.Walton: A Comprehensive Survey of Starch Chemistry Part 1, S.175-87. Chemical Catalog Company, New York 1928.

Stärke, ihre Klebe- und Appreturmittel. Kirchdorfer, F. Seifensieder-Ztg. 54. 32-33 (1927). - Ref.C. 1928. I. 847.

Aktivin, ein neuer Hilfsstoff in der Klebmittelindustrie. Hausner, J. Kunststoffe 16. 242-43 (1926). - Ref.C. 1927. I. 2154.

Aktivin, ein neuer Hilfsstoff für die Klebmittelindustrie. Hausner, J. Seifensieder-Ztg. 53. 248-49 (1926). - Ref.C. 1926. II. 316.

Die Chemie von Klebstoffen. Dyson, G. Malcolm. Chem.Age 13. 488-90. 512-14 (1925). - Ref.C. 1926. I. 1915, W.Ref. 2586A.

Über Klebstoffe und Klebwirkung. McBain, J.W. und Hopkins, D.G. J.physic.Chem. 29. 188-204 (1925). - Ref.C. 1925. I. 1832, W.Ref. 2589.

Aus der Klebstoffindustrie. Wagner, H. Chemiker-Ztg. 47. 289-291 (1923).

Aus der Klebstoffindustrie. Wagner, H. Chemiker-Ztg. 47. 249-251 (1923). - W.Ref. 2575.

Einiges über Dextrin und daraus herstellbare Klebemittel. Kirchdorfer, F. Färber-Ztg. 27. 3033-3034, 3091 (1922). - W.Ref. 2556.

Klebstoffe aus Stärke. Chem.Age 30. 323-324 (1922). - W.Ref. 2555.

Einführung in das Klebewesen. Kirchdorfer, F. Seifensieder-Ztg. 48. 598-599, 620-621, 639, 683-684 (1921). - W.Ref. 2546.

Stärke und Stärkeraum-Methoden. Gaines, H.H. Starchroom Laundry J. 1921. 68. - W.Ref. 2545A.

Klebstoffverbesserungen. Färber-Ztg. 26. 2101-2102 (1921). - W.Ref. 2545.

In Heimarbeit hergestellte Dextrin-Klebstoffe. Taine, H. Work (London) 59. 402-403 (1920). - W.Ref. 2408A.

Kaltleim und seine Fabrikation. Matzdorff, O.H. Textilberichte 1. 56 (1920).

Die Leime und andere Klebstoffe auf der Basis stärkehaltiger Rohstoffe. Chaplet, A. Rev.Chim.ind. 25. 12-15, 37-39 (1914-16). - W.Ref. 2507.

Pflanzenleime. Andés, L.E. Seifensieder-Ztg. 36. 1081, 1105-06 (1909).

Der Leim und die Klebstoffe. Krüger, F. Monit.sci.Dr.Quesneville 63. 801-823 (1905). - W.Ref. 2479, C. 1905. II. 1697.

Über Neuerungen auf dem Gebiet der Fabrikation von Klebemitteln. Andés, L.E. Chemiker-Ztg. 27. 190-191 (1903). - W.Ref. 2478.

Gummi arabicum und seine modernen Ersatzmittel. Rideal, S. und Youle, W.E. J.Soc.chem.Ind. 10. 610-622 (1891). - W.Ref.1885.

Einfache Darstellung von Klebeleim aus Knochenleim. Bornträger,H. Österr.Chemiker-Ztg. 3. 515-516 (1900). - W.Ref. 2475, C. 1900. II. 1218.

441.Herstellung - Patente

(Klebstoff, Leim, Bindemittel. Vgl. auch "Textilindustrie": 42, "Stärkederivate": 60, 61, "Kondensationsprodukte, Kunstmassen": 683)

Kaltwasserlösliche Klebstoffe auf Stärkebasis. A.E. Staley Manufg. Co. E.P. 992 213 ausg. 19/5.1965., A.Prior. 23/4.1963. - Ref.C.A. 63. 11846d (1965).

Methode zur Verflüssigung von Klebstoffen auf Stärkebasis. Societe de Parements pour Tissages. F.P. 1 286 060 ausg. 2/3. 1962. - Ref.C.A.(M.) 58. 1626b (1963).

Ein Verfahren zur Regulierung der Festigkeit eines Kleisters aus Stärke von Kartoffel und Batate mit Hilfe von Eiweißstoffen der Sojabohnen. Iwasita, S. Japan.P. 13 050 ('63) vom 15/3.1961., ausg. 23/7.1963. - Ref.J.Chem.(russ.) 1965. 17 R285.

Verfahren zur Herstellung von dispergierbarem pflanzlichem Gummi. General Mills, Inc. (Erfinder: Jordan, W.A. und Skagerberg, W.E.). A.P. 2 970 063 ausg. 31/1.1961. - Ref.J.Chem.(russ.) 1962. 7 N333.

Klebstoff. National Adhesives Ltd. (Erfinder: Opie, W.J.). E.P. 906 562 vom 5/2.1960., ausg. 26/9.1962. - Ref.C. 1964. 40-2842, C.A. 58. 3575b (1963).

Die Gewinnung von wasserlöslichem Stärkeleim. Jawata, T., Kambara, C. und Furukawa, T. Japan.P. 5998 ('60) ausg. 28/5.1960. - Ref.J.Chem.(russ.) 1962. 4 N379.

Ein wasserbeständiger Klebstoff. Rengo Ssiki Kabushiki Kaisha (Erfinder: Mooiki, W.). Japan.P. 4 616 ('63) vom 11/2.1960., ausg. 15/6.1963. - Ref.J.Chem.(russ.) 1964. 13 R387.

Die Herstellung eines wasserlöslichen Stärkeleims. Matzutani, K. Japan.P. 4 785 ('59) ausg. 9/6.1959. - Ref.J.Chem.(russ.) 1961. 16 N365.

Herstellung eines Klebstoffes, enthaltend verkleisterte und unverkleisterte Stärke, eine phenolische Verbindung und einen Aldehyd. Koppers Co. Inc. (Person, F. und Corwin, J.F.). E.P. 824 108 vom 25/11.1959. - Ref.C.A. 54. 6166h (1960), C. 1961. 14522.

Klebstoff und Verfahren zu seiner Herstellung. Chas.A. Krause Milling Co. (Erfinder: Wimmer, E.L.). A.P. 2 881 086 ausg. 7/4. 1959. - Ref.J.Chem.(russ.) 1961. Nr.7 N360, C.A. 53. 12719e (1959).

Herstellung eines in kaltem Wasser dispergierbaren Klebstoffes. Krause, Ch.A. Milling Co., übert.von: Wimmer, E.L. und Meindl, F. A.P. 2 894 859 vom 3/5.1957, ausg. 14/7.1959. - Ref.C.1960. 12558, C.A. 53. 20868g (1959), Stärke 13. 382 (1961), Ref.J. Chem.(russ.) 1961. 20 N238.

Klebstoff auf Stärkebasis. A.E. Staley Manufg. Co. (Erfinder: Casey, J.P. und Lehman, E.R.). A.P. 3 015 572 vom 2/4.1958. - Ref.C.A. 56. 7565d (1962).

Klebstoffe auf Stärkebasis. Matsutani Chem. Industry Co. (Erfinder: Matsutani, E.). Japan.P. 182 ('58) ausg. 18/1.1958. - Ref.C.A. 53. 6662f (1959), Ref.J.Chem.(russ.) 1964. 13 R388.

Zusammengesetzte Stärkeleimpaste mit verbesserten Viscositätseigenschaften. Minerals & Chemicals Philipp Corp. (Erfinder: Mosher, H.M. und Moore, W.J.). A.P. 3 081 184 vom 21/11.1958., ausg. 12/3.1963. - Ref.C. 1964. 46-2977.

Verfahren zur Herstellung von naßfesten Verklebungen aus Gemischen aus Stärke und Aldehyd-Carbamidharzen. Badische Anilin- & Soda-Fabrik AG. (Erfinder: Lenz, J.). Schwz.P. 370 370 vom 17/9. 1958., ausg. 30/6.1963.

Weizen-Mais-Stärkeklebstoffe. National Industrial Products Co. (Thomas, L.M., Neel, T.J. und McCombs, F.P.). A.P. 2 833 662 ausg. 6/5.1958. - Ref.C.A. 52. 15106d (1958).

Kaltwasserlöslicher Dextrinklebstoff und Herstellung desselben. National Starch Products Inc. (Ryan, J.J. und Weidener, R.). A.P. 2 849 327 vom 26/8.1958. - Ref.J.Chem.(russ.) 1960. Nr. 6805, C.A. 52. 21190b (1958).

Verfahren zur Herstellung von naßfesten Verklebungen mit Gemischen aus verkleisterter oder nicht verkleisterter Stärke und Aldehydcarbamidharzen. Badische Anilin- & Soda-Fabrik AG. D.A.S. 1 047 969 vom 7/11.1957, veröff. 31/12.1958. - Ref.Stärke 12. 61 (1960).

Herstellung eines Stärkeleims. Koppers Co., Inc., übert.von: Corwin, J.F. und Person, F. A.P. 2 884 389 vom 2/8.1957, ausg. 28/4.1959. - Ref.C. 1960. 12558, C.A. 53. 13638c (1959), Stärke 12. 341 (1960).

Herstellung von Stärkeklebstoffen. Koppers Co., Inc. (Person, F. und Corwin, J.F.). Isr.P. 9 356 ausg. 17/6.1957. - Ref.C.A.52. 9636d (1958).

Bakteriostatisches Mittel für stärkehaltige Klebstoffe, Kleister, Appreturen usw. Scientific Oil Compounding Co. E.P. 803 080 vom 17/6.1957., ausg. 15/10.1958. A.Prior. 6/7.1956. - Ref.C. 1960. 6716, C.A. 53. 3694e (1959).

Klebstoff-Kombination auf der Basis von Stärke, eines Tripolymeren von Maleinsäureanhydrid und hydrolysierten Polyacrylnitrils. B.F. Goodrich Co. A.P. 2 935 484 vom 3/4.1957., ausg. 3/5. 1960. - Ref.Stärke 14. 260 (1962).

Klebstoff. Kawakami, M. Japan.P. 4 579 ('57) ausg. 6/7.1957. - Ref.J.Chem.(russ.) 1961. Nr.7 N359, Stärke 14. 100 (1962).

Herstellung von aus Stärke-Phenol-Aldehyd-Kondensationsprodukten bestehenden Klebstoffen. Koppers Co., Inc. (Erfinder: Person, F. und Corwin, J.F.). Aust.P. 219 550 vom 6/2.1957., ausg. 29/1.1959. - Ref.C. 1961. 13063.

Verfahren zur Herstellung eines zum Befestigen von Schleifkörnern auf einem biegsamen Träger geeigneten Klebmittels auf Stärkegrundlage. Minnesota Mining & Mfg. C., übert.von: L.R.Nestor. D.A.S. 1 008 670 vom 16/5.1957. - Ref.Stärke 9. 184 (1957).

Wiederanfeuchtbare Klebstoffe. Hudson Pulp & Paper Corp. (Hatch, R.S. u. Roberson, W.B.). A.P. 2 791 512 vom 7/5.1957. - Ref. C.A. 51. 11748d (1957).

Verfahren zur Herstellung eines insbesondere für Fasermaterial geeigneten Klebe- und Bindemittels, ausgehend von einem durch Erhitzen von Stärke mit einem Formaldehyd abgebenden Stoff auf über 180° C erhaltenen Produkt. Kristoffersen, O. (Bayetto,A.). D.A.S. 1 019 979 vom 21/11.1957. - Ref.Stärke 10. 23 (1958).

Herstellung eines Stärke-Klebstoffes. Koppers Co., Inc. Belg.P. 545 424 vom 21/2.1956, ausg. 9/10.1959. - Ref.C. 1960. 13246.

Verfahren zur Verbesserung der Flottenbeständigkeit von Klebstoffen auf der Basis einer Stärkekomponente, eines Phenols und eines Aldehyds. A.E. Staley Manufg. Co. A.P. 2 890 182 vom 29/11.1956., ausg. 9/6.1959. - Ref.Stärke 13. 92 (1961).

Klebemittel auf Stärkebasis. Koppers Co. F.P. 1 190 507 vom 20/2. 1956, ausg. 13/10.1959. - Ref.C. 1961. 9269.

Stärkeklebstoffe und ihr Herstellungsverfahren. Koppers Co., Inc. (Erfinder: Person, F. und Corwin, J.F.). Can.P. 584 683 vom 10/10.1956, ausg. 8/10.1959.

Herstellung eines Stärkeleims. Union Bag-Camps Paper Corp., übert. von: Yundt, A.P. und Bradway, K.E. A.P. 2 879 236 vom 7/6. 1956, ausg. 24/3.1959. - Ref.C. 1960. 17001, C.A. 53. 12719d (1959).

Dextrin-Dextran-Klebstoffe. Commonwealth Engineering Company of Ohio. A.P. 2 933 407 vom 8/8.1956., ausg. 19/4.1960. - Ref. Stärke 14. 64 (1962), Ref.J.Chem.(russ.) 1961. 12 N428.

Leim. Baranyi, J. D.A.S. 1 047 350 Kl. 22i vom 2/2.1956, veröff. 24/12.1958. - Ref.C. 1959. 15235.

Klebstoff auf Dextrinbasis. National Starch Products, Inc. E.P. 785 318 vom 26/1.1955, ausg. 23/10.1957. A.Prior. 16/2. 1954. - Ref.C. 1959. 5349.

Verfahren zur Herstellung von flüssigen, Stärkepräparate als Verschneidungsmittel enthaltenden, Kunstharzleimen. Scholten's Chemische Fabrieken, N.V.W.A. (Erfinder: Lolkema, J. u. van der Meer). D.B.P. 927 680 vom 14/4.1955. - Ref.Stärke 7. 66 (1955).

Herstellung von Stärkeprodukten. N.V.W.A. Scholten's Chemische Fabrieken (Erfinder: Beersma, P.J.A. und Moes, G.). F.P. 1 138 924 vom 16/11.1955, ausg. 21/6.1957. Holl.Prior. 16/11.1954. - Ref.C. 1961. 8866.

Stärkeleim. Bozel-Maletra Soc. Industrielle de Produits Chimiques (Erfinder: Lehmann, R.L. und Gandon, L.). Schwz.P. 338 799 vom 14/12.1955., ausg. 15/7.1959., F.Prior. 18/1. u. 19/10.1955, id.mit F.P. 1 120 163 u. 68 060. - Ref.C. 1961. 14522.

Klebstoff auf der Basis einer tripolymeren Verbindung, Stärke und Ton. American Cyanamid Co. A.P. 2 893 977 vom 10/11.1955, ausg. 7/7.1959. - Ref.Stärke 13. 349 (1961).

Klebstoff. Gebler, J. und Krautwald, P. D.P.(DDR) 12 294 Kl.89k vom 8/2.1955, ausg. 30/10.1956 (Wirtschaftspatent). - Ref.C. 1957. 10377, C.A. 53. 4786g (1959).

Stärkeleim. Soc.An.Bozel-Maletra, Soc.Industrielle de Produits Chimiques (Erfinder: R.L. Lehmann u. L. Gandon). F.P.1 120 163 vom 18/1.1955, ausg. 2/7.1956. - Ref.C. 1957. 13229.

Wasserfester Klebstoff. Hawkins, R.L. A.P. 2 764 568 vom 7/4. 1955, ausg. 25/9.1956. - Ref.C. 1957. 12349, C.A. 51. 6192f (1957).

Herstellung von Stärkederivaten. Staley, A.E., Mfg.Co., übert.von: Langlois, D.P. und Pinney, G.C. A.P. 2 886 541 vom 8/6.1955, ausg. 12/5.1959. - Ref.C. 1960. 9438, Stärke 13. 91 (1961), C.A. 53. 15651a (1959).

Dextrin-Klebstoff. Staley, A.E., Mfg.Co., übert.von: Fredrickson, R.E. A.P. 2 856 307 vom 12/1.1955, ausg. 14/10.1958. - Ref.C. 1959. 17590, Ref.J.Chem.(russ.) 1960. 36591.

Herstellung von Umwandlungsprodukten polymerer Kohlenhydrate oder ihrer Äther. Eldeka, N.V. E.P. 794 569 vom 18/1.1955, ausg. 7/5.1958. Holl.Prior. 19/1.1954. - Ref.C. 1959. 11778.

Herstellung von Stärke-Resorcin-Formaldehyd-Klebemitteln. Koppers Co., Inc. (Erfinder: Person, F. und Coroin, J.F.). Aust.P. 211 202 vom 22/8.1955, ausg. 28/11.1957. A.Prior.23/8. 1954. - Ref.C. 1960. 3755.

Klebstoff auf der Basis von Stärke und eines Phenol-Formaldehyd-Keton-Kondensates. McNaughtan, Th.J., Lieb, D.J. und Boschert, U. A.P. 2 886 540 vom 3/6.1955, ausg. 12/5.1959. - Ref.Stärke 12. 341 (1960).

Klebstoff. Minerals & Chemicals Corp. of America, übert.von: Claxton, A.W. A.P. 2 892 731 vom 8/10.1954, ausg. 30/6.1959. - Ref.C. 1961. 2855, Stärke 13. 142 (1961), C.A. 53. 23113f (1959).

Klebstoff aus alkalisch oxydierter Cassavestärke. Monsanto Chemical Co. (Erfinder: Jarvi, R.A.). A.P. 2 680 078 ausg. 1/6.1954. - Ref.C.A. 48. 9732b (1954), Stärke 6. 260 (1954).

Verfahren zur Herstellung von trockenen, in kaltem Wasser löslichen, als Binde-, Klebe-, Appretiermittel und dgl. verwendbaren Stärkepräparaten. W.A. Scholten's Chemische Fabrieken, N.V. (Erfinder: Lolkema, J. und van der Meer, W.A.). Schwz.P. 332 119 vom 25/3.1954, ausg. 15/10.1958. E.Prior.vom 31/3.1953.

Verfahren für die Herstellung eines trockenen, kaltwasserlöslichen Bindemittels. Scholten's Chemische Fabrieken, W.A. N.V. (Erfinder: Lolkema, J. und van der Meer, W.A.). Schwed.P. 156 810 Kl. 89k vom 26/3.1954, ausg. 30/10.1956. E.Prior. vom 31/3.1953.

In kaltem Wasser dispersible Klebstoffe aus Stärke. Kerr, R.W. und Katzbeck, W.J., übert.an: Corn Products Refining Co. A.P. 2 669 523 vom 16/2.1954. - Ref.C.A. 48. 8570c (1954), Stärke 6. 260 (1954).

Stärkepräparat für Klebstoffe, Imprägnierungs- oder Verdickungsmittel. Corn Products Refining Co. E.P. 750 035 vom 1/2.1954, ausg. 6/6.1956. A.Prior. 19/10.1953. - Ref.C. 1957. 1813.

Wäßrige Harnstoff-Formaldehyd-Stärke-Klebstoffe und Herstellungsverfahren. American Cyanamid Co. A.P. 2 818 397 vom 15/2.1954, veröff. 31/12.1957. - Ref.Stärke 10. 328 (1958).

Wasserlöslicher Klebstoff. Sichel-Werke AG. D.B.P. 970 198 Kl.22i vom 26/11.1954, ausg. 28/8.1958. Anmeldung bekanntgemacht 5/4. 1956. - Ref.C. 1959. 11778.

Kaltwasserlösliche Klebstoffe. Scholten's Chemische Fabrieken N.V.W.A. (Erfinder: J. Lolkema u. W.A. van der Meer). F.P. 1 097 497 vom 31/3.1954, ausg. 6/7.1955. E.Prior. 31/3. 1953. - Ref.C. 1957. 7539.

Kaltwasserlöslicher Dextrinklebstoff. National Starch Products, Inc., übert.von: Kunze, W.G., Evans, R.B. und Huebschman, J.W. A.P. 2 772 178 vom 11/12.1953, ausg. 27/11.1956. - Ref.C. 1958. 13673, C.A. 51. 47745d (1957), Stärke 9. 211 (1957).

Stärke-Harnstoff-Formaldehyd, wasserfeste Klebstoffe. Stein, Hall & Co. (Edward E. Moore). A.P. 2 629 699 vom 24/2.1953. - Ref.C.A. 48. 6742i (1954).

Klebstoff in Pulverform. Starch Products Ltd. und Thomas, E.W. E.P. 807 505 vom 6/3.1953., ausg. 14/1.1959. - Ref.C. 1960. 9087.

Stärke-Harz-Kompositionen als Klebstoffe. Pont de Nemours & Co., E.I. du (übert.von: Martone, Th.A.). A.P. 2 641 584 vom 9/6. 1953. - Ref.C.A. 47. 7827g (1953), Stärke 5. 275 (1953).

Klebstoff. Diamond Alkali Co. A.P. 2 736 678 vom 13/5.1953, ausg. 28/2.1956. - Ref.C. 1957. 7539.

Dextrinhaltige Klebemittel. Wattecamps, L. Belg.P. 511 708 vom 28/5.1952, ausg. 18/12.1953. - Ref.C. 1950/54. S. 4368.

Stärkeabbauprodukt für Klebzwecke. Corn Products Refining Co., übert.von: H.W. Durand. A.P. 2 563 014 vom 1/2.1950, ausg.7/8. 1951. - Ref.C. 1953. 3507.

Verbesserte Stärkefilme als Klebmittel. Penick & Ford Ltd., Inc., übert.von: C.C. Kesler u. E.T. Hjermstad. A.P. 2 650 205 vom 12/9.195o, ausg. 25/8.1953. - Ref.C. 1955. 8771, C.A. 48. 1040f (1954).

Wiederanfeuchtklebmasse. Humphner, F.W., übert.an: Mid-States Gummed Paper Co. A.P. 2 468 443, ausg. 25/4.1949. - Ref.Stärke 2. 307 (1950).

Wasserbeständiger Klebstoff. Stein, Hall Manufacturing Co. (Erfinder: Moore, E.E.). A.P. 2 544 714 vom 12/7.1949, ausg.13/3. 1951.

Stärkekleister mit Stabilisierungsmittel. American Cynamid Co. (Erfinder: C.G. Landes u. J. Studeny). Schwed.P. 130 186 vom 26/4.1949, ausg. 21/11.1950. A.Prior. 5/5.1948. - Ref.C. 1952. I. 163.

Unlöslichmachen von Stärke. United States Rubber Co. E.P. 663 358 vom 29/12.1949, ausg. 19/12.1951. A.Prior. 31/3.1949. - Ref.C. 1955. 6437.

Bindemittelpaste. Gjerlöff, P.A. Schwed.P. 125 442 vom 14/7.1948, ausg. 5/7.1949. Dän.Prior. 10/7.1948. - Ref.C. 1949. E. 1686.

Verfahren zur Verbesserung von Klebstoffen. Henkel & Cie. GmbH. (Erfinder: Alsfeld, M.). D.B.P. 811 340 Kl. 89k vom 2/10.1948, ausg. 20/8.1951. - Ref.C. 1952. 1937.

Stärkeklebemittel. American Cynamid Co., übert.von: C.G. Landes u. J. Studeny. A.PP. 2 566 842, 2 566 861, 2 566 862 vom 5/5. 1948, ausg. 4/9.1951. - Ref.C. 1953. 3182, Stärke 4. 104 (1952), C.A. 46. 1278d (1952).

Herstellung von Leimen aus Kartoffelpülpe. Mollnar, Maria (Erfinder: H.M. Ulrich). Oe.P. 162 393 vom 1/8.1947, ausg. 25/2.1949. - Ref.C. 1949. E. 651.

Imprägnier- und Klebmasse. Smith, A. & Sons Carpet Co., übert.von: E.P. Mersereau jr. A.P. 2 542 344 vom 11/3.1947, ausg. 20/2. 1951. - Ref.C. 1952. 156.

Klebstoff auf Stärkebasis. Rabey, A. F.P. 928 446 vom 27/5.1946, ausg. 27/11.1947. - Ref.C. 1949. E 2594.

Klebmittel aus Getreidestärke, bes. Maisstärke. Penick & Ford Ltd. übert.von: C.C. Kesler u. D. Rankin. A.P. 2 427 562 ausg. 16/9.1947. - Ref.C. 1948. II. 456.

Harzhaltige Klebstoffe, Kitte oder Textilhilfsmittel mit Zusatz von Stärke. Scholten's Chemische Fabrieken (W.A. van der Meer u. J. Lolkema). Holl.P. 77 379 vom 30/9.1946, ausg. 15/2.1955. - Ref.C.A. 49. 16484b (1955), Stärke 7. 314 (1955).

Klebstoff. Blattmann & Co. (Erfinder: Emil Meier). Schwz.P.276 399 vom 12/9.1946, ausg. 1/10.1951. - Ref.C. 1952. 2288.

Stärkeprodukt. Stein, Hall & Co., übert.von: G.V. Caesar. A.P. 2 492 552 vom 16/8.1946, ausg. 27/12.1949. - Ref.C. 1949. E. 1643.

Stärkeprodukt. Stein, Hall & Co., übert.von: G.V. Caesar. A.P. 2 492 553 vom 27/4.1946, ausg. 27/12.1949. - Ref.C. 1949. E. 1643.

Klebstoff. Penick & Ford Ltd., übert.von: C.C. Kesler u. W.L. Hicks. A.P. 2 466 172 vom 10/5.1945, ausg. 5/4.1949. - Ref.C. 1949. E. 174.

Alginat enthaltende Klebstoffzusammensetzung. Kelco Co. (Erfinder: Vallandigham, V.V.). A.P. 2 477 912 vom 11/12.1945, ausg.2/8. 1949.

Flüssiges Klebemittel aus Polyvinylalkohol, Stärke und Ton. Pont, E.I. du de Nemours & Co., übert.von: Kingerley, R.W. Can.P. 468 031 vom 23/3.1945, ausg. 12/9.1950. - Ref.Stärke 3. 180 (1951), C. 1951. 2831.

Klebmittel zum Verleimen. Ueberle, F. F.P. 906 171 vom 29/7.1944, ausg. 26/12.1945. D.Prior. 11/5.1943. - Ref.C. 1946. I. 1659.

Herstellung eines Stärke-Harnstoffharz-Reaktionsproduktes. Penick & Ford Ltd., Inc., übert.von: Kesler, C.C., Black, W.C., Hicks, W.L. u. Owen, C.N. A.P. 2 450 377 vom 31/7.1944, ausg. 28/9. 1948. - Ref.C. 1949. E. 3336.

Klebstoff. Pont de Nemours, E.I. & Co., übert.von: R.W. Kinger jr. A.P. 2 487 448 vom 1/3.1944, ausg. 8/11.1949. - Ref.C. 1949. E. 1686.

Bituminöse Klebstoffe; Zusammensetzungen mit hitzegehärteten Harzen. International Bitumen Emulsions Corp. (Erfinder: Wooster, L.C. und Gardiner, E.E.). E.P. 596 610 vom 7/3.1944, ausg. 22/6.1945.

Klebstoffe. Röhm & Haas GmbH. F.P. 899 984 vom 23/11.1943, ausg. 15/6.1945. D.Prior. 29/8.1941. - Ref.C. 1949. E. 2399.

Stärkeklebstoff. Henkel & Co. F.P. 897 061 vom 9/8.1943, ausg. 12/3.1945. D.Prior. 18/1.1942. - Ref.C. 1946. I. 1659.

Wasserlösliche Stärkeabkömmlinge. Sichel-Werke AG. Belg.P.451 804 vom 6/8.1943, Auszug veröff. 7/4.1944. D.Prior. 1/3.1943. - Ref.C. 1945. I. 1451.

Pflanzlicher Leim und dessen Herstellungsmethode. Perkins Glue Co. (Erfinder: Pierson, G.G.). A.P. 2 413 885 vom 16/10.1943, ausg. 7/1.1947.

Klebmittel. Gunnar, A.B. N.P. 67 358 vom 20/4.1942, ausg. 24/1. 1944. - Ref.C. 1944. II. 719.

Stärkeäther und -ester, die in kaltem und bzw. oder warmem Wasser löslich sind. Scholten's Chemische Fabrieken. Belg.P. 445 222 (1942), id.mit It.P. 389 424. Holl.Prior.v.23/1.1940. - Ref.C. 1942. II. 2560.

Glucoside als Weichmacher für wasserlösliche tierische und pflanzliche Klebstoffe. Industrial Patents Corporation (Erfinder: Young, H.H.). A.P. 2 422 328 vom 16/7.1942, ausg. 17/6.1947.

Klebstoff. Old Colony Envelope Company (Erfinder: Davidson, P.B. und Adams, J.R.). A.P. 2 304 730 vom 17/3.1941, ausg. 8/12.1942.

Klebstoffe. Old Colony Envelope Company (Erfinder: Davidson, P.B. und Adams, J.R.). A.P. 2 303 791 vom 17/3.1941, ausg. 1/12.1942.

Reaktionsprodukte auf Stärkegrundlage und ihre Herstellungsmethode. Stein, Hall & Co., Inc. (Erfinder: Gardner, H.F.). A.P.2 374 676 vom 28/7.1941, ausg. 1/5.1945.

Stärkeklebstoff-Zusammensetzung und ihre Herstellungsmethode. Stein, Hall & Co., Inc. (Erfinder: Fenn, J.E.).A.P. 2 372 666 vom 8/2.1941, ausg. 3/4.1945.

Mit Asphalt modifizierter Klebstoff. A.E. Staley Manufacturing Co. (Erfinder: Treadway, R.H.). A.P. 2 366 943 vom 14/6.1941, ausg. 9/1.1945.

Klebstoff-Zusammensetzung. Hercules Powder Co. (Erfinder: Little, J.G.). A.P. 2 361 302 vom 28/12.1940, ausg. 24/10.1944.

Klebstoffzusammensetzung auf Stärkegrundlage. Stein, Hall Manufacturing Co. (Erfinder: Bauer, H.F.). A.P. 2 378 378 vom 20/9. 1940, ausg. 19/6.1945.

Klebstoff-Zusammensetzung. The Arabol Mfg. Co. (Erfinder: Lindsay, W.N. und Lietz, H.Ch.). A.P. 2 308 185 vom 23/8.1940, ausg. 12/1.1943.

Dispersionen von Klebstoffen des "oil-inwater"-Typs. Minnesota Mining and Mfg. Co. (Erfinder: Hendricks, J.O.). A.P.2 382 417 vom 28/2.1940, ausg. 14/8.1945.

Klebmittel. Hercules Powder Co., übert.von: Wyly M. Billing. A.P. 2 357 073 vom 27/11.1940, ausg. 29/8.1944. - Ref.C. 1945. II. 1282.

Verfahren zur Herstellung neutraler Klebstoffe aus stärkehaltigen Rohstoffen durch Verkleisterung. Natronzellstoff- u. Papierfabriken AG. (Erfinder: Noll, A. und Hottenroth, K.). D.R.P. 756 960 Kl. 89k vom 17/12.1940.

Zusammensetzung von Stärkeklebstoff. Le Page's Inc. (Erfinder: Kunze, W.G. und Evans, R.B.). A.P. 2 282 364 vom 23/10.1940, ausg. 12/5.1942.

Klebstoff. Corn Products Refining Co. Belg.P. 433 835 vom 14/4. 1939, Auszug veröff. 22/12.1939. - Ref.C. 1940. I. 3878.

Behandeln von Stärke. Corn Products Refining Co. It.P. 378 151 vom 27/6.1939. - Ref.C. 1942. I. 2846.

Klebmittel. Stein, Hall Mfg. Cy., übert.von: H.F. Bauer, J.V.Bauer u. D.M. Hawley. Belg.P. 433 038 vom 2/3.1939, Auszug veröff. 9/10.1939. A.Prior. 10/8., 22/8., 17/10. u. 22/12.1938. - Ref.C. 1940. I. 495.

Herstellung von Trockenklebstoffen. Henkel & Cie. GmbH. E.P. 415 611 vom 1/11.1939, ausg. 20/9.1934. D.Prior. 14/12. 1932. - Ref.C. 1934. II. 3891.

Klebmittel. Corn Products Refining Co. F.P. 852 825 vom 7/4.1939, ausg. 4/3.1940. - Ref.C. 1940. II. 446.

Klebemittel auf Stärkebasis. Stein, Hall Mfg. Co., übert.von: H.F. Bauer, J.V. Bauer u. D.M. Hawley. A.P. 2 220 988 vom 28/1.1939, ausg. 12/11.1940. - Ref.C. 1941. I. 2622.

Klebemittel auf Stärkebasis. Stein, Hall Mfg. Co., übert.von: H.F. Bauer, J.V. Bauer u. D.M. Hawley. A.P. 2 220 987 vom 20/1.1939, ausg. 12/11.1940. - Ref.C. 1941. I. 2622.

Wiederanfeuchtbares Stärkeklebemittel. Stein, Hall Mfg. Co., übert. von: H.F. Bauer. A.P. 2 215 849 vom 4/5.1939, ausg. 24/9.1940. - Ref.C. 1941. I. 729.

Klebmittel. E.I. du Pont de Nemours & Co., übert.von: G.L.Schwartz A.P. 2 250 681 vom 21/4.1939, ausg. 29/7.1941. - Ref.C. 1943. II. 2228.

Stärkehaltiges Klebmittel. Henkel & Cie. GmbH. E.P. 529 993 vom 31/5.1939, ausg. 2/1.1941. D.Prior. 5/8.1938. - Ref.C. 1942. I. 1209.

Herstellung eines Klebmittels auf Stärkebasis. Stein, Hall Mfg.Co. übert.von: H.F. Bauer, J.V. Bauer u. D.M. Hawley. A.P.2 238 767 vom 14/1.1939, ausg. 15/4.1941. - Ref.C. 1942. I. 959.

Herstellung gemischter Klebstoffe. Henkel & Cie. GmbH. Schwz.P. 214 615 vom 16/5.1939, ausg. 1/8.1941. D.Prior. 5/8. 1938. - Ref.C. 1942. I. 959.

Verfahren zur Herstellung eines wasserunlöslichen Klebstoffes durch Vermischen von Stärke mit Formaldehyd. Corn Products Refining Co. D.R.P. 765324 Kl. 89k vom 6/10.1938. A.Prior. 10/12.1937.

Klebmittel. Relato, R. It.P. 365 444 vom 12/9.1938. - Ref.C.1940. I. 495.

Herstellung von Stärkeleim. Montgemerie, J.A. E.P. 490 070 vom 17/3.1937, ausg. 8/9.1938. - Ref.C. 1939. I. 1463.

Klebmittel auf Stärkebasis. Stein, Hall Mfg. Co., übert.von: H.F. Bauer. A.P. 2 183 736 vom 14/1.1938, ausg.19/12.1939. - Ref.C. 1940. I. 2597.

Herstellung von Stärkeumwandlungsprodukten. Corn Products Refining Co. E.P. 523 665 vom 10/12.1938, ausg. 15/8.1940. - Ref.C. 1941. I. 3472.

Herstellung von Klebstoff. Vanderbilt Co., R.T., Inc., übert.von: Champion, Ch.H. u. Denham, F.H., A.P. 2 258 741 vom 13/8.1938, ausg. 14/10.1941. - Ref.C. 1944. I. 734.

Trockenes Klebemittel. Vertesi, B. Jug.P. 15 766 vom 10/3.1938, ausg. 1/7.1940. - Ref.C. 1941. I. 321.

Stärkehaltiges Klebemittel. Old Colony Envelope Co., Inc. (Erfinder: Davidson, P.B. und Adams, J.R.). A.P. 2 241 700 vom 19/4. 1938, ausg. 13/5.1941. - Ref.C. 1942. I. 959.

Herstellung eines Stärkeklebmittels. People in the territory of the United States, übert.von: Kyle Ward jr. A.P. 2 202 678 vom 13/6.1938, ausg. 28/5.1940. - Ref.C. 1941. I. 160.

Klebstoff und Verfahren zu seiner Herstellung. United Wall Paper Factories, Inc. (Erfinder: Close, J.W.). A.P. 2 284 800 vom 24/3.1938, ausg. 2/6.1942.

Herstellung eines Klebmittels. Distillers Co. Ltd. und Coppock, Ph.D. Holl.P. 45 573 Kl. 89k vom 24/3.1937, ausg. 15/4.1939. E.Prior. vom 31/3.1936.

Leimungs-, Imprägnierungsmittel und dergleichen aus Stärke. Gale, R.A. A.P. 2 148 016 vom 20/5.1937, ausg. 21/12.1939. - Ref.C. 1939. I. 4712.

Herstellung von in kaltem Wasser ohne Klumpenbildung löslichen Dextrinklebmitteln. Distillers Co., Ltd. und Ph.D. Coppock. E.P. 489 379 vom 28/1.1937, ausg. 25/8.1938. - Ref.C. 1938. II. 3198.

Herstellung von Stärkeklebemitteln. People of the United States, übert.von: H.S. Paine u. K. Ward jr. A.P. 2 124 994 vom 20/3. 1937, ausg. 26/7.1938. - Ref.C. 1938. II. 3197.

Gewinnung von Stärkeleim. Stein, Hall Mfg. Co., übert.von: H.F. Bauer u. H.E. Gardner. F.P. 821 864 vom 14/5.1937, ausg.15/12. 1937. A.Prior. 22/5.1936. - Ref.C. 1938. I. 3295.

Klebstoff. Salisbury, H.M. A.P. 2 204 384 vom 24/4.1937, ausg. 11/6.1940. - Ref.C. 1940. II. 2712.

Herstellung eines Klebstoffes. Corn Products Refining Co. (Erfinder: G.J. Leuck). D.R.P. 716 340 Kl. 89k vom 14/2.1937, ausg. 27/1.1942. - Ref.C. 1942. I. 2960.

Herstellung eines Stärkeklebemittels. Kornis, J. F.P. 958 085 vom 29/12.1937, ausg. 2/3.1950. Ung.Prior. 29/4.1943. - Ref.C. 1950. II. 2149.

Verdickungs- bzw. Klebemittel. Diamalt AG. (Erfinder: E.v. Pezold). D.R.P. 742 874 Kl. 39c vom 28/5.1937, ausg. 13/12.1943. - Ref.C. 1944. I. 1063.

Klebmittel. Distillers Co. Ltd. u. Ph.D. Coppock. E.P. 468 582 vom 31/3.1936, ausg. 5/8.1937. - Ref.C. 1937. II. 3998.

Herstellung von Stärkekleisterpulver. Doveberg, Ike. A.P.2 115 487 vom 12/5.1936, ausg. 26/4.1938. - Ref.C. 1938. II. 1895.

Herstellung eines Stärkeklebemittels aus verkleisterter Stärke. Stein, Hall Mfg. Co., übert.von: H.F. Bauer. A.P. 2 215 847 vom 25/11.1936, ausg. 24/9.1940. - Ref.C. 1941. I. 729.

Herstellung eines Stärkeklebemittels aus verkleisterter Stärke. Stein, Hall Mfg. Co., übert.von: H.F. Bauer. A.P. 2 215 846 vom 24/6.1936, ausg. 24/9.1940. - Ref.C. 1941. I. 729.

Klebmittel. Stein, Hall Mfg. Co., übert.von: J.V. Bauer. A.P. 2 212 557 vom 17/8.1936, ausg. 27/8.1940. - Ref.C. 1941. I. 160.

Verfahren für die Herstellung von in kaltem Wasser unlöslichen Kleb- und Appreturmitteln aus Stärke. Stärkefabrik Golssen W. Schulze & Co. Holl.P. 42 583 Kl. 89k vom 9/12.1935, ausg. 15/2.1938.

Herstellung von Dextrintrockenklebstoffen. Jagenberg-Werke AG. D.R.P. 704 Kl. 89k vom 22/12.1935, ausg. 5/4.1941. - Ref.C. 1941. II. 150.

Verfahren für die Herstellung von Trockenleim aus Dextrin mit Hilfe mehrwertiger Alkohole. Jagenberg-Werke AG. Holl.P.40 693 Kl. 89k vom 10/1.1935, bek.gem. 15/12.1936. D.Prior. vom 11/1. 1934.

Herstellung von Dextrintrockenleim. Jagenberg-Werke AG. F.P. 783 963 vom 10/1.1935, ausg. 9/7.1935. D.Prior. 11/1.1934. - Ref.C. 1935. II. 3884.

Dextrinklebstoffe. International Patents Development Co. E.P. 453 132 vom 4/3.1935, ausg. 1/10.1936. A.Prior.29/9.1934. - Ref.C. 1937. I. 1076.

Herstellung von Stärkeklebstoffen. Pont de Nemours & Co., E.I. du. E.P. 454 963 vom 11/4.1935, ausg. 5/11.1936. A.Prior. 11/4.1934. - Ref.C. 1937. I. 1356.

In kaltem Wasser unlösliches Leim- und Appreturmittel. Stärkefabrik Golssen W. Schulze & Co. Schwed.P. 91 861 vom 7/12. 1935, ausg. 26/3.1938. - Ref.C. 1938. II. 803.

Klebepaste. International Patents Development Co. E.P. 442 398 vom 4/3.1935, ausg. 5/3.1936. - Ref.C. 1936. I. 4527.

Herstellung von Kaltleim aus stärkehaltigen Stoffen. Rataud, L. F.P. 796 588 vom 22/10.1935, ausg. 10/4.1936. - Ref.C. 1936. II. 1476.

Klebmittel. Lee Hardware Company (Erfinder: Healy, L.J.D.). A.P. 2 097 212 vom 19/10.1934, ausg. 26/10.1937. - Ref.C. 1938. I. 3873.

Herstellung von Tapiokastärkeleim. Perkins Glue Co., übert.von: E.H. Harvey. A.P. 2 006 164 vom 6/5.1934, ausg. 25/6.1935. - Ref.C. 1935. II. 3344.

Verfahren zur Herstellung von in kaltem Wasser klumpenfrei löslichem Trockenleim. Jagenberg-Werke AG. D.R.P. 739 531 Kl.89k vom 12/1.1934, ausg. 28/9.1943.

Feinpulvrige Klebstoffe. Henkel & Cie. GmbH. F.P. 766 504 vom 4/1.1934, ausg. 29/6.1934. D.Prior. 24/2.1933. - Ref.C. 1934. II. 2936.

Herstellung eines Klebmittels. Demco Library Supplies Inc., übert. von: W.L. Jones. A.P. 2 045 988 vom 1/10.1934, ausg. 30/6. 1936. - Ref.C. 1936. II. 2487.

Synthetischer Harz-Klebstoff. Laucks, I.F., Inc. (Erfinder: Bowen, A.H. und Dike, T.W.). A.P. 2 098 083 vom 21/11.1934, ausg. 2/11.1937.

Leim, Klebstoff und ähnl. Pont de Nemours & Co., E.I. du (Erfinder: Kreimeir, C.R. und Maxwell, R.W.). A.P. 2 116 867 vom 11/4.1934, ausg. 10/5.1938, id.mit E.P. 454 963. - Ref.C. 1937. I. 1356.

Stärkeklebstoffe. National Adhesives Corp., übert.von: A.A. Haldenstein. A.P. 2 056 575 vom 11/5.1933, ausg. 6/10.1936. - Ref.C. 1937. I. 1356.

Klebstoff. Modern Panels, Inc. (Erfinder: Shoals, F.H.). A.P. 2 025 180 vom 11/1.1933, ausg. 24/12.1935.

Herstellung von Stärkeleim in Pulverform. Soc. H. Gouthiere & Co. E.P. 430 740 vom 22/9.1933, ausg. 25/7.1935. - Ref.C. 1935. II. 3884.

Gewinnung von Klebstoffen. Tigai, I.M. und Chanutin, S.N. Russ.P. 45 372 vom 3/7.1933, ausg. 31/12.1935. - Ref.C. 1936. I. 4527.

Klebemasse aus Kleister. Ström, Th. N.P. 53 897 vom 15/5.1933, ausg. 7/5.1934. - Ref.C. 1934. II. 1720.

Klebstoff. Schrauth, W. A.P. 2 051 184 vom 24/10.1933, ausg.18/8. 1936. D.Prior. 24/10.1932, id.mit F.P. 762 881.

Bindemittel. Perkins Glue Co. (Erfinder: Pierson, G.G.). Schwed.P. 87 185 Kl. 89k vom 24/7.1933, ausg. 18/8.1936. A.Prior. vom 4/8.1932 und 8/7.1933.

Herstellung von Kleistern. Kühl, H. und Soltau, G. D.R.P. 640 369 Kl. 89k vom 13/7.1933, ausg. 31/12.1936. - Ref.C. 1937. I. 2527.

Herstellung einer Leimgrundlage. Perkins Glue Co. D.R.P. 663 458 Kl. 89k vom 2/8.1933, ausg. 6/8.1938. - Ref.C. 1938. II. 4162.

Verbesserung von Klebstoffen. Deutsche Hydrierwerke AG. F.P. 762 881 vom 24/10.1933, ausg. 19/4.1934. D.Prior. 24/10. 1932, id.mit A.P. 2 051 184. - Ref.C. 1934. II. 1078.

Behandlung von Stärke, insbesondere von Kartoffelstärke. Żabedź,E. und Szczygielski, I. Poln.P. 21 011 vom 24/2.1933, ausg. 9/3. 1935. - Ref.C. 1936. II. 2626.

Trockenklebstoffe. Henkel & Cie. GmbH. D.R.P. 659 766 Kl. 89k vom 15/12.1933, ausg. 10/5.1938. - Ref.C. 1938. II. 1528.

Herstellung von Trockenklebstoffen aus Quellstärke. Henkel & Cie. GmbH. (Erfinder: R.G. Schulz). D.R.P. 738 918 Kl. 79k vom 25/3.1933, ausg. 7/9.1943. - Ref.C. 1943. II. 2228.

Herstellung von flüssigen Stärkeleimen. Sichel-Werke AG. D.R.P. 719 568 Kl. 89k vom 1/8.1933, ausg. 14/4.1942. - Ref.C. 1942. II. 245.

Herstellung einer Klebstoffpaste. Bahr, O.H. A.P. 1 936 152 vom 4/1.1932, ausg. 21/11.1933. - Ref.C. 1934. I. 3956.

Herstellung von Klebstoffen. Fort Orange Paper Co., übert.von: H. I. Wolfe. A.P. 1 983 650 vom 25/7.1932, ausg. 11/12.1934. - Ref.C. 1935. I. 3237.

Verfahren und Vorrichtung zum Lösen von feinkörnigem Klebstoff. Jagenberg-Werke AG. D.R.P. 627 673 Kl. 89k vom 9/6.1932.

Herstellung von in kaltem Wasser löslichem Dextrinleim ohne Klumpenbildung. Kutzner, F. F.P. 732 366 vom 26/2.1932, ausg.19/9. 1932. D.Prior. 28/3.1931. - Ref.C. 1932. II. 3658.

Herstellung von trocknen Stärkeklebmitteln. Henkel & Cie. GmbH. Holl.P. 39 315 vom 6/4.1932, ausg. 16/11.1936. D.Prior. 26/8. 1931. - Ref.C. 1931. I. 1872.

Herstellung von Stärkepräparaten. Deutsche Hydrierwerke AG. (Erfinder: R. Hüter). D.R.P. 671 562 Kl. 89k vom 16/12.1932, ausg. 24/2.1939. Zus.zu DRP. 653 186. - Ref.C. 1939. I. 3644.

Herstellung von flüssigen Stärkeleimen. Sichel, Ferdinand KG. D.R.P. 606 189 Kl. 89k vom 3/9.1931, ausg. 27/11.1934. - Ref.C. 1935. I. 2481.

Herstellung von Dextrintrockenklebstoffen. Henkel & Cie. (Erfinder: R.G. Schulz). D.R.P. 629 594 Kl. 89k vom 24/1.1931, ausg. 8/5.1936. - Ref.C. 1936. II. 735.

Herstellung trockener Dextrinklebstoffe. Henkel & Cie. (Erfinder: R.G. Schulz). D.R.P. 639 821 Kl. 89k vom 26/3.1931, ausg. 14/12. 1936. - Ref.C. 1937. I. 2526.

Trockenklebstoff. Kutzner, F. D.R.P. 703 890 Kl. 89k vom 12/5. 1931, ausg. 19/3.1941. - Ref.C. 1941. I. 3330.

Klebverfahren unter Verwendung von Stärkekleister. Scheuch, A. Tschechosl.P. 45 142 vom 19/11.1930, ausg. 25/9.1933. - Ref.C. 1934. II. 183.

Kleb- und Verdickungsmittel. Seidler, P. D.R.P. 557 128 Kl. 22i vom 7/5.1930, ausg. 19/8.1932. - Ref.C. 1932. II. 2583.

Herstellung von Malerleim. Scholten's Chemische Fabrieken. It.P. 289 794 vom 31/5.1930. D.Prior. 17/6.1929. - Ref.C. 1937. I. 1077.

Herstellung eines Klebstoffs. Russia Cement Co., übert.von: E.R. Edson. A.P. 1 196 064 vom 7/5.1930, ausg. 24/4.1934. - Ref.C. 1934. II. 3077.

Synthetischer Fischleim. Dulac, R. F.P. 684 476 vom 6/11.1929, ausg. 26/6.1930. - Ref.C. 1930. II. 2219.

Herstellung von Dextrinleim. Wattecamps, L. Belg.P. 361 660 vom 20/6.1929, Auszug veröff. 19/12.1929. - Ref.C. 1932. I. 3255.

Herstellung von Klebstoffen aus Kohlenhydraten. Holzhydrolyse AG. (Erfinder: E. Färber). D.R.P. 605 016 Kl. 89k vom 26/2.1929, ausg. 2/11.1934. - Ref.C. 1935. I. 841.

Klebstoff und seine Herstellung. Stein, Hall & Co., Inc. (Erfinder: Caesar, G.V.). A.P. 1 904 619 vom 31/12.1928, ausg. 18/4.1933.

Stärkeklebstoff. International Patents Development Co., übert.von: F.O. Gieseke. A.P. 1 943 382 vom 26/12.1928, ausg. 16/1.1934. - Ref.C. 1934. II. 2936.

Elastische Proteinmischungen. Levin, M. A.P. 1 675 181 vom 15/9. 1927, ausg. 26/6.1928. - Ref.C. 1929. I. 3167.

Wasserbeständiges Klebemittel. United Products Corp. of America, übert.von: Biddle, A. A.P. 1 777 157 vom 21/7.1927, ausg. 30/9.1930. - Ref.C. 1931. I. 1712.

Herstellung eines stark quellenden und ausgiebigen Trockenkleisters. Riethof, F. Oe.P. 112 647 vom 6/5.1927, ausg. 25/3. 1929. Tschechoslowak.Prior. 12/11.1926. - Ref.C. 1929. I.3167.

Pflanzenkleister. Bechhold, H. Tschechosl.P. 28 920 vom 12/1. 1927, ausg. 10/6.1929. D.Prior. 15/3.1928. - Ref.C. 1931. II. 952.

Klebemittel aus Dextrin. Stein, Hall & Co., übert.von: L.K. Fackler. A.P. 1 765 761 vom 29/12.1927, ausg. 24/6.1930. - Ref.C. 1931. I. 1400.

Klebstoff. Casein Mfg. Co., übert.von: Lawrence Bradshaw. A.P. 1 787 611 vom 8/6.1927, ausg. 6/1.1931. - Ref.C. 1931. I. 3315.

Herstellung eines stärkehaltigen Kleisters. Buhtz, E. D.R.P. 544 879 Kl. 89k vom 9/11.1927, ausg. 23/2.1932. - Ref.C. 1932. I. 3142.

Herstellung eines Klebstoffes aus Stärke. Stein, Hall Co., Inc. übert.von: L.K. Fackler u. H.F. Gardner. A.P. 1 813 236 vom 9/12.1927, ausg. 7/7.1931. - Ref.C. 1932. II. 1576.

Verfahren zur Herstellung von Klebstoffen. Leszynski, A. D.R.P. 551 154 Kl. 89k vom 20/3.1926, ausg. 27/5.1932. - Ref.C. 1932. II. 1575.

Klebstoff. Bradshaw, L. und Dunham, H. v. A.P. 1 703 134 vom 17/12.1926, ausg. 26/2.1929. - Ref.C. 1929. I. 2723.

Pflanzenleim. Bradshaw, L. und Dunham, H. v. A.P. 1 703 133 vom 26/10.1926, ausg. 26/2.1929. - Ref.C. 1929. I. 2722.

Kleb- und Bindemittel. United Products Corp. of America (Erfinder: Biddle, A.). A.P. 1 762 152 vom 30/6.1926, ausg. 10/6.1930. - Ref.C. 1931. I. 1400.

Klebstoff. Royal Baking Powder Co., übert.von: W.E. Stokes und H. S. Bird. Can.P. 262 462 vom 5/5.1925, ausg. 6/7.1926. - Ref.C. 1927. I. 3045.

Herstellung eines Stärkeproduktes. Boidin, A. u. Effront, J. A.P. 1 677 615 vom 24/2.1925, ausg. 17/7.1928. - Ref.C. 1928. II. 1964.

Herstellung von trockenen kaltlöslichen Klebstoffen. Heim, M. D.R.P. 453 501 Kl. 89k vom 25/11.1924, ausg. 9/12.1927. - Ref.C. 1928. I. 1250.

Herstellung von mit kaltem Wasser Pflanzenleim bildenden Stärkepräparaten. Sächsische Klebstoffwerke GmbH. D.R.P. 474 602 Kl. 89k vom 21/11.1924, ausg. 9/4.1929. - Ref.C. 1929. I. 2722.

Leim. Long, W.R. A.P. 1 633 840 vom 24/9.1924, ausg. 28/6.1927. - Ref.C. 1927. II. 1655.

Pflanzenleim aus Stärke. Perkins Glue Co., übert.von: E.H. Harvey. A.P. 1 726 824 vom 26/1.1923, ausg. 3/9.1929. - Ref.C. 1930. I. 320.

Herstellung eines Klebmittels. Leonhardt, W. E.P. 221 279 vom 6/8.1923, ausg. 2/10.1924. - Ref.C. 1926. I. 2422.

Herstellung eines Klebmittels aus Stärke. Dunham, H.V. A.P. 1 551 471 vom 22/3.1923, ausg. 25/8.1925. - Ref.C. 1926. I. 556.

Herstellung von Klebstoffen aus Stärke. Leszynski, A. D.R.P. 424 391 Kl. 89k vom 18/4.1923, ausg. 22/1.1926. - Ref.C. 1926. I. 3378.

Verfahren zur Herstellung von klebstoffartigen Stoffen. Stern, E. D.R.P. 409 499 Kl. 89k vom 10/7.1923, ausg. 5/2.1925.

Leim aus Stärke. Perkins Glue Co., übert.von: E.H. Harvey. A.P. 1 790 346 vom 19/9.1923, ausg. 27/1.1931. - Ref.C. 1931. I. 3314.

Verfahren zur Verarbeitung von Kohlehydraten. Billwiller, John. u. Billwiller, Johann. D.R.P. 517 933 Kl. 29b vom 3/9.1922, ausg. 10/2.1931. Schwz.Prior. 13/7.1922. - Ref.C. 1931. I.2280.

Gewinnung von Kleistern, Klebstoffen, Schlichte- und Appreturmitteln. Klebstoffwerke "Collodin" vorm. Gustav Wolff. D.R.P. 414 979 Kl. 22i vom 8/4.1922.

Kleb- und Appreturmittel. Herth, H. D.R.P. 395 647 Kl. 22i vom 14/4.1922.

Verfahren zur Darstellung von weißem Pflanzenleim. Leonhardt, W. D.R.P. 412 125 Kl. 89k vom 17/1.1922, ausg. 11/3.1926.

Pflanzenleim. Kreismann, P. A.P. 1 667 073 vom 28/3.1921, ausg. 24/4.1928. - Ref.C. 1929. I. 2722.

Klebstoffe; Stärke. Bloxam AG. (Erfinder: Kantorowicz, J.). E.P. 179 765 vom 23/3.1921.

Stärkehaltige Bindemittel. Ferdinand Sichel KG. und Ernst Stern. D.R.P. 395 519 Kl. 22i vom 11/12.1920.

Herstellung einer Mischung aus Stärkekleister und Harz in Leinöllösung. Ihlebäk, A.A. N.P. 30 468 vom 6/2.1918, ausg. 1/3. 1920.

Verfahren zur Herstellung einer einen streichfähigen dicken Kleister liefernden Stärke. Kantorowicz, J. Oe.P. 87 890 vom 18/4.1917, ausg. 10/4.1922. - Ref.C. 1922. IV. 802.

Herstellung von Klebstoffen. Hildenbrandt, G. D.R.P. 311 557 Kl. 22i vom 13/12.1916, ausg. 25/3.1919.

Verfahren zur Herstellung eines Klebstoffes aus Kartoffelstärke. Chemische Fabriken Mahler und Dr. Supf KG. D.R.P. 364 314 Kl. 89k vom 26/10.1916, ausg. 20/11.1922. - Ref.C. 1924. 558.

Herstellung einer einen streichfähigen dicken Kleister liefernden Stärke. Chemische Fabrik Mahler und Dr. Supf AG. D.R.P.342 610 Kl. 22i vom 15/8.1916.

Verfahren zur Herstellung pflanzlicher Klebstoffe. Stern, E. A.P. 1 412 020 vom 24/3.1915, ausg. 4/4.1942.

Verfahren zur Herstellung von Klebstoffen, die mit kaltem Wasser eine feste Dichtungsmasse ergeben. Kantorowicz, J. A.P. 1 105 567 vom 17/8.1909, ausg. 28/7.1914.

Verfahren zur Herstellung trockener, mit kaltem Wasser flüssige Klebstoffe liefernde Stärkeprodukte. Kantorowicz, J. D.R.P. 229 603 Kl. 89k vom 11/3.1909, ausg. 29/12.1910.

Verfahren zur Herstellung von mit kaltem Wasser Kleister bildenden, stark klebenden Substanzen aus Kartoffelflocken. Kantorowicz,J. D.R.P. 227 430 Kl. 89k vom 22/5.1909, ausg. 19/10.1910.

Verfahren zur Herstellung von Klebstoffen aus stärkehaltigen Früchten und dgl. Kantorowicz, J. D.R.P. 224 663 Kl. 89k vom 14/2.1909, ausg. 22/7.1910.

Leim und seine Herstellungsmethode. Perkins Glue Co. (Erfinder: Perkins, F.G.). A.P. 1 020 655 vom 2/11.1908, ausg. 19/3.1912.

Verfahren zur Herstellung von Schellackersatz. Noa, E. D.R.P. 237 743 Kl. 39c vom 25/8.1908, ausg. 5/10.1911.

Verfahren zur Herstellung eines Kleb- und Bindemittels. Haake, J. und Haake, R. D.R.P. 164 385 Kl. 89k vom 23/1.1903, ausg. 21/10.1905.

Verfahren zur Herstellung eines festen Klebstoffes. Schmalfuß, G. D.R.P. 149 550 Kl. 89k vom 15/5.1903, ausg. 24/2.1904.

Klebstofftafeln und ihre Herstellung. Anderson, A.P. A.P.769 290 vom 29/11.1902, ausg. 6/9.1904.

Klebstoff. Anderson, A.P. A.P. 769 289 vom 11/7.1902, ausg.6/9. 1904.

Verfahren zur Herstellung eines Klebstoffes aus Stärke oder stärkehaltigen Materialien. Ekman, C.D. D.R.P. 141 753 Kl. 22i vom 31/3.1901, ausg. 15/5.1903.

Verfahren zur Herstellung eines Ersatzes für Leim aus Stärke. Brueder & Co. D.R.P. 114 978 Kl. 89k vom 3/8.1898, ausg.2/11. 1900.

Verfahren zum Geruchlosmachen und Bleichen aufgelöster oder erweichter Klebstoffe. Abel, C.D. (Erfinder: König, L.). E.P. 9 674 vom 17/5.1894.

Verfahren zur Herstellung eines Klebmittels. Claus, F.O. D.R.P. 12 827 Kl. 89k vom 23/3.1880, ausg. 23/3.1881.

442. Holzleime

(Auch Faserplattenklebstoffe)

Herstellung von flüssigem Leim. Bozel-Malétra Soc. Industrielle de Produits Chimiques. F.P. 1 187 027 vom 14/8.1957, ausg. 4.9.1959. - Ref.C. 1961. 4948.

Die Holzverleimung. Plath, Erich. Stuttgart 1951. Wiss.Verlagsges. mbH. 200 S. mit 63 Abb. - Ref. Stärke 4. 17 (1952).

Neue Verfahren für die Behandlung und Verwendung von Holzabfällen. Bowers, H.E. Paper Trade J. 130. Nr.1. 29-31 (1950). - Ref.Stärke 2. 210 (1950).

Herstellung von Klebstoff für Faserplatten-Folien. Killinger, J.E. Paper Trade J. 117. 201 (1943).

Leimen von Holz. Henkel & Cie. GmbH. F.P. 850 814 vom 24/2.1939, ausg. 27/12.1939. D.Prior. 12/4.1938. - Ref.C. 1940. I. 3739.

Verkleben von Holz und ähnlichen Werkstoffen. Henkel & Cie. GmbH. (Erfinder: R. Köhler). D.R.P. 741 030 Kl. 89k vom 13/4.1938, ausg. 3/11.1943. - Ref.C. 1944. I. 974.

Verfahren zum Verkleben von Holz und ähnlichen Werkstoffen. Henkel & Cie. GmbH. (Erfinder: Köhler, R.). - D.B.P. 869 180 Kl. 89k vom 11/6.1939, ausg. 2/3.1953.

Herstellung eines Leimes für Holz und ähnliches Material. Henkel & Cie. GmbH. E.P. 527 704 vom 1/3.1939, ausg. 14/11.1940. D.Prior. 12/4.1938. - Ref.C. 1941. II. 706.

Empfehlenswerter Leim für das Kleben von Furnierhölzern.Perkins Glue Co. (Erfinder: Pierson, G.G.). A.P. 2 275 314 vom 19/8. 1938, ausg. 3/3.1942.

Herstellung von wasserfestem Stärkeleim. Osgood, G.H. und Peterson, R.G. A.P. 2 141 313 vom 26/11.1934, ausg. 27/12.1938. - Ref.C. 1939. I. 3301.

Klebstoff für Sperrholzverleimungen. Perkins Glue Co., übert.von: G.G. Pierson. A.P. 1 989 150 vom 8/7.1933, ausg. 29/1.1935. - Ref.C. 1935. II. 1120.

Klebstoff für die Sperrholzverleimung. Perkins Glue Co., übert. von: G.G. Pierson. Aust.P. 13 834/1933 vom 9/8.1933, ausg. 6/12.1934. - Ref.C. 1935. I. 3238.

Klebstoff für die Holzverleimung. Perkins Glue Co. (Erfinder: Pierson, G.A.). A.P. 2 030 073 vom 22/3.1930, ausg. 11/2.1936. - Ref.C. 1936. I. 4387.

Verleimen von Holz. Abramowitsch, E. A.P. 1 788 608 vom 6/10. 1927, ausg. 13/1.1931. D.Prior. 14/10.1926. - Ref.C. 1931. I. 3315.

Verleimen von Holz. Flaschner, J. E.P. 279 087 vom 12/10.1927, Auszug veröff. 7/12.1927. D.Prior. 14/10.1926. - Ref.C. 1931. I. 1712.

Über vegetabilischen Holzleim. Stern, E. J.prakt.Chem. 101. 308-327 (1921). - W.Ref. 2553, C.A. 15. 3370 (1921), C. 1921. IV. 470.

Verfahren zur Umwandlung von Stärke durch elektrolytische Behandlung von Stärkemilch, insbesondere zwecks Herstellung von Holzleim. Perkins Glue Co. D.R.P. 369 971 Kl. 89k vom 10/9.1920, ausg. 24/2.1923. - Ref.C. 1923. II. 1004.

In Flugzeugteilen gebrauchte Leime. Allen, S.W. und Truax, T.R. Nat.Advisory Committee Aeronaut., Rep. 66. 28 S. (1920). - W.Ref. 2537, C.A. 14. 1461 (1920).

Verfahren zur Herstellung von Holzleim. Sichel, F. und Stern, E. D.R.P. 348 542 Kl. 89k vom 20/5.1919, ausg. 11/2.1922.

Verfahren zur Herstellung von Holzleim. Ferdinand Sichel KG. D.R.P. 344 739 Kl. 89k vom 26/10.1919, ausg. 26/11.1921. Zusatz zum D.R.P. 319 012.

Holzleim. Sichel, Ferdinand; Chemische Fabrik "Limmer" und E.Stern. D.R.P. 319 012 vom 29/4.1914, ausg. 16/2.1920. - Ref.C. 1920. IV. 46.

Verfahren zur Herstellung von Holzleim aus Stärke, Alkali und Wasser. Perkins Glue Co. D.R.P. 290 850 Kl. 22i vom 13/11.1913, ausg. 21/3.1916. - Ref.C. 1916. I. 687.

Verfahren zur Herstellung von Holzleim aus Stärke. Perkins Glue Co. D.R.P. 282 609 Kl. 89k vom 5/11.1911, ausg. 11/3.1915. - Ref.C. 1915. I. 720.

443. Klebstoffe für spezielle Zwecke

(Etiketten, Briefumschläge, Tapeten, Schuhwerk, Leder, Folien. Vgl. auch "Untersuchung und Beurteilung": 445)

Gegen Mikroorganismen resistente Klebstoffe. Commercial Solvents Corp. (Erfinder: Hodge, E.B. und Lafferty, G.J.). F.P. 1 364 172 ausg. 19/6.1964., A.Prior. 17/5.1962. - Ref.C.A. 62. 7988c (1965).

Klebstoffe für die Verpackung. Bardach, H. und Bröll, W. Schriftenreihe Verpackungspraxis, Heft 7. Bastei-Verlag, Wien. 48 S. - Ref.Stärke 15. 197 (1963).

Briefumschlag-Klebstoffe heute. Brown, W.C. Adhäsion 6. 222-30 (1962). - Ref.C. 1963. 1925.

Briefumschlag-Klebstoffe heute. Brown, W.C. Film Foil Converter 35. Nr.11. 51-55 (1961). - Ref.J.Chem.(russ.) 1962. 12 N324.

Wiederanfeuchtbares Klebemittel. Hudson Pulp & Paper Corp. (Erfinder: Roberson, W.B. und Craig, H.W.). E.P. 945 709 vom 21/8. 1961., ausg. 8/1.1964. - Ref.C. 1966. 10-2836.

Wasserfeste Stärkeklebstoffe. Clark, R.G. Canad.Pulp Paper Ind. 14. Nr.4. 88, 90, 93 (1961). - Ref.C.A. 55. 22818h (1961).

Wasser-resistente Klebstoffe aus Stärke. Corn Products Co. (Erfinder: Paschall, E.F. und Minkema, W.H.). A.P. 3 024 212 vom 25/3.1959, ausg. 6/3.1962. - Ref.C.A. 56. 15716g (1962).

Klebmittel für keramische Schleifscheiben. Adhäsion 3. 320 (1959). - Ref.Stärke 12. 124 (1960).

Verfahren zur Herstellung von naßfesten Verklebungen. Badische Anilin- & Soda-Fabrik AG. D.A.S. 1 109 110 Kl. 89k vom 27/3. 1958, ausg. 15/6.1961. Zus.zu D.A.S. 1 047 969. - Ref.Stärke 14. 297 (1962).

Klebemittel für die Klebetrocknung von Leder. Böhme Fettchemie GmbH. D.A.S. 1 086 850 Kl. 28a vom 8/6.1957, veröff. 11/8.1960. - Ref.Stärke 14. 104 (1962).

Wiederbenetzbares Klebstoffpräparat mit einem überwiegenden Gehalt an Dextrin. General Aniline & Film Corp. D.B.P. 1 054 930 Kl.89k vom 22/10.1956, ausg. 9/4.1959. A.Prior. 24/10.1955. - Ref.Stärke 12. 189 (1960), C.A. 55. 8906c (1961).

Zusammensetzung für siliconbehandelte Waren zwecks erleichterter Anwendung von Überzügen und Etiketten. Polymer Industries, Inc. (Erfinder: Marks, L. und Stern, A.M.). A.P. 2 716 612 ausg. 30/8.1955. - Ref.C.A. 50. 1345a (1956).

Tapetenkleister. Dovberg, M.S. und Dovberg, I. A.P. 2 701 773 vom 15/4.1953, ausg. 8/2.1955. - Ref.C. 1956. 13013.

Aufkleben von Leder. Zschimmer & Schwarz, Chemische Fabrik u.Gerbstoffwerk Oberlahnstein AG. (Erfinder: R. Schwarz, M. Hussong u. Th. Hennig). D.B.P. 923 157 Kl. 28a vom 25/3.1952, ausg.3/2. 1955. - Ref.C. 1955. 6666.

Herstellung von Schnellbindern auf Dextringrundlage. Klebstoffwerke "Collodin" Dr. Schultz & Nauth KG. (Erfinder: L. Schultz). D.R.P. 763 788 K. 89k vom 24/3.1948, ausg. 19/7.1954. - Ref.C. 1955. 1889.

Schnellklebender Klebstoff für Schuhwerk. Rocca, Enrico. It.P. 395 740 vom 17/2.1942. - Ref.C. 1944. I. 338.

Die Bedeutung zeitbedingter, rationeller Klebstoffe für den Etikettier- und Signierbedarf in der Getränkeindustrie, in den einschlägigen Abfüllbetrieben usw. Abel, R. Brennerei-Ztg. 58. 125-26 (1941). - Ref.C. 1942. I. 145.

Wiederanfeuchtbarer Klebstoff. Le Page's Inc. (Erfinder: Edson, E.R.). A.P. 2 272 516 vom 22/4.1939, ausg. 10/2.1942.

Verkleben von zwei oder mehreren Flächen. Stein, Hall Mfg., übert. von: H.F. Bauer, J.V. Bauer u. D.M. Hawley. Belg.P. 433 037 vom 2/3.1939, Auszug veröff. 9/10.1939. A.Prior. 10/8. u. 7/11.1938. - Ref.C. 1940. I. 495.

Leim und Industriestärke für Latexverarbeitung. Obst, W. Kunstdünger u. Leim 33. 22-24 (1936). - Ref.C. 1936. II. 735.

Klebstoff, insbesondere zum Verkleben von Cellulosefolien. Du Pont Cellophane Co. (Erfinder: Charch, W.H., Hyden, W.L. und Finzel, T.G.). A.P. 1 953 104 vom 27/1.1930, ausg. 3/4.1934. - Ref.C. 1934. II. 1078.

Etikettenklebstoff. Du Pont Cellophane Co., übert.von: W.L.Hyden, J.C. Siemann u. J.E. Snyder. A.P. 1 985 898 vom 28/7.1931, ausg. 1/1.1935. - Ref.C. 1935. I. 3238.

Die korrodierende Wirkung der Glasleime und Glaskitte. Kühl, H. Glashütte 61. 402-03. 433-35 (1931). - Ref.C. 1931. II. 951.

Etikettenleime. Glaser, H. Farbe u. Lack 1927. 173. - Ref.C.1927. II. 663.

Abdichtungsmittel für Fahrradreifen. Bragiotti, I., übert.von: Serchi, E. A.P. 1 633 500 vom 16/4.1924, ausg. 21/6.1927. It.P. 2/5.1923. - Ref.C. 1931. II. 182.

Verfahren zur Herstellung von kautschukelastischen oder lederartigen Formkörpern. United States Rubber Co. (Boggs, F.W.). D.B.P. 1 023 219 Kl. 39b vom 12/9.1955, ausg. 17/7.1958. - Ref.Stärke 10. 263 (1958).

444. Klebstoffe und Farben (Malerleim)
(Druckfarben, Farbenbindemittel)

Neuere Entwicklung in Aluminiumbronze-Bindemitteln. Wray, R.I. Off.Digest Federat.Paint Varnish Product.Clubs 1951. 492-501. - Ref.C. 1952. 3738.

Malerleim und Verfahren zu seiner Herstellung. Halska, E. und Halski, Z. Poln.P. 42 650 Kl. 89k vom 20/6.1959, ausg. 10/12. 1959. - Ref.J.Chem.(russ.) 1961. 17 N325.

Verfahren zur Herstellung einer modifizierten Wurzelstärke für industrielle Zwecke. Corn Products Refining Co. Schwz.P. 273 942 vom 20/6.1947, ausg. 2/7.1951. A.Prior. 25/2.1942. - Ref.Stärke 4. 11 (1952), C. 1952. 6778.

Herstellung eines als Malerleim geeigneten lagerbeständigen Trockenproduktes. Chemische Fabrik Mahler & Dr. Supf AG. D.R.P. 556 448 Kl. 89k vom 18/6.1929, ausg. 8/8.1932. - Ref.C. 1932. II. 2413.

Herstellung eines Klebstoffes für Bronzefarben. Wolffram, R. D.R.P. 515 522 Kl. 89k vom 20/3.1929, ausg. 6/1.1931. - Ref.C. 1931. I. 1365.

Farbenbindende Mittel. Henkel & Cie. E.P. 289 053 vom 12/4.1928, Auszug veröff. 13/6.1928. - Ref.C. 1928. II. 393.

Verfahren zur Herstellung eines Farbenbindemittels. Leeden, R. van der. D.R.P. 402 170 Kl. 22g vom 2/5.1923, ausg.12/9.1924.

Bindemittel für Farben. Stern, E. D.R.P. 434 912 Kl. 22g vom 7/4.1923, ausg. 5/10.1926. - Ref.C. 1926. II. 2851.

Verfahren zur Herstellung eines Farbenbindemittels für Anstriche und dgl. Friha-FarbenkompagniembH. D.R.P. 393 159 Kl. 22g vom 19/9.1922, ausg. 29/3.1924.

Herstellung eines kleisterartigen Produktes aus Stärke. Ferdinand Sichel KG. u. E. Stern. D.R.P. 372 794 Kl. 22i vom 27/11.1920. Zus.zu D.R.P. 349 280.

Verfahren zur Herstellung von trockenem Malerleim. Ferdinand Sichel KG. u. E. Stern. D.R.P. 353 568 vom 29/12.1920, ausg. 22/5.1922. Zusatz zu D.R.P. 349 280.

Herstellung von trockenem Malerleim aus Stärke in Mischung mit ganz oder teilweise verseiften Fetten, Harzen, Wachsen und einem Erdalkalihydroxyd. Ferdinand Sichel KG. u. E. Stern. D.R.P. 349 280 Kl. 22g vom 7/11.1920.

445. Untersuchung und Beurteilung (Klebefähigkeit, Klebekraft)

Verklebungsstudien an Packstoffen. 3. Mitt. Untersuchungen über die Abbindegeschwindigkeit von Dextrinklebstoffen. Bartusch,W. Verpackungs-Rsch. 16. 1-7 (1965). - Ref.Stärke 17. 240 (1965).

Bewertung von Stärke-Klebstoffen. Weidener, R.A. in: Whistler, R.L. u.a., Methods in Carbohydrate Chem. Vol. IV., Academic Press 1964. S. 152-156.

Untersuchung des funktionellen Verhaltens von Tonen in Klebstoffen. Claxton, A.W. Tappi 40. 180A-86A (1957). - Ref.C.A. 51.12489d (1957).

Über die Anforderungen der Klebstoffindustrie an Stärkeprodukte. Köhler, R. Stärke 2. 99-102 (1950).

Untersuchung des Aufziehens von Leder. II. Cox, W.R. und Roddy, W.T. J.Amer.Leather Chemists Assoc. 45. 270-85 (1950). - Ref.Stärke 3. 135 (1951).

Untersuchung des Aufziehens von Leder. I. Cox, W.R. J.Amer. Leather Chemists Assoc. 43. 561-67 (1948). - Ref.Stärke 3. 135 (1951).

Prüfung der Klebfestigkeit bei Sohlenklebstoffen. Granitza, E. Kautschuk u. Gummi 1. 42-44 (1948). - Ref.C. 1948. II. 456.

Analyse eines Tapezierleims. Dumas, J. Ann.Chim.analyt. 25. 214 (1943). - Ref.C. 1944. II. 1142.

Klebrigkeit. Markewitsch, I. Colloid J. (russ.) 4. 729-37 (1938). - Ref.C. 1939. II. 2515.

Über den Einfluß einiger Faktoren auf die Klebkraft von Kartoffelstärke. Niewiadomski, H. Przemysl chem. 20. 93-115 (1936). - Ref.C. 1937. I. 217.

Die Zusammenwirkung von tierischem Leim und Stärkekleister. Obst, W. Kartonnagen- u.Papierwaren-Ztg. 28. 506-08 (1936). - Ref.C. 1937. I. 1871.

Kolloidkontrolle bei der Stärkeleimung. Rowland, B.W. Paper Trade J. 97. Nr.21. Suppl. 37-38 (1933). - Ref.C. 1934. I. 1260.

Über die mangelhafte Klebfähigkeit von Kartoffelmehl. Ekhard, W. Z.Spiritusind. 52. 86 (1929).

Der Stärke-Klebefähigkeitsbestimmer nach Saare. Ekhard, W. Z.Spiritusind. 52. 70-71 (1929). - Ref.C. 1929. II. 502.

Der Stärkeklebefähigkeitsbestimmer nach Saare. Ekhard, W. Chemiker-Ztg. 53. 975-76 (1929). - Ref.C. 1930. I. 1548.

Die Klebfähigkeit von Reis-, Mais- und Weizenstärke im Vergleich zum Kartoffelmehl. Parow, E., Stirnus, A. und Ekhard, W. Z.Spiritusind. 51. 23-24 (1928).

Fasergehalt und Klebfähigkeit von Kartoffelmehl. Ekhard, W. Z.Spiritusind. 50. 322-23 (1927). - Ref.C. 1928. I. 602.

Versuche über die Klebfähigkeit von Kartoffelmehlen verschiedener Herstellung. Parow, E., Stirnus, A. und Ekhard, W. Z.Spiritusind. 50. 246-47 (1927). - Ref.C. 1927. II. 2125.

Untersuchungsmethoden des Instituts für Kolloidforschung zu Frankfurt a.M. Klebstoffanalysen. Bechhold, H. Chemiker-Ztg. 44. 461-62 (1920).

Zur Untersuchung stärkehaltiger Kleister und Leime. Nagel. Z.Spiritusind. 43. 129 (1920). - Ref.C. 1920. IV. 46, W.Ref. 1509.

Zusammensetzung der verschiedenen Industrieklebstoffe. Auszug. C.A. 12. 1815 (1918). - W.Ref. 2524.

Über die Klebfähigkeit verschiedener Kartoffelstärkemehle.Parow,E. Z.Spiritusind. 36. 229 (1913). - W.Ref. 2502.

45. Pharmazie, Medizin, Reinigungsmittel

1. Pharmazeutische Praxis
2. Medizin und Stärke
3. Kulturböden, Nährmedien
4. Seifen, Reinigungs- und Poliermittel

451. Pharmazeutische Praxis

1. Allgemeines
2. Tabletten und Pillen
3. Puder
4. Salben, Pasten
5. Stärkeschwämme
6. Kosmetische Erzeugnisse
7. Arzneimittel und Spezialpräparate

4511. Allgemeines

Einige neue Anwendungen von Glyzerin und seinen Derivaten. Kinglake, V. Manufact.Chemist Aerosol News 36. Nr.10. 77-78 (1965). - Ref.C.A. 63. 17793a (1965).

Die wichtigsten Eigenschaften von Stärken. Wurzburg, O.B. und Herbst, W. Amer.Perfumer 76. Nr.10. 23-25 (1961). - Ref.C.A. 56. 1655e (1962), Ref.J.Chem.(russ.) 1962. 14 N332, C. 1963. 3815.

Kapseln. Sandell, E. Farmac. Revy 58. 289-96 (1959).

Beitrag über die suspendierenden Eigenschaften von Nu-Film und Clear Flo H. Stempel, E. Drug Standards 26. 118-22 (1958). C.A. 53. 1632d (1959), C. 1960. 10674. - Ref.Stärke 13. 148 (1961).

Stärke, Stärkederivate und Stärkenebenprodukte, ihre Bedeutung für die Pharmazie. Kempf, W. Stärke 9. 235-46 (1957). - Ref.C. 1959. 14814, C.A. 52. 21184d (1960).

Stärke, Stärkederivate und Stärkenebenprodukte und ihre Bedeutung für die Pharmazie. Kempf, W. Dtsch.Apotheker-Ztg. 97. 179-84 (1957). - Ref.C. 1957. 8878.

Verfahren zur Herstellung von therapeutisch verwendbaren Teekonzentraten. Chemische Werke Albert. D.A.S. 1 060 087 Kl. 30h vom 13/8.1955., ausg. 25/6.1959. - Ref.Stärke 12. 219 (1960).

Spezielles zur Aufbereitung keimfreier Lösungen. Hagelstein, F. Dtsch.Apotheker-Ztg. 95. Nr.10, Beibl. Krankenhaus-Apotheke 1955. 1-4. Nr.24. 7-8. Nr.36. 9-12. - Ref.C. 1950/54. S.4133.

Spezielles zur Aufbereitung keimfreier Lösungen. Hagelstein, F. Dtsch.Apotheker-Ztg. 94. Nr.48, Beibl. Krankenhaus-Apotheke 1954. 11-12. Nr.52. 14-16. - Ref.C. 1950/54. S. 4133.

Filmbildendes Schutzmittel zur Verhütung von Hautschäden durch organische Lösungsmittel. Rohn, H.L. und Schwarzkopf, H.-E. D.P.(DDR) 11 595 Kl. 30i vom 31/3.1954, ausg. 7/5.1956 (Wirtschaftspatent). - Ref.C. 1957. 5939, C.A. 53. 4665c (1959).

Die kolloiden Erweichungsmittel. 1. Mitt. Physikalische und chemische Eigenschaften. Monte Bovi, A.J. Amer.J.Pharmacy Sci. support.publ.Health 126. 4-7 (1954). - Ref.C. 1955. 5597.

Stärke und Stärkederivate in der pharmazeutischen Praxis. Völksen, W. Dtsch.Apotheker-Ztg. 94. 755-57 (1954). - Ref.C. 1955. 2955, C.A. 49, 370h (1955).

Verwendung von Dickungsmitteln in der Pharmazie. Becker, Ch.H. Am.Profess.Pharmacist 20. 939-44 u. 987 (1954). - Ref.C.A. 49. 1279a (1955).

Stärke- und Zuckerarten im D A B 7. Fiedler, H.P. Pharmazie 8. 400-01 (1953). - Ref.C. 1954. 1071, Stärke 5. 303 (1953).

Oxyäthylstärken als Suspensionsmittel. Cronk, D.H. und Zopf, L.C. J.Amer.pharmac.Assoc.,pract.Pharmacy Edit. 14. 302-06 (1953). - Ref.C. 1954. 6284.

Einsatzmöglichkeiten von Stärke und Stärkederivaten in der Pharmazie. Völksen, W. Stärke 3. 196-99 (1951).

Herstellung von Stärkepräparaten einheitlicher Molekülgröße für pharmazeutische und therapeutische Zubereitungen. Aktiebolaget Pharmacia. Finn.P. 25 082 vom 14/10.1949. Auszug veröff.30/6. 1951. Schwed.Prior. 15/10.1948. - Ref.C. 1952. 414.

Natrium-amylopektin-glykolat, ein neuer Austauschstoff für hochquellfähige Naturkolloide. Höppler, F. Chemiker-Ztg. 67. 72-76 (1943).

Kartoffelstärke als viscositätserhöhendes Mittel in der pharmazeutischen Praxis. Termansen, J.B. Farmac.Tid. 53. 755-64, 773-81 (1943). - Ref.C. 1943. II. 2303.

Die Verwendung der Stärkeplatten im praktischen Betrieb eines Medizinaluntersuchungsamtes. Göpel, H. Dissertation, Breslau 1940. 26 S.

Gummiarten in der Pharmazie. Middleton, G. Pharmaceuticals and Cosmetics 1935. 10-11. 20. 23. - Ref.C. 1935. II. 1060.

Aufsaugender Verbandstoff. Sarason, L. D.R.P. 297 208 kl. 30d vom 15/12.1914, ausg. 30/3.1917. - Ref.C. 1917. I. 938.

4512. Tabletten und Pillen

(Auch Tablettengranulate. Herstellung, Zerfallbarkeit, Stärke als Sprengmittel)

Zerfallbarkeit und Härte von Stärke-Lactose-Tabletten. Eriksson,G. Acta pharmac.suecica 1. 199-206 (1964). - Ref.C. 1966. 5-1675.

Zwei Tablettensprengmittel im Vergleich mit Kornstärke. Hecht, G. und Huyck, C.L. J.pharmac.Sci. 53. 112-14 (1964). - Ref.C. 1965. 19-1602.

Die Anwendung von verkleisterter Stärke bei der Herstellung von Aspirin-Tabletten. Saber, A.H., Rahman, A.A., Hussein, A.M., Kassem, A.A. und Girgis, E.H. Bull.Fac.Pharmac. 2. Nr.1. 129-36 (1963). - Ref.C.A. 62. 6346h (1965).

Sagostärke als ein Zerfallsmittel für gepreßte Tabletten. Patel, R.P. und Chikhlia, D.T. Indian J. Pharmacy 25. 220-24 (1963). - Ref.C. 1965. 29-1652.

Holzprodukte, Mais und Cellulose als Tabletten-Sprengmittel. Fakouhi, T.A., Billups, N.F. und Sager, R.W. J.pharmac.Sci.52. 700-05 (1963). - Ref.C. 1964. 24-1538.

Stabilität der Vitamine A, B_1 und C in verschiedenen pulverförmigen Trägerstoffen. Wai, Kee-neng, Kay, H.G. de und Banker, G.S. J.pharmac.Sci. 51. 1076-80 (1962). - Ref.C. 1963. 18171.

Herstellung von Arznei-Tabletten oder -Kügelchen. Hoffmann-La Roche & Co. AG. E.P. 967 610 vom 10/10.1962., ausg. 26/8.1964. A.Prior. 20/10.1961. - Ref.C. 1966. 4-1674.

Einfluß des Bindemittels auf die Eigenschaften der Amidopyrintabletten. Fečák, B., Major, K. und Spaček, F. Ceskoslov. Farmac. 11. 342-45 (1962). - Ref.C. 1964. 10-1554.

Untersuchung der den Tablettenzerfall beeinflussenden Faktoren. Bánó, T., Szarvas, T. und Aradi, L. Pharmaz.Zentralhalle Deutschland 100. 221-25 (1961). - Ref.C. 1963. 8252.

Eine Studie über Granulate als Zwischenprodukte bei der Tablettenfabrikation. Šimaljaková, J. Acta Fac.pharmac.Brunensis Bratislavensis 3. 139-60 (1960). - Ref.C. 1962. 10925.

Studien auf dem Tablettengebiet. Awe, W., Gelbrecht, H., Freudenstein, H.-J., Stepke, K.H. und Riad, A. Pharmac.Acta Helvetiae 35. 311-15 (1960). - Ref.C. 1961. 16565.

Holzcellulose und Maisstärke in Tabletten. Shah, R.H. und Huyck, C.L. Drug Cosmet.Ind. 86. 336-37. 401. 404. 406-07 (1960). - Ref.C.A. 54. 15831i (1960), C. 1961. 12557.

Eine neue Methode zur Herstellung von Tablettengranulaten. 2.Mitt. Tuerck, P.A., Walters, E.L. und Carkhuff, E.D. J.Amer.pharmac. Assoc., sci.Edit. 49. 347-49 (1960). - Ref.C. 1962. 12381.

Untersuchungen über gepulverte Zubereitungen. 2. Mitt. Untersuchungen über den Zerfall von Calciumcarbonattabletten durch thermische Analyse. Nogami, H., Hasegawa, J. und Nakai, Y. Chem. pharmac.Bull(Tokyo) 7. 331-37 (1959). - Ref.C. 1962. 13490.

Die Granulierung von Tablettenmassen. Gstirner, F. Pharmaz.Rdsch. 1. Nr.7. 1-5 (1959). - Ref.C. 1960. 13448.

In wässeriger Phase sich schnell auflösende Tabletten. National Starch & Chemical Corp. (Erfinder: McKee, I.K. und Herbst, W.). A.P. 3 034 911 vom 25/3.1959, ausg. 15/5.1962. - Ref.C. 1963. 18558.

Spreng- und Gleitmittel der Tablettenfabrikation. Gstirner, F. Pharmaz.Rdsch. 1. Nr.2. 8-12 (1959). - Ref.C. 1959. 12321.

Vergleichende Beurteilung einiger Sprengmittel auf Grund ihrer unterschiedlichen Wasseraufnahme-(Quell-)fähigkeit. Die Initialquellfähigkeit als Bewertung von Tablettensprengmitteln. Awe,W. und Freudenstein, H.J. Pharmaz.Ztg. 104. 1108-10 (1959). - Ref.Stärke 12. 124 (1960).

Der Einfluß des Feuchtigkeitsgehaltes eines Granulates auf die Preßbarkeit und die Eigenschaften der Tabletten. Seth, P.L. und Münzel, K. Pharmaz.Ind. 21. 9-12 (1959). - Ref.C.A. 53. 8533f (1959).

Neuere Verfahren für Tablettenüberzüge. Köhler, H. Dtsch.Apotheker-Ztg. 99. 803-08 (1959).

Magensaftresistente Überzüge. 2. Mitt. Stärke- (und Amylose-) Acetatphthalate. Wagner, J.G., Brignall, T.W. und Long, S. J.Amer.pharmac.Assoc. 48. 244-49 (1959). - Ref.C. 1961. 15116, C.A. 53. 11763b (1959).

Einige Erfahrungen zur Tablettenherstellung. Stoermer, H. Pharmaz. Praxis 53-54 (1959), Beilageh.Pharmazie 14.

Eine vergleichende Untersuchung von Polyvinylpyrrolidon und anderer Bindemittel zur Tablettenherstellung. Lehrman, G.P. und Skauen, D.M. Drug Standards 26. 170-75 (1958). - Ref.C.A. 53. 9568i (1959).

Die Eignung von Stärke als Tablettengleitmittel. Seth, P.L. und Münzel, K. Pharmaz.Ind. 20. 145-49 (1958). - Ref.C. 1958. 12768, C.A. 52. 12315g (1958).

Untersuchungen zur Normierung und Vereinfachung der Tablettenherstellung. Köhler, H. Dtsch.Apotheker-Ztg. 98. 887-92 (1958). - Ref.Stärke 10. 299 (1958).

Eigenschaften und Anwendungen von Polysaccharidsäurepulvern. 4. Mitt. Vergleich der Carboxymethylcellulose (HCMC) und Maisstärke als Zerfallsmittel für Tabletten. Kennon, L. und Swintosky, J. von. J.Amer.pharmac.Assoc. 47. 396-98 (1958)- - Ref.C. 1960. 9645.

Gefärbte Stärke. Food Engng. 30. 142 (1958). - Ref.Stärke 11. 143 (1959).

Meprobamate Tabletten. Herstellung. Weis-Fogh, O. Arch.Pharmac. Chemi (Kopenhagen) 65. 79-85 (1958). - Ref.C.A. 52. 7620a (1958).

Untersuchung des Granulationsprozesses bei der Herstellung von Tabletten. Über die Härte des Füllmaterials. Nakajima, E., Morioka, T., Ikegami, Y. und Kaneyuki, K. Annu.Rep.Takamine Lab. 10. 107-13 (1958). - Ref.C. 1961. 16565.

Die Prüfung der Zerfallbarkeit von Tabletten. Horsch, W. Pharmazie 13. Beil.Pharmaz.Praxis 1958. 50-52.

Der Zerfall von Tabletten mit Cellulose. Bequette, R.J. und Huyck, C.L. Drug Cosmet.Ind. 81. 166-67. 238-39 (1957). - Ref.C. 1958. 3684.

Anomalie der Stärke als löslichkeitsfördernder Zusatzstoff in Tabletten. Rotteglia, E. und Marinone, A. Boll.chim.farmac. 96. 83-86 (1957). - Ref.C. 1957. 9456.

Die Beeinflussung der Zerfallbarkeit und der mechanischen Festigkeit von Tabletten durch die Granulatform und der Binde- und Gleitform, dargestellt an Granulatua simplex ad Tablettas Ph. Dan.IX. Münzel, K. und Kägi, W. Pharmac.Acta Helvetiae 32. 321-33 (1957). - Ref.C.A. 52. 4101h (1958), C. 1959. 9995.

Faktoren, die den Tablettenzerfall beeinflussen. Kwan, K.C., Swart, F.O. und Mattocks, A.M. J.Amer.pharmac.Assoc. sci.Edit. 46. 236-39 (1957). - Ref.C. 1958. 11312.

Pressen von Tabletten. Macleans Ltd. (Erfinder: Martin, B.K.). D.B.P. 963 270 Kl. 30h vom 2/5.1957. - Ref.C.A. 54. 9220h (1960).

Verfahren zur Herstellung von Tabletten mit 20 bis 40 % flüssigen Inhaltsstoffen. Prof.Dr. Much AG., Chem.Fabrik. D.A.S.1 070 345 Kl. 30h vom 21/11.1957, veröff. 3/12.1959. - Ref.Stärke 12.343 (1960).

Schnellverfahren zur Herstellung von Arznei- oder Lebensmitteln in Drageeform mit sehr niedrigen Zerfallszeiten. Awe, W. (Erfinder: Awe, W. und Freudenstein, H.J.). D.B.P. 1 000 569 vom 10/1.1957, erteilt 14/11.1957. - Ref.Stärke 10. 91 (1958).

Einfluß von Art und Konzentration des Bindemittels auf Härte und Kompressibilität der bei konstantem Druck hergestellten Sulfathiazoltabletten. Nelson, E., Arndt, J.R. und Busse, L.W. J.Amer.pharmac.Assoc., sci.Edit. 46. 257-62 (1957). - Ref.C. 1959. 7221.

Über den Einfluß von Stoffen der Außenphase auf die Eigenschaften von Tabletten. Ooteghem, M. van. Pharmac.Tijdschr.Belgie 33. 237-49 (1956). - Ref.C.A. 51. 6951e (1957), C. 1959. 2221.

Vergleichende Untersuchung von Bindemitteln in der Pharmakotechnik der Tabletten. Montenegro, F.J.S. Rev.Quim.Farmác. (Rio de Janeiro) 21. Nr.9. 17-34 (1956). - Ref.C. 1959. 14496.

Neues zur Tablettenfabrikation. Koch, W. Pharmazie 11. Beil. Pharmaz.Praxis 1956. 83-85.

Moderne Hilfsmittel und neuere Methoden zur Tablettenherstellung in der Apotheke und in der pharmazeutischen Industrie. Meyer, O.F.W. Pharmazie 11. Beil.Pharmaz.Praxis 1956. 85-88.

Einige Untersuchungen über Tablettengrundvorschriften. Weis-Fogh, O. Dansk Tidsskr.Farmaci, Suppl. II, Festskr.Svend Aage Schou 276-88 (1956). - Ref.C. 1960. 569.

Stärke und Methylcellulose als Bindemittel in der Tablettenzubereitung. Opari, A. und Grigoriu, S. Farmacia (Bucaresti) 4. 440-44 (1956). - Ref.C. 1959. 5567.

Neue Verwendung von α-Stärke. Mitsuda, H. Bull.Inst.Chem.Res. Kyoto Univ. 33. 114 (1955). - Ref.C.A. 50. 7398h (1956).

Notiz über die Tablettenzerfallbarkeit durch Stärke. Curlin, L.C. J.Amer.pharmac.Assoc., sci.Edit. 44. 16 (1955). - Ref.C. 1956. 8159.

Untersuchungen an Tabletten. Mazurek, I. Pharmazie 9. 41-42 (1954). - Ref.C.A. 50. 17328c (1956).

Untersuchungen über die Herstellung gepreßter Tabletten. (Wirkung der Alterung des Stärkekleisterbindemittels auf einige Eigenschaften der Körnung. Yamamoto, R. und Takahashi, T. Annu.Rep. Shionogi Res.Lab. (Osaka) 1954. 449-54. - Ref.C. 1956. 1966, C.A. 51. 9190h (1957).

Grundstoffe von Pillen. Bergefors, L. Svensk Farm.Tidskr. 58. 184-86 (1954). - Ref.C.A. 48. 8486g (1954).

Herstellung von Arzneimittelzubereitungen. Thomae, Karl GmbH. Chemisch-pharmazeutische Fabrik (Erfinder: A. Kottler u. E. Staudt). D.B.P. 859 663 Kl. 30h vom 24/11.1950, ausg. 15/12. 1952. - Ref.C. 1953. 3925.

Die Herstellung gepreßter Tabletten. 3. Mitt. Eine Untersuchung über den Wert von Kartoffelstärke und Alginsäure als auflösende Faktoren. Berry, H. und Ridout, C.W. Pharmac.J. 165. (4) 111. 256 (1950). - Ref.C. 1953. 9556.

Beitrag zur Frage der Beurteilung eines Quellstoffes als Sprengmittel. Sager, H. Pharmaz.Acta Helvetiae 24. 334-39 (1949). - Ref.C. 1950. I. 2381.

Beitrag zur Tablettenherstellung in der Apotheke nach dem Kriege. Arends, E. Pharmaz.Ztg. 83. 166 (1947). - Ref.C. 1948.I. 489.

Eine Methode zur schnellen Herstellung von kleineren Tablettenmengen. Toft-Madsen, C.J. Farmac.Tid. 54. 35-45 (1944). - Ref.C. 1944. I. 1198.

Stärkesirup als Bindemittel für Pillen. Schulte, M.J. Pharmac. Weekbl. 78. 281-86 (1941). - Ref.C. 1941. I. 3113.

Granulierung von Tabletten mit Stärkekleister. Nielsen, S. Farmac. Tid. 51. 60 (1941). - Ref.C. 1941. II. 1880.

Verwertung von Dextrose. International Patents Development Co., übert.von: H. Meyer. A.P. 2 046 833 vom 28/1.1935, ausg. 7/7. 1936. D.Prior. 26/5.1933. - Ref.C. 1936. II. 2462.

4513. Puder

(Handschuhpuder, Amyloform, Pudergrundlage, Gleitmittel, Pudergranulome)

Puder für Gummi. Polymer Corp. Ltd. (Erfinder: Krüger, G.). Belg.P. 659 260 ausg. 28/5.1965., Can.Prior. 4/2.1964. - Ref.C.A. 63. 18432c (1964).

Medizinischer Puder. Masci, J.N. und Maso, H.F. E.P. 899 064 vom 20/6.1962. A.Prior. 8/8.1957. - Ref.C.A. 57. 11324d (1962).

Mischwirkung pharmazeutisch verwendeter Pulvermischer. Speiser, P. und Tawashi, R. Pharmac.Acta Helvetiae 37. 529-43 (1962). - Ref.C. 1963. 10568.

Gleitmittel für die Chirurgie. Ethicon, Inc. (Erfinder: Stonehill, A.A.). F.P. 1 288 346 vom 30/3.1961., ausg. 6/8.1962. A.Prior. 31/3.1960. - Ref.C. 1964. 25/26-1593.

Fremdkörpergranulome durch den Gebrauch von Stärke-Handschuhpuder in der Chirurgie. Ising, U. Acta chirurg.scand. 120. 95-99 (1960).

Durch Stärkehandschuhpuder hervorgerufene granulomatöse Peritonitis: eine klinische und experimentelle Untersuchung. Myers, H.N., Deaver, J.M. und Brown, C.E. Ann.Surgery 151. 106-12 (1960).

Pudergrundlage. Commonwealth Engineering Co. of Ohio (Erfinder: Novak, L.J.). E.P. 909 703 vom 20/1.1959, ausg. 31/10.1962. - Ref.C. 1964. 6/7-2791.

Über tuberkelähnliche Gewebsreaktionen nach Einbringen von stärkehaltigen Pudern ins Gewebe. Reincke, A. Die Medizinische 1959. 2405-07.

Pudergrundlage. Olin Mathieson Chemical Corp. (Erfinder: Bernstein, H.B. und Cyr, G.N.). A.P. 3 025 217 vom 28/5.1958., ausg. 13/3.1962. - Ref.C. 1964. 23-1601.

Herstellung einer resorbierbaren Pudergrundlage. Mende, W. D.P.(DDR) 19 788 Kl. 30h vom 12/4.1957, ausg. 25/8.1960. (Wirtschaftspatent). - Ref.C. 1961. 3742, Stärke 13. 454 (1961).

Herstellung einer resorbierbaren Pudergrundlage. VEB Vasenol-Werk (Erfinder: Mende, W.). D.A.S. 1 047 382 Kl. 30h vom 12/4.1957, veröff. 24/12.1958. - Ref.C. 1959. 11091.

Tierexperimentelle Untersuchungen zur Frage der Resorbierbarkeit von Handschuhpudern auf Stärkegrundlage. König, F. und Sandritter, W. Zbl.Chirurg. 82. 348-56 (1957). - Ref.C. 1958.2799.

Fettlösliches Vitamin-Puder. Hoffmann-La Roche, Inc. (Erfinder: Cannalonga, M.A. und Magid, L.). A.P. 2 756 177 vom 24/7.1956. - Ref.C.A. 50. 17344c (1956).

Die Gewebsreaktionen auf stärkehaltigen Handschuhpuder. Leschke, H. Virchow's Arch.pathol.Anatom.Physiol.klin.Med. 329. 281-88 (1956).

Durch absorbierbaren Stärkehandschuhpuder hervorgerufene Granulome. MacAdams, G.B. Surgery 39. 329 (1956).

Durch Stärkepuder hervorgerufene Granulome. Ein Bericht über zwei Fälle. Sneierson, H. und Woo, Z.P. Ann.Surgery 142. 1045-1050 (1955).

Handschuhpuder für Chirurgen. American Cyanamid Co. (Erfinder: Smith, D.F. und Shane, R.S.). Can.P. 569 335 vom 8/9.1955., ausg. 20/1.1959. - Ref.C. 1963. 21655.

Puder für chirurgische Handschuhe in westaustralischen Krankenhäusern. Nicholas, E.J. Australas.J.Pharmacy (N.S.) 36. 1142-46 (1955). - Ref.C. 1957. 8590.

Ein Vergleich zwischen Talcum und resorbierbarem Stärkepuder. Wiland, J., Masci, J.N. und Craver, B.N. Surgery,Gynecosl. Obstetr. 99. 277-80 (1954). - Ref.C. 1955. 3425.

Löslicher Stärkeätherpuder. Sarui, K. Japan.P. 5 295 ('52) 12/12. - Ref.C.A. 48. 394e (1954).

Untersuchungen mit einem neuen Talkum-Ersatzpuder. Haar, H. Chirurg 25. 247-49 (1954).

Das Puder-Problem und das Deutsche Arzneibuch 7. Arends, J. Pharmaz.Ztg. 89. 313-32. 834-35 (1953).

Herstellung von Stärkederivaten mit intaktem Korn. Thomae, K. GmbH. (Erfinder: Kottler, A. und Scheffler, H.). D.B.P. 945 924 Kl. 12o vom 24/3.1953, ausg. 19/7.1956. Anmeldung bekanntgemacht 26/1.1956. - Ref.C. 1957. 3616, Stärke 9. 13 (1957), C.A. 53. 749a (1959).

Stärke als Grundsubstanz für Puder. Andersen, M. und Würtzen, V. Dansk Tidsskr. Farmaci 27. Nr.2. 25-36 (1953).

Amylum non mucilaginosum, ein neuartiger Puderrohstoff. Schöller, C. und Fiedler, H.P. Arzneimittel-Forsch. 2. 336-40 (1952). - Ref.C. 1954. 900, C.A. 46. 10533d (1952).

Ersatzstoffe für chirurgischen Talk bei Wunden. Graham, J.D.P. und Jenkins, M.E. J.Pharm.Pharmacol. 4. 392-98 (1952). - Ref.C.A. 46. 8326i (1952).

Der Wert modifizierter Stärke als Ersatz für Talk. Graham, J.D.P. und Jenkins, M.E. Lancet 262 . 590-91 (1952). - Ref.C. 1952. 6252.

Tierexperimentelle Untersuchungen über die peritoneale Reaktion gegenüber Talkum und resorbierbarem Stärkepuder. Scriba, K. und Neuwald, F. Chirurg 22. 250-52 (1951).

Absorbierbarer Handschuhpuder aus Stärke. Postlethwait, R.W., McRae, J.T., Williams, R.W., Deaton, W.R. und Cornatzer, W.E. Amer.J.Surgery 78. 510-13 (1949).

Vergleich von Gewebsreaktionen auf Handschuhpuder aus Talkum- und modifiziertem Stärkepuder. Postlethwait, R.W., Howard, H.L. und Schanker, P.W. Surgery 25. 22-29 (1949).

Beobachtungen an absorbierbarem Puder als Ersatz für Talkum. MacQuiddy, E.L. und Tollman, J.P. Surgery 23. 786-93 (1948).

Das Talkum-Puder-Granulom: eine häufige und ernste postoperative Komplikation. Eiseman, B., Seeling, M.G. und Womack, N.A. Ann.Surgery 126. 820-32 (1947).

Versuche mit reizlosem Handschuhpuder. Lee, C.M. und Lehman, E.P. Surgery, Gynecol.Obstetr. 84. 689-96 (1947).

Experimentelle Untersuchungen über die Anwendung von Stärke als chirurgischer Puder. Allen, S.C. und DeEds, F. Federation Proc. 6. 305-06 (1947).

Flüssige Puder und "wet White". Lee-Charlton, H. Amer.Parfumer essent.Oil Rev. 33. Nr.5. 61-62 (1936). - Ref.C. 1937. I.2890.

Zur Kenntnis des Amyloforms und Glutols. Den Herren Gottstein und Schleich in Berlin zur Erwiderung. Classen, A. Münchener med. Wschr. 44. 307-308 (1897). - W.Ref. 966, C. 1897. I. 939.

Zur Amyloformfrage. Longard, C. Therapeut.Mh. 11. 34-35 (1897). - W.Ref. 968, C. 1897. I. 396.

Zur Kenntnis des Amyloforms und des Glutols. Classen, A. Therapeut.Mh. 11, 33-34 (1897). - W.Ref. 965, C. 1897. I. 395.

Amyloform. Classen, A. Pharmaz.Ztg. 41. 615 (1896). - W.Ref. 963.

4514. Salben, Pasten

Qualitativer Analysengang von Salben. 6. Mitt. Analyse von hydrophilen Salbenbestandteilen und Quellstoffen. Sucker, H. Dtsch. Apotheker-Ztg. 104. 1254-55 (1964). - Ref.C.A. 62. 1514f (1965).

Die Salbentabelle. Eine kurze Salbensystematik für die dermatologische und pharmazeutische Praxis. Merz, W. Dtsch.Apotheker-Ztg. 100. 433-39 (1960).

Fettfreie Salbengrundlagen. 2. Mitt. Herstellung von Hydrogel-Salbengrundlagen mit Rührwerken. Naumann, H. Pharmazie 14. Beil.Pharmaz.Praxis 169-73 (1959).

Eine verbesserte Vorschrift für Glycerinsalbe. Horsch, W., Probst, H. und Sieler, H. Pharmazie 13. 333-36 (1958). - Ref.C.A. 53. 648d (1959).

Über einige Hydrogel-Salbengrundlagen und deren Grundstoffe. Naumann, H. Pharmazie 12. Beil.Pharmaz.Prax. 1957. 29-35. - Ref.C.A. 51. 17096i (1957).

Untersuchung über die Gefriertrocknung einiger pharmazeutisch verwendeter Gummen und Verdickungsmittel. Lachman, L. und Chavkin, L. J.Amer.pharmac.Assoc.,sci.Edit. 46. 412-16 (1957). - Ref.C. 1958. 9851.

Stabilisierung von Penicillinsalben mit Hilfe wasserbindender Stoffe. Trolle-Lassen, C. Arch.Pharmacog.Chem. 24. 725-35 (1959). - Ref.Stärke 11. 54 (1959), C.A. 51. 17102i (1957).

Hautschutzsalbe. VEB Fettchemie (Erfinder: Rohn, H.L. und Schwarzkopf, H.-E.). D.B.P. 955 807 Kl. 30i vom 29/7.1954, ausg.10/1. 1957. Anmeldung bekanntgemacht 5/7.1956. - Ref.C. 1957. 6222.

ANM (Amylum non mucilaginosum) - eine fortschrittliche Salbengrundlage. Parfümerie u.Kosmet. 33. 418-19 (1952). - Ref.C.1953. 1095.

Eine neue Vorschrift für Tanninsalbe. Pharmaz.J. 145. (4) 91. 126. (1940). - Ref.C. 1944. I. 444.

Verfahren zur Herstellung von Salben oder ähnlichen Arzneizubereitungen. Kaufmann, H.P. D.B.P. 937 971 Kl. 30h vom 25/9.1938, ausg. 19/1.1956. - Ref.Stärke 8. 66 (1956).

Austausch von Glycerin in Zahnpasten. Augustin J. Dtsch.Parfüm-Ztg. 23. 55-57 (1936). - Ref.C. 1937. I. 3828.

Stabilisierung von Zahnpasten, die wenig oder keine Seife enthalten. Augustin, J. Amer.Perfumer essent.Oil Rev. 31. Nr.6. 81 (1936). - Ref.C. 1936. I. 4759.

Zahnkreme, Zahnpasten und ähnliche Mittel zur Zahnpflege. Hess, L. D.R.P. 648 583 Kl. 30h vom 21/11.1933, ausg. 4/8.1937. - Ref.C. 1937. II. 2211.

Untersuchungen über die Pharmakologie und Pharmakodynamik von Salben und salbeninkorporierten Medikamenten. I. Mitt. Über das Wasserbindungsvermögen von Salben. Moncorps, C. Arch.exp. Pathol.Pharmakol. 141. 25-49 (1929). - Ref.C. 1929. II. 597.

Haltbare Polysaccharid-Gele als Grundlagen der Kolloidsalbentherapie, der Kolloidkosmetik, der Seifenfabrikation und der chemisch-technischen Emulsionen. Zakarias, L. Chem.-Ztg. 51. 321-22 (1927). - Ref.C. 1927. II. 2409.

Notiz über Pasta iodi et amyli, British Pharmacopoeia Cod. Boa, P. Pharmac.J.Pharmacist 94. 485-486 (1915). - W.Ref. 929.

Über Zinkoxyd-, Stärke-, Resorcin-Paste. Schneider und Beeker. Pharmaz.Zentralhalle Deutschland 41. 17-18 (1900). - W.Ref.715, C. 1900. I. 356.

4515. Stärkeschwämme

(Vgl. auch "Kryolyse": 826)

Blutstillende Schwämme aus Gelatine-Stärke-Gemischen. American Cyanamid Co. (Erfinder: Sieger, G.M. jr., Valentine, W. und Weidenheimer, J.F.). A.P. 2 899 362 ausg. 11/8.1959. - Ref.C.A. 53. 22761g (1959).

Amylose enthaltende Schwämme und Gaze. Rutenberg, M.W. und Jarowenko, W. E.P. 900 868 vom 9/8.1960., ausg. 11/7.1962. - Ref.C.A. 57. 11440i (1962).

Resorbierbare blutstillende chirurgische Schwämme und Verfahren zu ihrer Herstellung. American Cyanamid Co. D.A.S. 1 074 219 vom 12/6.1958, veröff. 28/1.1960. A.Prior. 12/6.1957. - Ref.Stärke 13. 21 (1961).

Schwämme aus Polyvinylchlorid und Stärke mit gleichmäßiger Porenstruktur. Takagi, H. und Yamagishi, Y. Japan.P. 1 740 ('57) ausg. 15/3.1957. - Ref.C.A. 52. 9666c (1958).

Stärkeschwamm - ein hämostatisches Mittel. Weitere Untersuchungen über seine Herstellung. Shen, James K., Sheng, C.Y., Wang, W.T. Chin.medical J. 71. 167-75 (1953). - Ref.C. 1954. 818.

Biologische Eigenschaften des Stärkeschwammes und Stärkeschwammpuders. Ricchiuti, N.V. Surgery 31. 268-72 (1952). - Ref.C. 1952. 8006.

Herstellung von Stärkeschwämmen für hygienische Zwecke. United States of America, as represented by the Secy.of Agr. (übert. von: M.M.McMasters u. V.E. Hoaglund). A.P. 2 597 011 vom 20/5. 1952. - Ref.C.A. 46. 7718i (1952), C. 1956. 5090.

Stärkeschwämme - ein hämostatisches Mittel. Rosenfeld, S.S. Surgery 26. 842-46 (1949).

Stärkeschwamm - ein vielversprechendes neues Erzeugnis. Hilbert, G.E., MacMasters, M.M., Cox, M.J., Bice, C.W., Hedges, M. und Getz, V.L. Food Ind. 17. 878-82 (1945).

Biologische Untersuchungen über einen neuen absorbierbaren Schwamm. Correll, J.T., Prentice, H.B. und Wise, E.C. Surgery, Gynecol.Obstetr. 81. 585-89 (1945).

Zuverlässige Eigenschaften eines neuen physiologisch absorbierbaren Schwammes. Correll, J.T. und Wise, E.C. Proc.Soc.exp. Biol.Med. 58. 233-35 (1945).

Vorgeschlagene Anwendung von Stärkeschwämmen als innere chirurgische, durch den Körper absorbierbare Verbände. Bice, C.W., McMasters, M.M. und Hilbert, G.E. Science (New York) 100. 227-28 (1944).

Einige Versuche über Amylum. Scharling. Ann.Chem.Pharmaz. 49. 315-316 (1844). - W.Ref. 1354.

4516. Kosmetische Erzeugnisse

(Haarfärbemittel, Hautkrem, Zahnpflegemittel.
Vgl. auch "Puder": 4513, "Salben": 4514)

Stärkegele für kosmetische Erzeugnisse. Spoldzielnia Pracy Chemikow, Gdansk (Erfinder: Boltrukiewicz, J. und Brzeski, J.). Poln.P. 48 414 vom 7/7.1962., ausg. 10/9.1964. - Ref.C.A. 62. 16494g (1965).

Haftmittel für Zahnprothesen. Ebner, N. Oe.P. 229 492 vom 16/3. 1961., ausg. 25/9.1963. - Ref.C. 1964. 1-1723.

Haltbarmachung von Nahrungsmitteln, Drogen und Cosmetica. Hurka, W. D.B.P. 1 085 024 ausg. 7/7.1960. - Ref.C.A. 55. 27696i (1961).

Die Anwendung der Thermogravimetrie bei pharmazeutischen Untersuchungen. Vogelenzang, E.H. Pharmac.Weekbl. 92. 109-15 (1957). - Ref.C.A. 51. 10842e (1957).

Maisstärke für kosmetischen Gebrauch. Arend, A.G. Perfum.essent. Oil Rec. 48. 391-92 (1957). - Ref.C. 1958. 6409.

Röntgenkontrastmittel. Aktiebolaget Pharmacia (Erfinder: Backman, S.V., Embring, P.G. und Ingelman, B. G.-A.). E.P. 755 739 vom 11/12.1953, ausg. 29/8.1956. A.Prior. 12/12.1952. - Ref.C.1958. 5168.

Mittel gegen Schweißgeruch. Salvi, G. F.P. 1 155 722 vom 10/8. 1956, ausg. 7/5.1958. - Ref.C. 1959. 8731.

Untersuchungen von Vasenol-Tamponaden auf ANM-Basis. Kuner, W. Zahnärztl.Reform 56. 98-99 (1955).

Lösung für Kaltwelle. Shigenuki, T. Japan.P. 4 750 ('55) ausg. 9/7.1955. - Ref.C.A. 51. 15904d (1957).

Herstellung von hochviscosen Lösungen für die röntgenologische Sichtbarmachung von Körperhöhlen. Dorn, H. und Pfanz, H. D.P. (DDR) 9 491 Kl. 30h vom 22/12.1953, ausg.28/3.1955 (Wirtschaftspatent). - Ref.C. 1956. 12630.

Röntgenkontrastmittel. Aktiebolaget Pharmacia (Erfinder: Backman, S. V., Embring, P.G. und Ingelman, B. G.-A.). E.P. 755 739 vom 11/12.1953, ausg. 29/8.1956. A.Prior. 12/12.1952. - Ref.C. 1958. 5168.

Dermatologische Packungen. Schuster, K.H. D.B.P. 934 606 Kl.30h vom 15/4.1950, ausg. 27/10.1955. Anmeldung bekanntgemacht 14/2. 1952. - Ref.C. 1956. 5704.

Herstellung eines Zahnpflegemittels. Hochbach, K. D.B.P. 866 986 Kl. 30h vom 17/11.1950, ausg. 12/2.1953. - Ref.C. 1954. 149.

Behandeln des Haares vor dem Dauerwellen. Gallenkamp, N.B. A.P. 2 655 923 vom 20/7.1950, ausg. 20/10.1953. - Ref.C. 1954. 10610.

Herstellung eines Zahnpflegemittels. Römer, A. D.B.P. 810 292 Kl. 30h vom 15/1.1949, ausg. 9/8.1951. - Ref.C. 1952. 1053.

Herstellen einer Masse zur Pflege der Gesichtshaut. Klenk, A. D.B.P. 861 588 Kl. 30h vom 2/10.1948, ausg. 5/1.1953. - Ref.C. 1953. 3325.

Herstellung eines Hautkremes. Etbauer, J. D.B.P. 805 771 Kl. 30h vom 2/10.1948, ausg. 28/5.1951. - Ref.C. 1951. II. 2957.

Mittel zum Färben der Haare. Hupka, G. Schwz.P. 242 458 vom 20/6. 1944, ausg. 3/1.1947. - Ref.C. 1949. E. 3054.

Hautcreme. Etbauer, J. Belg.P. 451 475 vom 14/7.1943, Auszug veröff. 17/3.1944. - Ref.C. 1945. I. 351.

Herstellung von Hautcreme. Etbauer, J. D.R.P. 743 503 Kl. 30h vom 4/7.1939, ausg. 30/5.1944. - Ref.C. 1945. I. 1550.

Haarentfernungsmittel. Scaramozzino, A.M.L. F.P. 859 955 vom 9/6. 1938, ausg. 3/1.1941. - Ref.C. 1941. I. 3300.

Einfluß der Zusätze auf die Herstellung und Stabilität von W/O-Cremes. Augustin, J. Seifensieder-Ztg. 65. 160-61 (1938). - Ref.C. 1938. II. 1688.

Ersatzstoffe für Kosmetik und Seifenindustrie. Ruemele, Th. Seifensieder-Ztg. 65. 614-15 (1938). - Ref.C. 1938. II. 3620.

Stärke in der Kosmetik. Schwarz, H. Seifensieder-Ztg. 60. 853-54 (1933). - Ref.C. 1934. I. 1898.

Einiges über Stärke, Schleim und Gummi. Werle, G. Dtsch.Parfümeriez tg. 16. 441-43 (1930). - Ref.C. 1930. II. 3173.

4517. Arzneimittel und Spezialpräparate

Stärke für lokal anzuwendende Präparate. Faust, R.E. Amer.Perfumer, Cosmet. 78. Nr.10. 51-54 (1963). - Ref.C. 1964. 33-2496.

Injizierbare makromolekulare Substanzen. Weil, G.P. J.Pharmac. Belgique (N.S.) 18. (45). 445-82 (1963). - Ref.C. 1964. 50-1298.

Herstellung eines antipeptisch wirksamen Heilmittels. Spofa, Sdružení Podniků pro Zdravotnickou Výrobu. Oe.P. 220 294 vom 23/3.1961., ausg. 12/3.1962. Tschechosl.Prior. 28/3.1960. - Ref.C. 1963. 19713.

Die Änderungen der antigenen Eigenschaften des Blutserums bei parenteraler Zufuhr von Nichteiweißstoffen. Nikolajew, A.I. Bull.exp.Biol.Med.(russ.) 49 (25). Nr.1. 87-90 (1960). - Ref.C. 1960. 15104.

Neue Anwendungsgebiete für Getreideprodukte. Shu, P. und Darken, M.A. Northwestern Miller 264. Nr.10. 36-50 (1960). - Ref.Stärke 13. 189 (1961).

Der gegenwärtige Stand der Frage der Blutersatzmittel. Filatow, A.N. Sowjet-Med.(russ.) 24. Nr.12. 74-81 (1960). - Ref.C. 1963. 8229.

Die antibakteriellen Eigenschaften der Jodstärke und ihrer Komponenten. Mochnatsch, W.O., Litwinow, M.A. und Borissow, L.B. Mikrobiologie (russ.) 29. 451-54 (1960). - Ref.C. 1961. 13968.

Arzneimittel mit Antipepsin-Effekt. Nemecek, O., Roubal, Z. und Placer, Z. Tschechosl.P. 100 274 vom 28/3.1960., ausg. 15/7. 1961. - Ref.C.A. 57. 8669e (1962).

Arzneimittel mit antiproteolytischem Effekt. Nemecek, O., Roubal, Z. und Placer, Z. Tschechosl.P. 100 110 vom 31/8.1959., ausg. 15/7.1961. - Ref.C.A. 57. 8669b (1962).

Arzneimittel. Upjohn Co. (Erfinder: Seay, P.H.). A.P. 3 020 202 vom 21/7.1959., ausg. 6/2.1962. - Ref.C. 1963. 14053.

Verfahren zur Herstellung eines injizierbaren stabilen Ferrihydroxydsols. American Cyanamid Company. D.A.S. 1 140 314 Kl. 30h vom 3/7.1959., ausg. 29/11.1962. A.Prior. 22/9.1958. - Ref.Stärke 16. 34 (1964).

Arzneimittel. Riker Laboratories, Inc. Ind.P. 68 625 vom 3/8.1959. - Ref.C. 1964. 13-1582.

Röntgenkontrastmittel aus amylosefreiem Amylopektin. Mallinckrodt Chemical Works (Erfinder: De La Mater, G.B.). A.P. 2 870 063 ausg. 20/1.1959. - Ref.C.A. 53. 6544e (1959).

Untersuchung des Einflusses einiger Emulgatoren auf die Dispersität von Ölen in medizinischen Emulsionen. Waissman, G.A. und Jampolskaja, M.M. Pharmaz.J.(Kiew) (russ.) 14. Nr.6. 34-37 (1959). - Ref.C. 1960. 9306.

Antiseptische Aktivität von ß-Amylosetrijodid. Minto, W.L. und Newman, B. Antibiotics Chemotherapy 9. 530-34 (1959). - Ref.Stärke 12. 125 (1960).

Injizierbare Eisen-Präparate für therapeutische Zwecke. Aktiebolaget Astra Apotekarnes Kemiska Fabriker (Erfinder: Sjogren, B.K. F., Lindvall, S., Heiwinkel, H.W. und Hogberg, K.G.). E.P. 898 001 vom 28/1.1958., ausg. 6/6.1962. - Ref.C.A. 57. 9966e (1962).

Verfahren zur Herstellung eines zum Vitaminisieren von Lebensmitteln geeigneten Lactoflavinpräparates. Hoffmann-La Roche & Co. AG. D.A.S. 1 109 015 Kl. 53k vom 4/9.1958., ausg. 15/6.1961. A.Prior. 17/9.1957. - Ref.Stärke 14. 297 (1962).

Die Beziehungen zwischen individuellen Proteinen und Kohlenhydraten während der Gärung im Rumen des Schafes. I. Mitt. Die Vergärung von Casein in Gegenwart von Stärke und anderen Kohlenhydraten. Lewis, D. und McDonald, I.W. J.agric.Sci. 51. 108-18 (1958). - Ref.C. 1960. 14093.

Lösung für schmerzlose Injektion. Sankyo Co. (Erfinder: Ito, K. und Inami, K.). Japan.P. 1 650 ('58) ausg. 8/3.1958. - Ref.C.A. 53. 2545g (1959).

Über die Verarbeitung von Chemotherapeutica zu Sirup und Suspensionen. Naumann, H. Pharmazie 12. Beil.Pharmaz.Prax. 1957. 77-80.

Verfahren zur Erzeugung von Asepsis durch Beta-Amylosetrijodid. IBC Research Laboratories, Inc. A.P. 2 927 058 vom 12/7.1957., ausg. 1/3.1960. - Ref.Stärke 14. 63 (1962), C. 1961. 14391.

Jodhaltige Lösung. Yamamoto, S. und Yamamoto, T. Japan.P. 8 899 ('57) ausg. 18/10.1957. - Ref.C.A. 52. 12334f (1958).

Erhöhung der Stabilisierung der Ascorbinsäure und von vitaminisiertem Kochsalz während der Lagerung. Beresowskaja, N.N., Bessonow, Ss.M., Kotschetkowa, S.W. und Matzko, S.N. UdSSR.P. 105 526 ausg. 25/5.1957. - Ref.C.A. 51. 15074b (1957).

Einige neue von Oxystärke und anderen Polysacchariden abgeleitete Antituberkulosemittel. Barry, V.C., Conalty, M.L. und Gaffney, E.E. Brit.J.Urol. 27. 35-41 (1955). - Ref.C. 1955. 8906.

Herstellung therapeutisch wirksamer Verbindungen. Lasdon Foundation, Inc. Ind.P. 55 542 vom 5/10.1955., ausg. 3/7.1957. - Ref.C. 1961. 10670.

Herstellung eines Mittels gegen Brandwunden. Kade, Dr., Pharmazeutische Fabrik. D.B.P. 943 793 Kl. 30h vom 16/3.1955, ausg. 1/6.1956. Anmeldung bekanntgemacht 8/12.1955. - Ref.C. 1956. 11513, Stärke 8. 233 (1956).

Antacidum mit mild abführender Wirkung. Olin Mathieson Chemical Corp. (Erfinder: Entrekin, D.N.). A.P. 2 843 521 vom 1/5.1955, ausg. 15/7.1958. - Ref.C. 1959. 13266.

Verfahren zur Herstellung geruch- und geschmackloser Guajakol-Verbindungen. Kaufmann, H.P. D.B.P. 935 668 vom 27/12.1955. - Ref.Stärke 8. 66 (1956).

Arzneimittel. Charles J. Nemanick, übert.von: Elbreder, C.H. und Ross, E.J. A.P. 2 967 131 vom 8/2.1954., ausg. 3/1.1961. - Ref.C. 1963. 7866.

Nachtrag zur Herstellung keimfreier konzentrierter (Dextropur-) Traubenzuckerlösungen und deren Aufbereitung, Errechnung und Kontrolle. Hagelstein, F. Dtsch.Apotheker-Ztg. 94. Nr.48, Beibl. Krankenhaus-Apotheke 1954. 9-11. - Ref.C. 1950/54. S. 4131.

Verfahren zum Einbetten wasserunlöslicher Vitamine und anderer bei der Aufbewahrung sich verschlechternder oder verdampfender Stoffe in eine Umhüllung. Corn Products Co. D.A.S. 1 167 794 Kl. 12c vom 1/9.1954., ausg. 16/4.1964. A.Prior. 3/9.1953 und 26/7.1954. - Ref.Stärke 17. 398 (1965).

Reaktionsprodukte von Weizenstärke oder Gummi arabicum mit Pepton. Chemische Fabrik Schweizerhall. Schwz.P. 297 614 ausg. 1/6.1954. - Ref.C.A. 51. 3937i (1957).

Eine kupferne Verfärbung keimfrei gemachter, konzentrierter Dextropurlösungen zur Injektion und der Versuch ihrer Aufklärung. Hagelstein, F. Dtsch.Apotheker-Ztg. 94. Nr.48, Beibl. Krankenhaus-Apotheke 1954. 7-9. - Ref.C. 1950/54. S. 4130.

Herstellung eines Traubenzuckers für Injektionen aus einem aus Kartoffelstärke stammenden technischen Produkt. Swiderski, J. Farmacja polska 7. 155-57 (1951). - Ref.C. 1952. 8017.

Rodenticides Mittel. Karel, L., Spring, S. und Witten, B. A.P. 2 572 867 vom 25/2.1949, ausg. 30/10.1951. - Ref.C. 1953. 2985.

ß-Amylose-Jod-Komplex. Deventer, H.R. van, Keller, D.R. und Waller, E.F. (Erfinder: Minto, W.L.). A.P. 2 383 334 vom 28/5. 1943, ausg. 21/8.1945. - Ref.C.A. 39. 4725 (1945).

Mittel zum Schutz der Haut gegen chemische Kampfstoffe. Chema akciova spolecnost. Jug.P. 15 831 vom 20/10.1938, ausg. 1/8. 1940. - Ref.C. 1940. II. 3227.

Glucose- und physiologische Kochsalzlösung. Lloyd, E. Pharmaz.J. 136. / (4) 82 / 399 (1936). - Ref.C. 1936. II. 2406.

Die Herstellung von Stärkeglycerin B.P. 1932. Summer, W. und Lloyd, R.V. Pharmac.J. 136. 4. 82. 145-46 (1936). - Ref.C. 1936. I. 4594.

Therapeutisch wirksames Mittel. I.G. Farbenindustrie AG., übert. von: E.Hess. E.P. 428 536 vom 15/11.1933, ausg. 13/6.1935. D.Prior. 16/11.1932. - Ref.C. 1935. II. 3410.

Arzneimittel als Lebensmittel. Patzsch, H. Pharmaz.Ztg. 79. 20-22; 32; 43-45 (1934). - Ref.C. 1934. I. 2012.

Festes Milchsäurepräparat. Chemisches Werk Dr. Klopfer GmbH. F.P. 777 884 vom 3/9.1934, ausg. 2/3.1935. - Ref.C. 1935. II. 155.

Über die Prüfung einiger Arzneimittel nach dem Deutschen Arzneibuch 6. Dietzel, R. und Schlemmer, F. Apoth.-Ztg. 43. 907-09 (1928). - Ref.C. 1928. II. 1918.

Untersuchung neuerer Arzneimittel, Desinfektionsmittel und Mittel zur Krankenpflege. Stärkeersatz "Stärke". Aufrecht. Pharmaz. Ztg. 69. 1039 (1924). - Ref.C. 1924. II. 2773, W.Ref. 1989.

Anwendung von Jodid- und Bromid-Pasten in der Röntgenographie. (Auszug). Schanz, R.F. J.Amer.pharmac.Assoc. 10. 263-66 (1921).

Ein Jod-Präparat für intravenösen und intraspinösen Gebrauch. Epstein, A.A. Science (New York) 51. 21 (1920). - W.Ref. 941.

Ergebnisse, Beobachtungen und Betrachtungen bei der Untersuchung von Arzneimitteln. Linke, H. Apotheker-Ztg. 29. 501-02 (1914).

Zur Glutol-Frage. Schleich, C.L. Therapeut.Mh. 11. 97 (1897). - W.Ref. 969.

Über eine Reaktion des Glutols. Gottstein, A. Therapeut.Mh. 11. 95-96 (1897). - W.Ref. 967, C. 1897. I. 715.

Zur Glutolbehandlung. Schleich, C.L. Therapeut.Mh. 10. 608 (1896). - W.Ref. 964.

Über Dextrin und die trockenen narkotischen Extrakte der deutschen Reichspharmakopöe. Hager, H. Pharmaz.Zentralhalle Deutschland 15. 130-131 (1874). - W.Ref. 2456, C. 1874. 393.

452. Medizin und Stärke

(Vgl. auch "Ernährung und Nährwert": 411, "Verdaulichkeit, Verdauung": 4112, "Stärke und Organismus": 4113, "Pharmazeutische Praxis": 451)

Stoffwechselunterschiede zwischen Stärke und Saccharose. Al-Nagdy, S., Miller, D.S., Qureshi, R.U. und Yudkin, J. Nature (London) 209. 81-82 (1966). - Ref.Stärke 18. 199 (1966).

Einfluß von bestimmten Kohlenhydraten bei Clostridium perfringens der Typen C und D. Draganov, M., Peichev, B., Koleva, M. und Iolov, I. Vet.Med.Nauki (Sofia) 2. 121-27 (1965). - Ref.C.A.63 4694e (1965).

Einfluß der Kohlenhydrate auf die Toxigenese durch Clostridium perfringes Type D. Hauschild, A.H.W. und Pivnick, H. Canad.J. Microbiol. 11. 15-22 (1965). - Ref.C.A. 63. 3344c (1965).

Blutvolumen-Index von Hydroxyäthyl-Stärke, Dextran, Blut und Glucose. Thompson, W.L., Wayt, D.H. und Walton, R.P. Proc.Soc. exp.Biol.Med. 115. 474-77 (1964). - Ref.C.A. 60. 13656g (1964).

Experimentelle Eosinophilie. Eosinotaktische Einflüsse von Polysacchariden. Cohen, S.G. und Sapp, T.M. Exp.molecular Pathol. 2. 74-82 (1963).

Untersuchungen über Amyloid. 3. Mitt. Die experimentelle Amyloidose infolge von Polysäuren. Cessi, C. und Cessi, F.S. Sperimentale 113. 72-86 (1963). - Ref.C. 1964. 10-1271.

Vergleich der gerinnungshemmenden Wirksamkeit von drei Polysaccharidsulfaten. Doane, W.M. und Whistler, R.L. Arch.Biochem.Biophysics 101. 436-38 (1963). - Ref.C. 1964. 18-1372, C.A. 59. 6854g (1963).

Beeinflussung der intestinalen Vitaminsynthese durch Sorbitol. Hollmann, S. Stärke 15. 208-12 (1963).

Anaphylaktische Ödeme erzeugt durch bestimmte Dextrine. Veilleux,R. Brit.J.Pharmacol.Chemotherapy 21. 235-37 (1963). - Ref.C. 1965. 11-1673.

Abbau von Stärke im Darm von Oxycarenus hyalinipennis (Costa) (Heteroptera: Lygaeidae). Bhatnagar, P.L. Naturwissenschaften 50. 24 (1963). - Ref.C. 1965. 12-1539.

Darstellung des Blutersatzes Polyglukin durch gezielte Synthese. Poluschina, T.W., Tschernjak, W.Ja. und Rosenberg, G.Ja. Med.Ind.UdSSR (russ.) 16. Nr.2. 15-19 (1962). - Ref.C. 1965. 22-1691.

Einige Wirkungen von Kohlenhydraten bei experimenteller eiweißarmer Nahrung. MacDonald, I. J.Physiology 160. 306-16 (1962). - Ref.C. 1963. 16251.

Untersuchungen von oxidierten Stärkesulfaten für medizinische Zwecke. 5. Mitt. Untersuchung über den Komplex von Pepsin mit Sulfaten oxidierter Stärke und ihrer Reduktionsprodukte. Namekata, M. Chem.pharmac.Bull.(Tokyo) 10. 182-85 (1962). - Ref.C.A. 59. 5355f (1963).

Untersuchungen von oxidierten Stärkesulfaten für medizinische Zwecke. 4. Mitt. Vorbeugender Effekt von Sulfaten oxidierter Stärke und ihrer Reduktionsprodukte beim experimentellen Magengeschwür. Namekata, M. Chem.pharmac.Bull.(Tokyo) 10. 177-81 (1962).

Untersuchungen von oxidierten Stärkesulfaten für medizinische Zwecke. 3. Mitt. Hemmung der proteolytischen Aktivität von Pepsin durch Sulfate oxidierter Stärke und ihrer Reduktionsprodukte. Namekata, M. Chem.pharmac.Bull.(Tokyo) 10. 171-76 (1962).

Untersuchungen von oxidierten Stärkesulfaten für medizinische Zwecke. 2. Mitt. Antikoagulant-Aktivität von Sulfaten oxidierter Stärke und ihrer Derivate. Namekata, M. und Iwai, S. Chem.pharmac.Bull.(Tokyo) 10. 167-71 (1962). - Ref.C.A. 59. 5355f (1963).

Tierexperimentelle Untersuchungen der Gewebereaktion auf Stärke- und Talkumpuder nach intraperitonaler Anwendung. Blümel, G., Piza, F. und Zischka-Konorsa,W. Wiener klin.Wschr. 74. 12-13 (1962).

Oraler Stärketoleranz-Test bei Pankreaserkrankungen. Nielsen, J.B. Ugeskr.Laeger 123. 687-92 (1961).

Eine Bewertung des Stärke-Toleranz-Tests bei geringer pankreatischer Absonderung. Sun, D.C. und Shay, H. Gastroenterology 40. 379-382 (1961).

Darstellung und biologische Untersuchung bestimmter injizierbarer kolloidaler Eisen-Saccharatkomplexe. Oeriu, S., Lupu, E.R., Oeriu, J., Draghici, D., Berbinschi, C. und Barzoi, D. Farmacia (Bucureşti) 9. 655-60 (1961). - Ref.C.A. 57. 969f (1962).

Spaltung von Stärke und Casein in Gegenwart von Gallensekret. Arnet, L. und Cotariu, D. Rev.Chim. (Bucarest) 6. 215-20 (1961). - Ref.C.A. 57. 1266h (1962), C. 1964. 40-1408.

Untersuchungen über einige Wirkungen von Polysaccharid-Sulfaten auf Arteriosclerose. 1. Mitt. Toxizität, lipolytische Wirkung und gerinnungshemmende Aktivität. Yamada, K., Kuzuya, H. und Noda, M. Jap.Circulat.J. (Engl.Edit.) 25. 497-502 (1961). - Ref.C.A. 55. 26236b (1961).

Ein Fall von Grenzdextrinose. Manners, D.J. und Wright, A. Biochem.J. 79. 18P-19P (1961). - Ref.Stärke 14. 104 (1962).

Einflüsse von Variationen im Casein- und Dextringehalt einer künstlichen Diät auf Larven von Ctenicera aeripennis destructor. Davis, G.R.F. Entomol.exp.appl. 4. 273-76 (1961). - Ref.C.A. 56. 12100f (1962).

Darstellung hochmolekularer pharmazeutischer Präparate. 2. Mitt. Stoffwechseluntersuchungen von Stärke-Acetylsalicylat. Kratzl, Kl, Kaufmann, E., Kraupp, O. und Stormann, H. Mh.Chem. (Wien) 92. 379-83 (1961). - Ref.C.A. 55. 27653d (1961).

Der Zustand der Receptoren, die die Verlangsamung der Magenentleerung nach Zuführung von Stärke in der Probekost bewirken. Hunt, J.N. J.Physiology 154. 270-76 (1960). - Ref.C.A. 55. 9595b (1961), C. 1961. 18763.

Die in-vitro-Kultur pflanzlicher Gewebe mit Stärke als Kohlenstoffquelle. Karstens, W.K.H. und Meester-Manger Cats, V. de. Acta bot.neerl. 9. 263-74 (1960).

Die Resorption von Saccharose, Maltose und von höheren Oligosacchariden durch den isolierten Rattendünndarm. Ohain, E.B., Mansford, K.R.L. und Pocchiari, F. J.Physiology 154. 39-51 (1960). - Ref.C. 1963. 8627.

Durch Erhitzung von Lebensmitteln gebildete cancerogene Substanzen. Entstehung von 3,4-Benzpyren aus Stärke bei 370-390° C. Davies, W. und Wilmshurst, J.R. Brit.J.Cancer 14. 295-99 (1960). - Ref.C. 1961. 8327, Stärke 15. 196 (1963).

Einfluß von Kohlenhydraten und Aureomycin in der Diät auf Serum- und Leber-Cholesterol bei Ratten. Guggenheim, K., Ilan, J. und Peretz, E. J.Nutrit. 72. 93-98 (1960). - Ref.C. 1961. 7288.

Serum-ß-Lipoproteinspiegel in Gesundheit und Krankheit, bestimmt mit Hilfe der nephelometrischen Methode mit Amylopektinsulfat als Reagens. Bernfeld, P., Bonner, C.D. und Berkeley, B.J. J.clin.Invest. 39. 1864-73 (1960). - Ref.C. 1961. 9863.

Untersuchungen über den Bedarf von Vitamin E bei jungen Hühnern. Einfluß von Futterstärke verschiedener Herkunft und Menge auf die Gewichtszunahme und Vitamin-E-Speicherung im Körper. Griffith, T.W. Brit.J.Nutrit. 14. 269-80 (1960).

Verteilung von C^{14} in Glycogen, Dextrin und Maltose von Rattenlebern bei Gaben von dl-Alanin-2-C^{14} und Cortison. Hess, W.C. und Shaffran, I.P. Arch.Biochem.Biophysics 83. 548-51 (1959). - Ref.C.A. 53. 20418f (1959).

Parasitologische Gesichtspunkte in Cali im Departement del Valle, Kolumbien. 5. Mitt. Fähigkeit von Entamoeba histolytica menschlicher Herkunft zur Verwendung verschiedener Arten von Stärke in ihrem Stoffwechsel. Faust, E.C. und Read, T.R. Amer.J.trop. Med.Hyg. 8. 293-303 (1959). - Ref.C.A. 53. 20591f (1959).

Dextrin und Saccharose in der Rattendiät. 1. Mitt. Der Einfluß von Kohlenhydraten auf die Thiamin- und Riboflavinausscheidung bei ausgewachsenen Ratten. Iwao, H., Takai, Y. und Kenmoku, A. Annu.Rep.Nat.Inst.Nutrition (Tokyo) 1959. 78-79. - Ref.C.A. 54. 14381f (1960).

Beziehung zwischen Zufuhr verschiedener Zucker und Ausscheidung organischer Säuren, speziell solcher des Tricarbonsäurecyclus im Harn. Fournier, P. und Digaud, A. Bull.Soc.Chim.biol. 41. 143-57 (1959).

Anwendung und Toxizität von Dialdehyd- und Dicarboxyl-Stärken. Wilson, R.H. Proc.Soc.exp.Biol.Med. 102. 735-37 (1959). - Ref.Stärke 12. 282 (1960), C. 1962. 12001.

Herstellung eines stabilisierten und positiv geladenen Eisensols. American Cyanamid Co. Oe.P. 215 081 vom 10/7.1959., ausg.10/5. 1961. A.Prior. 22/9.1958. - Ref.C. 1963. 7866.

Einfluß verfeinerter Kohlenhydrate auf die Zahnkaries. Hermann, M. und Rozeik, F. Brot u.Gebäck 13. 86-88 (1959).

Die Agglutination von Stärke und Hefen. 5. Mitt. Die Beziehung und Beschaffenheit dieser Agglutiniene. Delaunay, A., Hénon, M. und Pelletier, M. Rev. Immunologie 22. 514-21 (1958). - Ref.C.A. 53. 11615a (1959).

Die Agglutination von Stärke und Hefen. 4. Mitt. Unterschiedliche Eigenschaften von Serum verschiedener Tiergattungen. Delaunay, A., Hénon, M. und Pelletier, M. Rev.Immunologie 22. 502-13 (1958). - Ref.C.A. 53. 11614i (1959).

Physiologisch wirksame Amyloseprodukte. Spofa Spojené Farmaceutické Závody Národní Podnik. E.P. 859 278 vom 19/3.1958, ausg. 18/1.1961. Tschch.Prior.vom 20/3.1957, id.mit Oe.P. 208 002. - Ref.C.A. 55. 11771b (1961).

Die Dextrintoleranzkurve. Fockert, J.A. de. Nederl.Tijdschr. Geneeskunde 102. 1686-90 (1958). - Ref.C. 1959. 5868.

Beitrag zur Wirkung des Xanthocillins. Unter Berücksichtigung der Pudergrundlagen Milchzucker und P 372 e. auf Stärkebasis hergestellten Grundlage. Tacke, A. Dissertation, Leipzig 1958. 54 S.

Der Einfluß der Diät auf die Glucosetoleranz. Uram, J.A., Friedman, L. und Kline, O.L. Amer.J.Physiol. 192. 521-24 (1958).

Verfahren zur Herstellung eines physiologisch wirksamen Polysaccharidpolyschwefelsäureesters. Spofa Spojene Farmaceuticke Zavody Narodni Podnik. Oe.P. 208 002 vom 19/3.1958, ausg.10/3. 1960. Tschechosl.Prior. 20/3.1957., id.mit E.P. 859 278. - Ref.Stärke 12. 279 (1960), C. 1962. 2093.

Experimentelle Untersuchungen über Resorption und lokale Verträglichkeit implantierter blutstillender Schaumpräparate. Zbinden, G. und Studer, A. Schweiz.Z.allg.Pathol.Bakteriol. 20. 469-87 (1957). - Ref.C. 1960. 8250.

Organische Faktoren, die den Ausscheidungsgrad von ^{42}K und ^{134}Cs in Ratten regeln. Mraz, F.R. und Patrick, H. J.of Nutrit.61. 535-46 (1957). - Ref.C. 1961. 209.

Antilipämische Aktivität einiger neuer Heparinoide. Hladovec, J., Roubal, Z. und Mansfeld, V. Experientia (Basel) 12. 190-91 (1957). - Ref.C.A. 51. 13194a (1957).

Die Wirkung von Äthionin auf den Glucose- und Stärkeverträglichkeitstest. Halme, A.A., Hartiala, K.J.W. und Kassila, O.J. Acta physiol.scand., Suppl. 42. Nr.145. 60-62 (1957). - Ref.C. 1962. 6846.

Der resistenzvermindernde Effekt von Substanzen, die den Komplementtiter verringern oder als Inhibitoren des Tricarboxylsäure-Zyklus wirken. Erhöhung ihrer Aktivität durch Stärke. Olitzki, A.L., Sulitzeanu, D., Neumark, R. und Sklut, O. J.infect. Diseases 101. 35-39 (1957). - Ref.C.A. 51. 18297e (1957).

Kreuzreaktionen von Polyglucosen in Antipneumokokken-Seren.5.Mitt. Fällung von Glykogen und Grenzdextrinen. Heidelberger, M., Jahrmarker, H., Bjorklund, B. und Adams, J. J.Immunology 78. 431-34 (1957). - Ref.C.A. 51. 16825b (1957), C. 1961. 6188.

Erzeugung von Zahncaries bei der Albinoratte. Cariesbefall bei Tieren, deren Kost 67 % Puderzucker oder 67 % Kartoffelstärke enthielt. Hartles, R.L. und Lawton, F.E. Brit.J.Nutrit. 11. 13-18 (1957).

Einfluß verschiedener Getreidesorten auf den Blutzuckerspiegel. Ramanathan, M.K. und Gopalan, C. Indian J.med.Res. 45. 255-62 (1957). - Ref.C.A. 51. 15722e (1957).

Der Einfluß von Fructosenahrung auf die Glucosetoleranz des Menschen. Itallie, Th.V.Van, Shull, K.H., McCann, M.B. und Lin, H.Ju. J.Lab.clin.Med. 50. 391-99 (1957). - Ref.Stärke 11. 248 (1959).

Eine Untersuchung von Hydroxyäthylstärke, einem neuen Plasmavolumenvermehrer an Tieren. Wiedersheim, M. Arch.int.Pharmacodynam.Thérap. 111. 353-61 (1957). - Ref.C. 1959. 9640, C.A. 52. 1448f (1958).

Über die blutgerinnungshemmende Wirkung und Speicherung von Amyloseschwefelsäureestern. Husemann, E., Pfannemüller, B., Schill, H. und Hertlein, W. Z.Naturforsch. 12b. 427-33 (1957). - Ref.C. 1958. 1343, C.A. 51. 18318h (1957).

Kreuzreaktionen von Polyglucosen in Antipneumokokken-Seren. 4.Mitt. Fällung der Polyglucosen durch Kaninchen-Antipneumokokken-Seren vom Typ IX und XII. Heidelberger, M., Jahrmarker, H., Bjorklund, B. und Adams, J. J.Immunology 78. 427-30 (1957). - Ref.C.A. 51. 16825a (1957), C. 1961. 6188.

Kreuzreaktionen von Polyglucosen in Antipneumokokken-Seren. 3.Mitt. Reaktionen in Pferdeseren. Heidelberger, M., Jahrmarker, H., Bjorklund, B. und Adams, J. J.Immunology 78. 419-26 (1957). - Ref.C.A. 51. 16824h (1957).

Über die Einflüsse der Lactose, Agar, Cellulose, rohe Kartoffelstärke oder Arabinose enthaltenden Diätnahrungsmittel auf das Trockengewicht der entleerten Organe des Magen-Darm-Trakts bei Ratten. Fischer, J.E. Amer.J.Physiol. 188. 550-54 (1957). - Ref.C.A. 51. 12262e (1957), C. 1960. 17186.

Mechanismen, die bilaterales Lungenödem nach unilobarer, miliarer Embolie auslösen, aufgezeigt durch die Wirkung verschiedener pharmakologischer Substanzen. Laurent, D., Larrain, G., Singer, D., Pick, R. und Katz, L.N. Amer.J.Physiol. 191. 431-36 (1957) - Ref.C. 1959. 12925.

Klinisch-anatomische Befunde nach Anwendung stärkehaltiger Tamponadestreifen in der Nase. Hüsten, W. und Leschke, H. "HNO", Wegweiser fachärztl. Praxis 6. 176-78 (1957).

Untersuchungen über die Verwendbarkeit der Stärkebelastung als Pankreasfunktionsprobe. Sennewald, I. Dissertation, Berlin 1956. 46 S.

Betrachtungen über Fremdkörperschäden im Peritoneum und Endometrium. Haude, H. Arztl.Forschung 10. I. 110-17 (1956).

Verflüssigte Stärke (Amylum liquifactum) in der Rezeptur. Ellö, I. und Katona, K. Gyógyszerész (Apotheker) 11. 65-67 (1956). - Ref.C. 1958. 3685.

Antituberkuloseaktivität von Hinconstarch, einem synthetischen Polymeren aus Isoniazid, Amithiozone und Stärke. Wolinsky, E. und Steenken Jr., W. Amer.Rev.Tubercul.Pulmonary Diseases 73. 72-78 (1956). - Ref.C. 1957. 7423.

Über die Beeinflussung der experimentellen Tetanusvergiftung durch makromolekulare Substanzen (Polyvinylpyrrolidon und Stärkederivate). Hummel, K., Hertlein, W. und Zöllner, R. Z.Immunitätsforsch.exp.Therap. 112. 309-24 (1955). - Ref.C. 1956. 11226.

Die Wasserstoffionenkonzentration und Verdauung von Kohlenhydraten in Dysdercus Koenigii Fab. (Heteroptera Pyrrhocoridae). Saxena, K.N. Naturwissenschaften 42. 561 (1955). - Ref.C. 1957. 4750.

Vergleich der Wirkungen zwischen Saccharose und Maisstärke enthaltender Kost auf den Tryptophanbedarf der Ratte. Bavetta, L.A. und Ershoff, B.H. Proc.Soc.exp.Biol.Med. 90. 349-51 (1955). - Ref.C. 1957. 7708.

Resorption von Zuckern durch die Verdauungsorgane des Goldhamsters in vitro. Wilson, T.H. und Vincent, T.N. J.biol.Chemistry 216. 851-66 (1955). - Ref.C. 1957. 459.

Eine neue Untersuchung der Pancreasfunktion, basierend auf der Toleranz der Stärke. Althausen, T.L. und Uyeyama, K. Ann.intern.Med. 41. 563-75 (1954). - Ref.C.A. 48. 13786h (1954).

Antilipämische Wirksamkeit von sulfatierten Polysacchariden. Constantinides, P., Cairns, A. und Werner, A. Arch.int.Pharmacodynam.Thérap. 99. 334-45 (1954).

Antituberculare Substanzen. 13. Mitt. Polymere Agentien gewonnen aus Oxypolysacchariden. Barry, V.C., McCormick, J.E. und Mitchell, P.W. Proc.Roy.Irish Acad. 57 B. 39-45 (1954). - Ref.C.A. 50. 341c (1956).

Zum Wirkungsmechanismus diätetischer und medikamentöser Darmmittel. Schmid, W. Arzneimittel-Forsch. 2. 6-20 (1952). - Ref.C. 1952. 4807.

Einfache diätarische Technik zum Hervorrufen von hepatic necrosis unter Berücksichtigung von Faktoren, die Schaden verhüten. Gillman, J., Gilbert, Ch., Gillman, Th. u. Spence, I. Am.J. Digestive Diseases 19. 201-11 (1952). - Ref.C.A. 46. 11355g (1952).

Sensibilisierung und Desensibilisieren des Froschherzens. Sedef,A. Arch.Intern.pharmacodynamie 87. 459-72 (1951). - Ref.C.A. 46. 1149h (1952).

Ein Vergleich zwischen Glucose und Acetat als Vorläufer des Milchfettes beim Kaninchen. French, T.H. und Popják, G. Biochemic.J. 49. III-IV (1951). - Ref.C. 1952. 397.

Studien über die Biosynthese der B-Vitamine. 4. Mitt. Der Einfluß verschiedener Kohlenhydrate und einiger anorganischer und organischer stickstoffhaltiger Komponenten auf die Biosynthese der Nicotinsäure bei Albinoratten. De, H.N. und Guha, S.R. Indian J.med.Res. 39. 337-42 (1951). - Ref.C.A. 46. 9153i (1952).

B-Vitamine. 2. Mitt. Einfluß von verschiedenen Kohlenhydraten auf auf die Biosynthese von Riboflavin. Roy, K.J. und De, H.N. Indian J.med.Res. 39. 73-82 (1951). - Ref.C.A. 46. 8209f (1952).

Die Wirkung von Dextrin-Maltose-Gemischen (Aletezucker) auf den Blutzuckerspiegel. (Ein Beitrag zur Ernährung Schwerkranker). Stuhlfauth, K. Med.Klinik 46. 770-72 (1951). - Ref.C. 1952. 4173.

Pyrogens. I. (Fiebererzeugendes Mittel). Kobayashi, M. Nisshin Igaku 37. 448-53 (1950). - Ref.C.A. 48. 2892i (1954).

Dextrinumwandlung im Gewebe des Gehirns. Rashba, O.Ja. Ukrain. biochem.J. 21. 247-55, 255-56 (1949). - Ref.C.A. 48. 6535c (1954).

Beitrag zur Frage der blutgerinnungshemmenden Wirkung von Polysaccharidestern. Heyde, W. Stärke 1. 137-39 (1949).

Ambulante Behandlung von Magengeschwüren mit Proteinhydrolysaten und Dextrin-Maltose. Co Tui. Rev.Gastroenter.14. 108-14 (1947).

Über blutgerinnungshemmende Substanzen. 320. Mitt. Über makromolekulare Verbindungen. Husemann, E., Kaulla, K.N. von und Kappesser, R. Z.Naturforsch. 1. 584-91 (1946). - Ref.C. 1948. I. 123.

Der Einfluß von Kohlehydraten auf das Bacterium bifidum. Doose, K. Dissertation, Hamburg 1946.

Haben Amylose und Amylopektin in Schleimen und Mehlen eine fördernde Wirkung auf das Thermobakterium bifidum oder nicht? Schultze, E.-G. Dissertation, Hamburg 1945.

Tierexperimentelle Untersuchungen über Blutersatzmittel. Riedel, G. und Zipf, K. Naunyn-Schmiedebergs Arch.exp.Pathol.Pharmakol. 203. 25-33 (1944). - Ref.C. 1944. II. 229.

Studien zu einem Plasmamodell. Wunderly, Ch. Helv.chim.Acta 26. 755-68 (1943). - Ref.C. 1943. II. 430.

Zur Kenntnis blutgerinnungshemmender Polysaccharid-polyschwefelsäureester und ähnlicher Verbindungen. Karrer, P., Koenig, H. und Usteri, E. Helv.chim.Acta 26. 1296-1315 (1943). - Ref.C. 1943. II. 1542.

Die therapeutische Anwendung des Traubenzuckers in der inneren Medizin. Hassencamp, E. Zbl.inn.Med. 63. 489-95 u. 512-16 (1942). - Ref.C. 1942. II. 2715.

Dermatitis durch als Klebemittel bei Steuermarken benutztes Dextrin. Walters, J.D. und Stern, E.C. J.Amer.med.Assoc. 116. 1518 (1941). - Ref.C. 1946. I. 512.

Darstellung von Schlangengiftantiseren mit Hilfe spezifischer Anatoxine und immunitätssteigender Substanzen. Ramon, G., Boquet, P., Richou, R., Nicol, L. u. Delaunay-Ramon, M. Bull.Akad.Méd. 125. ([3] 105). 173-76 (1941). - Ref.C. 1943. I. 290.

Stickstoffwechsel und Vitamin B_1. Jacquot, R. und Thivolle, L. C.R.Séances Soc.Biol.Filiales 135. 1403-05 (1941). - Ref.C.1942. II. 59.

Untersuchungen über die leukocytäre Chemotaxis. In-vivo. Studie über das chemotaktische Vermögen von Polysacchariden, Glykoproteinen und verschiedener Zucker. Delaunay, A. und Sarciron, R. C.R.Seances Soc.Biol.Filiales 135. 794-96 (1941). - Ref.C. 1942. I. 2890.

Untersuchungen über die Phagocytose. I. Allgemeine Betrachtungen über die Leukocytenchemotaxis. Darstellung eines chemotaktischen Faktors aus Staphylokokken. Bemerkungen zur durch Polysaccharide, Glykoproteide und verschiedene Zucker ausgelösten Leukocytenchemotaxis. Delaunay, A. Rev.Immunologie 6. 307-21 (1940/41). - Ref.C. 1942. II. 1591.

Die Wirkung von Fett und Cholesterin auf das Wachstum junger Lachse. Norris, E. und Donaldson, L.R. Amer.J.Physiol. 129. 214-18 (1940). - Ref.C. 1941. I. 536.

Die Beziehung von Hautschädigungen bei der Ratte zum Mangel an verschiedenen B_2-Vitaminen in der Nahrung. Chick, H., Macrae, T.F. und Worden, A. Biochemic.J. 34. 580-95 (1940). - Ref.C. 1940. II. 1316.

Der Einfluß der Zufuhr verschiedener Kohlenhydrate auf die Ascorbinsäureausscheidung durch die Ratte im Harn. Frederik, C.A., Guerrant, N.B., Dutcher, R.A. und Knight, C.A. Proc.Soc.Biol. Med. 44. 203-07 (1940). - Ref.C. 1941. II. 222.

Der Einfluß von erhöhter Umgebungstemperatur auf Blutzucker, Leberglykogen und Resorption bei Ratten nach Zufuhr von Glucose und Stärke. Rafferty, M.A. und Lachlan, P.L. Mac. J.biol.Chemistry 136. 503-07 (1940). - Ref.C. 1942. I. 223.

Untersuchungen über Neoplasmen. V. Wirkung von Kohlenhydrat auf die Granulocytenanhäufung in verschiedenen Mäusetumoren. Chambers, R. und Grand, C.G. Amer.J.Cancer 36. 369-82 (1939). - Ref.C. 1939. II. 2340.

Elektrokardiographische und histologische Untersuchungen des Herzens bei experimenteller Luft- und Fettembolie sowie bei Embolie durch Stärkesuspension. Walder, R. Beitr.path.Anat. 102. 485-511 (1939).

Die Wirkung des Kaliumamylodisulfates auf die Blutgerinnung des Kaninchens. Reuse, J. C.R.Seances Biol.Filiales Associes 131. 834-37 (1939). - Ref.C. 1943. I. 48.

Die Zusammensetzung der Kropfmilch von Tauben. Davies, W.L. Biochemic.J. 33. 898-901 (1939). - Ref.C. 1940. I. 402.

Zur Frage der Antikörper gegen Kohlenhydrate. IV. Versuche mit Kollodiumadsorbaten von Glykogen, Reisstärke und Zulkowski-Stärke. Uhlenhuth, P. und Remy, E. Z.Immunitätsforschg.exp. Therap. 88. 529-34. - Ref.C. 1939. II. 1087.

Die relativen Wirkungen gewisser Saccharide und von Vitamin D auf den Mineralstoffwechsel von Ratten. Outhouse, J., Smith, J. und Twomey, I. J.Nutrit. 15. 257-68 (1938). - Ref.C. 1938. I. 3794.

Die Durchlässigkeit von Stärke durch die Wand der Blutgefäße. Motizuki, K. Sei-i-Kai med.J. 57. Nr.5. 8 (1938). - Ref.C. 1941. I. 1060.

Die Wirkung von gelösten Nichtelektrolyten auf die Veränderungen des Wassergehaltes der Muskeln von lebendigen und getöteten Ratten. Nassonow, D. und Aisenberg, E. Z.Biol.(russ.) 6. 165-84. Ann.Physiol.Physicochim.biol. 13. 1178-1212 (1937). - Ref.C. 1938. II. 3947.

Toxicität und immunierende Wirkung von Toxinen, die Versuchstieren in Mischung mit verschiedenen Stoffen einverleibt werden. Ramon, G., Lemetayer, E., Richou, R. und Nicol, L. Rev.Immunologie 3. 285-318 (1937). - Ref.C. 1937. II. 2025.

Die Wirkung von Zuckerarten, Stärke und Hefe auf das Wachstum von Albinoratten. Matsuoka, Minoru. Sci.Pap.Inst.physic.chem.Res. 30. Nr. 662/70 (1936). - Ref.C. 1937. I. 4389.

Die Fortpflanzungsfähigkeit weiblicher Ratten beeinflußt durch verschiedene Kohlenhydrate in der Nahrung. Whitnah, C.H. J.agric.Res. 53. 527-32 (1936). - Ref.C. 1937. I. 2396.

Über Polysaccharidesterschwefelsäuren mit Heparinwirkung. Bergström, S. Hoppe-Seyler's Z.physiol.Chem. 238. 163-68 (1936). - Ref.C. 1936. II. 1934.

Über die Wirkungsgruppe des Heparins. Bergström, S. Naturwiss.23. 706 (1935). - Ref.C. 1936. I. 1656.

Stärke als Antigen. I. Stärke. Fujimura, S. J.Biochemistry 21. 371-80 (1935). - Ref.C. 1936. I. 4171.

Untersuchungen über die Resorption auf dem Lymphwege. 3. Mitt. Die Resorption der Stärke. Kosaka, M. Arb.III.Abt.anatom.Inst. Kaiserl.Univ. Kyoto, Ser.D, Nr.4. 152-60 (1934). - Ref.C. 1938. I. 113.

Über die Giftigkeit von Toxinen nach Behandlung mit Aluminiumhydroxyd oder Tapioka. Schmidt, S. Compt.rend.Soc.Biol. 107. 330-32 (1932). - Ref.C. 1932. II. 3429.

Glykogenbildung bei Ratten. I. Kostformen mit 60 % des Gesamtcaloriengehalts in Gestalt von Stärke oder Rohrzucker oder Speck oder Casein. Greisheimer, E.M. und Johnson, O.H. Amer.J.Physiol. 94. 11-12 (1930). - Ref.C. 1930. II. 3310.

Beiträge zur Kenntnis der Regulation der Insulinproduktion. II. Mitt. Die Wirkung von Kohlenhydraten (außer Traubenzucker) auf die Insulingabe. Grafe, E. und Meythaler, F. Arch.exp. Pathol.Pharmakol. 131. 80-91 (1928). - Ref.C. 1928. II. 1003.

Über die Injektionen von Stärke in den Blutkreislauf. Sunzeri, G. Annali di Clinica medica e di Medicina sperimentale 17. Nr.1. 13 Seiten. - Ref.C. 1928. II. 1788.

Glucosurie nach Injektion von Stärke bei durch die Wirkung des Insulins hypoglykämischen Hunden. Lombroso, U. Bollettino della italiana die Biologia sperimentale 2. 685-87 (1927). - Ref. C. 1928. II. 1787.

Über die Einwirkung der Stärke auf das Diphtherietoxin. Isabolinsky, M. und Judentisch, W. Z.Immunitätsforsch.exp.Therapie 53. 132-36 (1927). - Ref.C. 1927. II. 2685.

Weitere Studien über die antirachitische Aktivierung von Substanzen durch Kathodenstrahlen. Knudson, A. Science 66. 176-78 (1927). - Ref.C. 1928. I. 818.

Giftigkeit des mit Stärke versetzten Serums. Lumière, A. und Couturier, H. C.r.d.l'Acad.des sciences 182. 89-91 (1926). - Ref.C. 1926. I. 2806.

Wirkung der Diphtheriebazillen auf die Kohlenhydrate. Durand, P. C.R.Séances Soc.Biol.Filiales 84. 982-83.

Einfluß von Glykogen- und Stärkeeinspritzung auf die Krämpfe von Insulinkaninchen. Jongh, S.E.de und Laqueur, E. Biochem.Z. 163. 390-402 (1925). - Ref.C. 1926. II. 1868.

Untersuchungen über die Beziehung des Blutzuckers zu Stärke bei normalen Personen. Kjer, Kaj. Acta med.scand. 61. 159-74 (1924). - Ref.C. 1925. II. 1059.

Über den Einfluß verschiedener Kohlehydrate und Aminosäuren auf Blut- und Harnzucker des gesunden Organismus. Schutti, A. Biochem.Z. 143. 201-220 (1923). - Ref.C. 1924. I. 797.

Über die Behandlung Zuckerkranker mit gerösteten Kohlenhydraten. 3. Mitt. Blutzuckeruntersuchungen. Magin, H. und Turban, K. Dtsch.Arch.klin.Med. 143. 97-105 (1923). - Ref.C. 1923. III. 1331.

Über die Behandlung Zuckerkranker mit gerösteten Stärkeprodukten. 2. Mitt. Experimentelle Untersuchungen. Grafe, E. und Otto-Martiensen. Dtsch.Arch.klin.Med. 143. 87-96 (1923). - Ref.C.1923. III. 1331.

Über die Behandlung Zuckerkranker mit gerösteten Stärkearten. 1. Mitt. Grafe, E. Dtsch.Arch.klin.Med. 143. 1-19 (1923). - Ref.C. 1923. III. 1292.

Die gastrische Leukopedese nach Stärkeeinführung. Loeper, M. und Marchal, G. C.R.Séances Soc.biol.Filiales 87. 1172-1173 (1922). - Ref.C. 1923. III. 504.

Untersuchungen zur Lehre von der Blutgerinnung. V. Mitt. Über das Thrombin Alexander Schmidts. Stuber, B. und Sano, M. Biochem. Z. 134. 239-249 (1922). - Ref.C. 1923. I. 708.

Weitere Versuche über die vermeintliche Anaphylatoxinbildung aus Stärke und Insulin und über die physikalische Theorie der Anaphylatoxinbildung. Friedberger, E. Ztschr.f.Immunitätsforsch.u.exper.Therapie I. 30. 275-320 (1920). - Ref.C. 1921. I. 311.

Über Glykogenbildung in Leukocyten nach subcutaner Stärkezufuhr. Haberlandt, L. Z.Biol. 70. 348-365 (1919). - Ref.C. 1920. I. 183.

"Taktismen". Hervorgerufene Stärke auf Leukocyten. Umhüllung der Kohle (Kinematographische Aufnahme). Commandon, J. C.R.Séances Soc.Biol.Filiales 82. 1171-1175 (1919). - Ref.C. 1920. I. 399.

Die physikalische Theorie der Anaphylatoxinbildung. (Bemerkungen zu der Arbeit v. E. Friedberger u. G. Joachimoglu: "Über die vermeintliche Anaphylatoxinbildung aus Stärke"). Ritz, H. und Sachs, H. Ztschr.f.Hyg.u.Infekt.-Krankh. 86. 235-44 (1918). - Ref.C. 1918. II. 459.

Zur Frage der Stärkekleisteranaphylaxie (Erwiderung auf die Arbeit von E. Friedberger u. G. Joachimoglu: "Über die vermeintliche Anaphylatoxinbildung aus Stärke"). Schmidt, P. und Schürmann,W. Ztschr.f.Hyg.u.Infekt.-Krankh. 86. 195-212 (1918). - Ref.C.1918. II. 458.

Über die vermeintliche Anaphylatoxinbildung der Stärke. Friedberger, E. und Joachimoglu, G. Z.Hyg.Infektionskrankh. 84. 336-68 (1917). - Ref.C. 1918. I. 214.

Über den Einfluß des Serums auf die Phagocytose von Kohle und von Kohle und Amylum. 4. (Schluß). Weitere Faktoren, welche bei der Phatogycytose von Kohle und Amylum im Serum eine Rolle spielen. Ouweleen, J. Pflügers Arch.d.Physiol. 169. 129-87 (1917). - Ref.C. 1918. I. 281.

Über den Gebrauch von Jodstärke bei der Behandlung infizierter Wunden. Lumière, A. C.R.hebd.Séances Acad.Sci. 165. 376-377 (1917). - W.Ref. 937, C. 1918. I. 39, C.A. 12. 189 (1918).

Über den Einfluß von Serum auf die Phagocytose von Kohle und Amylum. 3. Mitt. Der Einfluß von Eiweiß und Lipoiden auf die Phagocytose von Kohle und Amylum. Ouweleen, J. Pflügers Arch.Physiol. 168. 372-410 (1917).

Über den Einfluß von Serum auf die Phagocytose von Kohle und Amylum. I. Mitt. Der Einfluß von Serum und Verdünnungen von Serum mit 0,9 %iger Kochsalzlösung auf die Phagocytose von Kohle. Ouweleen, J. Pflügers Arch.Physiol. 164. 457-505 (1916). - Ref.C. 1916. II. 664.

Das Schicksal verabreichter Stärke bei Phlorrhizindiabeten. Csonka, F.A. J.Biol.Chem. 26. 327-29 (1916). - Ref.C. 1917. I. 794.

Über Anaphylaxiebildung durch Stärke. Nathan, E. Z.Immunitätsforsch.exp.Therap., I.Teil. 18. 636-50 (1913). - Ref.C. 1913. II. 1235.

Experimentelle Untersuchungen über die therapeutische Bedeutung des Hafermehles. Jastrowitz, H. Z.exper.Path.u.Ther. 12. 207-20 (1913). - Ref.C. 1913. I. 1216.

Vergleichende Untersuchungen über das Drehungsvermögen des Blutplasmas resp. Serums von Hunden unter verschiedenen Bedingungen. Abderhalden, E. und Kawohl, P. Hoppe-Seyler's Z.physiol.Chem. 69. 1-22 (1910). - Ref.C. 1910. II. 1827.

Über das Verhalten des Drehungsvermögens des Blutplasmas resp. Serums unter verschiedenen Bedingungen. Abderhalden, E. und Hahn, P. Hoppe-Seyler's Z.physiol.Chem. 69. 50-56 (1910). - Ref.C. 1910. II. 1828.

Serologische Studien mit Hilfe der optischen Methode. XIV. Mitt. Abderhalden, E. und Rathmann, E. Hoppe-Seyler's Z.physiol. Chem. 71. 367-384 (1910). - Ref.C. 1911. II. 566.

Glykosurie nach Schilddrüsenexstirpation bei Hunden. Hirsch, R. Z.exp.Pathol. 3. 393-400 (1906).

Über die Behandlung der entzündlichen Hautkrankheiten mit Pasten. Unna, P. Pharmaz.Zentralhalle Deutschland 25. 132-35 (1884).

453. Kulturböden, Nährmedien

(Nährböden, auch Kartoffelfruchtwasser, Maisquellwasser, Stärkehydrolysate)

Kartoffelfruchtwasser-Verwertung in mikrobiellem Verfahren. Gösta, A. Stärke 16. 66-68 (1964).

Über die Ausnutzung des Maisextraktes. Ssolutzewa, N.W. Zucker-Ind.(russ.) 1963. Nr.4. 59-61. - Ref.J.Chem.(russ.) 1964. 7 R417.

Die Herstellung von Penecillin unter Bedingungen der kontinuierlichen Speisung von Kohlenhydraten in das Fermentationsmedium. Lure, L.M. und Alikhanjan, S.I. Antibiotika (russ.) 7. Nr.1. 11-16 (1962). - Ref.C.A. 57. 15955i (1962).

Die Anpassung der Ökotypen von Nitrosomonas an die Konzentration der organischen Stoffe im Nährboden. Uljanowa, O.M. Mikrobiologie (russ.) 31. 77-84 (1962). - Ref.C. 1962. 12710.

Zitronensäuregärung auf Stärke-Hydrolysaten. Ilnicka, O. und Sozynski, J. Myccopathol.Mycol.applicata (Den Haag) 16. 229-34 (1962). - Ref.C.A. 56. 15961g (1962).

Untersuchungen über das Wachstum und die Sporulation einiger Species von Penicillium. Basu, S.N. und Bhattacharyya, J.P. J.gen.Microbiol. 27. 61-73 (1962). - Ref.C. 1963. 1726.

Über die Quellen der Kohlenstoffernährung der stickstoffbindenden Mikroorganismen der Clostridium-Gattung. Mikrobiologie (russ.) 31. 18-23 (1962). - Ref.C. 1962. 12708.

Maisquellwasser als Rohstoff für die biologische Eiweißsynthese. Conrady, E. Stärke 14. 13-21 (1962).

Dextrose und Dextroseabläufe zur biochemischen Phosphomannan-Gewinnung. Dietrich, K.R. Stärke 14. 10-12 (1962).

Anwendung von Kartoffeln in Nährböden für die Fermentation von Tetracyclin. Jakimow, P.A. und Neschatajewa, Je.W. Antibiotika (russ.) 6. 891-94 (1961). - Ref.C. 1964. 4-1168.

Untersuchung der Bedingungen für den Ersatz der Kohlenhydrate durch Stärke und Kartoffel in Nährböden für die Gewinnung von Penicillin ohne Senkung der Antibioticumausbeute. Petrowa, E.B., Podmosstkowa, W.A. und Jakimow, P.A. Antibiotika (russ.) 6. 492-96 (1961). - Ref.C. 1964. 4-1161, C.A. 56. 1837h (1962).

Die Verwertung der verschiedenen organischen Verbindungen durch Kulturen von Chlorella vulgaris und Scenedesmus obliquus. Minejewa, L.A. Mikrobiologie (russ.) 30. 586-92 (1961). - Ref.C. 1962. 12720.

Biotinbedarf und Kohlenstoff- und Schwefelquellen bei Aspergillus und Neurospora. Strigini, P. und Morpurgo, G. Nature (London) 190. 557 (1961). - Ref.C. 1962. 12336.

Actinospectacin, ein neues Antibioticum. 1. Mitt. Entdeckung und biologische Eigenschaften. Mason, D.J. Antibiotics and Chemotherapy 11. 118-22 (1961). - Ref.C. 1963. 8991.

Das Wachstum der Juniperus Communis-Gewebekulturen in Gegenwart verschiedener Kohlenhydrate, insbesondere von Stärke. Constabel, F. Planta 57. 337-38 (1961). - Ref.Stärke 14. 190 (1962).

Untersuchung über das Wachstum von Aspergillus oryzae in bestrahlten Nahrungsmittelbestandteilen. Fields, M.L., Ammerman, G.R. und Desrosier, N.W. Food Technol. 14. 407-09 (1960).

Nährböden zur Züchtung und Identifizierung von pathogenen Pilzen. Vitéz, I. Zbl.Bakteriol., Parasitenkunde, Infektionskrankh. Hyg., I.Abt. Orig. 178. 523-30 (1960).

Verwertung von Kohlenhydraten durch Kulturen aus Hühnerembryoherzen. Morgan, J.T. und Morton, H.J. Canad.J.Biochem.Physiol. 38. 69-78 (1960). - Ref.C. 1961. 11743.

Fermentierungsprozeß zur Herstellung von L-Glutaminsäure. Ajinomoto, Co., Inc. E.P. 876 943 vom 11/1.1960. Japan.Prior.17/3. 1959. - Ref.C.A. 56. 10716i (1962).

Der Einfluß von Milchsäure auf die Bildung von Oxytetracyclin bei der Fermentation. Sho-in,L., Syu-in, T., Syo-khen, T. und Levitow, M.M. Antibiotika (russ.) 5. Nr.1. 52-57 (1960).

Die physiologischen Besonderheiten von Act. subtropicus im Zusammenhang mit der Biosynthese des Antibioticums Albomycin. Brinberg, Ss. L., und Grinjuk, T.I. Antibiotika (russ.) 4. Nr.5. 23-28 (1959). - Ref.C. 1960. 15787.

Ein Verfahren zur Herstellung eines Präparates aus dem Fruchtwasser der Kartoffelstärke-Fabrik als Zusatz zum Nährmedium für die Herstellung von Antibiotika. Zelenka, S., Herold, M. und Kopřiva, B. Tschechosl.P. 92 504 ausg. 15/11.1959. - Ref.J.Chem.(russ.) 1961. 13 N465.

Die Bildung von Ektoenzymen durch holzzerstörende und holzbewohnende Pilze auf verschiedenen Nährböden. 3. Mitt. Amylum als C-Quelle. Lyr, H. Arch.Mikrobiol. 34 238-50 (1959).

Biosynthese von Tetraclyclinen. 2. Mitt. Einfache, definierte Nährlösungen für das Wachstum von Streptomyces aureofaciens und die Bildung von 7-Chlor-tetraclyclin. McCormickm J.R.D., Sjolander, N.O., Johnson, S. und Doerschuk, A.P. J.Bacteriol. 77. 475-77 (1959).

Tetracyclin-Fermentation. Chas.Pfizer & Co., Inc. E.P. 817 730 vom 6/8.1959. - Ref.C.A. 54. 9220f (1960).

Ersatz der Saccharose durch Stärke im Nährboden bei der Biosynthese von Chlortetracyclin. Hoštálek, Z., Herold, M., Sikyta, B. und Nečasek, J. Antibiotika (russ.) 4. Nr.3. 8-12 (1959). - Ref.C. 1960. 5529.

Über kontinuierliche Fermentation durch Act. lavendulae in einem strömenden Medium. Bekterewa, M.N. und Kolesnikowa, I.G. Ber.Akad.Wiss.UdSSR (russ.) 127. 1114-16 (1959).

Die Bedeutung von Phosphor, Stickstoff und Milchsäure im Maisquellwasser für die Biosynthese von Oxytetracyclin. Orlowa, N. W. und Werkowzewa, T.P. Mikrobiologie (russ.) 28. 514-21 (1959).

Untersuchungen über die Bildung von Chlortetracyclin und den Chlor-Stoffwechsel bei Streptomyces aureofaciens. Wang, E.Lin. J.Antibiotics (Tokyo) 12. 31-40 (1959).

Vereinfachte Nährlösung für Trichomonas fetus. Lamy, L. Ann.Inst. Pasteur 97. 115-16 (1959).

Die Verwertung von Inulin und Stärke durch drei Fäulnisbakterienstämme. Tolba, M.K. und Ghanem, S.S. Physiol.plantarum (Kbh.) 12. 926-35 (1959).

Kulturmedium für die Herstellung von Spiramycin durch Gärung. Société des usines chimiques Rhône-Poulenc. E.P. 811 971 vom 15/4.1959. - Ref.C.A. 54. 2673c (1960).

Biosynthese von Benzylpenicillin in ruhenden Zellen von Penicillium chrysogenum. I. Mitt. Wirkung verschiedener Kohlenhydrate und Kohlenstoffquellen. Deshpande, V.N. und Ganapathi, K. J.sci.ind.Res. (New Delhi) Sect.C 17. 59-66 (1958). - Ref.C. 1963. 561.

Das Kartoffelknollenwasser als Nährstoff bei Gärprozessen. Miča,B., Chmelař, V. und Malcher, J. Kvasný Průmysl 4. 232-35 (1958). - Ref.C. 1960. 1020.

Die Kultur von Schimmelpilzen auf den Abgängen der Stärkeindustrie. Ssossina, Ss.M. Spirituosen-Ind.(russ.) 24. Nr.1. 11-13 (1958). - Ref.C. 1959. 7656.

Kartoffelstärkehydrolysat als ein Substrat bei in vitro-Mohrrübengewebekulturen. Piechowski, M. Acta Soc.bot.polon 27. 373-82 (1958). - Ref.C.A. 53. 15213f (1959).

Die Bekämpfung von Infektionen bei der kontinuierlichen Fermentation. Konowalow, Ss.A. Mikrobiologie (russ.) 27. 235-43 (1958). - Ref.Stärke 12. 345 (1960).

Lactose-Ersatzmittel für die Penicillin-Herstellung. Jakimow, P.A. und Efimenko, O.M. UdSSR.P. 115 004 ausg. 6/10.1958. - Ref.C.A. 53. 12594a (1959), C. 1960. 10683.

Das Verhalten spezialisierter Azotobacter-Kulturen gegenüber verschiedenen Kohlenstoffnährstoffen. Sinowjewa, Ch.G. Mikrobiol. J. (russ.) (Kiew) 18. Nr.1. 13-19 (1956). - Ref.C. 1956. 10508.

Kohlenhydrate und Stickstoffverbindungen enthaltendes Nährmedium zur Herstellung von Neomycin. Upjohn Co. (Erfinder: Johnson, LeRoy E., Koepsell, H.J. und Churchill, B.W.) D.A.S. 1 011 119 Kl. 30h vom 12/1.1956, veröff. 27/6.1957. A.Prior. 21/2.1955. - Ref.C. 1958. 13310, Stärke 10. 45 (1958).

Einflüsse langer Kulturen von Aspergillus niger in flüssigen Medien mit anorganischen Nährstoffen und Stärke. Fateev, A.I. Mikrobiol. (russ.) 25. 84-89 (1956). - Ref.C.A. 50. 12186b (1956).

Der Einfluß von Zucker- und Polysaccharidkonzentrationen auf das Wachstum von Callusgewebe in vitro. Hildebrandt, A.C. und Riker, A.J. Amer.J.Bot. 40. 66-76 (1953). - Ref.C. 1953. 5686.

Erzeugung eines antibiotischen Stoffes. American Cyanamid Comp. (Erfinder: Goodman, J.J.). D.B.P. 943 251 Kl. 30h vom 9/12. 1953, ausg. 17/5.1956. Zusatz zum D.B.P. 869 679 vom 30/1. 1949. A.Prior. vom 9/12.1952 und 6/4.1953. - Ref.Stärke 8. 256 (1956).

Einfluß einiger Substanzen von höherem Molekulargewicht auf die Widerstandsfähigkeit von Bakterien gegen Hitze. Kawai, A. und Tanaka, M. Special Publ.Japan Sea Regional Fish.Research Lab. 3rd Anniversary 103-107 (1952). - Ref.C.A. 49. 10421f(1955).

Stoffwechsel von Hemophilus pertussis. III. Der Wirkungsmechanismus von aktivem Kohlenstoff, Blutzellen und löslicher Stärke im Medium. Abe, Sadataro. Japan J.Bacteriol. 7. 81-84 (1952). - Ref.C.A. 48. 10832c (1954).

Anregung des Wachstums von Phytophthora citrophthora durch ein von Mucor spinosus erzeugtes Gas. Bitancourt, A.A. und Rosetti, V. Science (Washington) 113. 531 (1951). - Ref.C. 1950/54. 5430 S.

Mikrobiologische Bestimmungsmethode für Thiamin unter Verwendung von Lactobacillus fermenti 36 als Testorganismus. Fang, S.C. und Butts, J.S. Proc.Soc.exp.Biol.Med. 78. 463-66 (1951). - Ref.C. 1956. 7860.

Untersuchungen über die Physiologie von Sclerotinia sclerotiorum. Tanrikut, S. und Vaughan, E.K. Phytopathology 41. 1099-1103 (1951). - Ref.C. 1952. 5275.

Über neue Nährböden in der Bakteriologie. 3. Mitt. Der C-Stärke-Nährboden nach Heicken. Erdmann, W.F. Mikrokosmos 39. 119 (1950).

Die Auszählung erhitzter Bakteriensporen. 2. Mitt. Versuche mit Bacillusarten. Murrell, W.G., Olsen, A.M. und Scott, W.J. Austral.J.sci.Res.Ser.B 3. 234-244 (1950). - Ref.C. 1956. 3334.

Die Auszählung erhitzter Bakteriensporen. 1. Mitt. Versuche mit Clostridium botulinum und anderen Clostridiumarten. Olsen, A.M. und Scott, W.J. Austral.J.sci.Res., Ser.B 3. 219-33 (1950). - Ref.C. 1956. 3334.

Herstellung von Hefe. Vermehrung von Hefepilzen durch die Hyduck-Methode auf Säurehydrolysaten von Stärke. Taketomi, N. und Suzuki, H. J.chem.Soc.Japan, ind.Chem.Sect. 52. 328-31 (1949). - Ref.C.A. 46. 6794c (1952).

Über die Verwendbarkeit und Eigenschaften säurebehandelter Kartoffelstärke zur Herstellung fester Nährböden. Heicken, K. Zbl.Bakteriol., Parasitenkunde, Infektionskrankh.Hyg., Abt.I., Orig. 152. 344-52 (1948). - Ref.C. 1948. II. 743.

Einsparung und Ersatz von Agar. Zimmermann, W. Zbl.Bakteriol., Parasitenkunde, Infektionskrankh. Hyg.Abt.I. Orig. 152. 41-49 (1947). - Ref.C. 1948. I. 240.

Einfluß von Stärke auf zur Auszählung erhitzter Bakteriensporen benutzter Medien. Olsen, A.M. und Scott, W.J. Nature (London) 157. 337 (1946).

Die Wirkung der Asche von Maisquellwasser auf die Penicillinproduktion. Knight, S.G. und Frazier, W.C. Science (New York) 102. 617-18 (1945). - Ref.C. 1946. II. 3231.

Der Kohlenstoff- und Stickstoffwechsel von Stereum gausapatum Fries. Herrick, H.A. Ohio J.Sci. 40. 123-29 (1940). - Ref.C. 1940. II. 3198.

Kulturelle Methoden als Hilfsmittel zur Typendifferenzierung hämolytischer Streptokokken der Gruppe A. Keogh, E.V. und Simmons, R.T. J.Pathol.Bacteriologie 50. 137-44 (1940). - Ref.C. 1940. I. 1855.

Stärkenährböden von Petragnini zur Anaerobenbestimmung. Piazza,G., Braccesi, M.A. und Furbetta, F. Boll.Soc.ital.Biol.sper. 14. 584-586 (1939).

Verhalten einiger Bakterienarten auf Kartoffelnährböden. Adorni-Braccesi, M. und Pini, B. Boll.Soc.ital.Biol.sper. 14. 587-589 (1939).

Stärkenährböden als Ersatz für Agar-Agar. Zimmermann, W. Klin. Wschr. 18. 27 (1939). - Ref.C. 1939. I. 2613.

Gewinnung von eiweißreichen Nährstoffen auf biologischem Wege. Fink, H. (Miterfinder: Schmidt, M.). D.R.P. 706 743 Kl. 6b vom 20/9.1938, ausg. 4/6.1941. - Ref.C. 1941. II. 3011.

Die Chemie des Pilzgewebes. IX. Kulturfaktoren, die Wachstum und Sterinbildung von Aspergillus fischeri beeinflussen. Wenck, P.R., Peterson, W.H. und Fred, E.B. Zbl.Bakteriol., Parasitenkunde Infektionskrankh. Abt. II. 92. 330-38. - Ref.C. 1938. I. 1597.

Feste Nährböden auf Stärkegrundlage als Austausch für Agar-Agar. Zimmermann, W. Zbl.Bakteriol., Parasitenkunde Infektionskrankh. Abt. I. Orig. 143. 142 (1938).

Über die Erzeugung einer Vitamin C ähnlichen reduzierenden Substanz durch Schimmelpilze. Fukumoto, J. und Shimomura, H. J.agric.chem.Soc.Japan 13. 65 (1937). - Ref.C. 1937. II. 3183.

Wirkung organischer Stoffe mit verschiedenem C : N-Verhältnis auf die biologische N-Fixation in Böden verschiedener mechanischer Zusammensetzung. Chan-Dencho. Chimisazija ssozialistscheskogo Semledelija (russ.) 5. Nr.2/3. 97-103 (1936). - Ref.C. 1936. II. 1050.

Stickstoffzusammensetzung von ammonisiertem Torf und ähnlichen Produkten. Pinck, L.A., Howard, L.B. und Hilbert, G.E. Ind. Engng.Chem. 27. 440-45 (1935). - Ref.C. 1935. II. 3815.

Über die Kultur von Rhizopus Delemar in abgeänderten Nährlösungen von Mayer, Raulin und Pfeffer. Yamazaki, M. Bull.Utsunomiya agric.Coll.Sect.A. 2. 75-108 (1935). - Ref.C. 1936. I. 92.

Beitrag zur Einteilung der Schimmelpilze aus der Gattung Penicillium nach physiologischen Eigenschaften. Tiukow, D. Zbl.Bakter., Parasitenk. II. Abt. 83. 385-95 (1931). - Ref.C. 1931. II. 2344.

Die Wirkung des Humus in schwachen und starken Dosen auf die Stickstoffbindung von Azotobacter chroococcum in Gegenwart von verschiedenen Zuckern, von Mannit und von Calciummalat als energieliefernden Nährstoffen. Voicu, J. und Lungulescu, E. Bulet.Soc.Chim.Romania 12. 71-81 (1930). - Ref.C. 1931. I. 2631.

Über Veränderungen des Chlorophylls bei einer grünen Alge. Perrier, A. Compt.rend.Acad.Sciences 188. 339-41 (1929). - Ref.C. 1929. I. 2891.

Über den Wert des Kartoffelstärkepeptonwassers nach Kodama und Takeda für die praktische Choleradiagnose. Gildemeister, E. und Herzberg, K. Zbl.Bakteriol., Parasitenkunde Infektionskrankh. Abt.I, Orig. 90. 53-55 (1923).

Eine neue biologische Reaktion der Choleravibrionen. Kodama, H. und Takeda, H. Zbl.Bakteriol., Parasitenkunde Infektionskrankh. Abt.I, Orig. 88. 513-518 (1922).

Über das seroskopische Verhalten der Sera nach Einsaat von Kaolin, Agar, Inulin und Stärke. Dold, H. Arch.f.Hyg. 89. 373-382 (1920). - Ref.C. 1921. I. 513.

Ein neuer Nährboden für die Choleradiagnose. Lange, C. Z.Hyg.Infektionskrankh. 81. 138-53 (1916).

Über termophile Bakterien aus verschiedenen Speisen und Milch sowie über einige Umsetzungsprodukte derselben in kohlenhydrathaltigen Nährlösungen, darunter kristallisierte Polysaccharide (Dextrine) aus Stärke. Schardinger, F. Z.Unters.Nahrungs- u. Genußmittel 6. 865-880 (1903).

Zur Lehre von der Anaerobiose. Teil I (Auszug). Chudiakow. Zbl. Bakteriol., Parasitenkunde Infektionskrankh. Abt.II. 4. 389 (1898).

Über die Fermentausscheidung des Koch'schen Vibrio der Cholera asiatica. Bitter, H. Arch.Hygiene 5. 241-264 (1886).

454. Seifen, Reinigungs- und Poliermittel (Waschmittel)

Stärkepräparate für den Gebrauch in Seifenbarren. Procter & Gamble Co. (Erfinder: Blinka, J. und Grounds, P.W. jr.) A.P. 2 982 735 ausg. 2/5.1961. - Ref.C.A. 55. 20466b (1961).

Hochpolymere als Waschmittel-Ersatz für Seifen. Matsukawa, T. J.chem.Soc.Japan, ind.Chem.Sect. 62. 1892-97 (1959). - Ref.C. 1961. 10790.

Hochpolymere als Waschmittel - Waschfähigkeit der wasserlöslichen Hochpolymeren für Baumwolltücher. Matsukawa, T. J.chem.Soc. Japan, pure Chem.Sect. 62. 1584-88 (1959). - Ref.C. 1961. 7440.

Reinigungsmittel für Augengläser und Schutzbrillen. Soboloski, H.J. A.P. 2 870 029 vom 24/5.1957., ausg. 20/1.1959. - Ref.C. 1960. 4966.

Reinigungsmittelstück. Procter & Gamble Co. (Erfinder: Blinka, J. und Grounds, P.W. jun.). F.P. 1 159 776 vom 7/9.1956., ausg. 2/7.1958. A.Prior. 8/9.1955. - Ref.C. 1964. 19-2693.

Stückförmiges Reinigungsmittel. Procter & Gamble Co. (Erfinder: Mills, V. und Korpi, E.O.). Schwz.P. 346 639 vom 29/3.1956., ausg. 15/7.1960. A.Prior. 31/3.1955. - Ref.C. 1961. 10407.

Mischseife in Stückform. Thomas Hedley & Co. Ltd. E.P. 796 627 vom 5/9.1956., ausg. 18/6.1958. - Ref.C. 1959. 13663.

Haushaltsreinigungsmittel. Bouquet, O. und Perdraut, M. F.P. 1 142 475 vom 17/1.1956., ausg. 18/9.1957. - Ref.C. 1961. 15244.

Anwendung substituierter Stärkederivate bei Putzmitteln. Vallee,J. Rev.franc.corps gras 3. 112-14 (1956). - Ref.C.A. 50. 68161 (1956).

Verfahren zur Herstellung von Schaummitteln aus Stärke, hochpolymeren Stärkederivaten oder stärkehaltigen Materialien. Scholten's Chemische Fabrieken (Erfinder: Lolkema, J. und Beersma, P.J.A.). D.B.P. 931 593 vom 14/7.1955. - Ref.Stärke 7. 249 (1955), C.A. 52. 21178g (1958).

Waschmittel. Christeyns, J.R. F.P. 1 113 696 vom 24/11.1954., ausg. 3/4.1956. Belg.Prior. 10/12.1953. - Ref.C. 1961. 11563.

Fleckentferner-Paste. Vanoni, C. It.P. 513 362 vom 29/4.1954. - Ref.C. 1961. 18176.

Neue Verwendungen für Stärkeester und -äther in der Seifenbranche. Paliot, J. 1.Congr.mondial detergence et prod.tensio-actifs, Paris 1954. 239-40. - Ref.C.A. 51. 17203h (1957).

Herstellung eines Reinigungsmittels. Caffaretto, E. It.P.501 494 vom 13/7.1953. - Ref.C. 1960. 8048.

Festes Reinigungsmittel. Liborio D'Angelo. It.P. 509 588 vom 5/11.1953. - Ref.C. 1961. 8155.

Wasch- und Reinigungsmittel aus Kartoffelabfällen. Vedder, G. Holl.P. 72 839 vom 15/7.1953. - Ref.C.A. 48. 10361 (1954).

Reinigungsmittel für Mauerwerk. Peinturex AG. Schweiz.P.282 596 vom 1/8.1952. - Ref.C.A. 48. 6094d (1954).

Schaummittel aus Stärke, Stärkederivaten, Dextrinen, kaltquellenden Stärken oder Mehlen. Scholten's Chemische Fabrieken, N.V. W.A. E.P. 699 530 vom 4/7.1951., ausg. 11/11.1953. Holl.Prior. 4/7.1950. - Ref.C. 1954. 5192.

Neutralseife. Anselmi, L. It.P. 509 001 vom 20/9.1950. - Ref.C. 1961. 11563.

Herstellung von stabilen wässerigen Dispersionen von Metallseifen. Nopco, Chemical Co., übert.von: Retzsch, C.E. u. Lighthipe,C.H. A.P. 2 425 828 ausg. 19/8.1947. - Ref.C. 1948. II. 357.

Herstellung eines Präparates zum Polieren von Glas oder anderen reflektierenden Oberflächen. Drever, G.D. E.P. 578 351 vom 25/6.1946. - Ref.C.A. 46. 228g (1952).

Reinigungsmittel. Henkel u. Cie. GmbH. (Erfinder: L. Mannes u. W. Seiffert). D.R.P. 735 569 Kl. 22g vom 25/6.1940, ausg. 18/5. 1943. - Ref.C. 1943. II. 1157.

Gelförmiges Trockenreinigungsmittel. Beo Petri u.Cie. Schwz.P. 224 510 vom 13/11.1941, ausg. 1/3.1943. D.Prior.7/11. 1940. - Ref.C. 1943. II. 788.

Trockene, pulverförmige Wasch- und Reinigungsmittel, besonders für Wollwaren und andere empfindliche Textilien. Franken-Donders Vereenigte Aniline Fabrieken, N.V. Holl.P. 53 973 vom 20/2.1941, ausg. 15/2.1943. - Ref.C. 1943. II. 878, C. 1948. I. 420.

Trockenreinigungsmittel in Pastenform. Beo Petrie u. Co. F.P. 878 177 vom 19/11.1941, ausg. 13/1.1943. D.Prior.7/11. 1940. - Ref.C. 1943. I. 2462.

Seifenfreie Reinigungsmittel. Poulverel, Albert Antoine. F.P. 874 786 vom 17/4.1941, ausg. 26/8.1942. - Ref.C. 1943. I. 464.

Seifenersatzmittel. Cesoni, G. It.P. 392 054 vom 17/6.1941. - Ref.C. 1943. II. 787.

Dextrin als Füllmittel für Seifen. Società Anonima Produzione Profumeria Affine. It.P. 390 000 vom 28/3.1941. - Ref.C. 1943. I. 692.

Reinigungsmittel. Balzarotti, M. und Ivaldi, G. It.P. 385 450 vom 26/9.1940. - Ref.C. 1942. II. 844.

Mittel zum Polieren von Möbeln, Autos usw. Gaebel, G.T. und Herbrick, S. A.P. 2 208 793 vom 13/2.1939, ausg. 23/7.1940. - Ref.C. 1941. I. 596.

Über die Verwendung von Kartoffelstärkemehl und von Industriespezialstärke in der Seifenindustrie bei der Herstellung der verschiedenartigsten Seifenerzeugnisse. Krings, R. Dtsch. Parfüm-Ztg. 24. 408-10. 428-29 (1938). - Ref.C. 1940. I. 3201.

Die Stoffe zum Beschweren der Seifen. Labaune, L.M. Rev.Marques, Parfums de France 16. 10-11 (1938). - Ref.C. 1938. II. 4001.

Die Verwendung von Stärke bei der Herstellung von Seifen. Schütze, W. Fette u.Seifen 45. 522-23 (1938). - Ref.C. 1939. II. 3211.

Waschmittel. Aktiebolaget Purnol. It.P. 367 220 vom 10/10.1938. Schwed.Prior. 9/10.1937. - Ref.C. 1940. I. 1775.

Neue Wege der Seifenherstellung. Lottermoser. Rundschau techn. Arb. 17. Nr.18. 3-4 (1937). - Ref.C. 1937. II. 690.

Gefahren der Seifenstreckung durch Stärkeprodukte. Walter, E. Seifensieder-Ztg. 63. 56-57 (1936). - Ref.C. 1936. I. 3426.

Die Entfärbung (Reinigung) als ein Vorgang, welcher der Auffärbung entgegengesetzt, aber trotzdem ähnlich ist. L.Zacharias. Rev.gen.Teinture, Impress., Blanchiment, Appret. 14. 11-17. 87-89 (1936). - Ref.C. 1936. II. 395.

Über einige Eigenschaften stärkehaltiger Seifen. Kröner, W. und Steinhoff, G. Gelatine, Leim Klebstoffe 4. 94-95 (1936).

Waschtechnische Betrachtungen über die gestreckte Kernseife. Walter, E. Seifensieder-Ztg. 63. 312-13 (1936). - Ref.C.1936. II. 393.

Über einige Eigenschaften stärkehaltiger Seifen. Kröner, W. und Steinhoff, G. Seifensieder-Ztg. 63. 272-75 (1936). - Ref.C. 1936. II. 214.

Gestreckte Seifen. Brettschneider, P. Seifensieder-Ztg. 63. 311-12 (1936). - Ref.C. 1936. II. 214.

Zeitgemäße Fragen der Waschmittelindustrie. Heublum, R. Dtsch.Parfüm-Ztg. 21. 334-36 (1935). - Ref.C. 1936. I. 1744.

Stärke als Komponente der Seife. Ruemele, Th. Allg.Öl- u. Fett-Ztg. 32. 502 (1935). - Ref.C. 1936. I. 2239.

Stärke und Leim in der Seifenindustrie. Ohl, F. Gelatine, Leim Klebstoffe 3. 168-71 (1935). - Ref.C. 1936. I. 918.

Stärke als Streckungsmittel für Seifen. Nitschke, H. Seifensieder-Ztg. 62. 840-41 (1935). - Ref.C. 1936. I. 468.

"Seifenverschnitt". Gnigge, G. Seifensieder-Ztg. 62. 982-84 (1935). - Ref.C. 1936. I. 2468.

Stärke in der Seifenherstellung. Seifensieder-Ztg. 62. 669-70 (1935). - Ref.C. 1935. II. 2599.

Über kohlehydrathaltige Seifen. Braun, K. Seifensieder-Ztg. 62. 586-87 (1935). - Ref.C. 1935. II. 2758.

Kohlehydrathaltige Seifen. Braun, K. Dtsch.Parfüm-Ztg. 21. 78-79 (1935). - Ref.C. 1935. I. 3838.

Kohlehydrathaltige Seifen. Braun, K. Dtsch.Parfüm-Ztg. 21. 62-63 (1935). - Ref.C. 1935. I. 3070.

Über die Verwendung von Kartoffelstärkemehl zur Herstellung von Seife. Steinhoff, G. Z.Spiritusind. 57. 331 (1934).

Herstellung von Seifen. Frolow, A.S. Russ.P. 37 227 vom 8/12. 1933, ausg. 30/6.1934. - Ref.C. 1935. II. 2471.

Verfahren zur Herstellung eines Mischproduktes, insbesondere eines Emulgierungs- und Reinigungsmittels. Röhm & Haas AG. D.R.P. 568 703 Kl. 23e vom 24/3.1931, ausg. 23/1.1933. - Ref.C. 1933. I. 2334.

Kohlehydrathaltige Wasch- und Reinigungsmittelfabrikation. Ssokolow, N. und Blagowa, T. Oel- und Fett-Ind. (russ.) 1931. Nr.6/7. 25-31. - Ref.C. 1933. II. 1111.

Ist die Ausdehnung der Ersatzmittelüberwachung auf Wasch-, Bleich-, Scheuer- und sonstige Reinigungsmittel sowie auf Ersatzmittel für Wäsche-Stärke erforderlich? Beythien, A. Z.Unters.Nahrungs-u.Genußmittel 37. 344-370 (1919). - W.Ref. 1974.

Stärkepräparate und Waschmittel für die Hauswirtschaft. Hager, H. Pharmaz.Zentralhalle Deutschland 20. 148-149 (1879). - W.Ref. 2459, C. 1879. 731.

Verfälschung der Schmierseife durch Stärke (Auszug). Roussin. Arch.Pharmacie 133. 133-35 (1868).

46. Bergbau, Metallurgie und Erdöl- und Brennstoffindustrie

461. Sprengstoffe

(Vgl. auch "Nitrostärken": 631)

Modellversuche zum Verbrennungsprozeß von Zwei-Komponent-Mischungen aus Oxydator und Brennstoff. Pochil, P.F., Romodanowa, L.D. und Ryssakowa-Romaschkan, O.P. J.physik.Chem. (russ.) 36. 1331-32 (1962). - Ref.C.A. 57. 6196g (1962).

Treibpulver. Olin Mathieson Chemical Corp. (Erfinder: Barr, C.J.). A.P. 2 960 393 vom 5/2.1958., ausg. 15/11.1960. - Ref.C. 1961. 18573.

Nitrostärkesprengstoffe. Trojan Powder Co., übert.von: Russell,E.J. A.P. 2 821 466 ausg. 28/1.1958. - Ref.C.A. 52. 6795h (1958), C. 1959. 6006.

Sprengstoffe aus flüssigem Sauerstoff. L'Air liquide (Société anon.pour l'étude et l'exploitation des procédés Georges Claude) Erfinder: Perdrizet, J.P. F.P. 1 114 985 ausg. 18/4. 1956. - Ref.C.A. 53. 15570f (1959).

Sprengstoff aus flüssigem Sauerstoff. L'Air liquide, Soc.An.pour et l'Exploitation des Procédés Georges Claude. Ind.P. 55 753 vom 3/11.1955, ausg. 26/7.1957. - Ref.C. 1961. 9657.

Sprengstoff. Frutiger, F. Ind.P. 49 071 vom 27/2.1953., ausg. 22/7.1957. - Ref.C. 1961. 15261.

Verfahren zur Herstellung von Zündmassen. Imperial Chemical Industries Ltd. (Rubenstein, L.). D.B.P. 1 011 337 Kl. 78e vom 16/2.1953, ausg. 5/12.1957. - Ref.Stärke 10. 264 (1958).

Sprengstoffe. Hercules Powder Co. (Erfinder: Downard, J.M.). A.P. 3 018 201 vom 6/1.1951, ausg. 23/1.1962. - Ref.C.A. 56. 13153e (1962).

Verfahren zur Herstellung farbig brennender Massen in Stangen-, Stift-, Tablettenform oder dergleichen für Illuminationszwecke. Murexin, Chemische Fabrik Edmund Forster. Oe.P. 167 652 vom 11/3.1949, ausg. 10/2.1951. - Ref.C. 1951. II. 168.

Herstellung von Zünd- oder Verzögerungssätzen. Minister of Aviation (Erfinder: Taylor, G.W.C.). E.P. 836 410 vom 17/7.1948, ausg. 1/6.1960. - Ref.C. 1961. 15261.

Explosivgemisch. Trojan Powder Co., übert.von: G.A. Lyte. A.P. 2 499 321 vom 24/8.1946, ausg. 20/9.1949. - Ref.C. 1950. II. 1534.

Kolloidale Nitrostärke enthaltendes Produkt. Hercules Powder Co., übert.von: Cairns, R.W. A.P. 2 430 274 vom 31/12.1943, ausg. 4/11.1947. - Ref.C. 1949. E. 3387.

Absorptionsmittel für Explosivstoffe. Scholten's Aardappelmeelfabrieken, N.V.W.A. D.R.P. 726 576 Kl. 78c vom 29/11. ausg. 16/11.1942. - Ref.C. 1943. I. 239.

Kolloidmischungen. Trojan Powder Co., übert.von: Jesse, B. Bronstein, jr. A.P. 2 170 629 vom 2/7.1938, ausg. 22/8.1939. - Ref.C. 1940. I. 1942.

Sprengstoff. Remington Arms Co., übert.von: J.F. Hutchinson. A.P. 2 095 333 vom 12/12.1934, ausg. 12/10.1937. - Ref.C. 1938. I. 239.

Nitrat-, Chlorat- oder Perchloratsprengstoff. Hercules Powder Co. (Erfinder: Crater, W. de C.). A.P. 2 055 403 vom 10/4.1934, ausg. 22/9.1936. - Ref.C. 1937. I. 1073.

Sprengkapsel. E.I. du Pont de Nemours & Co., übert.von: H.A.Lewis. A.P. 1 991 857 vom 2/5.1933, ausg. 19/2.1935. - Ref.C. 1935. I. 3750.

Die Sensibilisierung von Ammonnitrat durch Nitrostärke. Perrot, G.St.J., Gawthrop, D.B. und Taylor, C.A. Chem.Age 22. 532-33 (1930). - Ref.C. 1930. II. 1023.

Sprengstoff. Trojan Powder Co., übert.von: Guy A. Rupp. A.P. 1 728 307 vom 29/2.1928, ausg. 17/9.1929. - Ref.C. 1930. I. 2202.

Die Zersetzung und Stabilität von Ammoniumnitrat in Gegenwart oxydierbarer Stoffe. Findlay, A. und Rosebourne, C. J.Soc. chem.Ind. 41. 58-59T (1922). - Ref.C.A. 16. 1319 (1922), W.Ref. 802.

Sprengstoff. Trojan Powder Company, übert.von: W.O. Snelling. A.P. 1 588 277 vom 16/3.1921, ausg. 8/6.1926. - Ref.C. 1926. II. 1487.

Verfahren zur Herstellung von Explosivstoffen. Silberrad, O., Silberrad Research Laboratories. E.P. 150 002 vom 11/8.1920, ausg. 23/9.1920. - Ref.C. 1921. II. 83.

Nitrostärke als Sprengstoff. Sadtler, S.S. Metallurgic.chem. Engng. 16. 361-364 (1917). - Ref.C.A. 11. 1750 (1917), W.Ref. 1087.

Sprengstoff. Hengst, C.F. E.P. 18 002 vom 22/8.1898.

Über die Schnelligkeit der Fortpflanzung der Detonation in festen und flüssigen Explosivstoffen. Berthelot. C.R.hebd.Séances Acad.Sci. 100. 314-320 (1885). - W.Ref. 1064.

462. Flotationsmittel

Verwendung von Flockungsmitteln bei der Erzaufbereitung. Šindelář, T.V. und Kolář, V. Tsvetnye Metally 32. Nr.8. 5-13 (1959). - Ref.C.A. 53. 21503i (1959), C. 1960. 11771.

Stabilisierte Mineral-Sorbentien. Texas Co. (Erfinder: Hess, H.V. und Ray, W.A.). A.P. 2 885 368 ausg. 5/5.1959. - Ref.C.A. 53. 15428c (1959).

Substituierte Stärken bei der Flotation von Eisenerz. Chang, C.S. Mining Engng. 6. 922-924 (1954). - Ref.Stärke 6. 310 (1954), C.A. 48. 13573h (1954).

Stärke und Stärkeprodukte als Abschwächungsmittel bei Aminoflotation von Eisenerzen. Chang, C.S., Cooke, S.R.B. und Huch, R.O. Mining Engng. 5. Nr.12. 1282-86 (1953). - Ref.C.A. 48. 1909i (1954).

Einfluß von einigen Stärken auf Quarz und Hämatit-Suspensionen. Cooke, S.R.B., Schulz, N.F. und Lindroos, E.W. Mining Engng. 4. 697-98 (1952). - Ref.C.A. 46. 7483i (1952).

Kationische Schaumflotation von quarzhaltigem Eisenerz. Erie Mining Co. (Erfinder: F. D. De Vaney). D.B.P. 812 902 Kl. 1c vom 20/4.1950, ausg. 6/9.1951. A.Prior. 25/3.1946. - Ref.C.1952 4215.

Schaumflotation von Flußspatmineralien. United States of America, übert.von: J.B. Clemmer u. B.H. Clemmons. A.P. 2 497 863 vom 21/3.1946, ausg. 21/2.1950. - Ref.C. 1950. II. 805.

Flotierung von Nichteisenmetallerzen. Schnejerson, W.B. Russ.P. 67 024, ausg. 30/9.1946. - Ref.C. 1948. II. 250.

Stärke in der Flotation von Golderzen. Vedensky, D.N. und Duschak, H. Metall u. Erz 29. 168-74 (1932). - Ref.C. 1932. II. 1226.

463. Gießereiformen und sonstige metallurgische Verwendung (Kernbindemittel, Formsand, Formmassen, auch Dextrinanwendung, Korrosion, Korrosionsschutz)

Schuppenbildung und Rattenschwanz-Fehler auf Gußstücken, die in durch Hochdruckpreßformmaschinen hergestellten Formen erzeugt wurden. Kilshaw, J.A. und Nicholas, K.E.L. B.C.I.R.A. Journal 12. 613-31 (1964). - Ref.C. 1965. 32-2252.

Der Einfluß einer γ-Bestrahlung mit Co^{60} auf die inhibierende Wirkung von Kartoffelstärke bei der Korrosion von Blei in weichem Wasser. Putilowa, I.N., Korottschenko, K.A. und Gorin, L.F. J.prakt.Chem. (russ.) 37. 2612-15 (1964). - Ref.J.Chem.(russ.) 1965. 9 R332, C.A. 62. 7986h (1965).

Inhibition der Korrosion von Aluminium und seiner Legierungen in alkalischen Lösungen. Sundararajan, J. und Rama Char, T.L. Bull.India Sect.electrochem.Soc. 12. 6-11 (1963). - Ref.C.1963. 16818.

Verdichtung von tongebundenen Formsanden. Roberts, W.R. B.C.I.R.A. Journal 11. 596-604 (1963). - Ref.C. 1964. 47-2018.

Der Einsatz eines Glukosebinders im hot-box-Verfahren. Caspers, K.-H. und Demharter, J. Gießerei 50. 304-10 (1963). - Ref.C. 1964. 35-2049.

Verfahren zur Prüfung der Arten von Getreide-Bindemitteln. Isono, Y. und Mutaguchi, M. Imono, J.Japan Foundrymen's Soc. 35. 73-79 (1963). - Ref.C. 1964. 10-2177.

Neue Formstärke ohne Mineralöl. Ueberbacher, R.L. Candy Ind. 119. Nr.7. 55 u. 61. - Ref.J.Chem. (russ.) 1963. 8 R264.

Ein Verfahren zur Bearbeitung von Stärke als eine Komponente für Form- und Kerngemische. Schneider, G. und Otáhal, V. Tschechosl.P. 111 336 vom 8/2.1962., ausg. 15/7.1964. - Ref.J.Chem. (russ.) 1966. 2 R365.

Untersuchungen über das Verhalten von Metallen in kolloidalen Lösungen von Lebensmitteln unter Anwendung radioaktiver Indikatoren. 3. Mitt. Das Verhalten von Eisen in Stärkekleister unter Einfluß von Ascorbinsäure durch Verwendung von radioaktivem Eisen-55. Goto, T. und Ikeda, M. Tohoku J.agric.Res. 13. 287-92 (1962). - Ref.J.Chem. (russ.) 1963. 19 R273, C.A. 59. 3256h (1963).

Untersuchungen über das Verhalten von Metallen in kolloidalen Lösungen von Lebensmitteln unter Anwendung radioaktiver Indikatoren. 2. Mitt. Die Beobachtung des Verhaltens von Eisen in Stärkekleister unter Anwendung von 55Fe als Indikator. Goto, T., Ikeda, M. und Kihara, Y. Tohoku J.agric.Res. 13. 183-89 (1962). - Ref.J.Chem. (russ.) 1963. 19 R272.

Verhalten von Formzusätzen bei mehrfacher Verwendung. 1. Mitt. Getreidezusätze. Futaki, K., Ota, H. und Yanagisawa, M. Rep.Government ind.Res.Inst., Nagoya 11. 257-62 (1962). - Ref.C. 1963. 15590.

Möglichkeiten der Verwendung von Dextroner-Binder in Bentonitgemischen. Rotter, L. Slévárenství 9. 476-78 (1961). - Ref.C. 1964. 49-2108.

Der Einfluß der Menge von Stärke und Dextrin in der OMM-5-Umhüllung auf die Alterungsanfälligkeit des Schweißgutes. Saks, I. Schweiß-Techn. (russ.) 1960. Nr.4. 14-15.

Anwendung von Oiticiaöl für sich oder im Gemisch in Formsanden. Guimarães, C. und Ré, V.L. Bol.Assoc.brasil.Metais 15. 117-47 (1959). - Ref.C. 1960. 17257.

Formmasse und Verfahren zu ihrer Herstellung. E.I. du Pont de Nemours & Co. A.P. 2 948 627 vom 24/4.1958., ausg. 9/8.1960. - Ref.Stärke 14. 384 (1962).

Einfluß von Dextrin auf Formsand. Ruiz, H. Ing.quim. 6. 159-62 (1958). - Ref.C.A. 53. 2030c (1959).

Kernbindemittel. International Minerals & Chemical Corp. A.P. 2 974 050 vom 27/6.1958., ausg. 7/3.1961. - Ref.Stärke 14. 435 (1962).

Kernbindemittel. International Minerals & Chemical Corp. A.P. 2 977 236 vom 30/12.1957, ausg. 28/3.1961. - Ref.Stärke 14. 435 (1962).

Bindemittel für Gießereikerne. International Minerals & Chemical Corp. A.P. 2 974 049 vom 30/12.1957., ausg. 7/3.1961. - Ref.Stärke 14. 435 (1962).

Kernbindemittel. International Minerals & Chemical Corp. A.P. 2 974 048 vom 30/12.1957, ausg. 7/3.1961. - Ref.Stärke 14. 435 (1962).

Plastisches Formen von monomineralischen Produkten unter Anwendung eines organischen Bindemittels. Nowikow, A.N. Feuerfeste Mater. (russ.) 22. 12-21 (1957). - Ref.C.A. 51. 18519g (1957).

Direkte Reduktion von Eisenerz für brauchbaren Stahl. Mohan, J., Gupte, P.K. und Nijhawan, B.R. Trans.Indian Inst.Metals 10. 73-81 (1956/57). - Ref.C.A. 53. 1017e (1959).

Form- und Kernsandbindemittel. Gebr. Hüttenes KG. D.A.S. 1 056 790 Kl. 31c vom 30/1.1956, ausg. 6/5.1959. - Ref.Stärke 12. 221 (1960).

Verfahren zur Herstellung von Kernbindemitteln für Gießereizwecke. Deutsche Maizena Werke GmbH. D.A.S. 1 105 566 Kl. 31c vom 24/11.1956, ausg. 27/4.1961. - Ref.Stärke 14. 332 (1962).

Herstellung von Kern- und Formmassen. Brinkhoff, E. D.P. (DDR) 13 208 Kl. 31c vom 11/10.1955, ausg. 4/5.1957 (Ausschließungspatent). - Ref.C. 1966. 16-2485.

Formmasse für Stahlguß. Gießereisand KG. Ing. Fischer Statzendorf. Oe.P. 185 509 vom 28/3.1955, ausg. 11/5.1956. - Ref.C. 1966. 16-2484.

Verfahren zur Herstellung von Bindemitteln für Gießereikerne und -formen. Deutsche Maizena Werke GmbH. D.A.S. 1 105 565 Kl.31c vom 20/1.1955, ausg. 27/4.1961. - Ref.Stärke 14. 297 (1962).

Kernbindemittel und Verfahren zur Herstellung von Kernen. Corn Products Co. A.P. 2 875 073 vom 23/5.1955, ausg. 24/2.1959. - Ref.Stärke 12. 312 (1960).

Formpulver aus Stärke und Harz. Linge, R.A. van. Holl.P. 57 967, ausg. 15/8.1946. - Ref.C. 1947. 1902.

Herstellung von Kernen und Formen. Hüttenes, Gebr. K.G. (Erfinder: K. Hüttenes u. C. Hüttenes). D.B.P. 884 070 Kl. 31c vom 10/4. 1942, ausg. 23/7.1953. Zusatz zu D.B.P. 879 150., C. 1954.4024. - Ref.C. 1954. 7281.

Bindemittel zur Herstellung von Kernen und Formen unter Verwendung aufgeschlossener Stärke. Hüttenes, Gebr. K.G. (Erfinder: K.Hüttenes und C. Hüttenes). D.B.P. 879 150 Kl, 31c vom 14/11.1940, ausg. 11/6.1953. - Ref.C. 1954. 4024.

Masse zum Herstellen von Gießereiformen und -kernen. Deutsche Eisenwerke AG. (Erfinder: H. Timmerbeil). D.R.P. 753 984 Kl. 31c vom 4/2.1942., ausg. 15/12.1952. - Ref.C. 1953. 3792.

Auskleidungsstoff für Kokillen. Ingala, F. A.P. 2 578 976 vom 2/7.1949, ausg. 18/12.1951. - Ref.C. 1952. 7250.

Bindemittel für Kern- und Formsande. Soc. "L'Imprégnation" (Erfinder: L. Rouzet). Schwed.P. 132 801 vom 24/1.1941, ausg. 4/9. 1951. F.Prior. 24/1.1940. - Ref.C. 1953. 5946.

Bindemittel für Gießereikerne. Felten und Guillaume Carlswerk, Eisen u. Stahl AG. (Erfinder: Stockhaus, R.). D.R.P. 743 038 Kl. 31c vom 13/3.1941, ausg. 16/12.1943. - Ref.C. 1944. I. 958.

Kernbindemittel aus stärkehaltigen Stoffen. "Deback", Deutsche Backmittel-Gesellschaft Quaschning u. Co. (Erfinder: Starke, A. u. Wirz, K.). D.R.P. 742 396 Kl. 31c vom 18/7.1942, ausg.2/12. 1943. - Ref.C. 1944. I. 958.

Kernbindemittel. "Deback", Deutsche Backmittel-Gesellschaft Quaschning u. Co. Belg.P. 447 300 vom 24/9.1942, Auszug veröff. 22/6.1943. D.Prior. 17/6.1942. - Ref.C. 1944. I. 314.

Sand für Formen und Formkerne in Gießereien. Soc.a.r.l'Impregnation. F.P. 865 408 vom 24/1.1940, ausg. 23/5.1941. - Ref.C. 1942. I. 2063.

464. Beizzusätze

Über eine neue Sparbeiztheorie und eine neue Methode zur Beurteilung von Sparbeizen. Machu, W. Korros u. Metallschutz 13. 1-20 (1937). - Ref.C. 1937. I. 3055.

Die Wirkung von Dextrin als Inhibitor auf die Korrosionspotentiale von Aluminium in alkalischen Lösungen. Sundararajan, J. und Rama Char, T.L. Corrosion, Prevention & Control. 6. 41-42 (1959). - Ref.C.A. 53. 9981d (1959).

Entrostungsmittel. Clayton, David und Bowery, St.E. E.P. 648 765 vom 16/7.1948, ausg. 10/1.1951. - Ref.C. 1953. 3492.

Die Wirksamkeit der Inhibitoren beim Beizen. Jimeno, E., Grifoll,I. und Morral, F.R. Trans.electrochem.Soc. 69. Preprint 34. 9 S. (1936). - Ref.C. 1936. II. 689.

Über Sparzusätze zu Beizbädern in der Metallindustrie. Creutzfeldt, W.H. Z.anorg.allg.Chem. 154. 213-19 (1926). - Ref.C. 1926. II. 824.

Sparbeizzusatz. E.I. du Pont de Nemours & Co., übert.von: Myron F. Thomas. A.P. 2 071 989 vom 16/2.1934, ausg. 23/2.1937. - Ref.C. 1937. II. 138.

465. Elektrolyse

Einfluß von organischen Zusätzen zum Chlorid-Elektrolyten auf die Widerstandsfähigkeit von eisenplattierten Teilen. Petrow, Ju.N. Schr.Leningrader landwirtsch.Inst. Nr.13, Mechanisierung u. Elektrifizierung Landwirtsch. (russ.) 1958. Nr. 73. 254-62. - Ref.C.A. 53. 12057i (1959).

Innere Spannung in elektrolytischen Kupferabscheidungen. Chonikewitsch, A.A. und Fedotew, N.P. Arb.Leningrader technol. "Lensowet"-Inst. (russ.) 40. 133-42 (1957). - Ref.C.A. 53. 21268h (1959).

Der Einfluß bestimmter Kolloide auf die elektrolytische Abscheidung einer Eisen-Mangan-Legierung. Agladse, R.I. und Gdselischwili, M.Ja. Akad.Wiss.Grusinischen SSR. (russ.) 8. 163-77 (1957). - Ref.C.A. 53. 9851a (1959).

Galvanisches Kupferbad. Pont de Nemours, E.I. & Co. (Erfinder: Ch.J. Wernlund, H.L. Benner u. R.R. Bair). D.R.P. 758 075 Kl. 48a vom 4/5.1939, ausg. 2/8.1951. A.Prior. 4/5.1938. - Ref.C. 1952. 3731.

Die Zusatzagenzien in der Galvanostegie. Liger, J. Galvano (Paris) 1935. Nr.40-47. 24 Seiten.Aug. - Ref.C. 1936. II. 3354.

Eine kritische Untersuchung über Glanznickel. Stout, L.E. Monthly Rev.Amer.Elektro Platers' Soc. 23. Nr.5. 25-29 (1936). - Ref.C. 1936. II. 2216.

Faktoren, die die Struktur und die Korngröße von elektrolytisch abgeschiedenem Cadmium beeinflussen. Wernick, S. Trans.Faraday Soc. 31. 1237-42 (1935). - Ref.C. 1936. I. 167.

466. Bohrflüssigkeiten
(Bohrschlamm, Tonbohrschlamm)

Anwendung von Stärke in der Tonerde-Industrie. Szejtli, J. Szeszipar 13. 114-16 (1965).

Verwendung von Koagulantien als Dickungsmittel für Rotschlamm (Bayer). Skobeew, I.K. Wiss.Arb.Irkutsker Polytechn.Inst. (russ.) Nr. 19. 121-35 (1963). - Ref.C.A. 63. 2651h (1965).

Modifizierte Stärken für Bohrschlämme. Kolessnikowa, T.I. und Maksimtschik, Je.K. Arb.Allunions wiss.Forsch.-Inst.Bohrtechn. (russ.) 8. 63-79 (1963). - Ref.C.A. 62. 8899h (1965).

Der Einfluß von modifizierter Stärke auf die Eigenschaften von Tonsuspensionen. Rudi, W.P. Hochschulnachr. (Baku), Erdöl Gas (russ.) 6. Nr.5. 109-11 (1963). - Ref.C. 1965. 32-3075.

Modifizierte Stärke zum Bohren. Maksimtschik, Je.K. und Kolesnikowa, T.I. Arb.zentr.wiss.Forsch.-Inst.Stärke- u.Stärkesirup-Ind. (russ.) 5. 73-89 (1963). - Ref.J.Chem. (russ.) 1963. 19 R 284, Stärke 17. 31 (1965).

Kohlenhydrate als Zementzusatzstoffe für Zwecke der Betonierung in tiefen Bohrlöchern. Cussino, L. Ind.ital.Cemento 32. Nr.1. 5-12 (1962). - Ref.C. 1963. 11007.

Tonfreie Stärke-Silikatlösung. Letunowski, G.A. Erdöl u.Gas-Ind., wiss.-techn.Sammlung (russ.) 1962. Nr.4. 20-22. - Ref.C.A. 62. 5111c (1965).

Strömungspotential von Stärke enthaltenden Schlämmen. Lynch, E.J., Byers, W.M. und Drury, J.E. Trans.Soc.Petroleum Engr.Aime 225. I 329-30 (1962). - Ref.C. 1965. 5-2093.

Paraformaldehydresistente stärkeabbauende Bakterien in stärkehaltigem Bohrschlamm. Myers, G.E. Appl. Microbiol. 10. 418-21 (1962). - Ref.Stärke 15. 196 (1963).

Substituierte Hetero-Polysaccharide als Dickungsmittel, speziell zum Wasseranfluten bei der Petroleumgewinnung. Jersey Production Research Co. (Erfinder: Patton, J.T. jr.). A.P. 3 020 207 vom 27/5.1960., ausg. 6/2.1962. - Ref.C.A. 56. 13150c (1962).

Behandlung von Stärke und Gummi für Bohrflüssigkeiten, zur Verwendung bei Ölquellen. Owen, W.L. A.P. 3 018 245 vom 27/5.1959., ausg. 23/1.1962. - Ref.C.A. 57. 2501a (1962).

Gebleichte Stärke als Zusatz zu Bohrschlamm. Anheuser-Busch, Inc., übert.von: Scallet, B.L. und Sowell, E.A. A.P. 2 951 776, ausg. 6/9.1960. - Ref.C.A. 55. 3098a (1961), C. 1962. 1442.

Bohrschlämme. American Maize-Products Co. (Erfinder: Bravos, G.T. und Evans, J.W.). A.P. 2 900 335 ausg. 18/8.1959. - Ref.C.A. 53. 22871i (1959).

Bohrflüssigkeit. Atlantic Refining Co. (Erfinder: Scott, J.O.). A.P. 2 867 584 ausg. 6/1.1959. - Ref.C.A. 53. 9635i (1959).

Polycarboxylsäuren und ihre Alkalisalze und ihre Verwendung für Bohrschlämme. Sperry, R.L. A.P. 2 881 211 ausg. 7/4.1959. - Ref.C.A. 55. 2155a (1961).

Fluten von Erdöl. Kalle & Co. AG. und Cassella Farbwerke Mainkur AG. Oe.P. 213 808 vom 6/3.1959., ausg. 10/3.1961. D.Prior. 7/3.1958. - Ref.C. 1962. 6646.

Fluten von Erdöl. Kalle & Co. AG. Oe.P. 213 807 vom 6/2.1959., ausg. 10/3.1961. D.Prior. 12/2.1958. - Ref.C. 1962. 6646.

Behandlung von Stärken und Gummi und Zusammensetzungen aus denselben. Owen, Wm. L. A.P. 2 908 597 ausg. 13/10.1959. - Ref.C.A. 54. 11524i (1960), C. 1960. 13239, Stärke 13. 349 (1961).

Sekundärförderung von Erdöl. Wintershall AG., Kalle & Co. AG. und Cassella Farbwerke Mainkur AG. (Erfinder: Kiesewetter, A., Bulian, W. und Backhaus, L.). D.A.S. 1 116 171 Kl. 5a vom 7/3. 1958, ausg. 2/11.1961. - Ref.C. 1962. 13264.

Sekundärförderung von Erdöl durch Fluten. Wintershall AG. und Kalle AG. (Erfinder: Backhaus, L., Bulian, W. und Kiesewetter, A.). D.A.S. 1 097 931 Kl. 5a vom 12/2.1958., ausg. 26/1.1961. - Ref.C. 1962. 13264.

Der Einfluß von Gesteinsformationen und Elektrolyten auf die Eigenschaften von Bohrflüssigkeiten. Isaev, M.I. Hochschulnachr., Erdöl u. Gas (russ.) 1958. Nr.2. 39-44. - Ref.C.A. 53. 14478a (1959).

Behandlung von Bohrflüssigkeiten. Phillips Petroleum Co., übert. von: Schneider, R.P. A.P. 2 815 323 ausg. 3/12.1957. - Ref.C.A. 52. 5802e (1958), C. 1959. 11449.

Die Stabilisierung von Tonlösungen durch Dextrin. Benkowski, W.G., Kaganskaja, K.A. und Ssucharew, Ss.Ss. Nachr.Akad.Wiss.Kasach SSR, Ser.Chem. (russ.) 1957. Nr.11. 76-82. - Ref.C. 1958. 13936, C.A. 51. 18559d (1957).

Bohrschlamm. Baranow, W.S. und Buks, S.P. UdSSR.P. 102 305 ausg. 25/3.1956. - Ref.C.A. 52. 2389h (1958).

Einfluß von Dow Latex 512-R auf die rheologischen Eigenschaften von Casein, α-Protein und stärkegebundenen Tonüberzügen. Jahn, R.G. Tappi 39. 725-35 (1956). - Ref.C.A. 51. 709b (1957).

Pulverisierte verkleisterte Stärke enthaltender Bohrschlamm. Dimboiu, M. Petrol si Gaze (Bukarest) 7. 170-73 (1956). - Ref.C.A. 50. 14213i (1956), C. 1963. 5043.

Herstellung eines stärkehaltigen, Filterverluste verringernden Zusatzes zu. wss. Bohrschlämmen. National Lead Co., übert.von: Lunstroth, K. A.P. 2 773 783 vom 1/4.1953, ausg. 11/12.1956. - Ref.C. 1958. 12859, C.A. 51. 6134h (1957).

Bohrflüssigkeit für Erdölbohrungen. Esso Research and Engineering Co. (Erfinder: Salathiel, R.A.). A.P. 2 781 313 vom 14/9.1955, ausg. 12/2.1957. - Ref.C. 1959. 666.

Bohrflüssigkeit für Erdölbohrungen. Esso Research and Engineering Co. (Erfinder: Salathiel, R.A.). A.P. 2 785 125 vom 17/10.1955, ausg. 12/3.1957. - Ref.C. 1959. 997.

Verfahren zum Laden von Bohrlöchern. Dynamit AG. vorm. Alfred Nobel & Co. (Erfinder: Berthamnn, A., und Käufer, H.). D.B.P. 938 597 Kl. 78e vom 11/8.1955, ausg. 2/2.1956. - Ref.Stärke 8. 66 (1956).

Behandlung von Tonbohrschlamm mit Stärke, Alkali und Phenol. Simonović, M. Nafta (Zagreb) 4. 324-30 (1953). - Ref.C. 1954. 10854.

Bohrschlammflüssigkeit für Erdöl- und Gasbohrungen. Barr, J.U. (Erfinder: Owen, W.L.). A.P. 2 868 725 vom 30/6.1952., ausg. 13/1.1959. - Ref.C. 1960. 15626.

Spülflüssigkeit für die Erdölbohrung. Shell Development Co., übert.von: R.A. Malott. Can.P. 480 120 vom 3/2.1948, ausg.8/1. 1952. A.Prior. 10/2.1947. - Ref.C. 1953. 9363.

Tiefbohr-Dickspülung. Union Oil Co. of California, übert.von: Sherborne, J.E. A.P. 2 551 768 vom 24/10.1947, ausg.8/5.1951. - Ref.C. 1951. II. 3678.

Bohrflüssigkeiten. National Lead Co., übert.von: J.R. Farrow. A.P. 2 525 783 vom 6/4.1946, ausg. 17/10.1950. - Ref.C. 1951. II. 3118.

Bohrflüssigkeit für Erdölbohrungen. National Lead Co., übert.von: Larsen, Delar, H. A.P. 2 417 307 ausg. 11/3.1947. - Ref.C. 1948. I. 294.

Bohrflüssigkeit für die Erdölbohrung, enthaltend einen Stärkeester einer niedermol. aliphat. Säure als wasserbindendes Mittel. Standard Oil Development Co., übert.von: Cannen, G.E. A.P. 2 417 235 ausg. 11/3.1947. - Ref.C. 1948. I. 294.

Kontrolle der Filtrationseigenschaften von salzwasserhaltigen Bohrschlämmen. Gray, G.R., Foster, J.L. und Chapman, T.S. Petrol.Technology 4. Nr.5. Techn.Publ. 1351. 9 Seiten. 1941. - Ref.C. 1943. II. 1937.

Entfernung von Absätzen von Sand oder dergleichen aus verkleideten und verrohrten Bohrbrunnen. Dow Chemical Co., übert.von: Hefley, D.G. A.P. 2 232 946 vom 2/3.1938, ausg. 25/2.1941. - Ref.C. 1941. II. 696.

Studien über Tone. XIII. Mitt. Über die ausflockende Wirkung hydrophiler Sole auf Tonsuspensionen und ihren praktischen Gebrauch. Okazawa, Tsuruji und Sano, Terukichi. Bull.Inst.physic.chem.Res. (Abstr.) Tokyo 8. 46-48 (1929). - Ref.C. 1929. II. 1728.

467. Brennstoff-Bindemittel

Wasserfeste Holzkohle. Sasakawa, K. (Erfinder: Miyahara, I.). Japan.P. 4280 ('59) ausg. 28/5.1959. - Ref.C.A. 53. 20766a (1959).

Bindemittel für Brikettherstellung. N.V. Briko (Erfinder: Dohmen, H.). A.P. 2 890 945 ausg. 16/6.1959. - Ref.C.A. 53. 22842b (1959), C. 1962. 17621.

Anzünder für Briketts. Onozawa, T. Japan.P. 10 794 ('58) ausg. 26/12.1958. - Ref.C.A. 53. 20766b (1959).

Brikettieren von pulverförmiger Kohle. Coal Industry Patents) Ltd. Belg.P. 558 394 vom 14/6.1957, ausg. 25/3.1960. E.Prior. 15/6.1956. - Ref.C. 1962. 17622.

Brikettherstellung. N.V. Briko, übert.von: Dohmen, H. E.P. 798 829 vom 26/4.1955, ausg. 30/7.1958. Holl.Prior. 26/4.1954. - Ref.C. 1962. 17621.

Beimischung von festen Zusätzen zur Vergrößerung der Aufschüttdichte der Kohle. Agrosskin, A.A. und Losskutowa, Je.N. Bull.Acad.Sci.,UdSSR,Cl.Sci.Techn. (russ.) 1946. Nr.1. 147-56.

Briketts aus zerkleinerten, thermisch verkohlten Stoffen. Kobald, H. D.R.P. 735 359 Kl. 10b vom 2/2.1939, ausg. 13/5.1943. Oe.Prior. 3/2.1938. - Ref.C. 1943. II. 797.

Agglomieren fester Brennstoffe. Soc.Xoline Corp.Ltd. F.P. 50 819 vom 10/8.1939, ausg. 18/4.1941. - Ref.C. 1941. II. 2164.

Brikett. Ellis Corp. (Patents & Investments) Ltd. F.P. 853 535 vom 26/4.1939, ausg. 21/3.1940. - Ref.C. 1941. I. 1249.

Wasserbeständige, rauchlos brennende Briketts aus Staubkohle. Ellis Corp. & Investments Ltd., übert.von: Hudor Futo. A.P. 2 207 459 vom 10/3.1939, ausg. 9/7.1940. Ung.Prior.16/3. 1938. - Ref.C. 1941. I. 319.

Bemerkungen zu neuen Entwicklungen in der Brennstofftechnik. Hiles, J. und Thompson, J.K. Fuel.Sci.Pract. 18. 161-63, 193-95, 225-27, 257-59, 289-91, 317-19 (1939). - Ref.C. 1940. I. 1451.

Verfahren zum Vorbereiten von Brikettgut. Hazelzet, L.L.J. D.R.P. 653 953 Kl. 10b vom 19/8.1933, ausg. 7/10.1937.

Verfahren zum Brikettieren von Steinkohle. Dau, Hugo & Co. D.R.P. 622 964 Kl. 10b vom 23/1.1932, ausg. 10/12.1935.

Kartoffelstärkemehl ein Motorentreibstoff? Knoblich, G. Z.Spiritusind. 58. 67 (1935). - Ref.C. 1935. II. 951.

Bindemittel für Briketts. Crossman, F.M. A.P. 1 752 838 vom 5/12. 1924, ausg. 1/4.1930. - Ref.C. 1930. II. 2086.

Verbesserung des Aussehens von Anthracit. Delaware, Lackawanna & Western Coal Co., übert.von: N.R. Landon. A.P. 1 748 384 vom 25/2.1929, ausg. 25/2.1930. - Ref.C. 1930. II. 1170.

Verfahren zum Brikettieren von Kohlenstaub und anderen Brennstoffen. Boistesselin, Henri du. D.R.P. 423 798 Kl. 10b vom 20/5.1924, ausg. 9/1.1926.

47. Verschiedene Industrien und Gewerbe

471. Bauwirtschaft, Baumaterialien, Feuerschutzmassen
472. Landwirtschaft (Boden, Schädlinge)
473. Klär- und Flockungsmittel, Wasserreinigung (Abwasser)
474. Kunstfaser-Spinnerei
475. Filmherstellung - Patente
476. Überzüge, Lacke
477. Druckerei
478. Gerberei
479. Photographie

471. Bauwirtschaft, Baumaterialien, Feuerschutzmassen

(Auch feuerfeste, feuersichere Stärke)

Stärke enthaltende Bindemittel. Corn Products Co. (Erfinder: Satterthwaite, R.W.). D.A.S. 1 184 290 ausg. 23/12.1964. A.Prior. 28/9.1961. - Ref.C.A. 62. 12877e (1965).

Masse mit hohem Al_2O_3-Gehalt für feuerfeste Baustoffe. Gelman, W.A. und Ssemenowa, S.Ss. UdSSR.P. 165 974 vom 25/11. 1963., ausg. 26/10.1964. - Ref.C.A. 62. 6243a (1965).

Die Anwendung einer Dextrinlösung als Klebemittel für feuerfeste Schamottemassen. Gorbatenko, T.I. und Ptitzyna, N.I. Glas u. Keramik (russ.) 20. Nr.10. 42-43 (1963).

Verbesserung von Isolierplatten und geformten Zellstoffprodukten durch geringen Zusatz von Dialdehydstärke. Naffziger, T.R., Hofreiter, B.T. und Rist, C.E. Tappi 45. 745-50 (1962). - Ref.Stärke 15. 39, 231 (1963), C. 1963. 19051.

Vorläufige organische Binder für keramische Massen. Levine, S. Ceram.Age 75. Nr.1. 39-40, 42. Nr.2. 25-28, 32-36 (1960). - Ref.C. 1963. 18612.

Herstellung faserhaltiger Zementwaren. Hadibandhu, Behera. Ind.P. 66 043 vom 8/12.1958, ausg. 29/6.1960. - Ref.C. 1963. 12182.

Trockenzementmischung, die Cellulose-Dickungsmittel, gequollene Stärke, Polyvinylalkohol und Polyvinylacetat enthält. United States Gypsum Co. (Erfinder: Ptasienski, M.P. und Gill, J.W.). A.P. 3 003 979 ausg. 5/12.1958. - Ref.C.A. 56. 1160b (1962).

Feuerhemmende Überzugsmassen. Urbanek, J. E.P. 864 099 vom 5/3. 1958, ausg. 29/3.1961. - Ref.C. 1963. 4541.

Herstellung feuerfester Produkte. Robert Charles Marie Blondel. F.P. 1 207 047 vom 30/5.1958., ausg. 12/2.1960. - Ref.C. 1963. 20571.

Erhöhung der Rohbruchfestigkeit von Kaolinen. Badische Anilin- u. Soda-Fabrik AG. (Erfinder: Claren, O.B. und Drexler, F.). D.A.S. 1 098 430 Kl. 80b vom 11/6.1958., ausg. 26/1.1961. - Ref.C. 1961. 17714.

Mörtel für Anlage elektrischer Apparate. Drummond, H. Can.P. 565 290 ausg. 28/10.1958. - Ref.C.A. 53. 5634d (1959).

Herstellung von Verputz. Busatti, V.G. A.P. 2 833 660 ausg. 6/5. 1958. - Ref.C.A. 52. 14130i (1958), C. 1959. 12972.

Wasserdichter Beton. Fisher, G. E.P. 812 025 vom 18/7.1956, ausg. 15/4.1959. - Ref.C. 1960. 15877.

Leicht-Gipsplatten. Bailly, F.H. A.P. 2 882 175 vom 10/9.1956, ausg. 14/4.1959. - Ref.C. 1961. 2407.

Dichtmachen von Gips. Renucci, J.A. F.P. 1 157 607 vom 24/9.1956, ausg. 2/6.1958. - Ref.C. 1959. 11382.

Gegen Feuchtigkeit und Feuer widerstandsfähiger Isolierkörper und Verfahren zu seiner Herstellung. Corn Products Refining Co. (Gogek, Ch.J.). D.B.P. 1 023 389 Kl. 80b vom 18/8.1955, ausg. 10/7.1958. - Ref.Stärke 10. 264 (1958).

Feuerschutzanstrichmittel. Armstrong Cork Co., übert.von: L.W. Eckert. A.PP. 2 632 741, 2 632 742 u. 2 632 743 vom 19/1.1952, ausg. 24/3.1953. - Ref.C. 1955. 1348.

Feuerschutzmittel. Monsanto Chemical Co., übert.von: Wilson, I.V. und Marotta, R. A.P. 2 702 283 vom 31/8.1950, ausg. 15/2.1955.

Herstellung von Feuerlöschschaum. Roxendorff, N. Schwed.P.135 811 vom 15/2.1950, ausg. 20/5.1952. - Ref.C. 1953. 6326.

Stärkeprodukt. Hart, W.H. A.P. 2 585 651 vom 2/3.1949, ausg.12/2. 1952. - Ref.C. 1953. 5241.

Herstellung von Platten und Formteilen aus Stroh- oder Holzmehl. Seidel, K. D.B.P. 825 746 Kl. 39b vom 2/8.1949, ausg. 20/12. 1951. - Ref.C. 1952. 5017, C.A. 49. 6653i (1955).

Herstellen von Bauwerkstoffen mit Naturholzeigenschaften. New England Box Co., übert.von: H.E. Bowers. A.P. 2 548 095 vom 10/1. 1948, ausg. 10/4.1951. - Ref.C. 1952. 2241.

Herstellung von Gußstücken aus Gips. U.S.Gypsum Co., übert.von: J.K. Wise. A.P. 2 517 070 vom 26/3.1948, ausg. 1/8.1950. - Ref.C. 1951. II. 1046.

Wandisoliermasse. United States Gypsum Co., von: J.K. Wise. A.P. 2 581 058 vom 21/7.1947, ausg. 1/1.1952. - Ref.C. 1953. 1545.

Herstellung gipshaltiger Massen. Badische Anilin- u. Soda-Fabrik (Erfinder: W.Chorbacher u. J. Beck). D.B.P. 837 822 Kl. 80b vom 27/6.1943, ausg. 2/5.1952. - Ref.C. 1953. 117.

Herstellung von feuerfestem Material für den Bau von Öfen. Carraro, C. It.P. 395 240 vom 15/1.1942. - Ref.C. 1944. II. 888.

Herstellung und Anwendung feuerfester Stärken. Henk, H.J. Seifensieder-Ztg. 66. 141 (1939). - Ref.C. 1939. I. 4135.

Plastifizierungsmittel für Mörtel. Honorary Advisory Council For Scientific and Industrial Research. E.P. 521 293 vom 12/11.1938, ausg.13/6.1940. - Ref.C. 1941. I. 2304.

Wärmeisolierendes Material. Vereinigte Korkindustrie AG. E.P. 491 428 vom 17/2.1938, ausg. 29/9.1938. D.Prior. 17/2.1937. - Ref.C. 1939. I. 502.

Poröser Beton. Johns.Manville Corp., übert.von: W.R. Seigle. Can.P. 373 374 vom 8/4.1937, ausg. 26/4.1938. - Ref.C. 1938. II. 1469.

Gipsmischung. Canadian Gypsum Co., Ltd., übert.von: T.P. Camp. Can.P. 371 292 vom 28/5.1937, Auszug veröff. 18/1.1938. A.Prior. 20/6.1936. - Ref.C. 1938. I. 4368.

Feuerschützende Anstrichmasse für Holz oder andere brennbare Gegenstände. Rütkerswerke AG. D.R.P. 675 998 Kl. 38h vom 26/6.1934, ausg. 23/5.1939. - Ref.C. 1939. II. 1207.

Flammensichere Stärkemasse. Victor Chemical Works, übert.von: Lewis D. Mathias. A.P. 1 501 911 vom 27/12.1921, ausg. 22/7. 1924. - Ref.C. 1924. II. 2300.

Feuerfeste Stärke. Roßmann. Z.Spiritusind. 34. 387 (1911).

Feuerfeste Stärke. Jarman, A.J. Sci.American. 103. 364-365 (1910). - W.Ref. 2486.

Feuerfeste Stärke. Sci.American 50. 73 (1884). - W.Ref. 2468.

Feuersichere Stärke. Gintl, W.F. Dtsch.Industrie-Ztg. 1874. 375-376. - W.Ref. 2454.

472. Landwirtschaft (Boden, Schädlinge) (Schädlingsbekämpfungsmittel, Insektizide)

Verhalten der einzelnen Formen der Bodenactinomyceten gegenüber verschiedenen Kohlenstoffquellen beim Wachstum auf Nitrat- und molekularem Stickstoff. Fedorow, M.W. und Iljina, T.K. Mikrobiologie (russ.) 29. 495-500 (1950). - Ref.C. 1961. 13963.

Eine Untersuchung der Mikroflora einiger indischer Böden mittels Anreicherungskulturmethoden. Khambata, S.R., Iyer, V., Iyer, R.V., Bhat, M.G. und Bhat, J.V. Indian J.agric.Sci. 30. 91-105 (1960). - Ref.C. 1962. 8387.

Wirkung von Beta-Amylose-Trijodid (Fertidyne) auf die Bodenfruchtbarkeit. Samuels, G. und Gonzáles-Vélez, F. J.Agric.Univ. Puerto Rico 46. 175-82 (1962). - Ref.C. 1965. 41-2373.

Asparagintest in Beziehung zum Stickstoff-Ernährungszustand von Getreidepflanzen. 5. Mitt. Reis. Singh, M., Kumazawa, K. und Mitsui, S. Soil Plant Food (Tokyo) 6. 86-90 (1960). - Ref.C. 1962. 14570.

Einfluß von Kalziumphosphat in Verbindung mit organischen energiereichen Materialien auf die Boden-Konduktivität und den -pH-Wert. Sharma, S.S. und Bhattacharya, A.K. J.Univ.Saugar, Sect. A 8. Nr.8. 1-5 (1959). - Ref.C.A. 57. 1311f (1962).

Äthanolamid-Fungizide. J.R. Geigy AG. E.P. 804 186 ausg. 12/11. 1958. - Ref.C.A. 53. 4643i (1959).

Bodenverbesserung durch Erhöhung der Aktivität der Bodenmikroorganismen. I.B.C. Research Laboratories, Inc. (Erfinder: Minto, W.L.). Aust.P. 228 303 vom 16/10.1957, ausg. 16/6.1960. A.Prior. 6/11.1956. - Ref.C. 1963. 12567.

Fixierung von atmosphärischem Stickstoff. 1. Mitt. Versuche in Sand mit und ohne Zugabe von Stroh oder Stärke und in Stroh allein unter sterilen und nicht sterilen Bedingungen in Licht und Dunkelheit. Bjälfve, G. Kungl.Lantbrukshögskolans Ann. 22. 193-217 (1956). - Ref.C. 1961. 5850, C.A. 51. 3900c (1957).

Einführung von Insektiziden unter der Erdoberfläche. Pest Control Ltd. (Erfinder: Hartley, G.S.). A.P. 2 759 300 ausg. 21/8.1956. - Ref.C.A. 51. 2226c (1957).

Verfahren zum Stabilisieren von Ackerboden mit einer wäßrigen Lösung von kaltquellender Stärke und einem Kunstharz. N.V.W.A. Scholten's Chemische Fabrieken. A.P. 2 957 834 vom 22/3.1954, ausg. 25/10.1960. Holl.Prior. 23/3.1953. - Ref.Stärke 14. 384 (1962).

Einführen abgemessener Mengen innertherapeutisch wirkender Insekticide in den Erdboden. Pest Control Ltd. Belg.P. 530 836 vom 31/7.1954., ausg. 25/10.1957. E.Prior. 1/9.1953 u. 21/7.1954. - Ref.C. 1959. 10042.

Untersuchung des Haftens von abstoßenden Pulvern an Maiskorn. Faure, R. und Giban, J. Ann.Inst.nat.Rech.agronom., Ser.C 5. 301-10 (1954). - Ref.C. 1956. 14476.

Bodenverbesserung durch Stärke. N.V.W.A. Scholten's Chemische Fabrieken (Erfinder: Moeller, F.A. und Lolkema, J.). Holl.P. 98 116 ausg. 17/6.1953. - Ref.C.A. 56. 1790e (1962).

In Wasser dispergierbares Schädlingsbekämpfungsmittel. United States of America, übert.von: A.M. Altschul u. L.E.Castillon. A.P. 2 563 808 vom 11/7.1950, ausg. 14/8.1951. - Ref.C. 1952. 5965.

Schädlingsbekämpfungsmittel. Ciba Ltd., übert.von: M.Geiger u. E. Usteri u. A. Rupert. A.P. 2 547 261 vom 13/8.1948, ausg. 3/4. 1951. Schwz.Prior. 15/8.1947. - Ref.C. 1952. 7081.

Mittel zum Stabilisieren des Bodens. Scholten's Chemische Fabrieken, N.V.W.A. (Erfinder: Möller, F.A. und Lolkema, J.). D.R.P. 963 690 Kl. 16 vom 24/3.1954, ausg. 9/5.1957. Anmeldung bekannt gemacht 8/11.1956. Holl.Prior. 23/3. und 17/6.1953. - Ref.C. 1957. 13465.

Die Zersetzung von organischer Substanz in Beziehung zur Bodenfruchtbarkeit in ariden und semiariden Regionen. Oberholzer, P.C.J. Soil Sci. 42. 359-79. - Ref.C. 1938. II. 2329.

Herstellung fungicider und insekticider Pflanzenschutzmittel. Soc.An.Maison Antoine Baud. F.P. 43 732 vom 27/4.1933, ausg. 9/8.1934. Zusatz zu F.P. 749 521. - Ref.C. 1936. I. 1946.

Herstellung von Fungiciden und Insekticiden für den Pflanzenschutz. Soc.An. Maison Antoine Baud. F.P. 749 521 vom 25/1. 1933, ausg. 25/7.1933. - Ref.C. 1934. II. 2124.

Die Wirkung organischer Substanzen auf den Boden-Umsatz. Stephenson, R.E. Soil Sci. 6. 413-439 (1918). - Ref.C.A. 13. 1611 (1919), W.Ref. 2529.

Durch den Zusatz von Kohlenhydraten hervorgerufene Veränderungen im Erdboden. Hutchinson, H.B. und Marr, F.S. 7. Int.Congr. appl.Chem., London, Trans., Sect. 7. 37-41 (1909). - W.Ref.2483.

473. Klär- und Flockungsmittel, Wasserreinigung (Abwasser)

Bedeutung der Degradation der Stärke im Bayer-Verfahren. 4. Mitt. Die Rolle der organischen Stoffe des Bauxits und der Stärke bei der Zunahme der C-Zahl des Laugensystems. László, E., Lux, A. und Holló, J. Stärke 18. 188-193 (1966).

Bedeutung und Degradation der Stärke im Bayer-Verfahren. 2. Mitt. Ursache der Verminderung der Absetzwirkung. Holló, J., László, E. und Szejtli, J. Stärke 16. 167-69 (1964). - Ref.C. 1965. 13-2185.

Bedeutung und Degradation der Stärke im Bayer-Verfahren. 1. Mitt. Die Wirkung der Stärke. Holló, J., Szejtli, J., László, E., Gantner, G.S., Tóth, Zs., Huszár, J. und Lux, A. Stärke 16. 118-22 (1964). - Ref.C. 1965. 13-2184.

Ausflockung in der Zuckerindustrie. Gawrych, S. und Oglaza, I. Gaz.Cukrownicza 72. 281-83 (1964). - Ref.C.A. 63. 779a (1965).

N-Alkyl-N-Methyloltriazon-Derivate von Stärke als Flockungsmittel für Abwasser. Pennsalt Chemicals Corp. (Erfinder: Nevers, A.D.). A.P. 3 157 594 vom 6/9.1963., ausg. 17/11.1964. - Ref.C.A. 62. 3796g (1965).

Fällung von Phosphorproteinen. Miles Laboratories, Inc. F.P. 1 315 769 ausg. 25/1.1963. - Ref.C.A. (M.) 59. 1829b (1963).

Kationische quaternäre Ammonium-Stärkeäther als Flockungsmittel. Corn Products Co. (Erfinder: Paschall, E.F. und Minkema, W.H.). A.P. 2 995 513 ausg. 8/8.1961. - Ref.C.A. 55. 26489a (1961).

Flockung von Schlämmen durch Nichtionenpolymere und Polykationenelektrophorese. Liwschitz, A.K. und Gabrijelowa, L.I. Berg-J. (russ.) 1960. Nr.2. 67-70. - Ref.C. 1961. 7343.

Einfluß von Stärke auf die Klärung und Filtrierbarkeit von Rohzucker-Lösungen. Nicholson, R.I. Proc. 10th Congr.int.Soc. Sugar Cane Technologists, Hawaii 1959. 213,21. - Ref.C.A. 55. 12897g (1961).

Die Koagulierung von Kohlenschlamm. Preĭgerson, G.I. Koks u.Chem. (russ.) 1959. Nr.1. 17-20. - Ref.C.A. 53. 7555i (1959).

Abscheidung kolloidal dispergierter Teilchen aus Abwässern. Union Chimique Belge Soc.An. Holl.P. 94 941 vom 21/1.1958, ausg. 15/7.1960. Belg.Prior. 21/1.1957. - Ref.C. 1961. 15159.

Beschleunigte Sedimentation von Kohlenschlämmen durch organische Flockungsmittel. Mielecki, T. und Przezdzik, E. Prace Glównego Inst.Górnictwa 214B. 12 S. (1958). - Ref.C.A. 53. 9614g (1959).

Ausflockung feiner Partikelchen durch Stärkeäther. National Starch and Chemical Corp. (Erfinder: Caldwell, C.G., Wurzburg, O.B. u. Sun, S.-C.). A.P. 2 975 124 vom 28/8.1957, ausg. 14/3.1961. - Ref.Stärke 14. 435 (1962), C. 1963. 5973.

Ausflockung, Absetzen und Filtration von Phosphatschlämmen. 4.Mitt. Flockung durch Dextrin und Polyelektrolyten und ihr Einfluß auf die Filtrationsgeschwindigkeit. La Mer, V.K., Smellie, R.H. jr. und Lee, Pui-Kum. J.Colloid Sci. 12. 230-39 (1957). - Ref.C.A. 51. 10812b (1957).

Zusatz von Flockungsmitteln zur Verbesserung der Behandlung von Eckerwasser. Wiederhold, W. und Hiebenthal, F. Gas- u.Wasserfach 98. 225-28 (1957). - Ref.C.A. 51. 8338d (1957).

Hochmolekulare Koagulantien. 1. Mitt. Die Sedimentation beschleunigende Kapazität von wasserlöslichen Polymeren für suspendierte Teilchen. Shikazono, N., Sasaki, S. und Maeda, K. Rep.Goverment chem.ind.Res.Inst., Tokyo 52. 149-56 (1957). - Ref.C.A.52. 808c (1958), C. 1959. 9488.

Vorgänge bei der Klärung des Waschwassers und ihre Beeinflussung durch synthetische Klärmittel. Drexler, F. Glückauf 92. 1023-28 (1956). - Ref.C. 1957. 12866.

Aufbereitung von durch Ausflockung verunreinigtem Wasser. Koeck,H. Ann Mines Belgique 1956. Juni, Nr. 114-21. - Ref.C.A. 50. 13344g (1956), C. 1957. 4222.

Flockung, Absitzen und Filtration von Phosphatschlämmen. 2. Mitt. Stärken als Agenzien zur Verbesserung von Flockung, Absitzen und Filtration von Phosphatschlämmen. La Mer, V.K. und Smellie, R.H. J.Coll.Sci. 11. 710-19 (1956). - Ref.C. 1958. 1215, C.A. 51. 5342d (1957).

Ausflockung, Absetzen und Filtration von Phosphatschlämmen. 1.Mitt. Allgemeines. La Meer, V.K. und Smellie, R.H. J.Colloid Sci. 11. 704-09 (1956). - Ref.C. 1958. 1215, C.A. 51. 5342c (1957).

Ausflocken von Abwässern. Monsanto Chemical Co. (Erfinder: Malinowski, T.P.). A.P. 3 001 933 vom 19/12.1955, ausg. 26/9.1961. - Ref.C. 1963. 21315.

Verfahren zur Verminderung des biochemischen Sauerstoffbedarfs (BSB) stärkehaltiger Abläufe durch Zusatz von substituierter Stärke. Hercules Powder Co. (Erfinder: Batdorf, J.B.). A.P. 2 865 853 vom 16/6.1955, ausg. 23/12.1958. - Ref.C.A. 53. 6498f (1959), C. 1962. 1366.

Bleichlösung. Tsurumi Soda Co. (Erfinder: Suzuki, O. und Fukunaga, T.). Japan.P. 4 320 ('55) ausg. 24/6.1955. - Ref.C.A. 51. 13269b (1957).

Hilfsmittel zur Schlammabscheidung. Pechiney Comp. de Chimiques et Electrométallurgiques. F.P. 1 115 182 vom 30/11.1954, ausg. 20/4.1956. - Ref.C. 1957. 3102.

Wasserbehandlungs- und Reinigungsmittel. Bonewitz Chemicals, Inc. (Erfinder: Bonewitz, P.W., Fults, E.H. und Hockett, S.W.). A.P. 2 826 552 vom 19/2.1954, ausg. 11/3.1958. - Ref.C. 1961. 11849.

Über den Mechanismus der aggregierenden Wirkung von Mehl oder Stärke auf das disperse System Rotschlamm in Aluminatlösung. Dvornik, I. und Herrmann, E. Kolloid-Z. 128. 75-86. 129. 53 (1952). - Ref.C. 1953. 3531.

Koagulieren von flüssigen Suspensionen von Asbest. Eaton, S.E. und Harford, Ch.G. A.P. 2 593 125 vom 15/4.1952. - Ref.C.A. 46. 5748d (1952).

Kolloidchemische Probleme bei der Trennung des Rotschlamms von der Aluminatlösung im Rahmen des Bayer-Verfahrens. Herrmann, E., Dvornik, I., Korelič, O. und Matkovič, V. Kolloid-Z. z.Z.verein.Kolloid-Beih. 123. 22-23 (1951). - Ref.C. 1952. 3228, C.A. 46. 10066a (1952).

Trockene Flockungsmittel. Unifloc Reagents Ltd., John Oswald Samuel u. Geraint Hopkins. E.P. 636 553 vom 23/4.1948, ausg. 3/5.1950. - Ref.C. 1953. 8175.

Enthärten von Wasser. Imperial Chemical Industries Ltd. u. Manning, G.H. E.P. 566 394, ausg. 15/12.1944. - Ref.C. 1948. I. 149.

Entfernung der organischen Verunreinigungen aus wässerigen Lösungen. Meijer's Dextrifabrieken, O.J., N.V. F.P. 876 930 vom 9/10.1941, ausg. 23/11.1942. Holl.Prior. 8/11.1940, 9/1. und 26/4.1941. - Ref.C. 1943. I. 1528.

Entfernung von suspendierten Teilchen aus Wasser mit Kaltwasserpaste. Scholten's Chemische Fabrieken, N.V.W.A. Holl.P.51 552, ausg. 15/12.1941. - Ref.C. 1948. I. 149.

Reinigen von Wasser. Scholten's Chemische Fabrieken, N.V.W.A. F.P. 851 549 vom 13/3.1939, ausg. 10/1.1940. - Ref.C. 1940. II. 1489.

Ausscheidung von kolloidal suspendierten Stoffen aus Wasser. Scholten's Chemische Fabrieken, N.V.W.A. Belg.P. 433 186 vom 10/3.1939, ausg. Holl.Prior. 26/3.1938. - Ref.C. 1940. I. 2043.

Die Klärung des Abwassers der Kohlewäsche. Iterson, F.K.Th.van. Kon.Akad.Wetensch.Amsterdam, Proc. 41. 81-94 (1938). - Ref.C. 1939. I. 4101.

Einfluß einiger Faktoren bei der Verwendung von Stärke als Beschleuniger für das Absetzen des Schlammes bei der Herstellung von Lauge bei der Kalkmethode. Charmandarjan, M.O. und A.W. Petrow. Chem.J.Ser.B.J.angew.Chem.(russ.) 9. 34-36 (1936). - Ref.C. 1936. II. 1990.

Ausflocken von suspendierten festen Stoffen aus Abwässern, Kohlewaschwässern, Tonsuspensionen und dergleichen. Francis, F.G. E.P. 481 499 vom 6/6.1936, ausg. 7/4.1938. - Ref.C. 1938. II. 566.

Trennen von dispergierten und suspendierten Stoffen. Oswald, John, Samuel & Unifloc Reagents Ltd. E.P. 450 032 vom 25/5.1935, ausg. 6/8.1936. - Ref.C. 1937. I. 2419.

Entfernen von dispergierten Stoffen aus Flüssigkeiten. Unifloc Reagents Ltd. N.P. 57 277 vom 1/5.1935, ausg. 2/11.1936. - Ref.C. 1937. I. 1493.

Fabrikversuche der Stärkeverwendung zur Fällung des Schlammes bei der Kalkmethode. Petrow, W. Ukrain.chem.J.(ukrain.) 8. wiss.-techn. Teil 89-94 (1933). - Ref.C. 1934. II. 489.

Kaustizieren von Soda mit Kalkmilch. Ukrainski institut prikladnoi chimii, USSR (Erfinder: M.O.Chamardarjan u. A.W. Petrow). Russ.P. 42 499 vom 11/7.1930, ausg. 31/3.1935. - Ref.C. 1935. II. 3689.

Verwendung von Seifen und Leimen zu Klärung von Mutterlaugen. Walter, Jacques. Bull.soc.ind.Mulhouse 92. 188-92 (1926). - Ref.C. 1926. II. 928.

Beitrag zum Studium der Flockung von Mastixsuspensionen. Boutaric, A. J.chim.physique 23. 851-70 (1926). - Ref.C. 1927. I. 1800.

Die Koagulation anorganischer Suspensoide durch Emulsoide. Clayton, W. Kolloid-Z. 28. 233-235 (1921). - Ref.C.A. 15. 2571 (1921), W.Ref. 1273.

474. Kunstfaser-Spinnerei

Eine wäßrige Polyvinyl-Alkohollösung, die ein unlösliches Stärkederivat enthält, und ein Verfahren zur Herstellung von Fasern daraus. Kurashiki Rayon Co., Ltd. and Air Reduction Co. Inc. (Erfinder: Fukushima, O. und Matsubayashi, K.). A.P. 3 067 152 ausg. 4/12.1962., Japan.Prior. 26/5.1959. - Ref.C.A.(M.) 58. 5825g (1963).

Regenerierte Cellulosefasern mit verbesserter Färbbarkeit. Kurashiki Rayon Co., Ltd. (Erfinder: Fukushima, O.). A.P. 3 066 032 ausg. 27/11.1962., Japan.Prior. 26/5.1959. - Ref.C.A.(M.) 58. 6967b (1963).

Herstellung von Polyvinylalkoholfäden. Kurashiki Rayon Kabushiki Kaisha. E.P. 891 557 vom 25/11.1959., ausg. 14/3.1962. Japan. Prior. 7/4.1959. - Ref.C. 1963. 4927.

Herstellung von Polyvinylalkoholfäden. Kurashiki Rayon Kabushiki Kaisha. E.P. 888 276 vom 19/5.1959., ausg. 31/1.1962. Japan. Prior. 26/5.1958. - Ref.C. 1963. 4927.

Polyvinylalkohol-Fasern mit gleichmäßigem Querschnitt und verbesserter Farbstoff-Affinität. Kurashiki Rayon Co., Ltd. (Erfinder: Tanabe, K., Suda, T., Miyazaki, S. und Ohsugi, T.). Japan.P. 8 565 ('60) vom 26/5.1958., ausg. 5/7.1960. - Ref.C.A. 57. 6166e (1962).

Verfahren zur Herstellung von Fäden oder Fasern aus Polyacrylnitril und bzw. oder seinen Mischpolymerisaten mit guten färberischen Eigenschaften. Soc. Generale Montecatini. D.A.S. 1 054 956 vom 5/2.1957, ausg. 9/4.1959. - Ref.Stärke 11. 337 (1959).

Herstellung von Textilien. Cerini, L. F.P. 1 093 232 vom 15/2. 1954, ausg. 2/5.1955. It.Prior. 25/6.1953. - Ref.C. 1957. 2884.

Künstliche Fäden aus Stärkeprodukten. Horsak, D. A.P. 2 570 449 vom 4/1.1947, ausg. 9/10.1951. - Ref.C. 1953. 1107, C.A. 46. 3784e (1952).

Fäden, Fasern, Bänder und Filme aus Stärke, Mais, Kartoffeln, Soja oder Reis. Horsak, D. Schwz.P. 269 799 vom 7/1.1947, ausg. 16/10.1950. Tschech.Priorr. 19/1. und 16/12.1946. - Ref.C.1951. I. 3285.

Spinnen von Glaswolle. Honda, S. und Jimme, K. Japan.P. 173 804 vom 5/10.1946. - Ref.C.A. 46. 2770h (1952).

Die Verwendung von Glucose (Corn Sugar) bei der Herstellung von Viscoseseide. Vollrath, H.B. Rayon Melliand Text.Monthly 17. 244-45 (1936). - Ref.C. 1936. II. 2051.

Die Verwendung von Glucose (Corn Sugar) bei der Herstellung von Viscoseseide. Vollrath, H.B. Rayon Melliand Text Monthly 17. 306-07. 357-59. 362 (1936). - Ref.C. 1936. II. 3379.

Herstellung von Cellulosefäden aus Viscose. Eckert, P. D.R.P. Zweigstelle Österreich 155 696 Kl. 29b vom 27/5.1935, ausg. 10/3.1939. - Ref.C. 1939. II. 770.

Herstellung von matten, künstlichen Fäden, Bändern, Stroh u.dgl. aus Cellulosederivaten. British Celanes Ltd. E.P. 443 060 vom 2/5.1935, ausg. 19/3.1936. A.Prior. 2/5.1934. - Ref.C. 1936. II. 1278.

Beitrag zum Studium einer Methode zur Herstellung künstlicher chemischer Textilien und plastischer Massen aus einem Gemisch von Cellulose- und Stärkexanthogenat in alkalischer Lösung. Bourgois, J. Rev.univ.Soie Textiles artific. (Rusta Rayonne) 10. 625-29, 687-93, 751-59 (1935). - Ref.C. 1936. I. 2247.

Beitrag zum Studium einer Methode zur Herstellung künstlicher, chemischer Textilien und plastischer Massen aus einem Gemisch von Cellulose und -Stärkexanthogenat in alkalischer Lösung. Bourgois, J. Rev.univ.Soie Textiles artific (Rusta Rayonne) 10. 365-67, 491-97, 559-65 (1935). - Ref.C. 1936. I. 1544.

Beitrag zum Studium einer Methode zur Herstellung künstlicher chemischer Textilien und plastischer Massen aus einem Gemisch von Cellulose- und Stärkexanthogenat in alkalischer Lösung. Bourgois, J. Rev.univ.Soie Textiles artific (Rusta Rayonne) 10. 219-25, 289-95 (1935). - Ref.C. 1935. II. 2603.

Beitrag zum Studium einer Methode zur Herstellung künstlicher chemischer Textilien und plastischer Massen aus einem Gemisch von Cellulose- und Stärkexanthogenat in alkalischer Lösung. Bourgois, J. Rev.univ.Soie Textiles artific (Rusta Rayonne) 10. 5-11, 71-77, 141-45 (1935). - Ref.C. 1935. I. 3870.

Beitrag zum Studium eines Verfahrens zur Herstellung künstlicher Textilien und plastischer Massen aus einem Gemisch von Cellulose- und Stärkexanthogenat in alkalischer Lösung. Bourgois, J. Rev.univ.Soies et Soies artific.(Russa) 9. 711-15, 793-801, 875-79 (1934). - Ref.C. 1935. I. 1472.

Beitrag zum Studium einer Herstellungsweise von chemischen Textilfasern und künstlichen plastischen Massen aus einer alkalischen Lösung von Cellulose- und Stärkexanthogenat. Bourgois, J. Rev.univ.Soies et Soies artific (Russa) 9. 635-39 (1934). - Ref.C. 1935. I. 648.

Zur Frage der Quellung von Sulfitcellulose. Scharkow, W.I. J.angew.Chem.russ.: Shurnal prikladnoi Chimii 2. 753-73 (1929). - Ref.C. 1930. I. 2824.

Herstellung von Kunstseide. Léon, Maurice und Harben's (Viscose Silk Manufactures) Ltd. F.P. 668 004 vom 25/1.1929, ausg. 26/10.1929. E.Prior. 28/11.1928. - Ref.C. 1930. I. 921.

Verfahren zur Herstellung von Faserstoff aus den Rückständen bei der Stärkegewinnung aus Kartoffeln. Ubbelohde, A. D.R.P.514 298 Kl. 55b vom 17/7.1928, ausg. 10/12.1930. - Ref.C. 1931. I. 1029.

475. Filmherstellung - Patente

(Auch Fäden und andere Artikel. Vgl. auch "Kolloidchemie, Stärke-Filme und -Fäden": 855)

Transparente wasserlösliche Filme. Ledoga, S.p.A. Belg.P.649 517 ausg. 16/10.1964. It.Prior. 20/6.1963. - Ref.C.A. 63. 13528f (1965).

Wärmeisolierende, durch Wasser aktivierbare Stärkefilme. National Starch and Chemical Corp. (Erfinder: Wurzburg, O.B. und Herbst, W.). A.P. 3 071 485 ausg. 1/1.1963. - Ref.C.A.(M.) 58. 7022d (1963), Ref.J.Chem.(russ.) 1964. 24 R320, C. 1965. 31-2975.

Polysaccharidfilme. American Machine & Foundry Co. (Erfinder: Rosenberg, S. und Bandel, D.). A.P. 2 988 455 ausg. 13/6.1961. - Ref.C.A. 55. 22879a (1961), Ref.J.Chem.(russ.) 1962. 23 N397.

Herstellung von Fäden, Folien oder Schläuchen aus Amylose. Wolff & Co. KG. auf Aktien. F.P. 1 248 242 vom 3/2.1960, ausg. 2/3. 1961. D.Prior. 6/2.1959. - Ref.C. 1965. 25/26-3200.

Fäden, Filme und Schläuche aus Amylose. Kalle & Co. AG. E.P.847 431 ausg. 7/9.1960. - Ref.C.A. 55. 6896e (1961).

Gegossene oder gepreßte Artikel aus Amylose. American Viscose Corp. (Erfinder: Kunz, W.B.). A.P. 3 030 667 vom 5/10.1959, ausg. 24/4.1962. - Ref.C.A. 57. 3684e (1962), C. 1965. 44-2823.

Transparente Filme aus Amylose zur Verpackung von Nahrungsmitteln. Coöperatieve Verkoop- en Productievereniging van Aardappelmeel en Derivaten "Avebe" G.A. (Erfinder: Hiemstra, P. und Muetgeert, J.). Holl.P. 88 996 ausg. 15/9.1958. - Ref.C.A. 53. 23020g (1959).

Geformte Artikel aus Amylose. Kalle & Co. AG. F.P. 1 205 436 vom 12/4.1958., ausg. 2/2.1960. D.Prior. 13/4.1957. - Ref.C. 1964. 51-2808.

Verfahren zur Herstellung von Fäden, Folien, Schläuchen u.dgl. aus Amylose oder amylosehaltigen Stärkeprodukten. Kudera, D. A.P. 2 973 243 vom 26/8.1958., ausg. 28/2.1961. - Ref.Stärke 14. 434 (1962), Ref.J.Chem.(russ.) 1962. 7 N332, C. 1963. 19060.

Amylosefilme. Coöperatieve Verkoop- en Productievereniging van Aardappelmeel en Derivaten "Avebe" G.A. (Erfinder: Muetgeert, J. und Hiemstra, P.). A.P. 2 822 581 ausg. 11/2.1958. - Ref.C.A. 52. 8602e (1958).

Verfahren zur kontinuierlichen Herstellung von Fäden, Folien, Schläuchen und ähnlichen Gebilden aus Amylose und/oder amylosehaltigen Kohlenhydraten. Wolff & Co. KG. auf Aktien (Erfinder: Kudera, D.). D.A.S. 1 127 074 Kl. 39b vom 9/8.1957, ausg.5/4. 1962. - Ref.C.A. 57. 2460a (1962), Stärke 15. 230 (1963).

Kontinuierliche Herstellung von Fäden oder Folien aus Amylose. Tefag Etzkorn & Co. Technische Faser GmbH. (Erfinder: Etzkorn, P.). D.A.S. 1 063 325 Kl. 29b vom 31/10.1957, veröff. 13/8. 1959. - Ref.C. 1960. 4393, Stärke 12. 189 (1960).

Herstellung von Amylosefilmen. Coöperatieve Verkoop- en Product. van Aardappelmeel en Derivaten "Avebe" G.A. E.P. 770 089 vom 21/4.1955, ausg. 13/3.1957. Holl.Prior. 22/4.1954. - Ref.C. 1958. 3191.

Verfahren zur Herstellung von Amylosefilmen. Coöperatieve Verkoop- en Productievereniging van Aardappelmeel en Derivaten "Avebe" G.A. (Erfinder: Muetgeert, J. und Hiemstra, P.). D.B.P.1 003 437 Kl. 39b vom 15/4.1955, ausg. 8/8.1957. Holl.Prior. vom 22/4. 1954. - Ref.Stärke 9. 186 (1957), C.A. 54. 6166h (1960).

Gefärbte Stärke in Schlauchform. Cadda, L. und Cadda, C. It.P. 474 314 vom 15/9.1952. - Ref.C.A. 48. 14264i (1954), Stärke 6. 310 (1954).

Flachdruckfolie. Polychrome Corp. Schwz.P. 306 661 vom 6/3.1952, ausg. 1/7.1955. A.Prior. 6/3.1951. - Ref.C. 1958. 9648.

Amylosefilm. United States of America, Secretary of Agriculture, übert.von: I.A. Wolff, H.A. Davis, J.E. Cluskey u. L.J. Gundrum. A.P. 2 608 723 vom 1/8.1950, ausg. 2/9.1952. - Ref.C. 1954.2734.

Amylosefilme. United States of America, übert.von: H.A. Davis, I.A. Wolff u. J.E. Cluskey. A.P. 2 656 571 vom 22/11.1949, ausg. 27/10.1953. - Ref.C. 1955. 706.

Herstellung von transparenten biegsamen Filmen aus Polyvinylalkohol, teilweise verseiftem Polyvinylester. E.I. du Pont, de Nemours u. Co., übert.von: M.V. Noble. A.P. 2 419 281 vom 12/12.1944, ausg. 22/4.1947. - Ref.C. 1947. 1420.

Herstellung von Stärkeblättern. Papierfabrik Oberschmitten W. & J. Moufang AG. Belg.P. 427 320 vom 1/4.1938, ausg.veröff. 24/10. 1938. - Ref.C. 1939. I. 2318.

Stärkelösungen, die nach dem Trocknen ein gegen Wasser widerstandsfähiges Häutchen zurücklassen. Scholten's Chemische Fabrieken, N.V.W.A. F.P. 826 881 vom 20/9.1937, ausg. 12/4.1938. Holl. Prior. 21/10.1936. - Ref.C. 1938. II. 610.

Folien aus Stärke. Levey, H.A. A.P. 2 137 168 vom 20/5.1936, ausg. 15/11.1938. - Ref.C. 1939. I. 3291.

Durchsichtiges, biegsames Blatt für Umhüllungszwecke. Levey, H.A. Can.P. 364 695 vom 7/12.1935, ausg. 9/3.1937. - Ref.C. 1937. II. 1684.

Herstellung von Stärkeabbauprodukten. Deutsche Maizena GmbH. F.P. 771 029 vom 21/6.1933, ausg. 28/9.1934. - Ref.C. 1935. I. 2274.

Folien aus Stärke. International Patents Development Co., übert. von: B. Bochskandl. A.P. 2 070 576 vom 29/6.1933, ausg. 16/2. 1937. D.Prior. 15/4.1931. - Ref.C. 1937. II. 1278.

476. Überzüge, Lacke

(Vgl. auch "Filmherstellung - Patente": 475)

Überzugsmassen. Colorado Fuel and Iron Corp. (Erfinder: Miller, E.P.). Can.P. 634 882 vom 5/5.1960., ausg. 16/1.1962. - Ref.C. 1963. 22123.

Transversale Zerreißfestigkeit von Ton-Stärke-Überzügen. Eames, A.C. Tappi 43. 2-10 (1960). - Ref.C.A. 54. 9292b (1960), C. 1960. 16631, Stärke 14. 153 (1962).

Methoden zur Analyse der physikalischen Struktur von Ton-Stärke-Überzugsfilmen. Kraske, D.J. Tappi 43. 73-82 (1960). - Ref.C.A. 54. 9291g (1960), C. 1961. 342, Stärke 14. 155 (1962).

Witterungsschutz-Überzüge. W.A. Scholten's Chemische Fabrieken N.V. Holl.P. 103 156 vom 22/6.1959, ausg. 15/11.1962. - Ref.C.A. 62. 9357a (1965).

Wäßrige Überzugskombinationen aus "coal acid", Stärke und Weichmachern. Dow Chemical Co. (Erfinder: Rickert, H.B.). A.P. 2 883 300 ausg. 21/4.1959. - Ref.C.A. 53. 14544e (1959).

Pigmentstärke-Überzugsmasse, enthaltend Polyhydroxymethylcarbamoylpolyazaalkan-Harze. American Cyanamid Co. (Ritson, D. und Jen, Yun). A.P. 2 918 438 vom 22/12.1959. - Ref.C.A. 54. 8084c (1960).

Zur Herstellung von Schutzüberzügen verwendbare Stärke. Union Carbide Corp. (Erfinder: Ruskin, S.L.). Aust.P. 229 298 vom 25/6.1958, ausg. 4/8.1960. - Ref.C. 1962. 15444.

Überzug für Mineralfasern mit einem Film für leichtere Handhabung. "Montecatini" Società generale per l'industria mineraria e chimica (Erfinder: Maveri, D. und Serra, F.). It.P. 565 884 ausg. 12/8.1957. - Ref.C.A. 53. 13458i (1959).

Haftendes Bindemittel für mit Silicon behandelte Oberflächen. Th. Goldschmidt AG. (Erfinder: Pietschmann, E.). D.B.P.957 155 Kl. 22i ausg. 31/1.1957. - Ref.C.A. 53. 11896i (1959).

Wäßrige Überzugskombination aus "coal acid" und Stärke für Schutzüberzüge. The Dow Chemical Company. A.P. 2 887 399 vom 27/2. 1957, ausg. 19/5.1959. - Ref.Stärke 13. 181 (1961), C.A. 53. 20838g (1959).

Gemisch, bestehend aus Allylstärke und einem niederen Alkylitaconat. United States of America, as represented by the Secretary of Agriculture (Erfinder: Brown, C.A.). A.P. 2 794 789 ausg. 4/6. 1957. - Ref.C.A. 51. 13419e (1957).

Mit Aceton-Formaldehyd-Reaktionsprodukten überzogene Glasfasern. Harvel Research Corp. A.P. 2 953 478 vom 1/10.1956, ausg.20/9. 1960. - Ref.Stärke 14. 385 (1962), C. 1962. 16538.

Filmgießverfahren. Gevaert Photoproducten N.V. (Erfinder: Serge, P. Hendricxu, Remi Gustaaf Tritsmans. D.B.P. 810 457 Kl. 57b vom 13/12.1949, ausg. 9/8.1951. Belg.Prior. 18/1.1945.- Ref.C.1952. 955.

Wasserunlösliche und -undurchlässige Überzüge. Scholten's Chemische Fabrieken, N.V.W.A. F.P. 967 060 vom 29/5.1948, ausg. 25/10.1950. Holl.Prior. 30/5.1947. - Ref.C. 1951. I. 3571.

Innenüberzüge in Behältern für Paraffin, Asphalt, Nahrungsmitteln. Consolidated Paper Co., übert.von: Manor, Willard. A.P.2 411580 vom 30/9.1943, ausg. 25/11.1946. - Ref.C. 1947. 1336.

Reaktionsprodukte aus ungesättigten Polymeren und Carbothiolsäuren. Pont, E.I. du, de Nemours u. Co., übert.von: Lawrence Marion Ricjards. A.P. 2 420 194 vom 27/12.1943, ausg. 6/5.1947. - Ref.C. 1947. 1509.

Nitrostärke als Lackrohstoff. Kraus, A. Nitrocellulose 38. 152-53. 170-71 (1943). - Ref.C. 1944. II. 76.

Ölfester Überzug. Pulp Products Company, Inc. (Erfinder: Holton, J.H., Wilson, R.B. und Kleinmaier, L.E.). A.P. 2 301 048 vom 9/12.1938, ausg. 3/11.1942.

Lack. Egyptian Lacquer Manufacturing Co., übert.von: Walter Durgin Bowlby. A.P. 2 120 236 vom 7/4.1936, ausg. 14/6.1938. - Ref.C. 1938. II. 4323.

Holzlacke. Egyptian Lacquer Manufacturing Co., übert.von: A.H. White. A.P. 2 143 929 vom 26/6.1936, ausg. 17/1.1939. - Ref.C. 1939. I. 2879.

Emaillacke. Egyptian Lacquer Manufacturing Co., übert.von: R.K. Hazen. A.P. 2 115 020 vom 12/8.1936, ausg. 26/4.1938. - Ref.C. 1938. II. 1495.

Einbrennemaillen auf Grundlage von Nitrostärke. Egyptian Lacquer Manufacturing Co., übert.von: R.K. Hazen. A.P. 2 141 911 vom 12/8.1936, ausg. 27/12.1938. - Ref.C. 1939. I. 2879.

Herstellung eines pulverförmigen Anstrichmittels. Ferdinand Sichel KG. D.R.P. 630 580 Kl. 22g vom 22/11.1932, ausg. 2/6.1936. - Ref.C. 1936. II. 3364.

Verfahren zur Herstellung von Stärkeschichten für Schallaufzeichnungen. Deutsche Maizena GmbH. D.R.P. 571 843 Kl. 42g vom 18/3. 1931, ausg. 6/3.1933. - Ref.C. 1933. I. 3250.

Verfahren zur Herstellung einer nach dem Anrühren mit Wasser zum Aufstreichen geeigneten und nach dem Trocknen eine isolierende Schicht bildende Masse. Neustadt, Guido und Neustadt, Ismar. D.R.P. 487 427 Kl. 22g vom 19/9.1926, ausg. 6/12.1929. - Ref.C. 1930. I. 719.

Mattlack. Goldschneider, F. D.R.P. 165 141 Kl. 22h vom 26/2.1904, ausg. 14/11.1905. - Ref.C. 1906. I. 110.

477. Druckerei

(Druckplatten, Klischees, Walzenmassen)

Herstellung von Druckplatten oder Klischees. International Paper Co. F.P. 1 282 607 vom 12/12.1960, ausg. 12/6.1962. - Ref.C. 1964. 22-2786.

Druckformfolien. Ritzerfeld, W. und Ritzerfeld, G. F.P.1 216 172 vom 11/2.1959., ausg. 22/4.1960. D.Prior. 14/2.1958. - Ref.C. 1962. 2587.

Flachdruckplatte. Fitchburg Paper Co. (Erfinder: Thurlow, J.F.). A.P. 3 016 823 vom 11/6.1958., ausg. 16/1.1962. - Ref.C. 1964. 22-2787.

Flachdruckplatte. Oxford Paper Co. (Erfinder: McKnight, G.S. jun. und Perkins, G.H.). A.P. 3 017 827 vom 29/8.1957., ausg. 23/1. 1962. - Ref.C. 1964. 22-2788.

Material für die Herstellung von Stereotypiematern. Nicoll, L.C. E.P. 819 537 vom 24/10.1956, ausg. 2/9.1959. - Ref.C. 1962. 2609.

Herstellung von Flachdruckklischees oder Flachdruckplatten. Warren, S.D., Co. F.P. 1 136 013 vom 13/9.1955, ausg. 7/5.1957. - Ref.C. 1959. 4661.

Druckplatten. S.D. Warren Co. (Erfinder: Oransky, R.L. und Doggett, T.). Can.P. 561 867 vom 15/1.1954, ausg. 12/8.1958. A.Prior. 17/4.1953. - Ref.C. 1963. 15645.

Ein Verfahren zur Verwendung der Abgänge von Magnesiumchlorid-Stärke-Walzen. Bassin, O.Ja. und Wilentschik, M.N. Polygraph. Betrieb (russ.) 1952. Nr.5. 20-21. - Ref.C. 1955. 8300.

Flachdruckplatte. Polychrome Corp. (Erfinder: Halpern, G. und Gumbinner, R.). Can.P. 633 728 vom 12/3.1952., ausg. 2/1.1962. - Ref.C. 1964. 22-2790.

Versuch zur Anwendung einer Walzenmasse aus Stärke-Harnstoff in der Buchdruckerei "Funke der Revolution". Maglinowskaja, Je.W. Polygraph.Betrieb (russ.) 1952. Nr.4. 18. - Ref.C. 1953. 1251.

Ein Verfahren zur Herstellung von Stärke-Harnstoff-Farbwalzen. Spasski, N.A. Polygraph.Betrieb (russ.) 1951. Nr.3. 31-32. - Ref.C. 1951. II. 3247.

Druckereiwalzen aus einer hitzebeständigen Gießmasse. Tigai, I.M. und Tigai, F.I. Polygraph.Betrieb (russ.) 1951. Nr.3. 30-31. - Ref.C. 1951. II. 3247.

Rationalisierung der Farbwalzenherstellung. Boshko, N.A. Polygraph. Betrieb (russ.) 1950. Nr.3. 25-26. - Ref.C. 1951. II. 1216.

Feuchtmittel für Flachdruckformen. Albrecht, J. und Watter, O. D.R.P. 730 332 Kl. 15 I vom 10/11.1940, ausg. 11/1.1943. - Ref.C. 1943. I. 1721.

Druckwalzen aus einer plastischen Masse. Dorochow, P.K. und Batenina, N.N. Tabak (russ.) 10. Nr.12. 7-8 (1940). - Ref.C. 1941. II. 2025.

Verhinderung des Abschmutzens frischer Drucke. Stein Hall Mfg. Co., übert.von: Gardner, H.F. A.P. 2 235 676 vom 22/9.1939, ausg. 18/3.1941. - Ref.C. 1941. II. 2027.

478. Gerberei

(Insbesondere Anwendung von Dialdehydstärke)

Spektrophotometrische Bestimmung von Dialdehydstärke in Gerbbrühen. Del Pezzo, L. Cuoio-Pelli-Mater.concianti 39. 349-61 (1963). - Ref.C. 1964. 52-3093.

Untersuchungen über die Wiederverwendung von Dialdehydstärke-Gerblösungen zur Vorgerbung von Häuten für Sohlleder. Korn, A.H., Happich, M.L., Naghski, J. und Windus, W. J.Amer.Leather Chemists Assoc. 58. 136-42 (1963). - Ref.C. 1964. 50-2735.

Die Verwendung von Stärkematerialien bei der Gerbung von Schafsleder. Esaulenko, L. und Papazyan, L. Annu.Inst.chim.-technol. (Sofia) 9. 133-42 (1962). - Ref.C.A. 62. 1856d (1965).

Anwendung verschiedener Pasten für die Trocknung von Chromleder. Glusman, G.M. Leder- u.Schuh-Ind.(russ.) 4. Nr.9. 27-29 (1962). - Ref.C.A.(M.) 59. 5378g (1963).

Dialdehydstärke zur Vorgerbung für pflanzlich gegerbtes Sohlleder. Wagoner, J.F., Stemoroski, J.C., Windus, W. und Witham, W.C. J.Amer.Leather Chemists Assoc. 57. 302-17 (1962). - Ref.C.1963. 11875.

Eine Untersuchung der Tannin-Fällung durch Dialdehydstärke-Harnstoff. Simoncini, A. Cuoio-Pelli-Mater.concianti 37. 213-225, 285-311 (1961). - Ref.C.A. 56. 7475c (1962), C. 1963. 9166.

Irreversible Unlöslichkeit von Casein durch Dialdehydstärke. Weakley, F.B., Mehltretter, C.L. und Rist, C.E. Tappi 44. 456-59 (1961). - Ref.Stärke 13. 456 (1961), C. 1962. 8838.

Untersuchungen über die Wechselwirkung von Kollagen mit Dialdehydstärke. Nayudamma, Y., Joseph, K.T. und Bose, S.M. J.Amer. Leather Chemists Assoc. 56. 548-67 (1961). - Ref.C. 1962. 9217.

Gerbversuche mit Dialdehydstärke. Vorläufige Bewertung der Leder. Filachione, E.M., Clark, I.D., Harris, E.H., Fee, J., Witnauer, L.P. und Naghski, J. J.Amer.Leather Chemists Assoc. 56. 200-12 (1961). - Ref.C. 1962. 2603.

Untersuchungen mit Dialdehydstärke-Gerbstoff. Fehér, I. Bőr- es Cipőtechn. (Leder- u.Schuhtechn.) 11. Nr.4. 97-101 (1961). - Ref.C. 1962. 1857.

Stärkederivate zur Verwendung in der Gerberei. Fehér, I. Ung.P. 147 762 ausg. 15/10.1960. - Ref.C.A.(M.) 58. 1658g (1963).

Neuere Untersuchungen über die Aldehydgerbung in den USA. Filachione, E.M. Leder 11. 141-48 (1960). - Ref.C. 1961. 2156.

Schnellgerbverfahren für Sohlenleder. United States of America, Secretary of Agriculture (Erfinder: Beebe, C.W., Happich, M.L., Naghski, J. und Windus, W.). A.P. 3 027 221 vom 16/9.1959., ausg. 27/3.1962. - Ref.C. 1963. 13025.

Die Vorgerbung mit Dialdehydstärke für die Schnellgerbung von Sohlenleder. Beebe, C.W., Happich, M.L., Naghski, J. und Windus, W. J.Amer.Leather Chemists Assoc. 54. 628-39 (1959). - Ref.C. 1960. 16643.

Dialdehydstärke als neuer Gerbstoff. Filachione, E.M. (und Mitarbeiter). Leather Trades' Rev. 128. 446-48 (1958). - Ref.C. 1959. 6007.

Gerben mit Dialdehydstärke. Cole, Kenneth, J. Leather Trades' Rev. 128. 91 (1958). - Ref.C. 1959. 1000.

Gerbversuche mit Dialdehydstärke. Filachione, E.M., Harris, E.H., Fein, M.L., Korn, A.H., Naghski, J. und Wells, P.A. J.Amer. Leather Chemists Assoc. 53. 77-89 (1958). - Ref.C. 1959. 13672.

Füllen von Leder. Diamalt AG. (Erfinder: Hammel, H.). D.B.P. 955 091 Kl. 28a vom 5/2.1955, ausg. 27/12.1956. Anmeldung bekanntgemacht 22/9.1955. - Ref.C. 1957. 10103, Stärke 9. 60 (1957).

Entkälken geäscherter Häute und Blößen. Richert, C.A. D.R.P. (Zweigstelle Österreich) 159 300 Kl. 28b vom 13/5.1938, ausg. 10/8.1940. - Ref.C. 1940. II. 2712.

In Wasser oder Lösungen von Sulfosäuren oder deren Salzen lösliche Kondensationsprodukte aus Ketonen, Oxyketonen oder Oxyaldehyden und aromatischen Oxyverbindungen sowie deren Verwendung zum Gerben tierischer Häute. Badische Anilin- & Sodafabrik. E.P. 189 190 vom 18/8.1921, ausg. 2/12.1922, id.mit F.P.540 495. - Ref.C. 1924. I. 2660.

Herstellung von Gerbmitteln. Société anonyme des Matières Colorantes et Produits Chimiques de Saint-Denis und André Wehl. F.P. 544 253 vom 6/12.1921, ausg. 19/9.1922. - Ref.C. 1924. II. 1652.

Verfahren zur Herstellung von Gerbmitteln. Ockleston, W.H. und Carmichael, T.B. E.P. 167 538 vom 30/4.1920, ausg. 8/9.1921. - Ref.C. 1922. IV 397.

479. Photographie

Stärke für matte photographische Schichten. Leonar-Werke AG. F.P. 1 382 019 vom 11/2.1964., ausg. 11/12.1964. - Ref.C.A. 62. 9975f (1965).

Silber-Verdichtung durch Dextrin-Derivate. Agfa AG. (Erfinder: Himmelmann, W., Moll, F., Posse, R.F., Riebel, A. und Ulrich,H.) D.A.S. 1 189 382 vom 27/12.1963., ausg. 18/3.1965. - Ref.C.A.62. 12645c (1965).

Photoempfindliches Diazo-Material. Keuffel & Esser Co. (Erfinder: Krieger, W.A. und May, L.). A.P. 3 159 487 vom 21/9.1961.,ausg. 1/12.1964. - Ref.C.A. 62. 4819f (1965).

Photographisches Material. Gevaert Photo-Producten N.V. (Erfinder: Pee, P.D. van, Lemmerling, J.T. und Pattyn, H.A.). D.A.S. 1 146 749 Kl. 57b vom 2/11.1961, ausg. 4/4.1963. - Ref.C. 1963. 21781.

Herstellung photographischer Mattschichten. Gevaert Photo-Producten N.V. (Erfinder: Pee, P.D. van, Lemmerling, J.T. und Pattyn, H.A.) D.A.S. 1 128 288 Kl. 57b vom 12/5.1961., ausg. 19/4.1962. Belg.Prior. 6/1.1961. - Ref.C. 1963. 377.

Photographische Halogensilbergelatineemulsion. E.I. du Pont de Nemours & Co. E.P. 897 497 vom 13/6.1960., ausg. 30/5.1962. A.Prior. 10/7.1959. - Ref.C. 1963. 15651.

Silbersalzdiffusionsverfahren. Agfa AG. (Erfinder: Weyde, E.). D.A.S. 1 076 491 Kl. 57b vom 8/1.1959., ausg. 25/2.1960. - Ref.C. 1961. 362.

Härtung von photographischen Gelatineschichten. Gevaert Photoproducten N.V. (Erfinder: Keyser, L.F. de, Gerbaux, R.C. und Vrancken, M.N.). D.A.S. 1 073 305 Kl. 57b vom 8/4.1958., ausg. 14/1.1960. E.Prior. 8/4.1957. - Ref.C. 1960. 15280.

Mattierung photographischer Schichten. Holbe, O., Franck, H. und Schmidt, W. D.P.(DDR) 21 178 Kl. 57b vom 24/3.1958., ausg. 11/4.1961 (Wirtschaftspatent). - Ref.C. 1962. 10711.

Schichtbildende Gemische für Halogensilberdispersionen. Eastman Kodak Co., übert.von: Talbot, R.H. und Priest, W.J. A.P. 2 964 405 vom 8/8.1958., ausg. 13/2.1960. - Ref.C. 1962. 9960.

Material für das Silbersalz-Diffusionsverfahren. Agfa AG. (Erfinder: Weyde, E.). D.A.S. 1 055 953 Kl. 57b vom 20/1.1958., ausg. 23/4.1959. - Ref.C. 1960. 702.

Darstellung von photographischen Silberhalogenid-Emulsionen. I. Mitt. Kornwachstum und die Schutzwirkung von hydrophilen Polymeren auf Silberhalogenid-Solen. Evva, F. Z.wiss.Photogr., Photophysik Photochem. 52. 1-24 (1957). - Ref.C.A. 51. 16158d (1957).

Lichtempfindliches Material für die Diazotypie. Charbs Bruning Co. Inc. (Erfinder: Ferzola, A.J. und Botkin, C.). D.A.S.1 030 180 Kl. 57b vom 1/8.1956, veröff. 14/5.1958. - Ref.C. 1959. 1668.

Vorstrich- und Sensibilisierungsmischung für Diazotypiematerial. Franke, R.H. und Murray, H.D. E.P. 841 131 vom 4/2.1955, ausg. 13/7.1960. - Ref.C. 1962. 19079.

Lichtempfindliche Schichten. Union Biscuit Co. of America (Erfinder: Ritter, W.T., Ragan, R.O. und Trant, R.F.). A.P. 2 916 376 vom 10/2.1955., ausg. 8/12.1959. - Ref.C. 1961. 8175.

Vorstrich für photographisches Rohpapier. Reheis Co., Inc. und Adelphi Research & Mfg. Co., übert.von: Beekman, S.M. und Cipriano, J.F. A.P. 2 964 403 vom 1/9.1955., ausg. 13/12. 1960. - Ref.C. 1962. 10334.

Herstellung von photographischen sensibilisierten "Monopack"-Filmen. Photochemical Co. Ltd. F.P. 1 144 177 vom 17/9.1955., ausg. 10/10.1957. E.Prior. 17/9.1954. - Ref.C. 1959. 11120.

UV-empfindliche Schicht für Bildherstellung ohne Entwicklung. Chalkley, L. A.P. 2 855 303 vom 24/10.1955., ausg. 7/10.1958. - Ref.C. 1959. 17593.

Diazotypiematerial. General Aniline & Film Corp. It.P. 515 965 vom 15/4.1954., A.Prior. 10/2.1954. - Ref.C. 1962. 17992.

Schutz für lichtempfindliche Schichten durch diazotype Verfahren. Schmidt, M.P., Neugebauer, W. und Rebenstock, A. D.B.P.918 848 ausg. 7/10.1954. - Ref.C.A. 53. 2900i (1959).

Elektrophotographisch-thermographische Bilderzeugung. Radio Corp. of America (Erfinder: Moncrieff-Yeates, A.J.). A.P.2 798 960 vom 1/10.1953., ausg. 9/7.1957. - Ref.C. 1962. 367.

Elektrophotographisch-thermographische Bilderzeugung. Radio Corp. of America (Erfinder: Moncrieff-Yeates, A.J.). A.P. 2 798 959 vom 1/10.1953., ausg. 9/7.1957. - Ref.C. 1962. 367.

Weizenfotostärke. VEB (K) Weizenin, Weizenstärkefabrik (Erfinder: H. Ludewig, M. Nacke, A. Rau und Ch. Dorawa). D.P.(DDR) 7 426 Kl. 89k vom 19/6.1953., ausg. 1/7.1954 (Wirtschaftspatent). - Ref.C. 1950/54. 654 S.

Photopapier. Puichaffray, L.A. F.P. 1 060 367 vom 18/7.1952., ausg. 1/4.1954. - Ref.C. 1956. 9610.

Diazotypiepapier. General Aniline & Film Corp. Can.P. 468 217 vom 8/11.1946, ausg. 19/9.1950. A.Prior. 8/3.1946. - Ref.C. 1951. I. 2244.

Photographisches Verfahren. Kodak-Pathé. F.P. 793 614 vom 27/10. 1934, ausg. 28/1.1936. - Ref.C. 1936. II. 920.

Weizenfotostärke. VEB (K) Weizenin (Erfinder: Ludewig, H.). D.P.(DDR) 8 956 Kl. 89k vom 8/9.1953, ausg. 5/1.1955. Zusatz zum D.P.(DDR) 7 426 vom 19/6.1953. (Wirtschaftspatent). - Ref.Stärke 8. 188 (1956), C. 1958. 6138, C.A. 53. 17961 (1959).

Über sowjetrussische Platten zur Photographie in natürlichen Farben. Blumberg, J. und Dorogin, N. Sowjet-Photo (russ.) 1937. 18-21. - Ref.C. 1937. II. 4274.

Farbraster für Farbenphotographie. Mauvillin, E.E. F.P. 794 577 vom 4/9.1935, ausg. 20/2.1936. - Ref.C. 1936. II. 247.

Herstellung von Photographien auf Stoffen und Textilien. Knijpers, W. und Kesteloot, A. Belg.P. 410 903 vom 17/8.1935, ausg. 24/12.1935. - Ref.C. 1937. I. 1080.

Haltbare photographische Entwickler für Halogensilberemulsionen. Traxl, W., H. Diamant-Eerde, E. Fournes, L. Rodenberg u. G. Hinker. Oe.P. 144 046 vom 31/12.1934, ausg. 27/12.1935. - Ref.C. 1936. I. 2674.

Herstellung lichtempfindlicher Emulsionen für photographische Papiere, Platten und Filme. Perwuchin, P.A. Russ.P. 30 070 vom 11/3.1931, ausg. 30/4.1933. - Ref.C. 1934. I. 806.

Befestigung photographischer Filme auf Trägern. I.G. Farbenindustrie AG. E.P. 387 876 vom 15/4.1932, ausg. 9/3.1933. D.Prior. 15/4.1931. - Ref.C. 1934. II. 552.

48. Stärke als sonstiges Hilfsmittel

481. Bindemittel
482. Füllmittel
483. Füllmittel bei galvanischen Elementen
484. Schutzkolloid
485. Kesselspeisewasser
486. Zusatz zu Emulsionen
487. Weitere Verwendungsgebiete

481. Bindemittel

Stärke im Malerhandwerk. Rugenstein, M. Stärke 8. 91-93 (1956).

Kitt. August Elhardt Söhne KG. (Erfinder: Vogel, R.E.). D.B.P. 879 136 Kl. 22i ausg. 11/6.1953. - Ref.C.A. 53. 14462e (1959).

Granuliertes Superphosphat. Chemische Werke Albert (Erfinder: Reppert, R.L. v.). D.R.P. 837 104 ausg. 21/4.1952. - Ref.C.A.52. 7602d (1958).

Herstellung leichter Cellulosemassen. Mossano, B. F.P.1 019 086 vom 26/5.1950, ausg. 16/1.1953. It.Prior. 30/5.1949. - Ref.C. 1954. 3819.

Leuchtstoffschichten für Gasentladungsröhren und Kathodenstrahlröhren. British Thomson-Houston Co. Ltd. James Th. Anderson u. H.F. Ward. E.P. 669 392 vom 2/4.1948, ausg. 2/4.1952. - Ref.C. 1953. 1540.

Gießen keramischer Körper aus keramischen Pasten mit hohem Gehalt an Titandioxyd. Fyssen-Zides, H. F.P. 1 001 481 vom 7/5.1946, ausg. 25/2.1952. - Ref.C. 1953. 8441.

Fixativ für Kohle- und Pastellzeichnungen. Girard, Nicole. F.P. 967 837 vom 21/6.1948, ausg. 13/11.1950. - Ref.C. 1951. I. 3448.

Bindemittel und Grundstoffe für Aktivkohle. Morgan, J.J. und Fink, E.G. Ind.Engng.Chem.ind.Edit. 38. 219-28 (1946). - Ref.C.1947. 97.

Verdicken oder Verfestigen von Flüssigkeiten. Braunquell-Backmittel GmbH. Belg.P. 447 653 vom 20/10.1942. Auszug veröff. 12/7.1943. D.Prior. 27/10.1941. - Ref.C. 1944. I. 1048.

Präparat für Temperamalerei. Accordi, Giulietto, Sustinenza di Cassaleone. It.P. 383 368 vom 5/3.1940. - Ref.C. 1942. I. 3262.

Herstellung eines als Verdickungsmittel für Druckpasten geeigneten Kartoffelstärkeproduktes. Diamalt AG. (Erfinder: Jülicher, W., Planegg u. Appelt, O. D.R.P. 709 495 Kl. 89k vom 22/7.1939, ausg. 18/8.1941. - Ref.C. 1942. I. 278.

Herstellung eines als Verdickungsmittel für Druckpasten geeigneten Kartoffelstärkeproduktes. Diamalt AG. D.R.P. 708 618 Kl. 89k vom 4/4.1939, ausg. 25/7.1941. - Ref.C. 1941. II. 2389.

Verfahren zum Verfestigen von reiner hochprozentiger Milchsäure. Chemisches Werk Dr. Klopfer GmbH. D.R.P. 686 019 Kl. 2c vom 19/7.1934, ausg. 2/1.1940. - Ref.C. 1940. I. 1590.

Herstellung eines pulverförmigen Anstrichmittels. Kunze, O. D.R.P. 678 139 Kl. 22g vom 13/6.1935, ausg. 8/7.1939. - Ref.C. 1939. II. 2167.

Verzögerung der Abbindung hydraulischer Bindemittel. Neuhof, B. D.R.P. 595 924 Kl. 80b vom 20/6.1933, ausg. 18/6.1935. - Ref.C. 1935. II. 2265.

Charakteristika von Maisstärke und Maisgummis mit Bezug auf Drukkereiverdickungen. Rabold, C.N. Amer.Dyestuff Reporter 24. 395-98 (1935). - Ref.C. 1935. II. 3706.

Bindemittel für Farben. Stern, E. D.R.P. 438 935 Kl. 22g vom 14/10.1924, ausg. 28/12.1926. - Ref.C. 1927. I. 1378.

482. Füllmittel

Schaumlatex-Herstellung mit geringem Kostenaufwand. Sila, A. und Leveque, J. Rev.gén.Caoutchouc 38. 1443-52 (1961). - Ref.C.A.(M.) 58. 2553f (1963).

Harzartige Produkte bestehend aus Epoxy-Harzen, Härtern und Mischungen aus Dextrinen, Maltose und Dextrose. Ramos, T. A.P.2894920 ausg. 14/7.1959. - Ref.C.A. 53. 20904c (1959).

Weitere Verbesserung bei der chemischen Schrumpfung. Steidl, R. SVF Fachorgan Textilveredlung 12. 698-703 (1957). - Ref.C. 1958. 5254, C.A. 52. 5831g (1958).

Kunstleder aus Polyvinylchlorid. Deutsche Gold- und Silber-Scheideanstalt, vormals Roessler (Erfinder: Stiehl, K. und Valenteyn, J.C.). A.P. 2 809 398 ausg. 15/10.1957. - Ref.C.A. 52. 3410i (1958).

Durch Amylose modifiziertes Polyacrylonitril. Eastmann Kodak Co. (Erfinder: Hagemeyer, H.J.). A.P. 2 763 627 ausg. 18/9.1956. - Ref.C.A. 51. 1657e (1957).

Wasserlösliche Stärkeprodukte in Verbindung mit einem harzigen Fixativ. N.V.W.A. Scholten's Chemische Fabrieken (Erfinder: Lolkema, J. und van der Meer, W.A.). Holl.P. 81 916 ausg.16/7. 1956. - Ref.C.A. 51. 9192f (1957).

Schaum- oder Schwammkautschuk. Hairlock Co. Ltd. (Erfinder: Everett, L.F.). A.P. 2 945 826 vom 3/11.1955, ausg. 19/7.1960. E.Prior. 21/12.1954. - Ref.C. 1962. 2929.

Vinylpolymerisat oder -mischpolymerisat und Füllstoff enthaltende Kunststoffmasse. Lonza Elektrizitätswerke und Chemische Fabriken AG. (Gampel) (Erfinder: Schüler, M.). Schwz.P. 340 626 vom 13/9.1955, ausg. 15/10.1959.

Vinyl-Plaste. Société anon.des manufactures des glaces et produits chimiques de Saint-Gobain, Chauny & Cirey. F.P. 999 788 ausg. 5/2.1952. - Ref.C.A. 51. 3185e (1957).

Herstellung von stärkehaltigen Füllmitteln. Corn Products Refining Co., übert.von: H.E. Bode. A.P. 2 188 494 vom 20/9.1937, ausg. 30/10.1940. - Ref.C. 1940. II. 1377.

Schuhsteifkappe. Beckwith Mfg. Co., Dover, N.H., übert.von: St.P. Lovell. A.P. 2 063 690 vom 18/12.1934, ausg. 8/12.1936. - Ref.C. 1937. I. 2715.

Herstellung von Ledererersatz. Haarburger, K. A.P 1 958 821 vom 17/12.1932, ausg. 15/4.1934. D.Prior. 19/12.1931. - Ref.C.1934. II. 3874.

Schlauchdichtungsmittel. Korer, J., Spilsbury, A.N. und Bates,E.L. F.P. 683 975 vom 26/10.1929, ausg. 19/6.1930. - Ref.C. 1931. I. 1401.

Dichtungsmasse. Coleman, A.M. A.P. 1 767 170 vom 2/1.1929, ausg. 24/6.1930. - Ref.C. 1931. I. 728.

483. Füllmittel bei galvanischen Elementen

Eigenschaften von Stärke für Trockenzellen. Shimizu, H. J.technol. Soc.Starch (Japan) 13. Nr.1. 21-25 (1965).

Stärke als Träger von Elektrolyten in Trockenelementen. 6. Mitt. Der elektrische Widerstand von Stärkegelen in Trockenelementen. Shimizu, T. J.chem.Soc.Japan, ind.Chem.Sect. 64. 1252-55 A 75 (1961). - Ref.J.Chem.(russ.) 1962. 15 N288.

Stärke als Träger von Elektrolyten in Trockenelementen. 5. Mitt. Der Einfluß von Stärken auf das Kathodenpotential von Trockenelementen. Shimizu, T. J.chem.Soc.Japan, ind.Chem.Sect. 64. 1248-51 A 74 - A 75 (1961). - Ref.J.Chem.(russ.) 1962. 15 N288.

Stärke als Träger von Elektrolyten in Trockenelementen. 4. Mitt. Die inhibitorische Wirkung von Stärken gegenüber einer Korrosion des Zink durch den Elektrolyten von Trockenelementen. Shimizu, T. J.chem.Soc.Japan, ind.Chem.Sect. 64. 1244-48, A 74 (1961). - Ref.J.Chem.(russ.) 1962. 15 N288.

Einfluß von Elektrolyten auf die Gelfestigkeit von Stärken - Stärke als Elektrolytträger in Trockenzellen. Shimizu, T. J.chem. Soc.Japan,ind.Chem.Sect. 64. 677-82 (1961). - Ref.C.A. 57. 7502h (1962).

Untersuchungen über Elektrolyte für Trockenzellen. 11. Mitt. Gelatinierungstemperatur von Stärke im Elektrolyten der Trokkenzelle. Takahashi, T. J.electrochem.Soc.Japan 27. E 98-E 100 (1959). - Ref.C. 1962. 12937.

Elektrolyt für primäre galvanische Trockenelemente, der als Quellungsmittel Mehl und/oder Stärke enthält. Elektrotechnische Fabrik Kasimir Baumgarten GmbH. (Erfinder: Siller, B.). D.A.S. 1 036 343 Kl. 21b vom 13/5.1957, ausg. 14/8.1958. - Ref.Stärke 10 327 (1958).

Einfluß von Stärke auf das Elektrodenpotential von Zink in einer Trockenzelle. Takahashi, T. und Sasaki, K. J.electrochem.Soc. Japan 25. 277-80 (1957). - Ref.C.A. 52. 8787a (1958), C. 1960. 13276.

Elektrolyte für Trockenzellen. Yuasa Batteries Co. (Erfinder: Matsuno, S.). Japan P. 9 018 ('57) ausg. 22/10.1957. - Ref.C.A. 53. 4976c (1959).

Elektrolyt für trockene Zellen. Morehouse, C.K. und Welsh, J.Y. A.P. 2 748 138 vom 29/5.1956. - Ref.C.A. 50. 12703b (1956).

Aktives Material für Akkumulatoren. Agruss, B. und Finan, F.B. A.P. 2 674 642 vom 6/4.1954. - Ref.C.A. 48. 8683f (1954).

Separator für primäre Trockenelemente. Burgess Battery Co. (Erfinder: Coleman, J.J.). E.P. 733 300 vom 25/11.1953., ausg. 6/7.1955. A.Prior. 28/11.1952., id.mit A.P. 2 708 685. - Ref.C. 1959. 7252.

Separator für primäre Trockenelemente. Burgess Battery Co. (Erfinder: Coleman, J.J.). A.P. 2 708 685 vom 28/11.1952., ausg. 17/5.1955. - Ref.C. 1959. 7252.

Elektrolyt für Primärzellen. National Carbon Co. E.P. 663 453 vom 13/10.1949, ausg. 19/12.1951. A.Prior. 28/12.1948. - Ref.C. 1953. 751.

Füllmassen für Bleiakkumulatoren. Drotschmann, C. Arch.Metallkunde 1. 175-87 (1947). - Ref.C. 1948. II. 644.

Über den Ersatz des Weizenmehles als Elektrolytverdicker in Trokkenelementen. Müller, F. und Reuther, H. Chem.Techn. 16. 51-53. (1943). - Ref.C. 1943. II. 1301.

Galvanisches Trockenelement. Pertrix-Werke GmbH. F.P. 868 243 vom 21/12.1940, ausg. 24/12.1941. D.Prior. 21/12.1939. - Ref.C. 1942. I. 2048.

Herstellung eines galvanischen Elementes. Pertrix-Union GmbH. (Erfinder: E. Zender). D.B.P. 876 110 Kl. 21b vom 22/12.1939,ausg. 11/5.1953. - Ref.C. 1953. 9591.

Verdicken der Elektrolyte. "Pertrix" Chemische Fabrik AG. Ung.P. 123 412 vom 13/1.1939, ausg. 16/3.1940. D.Prior.14/1. 1938. - Ref.C. 1941. I. 1854.

Verdicken des Elektrolyten galvanischer Elemente. Chloride Electrical Storage Co., Ltd. E.P. 520 959 vom 2/11.1938, ausg. 30/5.1940. - Ref.C. 1941. II. 1660.

Zur Frage des Mehlbedarfes in der Batteriefabrikation. Drotschmann, C. Chemiker-Ztg. 61. 356-57 (1937). - Ref.C. 1937. II. 264.

Zur Frage des Mehlbedarfs in der Batteriefabrikation. Krause, H. Chemiker-Ztg. 61. 497-98 (1937). - Ref.C. 1937. II. 1418.

Wiederaufladbare Trockenbatterie. Bates Laboratories, Inc., übert. von: C.F. Bonilla. A.P. 2 157 111 vom 7/12.1934, ausg. 5/9. 1939. - Ref.C. 1939. II. 1346.

Galvanisches Element. "Pertrix" Chemische Fabrik AG. F.P. 784 181 vom 14/1.1935, ausg. 22/7.1935. D.Prior. 26. u.27/1. u. 6/11. 1943. - Ref.C. 1936. I. 1673.

Gelatinierung von Stärkekörnern in Trockenbatterien. Staley, W.D. und Helfrecht, A.J. Trans.Amer.electrochem.Soc. 53. 7 Seiten Sep. - Ref.C. 1928. I. 2284.

Verfahren zur Herstellung eines Elektrolyten für Primärbatterien. Engle, George S., übert.an: American Electric Comp. A.P. 1 356 436 vom 8/10.1912, ausg. 19/10.1920. - Ref.C. 1921. II. 162.

484. Schutzkolloid
(Stabilisierungsmittel)

Antipeptische Stärkeester. Spofa Sdružení Podniků pro Zdravotnickou Výrobu. E.P. 979 433 ausg. 6/1.1965. Tschechosl.Prior. 28/3.1960. - Ref.C.A. 62. 14919a (1965).

Wasser-Stearin-Dispersionen und stabilisierende Mittel. Nencetti, G.F. und Tartarelli, R. Chim. et Ind. (Milano) 47. 1192 (1965). - Ref.Stärke 18. 30 (1966).

Stabilisierte Gummis und Methoden zur Herstellung derselben. General Mills, Inc. (Erfinder: Jordan, W.A.). A.P. 3 007 879 ausg. 7/11.1961. - Ref.J.Chem.(russ.) 1963. 14 R270.

Stabilisierung anionischer und kationischer Estersalze von 21-Hydroxy-20-ketosteroiden. Farbwerke Hoechst AG., vormals Meister Lucius & Brüning (Erfinder: Fritsch, W., Haede, W., Scherer, H. und Kempe, W.). D.A.S. 1 119 463 Kl. 30h vom 2/4. 1960, ausg. 14/12.1961. - Ref.C. 1962. 12017.

Periodische Fällung bei der gegenseitigen Koagulation von Solen. Gore, V. Kolloid-Z. 160. 27-29 (1958). - Ref.C. 1963. 7644.

Verminderung der Korrosion durch starke Natronlauge während ihrer Konzentrierung. Imperial Chemical Industries Ltd. (Erfinder: Craven, S.W.). E.P. 778 226 ausg. 3/7.1957. - Ref.C.A. 51. 15078h (1957).

Stabilisierung unbeständiger fester, flüssiger oder gasförmiger organischer Verbindungen gegen Verfärbung, Autoxydation usw. Regents of the University of Minnesota (Erfinder: Schlenk, H., Sand, D.M. und Tillotson, J.A.). A.P. 2 827 452 vom 31/5.1955, ausg. 18/3.1958. - Ref.C. 1960. 10757.

Herstellung eines Oberflächenschutzmittels aus modifizierter Stärke. Union Carbide Corp. Oe.P. 221 683 vom 14/11.1955, ausg. 12/6.1962. A.Prior. 1/2.1955., id.mit E.P. 832 746. - Ref.C. 1963. 22930.

Verhütung der Erosion von Glas während des Waschens mit alkalischen Lösungen. Asahi Glass Co. (Erfinder: Uno, T. und Kouchi, S.). Japan.P. 6 683 ('55) ausg. 20/9.1955. - Ref.C.A. 51. 18662d (1957).

Verhütung der Erosion von Glas während des Waschens mit alkalischen Lösungen. Asahi Glass Co. (Erfinder: Uno, T. und Kouchi, S.). Japan.P. 6 682 ('55) ausg. 20/9.1955. - Ref.C.A. 51. 18662d (1957).

Einbetten von flüssigen oder festen organischen Stoffen in stärkehaltiges Material als Schutzkolloid zur Verhinderung physikalischer und chemischer Veränderungen. Corn Products Refining Co. E.P. 774 549 vom 30/8.1954., ausg. 8/5.1957. A.Prior.3/9.1953 u. 26/7.1954. - Ref.C. 1959. 12998.

Spezifische Wirkungen gewisser Gewebeextrakte auf die Kristallisationsform von Kupferchlorid. Morris, D.L. und Morris, C.T. J.physic.Chem. 43. 623-29 (1939). - Ref.C. 1939. II. 797.

Zur Frage über die Natur der Ionenaktivierung in Lösungen der lyophilen Kolloiden. Kotschanowski, A.M. Colloid J. (russ.) 3. 321-26 (1937). - Ref.C. 1938. I. 279.

Wertvolle Produkte aus Cellulose, Stärke und dergl. Traube, W. D.R.P. 490 987 Kl. 12o vom 27/7.1927.

Herstellung, Bearbeitung und Eigenschaften einiger geschützter Silbersole. Garard, I.D. und Duckers, G.E. J.Amer.chem.Soc. 47. 692-696 (1925). - W.Ref. 1299.

Über Stärke als Schutzkolloid (u.a. Weizenstärke). Weingärtner, E. Dissertation, Erlangen 1914.

Der Einfluß von nicht-flüchtigen organischen Stoffen und gewissen Säuren auf das Ausfällen der Schwefelammon-Gruppe der Metalle. Curtmann, L.J. und Dubin, H. J.Amer.chem.Soc. 34. 1485-1493 (1912). - W.Ref. 750.

Über einige Adsorptionsverbindungen des colloidalen Silbers und anderer anorganischer Colloide mit organischen Colloiden. Lottermoser, A. J.prakt.Chem. 71. 296-304 (1905). - W.Ref.915.

Die hochrote Goldlösung als Reagens auf Colloide. Zsigmondy, R. Z.analyt.Chem. 40. 697-719 (1901). - Ref.C. 1902. I. 139, W.Ref. 1228.

Periodische Erscheinungen bei der Auflösung des Chroms in Säuren. Ostwald, Wi. Z.physik.Chem. 35. 204-256 (1900). - Ref.C. 1900. II. 1053, W.Ref. 713.

485. Kesselspeisewasser

Polycarbonsäureester abgebauter Stärke. Union Starch & Refining Co. E.P. 852 958 vom 18/7.1957., ausg. 2/11.1960. A.Prior. 7/8.1956. - Ref.C. 1962. 18595.

Herstellen eines Kesselsteinlöse- und -verhütungsmittels. Lemche, H. Schwz.P. 309 573 vom 15/10.1952., ausg. 16/11.1955. Holl. Prior. 16/10.1951. - Ref.C. 1957. 8616.

Stärke als Mittel gegen Verkrustung von Verdampferheizrohren. Hildebrandt, F.M. und Warren, K.W. Ind.Engng.Chem. 47. 754 (1949). - Ref.Stärke 2. 308 (1950).

Enthärten von Wasser mit Kalk. Unifloc Reagents Ltd. u.J.O.Samuel. E.P. 525 581 vom 23/2.1939, ausg. 26/9.1940. - Ref.C. 1941. II. 2982.

Die Schutzkolloide als Mittel gegen das Ansetzen von Kesselstein. Jermolenko, N.F. und Shuromskaja, N.M. J.angew.Chem. (russ.) 10. 2008-12 (1937). - Ref.C. 1938. II. 139.

Über die Anwendung von Kolloiden zur Kesselsteinverhütung. Sauer,E. und Fischler, F. Z.angew.Chem. 40. 1176-83, 1276-79 (1927). - Ref.C. 1928. I. 103.

Kesselsteinverhütungsmittel. Lamy, M.E. F.P. 820 160 vom 10/7. 1936, ausg. 5/11.1937. - Ref.C. 1938. I. 1634.

Behandlung von Kesselspeisewasser. Solberg, T.A. A.P. 2 097 649 vom 31/12.1935, ausg. 2/11.1937. - Ref.C. 1938. I. 1634.

Zusatzmittel zu Dampfkesselwasser. Fürstenberg, J. und Fürstenberg, A. Can.P. 366 214 vom 18/11.1935, Auszug veröff. 18/5.1937. - Ref.C. 1937. II. 2881.

Aufbereitung von Kesselwasser. Rice, C.W. A.P. 2 085 828 vom 6/11.1935, ausg. 16/8.1937. - Ref.C. 1937. II. 3212.

Behandlung von Kesselspeisewasser. National Aluminate Corp. E.P. 451 929 vom 9/11.1934, ausg. 10/9.1936. A.Prior. 10/11. 1933. - Ref.C. 1936. II. 4151.

486. Zusatz zu Emulsionen

Cyanoäthylierte Stärke enthaltende wäßrige Emulsionsfarben. Monsanto Chemical Co. (Erfinder: Wilson, A.R.). A.P. 2 881 143 ausg. 7/4.1959. - Ref.C.A. 53. 15596e (1959).

Entwicklung einer Emulsion für glänzende Farben. Fletcher, A.C. und Mayne, J.E.O. J.Oil Colour Chemists' Assoc. 39. 923-33 (1956). - Ref.C.A. 51. 14285c (1957).

Herstellung von festen Emulsionen ätherischer Öle. Sunkist Growers Inc. D.A.S. 1 083 463 Kl. 23a vom 5/7.1956, ausg. 15/6.1960. A.Prior. 5/7.1955. - Ref.Stärke 13. 419 (1961).

Herstellung von Emulsionspulver aus Polymethylmethacrylat mit Stärke als Stabilisator. Besugly, V.D. und Braslawskaja, D.E. Chemische Ind. (russ.) 1954. 182-84. - Ref.C.A. 49. 665c (1955).

Stabilisieren von Öl- und Fettemulsionen. Leonardi, Umberto. It.P. 395 405 vom 2/2.1942. - Ref.C. 1944. I. 499.

Stabile Teer- oder dergleichen Emulsion. Woodall-Duckham Ltd. und Edwin Arnold. E.P. 506 300 vom 2/3.1938, ausg. 22/6.1939. - Ref.C. 1940. I. 1132.

Benetzungs-, Spreitungs- und Emulgierungsmittel zur Verwendung bei Zerstäubungsflüssigkeiten. II. Emulgierungsmittel. Woodman, R.M. J.Soc.chem.Ind. 49. Transact. 193-97 (1930). - Ref.C. 1930. II. 2298.

Benetzungs-, Spreitungs- und Emulgierungsmittel zur Verwendung bei Zerstäubungsflüssigkeiten. I. Benetzungs- und Spreitungsmittel. Woodman, R.M. J.Soc.chem.Ind. 49. Transact. 93-98 (1930). - Ref.C. 1930. II. 2297.

487. Weitere Verwendungsgebiete

(Auch Glucose und Dextrin. Zusatz zu Tabakwaren, Farben, Schleifmittel, Isoliermaterial, Kühlmittel, Insektizide, Aluminatlösungen, Schuhteile, Separatoren, Schmiermittel, Gummiprodukte u.a.)

Mikroporöse Platten für Batterie-Separatoren. Aktiebolaget Tudor (Erfinder: Sundberg, E.G.). A.P. 3 055 966 ausg. 25/9.1962. Schwed.Prior. 20/12.1958. - Ref.C.A.(M.) 58. 3573h (1963).

Feuerschutzmittel. Morin, R.L. F.P. 1 270 657 ausg. 5/1.1962. - Ref.C.A.(M.) 58. 3613c (1963).

Stärkezusammensetzungen und daraus hergestellte Aerosole. General Aerosols Inc. (Erfinder: Reed, W.H.). A.P. 3 211 563 vom 24/1. 1962, ausg. 12/10.1965. - Ref.C.A. 63. 18436h (1965).

Kristallisierung von gesättigten Triglyceriden aus Sojabohnenöl. Thomas Hedley & Co., Ltd. E.P. 904 048 ausg. 22/8.1962. A.Prior. 21/9.1959. - Ref.C.A.(M.) 58. 1653d (1963).

Herstellung von Kochsalz von einer Dichte <0,70. Imperial Chemical Industries Ltd. F.P. 1 319 978 vom 20/4.1962., ausg. 27/5.1963. E.Prior. 21/4.1961. - Ref.C. 1965. 2-3006.

Fungicide enthaltendes Verpackungsmaterial. Unilever N.V. (Erfinder: Tuynenburg-Muys, I.G.). D.B.P. 1 114 083 Kl. 55f ausg. 21/9. 1961. E.Prior. 16/11.1956. - Ref.C.A. 56. 14682e (1962).

Die Reduktion aromatischer Nitrogruppen während Säurehydrolyse in Gegenwart von Kohlenhydraten und deren Beziehung zur colorimetrischen Bestimmung von ε-Dinitrophenyllysin. Handwerck, V., Bujard, E. und Mauron, J. Biochem.J. 76. 54P-55P (1960). - Ref.C. 1961. 12678.

Eine Modellflüssigkeit zur Nachahmung geschmolzener Glasmassen. Kříž, M. Silikáty (Praha) 4. 44-45 (1960). - Ref.C. 1961. 8562.

Verbesserte Biegefestigkeit von aus Tabakstaub hergestellten Blättern. Liggett & Myers Tobacco Co. (Erfinder: Samfield, M.M. und Christy, M.G.). A.P. 3 009 835 vom 6/4.1960. - Ref.C.A. 56. 7566e (1962).

Künstleraquarellfarben. Masley, A.S. A.P. 3 039 886 vom 22/7. 1960., ausg. 19/6.1962. - Ref.C. 1964. 17-2604.

Dialdehydstärke als Gelatinehärter. Eastman Kodak Comp. A.P. 3 058 827 vom 9/2.1960., ausg. 16/10.1962. - Ref.Stärke 16. 170 (1964).

Über die Wahl von Zusatzstoffen zur Verbesserung der Fließeigenschaften und zur Verhinderung des Backens von Pulverstoffen. Irani, R.R., Callis, C.F. und Liu, T. Ind.Engng.Chem. 51. 1285-88 (1959). - Ref.C. 1961. 7698.

Härten von Gelatine mit oxidierter Stärke. Eastman Kodak Comp. A.P. 3 057 723 vom 24/6.1959, ausg. 9/10.1962. - Ref.Stärke 16. 170 (1964).

Untersuchungen über die Hydrolyse von Natriumaluminatlösungen. 18. Mitt. Die Einwirkung der Gegenwart von Stärke auf die Zersetzung von Natriumaluminatlösungen durch Impfen. Sato, T. J.appl.Chem. 9. 172-75 (1959). - Ref.C. 1961. 13838, C.A. 53. 14805h (1959).

Untersuchungen über die Hydrolyse von Natriumaluminatlösungen. 17. Mitt. Einfluß der Zugabe einiger Kohlenhydrate auf die durch Zersetzung von Na-Aluminatlösungen nach Animpfen gefällten Teilchen. Sato, T. J.appl.Chem. 9. 50-58 (1959). - Ref.C. 1961. 14575, C.A. 53. 9880b (1959), C. 1961. 14575.

Herstellung von Tabakfolien. American Machine & Foundry Co. E.P. 874 135 vom 27/2.1959., ausg. 2/8.1961. A.Prior. 6/3.1958. - Ref.C. 1963. 19042.

Künstliche Tabakblätter. American Machine & Foundry Co. (Erfinder: Rosenberg, S. und Bandel, D.). A.P. 2 887 414 ausg. 19/5.1959. - Ref.C.A. 53. 13520g (1959).

Herstellung von Tabakblättern. American Machine & Foundry Co. (Erfinder: Carmellini, A.E. und Hotelling, E.B.). A.P.2 949 117 vom 6/4.1959., ausg. 16/8.1960. - Ref.C. 1962. 13245.

Herstellung von Tabakfolien. International Cigar Machinery Co., Inc. (Erfinder: Hotelling, E.B. und Kelly, T.E.). A.P.2 984 244 vom 30/9.1959., ausg. 16/5.1961. - Ref.C. 1964. Nr.1. 2838.

Filter für Tabakrauch mit Zusatz von Stärkederivaten. Eastman Kodak Co. (Erfinder: Touey, G.P.). A.P. 3 008 473 vom 13/11. 1958, Zus.zu A.P. 2 881 769. - Ref.C.A. 56. 7565f (1962).

Schleifmittel. Shoken Chemical Co. (Erfinder: Ishizuka, T. und Yamada, M.). Japan.P. 6 749 ('58) ausg. 18/8.1958. - Ref.C.A. 53. 22815c (1959).

Schaum-Feuerlöschmittel. Deutsche Gold- und Silber-Scheideanstalt vorm. Roessler (Erfinder: Schulenburg, W.). D.B.P. 1 001 117 Kl. 61b ausg. 17/1.1957. - Ref.C.A. 53. 22957d (1959).

Isolierungsstrukturen für Transformatoren. General Electric Co. (Erfinder: Doigan, P.). A.P. 2 792 871 ausg. 21/5.1957. - Ref.C.A. 51. 15840h (1957).

Nichtflüssige Kühlmittel. Shepherd, J.C. A.P. 2 800 456 ausg. 23/7. 1957. - Ref.C.A. 51. 15842a (1957), C. 1959. 2645.

Gelförmige Kühlmittel. Shepherd, J.C. A.P. 2 800 454 ausg. 23/7. 1957. - Ref.C.A. 51. 15842b (1957).

Bekämpfung von Kornkäfern. Seidel, K. D.B.P. 956 365 Kl. 45 1 ausg. 17.1.1957. - Ref.C.A. 53. 22716f (1959).

Insekticides Mittel. Dainippon Jochugiku Kabushiki Kaisha. Ind.P. 59 628 vom 12/2.1957., ausg. 19/11.1959. - Ref.C. 1962. 5819.

Nichtionische oberflächenaktive Stoffe aus Polysacchariden, Polyäthylen-Glykol und Fettsäuren. Daiichi Industrial Drug Manufg. Co. (Erfinder: Komori, K., Kawada, M. und Taniuchi, A.). Japan.P. 7 448 ('57) ausg. 11/9.1957. - Ref.C.A. 53. 745b (1959).

Einfluß des Zusatzes einiger Kohlenhydrate auf die Zerfallsgeschwindigkeit geimpfter Natriumaluminatlösungen. Sato, T. Bull.chem.Soc.Japan 30. 477-82 (1957). - Ref.C. 1959. 3402.

Herstellung von Tonerde. British Petroleum Co. Ltd. (Erfinder: Stalley, J.C., Haresnape, J.N. und Turner, R.). E.P. 815 513 vom 20/3.1956., ausg. 24/6.1959. - Ref.C. 1961. 15524.

Versteifen von Schuhwerksteilen. Leather Industries Research Institute. Oe.P. 207 293 vom 9/5.1956., ausg. 25/1.1960. Südafrikan.Prior. 13/5. und 23/6.1955. - Ref.C. 1962. 17612.

Ausfällung von Aluminiumhydroxyd durch Aluminat-Lösungen in Gegenwart höherer Alkohole und Stärke. Ivekovič, H., Vrbaški, T. und Pavlovič, D. Croat.Chem.Acta 28. 101-05 (1956). - Ref.C.A. 50. 16507d (1956), C. 1961. 14211.

Herstellung von Tonerde. British Petroleum Co. Ltd. (Erfinder: Stalley, J.C., Haresnape, J.N. und Turner, R.). E.P. 815 514 vom 20/3.1956, ausg. 24/6.1959. - Ref.C. 1961. 15524.

Separatoren für Akkumulatoren. Pritchett & Gold und E.P.S. Co.Ltd. (Erfinder: Honey, E.M. O'Conor und Hardy, C.R.). Schwz.P.331957 vom 12/7.1956, ausg. 30/9.1958. E.Prior. 20/7.1955. - Ref.C. 1961. 17699.

Herstellung eines haltbaren Gemisches von NaOH und Na-Perborat. Chimiotechnic (Union Chimique du Nord & du Rhone). F.P.1 143 820 vom 24/2.1956., ausg. 4/10.1957. - Ref.C. 1961. 15244.

Antischaummittel. Haas, H. und Alsfeld, M. D.B.P. 955 050 vom 6/12.1956. - Ref.Stärke 9. 163 (1957).

Binden von Glasfasern. Owens-Corning Fiberglas Corp. Holl.P.88 201 vom 20/1.1955., ausg. 16/5.1958. A.Prior. 27/1.1954. - Ref.C. 1960. 5042.

Kältespeicher. Soc.Glaces Gervais. Belg.P. 537 414 vom 16/4.1955, ausg. 24/4.1959. F.Prior. 14/4.1955. - Ref.C. 1961. 4122.

Ammoniumchlorid-Einkristalle. Misumi, S., Ishikawa, Y., Tanaka, S. (Ube Soda Ind.Co.). Japan.P. 6 870 ('54) 23/10.1954. - Ref.C.A. 50. 3717g (1956).

Hygroskopizität von verschiedenen Stärkearten und ihre Anwendung als Trockenmittel. Ohashi, K., Hayakawa, T. und Takahashi, T. J.technol.Soc.Starch (Japan) 2. 10-15 (1954). - Ref.C.A. 51. 13431h (1957).

Kohlenwasserstoffbeständige Schmiermittel auf Glycerinbasis. Rockwell Mfg. Co. (Erfinder: March, W.A.). A.P. 2 878 184 vom 29/12.1953., ausg. 17/3.1959. - Ref.C. 1961. 1785.

Filtermittel für Gase und Flüssigkeiten. Kimberly-Clark Corp. (Erfinder: Valente, J.E.). A.P. 2 738 074 vom 21/1.1953., ausg. 13/3.1956. - Ref.C. 1959. 12102.

Aufbringen wasserlöslicher Kohlenhydrate auf warmes entspanntes Glas. Libbey-Owens-Ford Glass Co. (Erfinder: Goodwillie, D.H., Commerce National Bank of Toledo und Brown, W.F.). A.P.2824411 vom 24/12.1952., ausg.25/2.1958. - Ref.C. 1959. 15809.

Eine neue Methode zur Sichtbarmachung und Messung von Ultraschallfeldern. Benett, G.S. J.acoust.Soc.America 24. 470-74 (1952). - Ref.C. 1954. 254.

Ziehschmiermittel. Pennsylvania Salt Mfg. Co., übert.von: Spring, S. und Blum, W.A. A.P. 2 760 931 vom 15/3.1951, ausg. 28/8.1956. - Ref.C. 1958. 12577.

Flüssigkeitsfilter. Union Wadding Co., übert.von: R.E. Carrigan. A.P. 2 600 845 vom 13/3.1947, ausg. 17/5.1952. - Ref.C. 1953. 8740.

Isolierung von Jod aus den Extrakten von Meeresalgen. Vienne, G.E. M.A. F.P. 945 359 vom 2/4.1947, ausg. 3/5.1949. - Ref.C. 1950. I. 2399.

Ein ätherunlösliches Hahnschmiermittel. Harrington, B.L. und Starr, M.P. Ind.Engng.Chem.,analyt.Edit. 14. 62 (1942). - Ref.C.1945. I. 1268.

Anwendung von Stärke bei der Entwässerung von Flotationsprodukten. Schneersson, W. Neuheiten Techn.(russ.) 10. Nr.6. 26-29 (1941). - Ref.C. 1942. I. 3031.

Die Anwendung der Stärke bei der Entwässerung. Schneersson, W.B. und Olessjuk, A.D. Nichteisenmetalle (russ.) 14. Nr.9. 68-70 (1939). - Ref.C. 1941. II. 948.

Herstellung bei auf- und durchfallendem Licht gemustert erscheinender Gebilde, z. B. bei Lampen- oder Ofenschirmen. Gompertz, H. D.R.P. 724 927 Kl. 4b vom 17/1.1937, ausg. 9/9.1942. - Ref.C. 1942. II. 2963.

Der Kochprozeß. IX. Aufschluß von Holz mit Alkoholen und anderen organischen Reagentien. Arnovsky, S.I. und Gortner, Ross Aiken. Ind.Engng.Chem. 28. 1270-76 (1936). - Ref.C. 1937. II. 2298.

Darstellung von Kupferoxydul. Finkelstein, D.N. Russ.P. 47 685 vom 2/10.1935, ausg. 31/7.1936. - Ref.C. 1937. I. 1225.

Der Einfluß von Ingredientien auf das Anvulkanisieren (Scoarching) der Gemische mit verschiedenen organischen Beschleunigern. Fabrizijew, B. und Skuba, I. J.Rubber Ind.(russ.) 12. 308-15 (1935). - Ref.C. 1936. I. 904.

Konzentrieren von Kautschukmilch. Metallgesellschaft AG. E.P. 429 559 vom 23/8.1934, ausg. 27/6.1935. - Ref.C. 1935. II. 2460.

Elektrischer Kondensator. Howell Electric Motors Co., übert.von: Leon A. McDermott. A.P. 2 018 500 vom 28/9.1932, ausg. 22/10. 1935. - Ref.C. 1936. I. 1676.

Die Schaumbekämpfungsmittel für wässerige Binde- und Verdickungsmittel. Meyer, J.B. Farben-Ztg. 36. 481-82. 573-74. 619-20 (1930). - Ref.C. 1931. II. 367.

Herstellung von Stärke für die Gummiindustrie. Govier, G.E. Rubber Age (New York) 10. 490 (1930).

Kolloide Materialien in der Industrie. Seifensieder-Ztg. 56. chem.-techn.Fabrikant 26. 181-84 (1929).

Zündmischung für Enden von Zigarren oder Zigaretten. Wieben, A. A.P. 1 831 760 vom 11/7.1928, ausg. 10/11.1931. - Ref.C. 1932. I. 1039.

Holzimprägnierung. I.G. Farbenindustrie AG. F.P. 661 453 vom 3/10. 1928, ausg. 25/7.1929. D.Prior. 20/12.1927. - Ref.C. 1930. I. 624.

Hartspiritus. Trojan Powder Co., übert.von: J.A. Wyler. A.P. 1 752 935 vom 9/1.1928, ausg. 1/4.1930. - Ref.C. 1930. II. 2092.

Schmiermittel. Cleveland Trust Co., übert.von: R.H. Reiter. A.P. 1 704 446 vom 14/8.1925, ausg. 5/3.1929. - Ref.C. 1929. II. 118.

Zur Lösung des Jodproblems. Magidson, O. J.chem.Ind.(russ.) 4. 3-8. - Ref.C. 1927. II. 1993.

Einfluß des Zusatzes von Salzen und einigen organischen Substanzen bei der Oxydation von hochraffiniertem Öl. Heyden, v.d. und Typke. Petroleum 23. 1253-54 (1927). - Ref.C. 1927. II. 2635.

Über den Unterschied zwischen der Adsorptionskraft der Kohle aus gewöhnlicher und aus Klebestärke. Tadokro, Tetsutaro und Nakamura, Yukihiko. Ber.ges.Physiol. 25. 144-145 (1924). - Ref.C. 1924. II. 1166.

Glucose als Vorbeugungsmittel gegen das Einfrieren von Autokühlern. La Wall, C.H. Amer.J.Pharmacy 94. 97-98 (1922). - Ref.C.A. 16. 1641 (1922), W.Ref. 2557.

Stärken, Narben-Kleister und "colourings" (Auszug). J.Soc.Dyers Colourists 22. 105 (1906). - W.Ref. 2480.

Gefärbte Stärke. Scherzer, K.v. Wagner's Jber.chem.Technol. 17. 558-559 (1872). - W.Ref. 2452.

Über gefärbtes Stärkemehl, insbesondere über die Bereitung und Anwendung der Carmoisinstärke. Artus. Polytechn.Notizbl. 25. 199 (1870). - W.Ref. 2450.

Die Darstellung pulverförmiger Anilinfarben. Polytechn.Notizbl. 21. 204-205 (1866). - W.Ref. 2446.

49. Stärke in der Analytik

490. Allgemeines

Neue Technik zur Erzielung haltbarer Färbungen von Cellulose, Glykogen oder Stärke mit Jod. Reilhes, R. C.R.Séances Soc. Biol.Filiales 135. 554-57 (1941). - Ref.C. 1946. II. 4044.

Studien über die Stärke-Jod-Farbreaktion und ihre Anwendung für quantitative Analysen. Sah, P.P.T. Sci.Rep.nat.Tsing Hua Univ., Ser.A. 2. 105-28 (1933). - Ref.C. 1933. II. 3163.

491. Stärke als jodometrischer Indikator

(Vgl. auch "Analytische Bestimmung und Untersuchung von Stärke": 5, "Jod - Stärke": 641)

Eine stabile Stärkelösung als jodometrischer Indikator. Mochow, L.A. Laborwesen (russ.) 8. Nr.12. 13-14 (1962).

Färbung von Stärke mit Jod-Jodid-Lösung. 1. Mitt. Einfluß von Kaliumchlorid und pH. Miyazaki, Y. Agric.Bull.Saga Univ. (Japan) Nr.11. 83-86 (1960). - Ref.C.A. 55. 20469b (1961), Ref.J.Chem. (russ.) 1961. 18 N312.

Färbung von Stärke mit Jod-Jodid-Lösung. 2. Mitt. Einfluß von Stärke, Jod und Jodid. Miyazaki, Y. Agric.Bull.Saga Univ. (Japan) Nr.11. 87-95 (1960). - Ref.C.A. 55. 20469c (1961), Ref.J.Chem. (russ.) 1961. 18 N312.

Beiträge zur Indication mit Jodstärke. Balásfalvy-Zergényi, M., Gröbler, A., Pap, E.F., Kellner, A., Molnár, L.G., Nagy, M., Novák-Sugár, E. und Szekeres, L. Magyar Kémiai Folyóirat (Ung.Z.Chem.) 64. 249-50 (1958). - Ref.C. 1959. 12949.

Trockener Stärke-Indikator mit doppeltem Zweck. Erickson, E.T. A.P. 2 963 442 vom 28/2.1957., ausg. 6/12.1960. - Ref.Stärke 14. 384 (1962).

Beiträge zu den hydrazinometrischen Bestimmungen. Szekeres, L., Molnár, L.G. und Nagy, M. Magyar Kémiai Folyóirat (Ung.Z.Chem.) 63. 294-95 (1957). - Ref.C. 1959. 1560.

Indikatoren. Lösliche Stärke (Amylum solubile). Rumän.Standard Nr. 5464 vom Sept. 1957. - Ref.J.Chem. (russ.) 1960. Nr.15314.

Schutz der Stärkelösung vor Zersetzung. Popow, P.G. Chem.Schule (russ.) 11. Nr.2. 58-59 (1956). - Ref.C. 1957. 13440.

Haltbare Stärkelösungen für die Jodometrie. Holler, A.C. Analytic. Chem. 27. 866 (1955). - Ref.C.A. 49. 10115b (1955), C. 1956. 7895.

Haltbare empfindliche lineare Stärke-Indikatorlösung für die Jodometrie. Lambert, J.L. Analytic.Chem. 25. 984-85 (1953). - Ref.C. 1956. 8995.

Herstellung einer stabilen Stärke-Indicatorlösung. Nordling, W.D. Chemist-Analyst 42. 70 (1953).

Verfahren zur Titration chemischer Lösungen. Laves, G. D.B.P. 823 800 Kl. 42 l vom 16/7.1949, ausg. 6/12.1951. - Ref.C.A. 48. 6920h (1954).

Zur Verwendung von Stärkelösung in der Jodometrie. Theilacker, W. Z.analyt.Chem. 132. 356 (1951). - Ref.C. 1952. 1543.

Einige neue Indicatoren bei verschiedenen titrimetrischen Prozessen. 2. Mitt. Redoxindicatoren. 3. Mitt. Jodometrische Indicatoren. Nutten, A.J. Metallurgia (Manchester) 42. 271-73 (1950). - Ref.C. 1951. II. 3495.

Ein kombiniertes Kaliumjodid-Stärke-Reagens. Steinitz, K. Mikrochem.verein.Mikrochim.Acta 35. 176-77 (1950). - Ref.C. 1951. II. 2227.

Ein neuer Indikator für die jodometrische Analyse. Peat, S., Bourne, E.J. und Thrower, R.D. Nature (London) 159. 810-11 (1947). - Ref.C. 1947. 1104.

Gemahlene Stärke als Indikator in der Jodometrie. Conner, H.A. und Bovik, R.W. Ind.Engng.Chem., analyt.Edit. 16. 772 (1944).

Verbesserung der Herstellung von Stärkelösung. Cullinane, N.M. Chem. and Ind. 60. 146 (1941). - Ref.C. 1943. I. 2616.

Furancarbonsaures Natrium zur Erhaltung von analytischen Lösungen. Platow, A.M. Chemist-Analyst 28. 30-31 (1939). - Ref.C. 1939. II. 3853.

Die Herstellung der Stärke als Indicator. Naiman, Barnet. J.chem. Educat. 14. 138 (1937). - Ref.C. 1937. II. 442.

Ein haltbarer Stärkeindicator zur jodometrischen Chloridbestimmung in Blut und Urin. Shapiro, C.S. J.Lab.clin.Med. 20. 195-98 (1934). - Ref.C. 1935. II. 889.

Lösliche Stärke als Indicator. Termansen, J.B. Arch.Pharmacog. Chem. 41. (91). 533-38 (1934). - Ref.C. 1934. II. 2421.

Verfahren zum Haltbarmachen von Lösungen und Gallerten organischer Kolloidstoffe. Oranienburger Chemische Fabrik AG., K. Lindner u. J. Zickermann. D.R.P. 552 091 Kl. 22i vom 12/2.1927, ausg. 9/6.1932. Zusatz zu D.R.P. 468 026. - Ref.C. 1932. II. 1575.

Verfahren zum Haltbarmachen von Lösungen und Gallerten organischer Kolloidstoffe. Oranienburger Chemische Fabrik AG., K. Lindner u. J. Zickermann. D.R.P. 550 780 Kl. 22i vom 12/2.1927, ausg. 24/5.1932. Zusatz zu D.R.P. 468 026. - Ref.C. 1932. II. 1575.

Herstellung von Stärkelösung für die Benutzung bei jodometrischen Titrationen. Alsberg, C.L. und Griffing, E.P. J.Amer.chem.Soc. 53. 1401-02 (1931). - Ref.C. 1931. II. 90.

Eine rasche Methode zur Herstellung von Stärkelösung. Bailar,J.C. Chemist-Analyst 18. Nr.1. 14 (1929). - Ref.C. 1929. I. 2672.

Stabilisierter Stärkeindikator. Nichols, M.Starr. Ind.Engng.Chem. analytical Edition 1. 215-16 (1929). - Ref.C. 1930. I. 2462.

Über die Brauchbarerhaltung von Stärkelösung. Kano, Naotsuna. Sci.Rep.Toheku Imp.Univ. 16. 861-64 (1927). - Ref.C. 1928. I. 1440.

Darstellung von Stärkelösung für jodometrische Titrationen. Alsberg, C.L., Griffing, E.P. und Field, J. J.Amer.chem.Soc. 48. 1299-1300 (1926). - Ref.C. 1926. II. 468.

Stärkelösung als Indikator. Painter, W.J. Analyst. 47. 166-167 (1922). - Ref.C. 1922. IV. 106, W.Ref. 1187.

Über die Haltbarmachung von Stärkelösungen. Kano, N. J.chem.Soc. Japan 42. Nr.11 (1921). - W.Ref. 1186.

Apparat für schnelle Magensaft-Analysen, verbunden mit einer Methode für die Haltbarmachung von Stärkelösungen. Miller, R.J. J.ind.Engng.Chem. 11. 963-964 (1919). - Ref.C. 1920. IV. 669, W.Ref. 1185.

Einige Bemerkungen über Farbanalysen. Hough, G.J. J.ind.Engng. Chem. 11. 767-768 (1919). - Ref.C. 1920. II. 693, W.Ref. 1183.

Jodometrische Studien. Kolthoff, J.M. Pharmac.Weekbl. 56. 391-404 (1919). - Ref.C. 1919. II. 717, C.A. 13. 1434 (1919), W.Ref. 940.

Stärkeindikatorlösung. Brooks, H.E. Chemist-Analyst 27. Okt.9 (1918). - Ref.C.A. 13. 1290 (1919), W.Ref. 939.

Haltbarkeit der Stärkelösungen. Pollitz. Z.angew.Chem. 30. T.1; 132 (1917). - W.Ref. 1182.

Haltbare Stärkelösung. Ericsson, A. Svensk farmac.Tidskr. 20. 499-500 (1916). - W.Ref. 1180.

Versuche und Gedanken über die konservierende Wirkung der Benzoesäure. Held, D. Arch.Hyg.Bakteriol. 84. 289-336 (1915). - W.Ref. 1179.

Eine praktische Methode zur Herstellung von in kaltem Wasser löslicher Stärke für den Gebrauch als Indicator. Chapin, R.M. J.ind.Engng.Chem. 6. 649-50 (1914). - Ref.C. 1914. II. 1122, W.Ref. 1160.

Über die Wahl von Stärkekleister als Jodreagens bei titrimetrischen Bestimmungen. Mathieu, L. Bull.Assoc.Chimistes 27. 1166-1168 (1909-10). - Ref.C.A. 4. 2617 (1910), W.Ref. 1153.

Haltbarmachung gewisser Laboratoriums-Lösungen. Alcock, F.N. Pharmac.J. 79. 121-122 (1907). - W.Ref. 1175.

Stärkelösung als Indikator. Mörk, F.X. Amer.J.Pharmacy 76. 476-477 (1904). - Ref.C. 1904. II. 1756, W.Ref. 1174.

Kleinere analytische Mitteilungen. Seyda, A. Chemiker-Ztg. 22. 1085-1086 (1898). - W.Ref. 1173.

Baryumthiosulfat zur Titerstellung der Lösungen in der Jodometrie, Alkalimetrie und Acidimetrie. Mutnianski, M. Z.analyt.Chem.36. 220-221 (1897). - W.Ref. 1172.

Darstellung von Getreidestärkekleister, der als Indikator bei volumetrischen Analysen durch Jod dient. Gastine, G. Bull.Soc. chim.Paris 50. Sem.2; 172-173 (1888). - Ref.C. 1888. 1240, W.Ref. 1171.

Herstellung einer haltbaren Jodkalium-Stärkelösung. Reinhardt, C. Pharmaz.Zentralhalle Deutschland 27. 41-42 (1886).

Stärkelösung für Jodreaktion. Müller, A. Landwirtsch.Versuchsstat. 27. 340 (1882). - Ref.C. 1882. 518, W.Ref. 1144.

Gegen Schimmelbildung auf Gummilösungen. Hirschberg, A. Arch. Pharmaz. 200. 44-45 (1872). - W.Ref. 1170.

492. Jodometrische Bestimmungen

Vereinfachte Darstellung eines Kadmium-Jod-Amylose-Reagens für kolorimetrische Jodometrie. Lambert, J.L. und Zitomer, F. Analyt.Chem. 35. 405 (1963). - Ref.C. 1963. 22438.

Ein verbesserter Umschlagspunkt bei jodometrischen Titrationen. Manohin, B., Kakabadse, G.J. und Crowder, M.M. Analyst 81. 730 (1956). - Ref.C. 1957. 5071.

Eine Untersuchung der Fehler der amperometrischen und der Stärkeindikatormethode bei der Titration millinormaler Jod- und Thiosulfatlösungen. Bradbury, J.H. und Hambly, A.N. Austral.J.sci. Res., Ser.A 5. 541-54 (1952). - Ref.C. 1956. 4236.

Über die Anwendung einiger Jodindicatoren für die jodometrische Mikrobestimmung des Eisens und über die Eigentümlichkeiten der Beobachtung des Farbumschlags. Deibner, L. Chim.analytique 33. 207-15 (1951). - Ref.C. 1952. 3874.

Photoelektrische Bestimmung von atmosphärischem Schwefeldioxyd. - Verwendung verdünnter Jodstärkelösung. Katz, Morris. Analytic. Chem. 22. 1040-47 (1950). - Ref.C. 1956. 1981.

Methoden zur Fehlerausschaltung infolge des abnormen Farbwechsels des Stärkeindikators bei der jodometrischen Titration von Kupfer. Morita, S. und Watanabe, K. J.Japan Inst.Metals B 14. Nr.8. 44-47 (1950). - Ref.C. 1956. 11524.

Untersuchungen auf dem Gebiet der Jodometrie. III. Die Bedeutung der Jodidkonzentration in verdünnten Jodlösungen. Teiss, L.W. Chem.J.Ser.A, J.allg.Chem. (russ.) 4. (66) 1364-69 (1934). - Ref.C. 1936. II. 2177.

Über die Bestimmung von Schwefelwasserstoff in Kalkschwefelwässern; Empfindlichkeit der Reaktion von Stärkekleister mit Jod. Chrétien, E. und Vandenberghe, H. Ann.Chim.analyt.Chim.appl. [2] 3. 19-23 (1921). - Ref.C. 1921. II. 694, W.Ref. 942.

Der Einfluß hinzugefügter Substanzen auf den Endpunkt in der jodometrischen Titration von Schwefelwasserstoff. Jayson, A.R. und Oesper, R.E. J.ind.Engng.Chem. 9. 975-977 (1917). - Ref.C.1918. I. 1060, W.Ref. 128.

Über die Genauigkeit jodometrischer Bestimmungen. Pinnow, J. Z.analyt.Chem. 41. 485-488 (1902). - W.Ref. 913.

493. Jod-, Jodid- und Jodatbestimmungen

Beitrag zum Nachweis von Perjodat neben Jodat. Berka, A. Collect. czechoslov.chem.Commun. 25. 1224-25 (1960).

Photometrische Mikrobestimmung der Jodide. 2. Mitt. Bosch Arino, F. de A. und Rubia Pacheco, J. de la. An.Real Soc.espan.Fisica Quim.,Ser.B 47. 331-40 (1951). - Ref.C. 1952. 4348.

Photometrische Mikrobestimmung der Jodide. 1. Mitt. Bosch Arino, F. de A. und Rubia Pacheco, J. de la. An.Real Soc.españ.Fisica Quim.Ser.B 47. 263-68 (1951). - Ref.C. 1952. 1055.

Lineare Stärkereagentien. Für Jodidion selektives Reagens aus linearer Stärke + Jodat. Lambert, J.L.Analytic.Chem. 23. 1251-55 (1951). - Ref.C. 1952. 4032, C.A. 46. 374e (1952).

Elektrochemische Methode der Jodbestimmung. Towbin, N. und Feldmann, M. J.physic.Chem. 13. 818-26 (1939). - Ref.C. 1941. II. 2290.

Das Titieren der Jodide in An- oder Abwesenheit von Chloriden und Bromiden mit Jodstärke als Indikator. Chirnoaga, E. Z.analyt. Chem. 102. 399-42 (1935). - Ref.C. 1936. I. 597.

Colorimetrische Jodbestimmung mit der Jod-Stärkereaktion. Woodard, Helen Quincy. Ind.Engng.Chem.analyt.Edit. 6. 331-33 (1934). - Ref.C. 1935. I. 756.

Bestimmung des Jods in Schilddrüsenpräparaten. Schulek, E. und Stasiak, A. Pharmaz.Zentralhalle Deutschland 69. 113-15 (1928). - Ref.C. 1928. I. 2278.

494. Jod-Stärke-Reaktionen bei sonstigen analytischen Verfahren

Spektrophotometrische Bestimmung von Natrium-Thiosulfat in Körperflüssigkeiten durch Anwendung eines Jod-Amylose Komplexes. Dixon, K. Clin.chim.Acta (Amsterdam) 7. 453-58 (1962). - Ref.C.A. 57. 15441h (1962).

Beiträge zu den bromatometrischen Bestimmungen (Vorl.Mitt.). Szekeres, L., Sugár, E.N. und Papp, E.F. Magyar Kémiai Folyóriat (Ung.Z.Chem.) 63. 264 (1957). - Ref.C. 1958. 10455.

Bestimmungsverfahren für nichtionische oberflächenaktive Stoffe mittels der Jodstärke-Farbreaktion. Takayama, Y. und Kaneki,N. J.chem.Soc.Japan, ind.Chem.Sect. 59. 661-63 (1956). - Ref.C. 1964. 10-2868.

Bestimmungsverfahren für anionische und kationische oberflächenaktive Stoffe unter Verwendung der Jodstärke-Farbreaktion. Takayama, Y. und Kaneki, N. J.chem.Soc.Japan, ind.Chem.Sect. 59. 663-65 (1956). - Ref.C. 1964. 10-2869.

Die Verwendung des Jod-Stärke-Testes als ein Qualitätsindikator für weißen gemahlenen Reis. Halick, J.V. und Keneaster, K.K. Cereal Chem. 33. 315-19 (1956). - Ref.C. 1957. 6621.

Eine verzögerte chemische Reaktion. Der Jodat-Sulfit-Stärkeversuch Satterly, J. School Sci.Rev. 33. 146-53 (1952). - Ref.C. 1952. 6481.

Lineare Stärkereagentien. Reagens aus Cadmiumjodid-lineare Stärke. Lambert, J.L. Analytic.Chem. 23. 1247-51 (1951). - Ref.C. 1952. 4031, C.A. 46. 374d (1952).

Die Verwendung von Stärke-Jodat-Papier in der qualitativen Analyse Lundin, J.A. J.chem.Educat. 28. 122 (1951). - Ref.C. 1951. II. 2502.

Haltbare Stärkelösungen zur Bestimmung von gelöstem Sauerstoff. Platner, W.S. Ind.Engng.Chem. 16. 369 (1944).

Verwendung chemischer Reaktionen zur akustisch-optischen Bildwandlung. Haul, R., Studt, H.J. und Rust, H.H. Angew.Chem. 62. 186-88 (1950). - Ref.C. 1951. I. 2127.

Die Jod-Stärkereaktion als orientierendes Merkmal für den Gehalt an Trockenstoffen in Grütze. Ssimskaja, A.M. Hyg. u.Sanitätswes. (russ.) 1950. Nr.3. 53. - Ref.C. 1951. I. 2520.

Das Jodstärkeverfahren zur Ozonanalyse. Thorp, C.E. Ind.Engng. Chem., analyt.Edit. 12. 209 (1940). - Ref.C. 1940. II. 3672.

Titration des Silbers mit Kaliumjodid, als Indikatoren Ce(III)-Ammonsulfat und Stärke. Bloom, Albert und Wallace M. McNabb. Ind.Engng.Chem.analyt.Edit. 8. 167 (1936). - Ref.C. 1936. II. 2182.

Das Adsorptionsindicatorsystem Silberjodid-Stärkebrei in einer Modifikation der Methode von Haen-Low zur Kupferbestimmung. Beitrag zur Kenntnis der Adsorptionsindicatoren. II. Sierra,F. An.Soc.espan.Fisica Quim. 31. 25-33 (1933). - Ref.C. 1933. I. 3601.

Chloramin als Jodersatz in der analytischen Chemie. Meier, M.G. Chem.techn.Rdsch. (Berlin) 46. 427 (1931). - Ref.C. 1931. II. 3123.

Über Jod-Stärkereaktion und ihre Verwendung für eine colorimetrische Eiweißbestimmung bei Immunitätsprozessen. Lange, C. Biochem.Z. 95. 46-84 (1919). - Ref.C. 1919. IV. 349, W.Ref. 3166.

Jod, ein brauchbares mikrochemisches Reagens für Gerbstoffe, insbesondere zur Darstellung des Zusammenhanges der Verteilung von Gerbstoff und Stärke in pflanzlichen Geweben. Sperlich,A. Ber.dtsch.bot.Ges. 35. 69-73 (1917). - Ref.C. 1917. I. 976, W.Ref. 1856.

Papier mit Kalium-Jodid und Stärke (Auszug). Storm, C. Boll. chim.farmac. 53. 736 (1914). - Ref.C.A. 10. 1970 (1916), W.Ref. 1178.

Eine abgekürzte Jodprobe. Neger, F.W. Ber.dtsch.bot.Ges. 30. 93-96 (1912). - Ref.C. 1912. II. 1156, W.Ref. 1844.

Kalium-Jodid-Stärkepapier. Storm, C. J.ind.Engng.Chem. 1. 802-803 (1909). - Ref.C.A. 4. 514 (1910), C. 1910. I. 1806, W.Ref. 1177.

Über die Untersuchung der Nitrate im Wein und im Most. Marsiglia, T. Staz.speriment.Agrarie ital. 41. 162-170 (1908). - Ref.C. 1908. I. 2204, W.Ref. 1176.

495. Stärkesäulen für die Chromatographie
(Auch Dünnschichtchromatographie)

Trennung der Kationen der Gruppen I und IV durch Dünnschichtchromatographie an Stärke. Canic, V.D. und Petrovic, S.M. Z.analyt.Chem. 211. 321-24 (1965). - Ref.C.A. 63. 6295f (1965).

Chromatographie fettlöslicher Lebensmittelfarbstoffe auf dünnen Stärkeschichten mit unpolarer stationärer Phase. Davidek, J. und Janiček, G. J.Chromatogr.(Amsterdam) 15. 542-45 (1964). - Ref.C. 1966. 4-1980.

Celit-Stärke für die Dünnschichtchromatographie. Shasha, B. und Whistler, R.L. J.Chromatogr.(Amsterdam) 14. 532-33 (1964). - Ref.C. 1965. 22-1975.

Chromatographie an Stärkesäulen. Farmer, T.H. J.Chromatogr.(Amsterdam) 16. 264-65 (1964). - Ref.C. 1965. 28-1884, C.A. 62. 3045g (1965).

Untersuchungen über anorganische Dünnschichtchromatographie. I. Mitt. Vollständige Analyse von Metallionen mit Hilfe der Dünnschichtchromatographie. Takitani, S., Fukazawa, M. und Hasegawa, H. Japan Analyst 12. 1156-61 (1963). - Ref.C. 1965. 51-1925.

Multidimensionale Untersuchungen von Plasmaproteinen. Säulenchromatographie auf Stärkegel und Immunoelektrophorese. Lawrence, S.H. und Benjamin, D.C. Clin.chim.Acta (Amsterdam) 6. 398-402 (1961). - Ref.C. 1964. 22-1400.

Trennung und quantitative Bestimmung von Methylarabinosiden unter Verwendung einer Stärke-Säule mit verbesserter automatischer Kontrolle. Mowery, D.F. jun. Analytic.Chem. 31. 1911-13 (1959). - Ref.C. 1963. 2186.

Trennung von aliphatischen Kohlenwasserstoffen mit cyanäthylierten Polysacchariden. Monsanto Chemical Co. A.P. 2 966 532 vom 3/6.1959., ausg. 27/12.1960. - Ref.Stärke 14. 384 (1962).

Untersuchungen zum Aufbau von Fermentmodellen mit sterischer Spezifität. Lautsch, W. und Heinicke, D. Kolloid-Z. 154. 3-4 (1957).

Die Trennung von Substanzen und Bestimmung ihrer relativen Molekülgröße durch Anwendung von Kolonnen von Stärke in Wasser. Lathe, G.H. und Ruthven, C.R.J. Biochem.J. 62. 665-74 (1956). - Ref.C. 1956. 11807, C.A. 50. 12152g (1956).

Über die chromatographische Spaltungsmöglichkeit von Racematen an Stärke. Krebs, H., Diewald, J. und Wager, J.A. Angew.Chem.67. 705 (1955). - Ref.C. 1956. 3804.

Trennung von Substanzen auf der Basis ihres Molekulargewichtes unter Verwendung von Säulen mit Stärke und Wasser. Lathe,G.H. und Ruthven, C.R.L. Biochem.J. 60. XXXIV (1955). - Ref.C.1956. 2263, Stärke 8. 44 (1956).

Aminosäurebestimmung in Nahrungsmitteln durch Chromatographie an Stärkesäulen. Kraut, H., Kofrányi, E., Telschow, H. u. Weber,M. Hoppe-Seyler's Z.physiol.Chem. 301. 165-84 (1955). - Ref.C.1956 9878.

Quantitative Bestimmung von Aminosäuren. Chibnall, A.C. Brit.Med. Bull. 10. 183-86 (1954). - Ref.C.A. 49. 9428d (1955).

Die optische Aktivierung von Racematen an Stärke. Krebs, H. und Rasch, R. Naturwissenschaften 41. 63 (1954).

Chromatographie von Vitamin B_1 und Cholin. Heyndrickx, Aubin. J.Amer.pharmac.Assoc., sci.Edit. 42. 315-16 (1953). - Ref.C. 1955. 5848.

Die Isolierung jodierter Aminosäuren aus Schilddrüsengewebe durch Stärkesäulenchromatographie. Dobyns, B.N. und Barry, S.R. J.biol.Chemistry 204. 517-31 (1953). - Ref.C. 1955. 2708.

Chromatographische Trennung und Bestimmung von Monosacchariden. Gardell, Sven. Acta chem.scand. 7. 201-06 (1953). - Ref.C. 1954. 4910.

Verteilungschromatographie lipoidlöslicher Substanzen auf Säulen. Trennung der Pigmente grüner Pflanzen. Nunez, G. und Spiteri,J. C.R.hebd.Séances Acad.Sci. 236. 488-90 (1953). - Ref.C. 1954. 3294.

Chromatographie der α- ε-Diaminopimelinsäure an Stärkesäulen. Figueroa, E.S. und Seibert, F.B. Proc.Soc.exp.Biol.Med. 83. 535-37 (1953). - Ref.C. 1954. 10548.

Mittels Stärkesäulenchromatographie bestimmte Aminosäuren in Weizenpflanzen und -körnern. Moyer, Frances und Whitehead, E.I. Proc.South Dakota Acad.Sci. 31. 185-89 (1952). - Ref.C. 1956. 2501.

Größe und Form einiger Polysaccharidmoleküle. Greenwood, C.T. Advances Carbohydrate Chem. 7. 289-332 (1952). - Ref.C. 1954. 7666.

Präparative chromatographische Trennung von Glycin, Sarkosin und Dimethylglycin unter Verwendung von Stärke. Sluyterman, L.A.Ae. und Veenendaal, H.J. Recueil Trav.chim.Pays-Bas 70. 1049-53 (1951). - Ref.C. 1955. 4807.

Das chromatographische Verhalten adrenocorticotroper Peptide in Säulen aus Diatomeenerde und Stärke. Mendenhall, R. und Li, Choh Hao. Proc.Soc.exp.Biol.Med. 78. 668-70 (1951). - Ref.C. 1950/54. 9846 S.

Anwendung von Stärkechromatographie und Ionenaustauscherharz für Trennungen von mit ^{15}N markierten Aminosäuren in größerem Maßstab. Aqvist, Stig E.G. Acta chem.scand. 5. 1031-45 (1951). - Ref.C. 1953. 3129.

Chromatographische Untersuchung der in Sulfitablauge enthaltenen Zucker. Mulvany, P.K., Agar, H.D., Peniston, Q.P. u.McCarthy, J.L. J.Amer.chem.Soc. 73. 1255-57 (1951). - Ref.C. 1951. II. 3109.

Chromatographie der Blattfarbstoffe (Stellungnahme zu vorstehender Erwiderung). Wendel, K. Planta 38. 603-04 (1950). - Ref.C. 1951. II. 875.

Chromatographie der Blattfarbstoffe (Eine Erwiderung). Seybold, A. Planta 38. 601-02 (1950). - Ref.C. 1951. II. 875.

Untersuchungen über die Chromatographie von Sennainhaltsstoffen und verwandten Verbindungen. Macmorran, G.H. J.Pharmacy Pharmacol. 2. 773-83 (1950). - Ref.C. 1951. I. 3536.

Chromatographie von Aminosäuren an Stärkesäulen. Lösungsmittelgemische für die Fraktionierung von Eiweißhydrolysaten. Moore, St. und Stein, W.H. J.biol.Chemistry 178. 53-77 (1949). - Ref.C. 1949. E. 5781.

Verteilungschromatographie der Ribonucleoside an Stärke. Reichard, P. Nature (London) 162. 662 (1948). - Ref.C. 1948. E.1083.

Eine Technik für die Verteilungschromatographie an Stärke. Edman, Pehr. Acta chem.scand. 2. 592-96 (1948). - Ref.C. 1948. E.955.

Stärke als Medium für Verteilungs-Chromatographie. Elsden, S.R. und Synge, R.L.M. Biochem.J. 38. Nr.1. Proc.IX (1944). - Ref.C. 1945. II. 41.

Fraktionierung hochpolymerer Stoffe durch die chromatographische Adsorptionsanalyse. 1. Mitt. Fraktionierung von Acetylcellulose. Mark, H. und Saito, G. Mh.Chem. 68. 237-43 (1936). - Ref.C. 1936. II. 3541.

496. Stärkegelelektrophorese

Stärkegel-Elektrophorese. Sugano, H. Taisha (Japan) 2. 604-13 (1965). - Ref.C.A. 63. 14101a (1965).

β_{1C}-Globulin bei der Stärkeelektrophorese. Lundh, B. Acta pathol. microbiol.scand. 63. 275-80 (1965). - Ref.C. 1966. 20-1464.

Stärkegel-Elektrophorese von Alkohol-Dehydrogenase der Leber. McKinley-McKee, J.S. und Moss, D.W. Biochem.J. 94. Nr.1. 16P-17P (1965). - Ref.C.A. 62. 13438a (1965).

Optimale Bedingungen bei der Stärkegel-Elektrophorese von hitzedenaturierten Kollagen. Näntö, V., Pikkarainen, J. und Kulonen, E. J.Amer.Leather Chemists Assoc. 60. 63-71 (1965). - Ref.C. 1965. 46-3202, C.A. 62. 12033c (1965), Stärke 18. 57 (1966).

Elektrophorese von Protein in Stärkeblöcken. Uspenskaja, W.D. Gegenwärtige Methoden Biochem. Sammlung (russ.) 1964. 87-110. - Ref.C.A. 63. 18631e (1965).

Serum-Isozyme. Stärkegel-Elektrophorese von Serum-Isozymen. Gelderman, A.H. Serum Proteins Dysproteinemias 1964. 257-60. - Ref.C.A. 63. 4579h (1965).

Stärkegel-Elektrophorese von Ratten-Serum. Aoki, K., Bull.Dep.gen. Educat., Nagoya City Univ., nat.Sci.Sect. (Japan) 10. 1-2 (1964). - Ref.C.A. 63. 4748b (1965).

Elektrophorese von Serumhaptoglobinen und Erythrozytenkatalase unter Verwendung von Kapillarblut. Baur, E.W. Clin.chim.Acta (Amsterdam) 9. 252-53 (1964). - Ref.C. 1966. 21-1514.

Chromatographie und Stärkegelelektrophorese von löslichen Tumorproteinen. Moore, B.W., Angeletti, P.U., Suntzeff, V., Gayle, R. und Davenport, R. Unio int.Cancrum, Acta (Louvain) 20. 947-50 (1964). - Ref.C. 1966. 17-1194.

Präparierung von Kartoffelstärke zur Bestimmung von Häptoglobin. Klose, I. Dtsch.Z.ges.gerichtl.Med. 55. 61-63 (1964). - Ref.C.A. 62. 1958d (1965), C. 1965. 20-1948.

Eine Methode für die direkte Ultraviolett-Spektrophotometrie von Agar- und Stärkegelelektrophoregrammen. Zanew, R. und Stainow, D. Biochemie (russ.) 29. 1126-31 (1964). - Ref.C.A. 62. 9444a (1965).

Stärkegel-Immunoelektrophorese. Poulik, M.D. Ann.New York Acad. Sci. 121. 470-82 (1964). - Ref.C.A. 62. 13684g (1965).

Ein Verfahren für Hochspannungselektrophorese in Agar-Gel mit einer Notiz über ihre Anwendung bei Acrylamid- und Stärkegel. Wieme, R.J. Ann.N.Y.Acad.Sci. 121. 366-72 (1964). - Ref.C.A. 62. 8106g (1965).

Elektrophoretische Identifizierung von Esterasen an Stärkegel. Freses, A.T., Lizarraga, B. und Vasquez, R. Bol.Soc.quim.Perú 30. Nr.1. 1-10 (1964). - Ref.C.A. 62. 5499g (1965).

Stärkegelelektrophorese. Smithies, O. Metabolism, clin. and exp. 13. 974-84 (1964). - Ref.C.A. 62. 8035e (1965), C. 1965. 36-2017.

Fortschreitende Veränderungen in den Stärkegelelektrophoresemustern von Hühnermuskelproteinen während des "Alterns" nach dem Tode. Neelin, J.M. und Rose, D. J.Food Sci. 29. 544-54 (1964). - Ref.C. 1965. 43-2942.

Fraktionierung der Leberproteine mit Hilfe der Elektrophorese auf Papier, Agargel und Stärkeblock. Gorjuchina, T.A. Ukrain. biochem.J. (russ.) 36. 308-17 (1964). - Ref.C. 1966. 4-1531.

Nachweis kleiner, schnellwandernder Hämoglobinfraktionen mit einer modifizierten Stärkegel-Elektrophoresemethode. Helleman, P.W. und Gartner, H. Nature (London) 201. 833-34 (1964). - Ref.C. 1965. 46-2057.

Fraktionierung von Trypsin durch Elektrophorese in Stärkesäulen. Disitzer, L.V., Domont, G.B., Iachan, A. und Perrone, J.C. An.Acad.brasil.Ci. 36. 43-47 (1964). - Ref.C.A. 62. 1918h (1965).

Haltbarmachung von Stärkegelelektrophorese-Streifen. Baur, E.W. Nature (London) 202. 520 (1964). - Ref.C.A.(B.) 61. 3403g (1964).

Qualitative Bestimmung von elektrophoretischen Zonen normalen menschlichen Serums auf Stärkegel. Cheng, F.H.F. und Steinberg, B. J.Lab.clin.Med. 63. 694-98 (1964). - Ref.C. 1965. 9-2006.

Apparatur für die Elektrophorese von Gewebeproteinen in Stärke- und Agarblöcken. Markelow, I.M. Laboratoriumswesen (russ.) 1964. 372-74 - Ref. C. 1965. 21-1991.

Elektrophorese des Gesamtspeichels. 2. Mitt. Auf Stärkegel. Gavarrón, F.F. und Mercado, G. Rev.Soc.quim.Mêxiko 8. 11-12 (1964). - Ref.C. 1965. 31-1430.

Proteine verschiedener Weizenspezies und mit ihnen eng verwandter Arten und ihre Beziehung zu genetischen Charakteristika. Coulson, C.B. und Sim, A.K. Nature (London) 202. 1305-08 (1964). - Ref.C. 1965. 34-1109.

Eine elektrophoretische Methode für die Wiedergewinnung von Proteinen aus Stärke-Gel. Lloyd, H.M. und Meares, J.D. Clin.Chim.Acta 9. 192-94 (1964). - Ref.C.A. 60. 12341f (1964), C. 1966. 19-2061.

Qualitative Bestimmung von Erythrocytenkatalase durch Stärkegel-Elektrophorese. Kleihauer, E. und Brandt, G. Nature (London) 204. 478-79 (1964). - Ref.C. 1965. 34-1223.

Bemerkungen zur Stärkegelelektrophorese von Hämoglobinen. Chernoff, A.I. und Pettit, N.M. jun. J.Lab.clin.Med. 63. 290-96 (1964). - Ref.C. 1965. 34-1893.

Untersuchungen über reduzierte Wolle. 3. Mitt. Stärkegelelektrophorese extrahierter Wollproteine. Thompson, E.O.P. und O'Donnell, I.J. Austral.J.biol.Sci. 17. 277-81 (1964). - Ref.C. 1965. 18-1408.

Stärkegelelektrophorese von Seren von immunisierten Röntgenbestrahlten Mäusen. Muramatsu, S. Nature (London) 202. 1230-31 (1964). - Ref.C. 1965. 43-1541.

Untersuchung des Karpfenserums (Cyprinus carpio) durch Stärkegel-elektrophorese. Creyssel, R., Silberzahn, P., Richard, G. und Manuel, Y. Bull.Soc.Chim.biol. 46. 149-59 (1964). - Ref.C. 1965. 3-1442.

Stärkeelektrophorese löslicher Tumorproteine. Pantelouris, E.M. Brit.J.Cancer 17. 179-82 (1963). - Ref.C. 1965. 33-1206.

Quantitative Elektrophorese in Stärkegel. Berkeš-Tomasević, P., Rosić, J. und Ignjatović, M. Arch.Pharmacie (Beograd) 13. 9-17 (1963). - Ref.C. 1966. 7-2040.

Verbessertes Verfahren zur Wiedergewinnung von Protein aus Stärke-"Pevikon C-870"-Gel. Bocci, V. Nature (London) 197. 491-92 (1963). - Ref.C. 1966. 22-1937.

Die Anwendung der Stärkegel-Elektrophorese zur Illustrierung der Hemmung von Gewebe-Esterasen durch phosphororganische Pestizide. 2. Mitt. Vergleich der Homogenate verschiedener Herkunft. Read, S.I. und McKinley, W.P. J.Assoc.off.agric.Chemists 46. 869-76 (1963). - Ref.C.A.(B.) 60. 807c (1964), C. 1965. 33-1290.

Elektrophorese in Stärkegelen. Apparat für ein mehrkanaliges konstantes Stromsystem. Watt, D.D. und Hannan, E.C. Iowa State J.Sci. 38. 115-22 (1963). - Ref.C.A.(B.) 60. 2027c (1964).

Elektrophoretisches Verhalten von Kaninchenserum-Amylase. Berk, J.E., Kawaguchi, M., Zeineh, R., Ujihira, I. und Searcy, R. Nature (London) 200. 572-73 (1963). - Ref.C.A.(B.) 60. 4559a (1964).

Elektrophoretische Trennung biologisch aktiver Komponenten von Skorpiongiften. Master, R.W.P., Rao, S.S. und Soman, P.D. Biochim.biophysica Acta (Amsterdam) 71. 422-28 (1963). - Ref.C. 1966. 7-1658.

Stärkegelelektrophorese der Gifte von Bungarus caeruleus und Echis carinatus und Identifizierung von Enzymen und Toxinen. Master, R.W.P. und Rao, S.S. Biochim.biophysica Acta (Amsterdam) 71. 416-21 (1963). - Ref.C. 1966. 7-1657.

Stärkegel-Elektrophorese von Apfelsäurehydrogenase. Thorne, C.J.R., Grossman, L.I. und Kaplan, N.O. Biochim.biophysica Acta (Amsterdam) 73. 193-203 (1963). - Ref.C. 1965. 19-1118, C.A. 59. 3031a (1963).

Verhütung der Hintergrundfärbung von Stärkegelen. Vorläufige Behandlung von Stärke mit Steptomyces griseus-Protease. Robinson, J.C. und Pierce, J.E. Amer.J.clin.Pathol. 40. 588-90 (1963). - Ref.C.A. 60. 7133f (1964).

Quantitative Stärkegelelektrophorese. Matsui, K. und Yaeno, K. Analyt.Biochem. (New York) 6. 491-503 (1963). - Ref.C. 1966. 20-1945.

Elektrophoretische Mehrfachelution der Proteinzonen aus Stärkegel. Tsuyuki, H. Analyt.Biochem. (New York) 6. 205-09 (1963). - Ref.C. 1966. 20-1947.

Stärke-Pevikon C-870-Gel als Trägermedium bei der Zonenelektrophorese. Bocci, V. J.Chromatogr. (Amsterdam) 11. 515-23 (1963). - Ref.C. 1966. 20-1948.

Stärkegel-Mikroelektrophorese. Daams, J.H. J.Chromatogr.(Amsterdam) 10. 450-55 (1963). - Ref.C. 1965. 43-2125.

Vergleichende Stärkeelektrophorese löslicher Leberzellproteine verschiedener Tierspezies. Klein, U.E. Naturwissenschaften 50. 669-70 (1963). - Ref.C. 1964. 51-1373.

Borsäureinduzierte Heterogenität des Conalbumins bei der Stärkeelektrophorese. Parker, W.C. und Bearn, A.G. Nature (London) 199. 1184-86 (1963). - Ref.C. 1964. 51-1211.

Untersuchung von Actin mittels Stärkegel-Elektrophorese. Carsten, M.E. und W.F.H.M. Biochemistry (Washington) 2. 28-32 (1963). - Ref.C. 1965. 2-1646.

Die Verwendung der Stärkeelektrophorese bei Dehydrogenaseuntersuchungen. Fine, I.H. und Costello, L.A. Methods in Enzymol. 6. 958-72 (1963). - Ref.C. 1965. 21-1228.

Alkalische Phosphatase menschlicher Organe: Unterscheidung durch verschiedene Maßnahmen, einschließlich Stärkegelelektrophorese von Antienzym-Enzym-Überstandsflüssigkeiten. Boyer, S.H. Ann.New York Acad.Sci. 103. 938-55 (1963). - Ref.C. 1965. 39-1246.

Dünnschicht-Stärkegelelektrophorese auf Glasplatten. Ramsey, H.A. Analyt.Biochem.(New York) 5. Nr.1. 83-86 (1963).

Eine einfache, zur Immunodiffusion anwendbare Mikro-Stärkegelelektrophorese. Korngold, L. Anal.Biochem. 6. 47-53 (1963). - Ref.C. 1966. 20-1946.

Modifizierung des Trogs zur Elektrophorese in Stärkegel. Franěk, F. Chemické listy 57. 729-30 (1963).

Untersuchungen über die Veränderungen der Enzyme während der Sporulation von Bacillus cereus mit Hilfe der Stärkegel-Elektrophorese. Baillie, A. und Norris, J.R. J.appl.Bacteriol. 26. 102-06 (1963). - Ref.C. 1964. 12-1070.

Die Stärkegelelektrophorese einer alkalischen Phosphatase des Urins. Butterworth, P.J., Pitkanen, E. und Moss, D.W. Biochem.J. 88. 19P-20P (1963). - Ref.C. 1964. 15-1087.

Untersuchungen der Proteine von sich entwickelndem Weizenendosperm: Trennung durch Stärkegelelektrophorese und Einbau von ^{35}S-Sulfat. Graham, J.S.D. und Morton, R.K. Austral.J.biol. Sci. 16. 357-65 (1963). - Ref.C. 1964. 17-1237.

Stärkeelektrophorese der Proteine als Hilfe bei der Identifizierung von Pilzen. Clare, B.G. Nature (London) 200. 803-04 (1963). - Ref.C. 1964. 39-1247.

Stärkegelelektrophorese von Schweineserumproteinen. Scopes, R.K. Nature (London) 197. 1201 (1963). - Ref.C. 1964. 27-1350.

Elektrophoretische Voranalyse von Histonen aus Rinderpankreas an Stärkegel. Dmochowski, A., Klyszejko, L. und Kubicka, L. Zeszyty naukowe Uniw. Łódzkiego, Ser.II. 1962. 31-36. - Ref.C. 1964. 49-1249.

Untersuchung von Weizenproteinen, löslich in Wasser, Salzlösung, 70 %igem Äthanol und verdünnter Essigsäure durch Stärkegel-Elektrophorese. Kaminski, E. J.Sci.Food Agric. 13. 603-07 (1962).

Trennung und Bestimmung von Thiamin-Phosphaten in tierischen Geweben unter Anwendung der Zonenelektrophorese in Stärke. Chmelewski, Ju.W. Fragen med.Chem. (russ.) 8. 306-14 (1962). - Ref.C.A. 57. 16988b (1962).

Untersuchung von menschlichem Serum-Albumin mittels Stärkegel-Elektrophorese. Szymanowska, Z., Poszwinski, P., Murawski, K. und Zakrzewski, K. Biochim. polon. 9. Nr.2. 183-88 (1962). - Ref.C.A. 57. 15469b (1962).

Eindimensionale Stärkegel-Elektrophorese von entrahmter Kuhmilch. Bell, K. Nature (London) 195. 705-06 (1962). - Ref.C.A. 57. 14316g (1962).

Probengröße bei der Stärkeelektrophorese von Cellulase. Miller, G.L. und Birzgalis, R. J.Chromatogr. (Amsterdam) 7. 33-38 (1962). - Ref.C. 1962. 18504.

Elektrophorese von Insektenhämolymphe an Stärkegel: Einfluß von pH und Puffer. Barlow, J.S. Analyt.Biochem. (New York) 3. 206-11 (1962). - Ref.C. 1963. 10159.

Stärkegel-Elektrophorese von basischen wasserlöslichen Gerstenproteinen. Enari, T.M., Mikola, J. und Nummi, M. Acta chem. scand. 16. 517-18 (1962). - Ref.C.A. 57. 11553c (1962).

Der Einfluß verschiedener Puffer bei der Stärkegel-Elektrophorese von Serum-Proteinen. Fine, J.M., Mouray, H. und Moretti, J. Clin.chim.Acta (Amsterdam) 7. 346-54 (1962). - Ref.C.A. 57. 11510g (1962).

Stärkegelelektrophoretische Trennung von Esterasen in Nebennierenmark, Nebennierenrinde und Hirn der Ratte und des Hamsters. Eränkö, O., Kokko, A. und Söderholm, U. Ann.Med.exp.Biol.fenn. 40. 146-61 (1962). - Ref.C. 1963. 17356.

Metallionenanalyse durch Emissionsspektroskopie der mit Stärkeblockelektrophorese getrennten Menschenserumproteine. Long,M.J. Amer.J.med.Technol. 28. 241-56 (1962). - Ref.C. 1964. 12-1672.

Vergleichende quantitative Analyse normaler und pathologischer Sera durch Elektrophorese auf Stärkegel oder Celluloseacetat. Rubinstein, H.J., Oliver, I.T. und Brackenridge, C.J. Clin.chim. Acta (Amsterdam) 7. 65-72 (1962). - Ref.C. 1964. 30-1680.

Über die Gc-Komponenten von Hirschfeld. 1. Mitt. Lage im Stärkegel-Elektrophoresebild. Schultze, H.E., Biel, H., Haupt, H. und Heide, K. Naturwissenschaften 49. 16-17 (1962). - Ref.C. 1962. 12734.

Trennung von substrat-spezifischen Gehirnesterasen durch Stärkegel-Elektrophorese. Eränkö, C., Kokko, A. und Söderholm, U. Nature (London) 193. 778 (1962). - Ref.C.A. 57. 1256b (1962).

Eigenschaften von mittels Stärkegelelektrophorese getrennter Alkaliphosphatase-Fraktionen. Moss, D.W. und King, E.J. Biochem.J. 84. 192-95 (1962). - Ref.C. 1964. 12-1097.

Präparative Zonenelektrophorese im Stärke-Medium. Paletta, B. Mh.Chem. 93. 173-76 (1962). - Ref.C.A. 57. 8831b (1962).

Stärke-Elektrophorese als ein Kriterium für die Reinheit von kristalliner Hefe-Alkoholdehydrogenase. Watts, D.C. und Donninger, C. Analyt.Biochem. (New York) 3. 489-97 (1962). - Ref.C.A. 57. 10205f (1962), C. 1965. 31-1197.

Identifizierung von Fischarten durch Stärkegel-Elektrophorese von Protein-Extrakten. Thompson, R. J.Assoc.off.agric.Chemists 45. 275-76 (1962). - Ref.C.A. 57. 2636d (1962), C. 1964. 51-2908.

Stärkegel-Elektrophorese. Altaner, C. Chem.Listy 56. 334-54 (1962). - Ref.C.A. 57. 2885a (1962).

Stärkegel-Elektrophorese von alkalischen Phosphatasen unter Anwendung einer histochemischen Methode. Sandler, M. und Bourne,G.H. Nature (London) 194. 389-90 (1962). - Ref.C.A. 57. 3776d (1962), C. 1963. 2877.

Stärkegel-Elektrophorese von Mäuse-Hämoglobin. Morton, J.R. Nature (London) 194. 383-84 (1962). - Ref.C.A. 57. 3899c (1962).

Zwei-dimensionale Stärkegel-Elektrophorese von Serum und Urin als Hilfsmittel zur Untersuchung der Paraproteinämie. Schobel, B. und Wewalka, F. Protides biol.Fluids, Proc. 9.Colloq., Bruges, Belg. 1961. 322-26 (1962). - Ref.C.A. 57. 7541i (1962).

Eine stärkegel-elektrophoretische Untersuchung von hämolymphen Proteinen einiger Krebse der Bermudas. Cowden, R.R. und Coleman, J.R. Experientia (Basel) 18. 265-66 (1962). - Ref.C.A. 57. 7752c (1962), C. 1964. 47-1267.

Stärkegelelektrophorese von Getreideproteinen. Elton, G.A.H. und Ewart, J.A.D. J.Sci.Food Agric. 13. 62-72 (1962). - Ref.C.A. 56. 12042a (1962), C. 1963. 2660.

Einflüsse von physikochemischen Agenzien auf die elektrophoretischen Eigenschaften von Serumproteinen in einem Stärkegel-Medium. Richter, M., Gold, J., Rankowicz, W. und Rose, B. Canad.J.Biochem.Physiol. 40. 35-39 (1962). - Ref.C.A. 56. 11946d (1962).

Stärkegel-Elektrophorese von Transaminasen in menschlichen Gewebeextrakten und Seren. Boyde, T.R.C. und Latner, A.L. Biochem.J. 82. 51 S (1962). - Ref.C.A. 56. 14612c (1962).

Methode für quantitative Stärkegel-Elektrophorese. Vahvaselka, E. Nature (London) 193. 474 (1962). - Ref.C.A. 56. 14559a (1962).

Cellulose spaltende Enzyme. 7. Mitt. Stärke-Zonenelektrophorese von Cellulose und anderen Kohlenhydraten von Irpex lacteus. Nishizawa, K., Morimoto, I., Handa, N. und Hashimoto, Y. Arch.Biochem.Biophysics 96. 152-57 (1962). - Ref.C.A. 56. 13229i (1962), C. 1963. 15470.

Quantitative Bestimmung der Fraktionen von durch Zonenelektrophorese auf Stärkegel getrennten Serumproteinen. Aresu, R. und Monti, G. Boll.Soc.ital.Biol.sperim. 37. 1651-54 (1961). - Ref.C. 1966. 12-1963.

Die Identifizierung von Enzymen und Toxinen in dem Gift der indischen Cobra und der Russellschen Viper nach der Stärkegelelektrophorese. Master, R.W.P. und Rao, S.S. J.biol.Chemistry 236. 1986-90 (1961). - Ref.C. 1963. 4402.

Elektrophoretische Trennung von Proteinen der Muttermilch und des Colostrums an Stärke-Gel. Bonvini, E. Atti Accad.Med.Lombarda 16. Nr.3. 472-74 (1961). - Ref.C.A. 57. 14315i (1962).

Histochemische Untersuchungen von durch Stärkegel-Elektrophorese getrennten Phosphatasen. Sandler, M. und Bourne, G.H. Exp.Cell Res. 24. 174-77 (1961). - Ref.C.A. 57. 12879e (1962).

Stärkegel-Elektrophorese von Esterasen des Gehirnes. Barron, K.D., Bernsohn, J.I. und Hess, A. J.Histochem.Cytochem. 9. 656-60 (1961). - Ref.C. 1963. 18886.

Untersuchungen über die Stärkegelelektrophorese einiger menschlicher Muskelproteine. Hughes, B.P. Clin.chim.Acta (Amsterdam) 6. 794-800 (1961). - Ref.C. 1963. 18530.

Stärkeelektrophorese von Hühnereiweiß, Eiweiß, Dotter und Eier des Eileiters und Serumproteinen. Steven, F. Nature (London) 192. 972 (1961). - Ref.C. 1962. 13094.

Kontaktabzüge von Stärkegelelektropherogrammen. Johns, E.W. J.Chromatogr. (Amsterdam) 5. 91-92 (1961). - Ref.C. 1962. 231.

Immuno-elektrophoretische Untersuchung an Fischeierproteinen. Ohi, Y. Med.andBiol. (Tokyo) 60. 155-58 (1961). - Ref.C. 1965. 4-1475.

Elektrophorese in einer dünnen Stärkegelschicht mit anschließender plastifizierender Behandlung. Groulade, J., Fine, J.M. und Ollivier, C. Nature (London) 191. 72 (1961). - Ref.C. 1965. 40-2019.

Senkrechte Stärkegel-Elektrophorese der Linsen-Proteine des Rindes. Cioffi, L.A. und Bonavolontà, A. Boll.Soc.ital.Biol.sperim.37. 1680-82 (1961). - Ref.C. 1965. 50-1738.

Elektrophorese der Serumproteine der Laboratoriumstiere auf Stärkegel. Cresseri, A. und Conti, A.M. Boll.Soc.ital.Biol.sperim. 37. 1411-14 (1961). - Ref.C. 1965. 4-1573.

Durch Stärkegelelektrophorese nachgewiesene Cholinesterasen im Serum. Bernsohn, J., Barron, K.D. und Hess, A. Proc.Soc.exp. Biol.Med. 108. 71-73 (1961). - Ref.C. 1962. 15270.

Präparative vertikale Elektrophorese auf Stärke-Gel. 2. Mitt. Analyse des normalen menschlichen Serums. Cioffi, L.A. und Benedetto, C. Di. Boll.Soc.ital.Biol.sperim. 37. 1322-26 (1961). - Ref.C. 1962. 14583, C.A. 59. 3070f (1963).

Herstellung und Verwendung von löslicher Stärke als brauchbares Medium bei der Stärkegel-Elektrophorese. Lee, C.W. Seoul J.Med. 2. Nr.3. 89 (1961). - Ref.C.A. 57. 5330f (1962).

Anwendung der Stärkegel-Elektrophorese im Harnstoff auf die Untersuchung der strukturellen Einheiten von Proteinen. Poulik, M.D. und Edelman, G.M. Protides biol.Fluids, Proc.9. Colloq., Bruges, Belg. 1961. 126-32. - Ref.C.A. 57. 7583d (1962).

Färbung, Feststellung und Bewertung von Häptoglobin, Enzymen und Gesamt-Protein im Serum durch Stärkegel-Elektrophorese. Kneuchel, F. Dtsch.Z.ges.gerichtl.Med. 51. 464-73 (1961). - Ref.C.A. 56. 14558g (1962).

Trennung von Pilzcarbohydrasen durch Stärkeblock-Zonenelektrophorese. Mandels, M., Miller, G.L. und Slater, R.W. jr. Arch.Biochem.Biophysics 93. 115-21 (1961). - Ref.C.A. 55. 16662i (1961), C. 1965. 34-1266.

Stärkegel-Elektrophorese von Hypophysenvorderlappenhormonen. Ferguson, K.A. und Wallace, A.L.C. Nature (London) 190. 629-30 (1961). - Ref.C. 1961. 15814, C.A. 55. 21225b (1961).

Die Bestimmung von Lipoproteinen in mit Sudan-Schwarz gefärbtem Serum durch Papier-Elektrophorese. Uschakow, B.N. und Poloshentzew, S.D. Laboratoriums-Praxis (russ.) 7. Nr.7. 12-15 (1961). - Ref.C.A. 56. 13183e (1962).

Zur Aufspaltung der Hauptkomponente (Hb A_1) des Erwachsenen-Hämoglobins (Hb A) in zwei Fraktionen (Hb A_1, Hb A_1,,) durch Stärkegel-Hochspannungselektrophorese. Künzer, W. Klin.Wschr. 39. 1298 (1961). - Ref.C.A. 56. 10481d (1962).

Vergleich der Papier- und Stärkeblockelektrophorese zur Bestimmung des A_2-Hämoglobins. Hilgartner, M.W., Erlandson, M.E., Walden, B.S. und Smith, C.H. Amer.J.clin.Pathol. 35. 26-30 (1961). - Ref.C. 1963. 13629.

Vergleich der Serumproteinfraktionen des sich entwickelnden Kükenembryos mittels Stärkegelelektrophorese. Amin, A. Nature (London) 192. 356-57 (1961). - Ref.C. 1963. 11721.

Elution von Proteinen aus Stärkegel in "Pevikon C-870". Bocci, V. J.Chromatogr. (Amsterdam) 6. 357-58 (1961). - Ref.C. 1962. 18955.

Die Charakterisierung von Proteinen durch Elektrodialyse in Stärkegelen. Pierce, J.G. und Free, C.A. Biochim.biophysica Acta (Amsterdam) 48. 436-44 (1961). - Ref.C. 1963. 9337.

Stärkegel-Elektrophorese von Rattenserumproteinen. Espinosa, E. Biochim.biophysica Acta (Amsterdam) 48. 445-51 (1961). - Ref.C. 1963. 9337.

Kombinierte Anwendung der Zonenelektrophorese auf Stärke und der Immunelektrophorese bei der Untersuchung der Serumeiweißkörper. Got, R., Levy, G. und Bourrillon, R. Clin.chim.Acta (Amsterdam) 6. 407-12 (1961). - Ref.C. 1961. 18014.

Ein Verfahren zur immunologischen Differenzierung von durch Stärkegel-Elektrophorese getrennten Proteinen. Scheurlen, P.C. und Goll, R. Klin.Wschr. 39. 696-99 (1961). - Ref.C.A. 55. 23771c (1961).

Trennung der Lecithinase- und Kollagenaseaktivität des Toxins von Cl. perfringens durch Elektrophorese auf Stärke. Isspolatowskaja, M.W., Lewdikowa, G.A. und Larina, I.A. Biochemie (russ.) 26. 77-81 (1961). - Ref.C. 1961. 16868.

Eine Schnellmethode zur Elektrophorese an modifizierter Stärke. MacCoo, J.W. und Leikin, S.L. Amer.J.clin.Pathol. 35. 349-352 (1961).

Charakterisierung von alkalischen Gewebs-Phosphatasen und ihre partielle Reinigung durch Stärkegelelektrophorese. Moss, D.W., Campbell, D.M., Anagnostou-Kakaras, E. und King, E.J. Biochem.J. 81. 441-47 (1961). - Ref.C. 1962. 4200, C.A. 56. 5102a (1962).

Eine Technik zur Mikroelektrophorese in Stärkegel. Mouray, H., Moretti, J. und Fine, J.M. Bull.Soc.Chim.biol. 43. 993-1003 (1961). - Ref.C.A. 56. 6290d (1962), C. 1964. 12-1007.

Stärkegel-Elektrophorese von "gereinigten" Albuminen. Saifer, A., Robin, M. und Ventrice, M. Arch.Biochem.Biophysics 92. 409-19 (1961).

Fraktionierung der nichtdialysierbaren Komponenten von normalem menschlichem Magensaft durch Stärkegel-Elektrophorese. Jeffries, G.H., Smith, F.W., Hoskins, D.W. und Sleisenger, M.H. Gastroenterology 41. 467-78 (1961). - Ref.C.A. 56. 5255b (1962).

Stärkegel-Elektrophorese von Weizengluten-Proteinen mit konzentriertem Harnstoff. Woychik, J.H., Boundy, J.A. und Dimler, R.J. Arch.Biochem.Biophysics 94. 477-82 (1961). - Ref.C.A. 56. 3789b (1962).

Stärkegel-Elektrophorese von Rattenserum-Proteinen. 2. Mitt. Der Nachweis von geringem α_2-Globulin und anderen Serumproteinen bei trächtigen, tumorösen und jungen Ratten. Beaton, G.H., Selby, A.E., Veen, M.J. und Wright, A.M. J.biol.Chemistry 236. 2005-08 (1961). - Ref.C.A. 56. 1735a (1962).

Stärkegel-Elektrophorese von Rattenserum-Proteinen. 1. Mitt. Behandlung und Bestimmung der Komponenten. Beaton, G.H., Selby, A.E. und Wright, A.M. J.biol.Chemistry 236. 2001-04 (1961). - Ref.C.A. 56. 1734h (1962).

Trennung von Gehirnproteinen durch Stärkegel-Elektrophorese. Bernsohn, J., Barron, K.D. und Hess, A.R. Proc.Soc.exp.Biol.Med. 107. 773-75 (1961). - Ref.C.A. 56. 798g (1962).

Die Sortenbestimmung von Protein-Extrakten durch Stärkegel-Zonenelektrophorese.2. Mitt. Fleisch und Eier. Thompson, R.R. J.Assoc.off.agric.Chemists 44. 787-89 (1961). - Ref.C.A. 56. 744b (1962), C. 1965. 21-2915.

Eine Methode zur Identifizierung von Catalase an Stärkegel. Hale, A.J. und Renwick, J.H. Biochem.J. 80. 49-50 (1961). - Ref.C.A. 56. 697f (1962), C. 1962. 9378.

Stärkegel-Elektrophorese von isoliertem Weizengluten. Coulson,C.B. und Sim, A.K. Biochem.J. 80. 46-47 (1961). - Ref.C.A. 56. 683h (1962), C. 1962. 9393.

Die Anwendung der Stärkegel-Elektrophorese zur Illustration der Hemmung von Kaninchenleberesterasen durch phosphororganische Schädlingsbekämpfungsmittel. McKinley, W.P. und Read, S.I. J.Assoc.off.agric.Chemists 44. 726-30 (1961). - Ref.C.A. 56. 653h (1962), C. 1965. 50-1789.

Präparative Stärkegel-Zonenelektrophorese von Proteinen. Altaner, C. und Gregušová, V. Collect.czechaslov.chem.Commun. 26. 1727-29 (1961); - Ref.C.A. 55. 27506i (1961).

Stärkegel-Elektrophorese von Serum- und Harnproteinen von Patienten mit multiplem Knochenmarktumor, Makroglobulinämie und anderen Formen von Dysproteinämie. Nachweis der Verschiedenheit und des komplexen Verhaltens von Eiweißveränderungen in 72 Fällen. Engle, R.L. jr., Woods, K.R., Castillo, G.B. und Pert, J.H. J.Lab.clin.Med. 58. 1-22 (1961). - Ref.C.A. 55. 22566i (1961), C. 1962. 7596.

Eine Methode zur Lokalisierung von Katalase an Stärkegel. Thorup, O.A., Strole, W.B., Leavell, B.S., Fitzwater, F. und Hughes, H. J.Lab.clin.Med. 58. 122-28 (1961). - Ref.C.A. 55. 22468g (1961).

Der Nachweis von Myoglobin mittels Stärkeblock-Elektrophorese. Marti, H.R. Klin.Wschr. 39. 286-88 (1961).

Einfache Techniken für die Stärkegelelektrophorese. Cunningham, A.W.B. und Magnusson, O. J.Chromatogr. (Amsterdam) 5. 90-91 (1961). - Ref.C. 1962. 231.

Die Elektrophorese von Histonen und Histonfraktionen an Stärkegel. Johns, E.W., Phillips, D.M.P., Simson, P. und Butler, J.A.V. Biochem.J. 80. 189-93 (1961). - Ref.C.A. 55. 22405d (1961), C. 1962. 12723.

Die Anwendung der Elektrophorese in Stärkegel zur Trennung von Gewebeproteinen. Rejnek, J. und Bednarik, T. Physiologia Bohemoslovenica 10. 89-93 (1961). - Ref.C.A. 55. 10548h (1961), C. 1962. 1284.

Technische Probleme der Hämoglobin-Elektrophorese im Stärkeblock. Marti, H.R. Experientia (Basel) 17. 235-37 (1961). - Ref.C.1963 1749.

Abtrennung von menschlichem Hämoglobin durch Stärke-Gel-Zonen-Elektrophorese. Engle, R.L., Markey, A., Pert, J.H. und Woods, K.R. Clin.chim.Acta (Amsterdam) 6. 136-141 (1961). - Ref.C.A. 55. 14658c (1961), C. 1962. 18531.

Stärkegel-Elektrophorese von menschlichem Serum. Hori, J. und Aoki, K. Bull.Dep.gen.Educat., Nagoya City Univ. (Japan) 7. 25-33 (1961). - Ref.C.A. 56. 13183i (1962).

Zur Methodik der Zonenelektrophorese in Stärkegel. Zugleich eine Mitteilung über die Verteilung der Haptoglobintypen in Frankfurt am Main. Lange, V. Biochem.Z. 333. 502-10 (1960-61).

Zonen-Elektrophorese von Kalbsthymus-Histon an Stärkegel. Neelin, J.M. und Neelin, E.M. Canad.J.Biochem.Physiol. 38. 355-63 (1960). - Ref.C. 1961. 868.

Zonenelektrophorese von Aminopeptidasen an Stärkegel. Wintersberger, E. und Tuppy, H. Mh.Chem. (Wien) 91. 406-11 (1960). - Ref.C.A. 55. 8523b (1961), Stärke 13. 188 (1961), C. 1962. 170.

Homogene Elektrophorese in Stärkegel nebst anschließender Plastifizierung. Groulade, J. und Ollivier, C. Ann.Biol.clinique 18. 595-601 (1960). - Ref.C.A. 56. 11945g (1962).

Verzerrungsfreie Zonenelektrophorese im Stärkegel. Paletta, B. Clin.chim.Acta (Amsterdam) 5. 490-96 (1960). - Ref.C. 1962. 7272.

Stärkegelelektrophorese von Weizenproteinen. Elton, G.A.H. und Ewart, J.A.D. Nature (London) 187. 600-01 (1960). - Ref.C.A. 55. 1956b (1961), C. 1961. 17244.

Zur Auftrennung von fetalem Hämoglobin (HB F) in Stärkegel nach Hochspannungselektrophorese. Künzer, W. Klin.Wschr. 38. 404-05 (1960).

Über die Trennung der kleineren langsamen Fraktion des normalen menschlichen Erwachsenen-Hämoglobins durch Zonenelektrophorese an der Stärkesäule. Laurent, G., Borgomano, M., Charrel, M. und Derrien, Y. C.R.Séances Soc.Biol.Filiales 154. 1832-36 (1960). - Ref.C. 1962. 2434.

Bestimmungen von Proteinen, die durch Elektrophorese in Stärkegel getrennt wurden. Rubinstein, H.J., Owen, J.A. und Larsen, W. Clin.chim.Acta (Amsterdam) 5. 583-90 (1960). - Ref.C. 1963. 6674.

Transparente Stärkegele: Herstellung, optische Eigenschaften und Anwendung zur Charakterisierung von Hämoglobin. Gratzer, W.B. und Beaven, G.H. Clin.chim.Acta (Amsterdam) 5. 577-82 (1960). - Ref.C. 1963. 6672.

Variationen in den Spezifitäten der Seren höherer Primaten, die mit Hilfe der zweidimensionalen Stärkeelektrophorese nachgewiesen wurden. Goodman, M., Poulik, E. und Poulik, M.D. Nature (London) 188. 78-79 (1960).

Anwendung von Stärkegelelektrophorese zum Nachweis von Hybrid-Hämoglobinen. Gammack, D.B., Huehns, E.R., Lehmann, H. und Shoter, E.M. Biochem.J. 76. 55p-56p (1960). - Ref.C. 1961. 4779.

Stärkeelektrophorese. 3. Mitt. Stärkegelelektrophorese. Bloemendal, H. J.Chromatography 3. 509-19 (1960).

Einwirkungen der Feldstärke und Ionenstärke auf die Geschwindigkeit und Ausbreitung bei der Stärke-Block-Zonenelektrophorese. Miller, G.L. J.Chromatography 3. 570-75 (1960). - Ref.C. 1961. 9530.

Ein Verfahren für die Elution von Proteinen aus Stärkegelen. Gordon, A.H. Biochim.biophysica Acta (Amsterdam) 42. 23-27 (1960). - Ref.C. 1961. 10633.

Proteine und Gewebsenzyme, eine Untersuchung mittels Elektrophorese in Stärkegel. Grouchy, J. de. Rev.franç.Études clin. biol. 5. 286-90 (1960). - Ref.C. 1961. 7261.

Stärkegelelektrophorese und Chromatographie zur Reinigung von thyreotropem Hormon (Rind). Carsten, M.E. und Pierce, J.G. J.biol.Chemistry 235. 78-84 (1960). - Ref.C. 1961. 8002.

Elektrophorese über Stärkeblöcken von Seren mit anomalem Protidspiegel. Cioffi, L.A. und Galloro, V. Boll.Soc.ital.Biol. sperim. 36. 1474-77 (1960). - Ref.C. 1962. 5359.

Stärkegel-Elektrophorese von Hypophysenvorderlappen-Hormonen. Ferguson, K.A. und Wallace, A.L.C. Acta endocrinol. (Copenhagen) Suppl.Nr. 51. 293 (1960). - Ref.C. 1962. 2051.

Elektrophoretische Trennung von Serumproteinen an Stärkegel. Rodinow, W.M., Antokolskaja, Sh.A., Tschudinowskich, A.W. und Loboda, L.A. Laboratoriums-Praxis (russ.) 6. Nr.1. 23-25 (1960). - Ref.C.A. 55. 21227h (1961).

Die elektrophoretische Lokalisation von Serumenzymen. Richterich, R. Helv.physiol.pharmacol.Acta 18. Nr.3. C57-C60 (1960). - Ref.C. 1961. 4742.

Trennung von α- und ß-Ketten von Globin mit Hilfe von Stärkegelelektrophorese. Muller, C.J. Nature (London) 186. 643 (1960). - Ref.C. 1961. 4778.

Stärke-Agar-Gel-Elektrophorese von Tuberculoproteinen aus erhitzten Kulturfiltraten. Dekker, T.P. Nature (London) 186. 392 (1960). - Ref.C.A. 54. 17720g (1960).

Histochemische Verfahren zum Nachweis von Esterasen nach Stärkegel-Elektrophorese. Master, R.W.P. Biochim.biophysica Acta (Amsterdam) 39. 159-60 (1960). - Ref.C. 1963. 16992.

Photographie von Gelen der Stärkegel-Elektrophorese. Jacobs, R. Biochem.J. 74. 45P (1960).

Elektrophorese von Plasma-Proteinen in Stärkegel. Harris, H., Penington, D.G. und Robson, E.B. Biochem.J. 74. 44P (1960). - Ref.C. 1960. 13091, C.A. 56. 10736c (1962).

Stärkeelektrophorese. 2. Mitt. Stärke-Säulen-Elektrophorese. Bloemendal, H. J.Chromatography (Amsterdam) 3. 1-10 (1960). - Ref.C. 1961. 2725.

Klinische Anwendung von Stärkegel-Elektrophorese mit spezieller Anwendung bei Leukämie. Latner, A.L. und Zaki, A.H. Clin.chim. Acta (Amsterdam) 5. 22-25 (1960).

Die Synthese der Ribonucleinsäure und von Proteinen in den mit ultraviolettem Licht bestrahlten Zellen von Escherichia coli, nachgewiesen durch Elektrophorese an Stärkesäulen. Kameyama, T. und Suzuki, K. Biochim.biophysica Acta (Amsterdam) 37. 158-59 (1960). - Ref.C.A. 54. 11146e (1960).

Eine Stärkegel Immunoelektrophoretische Analyse des menschlichen γ-Globulin die inter- und intraspezifischen Verschiedenheiten der Organismen darstellend. Goodman, M. Nature (London) 185. 474-75 (1960). - Ref.C. 1961. 1255.

Trennung der proteolytischen Fermente in den Leberextrakten der Ratte mit Hilfe der Elektrophorese auf Papier und auf Stärke. Kusowlewa, O.B. und Wan, T. Biochemie (russ.) 24. 550-55 (1959). - Ref.C. 1960. 3262.

Zonenelektrophorese in Stärkegelen und ihre Anwendung auf Untersuchungen von Serumproteinen. Smithies, O. Advances Protein Chem. 14. 65-113 (1959). - Ref.C. 1961. 905.

Die Trennung von Blutproteinen aus Drosophila- und Culex-Larven durch Stärkegelelektrophorese. Chen, P.S. Rev.Suisse Zool. 66. 280-89 (1959). - Ref.C.A. 55. 10722i (1961).

Untersuchungen der Heterogenität von menschlichem Hämoglobin fötalen Typs durch Stärkeelektrochromatographie und Kationenharzaustauscherchromatographie. Laurent, G., Depieds, R., Borgomano, M. und Derrien, Y. C.R. Séances Soc.Biol.Filiales 153. 135-37 (1959). - Ref.C. 1962. 16387.

Stärke-elektrophoretische Untersuchungen an abnormen Proteinen bei Myelomen und Makroglobulinämien. Fine, J.M. und Creyssel, R. Nature (London) 183. 392 (1959). - Ref.C. 1960. 9241.

Stärkegelelektrophorese von Gewebeproteinen. Schwarzmann, V. Rev.franç.Études clin.biol. 4. 265-67 (1959). - Ref.C. 1965. 28-1323.

Elektrophoregramme auf Stärkegel von Muskelproteinen nach Nervensektion. Besonderes Verhalten der Myoglobine. Dreyfus, J.-C., Schapira, G. und Laurent, R. C.R.Séances Soc.Biol.Filiales 153. 928-33 (1959).

Zur quantitativen Bestimmung von Proteinfraktionen nach Elektrophorese in Stärkegel. Habermann, E. und Szopa, B. Z.ges.exp. Med. 131. 520-24 (1959). - Ref.C. 1961. 2737.

Lokalisierung von Haemocyanin auf Stärkegel-Elektrophoregrammen. Whittaker, J.R. Nature (London) 184. Suppl. 193-94 (1959).

Eine verbesserte Methode für Stärkegel-Elektrophorese: Weitere Veränderungen in den Serum-Proteinen von Gesunden. Smithies, O. Biochem.J. 71. 585-87 (1959). - Ref.C. 1961. 1994.

Die Verteilung von Esterasen in Geweben der Maus. Markert, C.L. und Hunter, R.L. J.Histochem.Cytochem. 7. 42-49 (1959). - Ref.C. 1959. 10615.

Fraktionierung des Hämoglobin (Hb) A_2 mittels einer Mikromethode der Stärke-Gel-Elektrophorese. Boivin, P., Hugou, M.P. und Hartmann, L. Rev.franç.Ét.clin.Biol. 4. 812-15 (1959).

Hämoglobin A_2-Bestimmung durch Stärke-Block-Elektrophorese. Vella, F. Med.J. Malaya 14. 31-35 (1959). - Ref.C.A. 54. 11187d (1960).

Eine neue Apparatur zur Zonenelektrophorese auf Stärke. Bourrillon, R. und Got, R. Bull.Soc.Chim.biol. 41. 643-47 (1959). - Ref.C. 1960. 13127.

Nachweis kleiner Fraktionen in Erythrocytenhämolysaten mittels Stärkeelektrophorese. Fessas, P. und Mastrokalos, N. Nature (London) 183. 1261-62 (1959). - Ref.C. 1960. 6902.

Papierelektrophorese und Elektrochromatographie an Stärkegel der an Amberlite schwach adsorbierten kleineren Fraktionen von menschlichem Erwachsenenhämoglobin. Derrien, Y., Laurent, G., Depieds, R. und Borgomano, M. C.R.Séances Soc.Biol.Filiales 153. 638-41 (1959). - Ref.C. 1960. 2901.

Die Anwendung der Elektrophorese in Amidon-Gel zur Untersuchung der Zusammensetzung der Serumproteine im Verlaufe von Dysproteinämien. Fine, J.M., Creyssel, R. und Morel, P. Rev.Hématol. 14. 71-90 (1959). - Ref.C. 1960. 2592.

Chemische Untersuchungen über Kallikrein. 3. Mitt. Reinigen durch Zonenelektrophorese. Moriya, H. und Shimazawa, E. J.pharmac. Soc.Japan (Yakugakuzasshi) 79. 374-77 (1959). - Ref.C. 1960. 6562.

Heterogenität bei der Elektrophorese in Stärkegel von Hämoglobin der Ratte. Rosa, J. Rev.franç.Ét.clin.Biol.4. 712-13 (1959).

Über das Kern-Hämoglobin von Hühner-Erythrocyten. D'Amelio, V. und Salvo, A.M. Exp.Cell Res. 18. 364-66 (1959).

Quantitative Bestimmung von Hämoglobin A und F im Blutfarbstoff von Neugeborenen und jungen Säuglingen durch Elektrophorese im Stärkegel. Boffa, G., Boffa, M.G. und Depieds, R. C.R.Séances Soc.Biol.Filiales 153. 807-09 (1959).

Vorkommen mehrerer aktiver Komponenten im lactogenen Hormon der Schafe, nachgewiesen durch Elektrophorese auf Stärke. Cole,R.D. und Li, Ch.H. Biochim.biophysica Acta (Amsterdam) 33. 563-64 (1959).

Lokalisation von 5'-Nucleotidase und von unspezifischer alkalischer Phosphatase im Stärkegel-Elektrophorese-Diagramm. Kowlessar, O.D., Pert, J.H., Haeffner, J. und Sleisenger, M.H. Proc.Soc.exp.Biol.Med. 100. 191-93 (1959). - Ref.C. 1960. 6875.

Trennung von Präalbuminen durch Stärkegelelektrophorese. Poulik, M.D. Nature (London) 184. 1067-68 (1959). - Ref.C. 1960. 12749.

Elektrophoretische Trennung der Hämolympheproteine von Insektenlarven in Stärkegel. Denucé, J.M. Arch.int.Physiol.Biochim.67. 109-10 (1959). - Ref.C. 1959. 17265.

Identifizierung menschlicher Serum-Proteine, welche Eisen, Kupfer und Thyroid-Hormone binden, durch Stärkegel-Elektrophorese. Allison, A.C. Experientia (Basel) 15. 281-84 (1959).

Über die Elektrophorese der menschlichen Hämoglobine in Stärke. Depieds, R., Boffa, G. und Orsini, A. C.R.Séances Soc.Biol. Filiales 152. 1549-52 (1959).

Stärkegel-elektrophoretische Untersuchungen von Seren der Fische: Cyclostomata, Selachus, Telestomi. Drilhon, A. C.R.Séances Soc.Biol.Filiales 153. 1532-35 (1959). - Ref.C. 1961. 18014.

Sichtbarmachung von Säure und alkalischer Phosphatase nach Stärkegelelektrophorese von Samenplasma, Serum und Gallenflüssigkeit. Estborn, B. Nature (London) 184. 1636-37 (1959). - Ref.C.1961. 10226.

Trennung von schnell laufenden γ-Globulinen durch Stärkegelelektrophorese. Poulik, M.D., Zuelzer, W.W. und Meyer, R. Nature (London) 184. 1800-1801 (1959). - Ref.C. 1960. 16825.

Blutfarbstoffuntersuchung mit der Stärkeblockelektrophorese. Betke, K. Klin.Wschr. 37. 794 (1959).

Zum Verhalten von Erwachsenenhämoglobin (HB A) in Stärkegel nach Hochspannungselektrophorese. Künzer, W. Klin.Wschr. 37. 1170-71 (1959).

Zonenelektrophorese von Elastasepräparaten auf Stärke. Dvonch, W. und Alburn, H.E. Arch.Biochem.Biophysics 79. 146-53 (1959).

Elektrophoretische Wanderung von Serum-Lipoproteinen in Stärkegel. Kutt, H., McDowell, F. und Pert, J.H. Proc.Soc.exp.Biol.Med. 102. 38-40 (1959). - Ref.C. 1960. 10612.

Eluierung der Proteine nach elektrophoretischer Trennung im Stärkegel. Jarrige, P. und Lafoscade, G. Bull.Soc.Chim.biol. 41. 1197-1206 (1959).

Reinigung von Proteinen durch Elektrophorese in Stärkegel. 2.Mitt. Entfernung der löslichen Stärke. Paillerets, C.de, Moretti, J. und Jayle, M.-F. Bull.Soc.Chim.biol. 41. 1285-87 (1959). - Ref.C. 1961. 8011.

Immunoelektrophoretische Untersuchung der mit der Stärkeelektrophorese getrennten menschlichen Serumeiweiß-Fraktionen. Fine, J.M. und Loeb, J. Experientia (Basel) 15. 59-61 (1959).

Analyse der Rattenserumproteine durch Stärkeelektrophorese und durch Kationenaustauscheranalyse mit kationischen Reinigungsmitteln. Jacox, R.F. J.exp.Medicine 110. 341-53 (1959). - Ref.C. 1960. 4574.

Verbesserte Schneideapparatur für Stärke-Block-Elektrophorese. Bloemendal, H. und Bosch, L. Analytic.Chem. 31. 1446 (1959). - Ref.C. 1962. 17504.

Vorläufige Untersuchungen über quantitative Zonenelektrophorese an Stärkegel. Pert, J.H., Woods, K.R. und Sleisenger, M.H. J.Lab.clin.Med. 54. 572-84 (1959). - Ref.C. 1963. 10929.

Einfluß des Transportmediums auf die Fraktionierung von Proteinen durch Zonenelektrophorese. Miller, E.E. und Bernfeld, P. J.Chromatography 2. 519-24 (1959).

Lokalisation der sauren Phosphate durch Stärke-Gel-Elektrophorese in fraktioniert gesammeltem menschlichem Sperma. Estborn, B. und Swedin, B. Scand.J.clin.Lab.Invest. 11. 235-37 (1959). - Ref.C. 1960. 6189.

Elektrophorese der Katalase aus Hämolysaten und Geweben in einem Stärkegel. Rosa, J., Schapira, G. und Dreyfus, J.-C. C.R.Séances Soc.Biol. Filiales 153. 233-36 (1959). - Ref.C.1960. 14392.

Stärkeelektrophorese. 1. Mitt. Stärke-Block-Elektrophorese. Bloemendal, H. J.Chromatography 2. 121-35 (1959). - Ref.C.A.53. 14771c (1959), C. 1960. 15426.

Trennung von Antibiotica durch Stärke-Zonen-Elektrophorese. Stelos, P. und Taliaferro, W.H. Analyt.Chem. 31. 845 (1959).

Zonen-Elektrophorese von Kücken-Erythrocyten Histon in Stärke-Gel. Neelin, J.M. und Connell, G.E. Biochim.biophysica Acta (Amsterdam) 31. 539-41 (1959). - Ref.C. 1959. 15412.

Stärkeelektrophorese von Hämoglobin. Ergebnisse bei Thalassämiesyndromen. Gerald, P.S. Nat.Acad.Sci. - Nat.Res.Council, Publ. Nr. 557. 212-19 (1958). - Ref.C. 1964. 17-1352.

Neue Entwicklungen bei der zweidimensionalen Elektrophorese. Peeters, H. und Vuylsteke, P. Protides of the biological Fluids, Proc.5.Colloq. Bruges, Belgien 6. 53-58 (1958). - Ref.C.A. 53. 21047f (1959).

Trennung metastabiler Polymere durch Stärkegel-Elektrophorese. Franglen, G. und Gosselin, C. Nature (London) 181. 1152 (1958). - Ref.C. 1959. 495.

Verwendung eines nicht kontinuierlichen Puffersystems zur Elektrophorese von Hämoglobin in Stärkegel. Grouchy, J.de und Deysson. Rev.franç.Ét.clin.biol. 3. 877-80 (1958).

Verfahren zur Wiedergewinnung von Proteinen aus Trägerschicht-Elektropherogrammen. Wieland, Th., Pfleiderer, G. und Rettig, H.-L. Angew.Chem. 70. 341-43 (1958).

Elektrophorese in Stärkegel. 2. Mitt. Proteine und Lipoproteine von menschlichem Serum. Fine, J.M. und Loeb, J. Rev.Hématol 13. 449-57 (1958). - Ref.C.A. 57. 11515d (1962).

Spaltungsversuche mit Racematen auf chromatographischem Wege an Stärke. Theisen, W. Dissertation, Bonn 1958. 127 S.

Zonenelektrophorese von follikelstimulierenden Hormon-Zubereitungen aus Schafshypophysen auf Stärke. Raacke, I.D., Lostroh, A.J. und Li, C.H. Arch.Biochem.Biophysics 77. 138-46 (1958). - Ref.C. 1961. 18747.

Untersuchungen über die präparative Trennung von Serumproteinen auf Stärkeplatten. Berg, G., Trabulsi, L.R. und Scheiffarth, F. Klin.Wschr. 36. 202-03 (1958). - Ref.C. 1959. 1233.

Neue Methode zur Reinigung von Proteinen durch Chromatograhie an Stärkegel. Moretti, J., Boussier, G. und Jayle, M.-F. Bull.Soc. Chim.biol. 40. 59-65 (1958). - Ref.C. 1959. 12610, Stärke 12. 222 (1960).

Eine einfache Methode zum Transparentmachen von Stärkegel-Elektrophorese-Streifen. Vesselinovitch, S.D. Nature (London) 182. 665 (1958).

Gute Trennung von menschlichen Plasmakomponenten durch Stärkegel-Elektrophorese. Fine, J.M., Loeb, J. und Waszczenko, Z. Nature (London) 182. 452-53 (1958). - Ref.C. 1959. 11968.

ß-Globulin-Varianten im Menschen. Harris, H., Robson, E.B. und Siniscalco, M. Nature (London) 182. 452 (1958).

Zonenelektrophorese in Stärkegelen. Ein Bericht über die Methode von Smithies bei normalen Erwachsenen und bei Tuberkulosepatienten. Johnston, R.N. und Steven, I. Amer.Rev.Tubercul. Pulmonary Diseases 78. 932-33 (1958). - Ref.C. 1959. 12299.

Vergleich und Kombination von Stärkegel- und Filtrierpapierelektrophorese bei der Anwendung auf menschliche Seren. Poulik, M.D. und Smithies, O. Biochem.J. 68. 636-43 (1958).

Elektrokinetische Änderungen im Stärke-Medium bei der Zonenelektrophorese. Raacke, I.D. J.Amer.chem.Soc. 80. 3055-60 (1958). - Ref.C. 1959. 1693, C.A. 53. 3838i (1959).

Zonenelektrophorese der Cerebrospinal-Flüssigkeit in Stärkegel. Pert, J.H. und Kutt, H. Proc.Soc.exp.Biol.Med. 99. 181-85 (1958).

Elektrophoretische Abtrennung intermediär entstehender Verbindungen bei zwei Reaktionen des Ferrihämoglobins. Itano, H.A. und Robinson, E. Biochim.biophysica Acta (Amsterdam) 29. 545-55 (1958).

Elektrophoretische Untersuchungen von menschlichen Hämoglobinlösungen im Stärkeblock. I. Mitt. Technik und Ergebnisse beim normalen Erwachsenen. Masri, M.S., Josephson, A.M. und Singer, K. Blood 13. 533-42 (1958). - Ref.C. 1959. 3874.

Elektrophoretische Untersuchungen von menschlichen Hämoglobinlösungen im Stärkeblock. 2. Mitt. Ergebnisse im Blut, bei Thalassämie und anderen hämatologischen Erkrankungen; Vergleich mit der Tiselius-Elektrophorese. Josephson, A.M., Masri, M.S., Singer, L., Dworkin, D. und Singer, K. Blood 13. 543-51 (1958). - Ref.C. 1959. 3875.

Isolierung der α_2-Globulingruppe in Stärkegel. Baar, S. Nature (London) 182. 259-60 (1958). - Ref.C. 1959. 6166.

Porphyrin-Biosynthese in Erythrocyten. 2. Mitt. Enzyme, die d-Aminolävulinsäure zu Koproporphyrinogen umsetzen. Granick, S. und Mauzerall, D. J.biol.Chemistry 232. 1119-40 (1958).

Elektrophorese von Serum-Proteinen in gemischten Agargelen. Karjala, S.A. Makromolekulare Chem. 28. 103-13 (1958).

Elektrophorese der Hämoglobine an Stärkegelen. Grouchy, J. de, Schapira, G., Dreyfus, J.C. und Vigoura, L. Rev.franc.Et.clin. biol. 3. 377-80 (1958).

Zonenelektrophoretische Untersuchungen der Hämolympheproteine von Insekten in verschiedenen Stadien der Larvenentwicklung. Denucé, J.M. Z.Naturforsch.13b. 215-18 (1958). - Ref.C.1959. 7203.

Stärkegel-Elektrophorese von Proteinen aus dem Serum von Carcinus maenas. Frentz, R. C.R.hebd.Séances Acad.Sci. 247. 2470-72 (1958). - Ref.C. 1960. 13092.

Stärkegel-Elektrophorese von menschlichen Serumlipoproteiden. Fine, J.M. und Burstein, M. Experientia (Basel) 14. 411-12 (1958). - Ref.C. 1960. 14087.

Eine Analyse menschlichen Prothrombins durch die Stärkeblockelektrophorese. Lanchantin, G.F. Amer.J.Physiol. 194. 7-15 (1958).

Herstellung von nach Elektrophorese transparenten Stärkegelen. Fine, J.M. u.Waszczenko, Z.E. Nature (London) 181. 269 (1958).

Isolierung des Lethal-Faktors aus Diphtherietoxin durch Elektrophorese in Stärkegel. Poulik, M.D. und Poulik, E. Nature (London) 181. 354-55 (1958).

Stärkegelelektrophorese in einem diskontinuierlichen Puffersystem. Poulik, M.D. Nature (London) 180. 1477-79 (1957). - Ref.C.1958. 11614.

Elektrophoretische Darstellung der Glykoproteine im normalen menschlichen Serum an Stärke. Neuhaus, O.W. und Letzring, M. J.Lab.clin.Med. 50. 682-85 (1957). - Ref.C. 1961. 11401.

Elektrophorese menschlicher Hämoglobine in Stärkegel. Owen, J.A. und Got, C. Clin.chim.Acta (Amsterdam) 2. 588-90 (1957). - Ref.C. 1960. 2934.

Histochemischer Nachweis durch Zonenelektrophorese an Stärkegelen isolierter Enzyme. Hunter, R.L. und Markert, C.L. Science (Washington) 125. 1294-95 (1957). - Ref.C. 1960. 4867.

Stärkegelelektrophorese mit tierischen Seren. Latner, A.L. und Zaki, A.H. Nature (London) 180. 1366-67 (1957). - Ref.C. 1959. 6535.

Die Anwendung der Stärke-Gel-Elektrophorese zur Untersuchung der Vitamin-B_{12}-Bindung durch Serumproteine. Latner, A.L. und Zaki, A.H. Biochem.J. 66. 54p (1957). - Ref.C. 1959. 542.

Zonenelektrophorese von Säugetierseren in Stärkegelen. Ashton,G.C. Nature (London) 179. 824-25 (1957). - Ref.C. 1958. 3087.

Zur Bestimmung der Serumlipoproteide mit der Zonenelektrophorese im Stärkemedium. Schettler, G., Dietrich, F., Eggstein, M. und Jobst, H. Klin.Wschr. 35. 268-75 (1957). - Ref.C. 1957. 13105.

Die Anwendung der Elektrophorese im Stärkegel bei Haptoglobinuntersuchungen. Moretti, J., Boussier, G. und Jayle, M.-F. C.R.Séances Soc.Biol.Filiales 151. 832-34 (1957). - Ref.C. 1959. 6535.

Technische Realisierung und erste Anwendungen der Elektrophorese auf Stärkegel. Moretti, J., Boussier, G. und Jayle, M.-F. Bull.Soc.Chim.biol. 39. 593-605 (1957). - Ref.C. 1958. 8389.

Zonenelektrophorese von Kohlenzymen an Stärkegelen. Dixon, G.H. und Smithies, O. Biochim.biophysica Acta (Amsterdam) 23. 198-99 (1957). - Ref.C. 1958. 6576.

Elektrophoretisches Verhalten von Trypsin an Stärke. Liener, I.E. und Viswanatha, T. Biochim.biophysica Acta (Amsterdam) 22. 299-303 (1956). - Ref.C. 1960. 14397.

Zweckdienlicher Apparat für Stärke-Elektrophorese. Paigen, K. Analytic.Chem. 28. 284-86 (1956). - Ref.C.A. 50. 7509h (1956).

Heterogenitätsuntersuchungen einiger Proteine mittels der Zonenelektrophorese auf Stärke. Raacke, I.D. Arch.Biochem.Biophysics 62. 184-195 (1956). - Ref.C. 1957. 2759.

Eine abgeänderte Methode zur Proteintrennung durch Zonenelektrophorese in Stärkegel. Bernfeld, P. und Nisselbaum, S.J. J.biol.Chemistry 220. 851-60 (1956). - Ref.C. 1957. 5617.

Stärkeelektrophorese der Proteine aus der Linse des Rinderauges. Bloemendal, H. Proc,Kon.nederl.Akad.Wetensch.,Ser.C 59. 22-30 (1956). - Ref.C. 1956. 12366.

Stärkehaltiges Filterpapier als Trägermedium für die elektrophoretische Trennung der Lipoproteide des Serums. Kärkkäinen, V.J. und Härtel, G. Naturwissenschaften 43. 373-74 (1956). - Ref.C. 1957. 3921.

Untersuchungen über die Reinheit von Diphtherie-Toxinen durch Elektrophorese in Stärkegelen. Poulik, M.D. Nature (London) 177. 982-83 (1956).

Versuche zur optischen Spaltung von Racematen durch Chromatographie an Stärke. Diewald, J. Dissertation, Bonn 1955. 42 S.

Corticotropine (ACTH). 6. Mitt. Der durch Zonenelektrophorese auf Stärke bestimmte isoelektrische Punkt des α-Corticotropins. Raacke, I.D. und Li, Ch.H. J.biol.Chemistry 215. 277-85 (1955). - Ref.C. 1957. 10256.

Die Charakterisierung tierischer Serumproteine, die durch Zonenelektrophorese an Stärke getrennt wurden. Schultz, J., Grannis, G., Kimmel, H. und Shay, H. Arch.Biochem.Biophysics 55. 169-74 (1955). - Ref.C. 1957. 9438.

Apparat für Elektrophorese auf Stärke. Biserte, G. Ann.Biol.clin. (Paris) 13. 254-63 (1955). - Ref.C.A. 49. 14529c (1955).

Technik und Apparatur für die Zonenelektrophorese an Stärke. Bourrillon, R. und Got, R. Bull.Soc.Chim.biol. 37. 915-23 (1955). - Ref.C. 1956. 10299.

Zur Differenzierung von Lipoproteiden des Serums mittels präparativer Elektrophoresemethoden. Dietrich, F. Hoppe-Seyler's Z. physiol.Chem. 302. 227-35 (1955). - Ref.C. 1956. 11263.

Zonenelektrophorese in Stärkegelen: Gruppenabweichungen in den Serumproteinen bei normalen erwachsenen Menschen. Smithies, O. Biochem.J. 61. 629-41 (1955). - Ref.C. 1958. 4773.

Fraktionierung menschlichen Magensaftes und Speichels mittels Elektrophorese durch eine Stärkesäule. Gräsbeck, R. Gastroenterologia (Basel) 84. 99-102 (1955). - Ref.C. 1958. 8392.

Zonenelektrophorese von menschlichem Choriongonadotropin auf Stärke und seine Trennung in zwei aktive Komponenten. Raacke, I.D., Li, Ch.H. und Lostroh, A. Acta endocrinol. (Copenhagen) 17. 366-74 (1954). - Ref.C. 1950/54. S. 4050.

Zonenelektrophorese von Proteinen bei erhöhten Potentialdifferenzen. Michl, H. Mh.Chem. (Wien) 85. 1251-60 (1954). - Ref.C.A. 49. 7325i (1955).

Das Verhalten dreier Typen von Maul- und Klauenseucheviren bei der Elektrophorese in Stärke. Hirtz, J. und Camand, R. Rev.Immunol. Thérap.antimicrobienne 18. 206-13 (1954). - Ref.C. 1956. 11209.

Zonenelektrophorese des Hypophysenwachstumhormons (Somatotropin) auf Stärke.Fønss-Bech, P. und Li, Ch.H. J.biol.Chem. 207. 175-80 (1954). - Ref.C. 1956. 10743.

Eine Vorrichtung zur Zonenelektrophorese. Flodin, P. und Porath, J. Biochim.biophysica Acta (Amsterdam) 13. 175-182 (1954). - Ref.C. 1955. 1570.

Elektrophoretische Untersuchungen von Serumlipoproteinen. 1.Mitt. Eine Beschreibung von Apparatur und Technik für ihre Trennung im Stärkemedium. Carlson, L.A. Acta chem.scand. 8. 510-20 (1954). - Ref.C. 1955. 4177.

Zur Methodik der präparativen Elektrophorese von Proteinen in einer Trägersubstanz (Stärke). Nikkilä, E., Haahti, E. und Pesola, R. Acta chem.scand. 7. 1222-23 (1953). - Ref.C. 1955. 4122.

Zonenelektrophorese in einem Stärketräger. Kunkel, H.G. und Slater, R.J. Proc.Soc.exp.Biol.Med. 80. 42-44 (1952). - Ref.C. 1953. 8622.

497. Sonstiges

Verminderung der Zerfließeigenschaften von Cholin-Salzen. National Starch and Chemical Corp. (Erfinder: Derivan, A.T.). A.P. 3 163 579 vom 15/2.1962., ausg. 29/12.1964. - Ref.C.A. 62. 10304b (1965).

Acetylierte Cyclodextrine als polare, stationäre Phasen bei der Gas-Flüssigkeits-Chromatographie. Sand, D.M. und Schlenk, H. Analytic.Chem. 33. 1624-25 (1961). - Ref.C. 1962. 15701.

Fällungschromatographie von anorganischen Ionen durch Diffusion in Gele. 3. Mitt. Milone, M., Cetini, G. und Ricca, F. Ann.Chimica 45. 1018-25 (1955). - Ref.C. 1960. 11576.

Indikatoren für die Papierchromatographie von Lipiden. Mangold, H.K., Lap, B.G. und Schlenk, H. J.Amer.chem.Soc. 77. 6070-72 (1955).

Chromatographie mit vorbehandeltem Filtrierpapier. Kirchner, J.G. und Keller, G.J. J.Amer.chem.Soc. 72. 1867-68 (1950). - Ref.C. 1951. II. 1334.

Bemerkungen zur Verwendung von redestilliertem Wasser und von Amylose bei der Bestimmung von Serumjod. Man, E.B. und Siegfried, D.A. J.biol.Chemistry 168. 119 (1947). - Ref.C. 1949. E 7029.

Eine neue Reaktion auf freiem Schwefel und einige Ketonalkohole in eisenhaltiger Glycerinlösung. Zmaczynski, E.W. Z.analyt.Chem. 106. 32-36 (1936). - Ref.C. 1936. II 2951.

Über eine Reaktion des Schwefels und einiger Ketonalkohole in eisenhaltigem Glycerin. Zmaczynski, E. C.R.hebd.Séances Acad. Sci. 202. 668-69 (1936). - Ref.C. 1936. I. 3726.

Über den Einfluß hydrophiler Kolloide auf den Farbumschlag von Indicatoren. Gutbier, A. und Brintzinger, H. Kolloid-Z. 41. 1-6 (1927). - Ref.C. 1927. I. 1558.

Die Ausflockung trüber Fällungen in der Analyse. Clayton, W. Analyst 52. 76-77 (1927). - Ref.C. 1927. I. 2953.

Begrenzung der Stärke als Beschleuniger. Francis, C.K. J.ind.Engng.Chem. 1. 678-679 (1909). - W.Ref. 572.

Hauptgruppe 4: Verwendungsgebiete der Stärke und Spezialstärkeprodukte

Schlagwortverzeichnis

(Die Ziffern entsprechen der Klassifikationseinteilung)

FSC
www.fsc.org
MIX
Papier | Fördert
gute Waldnutzung
FSC® C083411

Kolibri 360 GmbH
Ferdinand-Jühlke-Straße 7
99095 Erfurt, Deutschland
produktsicherheit@kolibri360.de